재난관리론

정 병 도 저

도서출판 동화기술

Preface

재난현장에는 언제 어디서나 짙게 깔린 슬픔이 있다. 필자가 직접 재난현장을 경험하고 지휘 했던 지난 2002년 김해 한림면 수해사고와 중국민항기 추락사고 현장에서도 그랬다. 너무도 가슴 아픈 추억들이었다. 이후 수많은 재난현장을 경험하면서 우리나라 재난관리체계의 문제점을 절감했다. 그리고 필자는 재난관리 분야에 대한 공부를 시작했고 지난 2007년 미국 조지워싱턴 대학교(George Washington University)에서 재난위기관리과정(Crisis, Emergency, and Risk Management, CERM)을 전공하고 석사과정을 마쳤다.

오늘날 우리사회는 다양한 위험요소들이 복잡하게 상호작용하면서 수많은 재난을 유발하고 있다. 재난위험의 이 같은 복잡성과 다양성은 재난의 이해와 체계적 관리를 어렵게 한다. 그래서 전문가들은 재난관리 분야를 재난형상이 복잡하고 다양하여 다수형상(Multifaceted)을 띠고 있는 다학제적인(Multidisciplinary) 학문이라고 말하곤 한다. 재난관리는 특정인, 특정분야, 특정조직에서 전담하여 관리할 수 없으며 다양한 조직과 분야 그리고 이해관계자들의 협력적인 활동을 통해 관리할 수 있다. 실제로 미국의 경우 재난전문가들의 전공은 사회학자, 심리학자, 행정학자, 공학자 등 너무나 다양하다. 재난관리자는 교향악단의 지휘자와 같이 재난의 큰 흐름을 이해하고 다양한 종류의 참여자를 활용하고 지휘할 수 있이야한다.

현재 우리나라 재난관리 분야는 재난관련 학문의 단위분야별 수준들은 상당하지만, 재난관련 이들 단위 분야들을 통합적으로 관리할 수 있는 관리적 전문성과 틀은 많이 부족한 현실이다. 즉 재난관리에 관한 큰 그림(Big Picture)을 이해하고 적용하지 못하고 있다. 따라서 재난관련 단위분야의 학문들과 전공들 사이 공극들이 많으며, 이 같은 현상은 재난관리 분야의 취약성을 증가시키고 있는 실정이다.

필자는 재난관리의 큰 틀을 정리하기 위해 미국 유학이후 공직생활 틈틈이 재난관리 강의와 세미나 참석은 물론 그간의 자료를 체계적으로 정리하고 내용들을 보강해나갔다. 그리고 필자가 강원소방학교장으로 재직하는 3년 동안 하얀 눈 덮인 태백산을 오르내리고, 파란 동해 바다와 울진의 소나무 숲길을 거닐면서 이 책의 집필을 마무리할 수 있었다. 재난관리를 공부한지 10년만의 성과이다. 주요자료들은 유학과정에서 공부한 자료를 기본으로 하고, 분야별 서적, 논문, 저널, 외국의 재난관리 전문사이트 등에서 수많은 자료들을 참고하였다. 무엇보다도 재난관리 전문가들이 재난관리의 큰 그림을 그릴 수 있고 잘 이해할 수 있도록 재난관리에 필요한 기본적이며 종합적인 지식을 정리하려고 노력했다.

이 책은 자신의 전공분야를 기반으로 재난전문가가 되고 싶은 분, 재난관리업무 담당 공무원, 재난현장 대응활동에 참여하는 소방, 경찰공무원들과 군인들, 그리고 전문 연구원들과 학생, 기업의 BCP 담당자 등 다양한 재난관리 이해관계자들이 재난관리에 필요한 큰 그림을 그릴 수 있고, 꼭 필요한 지식전달을 도울 수 있을 것이다.

이 책의 구성으로 제1장 재난의 이해(Understanding Disasters)에서는 재난의 개념과 재난의 일반적 이해를 제공한다. 제2장은 재난위험(Disaster Risk)에서는 재난위험을 이해하고, 위험요소(Hazards), 취약성, 대처능력 등을 설명한다. 제3장은 재난관리와 관련한 일반적인 내용들을 정리하였다. 제4장은 재난관리(Disaster Management) 이론을 다루면서 다양한 관리모델, 관리이론들과 위험관리 이론을 정리하고 있다. 제5장은 완화, 준비, 대응, 복구로 구분되는 재난관리 4단계별 특징과 주요활동들에 관해 정리하고 있으며, 제6장은 재난관리 주체로서 국가의 재난관리시스템과 재난대응시스템을 설명하고 있다. 마지막 제7장에서는 다양한 종류의 자연적 위험요소들 중에서 대표적인 위험요소들에 속하는 지진, 태풍, 화산, 홍수, 쓰나미에 관한 기본적인 지식을 개괄적으로 정리하고 있다.

재난관리 분야의 특성상 다양한 분야의 지식을 함축적으로 정리하기에는 많은 부족함이 있었다. 특히 그 폭과 깊이를 한정함에 있어 많은 어려움이 있었다. 비록 부족한 점은 많지만 우리나라 재난관리 분야의 발전과 재난을 전공한 사람의 의무감으로 이 책을 출판 하게 되었다.

이 책의 출판이 있기까지 항상 격려해주시고, 학문에 대한 동기를 부여해주신 인제대학교 김광일 교수님께 깊은 감사를 드린다. 또한 사랑하는 아내, 아들과 딸에게도 감사를 전한다.

저자 정 병 도

Contents

Chapter 01 재난의 이해(Understanding Disasters) 13

제1절_ 재난의 개념(The Concept of Disaster) ······ 14

1. 재난이란 무엇인가? ······ 14
2. 재난현상 ······ 16
3. 재난의 정의(Definition) ······ 18
4. 재난의 기준 ······ 19
5. 재난의 종류(Types of Disasters) ······ 21
6. 재난충격과 손실 ······ 24

제2절_ 재난의 인식(Disaster Awareness) ······ 29

1. 재난의 인식(Disaster Awareness) ······ 29
2. 재난의 연구(Disaster Research) ······ 33
3. 재난용어(Disaster Terms) ······ 37

Chapter 02 재난위험(Disaster Risk) 41

제1절_ 재난위험(Disaster Risk) ······ 42

1. 재난위험의 산정과 실행 ······ 43
2. 재난규모의 형성 ······ 44
3. 재난위험의 구성 ······ 46

제2절_ 위험요소(Hazard) ········ 48

1. 위험요소의 이해(Understanding Hazard) ········ 48
2. 위험요소 평가분석(Assessment and Analysis) ········ 49
3. 위험요소의 분류(Classification) ········ 51
4. 위험요소의 특징(Characteristics) ········ 55
5. 위험요소들 상호관계(Interaction) ········ 60
6. 기후변화와 재난 위험요소 ········ 67

제3절_ 취약성(Vulnerability) ········ 73

1. 취약성의 종류(Types) ········ 74
2. 취약성 모델(Model) ········ 77
3. 취약성 평가(Assessment) ········ 78
4. 취약성 지수(Index) ········ 79
5. 도시의 취약성 ········ 83
6. 주요 인프라의 취약성 ········ 84

제4절_ 복원력(Resilience) ········ 87

1. 복원력의 정의 ········ 87
2. 복원력을 갖추기 위한 조건 ········ 88
3. 지역사회의 자본과 복원력 ········ 89
4. 재난에 강한 지역사회 ········ 90
5. 취약성과 복원력의 차이 ········ 92

제5절_ 대처능력(Capability) ········ 93

1. 대처능력의 정의 ········ 93
2. 준비능력 평가(Capability Assessment for Readiness, CAR) ········ 93

Chapter 03 재난관리(Disaster Management) 95

제1절_ 재난추이(Disaster Trend)와 통계 ········ 96

1. 재난추이(Disaster Trend) ········ 96
2. 재난통계 ········ 98

3 미래 재난 ···· 102
제2절_ 재난의 특징(Characteristics of Disasters) ···· 106
1 행정관리적 특징 ···· 106
2 정치적 특징 ···· 109
3 사회참여적 특징 ···· 112
4 과학기술적 특징 ···· 116
제3절_ 재난관리(Disaster Management) ···· 119
1 재난관리 정의(Definition) ···· 119
2 재난관리의 필요성 ···· 120
3 재난관리 역사 ···· 121
4 재난관리와 법률 ···· 124
5 재난관리자의 역할 ···· 125
제4절_ 재난관리 주체(Disaster Management Entity) ···· 127
1 중앙정부 역할 ···· 128
2 지방정부의 역할 ···· 130
3 민간의 역할 ···· 135
4 기타 이해관계자 ···· 137
제5절_ 재난위험경감(Disaster Risk Reduction, DRR) ···· 138
1 효고행동계획(Hyogo Framework for Action, HFA) ···· 139
2 재난위험경감(DRR)과 기후변화적응(CCA) ···· 141
제6절_ 재난관리와 정보통신(IT in Disaster Management) ···· 145
1 지리정보시스템(GIS) ···· 146
2 원격감지(Remote Sensing, RS) ···· 150
3 정보관리(Information Management) ···· 152
제7절_ 언론관계(Press Relationship) ···· 154
1 언론의 역할 ···· 154
2 언론의 양면성 ···· 155
3 효율적인 언론관계 ···· 156
4 재난방송(Disaster Broadcast) ···· 157
5 소셜 미디어(Social Media, SM) ···· 157

Chapter 04 재난관리 이론(Disaster Management Theory) 159

제1절_ 재난관리 이론(Theory) ······ 160

1. 재난관리 정책(Policy) ······ 160
2. 재난관리 모델(Models) ······ 163
3. 재난관리 조직(Organization) ······ 167
4. 재난관리 방식 ······ 170
5. 재난관리 원칙(Disaster Management Principle) ······ 175
6. 포괄적 재난관리(Comprehensive Emergency Management, CEM) ······ 176
7. 통합적 재난관리(Integrated Emergency Management, IEM) ······ 181
8. 모든위험 접근법(All Hazards Approach, AHA) ······ 183
9. 미국의 재난관리 정책 ······ 186

제2절_ 재난관리 모델의 종류(Types of Disaster Management Models) ······ 189

1. 재난관리 단계모델(Disaster Management Phase Models) ······ 190
2. 재난발생 원인 모델(Cause Model) ······ 196
3. 재난대응(시스템) 모델 ······ 206
4. 재난조직 모델 ······ 211

제3절_ 위험관리 이론(Risk Management Theory) ······ 222

1. 위험의 산정과 실행 ······ 223
2. 위험관리(Risk Management) ······ 238
3. 위험관리 과정(Risk Management Process) ······ 252

Chapter 05 재난관리 단계(Disaster Management Phases) 257

제1절_ 재난관리 단계(Disaster Management Phases) ······ 258

1. 전통적 재난관리 단계구분 ······ 258
2. 현대적 재난관리 단계구분 ······ 261

제2절_ 완화(Mitigation) ······ 262

1. 위험관리와 재난완화 ······ 262

2 완화 전략(Mitigation Strategy) ······ 264
3 완화 조치(Mitigation Measurement) ······ 267
4 완화효과와 이행 시 고려사항 ······ 272
5 완화대안 평가 ······ 276
6 완화프로그램 사례 ······ 277

제3절_ 준비(Preparedness) ······ 279

1 재난준비(Disaster Preparedness) ······ 279
2 국가 준비계획 ······ 280
3 재난계획 ······ 287
4 재난대응계획(Emergency Operation Plan, EOP) ······ 296
5 재난계획 과정 ······ 304
6 사업연속성 계획(Business Continuity Planning, BCP) ······ 306

제4절_ 대응(Response) ······ 318

1 재난대응 이론 ······ 320
2 재난대응 시스템 ······ 336
3 비상대응 단계별 주요활동 ······ 342

제5절_ 복구(Recover) ······ 351

1 복구단계 ······ 351
2 복구계획 ······ 354
3 복구단계의 주요활동 ······ 356
4 재난복구 관리과정 ······ 358
5 재난평가 ······ 360
6 예산과 지원 ······ 360

Chapter 06 국가재난관리시스템 361

제1절_ 국가재난관리시스템(National Disaster Management System) ······ 362

1 국가재난관리 ······ 362
2 재난관리시스템 요소 ······ 365

3 국가재난관리시스템 368
제2절_ 국가준비 전략(National Preparedness Strategy) 375
1 국가전략(National Strategy) 375
2 미국의 국가준비(National Preparedness) 379
제3절_ 국가재난대응시스템(National Disaster Response System) 386
1 NIMS의 국가준비 386
2 국가사고관리시스템(National Incident Management System, NIMS) 388
3 국가대응계획(National Response Framework, NRF) 391
4 NIMS와 NRF 393
제4절_ 사고지휘체계(Incident Command System, ICS) 394
1 사고지휘체계(Incident Command System, ICS) 이론 394
2 ICS와 다른 시스템들과의 관계 399
3 사고지휘시스템(Incident Command System, ICS) 404
4 현장지휘(Field Command) 413
5 재난안전대책본부(Emergency Operation Center, EOC) 418

Chapter 07 위험요소(Hazards) 425

제1절_ 열대성 폭풍(Tropical Cyclone) 426
1 대기(Atmosphere) 426
2 열대성 폭풍의 기초 428
3 태풍의 생성과 종류 431
4 태풍의 구조 432
5 태풍의 순환과 이동 435
6 태풍의 생애 436
7 태풍의 주요 위험요소 437
8 예·경보(Early Warning) 443
제2절_ 지진(Earthquakes) 444
1 지구의 내부구조 445

2 판구조론(Plate Tectonics) ········· 446
3 판의 경계(Plate Boundaries) ········· 447
4 지진의 분포 ········· 451
5 진원(Focus)과 진앙(Epicenter) ········· 453
6 지진의 심각도(Severity) ········· 454
7 지진파(Seismic Waves) ········· 458

제3절_ 화산(Volcanoes) ········· 462

1 화산의 종류 ········· 462
2 화산의 분포 ········· 463
3 화산폭발 위험요소 ········· 466
4 화산폭발의 종류 ········· 471
5 화산폭발 예측 ········· 474
6 화산폭발지수(Volcanic Explosivity Index, VEI) ········· 476

제4절_ 홍수(Flooding) ········· 478

1 홍수의 종류 ········· 478
2 홍수의 영향 ········· 479
3 홍수위험 연관요소 ········· 480
4 홍수예보, 경보, 모니터링 시스템 ········· 481
5 구조적, 비구조적 해결책 ········· 481

제5절_ 쓰나미(Tsunami) ········· 482

1 발생원인 ········· 482
2 쓰나미의 물리적 특성 ········· 483
3 쓰나미 발생과정 ········· 485
4 쓰나미 모니터링 및 예 · 경보 ········· 486

찾아보기 ········· 489

CHAPTER 01

재난의 이해 (Understanding Disasters)

제1절. 재난의 개념(The Concept of Disaster)
제2절. 재난의 인식(Disaster Awareness)

제1절

재난의 개념(The Concept of Disaster)

1 재난이란 무엇인가?

재난(Disaster)이란 무엇일까? 재난은 일상적인 대처능력을 초과하여 폭넓은 피해를 유발하는 위기상황이다. 이러한 위기상황은 분야별, 주체별로 다양하게 정의될 수 있기 때문에 재난의 정의는 다양하다. 비록 재난의 정의는 다양하다 할지라도 우리는 재난에 관한 일반적 특징을 알 수 있다. 예를 들어 일상적인 사고가 재난이 되기 위해서는 정상적인 상황의 변화로 심각한 피해를 가져오거나 비정상적인 사건으로 지역사회의 대처능력을 초과하여 외부의 지원이 필요한 상황을 의미한다. 그래서 터너(Turner)는 재난은 ① 큰 규모의 사고, ② 피해가 많은 사고, ③ 공적인 사고, ④ 비일상적이며 예기치 못한 사고와 같은 특징을 갖는다고 했다.

알렉산더(Alexander, 2005)는 재난의 정의문제와 관련된 세 가지 중요한 문제들을 제기하였다. 일상적인 사고가 얼마만한 수량적인 한계를 통과하거나 지나쳐서 재난이 되는가? 대형재난(Catastrophe)은 규모가 큰 재난인가? 그렇다면 얼마나 커야 하는가? 어떤 기능적 속성이 일상적인 사고를 재난으로 바꾸는가? 하는 의문들이다. 또한 과연 물리적 과학자나 사회적 과학자들은 이들 질문에 대해 동일한 답을 할지 궁금해 했다. 그는 또한 우리가 재난을 완벽하고 불변하게 정의하지 못하는 이유는 재난의 의미는 변하는 현상에 대한 인식에 의존하기 때문이라 했다.

재난관리 분야 내에서 재난의 정의에 대한 불일치는 심하다. 재난의 정의가 다양하고 불일치가 심한 이유에는 재난관련 학문의 다양성도 중요한 원인이다. 재난과 관련된 학문의 분야는 아주 다양하다. 재난관리는 자연과학과 사회과학적인 분야의 학문들이 포괄적으로 연관된 복잡한 학문이다. 알렉산더(Alexander, 1993)는 재난관리 관련 학문분야를 지리학(Geography), 인류학(Anthropology), 사회학(Sociology), 개발학문(Development studies), 보건과학(Health science)과 지구물리학과 공학(Geophysical sciences with Engineering), 사회심리학(Social Psychology)과 같이 7개 분야로 정의한바 있다. 재난의 개념과 정의는 아마도 이들 7개 학문분야뿐만 아니라 수많은 다양한 분야에서의 생각들은 조금씩 다를 것이다. 이처럼 재난의 개념과 정의는 일시적이고 관점에 따라 다를 수 있다.

인류는 과학기술 발달 이전 재난을 단순히 신의 행동으로 생각하고 운명처럼 받아들였다. 하지만 과학기술이 발달하고 다양한 위험요소들에 대한 과학적 지식이 발전하면서부터 재난을 자연적인 현상으로 이해하게 된다. 즉 재난은 지진이나 태풍 등과 같은 자연적 위험요소들과, 폭발, 화재, 붕괴 등과 같은 기술적 위험요소들, 테러, 폭동 등과 같은 사회적 위험요소들에 의해 재난은 발생한다고 생각하게 되었다. 하지만 재난을 단순한 자연적인 현상으로 보는 자연과학적 접근은 쉽게 한계에 이르게 된다. 그 결과 재난이해를 위한 새로운 패러다임이 시도된다. 사회적 관점에서의 재난을 이해하는 것이다. 이 관점은 재난은 사회적으로 조성된 인구, 환경, 건설, 사회 등과 같은 다양한 요소들의 취약성이 재난을 유발한다는 것이다. 즉 재난은 위험요소들과 취약성의 조합에 의해 만들어진 대형사고를 의미한다. 그래서 재난전문가들은 재난관리에 대한 새로운 패러다임 전환을 위한 질문은 "무엇이 재난인가? 하는 문제가 아니라 무엇이 사람들을 환경적 위협이나 예기치 못한 재난으로부터 취약하게 만드는가?"에 있다고 말한다.

벡(Beck, 1992)은 현대사회의 위험성을 강조했다. 오늘날 현대사회는 우리가 먹는 음식에서부터 마시는 물, 공기, 우리가 살아가는 장소에 이르기 까지 일상생활 속에 다양한 위험들이 만연해 있고, 우리는 이처럼 위험한 사회에 살고 있다는 것이다. 이 같은 환경에서 재난은 어떻게 발생할까? 재난은 자연적, 기술적, 사회적 위험요소(Hazard)들과 사회적으로 조성된 인적, 물적, 사회적, 환경적 취약성(Vulnerability)이 결합되어 만들어지는 대규모 사고이다. 콰렌텔리(Quarantelli, 1998) 등은 "What is a Disaster?"란 저서에서 재난의 사회적 특성을 강조 했다. 그는 재난은 근본적으로 사회적으로 조성된것이고, 일부는 물리적인 사건이며, 또한 사회적 조성과 물리적 현상의 조합으로 발생된다고 보았다.

길버트(Gilbert, 1998)는 재난에 대한 수많은 이론적 접근을 세 가지 주요 패러다임으로 분류한바 있다. 먼저 재난은 전쟁과 유사하고, 재난은 외부요인의 탓이며, 인간 사회는 이러한 외부요인의 공격에 대해 지구적으로 대응하는 주체들이라는 것이다. 또한 재난은 사회적 취약성의 표현으로 재난은 지역사회에 깔려있는 내적, 사회적 과정의 결과라는 것이다. 나아가 재난은 불확실한 상태로의 진입을 의미하고, 재난의 실체나 가상을 정의하는 것의 불가능하며, 특히 사람들의 정신적 틀은 재난을 경험한 이후에 그 실체를 안다고 하였다.

2 재난현상

사람들의 재난행동에 대한 정확한 이해는 재난관리 과정에서 아주 중요하다. 지금까지 많은 사회학자들은 재난 시 사람들의 행동에 관해 연구해왔다. 주로 다루어진 연구들은 사람들의 패닉여부, 약탈행위, 소방, 경찰들의 직무나 역할포기, 충격, 과장의 문제들에 대하여 연구가 이루어졌다. 연구결과 재난 시 사람들의 행동에 관한 일반적인 소문과 사실은 많이 다른 것으로 나타났다. 콰렌텔리(Qurantelli, 1993) 등은 재난 이후 사람들의 행동 중 패닉, 절망이나 소극적인 행동, 반사회적 행동 들은 재난상황에 관한 연구결과 일반적으로 알려진 소문과 다르게 사람들은 행동하는 것으로 결론을 도출한바 있다(표 1-1). 하지만 여전히 많은 학자들은 재난의 상황에 따라서는 이들 소문과 사실 사이에서 다양한 현상들이 혼재되어 발생할 수도 있음을 강조한다.

재난의 희생자들은 자신을 돌보기 어려울정도로 심각한 상태일 수 있고, 재난발생 시 광범위한 패닉과 재난충격으로 약탈이 일어날 수 도 있다. 티어니(Tierney, 2001)등은 재난 시 비합리적이고 반사회적인 행동들의 발생 가능성을 강조한다. 이러한 행동들은 실제로 자원의 할당과 정보의 전파를 잘못 유도하여 효과적인 재난계획을 방해할 수 있다고 지적한다. 재난지역 피해자들은 기본적인 생존활동이 불가능할 경우 부분적인 무질서와 약탈과 같은 행동들이 발생할 수 있다. 미국 뉴올리언스 지역의 허리케인 카트리나(Katrina) 재난사례와 필리핀 루손시의 태풍 하이옌(Haiyen)으로 인한 재난의 경우 일반적인 소문에 가까운 행동들이 발생한 좋은 사례들이다. 또한 범죄 집단이나 탈옥수들의 범죄 활동들도 예상할 수 있다.

표 1-1 재난에 관한 소문과 사실

소 문(Myths)	사 실(Facts)
희생자들은 충격이나 혼란에 빠짐	가족과 이웃의 도움으로 잘 지냄
패닉에 빠진 많은 사람들	패닉은 아주 제한적이며 문제 안 됨
약탈이 이루어진다.	약탈은 거의 없고 범죄율이 떨어진다.
긴급 서비스 종사자들의 이탈	이탈은 발생하지 않음
희생자들보다 대응조직들의 활동이 크다.	대응조직들보다 희생자들 스스로 잘 한다.

출처 : 콰렌텔리(Qurantelli, 1993)

재난발생 시 피해지역 사람들은 일시적인 냉담, 혼돈, 불신과 같은 현상들은 나타날 수 있다. 재난상황은 언론이나 제3자의 전달을 통해 피해지역 사람들과 일반인들에게 인식될 수도 있다. 재난현장에서 주민들은 주로 정부기관보다 친구, 친지, 지역사람들로부터 정보를 획득한다. 따라서 정확한 정보를 제공하기 위해서는 공공기관의 적극적인 관여가 필요하다. 재난대응 과정에서 대부분의 피해를 입지 않은 사람들은 초기 구조·구급 활동을 통해 다른 사람을 돕는 행동을 수행한다.

메릭(Melick, 1985) 등은 재난지역 사람들의 재난충격에 대하여 ① 재난충격은 갑작스럽게 등장하는 사건, 대형 물리적 파괴, 짧은 사전경보 시간, 외상적인 부상이나 사망 사고에 이르는 사건들에서 가장 흔하게 등장하며, ② 증상들이 발생할 때는 상대적으로 적은 수(약 14%)의 사람들에게 발생하고, ③ 재난충격은 일시적이며, 대부분 수 시간에서 수일까지 지속되지만 재난의 심각성에 따라서 일부 증상들은 수 년 동안 지속될 수 있다고 설명한다.

재난 이후 경험할 수 있는 재난충격들에는 수면장애, 분노, 무기력, 구토, 야뇨증, 불안과 같은 증상들이 기록되고 있다. 일부 심각한 심리학적인 결과로 슬픔과 우울증, 정신병과 같은 증상들도 기록되기도 한다. 대조적으로 일부 연구에서는 특정재난의 경우 정신건강에 있어 많은 수의 사람들이 재난충격 이전 보다 상대적으로 더 나아진 기능을 경험한 경우도 연구되고 있다. 재난의 충격은 정신건강 전문가들과 같은 재난연구가들에게는 중요한 이론적 흥미 주제이다. 하지만 재난관리자들에게 있어 이러한 재난지역 주민들의 재난충격 반응들은 아주 흔치않게 발생하는 것으로 재난의 대응과 복구과정상에 고려할 사항이지만 큰 장애로 등장하지는 않는다.

패닉(Panic)은 가끔 재난대응 활동과정에서 기록된다. 하지만 특정 종류의 재난에 대한 반응으로는 일반적이지 않다. 패닉이 관찰될 때는 상대적으로 적은 수의 사람들이 위협에 노출되며 지속적이지 않다. 패닉은 주로 ① 즉각적이고 극도의 위험을 인지한 경우, ②

제한된 수의 피난 루트만이 있는 상황, ③ 즉각적인 피난이 필요한 상항에서 피난루트가 막혀있는 것을 인식하는 상황, ④ 상황에 대한 정보와 소통의 부족과 같은 상황에서 발생할 수 있다.

3 재난의 정의(Definition)

많은 학자들은 재난이 무엇이며 어떻게 정의할 것인지에 대하여 연구해왔다. 또한 학자들은 재난을 구성하는 것에 대하여 다양한 시각들로 표현해왔다. 일부학자들은 재난의 존재를 사상자와 같이 특정 양의 손실과 연결하기도하고, 일부학자들은 미리 정해진 범위를 넘어서게 되면 재난이 된다하고, 또 일부는 일상적인 조건에 비해 지리학적 범위나 주요성으로 판단하고 있으며, 또 다른 그룹들은 재난피해의 금전적인 가치로서 판단하기도 한다.

오늘날 재난의 종류는 다양하다. 일반적으로 재난은 자연적(Natural) 재난과 인적(Man-made) 재난으로 구분한다. 다양한 종류의 위험과 재난을 관리하기 위해 다양한 재난관리 분야의 노력들이 요구되어 왔다. 하지만 지금까지 각 분야는 상호간의 특성을 잘 이해하지 못하는 경향이 있었다. 그 결과 재난을 어떻게 정의할 것인가 하는 문제 역시 수많은 재난관련 분야에서 지속적인 논쟁의 대상이 되었으며 재난관리 분야 내에서 재난의 정의에 대한 불일치는 심했다.

이처럼 재난에 대한 정의는 재난관리의 주체나, 목적에 따라 다양하다. 하지만 재난의 일반적인 의미는 일상적, 비일상적 사고로서 지역사회가 감당할 수 있는 능력보다 더 큰 결과를 가져다주는 사고를 의미한다. 이와 같이 대부분의 재난정의는 ① 정상의 변화로 인한 심각한 붕괴, ② 비정상적인 사건으로 인한 자체 능력의 초과, ③ 지역사회의 한정적 관리를 넘어선 정부의 적절한 관리가 요구되는 특징이 있다.

드라벡(Drabek, 2010)은 모든 재난은 인간의 의사결정에 의한 결과이고, 재난의 본질은 인간이 죽음, 파괴, 일상의 단절 등으로 고통 받는다는 것이라 했다. FEMA(1983)는 재난은 경제적, 사회적 단절, 공공과 민간의 자산손실, 인적고통, 생활의 손실을 유발하는 사건이나 위협이라고 정의하고 있다. UN(1992)은 재난이란 피해를 입은 지역사회의 자원만으로는 대처하기에 그 능력을 초과하는 광범위한 인적, 물적, 환경적 손실을 야기하는 사회기능의 심각한 단절이라고 정의하였다. 또한 전염병재난 연구센터(Centre for Research on the epidemiology of disasters, CRED)는 재난을 국가적, 국제적 수준의 외부 지원 요구가 필요한 지역의 능력을 압도하는 상황이나 사건, 굉장한 피해, 파괴, 인적 고통을 유발하는 예측할 수 없고 갑작스러운 사고라고 정의한바 있다. 유엔재난위험경감사무국(United Nations Office for Disaster Risk Reduction, UNISDR)은 다양한 과학적 이해를 바탕으로 재난을 해당 지역사회의 자체 자원만으로 대처하기에는 그 능력을 초과하는 인적, 물적, 환경적 손실과 영향을 포함하는 지역사회 기능의 심각한 붕괴로 정의하고 있다.

하지만 재난관리 분야가 하나의 전문분야로서 정착되어가는 과정에서 재난의 정의에 대한 분야별 불일치감은 점점 좁아지고 있다. 특히 오늘날 재난관리 분야는 ISO를 중심으로 국가별, 분야별 재난관련 용어와 업무의 표준화를 적극추진하고 있다. ISO 22300 시리즈는 재난을 포함한 사회 안전과 관련된 포괄적인 국제기준을 제시하고 있다.

4 재난의 기준

사고의 규모가 얼마나 큰 사고를 재난이라 할까? 재난이나 주요사고에 대한 분류기준은 학자들과 기관들마다 다양하게 정하고 있다. 학자별 주요사고의 기준을 정리하면 표 1-2와 같다.

표 1-2 주요사고의 기준

학 자	주요사고 기준
Reeves 1996	3명 이상 사망
Mitroff 1988	50명 이상 사망
Bradford	사상자수와 백만 US$의 로그지수 (Bradford Disaster Scale)로 표현
Keller 1996	5명 이상 사망, 1백만 US$ 이상 피해, 10명 이상 부상, 50명 이상 대피
CRED 2003	10명 이상 사망, 100명 이상 영향, 국제적 지원요청, 주 비상선포
UNEP 2003	25명 이상 사망, 125명 이상 부상, 1만 명 이상 대피, 1만 명 이상 단수, 천만 US$ 이상 손실

콰렌텔리(Quarentelli, 1985)는 재난은 능력을 초과한 위기상항으로 정의하고 있다. 즉 재난의 기준은 국가나 지역사회의 대처능력 수준에 따라 재난이 될 수도 안 될 수 도 있다는 것이다. 즉 똑 같은 규모와 정도의 위험요소로 인한 사고라도 어떤 지역은 재난이 되기도 하고 어떤 지역은 재난이 아닌 단순한 사고로 끝날 수 있다는 것이다. 예를 들어 규모 6.0의 지진 발생으로 인해 어떤 지역은 취약성 때문에 많은 피해를 입게 되어 재난으로 확대되는 반면, 지진 위험에 대하여 체계적인 준비를 해온 어떤 지역에서는 아무런 피해도 입지 않아 단순한 물리적인 사건으로 끝날 수 있다. 따라서 위험요소의 특성이나 강도, 규모에 따른 통일된 재난의 기준은 없지만 기관의 필요에 따라 일정수준의 피해결과를 정하여 재난기준으로 활용하기도 한다.

재난은 경제적, 인류적, 생태적인 영향을 받는다. 경제적 비용으로는 직접적인 손실, 간접적인 손실, 미시경제적인 손실이 있다. NFPA 1600은 피해평가(Damage Assessment)를 인간, 물리적, 경제적 그리고 자연적 자원에 대한 영향의 평가나 결정으로 정의하고 있다. 하이데(Heide, 2000)는 일상적인 사고와 재난을 구분할 수 있는 특징을 표 1-3과 같이 정리하고 있다. 일반적으로 100명 이상의 사상자, 또는 국민총생산(GNP)의 1% 이상의 경제적인 손실, 국민들의 1% 이상이 피해를 입은 경우에 대하여 대형재난으로 정의하기도 한다.

표 1-3 일상적 사고와 재난의 특징

일상적 사고	재 난
친숙한 면들과 상호작용	친숙하지 않은 면들과 상호작용
친숙한 업무와 절차	친숙하지 않는 업무와 절차
조직내부의 협력이 요구	조직내부와 조직 상호간의 협력 요구
온전한 도로, 전화, 시설	도로, 전화, 시설의 파손
통신의 빈도가 적당함	통신의 빈도가 아주 높음
내부 조직적인 의사소통	조직 상호간의 정보공유가 요구됨
의사소통과정에 친숙한 용어의 사용	다른 용어 사용자들과의 의사소통
지역 언론에서 다룸	전국적, 세계적 언론의 보도대상
관련자원 협력을 위한 적절한 관리구조	관리능력을 초과하는 자원들의 집결

출처: 하이데(Heide, 2000)

5 재난의 종류(Types of Disasters)

1) 발생 원인에 따른 분류

재난의 종류는 일반적으로 재난을 유발한 요인(Cause), 즉 위험요소(Hazard)에 의해 구분된다. 재난관리 분야의 등장 초기에는 위험요인들은 크게 전쟁과 같은 공격(Attack)요인과 지진이나 태풍과 같은 자연적 위험요인(Natural Hazard)으로 분류하였다. 이후 과학기술의 발달과 사회의 다변화로 인해 인적 실수나 조직과 그룹들의 실수로 인해 발생하는 기술적 위험요인(Technological Hazard)들이 포함되었다. 기술적 위험요인은 때때로 인적요인(Man-made)으로 교체되기도 하면서 혼용되기도 하였다. 이후 기술적 재난이 너무 비인간적인 기원이라며 이들 재난은 산업적 이익에 집착한 산물로서 회사의 책임을 지적하기 위해 인적재난(Man-made disaster)을 만들었다.

따라서 가장 단순한 이분법적 재난분류는 ① 자연적(Natural) 재난과 ② 인적(Man-made) 재난으로 분류하는 것이다. 인적재난은 인간의 과실로 인하여 위험요소들이 발생하며 위험요소들의 출현을 사전에 예방할 수 있는 특징이 있다. 반면 자연적 재난은 위험요소들이 자연적 현상에 의해 유발되기 때문에 인간이 직접적으로 위험요소들의 출현을 조정하기는 어렵다. 즉 일부 자연적 위험을 제외하고 대부분의 자연적 위험요소들을 사전 예방하는 것은 거의 불가능하다. 단지 사전에 예측할 수 있는 위험요소들에 대하여는 경보, 완화, 준비, 초기대응을 통해 그 피해를 줄일 수 있을 따름이다.

인적재난은 다시 기술적 재난과 기타재난으로 구분하기도 한다. 기타재난에 대한 구분은 학자별, 국가별, 분야별로 다양하다. 기타재난을 사회적(Social) 재난, 복합적(Complex) 재난, 혼합적(Hybrid) 재난, 갈등적(Conflict) 재난 등으로 분류하기도 한다. 그 중에서 인적재난을 기술적 재난과 사회적 재난으로 나누는 것이 가장 일반적 구분방법이다.

터너와 페드젼은 인적재난(Man-made disaster)을 사회 기술적(Socio-technical) 재난, 전쟁(Warfare) 재난으로 분류하였다. 리차드슨(Richardson, 1994)은 사회기술적인 재난에는 4가지 종류의 조직적 상황 속에서 발생한다고 했다. 플랜트나 공장의 실패, 교통실패, 경기장이나 공공장소의 실패, 생산의 실패를 들고 있다. 또한 테러(Terror)의 등장과 더불어 위험요소(hazard)와 위협(Threat)을 혼용하여 사용하게 되면서 기술적인 재난과 인적재난이 완전하게 분리되어 사용되어 졌다. 냉전 이후 재난관리가 체계화 되면서 재난발생 원인에 따른 재난의 종류는 ① 자연적(Natural), ② 기술적(Technological), ③ 인적(Man-made) 재난과 같이 3분법적으로 분류되었다. 따라서 오늘날 재난의 원인에 따른 분류는 다양하지만 대표적인 분류는 표 1-4와 같이 자연적, 기술적, 인적재난으로 분류하는 것이다. 또 다른 분류는 자연적, 인적, 혼합(Hybrid) 재난으로 분류하기도하고, 자연적, 인적, 고의적, 사고적 재난으로 분류하기도 한다.

재난연구의 대표적인 학자인 알렉산더(David Alexander, 2002)역시 위험의 종류를 자연적, 기술적, 사회적 위험으로 구분하였다. 하지만 재난관리 분야의 특성상 이 같은 일반적인 분류와 다른 다각적인 분류들도 수많은 학자들과 기관들에 의해 다양하게 분류되고 있다. 맥엔타이어(McEntire)는 자연적(대기적, 지질적, 수문학적, 화산적, 산불), 환경적, 생물학적(질병, 감염), 기술적, 인적(Human Induced/Civil)으로 구분하기도 했다. UNISDR (2002)은 자연적(Natural), 기술적(Technological), 환경적 저하(Environmental Degradation)로 구분하기도 한다. 결론적으로 재난은 그림 1-1과 같이 다양한 방식으로 분류할 수 있다.

표 1-4 재난의 분류

이분법	자연적	인적 재난			
삼분법	자연적	기술적	인적 재난		
기타	자연적	기술적	사회적	복합적	혼합적
위험요소 (Hazards)	지진, 화산, 쓰나미 등	원자력, 폭발, 화재, 위험물 등	테러, 전쟁, 폭동, 질병 등		

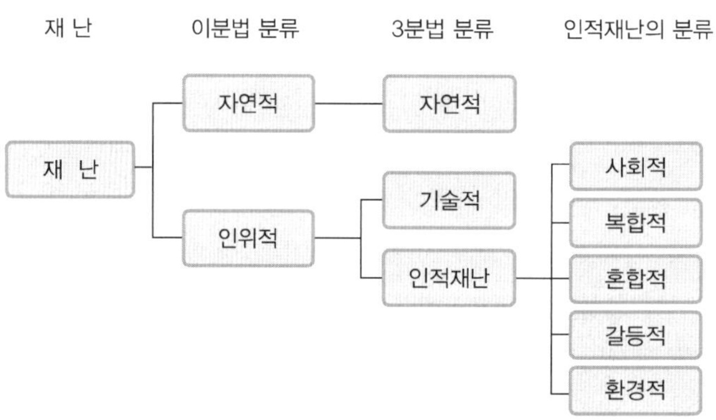

그림 1-1 재난의 분류체계

2) 재난 규모에 따른 분류

재난이란 해당 지역사회의 대처능력을 초과하는 폭넓은 인적, 물적, 환경적 손실로 인한 사회적 기능의 심각한 파괴상태를 말한다. 즉 재난의 규모는 일반적으로 위험요소(Hazard) 즉 사건(Event)의 정도와 강도 및 사회의 취약성(Vulnerability)에 의해 결정된다. 재난의 정도가 극심한 초 대형재난을 우리는 "Catastrophe"로 표현한다. 이때는 국가수준의 능력을 넘어 국제적인 지원이 요구된다. 대형재난이 발생할 수 있는 가장 중요한 요인들은 인구증가와 사회경제적 불균형, 지구온난화로 인한 기후변화, 과학기술의 발달로 인한 사회적 기능의 복잡성 등이 있다.

재난은 규모에 따라 ① 사고(Incident, Accident), ② 재난(Disaster, Emergency), ③ 대형재난(Catastrophe, Chaos)으로 구분할 수 있다. 빙린 양(Binglin Yang, 2011)은 사고(Accidents)를 세 가지 범주로 구분하여 경미한 부상과 질병(Minor Injuries and Illnesses), 중대한 부상(Dramatic Injuries), 재난(Disasters)으로 구분한 바 있다. 이 같은 분류와 같이 일상적인 사고가 커지면 재난이 된다.

코포라(Coppola, 2007)는 재난의 강도와 정도는 규모에 따라 지방의 재난, 국가적 재난, 세계적 재난으로 분류하기도 하였다. 캔톤(Canton, 2007)은 재난위기의 계층별 모델로 표 1-5와 같이 재난, 주요재난, 초대형 재난으로 정의했다. 알렉산더(Alexander 2002)는 재난의 규모에 따라 1단계를 일상적인 사고, 2단계를 단일 관할이나 자치단체에서 취급하지만 외부의 자원지원이 필요한 Incidents(소형재난), 3단계를 지역적, 상호 관할적인 자원을 활용하는 중형재난(Major Disasters), 4단계를 국가적, 세계적 재난인 대형재난(Catastrophe, Calamity)으로 구분하였다.

표 1-5 재난의 규모별 정의

구 분	정 의
비상/재난 (Emergency)	일상적으로 지역단위에서 관리 가능한 수준의 사건 최하위 위계의 재난대응 수준으로 활동적 사고지휘체계(Incident Command System, ICS)활용, 지방정부
주요재난 (Major Disaster)	주요재난 지원이 필요한 충분한 심각성과 강도로 피해유발 중급 위계의 전술적 대응 수준의 다수기관조정시스템, 주와 지방정부
초대형 재난 (Catastrophe)	초월적인 수준의 다수사상자, 피해는 물론 사람, 인프라, 환경, 경제, 정부 기능에 심각한 영향을 미치는 파괴를 유발 최고의 위기단계로 전략적 수준의 대응, 위기관리, 연방과 주정부들이 책임기관

출처 : 캔톤(Canton, 2007)

사고와 재난을 규모에 따라 구분해 보면 다음 표 1-6과 같이 구분할 수 있다.

표 1-6 재난 규모에 따른 구분

재난규모	사고/ 재난	주요 특징
소규모	Accident	일상적 사고(일상성이 강조됨)
중규모	Emergency	중규모와 임박한 사고를 포함한 비상이나 재난(긴급성 강조)
대규모	Disaster	규모가 큰 재난(지역능력을 초과한 대규모의 강조)
특대규모	Catastrophe	경험에 근거한 최악의 재난(가장 큰 규모강조)

6 재난충격과 손실

1) 재난충격(Disaster Impacts)

재난의 충격은 물리적 충격과 사회적 충격으로 구분할 수 있다. 물리적 충격에는 사상자(Casualties)와 재산상의 손실을 말한다. 사상자는 사망자와 부상자로 구분할 수 있고, 재산상의 손실에는 건물과 인프라, 사회적 서비스, 건축물 내의 내용물, 동물, 작물 등을 포함한다. 사회적 충격은 사회 심리적, 인구통계학적, 경제적, 정치적 영향을 말한다. 사회적인 충격은 장기적 시간에 걸쳐 진행하고 발전되며 그 영향을 평가하기 쉽지 않다. 재난의 사회적 충격을 이해하는 것은 재난의 사전적인 예상을 위한 기초를 제공할 수 있어 매우 중요하다. 따라서 최근 들어 재난의 사회적 충격에 대한 학자들의 연구는 많이 이루어지고 있다.

재난충격의 사회 심리적 요인으로는 우선 정신생리학적으로 피로, 위장장애와 경련, 인지장애, 집중력 장애, 주의력 결핍 등이 나타나고, 심리학적인 감정표시 즉 분노, 우울증, 슬픔들이 나타난다. 또한 행태적인 효과로 수면과 식욕의 변화, 이례적인 행동, 물질남용과 같은 현상이 나타나며, 심각할 경우 위기자문이나 정신건강관련 치료도 필요하다. 재난이후 일반적인 감정들로는 충격, 두려움, 분노, 무력감, 슬픔, 수치, 죄책감, 긴장감들이 형성되며, 물리적 감정적 증상들로는 불면증, 악몽, 초조함, 기억, 사회적 위축과 같은 증상들이 나타나기도 한다.

재난충격의 인구통계적인 요인으로는 전반적 인구 변화뿐만 아니라 개인적 구성요소인 출산, 사망, 이민과 같은 형태로 변화가 나타나기도 한다. 경제적인 영향으로는 수리와 보수에 필요한 자산의 손실을 들 수 있다. 소비의 감소, 투자의 감소, 또한 간접적인 피해들도 많이 나타나기도 한다. 정치적 영향으로는 사회적 비난과 더불어 정치적인 책임을 묻게 되고 결국 정권의 변화를 가져오기도 한다. 따라서 린델(Lindell, 2002)은 재난은 물리적, 사회적, 심리적, 인구학적, 경제적, 정치적 분야에 영향을 미친다고 주장했다.

재난은 사건에 대처하는 지역사회의 능력을 초과할 때 발생한다. 린델(Lindell, 2003) 등은 재난충격 모델을 그림 1-2와 같이 설명했다. 이 모델에 의하면 우리 지역사회는 재난충격 이전에 위험요소(Hazard)에 노출되어 있고 물리적, 사회적 취약성을 갖고 있다. 이러한 조건들은 특정 위험요소가 가지는 조건과 지역사회의 재난관리 관여활동들의 결과에 의해 물리적 사회적 충격의 크기가 결정된다는 것이다.

또한 재난이 발생하여 지역사회에 영향을 미치는 과정을 우리가 이해하는 것은 ① 이 과정상의 정보는 지역사회의 취약성을 만드는 사전적 조건을 정의하는데 필요하고, ② 재난영향 과정에 관한 정보는 각 지역사회의 독특한 효과를 주는 취약계층과 같은 특정 부분을 정의하는데 사용되며, ③ 재난충격 수준을 결정하는 특별한 조건을 정의하는데 사용되고, ④ 재난충격 과정을 이해하는 것은 재난 계획가들이 적절한 재난관리 관여(Interventions)활동을 정의할 수 있게 하여 중요하다고 했다.

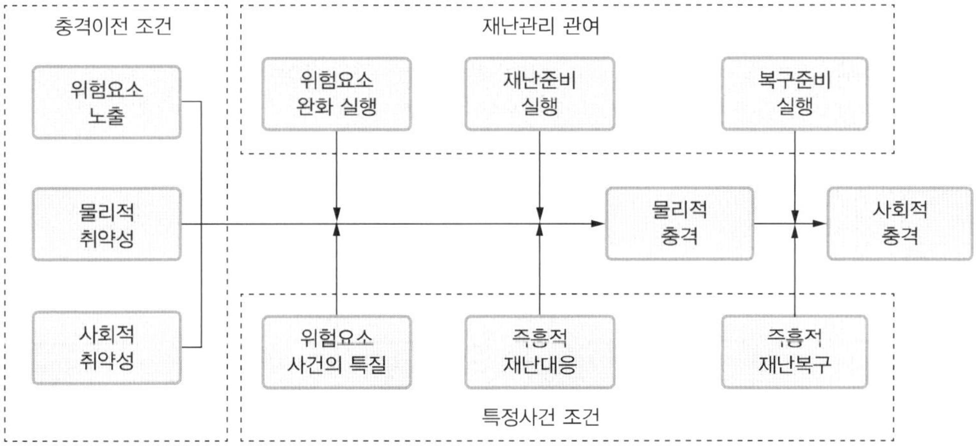

그림 1-2 재난충격모델

출처 : 린델(Lindell, 2003)

재난 발생 시 사람들의 직·간접적인 인적 피해는 의료, 보건, 위생, 물, 보호소, 의류, 음식, 에너지 공급, 탐색구조, 공공업무와 공학, 환경, 조달과 이송, 안전, 통신, 경제, 교육에 걸쳐 다양하다. 또한 지역사회에서의 재난으로 인한 물리적 영향을 정리하면 표 1-7과 같이 정리할 수 있다.

표 1-7 지역사회의 물리적 충격

지역 부분	영향을 받는 분야
필수 서비스	유틸리티 기능(가스, 전기, 통신, 인터넷, 상·하수도) 공공서비스 기능(정부, 소방, 경찰, 보건소, 병원, 교통, 쓰레기 수거)
상업시설	은행, 슈퍼마켓, 주유소, 약국, 백화점, 오락가, 식당과 호텔
지역시설	지역 센터, 학교, 종교시설, 의료센터, 스포츠클럽, 문화센터
환경부분	오염(공기, 토양, 물), 동식물이 손실, 공원의 파괴, 지역의 파괴

알렉산더(2000)는 위험과 취약성, 위험요소, 재난충격 사이의 스케일을 표 1-8과 같이 구분하였다.

표 1-8 위험, 취약성, 위험요소와 재난충격 스케일

구 분	strong		weak
위험요소 (Hazard)	고 강도	↔	저 강도
	고 빈도	↔	저 빈도
	잘 인지되고 한정된	↔	잘 인지되지 못하고 한정된
	잘 완화된	↔	완화되지 못한
위험과 취약성 (Risk and Vulnerability)	높은 취약성	↔	낮은 취약성
	높은 노출	↔	낮은 노출
	높은 위험	↔	낮은 위험
	임박한 위험	↔	잠재적 위험
재난충격 (Disaster Impact)	높은 가능성	↔	낮은 가능성
	고도의 반복	↔	단독 또는 독특한
	높고 집중된 에너지	↔	낮고 분산된 에너지
	직접적인	↔	간접적이거나 2차적
	느린 충격	↔	갑작스런 충격
	장기간	↔	짧은 기간
	공간적으로 광범위한	↔	지역적인
	높은 결과	↔	낮은 결과

출처 : 알렉산더(2000) 재편집

2) 재난의 손실(Losses)

재난의 손실은 일반적으로 ① 사망자(Deaths/fatalities), ② 부상자(Injuries), ③ 피해액(Cost)과 같은 세 가지 결과가 사용된다. 이들 세 가지 다른 결과를 상호 이용하여 재난충격의 정도를 상호 비교하기는 어렵다. 따라서 세 가지 요소들 사이의 개략적인 비교를 통해 재난충격의 정도를 참고할 뿐이다. 재난손실의 상대적 비교를 쉽게 하기 위해서는 두 가지 가장 일반적 차이 들인 직・간접피해(Direct/Indirect losses)와 유・무형(Tangible/Intangible losses)의 손실로 구분하여 비교한다. 직・간접피해와 유・무형의 손실에는 그림 1-3과 같은 내용들이 포함된다. 스미스(Smith, 1995)는 재난의 손실을 표 1-9와 같이 분류하였다.

표 1-9 직·간접 피해와 유·무형의 손실

구 분		내 용
직. 간접 피해	직접피해	사상자, 부상자, 구조물의 복구비용, 복귀비용, 최종 소비를 위한 저장품들의 손실, 수입의 감소를 초래하는 생산손실, 대응비용, 청소비용, 비상원조와 수리비용 등
	간접피해	수입의 감소, 공급자들의 활동 감소, 사업의 input/output 손실, 상품과 서비스의 소비감소, 사업 감소/개인지출, 기관적 지식의 손실, 세수 감소로 인한 국가수익 감소, 정신적 질병, 가족사망
유. 무형 손실	유형손실	건물 복구비용, 대응비용, 재고목록의 손실, 수입의 손실
	무형손실	문화적 손실, 스트레스, 정신적 질병, 감성적 가치, 환경적 손실

출처 : 스미스(1995) 재편집

잠재적인 영향에 따라 사회적·인적 영향, 물리적 영향, 경제적인 영향으로 구분하기도 한다. 솔웨이(Solway, 1999)는 자연적 위험요소들의 잠재적인 효과를 표 1-10과 같이 정리했다. 스미스(Smith, 1992)는 재난의 피해를 증대시키는 주요 요인들로 ① 인구증가, ② 토지이용이 주는 부담, ③ 경제성장, ④ 기술혁신, ⑤ 사회적 기대, ⑥ 종속의 증가를 들었다.

재난의 충격은 부정적인 것만 있지 않다. 재난의 긍정적인 면, 즉 수익적인 측면은 ① 재난의 사전 예방관리로 인한 미래 위험의 감소, ② 신기술의 사용으로 인한 서비스 질의 증가, ③ 위험한 건물의 제거, ④ 재건활동으로 인한 일자리 창출, ⑤ 위험요소에 대한 다수 공중의 인식향상, ⑥ 재건과 완화를 위한 재원확보, ⑦ 토지의 비옥함과 같은 환경적 수익을 들 수 있다.

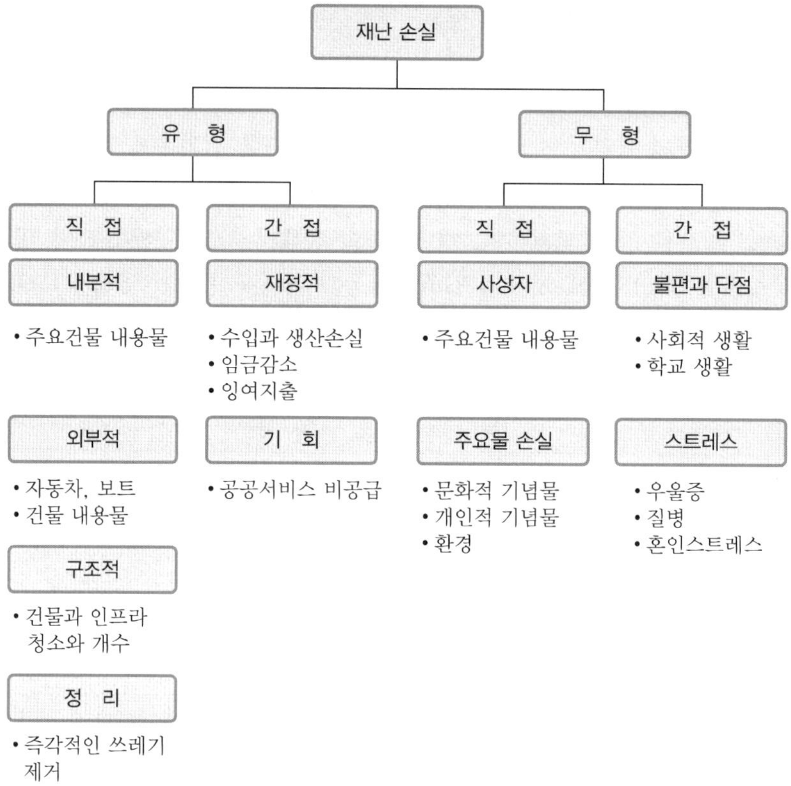

그림 1-3 재난의 손실에 대한 분류(출처 : 호주 재난관리계획)

표 1-10 자연적 위험요소들의 잠재적인 영향

구 분	사회적, 인적 영향	물리적 영향	경제적 영향
주요 충격	사상자, 부상자 수입과 고용기회 손실 무주택	지각의 변형과 땅의 질적인 저하 건물과 인프라 붕괴 기초지반의 허약	사업의 단절 생산력의 손실 대응과 구호비용
2차적 충격	질병과 영구적 장애 심리적 손상 사회적 연결 손실 정치적 동요	건물과 인프라의 점진적인 퇴화	보험 산업의 손실과 보험시장 악화와 요율상승 시장과 거래기회 상실 사업가들의 자신감 상실과 투자회수, 복구비용

출처 : 솔웨이(Solway, 1999)

제2절
재난의 인식(Disaster Awareness)

1 재난의 인식(Disaster Awareness)

재난관리는 위험을 다루는 학문이다. 재난위험은 잠재적인 가능성으로 존재한다. 따라서 위험에 대한 인식의 차이는 위험을 다루거나 이해하는데 커다란 영향을 미치게 된다. 재난 역시 위험과 같이 어떻게 인식하는가에 따라 재난을 다루고 이해하고 관리하는데 많은 영향을 미치게 된다. 과거 우리는 재난을 신의 행동으로 생각하고 이러한 재난은 불운한 사고로 우리의 통제를 넘어선 것으로 인식했지만 오늘날 과학기술의 발달에 힘입어 이런 재난들은 위험요소(Hazards)들과 취약성(Vulnerability)의 상호작용에 의해 발생한다고 이해하고 있다. 위험요인들은 자연적 또는 인적활동으로부터 기인되고, 취약성은 물리적, 사회적, 경제적, 정치적, 문화적으로 취약한 요소들에 영향을 받는 인적 물적 손실의 감수성을 말한다.

재난은 항상 인간과 자연, 기술 그리고 살아있는 주체들과의 상호적 관계의 결과로 인해 발생하였다. 다양한 종류의 재난은 지속적으로 우리의 일상 삶에 많은 영향을 미쳤다. 이처럼 재난은 인간의 발전을 저해한다. 재난은 사회발전에 심각한 영향을 주고 사회적 발전은 재난의 위험을 증가시키거나 감소시킨다. 특히 오늘날 인간의 사회적, 경제적 발전은 재난의 취약성을 지속적으로 키워왔으며 재난에 대처하는 인간의 능력을 점점 약화시켜왔다. 이러한 역학관계 속에서 인간은 재난과 더불어 살아간다.

우리 사회는 태풍, 홍수, 지진, 가뭄 등 다양한 종류의 재난과 더불어 발전하기도 하고 쇄락하기도 했다. 그래서 인류의 역사는 재난의 역사라고 말할 수 있다. 역사적으로 재난에 대한 사람들의 인식은 다양하게 변하여 왔다. 이처럼 먼 옛날 우리는 재난을 ① 신의 행동(Acts of God)으로 생각하고 재난을 무조건적으로 받아들이며 생활해왔다. 이후 재난에 대한 관심과 과학기술의 발달로 재난에 대한 이해가 넓어지면서 재난을 ② 자연의 행동(Acts of Nature)으로 인식했다. 또한 재난에 대한 사회적인 인식이 강조되면서 자연적 현상뿐만 아니라 인간의 사회적 행위의 결과물로서 재난을 인식하는 ③ 자연과 사회의 조합(Interactive Effects of Nature and Society)이라고 인식하게 된다. 하지만 최근에는 과학기술과 사회과학의 발달과 더불어 자연적 현상보다 인간의 사회적 행위의 결과에 더 비중을 둔 ④ 사회적인 결과(Acts of Society)로 인식하는 경향이 많다.

1) 신의 행동(Acts of God)

위험요소와 재난을 보는 관점은 오랜 역사를 통해 변해 왔다. 과거 대형재난 사고들은 신이 행동으로 보았다. 그래서 재난은 별의 움직임이나 행성 활동과 같은 신의 행동에 의해 발생하는 불운한 사건이며 인간의 이해를 넘어선 영역으로 인간이 조정할 수 없는 힘에 의해 발생한다고 인식했다. 따라서 재난은 불운하고 부정적 사고이며, 불운한 별과 행성의 정렬에 의한 결과이며, 재난은 발생할 수밖에 없는 것이며, 인간은 순진하게 희생당하며, 이는 신의 영역으로 인간이 이해하기 어려운 운명으로 인식되었다. 신의 행동적인 관점에서 볼 때 대형재난 사고는 지구에 살고 있는 인간들의 결과라기보다 비정상적인 행동에 대한 신성의 처벌로 생각했다. 따라서 대형재난은 외부적이고 불가피한 사건으로 받아들였다. 이 같은 재난인식에서는 다양한 인적 재난들도 신의 의도에 의해 조장된 것처럼 오도되는 모순이 발생한다.

2) 자연의 행동(Acts of Nature)

포르투칼의 리스본 대지진 이후 재난에 대한 인식은 대전환을 가져오게 된다. 지구물리학적 지식과 과학의 발전은 재난을 초자연적인 인식에서 자연적인 인식으로의 전환을 가져오게 된다. 재난은 사회적 시스템에 대한 자연현상으로 인한 외력의 작용, 즉 물리적인 사건으로 인식하게 된다. 과학기술의 발달과 더불어 재난은 신의 행동이 아니라 자연활동에 의한 일상생활의 단절로 인식되고 사람들은 적극적인 대응을 하게 된다. 이러한 인식의 변화는 재난은 국가가 책임을 져야하며, 재난대응과 재건, 전통적인 초자연적인 원인에 대한 반대적 사고, 적극적인 재난대응 활동들이 등장하게 된다. 인간은 자연을 순응대상이라기보다 조정과 통제, 투쟁의 대상으로 인식하고 재난을 관리하기 위하여 다양한 공학적인 수단들을 동원하게 된다.

재난대응 방법은 과학과 기술을 이용하는 것이었다. 인간의 인지와 행동의 역할을 부분적으로 인정하면서 주요목표는 공학을 이용한 자연의 통제였다. 또한 과학기술을 이용한 지구물리학적인 과정에 대한 해석과 현장 모니터 활동들이 또 다른 수단들이었다. 사람들의 적극적인 재난계획과 재난대응도 중요한 방법이었다. 이러한 패러다임은 재난관리를 지나치게 과학과 기술에 의존한다는 비판을 받게 된다.

길버트 화이트와 하스(Gilbert White 와 Haas)는 "자연적 위험요소에 대한 연구평가"에서 이전 물리적, 공학적 과학자들의 연구차원을 넘어 사회 과학적인 연구를 시도하였다. 그들은 자연적 위험요소들은 사회 밖의 물리적 현상이 아니라 위험지역의 개발과 주거를 위한 개인의 의사결정과 연결된 것이라고 보았다. 이들의 연구를 시작으로 재난을 사회적 관점에서 보게 되는 접근이 시작되었다. 공학자들이 주로 공학을 활용한 구조적인 대응위주에 초점을 두었다면 사회과학자들은 사회과학적 측면에서는 인간의 조정활동을 통한 위험완화에 초점을 둔 비구조적인 대응활동들을 동원하게 된다. 다양한 종류의 재난 위험요소들을 효과적으로 관리하기 위해서 이들 구조적, 비구조적인 조치들의 상호보완적 사용의 필요성을 절감하게 된다.

3) 사회와 자연의 상호작용(Interactive Effects of Nature and Society)

지진이나 태풍과 같은 자연적 위험요소들에 의한 재난은 단지 인간의 인식이나 지구물리학적인 조건에만 의존된 것이 아니며 자연재난의 원인, 특성, 결과는 특정 사고의 조건이나 행동으로만 설명되지 않는다는 인식이다. 즉 재난의 발생은 단순한 자연현상만이 아니라 인간의 다양한 선택에 의한 요소들과 상호작용하여 발생하며, 자연과 인간의 의사결정의 조합에 의한 결과라는 인식이다. 예를 들어 자연현상인 지진 자체가 사람을 죽이거나 재산상의 피해를 주는 것은 아니며, 사람들이 자의적 선택에 의해 지진 위험지역에 거주하기 때문에 피해를 입는 다는 것이다. 이 같은 인식에서 재난은 위험요소 뿐만 아니라 토지이용규제 등과 같은 인간의 사회적인 활동에 의해 발생하기 때문에 재난관리를 위한 종합적이며 적극적인 관여가 강조된다.

4) 사회적 조성(Acts of Society)

과학기술에 의존한 인간의 적극적인 재난대응에도 불구하고 재난으로 인한 피해는 지속적으로 규모와 다양성면에서 성장하게 됨에 따라 사회과학자들은 인간의 취약성을 주목하게 된다. 사회적으로 가장 취약한 사람들이 대부분 재난을 경험한다는 것과 같은 가난과 취약성의 개념에서 재난을 해석하게 된다. 재난의 사회 조성적 관점은 특정계층의 사회적 취약성이 재난을 유발한다는 것이다. 사회적으로 취약한 특정계층들은 경제적, 정치적 과정을 통해 등장한다고 생각한다. 이러한 관점은 위험요소에 대한 인간의 취약성에 초점을 두고 있으며 재난의 희생자들이 위험요소에 대한 취약성을 유도하는 조건을 만들었다고 생각한다. 즉 사회적 조성이론의 가장 일반적인 해석은 사회적으로 구축된 작용력과 과정이 재난발생의 주요 문제라는 것이다.

사회과학자들은 재난을 자연적인 과정에 의한 것 이라기보다는 세계경제 활동과 가난한 사람들의 조건 같은 것에서 유발된다고 주장한다. 이 같은 급진적 패러다임은 재난은 ① 자연적 기술적인 과정이라기보다는 인간의 모순적인 착취이며, ② 재난은 항상 가난한 나라에서 빈발하고, ③ 재난완화는 정치 사회적인 작용을 통한 부와 권력의 재분배를 포함한 사회의 근본적인 변화에 의존한다고 보았다. 그래서 메서리(Messerli, 2000) 등은 인간이 지배하는 환경은 극한 사건에 대한 사회경제적인 취약성에 영향을 미친다고 했다.

재난에 대한 인식은 개인적, 그룹적으로 직면한 여건에 따라 각각 다를 수 있다. 재난을 인식하는 이들 네 가지 방식 중에서 절대적 한가지로 인식될 수는 없다. 왜냐하면 재난의 종류는 다양하고 그 특성과 상항에 따라 이들 네 가지의 인식들이 중복적으로 인식될 수 있다는 것이다. 예를 들어 오늘날 우리 인류의 과학수준을 넘어선 혜성이나 운석으로 인한 외계적(Extra-Terrestrial) 재난의 경우 다분히 신의 행동으로도 받아들일 수도 있을 것이다.

표 1-11 재난의 인식에 따른 인간의 대응

인식방법	재난발생 원인	인간의 대응
신의 행동	신의 행동(운명)	아무것도 하지 않고 숙명처럼 받아들임
자연의 행동	지구물리학적인 현상	공학, 자본, 기술로서 자연을 조정, 투쟁 할 수 있는 것이 없다고 생각할 때 아무것도 하지 않음
자연과 사회의 상호작용	지구물리학적인 현상과 사회적 시스템의 상호작용	인간의 관여 확대(재난규제, 토지이용관리)
사회적 조성	인간의 선택에 의한 잘못	근본적인 이유와 원인을 관리

산업사회 이후의 사회적 진화에 대하여 독일의 사회학자 울리 벡은 위험사회(Risk Society)라는 용어를 사용하였다. 과학과 기술의 발달은 인류에게 편리함을 제공한 반면 새로운 과학기술들의 무분별한 사용은 우리사회를 보다 위험하게 만드는 경우도 많다는 것이다. 과학기술의 발달로 인한 대표적인 위험들로는 원자력, 유전자 조작식품, 심해 유전개발, 기후변화 등을 거론하고 있다.

오늘날 우리사회의 모든 면면들에서 이런 현상들이 분명하게 나타나고 있으며, 개개인, 조직, 사회, 국가는 모두 본인의 의사와 무관하게 이 같은 위험에 직·간접적으로 노출되어 있다. 문제는 각각의 주체들이 이들 위험을 어떻게 인지하고 어떻게 대처하느냐의 문제이다. 즉 재난에 대한 인식은 재난을 이해하고 대처하는 중요한 출발점이 된다. 재난의 인식에 따른 인간의 대응방법에 대하여 러셀 다인즈(Russell Dynes)는 만약에 재난이 신의 행동이라면 운명론적인 태도가 적절하고, 재난이 자연의 행동이라며 공학적인 해결을 시도하는 것이 적절하며, 만약에 재난이 사회적인 행동이라면 사회적인 조치를 해야 한다고 했다.

2 재난의 연구(Disaster Research)

현대적 재난연구의 시작을 사뮤엘 프린스(Samuel Prince)의 1917년 박사 연구논문인 "캐나다 Halifax 군수품 선박 폭발사고의 지역사회에 미치는 영향"을 들고 있다. 이후 대학을 기반으로 학문적인 연구들이 체계적으로 진행되었다. 이러한 과정에서 정책결정자들과 재난관리 실무자들은 상호간의 의사소통을 통해, 자기분야 외적인 관계자들과의 교류를 통해, 위험요소들 사이의 상호분야적인 연구를 통해 재난관련 연구는 발전하게 된다. 또한 위험요소들 상호간의 관계에 대한 연구, 자연적·기술적 위험요소들 상호간의 연관관계에 관한 연구, 민방위 업무와 재난관리에 관한 이해, 재난현장의 지휘통제 모델에 관한연구, 재난이 정신건강에 미치는 영향, 포괄적 통합적 재난관리에 관한 연구에 이르기 까지 다양한 재난연구를 하면서 현대적 재난연구는 발전하게 된다.

재난연구는 재난을 보는 관점에 따라 다양할 수 있다. 재난위험을 일반적으로 위험요소와 사회적인 취약성의 결과로 결정하듯이 재난연구의 관점역시 위험요소에 초점을 둔 연구들과 사회적 취약성에 초점을 둔 연구들로 크게 구분할 수 있다.

미국의 경우 재난에 관한 대표적 연구들로는 1974년 콜로라도 대학 소속의 화이트와 하스(White and Haas)에 의해 주도된 국가적 재난위험 평가를 첫 번째로 시작하게 된다. 이후 1997년 린델(Lindell) 등은 위험요소 적응의 채택과 이행에 관한 연구를 하게 되고, 1998년 쿤러더(Kunreuther) 등은 위험방어를 제공하는 보험의 역할에 관한 연구, 버어비(Burby, 1998)는 재난손실을 포함한 전략적 토지이용계획에 관한 연구, 커터(Cutter, 2001)는 재난의 영향과 위험의 취약성 분석을 위한 도구로서 GIS에 관한 연구, 밀레티(Mileti, 1999)는 국가적 위험요소에 대한 재평가에 관한 연구를 국가적으로 행하게 된다. 개인적인 재난연구 활동들도 이러한 연구와 더불어 활발하게 진행되었다. 대표적인 연구주자로서 다인즈(Dynes), 드라벡(Drabek), 콰렌텔리(Quarantelli), 커럽스(Kreps) 등이 있다.

1) 자연과학적 관점

자연과학적 연구관점은 태풍, 지진, 쓰나미, 홍수, 화산폭발 등과 같은 재난을 유발하는 위험요소들(Hazards)에 초점을 둔 연구적 접근이다. 즉 재난에 대한 자연, 물리, 과학적 접근으로 기상, 지질, 기술, 인적 현상과 같은 다양한 위험요소의 구성과 본질에 대한 연구를 강조했다. 그래서 자연과학적 접근은 위험요소의 동력학을 이해하기 위해 노력했다. 그 결과 다양한 위험요소의 수치화를 통한 재난위험의 가능성을 다룰 수 있었다. 오늘날 위험요소들에 대한 연구는 재난의 상호작용적인 특성으로 인해 그 폭과 다양성이 날로 증가하고 있다.

2) 사회과학적 관점

사회과학적 연구관점은 재난 결과를 확대시키는 취약성에 초점을 둔 연구적 접근이다. 재난의 취약성은 사회적, 경제적, 정치적, 문화적, 환경적 분야로 다양하다. 오늘날 수많은 재난연구자들은 재난의 사회성을 강조하고 있다. 레셀 다인즈(Russell Dynes, 1993)는 재난이 자연적 현상이 아닌 사회적인 현상이라고 재난의 사회성을 강조했다. 다인즈가 재난의 사회성을 강조한 이유는 ① 재난의 예방과 경감은 물리적 해결책보다 사회적 해결책이 더욱 강조되기 때문이며, ② 재난계획은 기술적 해결책 이행을 주로 추구하는 것이 아니며, ③ 사회적 관리를 강조하면 재난관리 전략이 보다 적극적이어서 재난위험이 등장하기 이전에 적절한 조치를 취할 가능성이 있으며, ④ 계획에서 강조되는 것은 외부적이기 보다 내부적 요소로 대부분의 잠재적인 위협들은 사회시스템 내부에 있고, ⑤ 사회적 현상으로 재난은 국가의 개발과정의 중요한 부분이며 이 과정에서 재난관리를 포함한다는 것이기 때문이다.

커트(Cutter, 1998)는 재난으로부터 인적, 환경적 시스템을 취약하게 만들고, 원상복구를 어렵게 하는 개념적인 틀로서 취약성과 탄력성을 들었다. 이 취약성과 탄력성은 인적 시스템, 자연적 시스템, 기술적 시스템들의 상호관계로 결정되며, 또한 이들 세 시스템과 더불어 건축 환경이 취약성을 증가시키거나 감소시킨다고 주장한다. 즉 이들 세 시스템들의 상호작용이 위험(Risk)이나 위험요소(Hazard)는 물론 재난(Disaster) 발생에 영향을 미친다는 것이다. 페리(Perry, 2006)도 재난의 사회성을 강조하며 사회과학적인 정의를 다음과 같이 내렸다. 첫째 재난은 본질적으로 사회적 현상이다. 태풍의 바람이나 파도는 단지 피해를 주는 원인에 불과하며 재난은 개인의 대처 방법, 사회적 시스템의 투입과 산출에 의해 영향을 받는다. 둘째로 재난은 사회적 구조에 의해 영향을 받고 사회적 변화과정에 반영된다고 했다.

3) 현대적 재난위험 연구

오늘날 재난위험 연구는 사회적, 자연적, 물리적 과학 관점에서 재난의 조사와 이해가 이루어진다. 또한 응용과학적인 측면에서 재난관리조직, 시스템이론, 재난관리 모델, 재난심리, IT기술, 위험관리 등 다양한 분야에서의 연구가 진행되고 있다. 카도나(Cardona)는 이 같은 연구적 접근을 건설주의자, 객관주의자, 현실주의자적인 생각이라 말했다. 건설주의자(Constructivism) 들의 생각은 위험을 사회적 조성물로 보았다. 이 접근법은 재난위험을 사회적 표현과 인지 그리고 다른 사회적 요인들과 현상들 사이의 상호작용에 관한 이해를 강조한다. 객관주의자(Objectivism) 또는 현실주의자들은 위험을 자연적, 물리적 과학 속에서 찾았다. 재난위험은 수치화할 수 있고 객관적으로 판단될 수 있다고 믿었다.

4) 교접 학문의 중요성

재난관리를 위해서는 다수의 학문적 접근이 요구되며 재난대응 현장에서도 다양한 이해관계자들이 집중된다. 재난학문은 다수분야의 학문들이 상호 교접적으로 구성된 학문이다. 각종 재난 상황에는 수많은 행동가들이 인명을 보호하고, 인적 고통을 최소화하고, 사회적 단절을 극복하고, 재산의 손실을 다루고, 피해 입은 환경을 보호하기 위해 공공, 민간, 비영리분야에서 피해지역에 도착하게 된다. 맥엔타이어(McEntire, 2007)는 이러한 집중은 특정 시간이나 특정 재난관리 단계에만 국한되지는 않기 때문에 재난관리 학문은 다수분야가 혼합된 상호교접 학문 체계이며, 오늘날 복잡한 문제들을 효과적으로 관리하고 이해하기 위해서는 다수분야, 융합 학문적 접근이 필요하다고 강조하고 있다.

그는 또한 다양한 종류의 재난을 통해 많은 위험을 경험하고 있고, 재난관리는 많은 단계를 통해 다양한 기능을 수행하고 있으며, 재난관리에는 아주 많은 사람들이 연루되기 때문에 지리학, 기상학, 공학, 인류학, 경제학, 사회학, 심리학, 전염병학(epidemiology), 환경과학, 정치과학, 행정학, 법학, 언론학, 재난관리, 국토안보 등 다양한 분야의 융합적 학문접근을 강조했다.

재난학문이 이처럼 복잡하고 다양한 이유는 ① 위험 종류의 다양성, ② 재난 영향과 이해관계자들의 다양성, ③ 재난관리 단계와 기능의 다양성, ④ 참여기관과 참여자들의 다양성, ⑤ 재난관리를 지원하는 과학기술의 다양성을 들 수 있다. 따라서 재난관리를 위해서는 다양한 분야의 지식을 포괄적으로 이해 할 수 있는 것이 중요하다.

특히 사회과학과 자연과학의 상호 융합은 중요하다. 재난의 특성이 사회적 물리적 요인에 의해 발생하듯이 재난관리를 통한 다양한 문제들의 해결책들 또한 다수 분야의 상호 융합적 해법으로 해결할 수 있다. 기상학은 재난관리 과정과 깊이 연관되어있다. 기후현상은 태풍이나 홍수와 같이 많은 재난사건의 원인이 된다. 효율적인 재난관리를 위해서는 재난을 준비할 수 있는 시간은 중요하다. 기상학자들은 임박한 사건을 예보하고 작용력의 크기를 결정하기 위해 기상과 위험요소들을 조사한다. 버톤, 케이츠, 화이트(Burton, Kates and White, 1993)는 전 세계에서 발생하는 자연재난 중 대략 90%는 홍수(40%), 태풍(20%), 지진(15%), 가뭄(15%)에 의해 발생한다고 했다. 따라서 기후의 예보와 경보의 발령은 재난관리 과정에서 아주 중요하다. 예보와 경보에는 단지 기상의 발달상황에만 그치지 않고, 위치, 규모, 강도, 형태 등 다양한 정보들이 요구된다.

크루즈(Cruz, 2007)는 재난관리 분야에서 공학은 지역사회의 자연적, 기술적 위험요소로부터 위험을 줄이도록 도우는 데 기여해 왔으나, 일부 경우는 위험을 키우는데도 기여해왔다고 주장한다. 공학의 재난관리 분야에 기여 중 가장 중요한 기여는 위험으로부터 유발되는 피해와 손실을 예방하기 위해 사용되는 인프라 시설들의 설계와 시공, 코드와 표준을 정하는 것이 대표적이라고 했다. 공학은 재난의 효과적인 완화, 준비, 대응, 복구를 위해 앞으로도 많은 역할들이 요구된다. 지금까지 공학은 주로 구조적인 대응에 초점을 두어왔고, 재난관리에 있어 공학적, 구조적 대응들은 주를 이루어왔다. 하지만 오늘날 비구조적인 대응의 중요성과 비공학적인 재난관리의 필요성은 무엇보다도 강조되고 있다.

3 재난용어(Disaster Terms)

1) 재난관련 용어

① 재난(Disaster)은 지역적 능력을 초과하여 외부지원이 필요한 상황이나 사건으로 비상(Emergency)의 개념을 포함한 규모가 큰 사고이다.

② 비상(Emergency)은 부정적인 결과를 줄이기 위해 즉각적인 조치가 요구되는 갑작스럽고 예상할 수 없는 사건이다. 일반적으로 재난((Disaster)보다 적은 규모의 재난을 뜻하기도 하고 재난발생 이전의 긴급한 상황을 의미하기도 한다.

③ 위험(Risk)은 특정한 위험요소들(Hazards)에 의해 예상되는 손실이나 피해를 뜻하며, 위험(Risk)은 위험요소(Hazard)의 발생가능성(Frequence)과 취약성(Vulnerability)의 결과(Consequence)로서 산정된다.

④ 위험요소(Hazard)는 주어진 시간과 지역 내에서 위협적인 사건이나 잠재적 피해 현상의 발생가능성 또는 위협의 실체 즉 위험의 근원을 말한다.

⑤ 위협(Threat)은 위험요소(Hazard)의 출현이나 경로상의 노출을 말하며, 위협은 자연적이거나 우발적 일수 있으며, 고의적이거나 사고 적으로 발생할 수 있다.

⑥ 취약성(Vulnerability)은 위험요소(Hazard)의 충격에 대한 지역사회의 취약점을 증가시키는 물리적, 사회적, 경제적, 제도적, 환경적 조건들이다.

⑦ 회복력(Resilience)은 위험에 노출된 시스템이나 지역사회가 수용 가능한 수준에 도달하고 유지되기 위해 작용하는 위험에 적응하기 위한 능력이다.

⑧ 대처능력(Capability)은 재난위험을 관리하기 위한 위험평가, 완화, 준비, 대응, 복구과정을 포함하는 포괄적인 관리능력이다.

⑨ 노출(Exposure)은 위험요소(Hazard)에 의해 영향을 받을 가능성이 있거나 직접적으로 노출된 사람, 자원, 인프라, 생산, 상품, 서비스 또는 시스템들이다.

⑩ 지속가능한(Sustainable) 것이란 미래 세대의 능력에 부족함이 없이 그들의 요구를 충족하면서 현재의 요구를 충족하는 것이다.

⑪ 포괄적 재난관리(Comprehensive Disaster/Emergency Management)는 모든 위험(All-hazard), 모든 단계(All Phases), 모든 기관(All Institutions)을 통합적 종합적으로 관리하는 현대적인 재난관리 방법이다.

⑫ 모든위험 접근법(All-hazard Approach)은 다양한 위험요소들을 개별적으로 관리하지 않고 모든 위험들을 종합적으로 관리하는 접근법이다.

⑬ 재난위험경감(Disaster Risk Reduction)은 위험에 대한 노출을 완화하거나 예방하는 것을 포함하고, 개인과 사회의 취약성을 줄이고, 토지와 환경의 전략적 관리, 재난위험에 대한 향상된 준비, 협력적 대응과 계획, 그리고 복구조치의 사전관리, 재난의 원인 요인을 분석하고 관리하여 체계적인 노력을 통해 재난위험을 줄이는 개념과 행위를 말한다.

⑭ 예방(Prevention)은 예상되는 위협이나 위험요소들과 연관된 부정적인 결과의 발생이나 결과를 피하거나 줄이기 위해 사전적으로 취해지는 조치들이다. 예방활동들은 일반적으로 완화의 한 부분으로 포함될 수 있다.

⑮ 완화(Mitigation)는 재난의 충격을 줄이고 제거하기 위해 취해지는 다양한 조치들로 경제적인 피해를 줄이고, 인명과 재산, 환경을 보호하기 위한 활동들이 포함 된다. 예방과 완화는 제방건설과 같은 구조적 완화조치들과, 건축조례, 토지이용계획, 그리고 보험유인과 같은 비구조적인 완화조치들이 있다. 예방과 완화는 상호 독립적이지 않고 하나는 다른 하나를 포함한다.

⑯ 주요 인프라(Critical Infrastructure)는 보건, 안전, 안보 또는 경제적 안전과 정부의 효과적인 기능을 위한 기본적인 과정, 시스템, 시설, 기술, networks, 자산과 서비스를 말한다. 주요 인프라 시설은 지역과 국경 내에서, 또는 그들의 경계에 걸쳐서 독자적으로, 상호 연결되어, 상호의존적으로 존재할 수 있다. 주요시설의 파괴는 다수의 인명피해와, 부정적 경제효과, 그리고 공공신뢰에 중요한 해를 가져다 줄 수 있다.

2) 재난용어 상호간의 비교

우리 사회는 어떤 형태이건 약간의 위험(Risk)을 내포하고 있다. 이 같은 위험(Risk)은 위험을 유발하는 위험요소(Hazard)에서부터 출발한다. 예를 들어 폭우로 인해 홍수가 났다면 홍수 위험(Risk)에 대한 위험요소(Hazard)는 폭우가 되는 것이다. 재난위험(Disaster Risk)은 다양한 위험요소들(Hazards)의 발생가능성(Likelihood)과 그로 인한 피해의 결과(Consequence)로 그 크기를 산정한다. 즉 재난위험(Disaster Risk)은 잠재적인 가능성(Possibility)을 정성적, 정량적으로 나타낸 것이다. 어떤 위험요소(Hazard)의 발생가능성(Likelihood)은 다시 발생확률(Probability)과 발생빈도(Frequency)로 나눌 수 있다.

재난의 결과(Consequency)는 일반적으로 직접적· 간접적 피해로 이루어지며 지역의 취약성(Vulnerability)에 따라 피해가 결정된다. 취약성이 높으면 예상되는 재난피해의 결과가 커져 재난위험(Disaster Risk)이 커진다. 반면 그 사회의 대처능력(Capability)이 크면 재난피해의 결과(Consequence)는 적어지고 위험(Risk)이 적어진다. 이러한 취약성은 물리적, 사회적, 환경적 다양한 요소들이 위험요소(Hazard)에 대한 노출(Exposure)에서 시작되며, 오늘날 재난관리는 지역사회의 다양한 취약성을 줄이고, 대처능력을 향상시키며, 다양한 위협과 위험요소(Threat/Hazard)들에 대하여 사회적 복원력(Resilience)을 갖추어 가는데 초점을 두고 있다. 대처능력(Capability)은 다양한 위험요소(Hazard)에 대한 국가나 지역사회의 준비, 대응, 복구 등 다양한 활동요소들에 의해 결정된다.

(1) 위험(Risk)과 위험요소(Hazard)

위험(Risk)은 어떤 위험요소(Hazard)들의 잠재적인 발생가능성과 그 결과로부터 산정할 수 있는 부상이나 해(Harm)의 정도를 말한다. 위험요소(Hazard)는 부상이나 해를 입힐 가능성 즉 잠재성이란 의미와 위험(Risk)을 산정함에 있어 위험을 유발하는 인자(Source)라는 두 가지 의미가 있다. 위험요소(Hazard)가 잠재성으로 사용될 경우 한글의 위험요소(Hazard)는 위험(Risk)과 유사하게 사용된다. 하지만 위험을 유발하는 인자 즉 위험요소(Hazard)로 사용될 때는 위험(Risk)과 확연히 구분된다.

(2) 위험요소(Hazard)와 위협(Threat)

위험요소(Hazard)가 자연적, 기술적인 위험을 유발하는 비의도적이며 우발적인 위험의 원인이라면 위협(Threat)은 주로 사회적이며, 의도적이고 고의적인 특징이 있다.

(3) 재난(Disaster)과 비상(Emergency)

재난(Disaster)과 비상(Emergency)은 두 가지 면에서 중요한 차이를 갖는다. 먼저 비상(Emergency)은 재난에 비해 적은 규모의 재난이다. 또한 재난(Disaster)이 이미 발생한 사고라면 비상(Emergency)은 임박한 사고의 의미가 있다. 즉 비상(Emergency)은 재난(Disaster)보다 규모가 작은 재난이나, 사고의 결과가 아닌 긴급하고 임박한 사고라는 특징에서 구분된다. 표 1-12는 이들 두 재난을 구분해주고 있다.

표 1-12 재난의 구분

재난의 구분	시간적 특징(Time)	규모적인 특징(Size)
Emergency	임박한 사건(Before)	지역사회능력 범위 내(Less than)
Disaster(Catastrophe)	발생한 사건(After)	지역사회능력 범위초과(Greater than)

(4) 사고(Accident/Incident)

사고(Incident)는 일상적인 하나의 사건(Event)에 초점을 둔다면 사고(Accident)는 본인이 원치 않았던 비 고의적 사건으로 인하여 인적, 물적, 피해가 발생한 부정적이고 돌발적인 사고의 의미이다. 영국보건안전관리국(Health and Safety Executives, HSE)은 사고(Accident)를 인적 부상이나 질병, 물적, 환경적, 사업적 손실을 가져오는 비계획적인 어떤 사고로 정의한다.

표 1-13 사건과 사고의 구분

Incident(사고)	일상적인 어떤 사건(Event를 강조)
Accident(사고)	원치 않은 비고의적 사건으로 그 결과 인적, 물적 피해가 있음

(5) 위험관리(Risk Management)와 위기관리(Crisis Management)

우리는 일상적으로 위험관리를 한다. 이러한 일상적 위험관리가 안될 때 위기상황은 온다. 즉 위기상황에 필요한 관리가 위기관리이다. 어떤 위협이나 위험요소에 대하여 예방이나 완화활동을 통한 사전적 관리를 위험관리라 하면 임박하거나 사후적 관리에 초점을 둔 관리가 위기관리라 할 수 있다. 또한 대부분의 위험은 어떤 경고를 내포하고 있지만 대부분의 위기는 특별한 경고 없이 나타나는 특징이 있다.

표 1-14 위험관리와 위기관리의 구분

위험(Risk) 관리	잠재적 위험요소나 위협에 대한 사전적, 일상적 관리
위기(Crisis) 관리	경보 없이 발생한 위협에 대한 수동적, 2차적 관여

(6) 기타 사고/사건/재난/위기

기타 사고/사건/재난/위기의 의미를 지닌 용어들은 각각의 특징들이 있다.

- Event는 사건이나 사고를 말하며 시간과 공간적 한정성이 있다.
- Emergency는 비상, 응급, 재난을 뜻하며 사건의 임박・긴급성, 잠재성을 강조한다.
- Accident는 사고나 사건을 뜻하며 비 일상성을 강조한다.
- Disaster는 재난을 뜻하며 사고의 결과와 규모를 강조한다.
- Mishap은 불운이나 재난을 뜻하며 조정할 수 없는 특징을 강조한다.
- Catastrophe나 Calamity는 대형재난을 뜻하며 재난의 규모를 강조한다.
- Crisis는 위기, 위험상황을 뜻하며 사건의 위험성, 긴급성을 강조한다.

CHAPTER 02

재난위험 (Disaster Risk)

제1절. 재난위험(Disaster Risk)
제2절. 위험요소(Hazard)
제3절. 취약성(Vulnerability)
제4절. 복원력(Resilience)
제5절. 대처능력(Capability)

제1절
재난위험(Disaster Risk)

자연은 인류에게 기회와 위험을 동시에 제공한다. 사람들은 자연으로부터 원자재, 에너지 자원을 생산하고 생활에 유용하게 활용하기도 한다. 하지만 자연의 위험은 다양한 재난을 유발시켜 생명뿐만 아니라 생산 활동의 제한이나 생활과 안전을 위협하기도 한다. 자연적 현상들은 태풍, 지진, 화산폭발, 홍수, 폭설 등 다양한 재난을 유발한다. 산업사회 이후 사회적 진화에 대하여 독일의 사회학자 율리 벡(Beck)은 현대사회를 위험사회라고 정의했다. 과학기술의 발전은 인간의 사회적 시스템에 많은 편의를 제공하기도 했지만 검증되지 않은 새로운 과학기술의 이용과정이나 기존 과학기술의 운영상의 기술적 실패로 인해 다양한 기술적 재난을 유발하기도 한다. 이처럼 현대사회는 자연적, 기술적, 인적 위험요소들로부터 다양하게 노출되어 있다.

오늘날 대부분의 정부정책들은 재난을 직접적으로 유발하거나 재난위험을 증가시키는 사회적 취약성에 영향을 미친다. 특히 재난관리 단계 중 완화 및 준비과정은 사회의 취약성을 줄이는 중요한 역할을 한다. 재난위험을 줄이기 위한 출발점은 위험들에 대한 이해와 지식을 통한 위험감소와 물리적, 사회적, 경제적, 환경적인 취약성을 개선하는 것에서부터 시작한다. 재난의 위험은 지역사회의 취약한 사람, 자산, 시스템 등에 영향을 미친다. 재난저감은 위험요소의 변경뿐만 아니라 취약성의 저감에 의해 가능해진다. 취약성을 줄여가기보다는 지나치게 위험요소 자체의 충격을 줄이는데 초점을 두거나, 어떤 특정 위험의 제거에 초점을 두다보면 때때로 과다경비가 소요되거나 적절하지 못한 방식들이 동원될 수도 있다. 위험한 사건의 강도와 진행기간에 따라 재난의 결과는 달라지며 특히 취약한 사람들의 수에 따라 그 결과는 심각하게 증가할 수 있다.

UNISDR(2009)은 일반적 위험은 사건의 가능성과 그 사건으로 인한 부정적인 결과의 조합으로 정의한다. 하지만 위험이란 용어는 다수분야에서 다양한 맥락에서 사용된다. 따라서 위험에 대한 공통적인 정의는 매우 어렵다. ISO는 이러한 상황에서 위험을 어떤 대상에 대한 불확실성의 효과라고 정의하고 있다. 따라서 재난위험이란 주위의 수많은 위험들 중에서 재난으로 진행될 가능성이 있는 위험이라고 말할 수 있다.

밀레티(Milleti)는 재난이 발생하는 원인으로 ① 지구 물리적 시스템, ② 사회적 시스템, ③ 건설된 환경에 의해 결정된다고 주장한다. 즉 재난은 우리가 살고 있는 곳의 물리적· 자연적 현상 시스템에 의해 발생되는 위험요소(Hazards)들에서부터 시작한다. 그리고 우리 사회의 인구, 보건, 주거, 수입 등 다양한 사회적 시스템의 취약성과 위험요소들이 상호작용하여 재난(Disaster)으로 확대되며 이러한 재난은 각종 개발행위에 의해 구축되고 조성된 건설 환경에 의해 재난의 규모가 결정된다. 재난의 영향은 인명의 손실, 부상, 질병, 인간의 물리적, 정신적, 사회적 웰빙에 대한 부정적 영향, 재산의 손실, 자산의 파괴, 서비스 손실, 사회적· 경제적 단절, 환경적 파괴를 포함한다.

1 재난위험의 산정과 실행

위험은 우리가 살고 있는 사회적 시스템 속에서 존재하고 발생한다. 재난위험이란 특정지역에서 발생할 수 있는 사람들의 생명, 건강, 생활, 자산, 서비스, 환경, 경제 등에 대한 손실의 가능성을 말한다. 따라서 재난위험은 지역사회의 취약성과 위험요소에 의해 발생되는 해로운 결과와 손실의 가능성이다. 다시 말해 재난위험(Disaster Risk)은 위험요소(Hazard)와 취약성(Vulnerability)과의 복잡한 함수관계에 의해 표현된다. 즉 재난은 사람, 자산, 환경이 ① 위험요소(Hazard)에 노출되고, ② 그들이 갖는 취약성(Vulnerability)의 조건들과 어울리고, ③ 불충분한 대처능력(Capacity)과 조합된 결과로 나타난다.

위험요소들에는 사람들에게 잠재적으로 손해를 입힐 수 있는 물리적 사건이나 현상들과 인간의 행동이 있다. 또한 위험요소들은 원인과 효과 면에서 단독, 연속, 조합적일 수 있으며, 각각의 위험요소들은 그것의 위치, 강도, 빈도와 발생할 가능성에 의해 특징 지워진다. 위험요소들은 자연적, 기술적, 인위적 원인으로 유발된다. 재난을 유발하는 위험요소에 대하여 사람들과, 환경, 경제, 시스템들이 노출될 때 취약성은 만들어진다. 취약성이란 지역사회에 위험요소들의 충격의 감수성을 증가시킬 수 있는 물리적, 사회적, 경제적, 정치적, 환경적 요소들에 의해 결정되는 조건이다. 그림 2-1은 위험요소들과 취약성이 만나서 재난의 위험을 형성하는 것을 보여준다.

그림 2-1 재난위험의 구성요소

2 재난규모의 형성

재난의 규모는 다양한 요소들의 조합으로 결정된다. 그림 2-2는 재난관리 단계와 위험요소, 취약성, 복원력, 대처능력과 같은 다양한 재난규모 결정요소들 사이의 상호작용에 의해 재난의 규모가 형성되는 과정을 설명하고 있다. 사회적 시스템은 평상시 100%의 일상적 기능을 수행한다. 이 때 재난을 유발하는 위험요소로 인해 사고는 발생하게 된다. 사고로 인한 사회의 기능단절 정도를 나타내는 (A)의 크기는 ① 위험요소의 종류, 강도, 세기 등과 같은 위험요소 요인과 ② 사회적, 물리적, 경제적, 정치적, 환경적인 지역사회의 취약성 요인에 의해 결정된다. 즉 그림 2-2에서 (A)의 크기는 위험요소의 세기와 지역사회의 취약성 정도에 의해 결정된다. 위험요소의 강도와 세기가 크고 사회가 취약할수록 사회적 기능의 단절정도와 재난의 1차적 충격의 크기는 커진다. 이 때 재난발생 이전의 경보, 피난, 구조물 보강, 정보제공 등과 같은 사전적인 대응활동들은 재난의 충격과 사회적 기능단절 정도에 영향을 미친다.

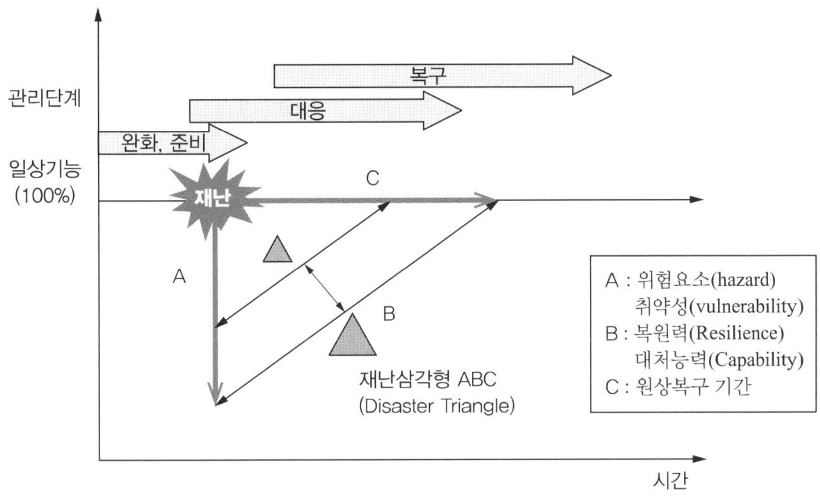

그림 2-2 재난규모 형성도

사고발생 이후 재난관리 주체들과 지역사회는 사고에 적극 대응하게 되고 사고이전의 상태로 복원하기 위한 활동을 하게 된다. 이러한 활동과 능력의 결과에 따라 원상복구의 기간 (C)는 줄어들 수 있다. 그림 2-2에서 재난복구 완료기간 (C)는 위험요소와 취약성에 의해 결정되는 (A)와 사회적 복원력과 대처능력에 의해 결정되는 (B)에 의해 결정된다. 즉 다시 말해 삼각형 ABC는 위험요소의 규모, 지역사회의 취약성 요소, 그리고 지역사회의 복원력과 대처능력 요소들에 의해 재난위험의 크기가 결정된다. 이때 삼각형 ABC를 재난삼각형(Disaster Triangle)이라고 할 수 있다. 재난삼각형이 적을수록 재난위험으로부터 안전한 사회이고, 재난삼각형이 클수록 위험한 사회이다.

많은 선진국들은 지역사회의 위험요소를 줄이거나 제거하고 줄일 수 없다면 그 위험으로 인한 지역사회의 취약성을 줄여나간다. 즉 (A) 요소를 제한한다. 또한 재난에 강한 지역건설을 통해 지역사회의 복원력 확보는 물론 재난 대처능력을 향상시켜 재난의 피해와 규모를 적극적으로 제한하고 신속한 원상복구를 할 수 있도록 사회적 시스템을 갖추고 있다. 즉 (B) 요소의 관리를 통해 원상복구기간(C)을 줄여간다. 다시 말해 재난발생 이전단계의 관리활동을 통해 위험요소를 사전에 제거하거나 제거할 수 없다면 발생가능성을 줄여나간다. 또한 지역사회의 취약성을 줄이기 위한 다양한 관리활동을 전개한다. 재난발생 이후 지역사회는 사회적 복원력과 대처능력을 통해 정상상태로 복귀하거나 더욱더 발전된 단계로 도약하게 된다.

재난관리의 주체가 되는 국가, 지방자치단체, 기업, 개인들은 재난의 위험을 관리할 수 있어야한다. 재난관리 주체들의 관리능력을 대처능력이라고 한다. 대처능력은 재난발생 전. 후 지역사회의 가용한 모든 시스템과 자원을 효과적으로 활용하여 재난관리를 할 때 향상된다. 따라서 효과적이고 훌륭한 대처능력을 가진 지역사회는 덜 위험하다. 재난관리 주체의 대처능력은 재난의 발생가능성을 줄이거나 사전적인 완화조치를 통한 재난위험을 경감하고, 사회전반의 취약성을 줄이고, 재난발생 이후 능률적인 대응과 복구활동을 통해 이루어진다.

3 재난위험의 구성

재난위험은 ① 위험요소(Hazard), ② 위험요소에 대한 취약성(Vulnerability), ③ 이 들을 관리하기 위한 대처능력(Capability)과 같은 3가지 요소들의 상호 작용에 의해 결정된다. 위험요소는 발생가능성, 세기, 강도, 등급, 심각도 등 다양한 특징을 가진다. 또한 인구, 구조물, 내용물, 경제 등은 이러한 위험요소에 노출되어 물리적, 사회적, 경제적, 환경적, 정치적인 취약성과 연계되면서 재난으로 형성된다. 재난관리 주체들은 재난위험의 크기를 제한하기 위한 다양한 형태의 대처능력을 갖추기 위해 노력한다. 예를 들어 국가의 재난 대처능력들은 ① 정치적 지원시스템과, ② 전통적인 재난행정관리시스템, ③ 사회적 참여시스템과, ④ 과학기술지원시스템으로 국가적 재난관리시스템을 구축하고 재난 대처능력을 갖추게 된다. 그림 2-3은 재난위험의 구성에 관해 나타내고 있다.

재난위험 관리는 재난위험을 줄이기 위하여 전략, 정책, 대처능력의 이행 과정상의 행정적 명령이나 조직적·활동적 기술과 능력을 사용하는 시스템적인 과정이다. 재난위험 관리는 예방, 완화, 준비를 위한 활동과 조치를 통해 위험요소의 부정적 효과를 피하고, 줄이고, 이전하는 것을 목표로 한다. 재난위험 경감과 재난위험 관리사이의 상호관계는 분명하다. 재난위험 경감은 전략적 수준의 관리에 보다 더 초점을 둔 활동들에 관심을 두고 있는 반면 재난위험 관리는 재난위험 경감의 전술과 활동적 이행에 초점을 둔다.

재난위험을 줄이기 위한 출발점은 위험요인(Hazard)에 초점을 둔 위험 완화뿐만 아니라 위험의 결과와 피해를 입게 되는 인간 중심의 취약성에 초점을 둔 취약성 관리가 있다. 특히 도시지역의 물리적, 사회적, 경제적, 환경적으로 취약성을 줄이는 것은 중요하다. 선진국보다 후진국이 재난에 취약한 이유는 국가적 취약성이 상대적으로 크기 때문이라고 볼 수 있다. 지역사회의 다양한 취약성을 줄이는 것은 재난 저감의 중요한 핵심이며 완화 및 준비 과정에서의 사회통합적인 노력이 중요하다.

재난의 결과는 위험요소에 대한 노출과 취약한 조건들이 상호작용하여 재난의 결과를 가져온다. 재난의 영향은 부상, 질병과 같이 인간의 물리적, 정신적, 사회적 영향을 미치는 인적 손실과 자산의 파괴, 서비스의 손실, 사회경제적 단절과 환경파괴 같은 물적 손실을 포함한다. 위험에 대한 정의는 전문 분야별로 다양하지만 일반적으로 어떤 위험의 발생 확률과 부정적인 결과의 산물로 정의한다. 따라서 재난의 위험은 잠재적인 인적·물적 재난손실이며 특정 위험요소의 발생가능성과 그 부정적인 결과의 조합이다.

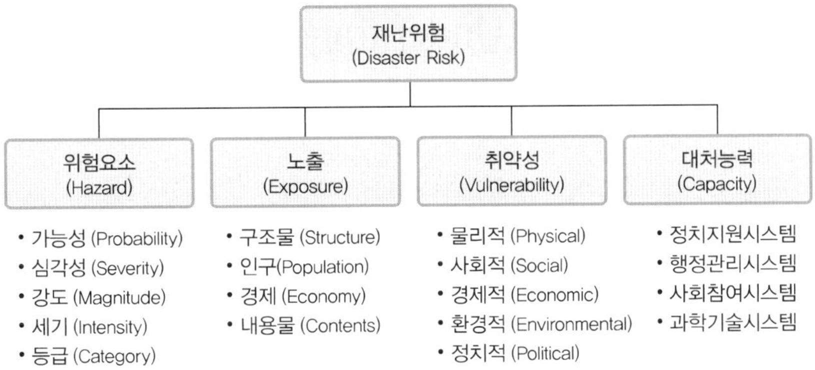

그림 2-3 재난위험의 구성

제2절 위험요소(Hazard)

1 위험요소의 이해(Understanding Hazard)

호주 재난관리표준(2000)은 위험요소(Hazard)를 잠재적인 손실을 유발하는 잠재적인 해(Harm) 또는 상황(Situation)의 원천으로 정의한다. 즉 위험요소는 위험의 잠재적인 원천이다. 위험요소를 분석하기 위해서 위험요소의 강도는 중요한 특징이다. 따라서 일부 정의된 수준의 강도를 초과하는 위험요소들은 위험스럽게 고려된다.

해(Harm)의 수준은 ① 위험요소의 강도(Magnitude), ② 위험요소의 발생빈도(Frequency), ③ 충격시점의 세기(Intensity)에 의해 결정된다. 표 2-1은 다양한 자연적 위험요소들의 사건적 척도와 장소적 척도를 보여준다. 위험요소들은 위험요소 자체 사건이 갖는 위험의 크기(사건적 척도)와 그 사건으로 인한 피해 지역에서 느끼는 크기(장소적 척도)로 구분할 수 있다.

표 2-1 자연적 위험요소의 척도

자연적 위험요소	위험 사건의 척도	피해 장소의 척도
태풍	풍속 Km/h	피해 지역
지진	규모(리히터 스케일 : Magnitude)	강도(MMS* : Intensity)
홍수	침수면적, 담수량, 유속	침수깊이
산사태	유실면적, 피해지역	이격거리
쓰나미	파고	침수깊이
화산폭발	폭발규모, 기간	재의 깊이, Lava 면적

*MMS : The Modified Mercalli Scale(7장 참조)

위험요소들은 표 2-2와 같이 사람, 활동, 자산, 환경에 대하여 다양한 해를 끼친다. 이들 해의 합이 재난의 영향 즉 충격이 된다.

표 2-2 위험요소에 대한 노출대상과 해의 종류

구 분	해(Harm)의 종류
사람	사망, 부상, 질병, 스트레스
인간 활동	경제적, 교육적, 문화적, 정치적 손실
자산	자산 손실, 경제적인 손실
환경	동물, 식물, 오염, 쾌적성에 대한 손실

2 위험요소 평가분석(Assessment and Analysis)

위험요소에 대한 평가와 분석은 ① 가용한 과학적 정보, ② 역사적인 기록, ③ 전문가들의 식견에 근거한다. 위험요소를 평가하는 접근법은 ① 정성적 접근법(위험의 수치화), ② 정량적 접근법(위험을 양적으로 계량화), ③ 결정론적 접근법(유사사건을 설정하고 현재의 환경에 대입), ④ 확률론적 접근법(과거의 기록에 근거한 확률적인 판단)과 같은 방법들이 있다.

위험평가를 통해 위험요소들의 위치, 심각도, 빈도, 발생 확률에 관한 정보를 알 수 있다. 다양한 위험요소들에 관한 정보는 재난관리 과정에 다양하게 활용된다. 대표적인 위험요소들의 이용방법은 위험지도이다. 위험지도에는 다수의 위험요소들을 한눈에 볼 수 있도록 작성한 다수위험지도, 다양한 위험요소들에 취약한 시설들을 나타내는 주요 취약시설 지도, 이들 두 가지 지도를 종합적으로 나타내는 조합적인 위험지도가 있다. 위험지도 작성에 사용되는 주요 기술들은 지리정보시스템(GIS), 리모트 센싱(RS) 기술 등이 주로 활용된다.

위험평가 방법과 기술들은 단순한 방법에서부터 복잡한 방법에 이르기 까지 다양하다. 대표적인 위험평가 방법들은 What-if, Checklist, What-if/Checklist, Hazard and Operability Study(HAZOP), Failure Mode and Effects Analysis(FMEA), Fault-Tree Analysis(FTA)와 같은 방법들이 있다. 이들 위험평가 기술들을 사용할 때에는 초기 위험요소에 대해 정의뿐

만 아니라 2차적인 위험요소에 대한 고려도 반드시 있어야 한다.

① What-If

"what-if" 분석의 목적은 의도하지 않은 결과를 유발하는 특정 위험요소나 위험상황을 정의하는 것이다. 이 기술은 제한된 구조를 갖는다. 하지만 분야, 활동, 공정에 지식을 가진 사람에 의존한다. 마지막 결과 값은 팀과 위험요소에 관해 묻는 질문의 철저한 성질에 달려있다.

② Checklist

체크리스트 평가방법은 수용할 수 있는 기준으로 현재와 미래의 상황을 비교에 의한 위험요소나 위험스런 상황을 정의하기 위해 특정목록의 아이템이 사용된다. 마지막 결과 값은 체크리스트의 질, 평가자의 경험, 사용자의 자격에 달려있다.

③ What-If/Checklist

What-If/Checklist 기술은 이들 두 기술의 조합으로 이루어진다. 즉 위험평가의 완성도를 높이기 위해 두 기술의 장점을 사용한다. 먼저 what-if 질문은 개발되고, checklist(s)는 what-if 과정의 창의성을 조장하거나 질문개발 과정의 어떠한 공백을 채우기 위해서 사용된다. 결과 값은 팀과 위험요소에 관해 묻는 질문의 완전한 성질에 달려있다.

④ Hazard and Operability Study(HAZOP)

HAZOP 기술은 평가되어져야할 분야, 활동, 공정에 대해 많이 아는 다수분야의 팀이 필요하다. 이 접근은 철저하고 빈틈없으며, 시간이 많이 소요되고, 비용이 많이 소요된다. 결과 값은 팀의 경험과 자질, 가용한 참고자료의 질, 팀의 기능 능력, 강력하고 적극적인 리더십과 같은 요소들에 달려있다.

⑤ Failure Mode and Effects Analysis(FMEA)

FMEA 방법은 하나 이상의 요소들의 실패시의 효과를 결정하기 위해 시스템 내의 각각의 요소는 개별적으로, 집합적으로 검토된다. 이 방법은 Bottom-up 방식의 접근방식이다. 시스템 요소들은 검토되고 전반적 시스템의 실패의 효과는 예상된다. 소규모의 학제간(Interdisciplinary) 팀이 필요하다. 이 기술은 잠재적인 장비의 고장을 평가하기 위해 가장 적당하다. 결과 값은 팀의 자격, 검토되는 시스템의 범위에 의해 결정된다.

⑥ Fault-Tree Analysis(FTA)

FTA 방법은 Top-down 접근이다. 이 방법은 원하지 않는 사건이 정의되고 원하지 않는 사건으로 유도할 수 있는 잠재적 원인의 범위가 정의된 경우에 사용된다. 마지막 결과값은 FTA 과정 사용상의 능숙도, 팀의 자격, 팀 분석의 깊이에 달려있다.

3 위험요소의 분류(Classification)

1) 위험의 원천(Source)

위험요소의 관리는 위험현상에 대한 정확한 이해에 많이 의존한다. 위험요소에 대한 정확한 이해는 위험요소와 관련된 과학과 다양한 분야의 과학적 지식의 기반을 통해 이루어진다. 따라서 위험요소의 효과적 관리를 위해서는 과학에 근거한 위험요소들에 대한 정확한 이해가 중요하다. 위험요소를 분류하는 방식은 다양하다.

표 2-3 재난의 종류와 위험의 구분

재난의 구분		위험요소의 종류
자연적	지질학적	지진, 화산폭발, 습식 건식 산사태, 암석사태, 침식
	기상학적	태풍, 토네이도, 안개, 가뭄, 눈사태
	수문학적	홍수, 급류
	생화학적	산불, 곡물 병해, 곤충습격, 질병발생, 전염병
기술적		위험물질(HAZMAT) : 발암 물질, 돌연변이 유발물질, 중금속, 독소 위험과정 : 구조적 파괴, 방사능 누출, 정제 사고, 교통사고 장치나 기계 : 폭발, 불발병기, 차량이나 기차 비행기관련 교통사고 설비 플랜트 : 교량, 댐, 광산, 정유소, 발전소, 파이프라인, 고층건물
사회적		테러분자들의 사고 : 폭탄, 총기, 인질, 납치, 다수 파괴 무기의 공격 군중 사고 : 폭동, 시위, 소요 등 전쟁 : 의도치 않은 민간인 사상

출처 : 알렉산더(Alexander, 2002) 재편집

일반적으로 ① 자연적 위험요소, ② 기술적 위험요소, ③ 인적 위험요소로 구분할 수 있다. 하지만 재난분야의 종류와 연구의 목적 등에 따라 그 분류는 다양하게 변할 수 있다. 다양한 종류의 재난들 중에서 재난의 정의와 분류에 대한 제한적인 일치를 이끌어 내기는 쉽지 않지만 알렉산더(Alexander, 2002)는 위험의 종류를 자연적, 기술적, 사회적 위험으로 구분하였다. 또한 각각의 위험 종류별 세부적인 위험요소들을 표 2-3과 같이 정리하였다. UNISDR(2002)은 위험요소를 표 2-4와 같이 자연적, 기술적, 환경적 황폐화와 같이 3가지로 분류하였다.

표 2-4 위험요소의 구분

위험요소 구분		주요 현상
자연적 위험 요소	지질학적	지진, 쓰나미, 화산활동, 산사태, 낙석, 액화, 침하, 표면붕괴, 단층활동
	수문기상학적	홍수, 태풍, 해일, 가뭄, 사막화, 산불, 열파, 먼지폭풍, 영구동토, 눈사태
	생물학적	전염병, 식물과 동물감염, 광범위한 침범
기술적 위험요소		기술적, 산업적 사고, 인프라 실패, 인적활동으로부터 기원하는 위험을 나타낸다. 때때로 인적위험요소로 불려 지기도 한다. 산업오염, 핵 활동, 방사능, 유독물질, 댐 붕괴, 교통, 산업과 기술 사고를 포함한다.
환경적 황폐화		환경적 황폐화는 자연적 자원 기반, 생태계에 손실을 주는 인간 행동과 활동에 의해 기인한 과정을 말한다. 예를 들어 땅의 황폐화, 벌목, 사막화, 초원화재, 생물 다양성 상실, 땅과 물, 공기오염, 기후변화, 해수면 상승, 오존 고갈 같은 현상을 포함한다.

출처 : UNISDR(2002)

위험요소들은 재난을 유발하는 원천이다. 재난의 발생원인(Cause)과 재난의 영향(Impact)을 분석해보면 위험요소들을 쉽게 이해할 수 있다. 먼저 재난의 발생원인은 크게 자연적, 기술적, 인적 위험요인들에 의해 재난이 발생한다. 재난의 종류별 발생원인 즉 위험요소들은 표 2-5와 같이 정리해볼 수 있다.

표 2-5 재난의 종류에 따른 위험요소

구분	자연적	기술적	인적재난		
			사회적	복합적	혼합적
위험요소 (Hazards)	지진, 화산, 쓰나미 등	원자력, 폭발, 화재, 위험물	테러, 전쟁, 폭동, 질병 등		

2) 등장속도

유엔개발프로그램(UNDP, 2004)은 재난발생의 성질에 따라 빨리 등장하는(Rapid-onset) 재난과 천천히 등장하는(Slow-onset) 재난으로 분류하였다. 천천히 등장하는 위험요소들은 예보와 계획이 쉽고, 환경적인 영향이 크며, 위험요소들이 등장하기 전에 신호들이 있기 때문에 조기경보는 중요한 역할을 하며 준비와 완화를 통한 재난관리가 가능한 특징이 있는 재난이다. 대표적인 천천히 등장하는 재난에는 가뭄, 비로 인한 산사태, 환경 황폐화, 오염, 벌목, 사막화, 태풍 등이 있다. 빠르게 등장하는 위험요소(Rapid or sudden onset hazards)들은 사전경보 없이 신속하게 등장하는 위험요소들이다. 이들 위험요소들은 등장을 미리 알 수 없지만 적절한 계획과 준비를 통해 재난의 영향을 완화할 수 있다. 대표적인 빠르게 등장하는 위험요소들로는 산불, 홍수, 급류, 화산폭발, 쓰나미, 곤충습격 등이 있다.

천천히 등장하는 재난은 재난관리 과정에서 긴 준비시간(Long Lead Time)을 가질 수 있으며, 빠르게 등장하는 재난의 경우는 준비시간(Lead Time)이 거의 없거나 아주 짧다. 주요 위험요소별 준비시간은 표 2-6과 같다. 오늘날 과학기술, 첨단 IT기술의 발달, 재난관리 분야에 대한 투자의 증대 등으로 인해 준비시간(Lead Time)은 점점 늘어나고 있다. 위험요소별 준비시간의 이해는 재난관리자들에게 아주 중요한 요소이다. 이러한 정보와 지식을 통해 합리적인 재난관리를 실행할 수 있다.

표 2-6 위험요소별 준비시간(Lead Time)

구분	Slow on set			Quick on set					
	가뭄	홍수	화산	급류	쓰나미	장거리	태풍	산사태	폭풍
준비시간	3~6 개월	3~5 일	48 시간	6~18 시간	5 분	3 시간	48 시간	1~2 시간	1~12 시간

지구의 나이는 수십억 년에 이른다. 우리가 들을 수 있는 시간은 1/1,000초 이내이다. 이 같은 시간적 차이 속에서 위험요소들의 변화는 발생한다. 자연적 환경변화는 수많은 시간적 차이에 의해 발생한다. 특히 지질학적 과정은 수초에서 수억 년에 걸쳐 진행된다. 하지만 지진이나 혜성충돌과 같은 위험은 수초 내에 발생한다. 그림 2-4는 위험요소별 영향을 미치는 시간을 보여준다.

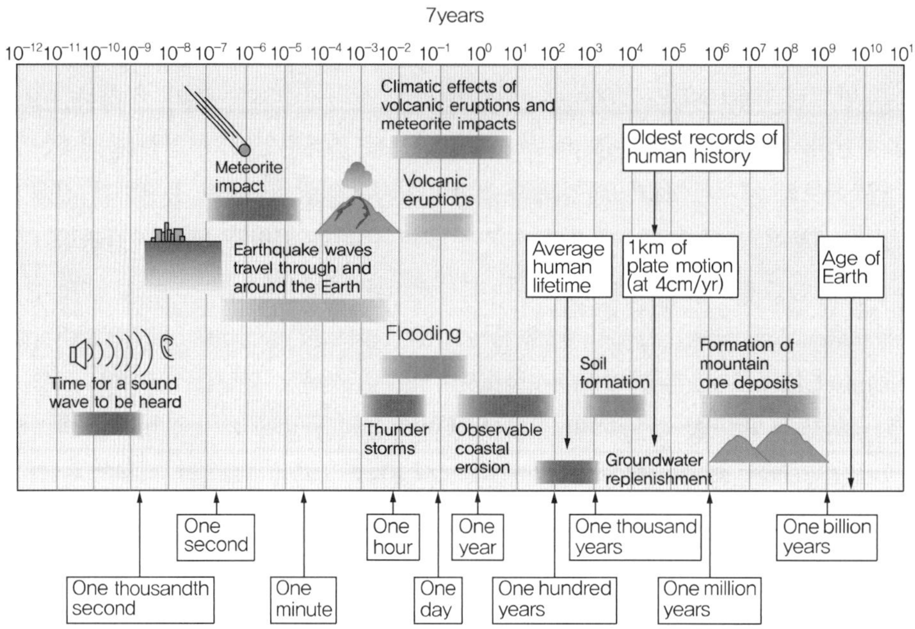

◎ **그림 2-4** 위험요소별 영향을 미치는 시간

출처 : 존 와일리와 손즈(1999)

3) 사람들의 의지

위험요소들은 사람들 의지의 개입 유무에 따라 비자발적(Involuntary) 위험과 자발적(Voluntary) 위험으로 분류할 수 있다. 비자발적 위험은 본인이 모르거나 본인의 의사와 상관없이 받아들이거나 조성된 위험이다. 혜성의 충돌과 같이 그 위험을 모르고 있는 위험이다. 만약 위험을 인지하고 있다면 지진과 같이 현실적으로 통제할 수 없고 불가피한 위험이 해당된다. 대부분의 자연재난들은 이 범주에 속한다. 자발적 위험은 본인의 의사에 의해 자의적으로 수락한 위험이다. 자발적 위험은 보다 일반적이고 덜 충격적이며 통제가 가능한 위험이다. 흡연이나 위험한 경기 참여 같이 개인의 행동 조정을 통하거나 정부의 법률상의 규제를 통해 부분적인 통제가 가능하다. 기술적인 위험의 경우 대부분 자발적 범주에 해당된다.

4) 예방가능성

위험요소들은 발생을 사전에 예방할 수 있는지 여부에 따라 예방 가능한(Preventable) 위험과 예방할 수 없는(Unpreventable) 위험으로 구분할 수 있다. 위험관리에 있어 어떤 위험들은 예방가능하고 또 어떤 위험들은 예방할 수 없다. 예방 가능한 위험들은 대부분 기술적, 사회적 위험요소들이 해당되며 사전적 예방활동을 통해 위험요소의 발생을 사전에 차단하거나 발생 규모를 줄여 재난의 크기를 줄 일 수 있다. 반면 대부분의 자연재난들은 예방할 수 없거나 예방하기 어렵다. 이 같이 위험요소 발생을 사전에 예방할 수 없는 위험요소들의 경우는 사건 발생으로 인한 피해를 최소화하기 위해 다양한 완화(Mitigation) 활동을 전개하여 관리할 수 있다.

5) 기타 분류방법

위험요소들은 더 나아가 ① 예측가능성(가능, 불가능), ② 지속되는 기간(순간, 연장된), ③ 발생 빈도(발생하기 쉬운, 발생하기 어려운), ④ 위험요소의 강도(크고 센, 작고 약한), ⑤ 피해범위(넓은, 좁은) ⑥ 공간적으로 확산여부(확산하는, 확산하지 않는) 등으로 다양하게 분류할 수도 있다.

4 위험요소의 특징(Characteristics)

UNISDR(2009)은 위험요소는 사망, 부상, 건강상의 영향, 재산의 손실, 생활과 서비스의 손실, 사회경제적 단절, 환경적 손실을 유발할 수 있는 위험스런 현상, 물질, 인간행동, 조건이라고 정의한다. 위험요소는 발단과 그 영향 면에서 단독이거나, 연속적이거나, 조합적일 수 있다. 각각의 위험요소는 위험요소의 위치, 강도, 가능성, 빈도에 의해 정의된다. 위험요소들은 인간이 유발하는 인위적 위험요소와 자연 환경적 요인으로 유발되는 자연적 위험요소가 있다. 이러한 위험요소들이 부정적인 결과를 만들기 위해서는 인간의 사회활동들과 서로 접촉하여야 한다.

트윅(Twigg, 2001)은 엄격히 말해 자연적 재난 같은 것은 없고 단지 자연적 위험요소가 있다. 재난은 위험요소들의 사회에 대한 부정적 영향의 결과다. 재난의 효과는 위험요소에 대한 지역사회의 취약성 정도에 달려있다. 이 취약성은 자연적인 것이 아니라 사람들의 삶과 환경 속에서 지속적으로 변하는 물리적, 사회적, 경제적, 문화적, 정치적, 그리고 심리적 요소들 때문이라고 했다.

1) 위험요소의 일반적 특징

위험요소들은 다양한 특징을 갖고 있다. 위험요소의 특징은 재난관리 전반적인 재난관리 과정에 영향을 미친다. 따라서 이러한 위험요소들의 다양한 특징을 잘 이해하는 것은 재난관리에 있어 아주 중요하다. 재난 위험요소들은 표 2-7과 같이 다양한 일반적인 특징들이 있다. 이러한 특징들은 재난관리 과정에서 유용하게 활용된다. 뿐만 아니라 위험요소들은 일반적인 특징 이외에 임시적 시간적인 특징들도 표 2-8과 같이 갖게 된다.

표 2-7 위험요소의 일반적인 특징

구 분	위험요소 발생의 영구적 특징
위험요소의 정의	위험요소 정의는 위험요소의 가용한 지식과 관련이 있다. 특성에 따라 다른 종류의 위험요소들을 그룹핑 할 수 있다. 즉 위험요소를 분류하기 위해서는 위험요소의 근원이 사용된다.
성질	위험요소의 성질은 위험요소와 연관된 작용력과 종류와 관계있다. 위험요소의 힘의 결정에 의해 강도와 정도를 결정할 수 있다.
강도	위험요소의 잠재적 파괴력의 능력 또는 효과는 그것의 강도에 달려있다.
정도	위험요소의 충격의 범위, 지질학적 분포, 그리고 성질과 강도는 위험요소의 정도를 결정한다.
예측가능성	위험요소의 예측가능성은 위험의 충격에 대한 예방, 완화, 경감에 기여할 수 있다. 위험요소의 예측가능성은 위험요소의 물리적 시간적 속성에 의해 결정된다. 위험요소의 성질과 강도는 그 결과를 예측할 수 있도록 하는 역사적인 정보를 제공해준다.
관리가능성	위험요소의 관리가능성은 문제 위험요소의 속성이나 주요원인의 결과이다.

표 2-8 위험요소의 특성(임시적 시간적)

구 분	위험요소의 특성
빈도	위험요소의 발생 빈도는 얼마나 자주 그 위험이 발생하는가이다.
기간	위험요소의 지속기간은 지역사회의 영향을 미치는 기간을 결정한다.
등장속도	충격 도래의 신속도를 말하며 등장속도는 완화와 예방조치와 관련이 있다.
준비시간	위험요소의 실제 충격과 위험요소가 인지되는 경고 사이의 시간을 말한다.

바톤(Barton)은 사회적 시스템이 갖는 스트레스의 성질을 특징화하여 재난의 독특한 특징을 정의하기 위한 계획(scheme)을 개발했다. 바톤의 시스템에는 4가지 기본적 차원들을 정의 하고 있다. 4가지 차원들에는 ① 충격의 범위(지리적 영역: 지리적 범위, 인구적 범위, 경제적 범위), ② 등장속도(빠른 등장, 느린 등장) ③ 충격의 시간(단기, 중기, 장기) ④ 지역사회의 사회적 준비(사건 등장의 예상, 충격의 조정, 부정적결과에 대한 대처

를 위한 사회적 시스템의 능력을 구축하는 것)가 포함된다. 이들 4가지 차원은 이후 수많은 학자들의 재난분류 계획(scheme) 개발에 사용되어졌다. 표 2-9는 대표적인 위험요소들인 홍수, 화산폭발, 원자력발전소 사고에 대한 위험요인을 분석한 사례이다.

표 2-9 Barton 계획에 의한 위험요소 분석

위험요인 특성	홍 수	화산 폭발	원자력 발전소 사고
충격범위	매우 다양함(길고 좁고)	매우 다양하고 광범위	매우 다양하고 광범위
등장속도	급속한, 느린 홍수	급격한	다양함
충격시간	짧다	길다	길다
건강위협	물 흡수	폭발, 분출물 흡입	섭취, 흡입, 방사능
재산위협	파괴적	파괴적	오염적
2차적 위협	상·하수 오염과 건강	산불, 빙하 녹음	2차 오염
예측가능성	높다	어렵다	다양한 능력
예방가능성	요인 불가능/피해예방	요인 불가능/피해예방	가능

출처 : 바톤(Barton) 재편집

위험분석 과정에서 재난의 특성과 차원을 이용하여 다양한 재난을 상호비교하기도 하고 재난관리 활동의 기능적 측면에서 연구할 수 있다. 뿐만 아니라 이러한 분석활동을 통해 위험요소들의 물리적 특성을 이해 할 수 있다. 그래서 예상되는 위험요소의 충격과 사회적 시스템에 대한 결과를 쉽게 예측할 수 있다. 위험요소에 대한 분류나 분석을 통한 포괄적인 재난관리를 달성하기 위해서는 위험의 일반적인 특성을 정의하는 방법뿐만 아니라 재난평가, 위험활동, 주민보호, 사고관리와 같은 재난관리의 일반적 기능에 따른 특성의 정의 방법도 이행되어야 한다. 이렇게 할 때 재난관리자들은 재난대응 활동에 적절한 위험요인의 범위를 정의할 수 있으며 다양한 대응활동 과정상에 채택되는 방식을 정의할 수 있다.

위험요소의 강도, 진행 기간, 공간적인 분포와 같은 자연현상의 물리적 척도들은 위험수준을 어느 정도 정의할 수 있게 한다. 빈도, 계절적 패턴과 같은 위험요소의 시간적 분포는 위험의 발생 가능성을 알 수 있게 하며, 주로 역사적 기록을 활용하여 재발 주기를 예상할 수 있다. 재난의 등장속도는 재난관리 과정에서 경보시간을 효과적으로 활용할 수 있게 하며 예방적 활동의 승패를 좌우한다. 또한 주요 사건 이후 유발되는 2차적 사건을 예측하고 대비하는 것도 중요하다. 표 2-10은 단기적으로 갑작스럽게 영향을 주는 자연적 재난들의 등장속도를 구분하고 있다.

표 2-10 단기적으로 갑작스럽게 영향을 주는 자연적 재난들

잠재적 높은	중 간	낮 은	보통 가변적
안개, 우박 허리케인, 산사태 쓰나미, 화산폭발 산불	해안침식, 가뭄 홍수, 농작물 냉해 얼음폭풍, 강한 폭풍우 지반침하, 토네이도	지진 번개	눈사태 농작물 질병 곤충습격 눈 폭풍, 폭풍

2) 위험의 취급(Treatment)

어떤 위험에 대해서라도 절대적 안전은 있을 수 없다, 단지 어떤 종류의 위험에 대해 받아들일 수 있는 위험(Acceptable Risk)의 수준을 결정하기 위한 노력이 필요할 따름이다. 위험 수준의 결정 과정에는 위험관리에 필요한 비용과 경비로 부터 자유로울 수 없다. 즉 어떤 종류의 위험관련 의사결정이라도 반드시 의사결정에 따른 수익과 비용이 소요된다. 이와 같이 기대되는 수익과 위험관리를 위해 소요되는 비용사이의 막연한 계산에 의해 위험은 결정된다. 특히 위험에는 항상 위험요소의 발생가능성과 그 결과에 대한 불확실성이 존재하기 때문에 정성적, 정량적인 분석을 통해 위험을 산정한다.

밀레티는 위험요소를 다루는 능력 향상을 위한 6가지 노력들을 제시했다.

① 글로벌 시스템 관점 채택 : 재난은 물리적・환경적 특성인 위험요소들과, 사회적・인구 통계적 특성인 인적시스템, 건설 환경을 구성하는 건물, 도로, 다리 등과 같이 건설된 인프라 시설과 같은 세 가지 시스템의 상호작용의 결과로 나타난다는 관점을 이해하여야 한다.

② 위험요소와 재난에 대한 책임 수락 : 재난은 자연이 아니라 인간이 원인이다. 모든 재난손실은 물리적 환경과 인적 시스템 사이의 상호작용에 의한 결과물이다. 이것은 어디에서 어떻게 인간의 개발이 진행할 것인가 하는 선택에서부터 시작된다. 기술은 모든 자연적 인적 작용들로부터 세상을 완전히 안전하게 할 수 없기 때문에 자연적 위험들에 대한 최종적인 해결책은 될 수 없다는 것이다.

③ 전통적 계획 모델에 대한 도전 : 위험요소를 관리하는 대부분의 전략들은 전통적 계획 모델을 따라왔다. 이 모델은 문제의 연구, 해결책 이행, 다음문제로 이동과 같은 관리통제주의에 기초한다. 또한 과거 사건들은 자연적, 기술적 위험요소들을 고립적으로는 풀 수 없다는 것이다.

④ 단기적 사고를 단절 : 위험요소에 대한 대응은 너무 단기적 시각이다. 일반적으로

사람들은 우선 단기적으로 생각하는 문화적 경제적 성향을 가지기 때문에 재난에 강한 지역사회의 구축을 위해서는 완화, 준비, 대응, 복구 노력들의 전반적인 효과에 맞는 장기적 시각이 필요하다.

⑤ 사회적 작용들에 대한 설명 : 사회적 작용력들은 재난전문가들이 생각하는 것 보다 더욱더 크고 복잡하다. 따라서 물리적 시스템이나 개선된 기술에 대한 이해는 필요하지만 충분하지 않다. 재난관리는 사회적, 문화적, 정치적, 경제적 환경의 맥락 속에 존재하는 것처럼 생각해야 한다. 따라서 자연적 위험요소들을 효과적으로 다루기 위해서는 예방과 완화는 기본적인 사회 가치가 되어야 한다.

⑥ 지속가능한 개발의 수용 : 재난은 대부분 지속가능하지 못한 개발행위에서 발생한다. 지속가능한 개발 속에서는 재난은 잘 발생하지 않는다. 재난에 강한 지역사회의 구축은 지속가능한 개발을 통한 지역사회의 사회적 경제적 환경적 회복력 강화를 의미 한다. 또한 국가와 지역사회의 지속가능한 개발의 목표는 환경적 질을 유지 강화하고, 삶의 질을 유지, 강화하며, 지역적 회복력과 책임을 조장하고, 활기찬 지역적 경제가 필수적임을 인정하며, 정부조직 상호간의 평등을 보장하고, 지역적 일치감 구축을 채택하는 것이라고 했다.

3) 재난유발수요(Demands)

위험요소들의 종류에 따라 재난발생 시 지역사회에 부과되는 요구(Demands)의 종류와 성질이 결정되며 재난의 특성을 정의하기도 한다. 재난의 발생현장에는 재난대응자들이 다루어야할 폭넓고 다양한 수요(Needs)들이 발생 한다. 즉 지역사회의 재난대응 과정에서는 2가지 주요 요구들이 발생한다. 페리(Perry, 1991)는 이들 요구(Demands)들을 ① 요인유발수요(Agent-generated Demands) 들과, ② 대응유발수요(Response-generated Demands) 들로 구분하였다.

(1) 요인유발수요(Agent-generated Demands)

요인유발수요는 위험요소 그 자체에 의해 분명히 만들어지는 수요이다. 즉 재난 위험요소들로부터 직접적인 결과로부터 만들어지는 문제들이다. 예를 들어 홍수 시에는 제방의 보호나 재산보호를 위해 많은 샌드백이 필요하고, 토네이도 시에는 인근의 비상대피소를 운영할 필요가 있으며, 지진 발생 시에는 다양한 유틸리티 시설이 단절되어 물과 생필품들이 필요하다. 이 때 열거된 요구(Demands) 들은 모두 요인유발수요들이다.

(2) 대응유발수요(Response-generated Demands)

대응유발수요는 개인, 조직, 지역사회가 요인유발수요를 대응하는 과정에서 2차적으로 분명하게 발생하는 요구들이다. 예를 들어 홍수 발생지역에서 샌드백을 활용하여 침수를 막기 위해서는 샌드백을 운반하고, 샌드백에 모래를 채우고 쌓기 위해서는 모래나, 이송수단, 자원봉사자들이 필요하다. 또한 대피소를 운영할 경우 기본적인 유틸리티, 생필품, 간이 침구류 등도 필요하다. 뿐만 아니라 지진으로 유틸리티들이 단절 시에도 생수를 구매, 이송, 저장, 배급하여야하고, 침구류나, 비상식량들도 공급되어져야 한다. 이처럼 대응과정에서 2차적으로 유발되는 수요들이 대응유발 수요에 해당된다.

요인유발수요는 일반적으로 분명하지만 대응유발수요는 항상 분명하지 않다. 재난관리자들이 전자만 강조하고, 후자는 경시하는 경향이 있어 심각한 문제를 유발할 수 있다. 표 2-11은 사고종류별 요인유발수요와 대응유발수요의 종류를 예시하고 있다.

표 2-11 사고종류별 요인유발, 대응유발수요

사고 종류	요인유발수요(요구)	대응유발수요(요구)
비행기 추락	다수사상자 처리	시신 처리 백, 장례식, 유전자 검사
위험물 사고	유험물질 저장	팀 통보, 종류확인, 대응절차운영, 현장정리
건물 테러	건물탐색	전문가 상담, 특수 장비 동원

5 위험요소들 상호관계(Interaction)

재난은 위험요소(Hazard)와 취약성(Vulnerability)의 상호작용에 의해 결정된다. 또한 위험요소(Hazards)들은 자연적 또는 인적 활동으로부터 기인되고, 취약성은 물리적, 사회적, 경제적, 문화적인 요소들의 영향에 의한 인적 물적 손실에 대한 감수성을 말한다. 이 같은 위험요소(Hazard)가 사람, 자산, 그리고 자연적 환경에 영향을 줄 수 있는 잠재력을 가질 때 극한사고의 원천이 된다.

하나의 위험요소는 다른 위험요소의 발생이나 확대에 직·간접적인 영향을 미친다. 이러한 위험요소들의 상호관계는 자연적, 기술적, 사회적 위험요소들 각각의 범주 속에서뿐만 아니라 다른 종류의 위험요소들 사이에서도 이루어진다. 즉 자연적 위험요소가 기술적, 사회적 위험요소들에 영향을 미치기도 하고, 기술적, 사회적 위험요소들이 자연적 위험요소들에 영향을 미치기도 한다. 따라서 자연적 재난의 영향으로 기술적 재난뿐만 아니라 사회적 재난의 발생가능성과 취약성도 증가한다. 오늘날처럼 산업화되어 과학기술이 발전한 상황에서는 자연적 위험요소들의 영향으로 기술적 재난으로 이어지는 자연·기술적 재난(Natech-disaster)들이 빈발한다. 이들 자연·기술적 재난들은 상호 연관성이 밀접하여 2차적 재난을 파생시킴으로 이들 재난을 상호 독립적으로 관리하는 것은 효과적이지 못하게 한다. 대표적인 자연·기술적 재난들로는 태풍, 지진, 홍수 등이 있다. 따라서 기후변화로 예상되는 심각한 자연적 재난위험들도 포괄적인 재난관리에 있어서는 기술적인 재난의 위험들도 동시에 대비하여야 한다.

이러한 위험요인들은 단독으로 또는 상호 복합적으로 작용하여 재난을 유발 한다. 예를 들어 자연적 위험요인인 지진은 쓰나미 뿐만 아니라 핵시설의 사고 같은 기술적인 요인을 유발하기도 하고, 폭동과 같은 사회적인 요인으로 전파 확대되기도 한다. 표 2-12는 위험요인들 상호간은 연관성과 파생되는 과정을 보여준다. 예를 들어 지진은 산사태와 연관되어 발생하게 되고 건축물의 붕괴나 화재사고, 화학물질의 누출, 폭발사고와 같은 2차적 위험요소들을 유발할 수 있다.

표 2-12 위험요소 상호관계

근본 위험요소 (Primary Hazard)	관련 위험요소 (Associated Hazard)	2차적 위험요소 (Secondary Hazard)
화산폭발	지진	화재, 홍수, 산사태
지진	산사태	건물붕괴, 화재, 화학물질 누출, 폭발
태풍	강풍, 홍수	구조물 붕괴
번개	천둥	화재
홍수	태풍, 강풍, 심각한 기후	구조물 붕괴와 파손
겨울폭풍, 폭설	교통사고	화재(불의 사용)
토네이도	태풍, 해일, 홍수	구조물 붕괴

출처 : FEMA(2005) 재편집

또한 위험요소(Hazards) 들은 재난의 종류에 관계없이 위험요소들 상호간의 작용을 통해 복잡하고 다양한 재난으로 확대된다. 뿐만 아니라 이들 위험요소들의 본질 또한 여러 가지 변수들에 의해 변할 수 있다. 그래서 수많은 재난의 위험요소들을 개별적으로 관리하는 것은 매우 어렵다. 또한 재난의 특성상 하나의 재난에 대한 교훈은 다른 재난에 대부분의 경우 일반적으로 적용가능하다는 특징은 위험요소들의 개별적인 관리보다 통합적인 관리를 요구하게 되었다. 즉 모든위험(All-hazard) 관리법의 필요성은 이 같이 자연적, 기술적, 사회적 위험요소들 간의 상호작용의 특성상 특정 재난의 한정적 관리상의 문제점과 한계를 이해하면서부터 시작되었다고 볼 수 있다.

맥언타이어(McEntire, 2005)는 대부분의 재난들은 위험요소들 상호간의 복잡한 관계에 의해 진행되어, ① 자연적 위험요인이 다른 자연적 위험을 조장하는 경우, ② 자연적 위험요인이 다른 기술적인 위험을 조장하는 경우, ③ 기술적 위험요인이 다른 자연적 위험을 조장하는 경우, ④ 자연적, 기술적 위험요인이 인적 요인을 조장하는 경우, ⑤ 인적요인이 자연적, 기술적 요인을 조장하는 경우 등과 같이 위험요인들은 다양하게 상호 작용하면서 재난을 확대시킬 수 있다고 했다. 그는 또한 위험요소들 상호간의 관계를 아래와 같이 정리했다.

① 자연적 위험요소는 다른 자연적 위험요소를 유발할 수 있다.
 ex) 지진은 산사태나 쓰나미, 태풍은 토네이도
② 자연적 위험요소들은 다른 기술적인 위험요소들을 유발할 수 있다.
 ex) 대형홍수는 댐의 붕괴, 벼락은 전력 단절
③ 기술적 위험요소들은 다른 자연적, 환경적인 위험요소들을 유발할 수 있다.
 ex) 위험물질의 폭발은 산불, 원자력사고는 환경재난으로
④ 자연적, 환경적 위험요소들은 생물학적, 자연적 위험요소들을 유발할 수 있다.
 ex) 과도한 홍수는 질병을 유발, 산림의 고갈은 극심한 홍수
⑤ 인적, 민간(Civil) 위험요소들은 기술적, 생물학적 위험요소들을 유발할 수 있다.
 ex) 폭탄은 화재를, 컴퓨터 파괴행위는 전력단절, 테러공격은 질병
⑥ 다른 독특한 조합들 유발
 ex) 고속도로 사고가 위험물질 누출을 유발
 ex) 환경파괴에 대한 시위가 폭동으로 변할 수 있다.
 ex) 기차의 탈선이 산불 유발
 ex) 지진은 사람들의 전력, 전화, 컴퓨터 사용을 못하게 한다.
 ex) 항공인질 납치는 항공기 파괴 또는 구조적인 파괴를 유발

이처럼 위험요소(Hazard)는 재난사고의 원천이기 때문에 위험요소에 대한 사전적 관리는 매우 중요하다. 대부분의 기술적, 사회적 재난들과 일부 제한적 범위 내의 자연적 재

난들은 사전적 관리가 가능하다. 즉 예방 가능한 재난들은 대부분 기술적, 사회적 재난에 속하며 사전적 예방(Prevention) 활동을 통해 재난 발생을 차단하거나 발생 규모를 줄일 수 있다. 하지만 대부분의 자연적 재난들은 위험요소를 사전에 관리하는 것은 거의 불가능하다. 이와 같은 사전 예방할 수 없는 재난들은 재난 발생으로 인해 피해를 최소화하기 위해 다양한 완화(Mitigation) 활동을 통해 관리할 수 있다.

페리(Perry)는 모든 재난상황은 위험감지, 위험평가, 정보전파와 같은 동일한 측면의 사회대응적 특성을 가지며 비록 재난요인의 특성은 서로 달라도 자연적, 사회적 재난은 동일한 개념적·분석적 틀 속에서 이해되고 관리될 수 있지만 자연적 기술적 위험요소들 사이의 특징 차이는 재난 관리적 문제뿐만 아니라 재난대응적 패턴상의 차이를 가져다준다고 했다.

1) 자연적 위험요소(Natural Hazards)

자연적 위험들은 인명과 재산에 커다란 위험을 주고 있다. 태풍이나 집중호우는 가장 보편적이고 강력한 자연위험 중의 하나이다. 일부 지역에서는 지진, 산불, 폭설 등도 포함될 수 있다. 오늘날 재난 위험지역 내에서 인구증가와 무분별한 개발로 인한 위험은 날로 증가하고 있다. 특히 해안가나 산악지역, 저지대 등의 지역적 위험은 크다고 볼 수 있다. 뿐만 아니라 기후변화로 인한 변수들은 자연적 위험들의 빈도나 강도에 영향을 주어 보다 더 큰 위험에 직면할 수 있다.

이러한 위험에 대비하기 위해 다양한 완화 정책들이 준비될 필요가 있다. 대표적인 완화조치들에는 건축법상의 기준, 토목시설들의 안전기준, 토지이용계획 등이 있다. 뿐만 아니라 공공교육, 재정지원, 보험요율 인하와 같은 조치들도 완화효과를 기대할 수 있다. 이 같은 자연적 위험에 대한 완화정책들은 정부에 의해 추진되고 있지만 그 협력성과 포괄성 등 효율성면에서 다소의 문제들을 안고 있다. 위험의 완화는 재난의 예방과 가능성을 줄이기 위해 사전에 취해지는 조치를 포함한다. 여기에는 두 가지 종류가 있다. 구조적 완화와 비구조적인 완화이다. 구조적 완화조치에는 위험요소의 물리적 힘에 견딜 수 있는 구조물의 디자인, 건축물 유지, 물리적 구조와 인프라의 개조를 포함하고 있다. 또한 비구조적 완화조치에는 위험요소에 대한 사람들, 건축물, 인프라의 노출 감소 조치를 포함한다. 오늘날 다양한 위험요소는 우리가 살고 있는 환경의 부분이다. 따라서 위험요소로부터 완전히 안전한 환경에서 산다는 것은 불가능하다.

2) 기술적 위험요소(Technological Hazards)

기술적 위험요소들은 세 가지 일반적 그룹으로 구분할 수 있다. 첫째 수준의 위험사고는 우리 생활주변에서 아주 흔히 발생하며 사고의 규모는 작지만 일상적으로 받아들일 수 없을 정도로 상당한 재난결과를 유발한다. 둘째 수준의 위험사고는 기술의 실패로 인해 적극적인 대응이 요구되는 사고로서 위험물질의 누출과 같은 사고를 포함한다. 셋째 수준의 기술적 재난은 특정 지역 또는 특정 인구에 대한 위험물질의 노출로 인해 발생되며, 다수의 인적손실을 초래하면서 오랜 기간 동안의 사회적 단절과 이주를 요구하게 된다.

카스퍼선과 피자우카(Kasperson and Pijawka)는 위험은 인간 존재의 본질적인 부분임을 강조했다. 기술적 위험요소는 ① 인적수요, ② 인적결핍, ③ 기술적 선택, ④ 초기사건, ⑤ 물질, 에너지방출, ⑥ 노출, ⑦ 인적, 생물학적 결과 순으로 사고의 진행과정을 정의했다. 또한 사람들은 위험요소에 대하여 다양한 관여를 통해 사회적 대응을 하게 되며 이러한 조정적 관여 방법들에는 ① 기대수정(modify wants), ② 대안적 기술의 선택, ③ 초기 사건의 예방, ④ 누출의 예방, ⑤ 노출의 제한, ⑥ 결과의 방해, ⑦ 결과의 완화와 같은 방법들을 제시하였다.

이러한 과정에서 각각의 조정활동들은 세 가지로 나누어진 다른 이행모드로 현실화되고 세 가지 이행 모드는

① 사회는 법률과 규칙으로 행동을 명령한다.
② 관리자는 설득과 유인, 벌칙을 통해 행동을 격려한다.
③ 관리자는 자발적으로 위험을 줄이거나 견딜 수 있게 위험을 알릴 수 있다.

표 2-13 조정활동의 세 가지 이행모드와 이행방식

구 분	이행 방식
명령(Mandate)	생산과 과정의 금지 생산과 과정의 규제(수행, 설계기준, 사용과 보급의 제한)
격려(Encourage)	자발적 이행을 추구 인센티브의 제공(신용과 보조금) 처벌(세금, 수당, 상훈) 보험제공
통보(Inform)	위험 유발자를 통보(모니터링과 감시) 위험한 것들을 통보(표시, 광고)

출처 : 카스퍼선과 피자우카(Kasperson and Pijawka) 재편집

위험요소에 대한 사회적 대응과정에서 다양한 조정통제 방안들이 마련되고 이들 각각의 방안들은 비용편익분석을 통한 가장 효율적인 방안을 선택하게 된다. 표 2-13은 기술적 위험요소들에 대한 조정활동의 세 가지 이행모드와 이행방식을 정리하고 있다.

기술적 재난은 대부분의 자연적 재난과는 달리 기술적 실패가 경고 없이 아주 빨리 발생한다. 따라서 기술적 재난에서는 자연적 재난과는 달리 준비를 위한 상황의 인지, 문제의 정의, 위험의 평가, 의사결정 시간은 아주 짧은 특징이 있다. 위험의 인지면에 있어서도 일상적 위험은 낮게 평가하는데 비해 간헐적으로 발생하는 위험요소들은 높게 평가한다. 따라서 대부분의 낮은 발생 가능성 이지만 높은 피해 결과를 만들 수 있는 재난(Low Probability High Consequence, LPHC) 들의 위험은 높게 인식하게 된다.

또 다른 기술적 재난의 일반적인 특징으로는 ① 선진국에서의 위험관리의 주요 부담들은 자연적 재난에서 기술적 재난으로 옮겨가고 있다. ② 기술적 위험요소들은 자연적 위험요소 보다 다루기 어렵고 관리적 문제에서 더 어렵다. ③ 위험요소는 인적요구에서부터 시작하여 부정적인 결과에 이러기 까지 일련의 연결된 단계로 구성된 것으로 인식된다. ④ 이상적인 위험관리 방식은 평가, 조정분석, 관리전략 선택, 이행과 평가와 같이 4가지 주요단계로 구성된다. ⑤ 기술적 재난은 자연적 재난과 다른 공중(Public)의 대응패턴을 가지는 경향이 있다. 대중들은 자연적 재난에서는 대피를 꺼리는 경향이 있는 반면, 기술적 재난에서는 기대 이상의 대피를 하는 경향이 있다.

기술적 위험요소는 사고, 위험공정, 인프라 파괴, 특정 인적활동을 포함하는 기술적, 산업적 조건으로부터 기인되는 위험요소들이다. 기술적 위험요소들에는 산업적 오염, 핵 방사능, 위험 폐기물, 댐 붕괴, 교통사고, 공장폭발, 화재, 화학물질의 누출 등을 포함한다. 자연적 위험요소들의 영향으로 기술적인 위험요소들에 영향을 직접적으로 미칠 수 있다.

3) 자연적, 기술적 위험요소의 연관성

자연적 재난과 기술적 재난은 항상 독립된 사고가 아니다. 상호간의 복잡한 연관성이 있어 2차적인 재난으로의 화대되거나 다양한 방식으로 상호간이 부정적인 영향을 제공하고 있다. 자연적 재난과 기술적 재난의 상호 복잡연관성에 대한 예로는 홍수가 화학공장이나 시설물에 위험물질의 누출, 화재, 폭발, 등과 같은 심각한 피해를 가져올 수 있다. 화재, 폭발, 누출 같은 일상적인 시나리오 외에 수질오염 같은 심각한 환경적인 오염과 독성가스의 누출, 화학물질의 물과의 반응에 의한 가연성 수증기의 생성 같은 심각한 위험을 야기하기도 하고 2차적 재난으로 확대되기도 한다.

표 2-14 자연적 기술적 재난의 구분

자연적 재난	기술적 재난
물리적 환경의 측면	인간의 개발, 위험물질 사용, 인적실수
조정할 수 없다.	조정할 수 있다.
정신 병리학적 문제 야기	자연재난보다 낮은 정신 병리학적 문제
인간의 책임이 아님	사람들의 책임
경보와 피난가능	경보 없이 급작스럽게 발생
위협의 등장까지 대피를 꺼린다.	공식적인 통보 없이 본능적으로 대피 한다.
분명한 시작과 끝(명백한 파괴)	시작은 분명하지만 끝은 아니다.
사고와 영향을 일반적으로 볼 수 있다.	사고와 영향을 일반적으로 볼 수 없다.
복구도 일반적으로 볼 수 있다.	복구도 일반적으로 볼 수 없다.
개개인이 영향을 직접 관찰할 수 있다.	개개인은 관찰할 수 없고 언론에 의존
대응단계에 공공 민간 개인들이 참여	정부나 기업의 대응(개인은 제외)
실력자는 희망적으로 보임	실력자는 회피적이고 비 대응적으로 보임
개개인은 개인적 사건으로 여김	개개인은 비개인적 사건으로 여김
완화는 개인적인 적응에 초점	완화는 기술적인 공정에 초점
완화보다는 대응과 구호 노력에 초점	구조와 대응보다 완화 노력에 많은 초점
경험으로 친숙함이 생김	경험 부족으로 친숙함이 없다.
축적된 경험은 완화 관리 준비를 안내	완화 관리 준비안내하기엔 부족한 경험
사고이후 지역사회의 동의와 협력이 발생	사고이후 책임자 색출과 갈등이 발생
기후변화로 인한 증가 예상	위험스런 기술적 사고 잠재성이 높다.

출처 : 쇼알트와 미어즈(Showalter and Myers, 1992) 재편집

페트로바(Petrova, 2005)는 거의 대부분의 자연적 재난은 기술적 재난을 동반하며, 그 일례로 태양활동과 지구 자기적 교란은 자동기계 장치의 고장이나 동작의 신뢰성을 줄일 수 있어 기술적 위험에 영향을 주며, 그 결과 교통사고, 화재, 위험물질 누출과 같은 사고 발생가능성을 증대시키고, 지리학적, 기상학적, 수문학적, 그리고 다른 자연적 위험 과정들은 직접적으로 기계에 영향을 주어 기술적 위험을 증가시킨다고 주장한다. 표 2-14는 자연적 재난과 기술적 재난의 특성을 구별하고 있다.

취약성은 사회경제적인 문제들과 불안전한 물리적 환경들의 조합으로 이루어진다. 위험요소의 취약성은 물리적 해와 사회적 파괴의 잠재성과 같은 두 가지 종류의 취약성이 있다. 물리적 취약성은 물리적 구조와 인프라 시설, 자연적 환경과 경제적 손실관련 위협들로 나타난다. 사회적 취약성은 사망, 부상, 의료 영향, 행동과 시스템 기능의 장애와 같

은 인간의 웰빙과 경제적인 손실과 연관된 위협을 포함한다. 모든 재난은 정보효과를 가진다. 재난 이후 긍정적으로 취약성 평가, 위험완화, 재난준비, 재난대응과 복구를 증가시키는 계기가 된다. 근원적, 2차적, 간접적, 그리고 정보효과의 복잡성에 불구하고, 재난은 사회문제의 하위 문제이다. 재난이나 위험요소의 원인에 관계없이 재난은 물리적 조건과 사회적 차원이 연관된다.

이들 두 위험요소들은 많은 연관성도 있지만 준비, 대응하는 과정에서 사람들의 행동 차이도 나타난다. 몇 가지 예를 살펴보면 자연적 재난은 사람들이 자주 경험하면서 친숙함이 생겨난다. 반면 기술적 재난은 경험 부족으로 재난에 대한 친숙함이 없다. 자연재난의 경우 사람들은 재난경보 메시지를 실체보다 줄여서 생각하는 경향이 있고, 기술재난의 경우는 정반대로 실체보다 확대해서 이해하는 경향이 많다. 예를 들어 원자력 발전소 방사능 누출사고나 폭발사고의 경우 대피가 필요 없다고 함에도 불구하고 많은 사람들이 대피한다.

6 기후변화와 재난 위험요소

기후관련 재난 즉 기후재난은 자연적 재난 중에서 전염병이나 감염 같은 생물학적 재난과 지진, 화산, 산사태와 같은 지구 물리학적 재난을 제외한 기상학적, 수문학적, 기후학적 재난을 의미한다. 이들 기후재난에는 태풍, 홍수, 산사태, 극한기온, 가뭄, 산불 등을 포함한다. 맥그레고어(Kent M. McGregor, 2007)는 기상학은 재난관리 과정과 깊이 연관되어 있고, 기후현상은 허리케인, 토네이도, 홍수, 가뭄, 열파, 산불, 눈보라 같은 많은 재난의 원인이 되며, 기후는 또한 재난이후 제공되는 지원의 방식에도 영향을 미친다고 강조한다. 기후와 재난관리는 근본적으로 복잡하다. 기상학적 과정은 재난으로 인한 인적 눌적 피해의 정도를 결정한다고 주장한다. 기후재난과 연관된 재난의 경우 그 영향의 범위도 넓고, 기간도 길며 주거와 생명건강 뿐만 아니라 음식, 물, 생물다양성에 까지 위협하는 것으로 연구되었다.

SREX(2012) 보고서는 기후변화에 따른 재난에 영향을 주는 기후와 기상 사건들로 ① 대기기상과 기온, 강우, 바람과 같은 기후변수의 극한, ② 몬순, 엘니뇨, 열대성 저기압, 태풍과 같이 극한 기후 기상사건에 영향을 주는 기상과 기후현상, ③ 가뭄, 홍수, 해수면,

파도, 해안영향과 물리적 영향, 빙권 관련 영향, 산사태, 모래나 먼지 폭풍과 같은 자연적 물리적 환경에 대한 영향으로 분류하였다. 이들 변화된 기후와 기상 사건들에 의하여 다가올 2100년 기후변화의 특징으로 표 2-15와 같이 예상했다.

표 2-15 기후변화에 따른 예상 변화

구 분		예상변화(2100)
기상과 기후 변수	기온	비정상적인 따뜻한 낮과 밤의 빈도와 강도의 증가(확실), 비정상적인 추운 낮과 밤의 빈도와 강도의 증가(확실), 따뜻한 기간, 열파의 길이, 빈도, 강도의 증가(매우 높다)
	강수	호우의 빈도는 증가, 전체 강우 중 호우의 비율이 증가 특히 고위도와 열대지역(높다)
	바람	심한 바람의 예상(낮은 동의), 단 태풍과 관련된 바람은 예외
극한 기상과 기후 관련 현상	장마	기후모델간의 불일치로 예상변화(낮은 동의)
	엘리뇨	기후모델간의 불일치로 예상변화(낮은 동의)
	열대 태풍	발생빈도는 줄거나 변화 없음(높다) 평균최대 풍속은 증가(높다) 태풍과 관련된 강우량은 증가(높다)
	온대 태풍	지역적 태풍활동에 영향을 줌(높다) 중위도 폭풍의 수의 감소(중간 동의) 중위도 폭풍경로의 극 쪽으로 이동 예상(중간 동의)
물리적 환경 영향	가뭄	예상되는 가뭄의 기간과 정도 증가(중간 동의) 예상에 대한 불충분한 동의(낮은 동의)
	홍수	홍수의 강도와 빈도의 변화예상(낮은 동의) 예상되는 호우의 증가로 지역적 홍수(중간 동의)
	해수면/해안영향	평균 해수면 상승은 해안선의 수위상승(매우 높다) 현재 해안부식과 침수지역은 지속적일 것임(높은 신뢰)
	기타 물리적 영향	열파, 빙하 이동, 동토의 침하 같은 변화는 고산지역의 사면불안정, 지반이동, 빙하호 유발홍수 영향(높은 동의) 호우의 변화는 산사태에 영향(높은 동의) 먼지활동에 대한 미래 예상변화(낮은 동의)

출처 : IPCC SREX(2012) 보고서 재편집

맥그레고어는 기후관련 위험요소들과 그 특징들을 표 2-16과 같이 상세하게 정의하면서 기후관련 위험요소들의 주요 고려사항들로 ① 사고가 발달되는 시간과 발생기간은 위험에 따라 몇 분에서 몇 달에 걸치며, ② 공간적 범위 또는 피해지역의 크기는 아주 작은 범위의 지역에서부터 크게는 국가적 세계적으로 미칠 수 있고, ③ 피해 입은 사람들의 잠재적인 숫자는 적은 지역의 재난에도 큰 피해를 미칠 수 있으며, ④ 기후가 직접적인 이유가 아닐 때에도 재난에 영향을 미치고, ⑤ 기후 범주는 상호배타적이지 않아 많은 종류의 재난들은 상호 동반한다고 주장했다.

표 2-16 기후관련 위험요소들(Hazards)

위험요소	발달시간	발생시간	공간적 범위	피해자 수	기후 원인
토네이도	빠름	짧음	작다	적다	○
해일	빠름	짧음	작다	적다	○
바람	빠름	짧음	작다－중간	적다	○
홍수	느림－빠름	짧음－길다	중간－크다	중간	○
Blizzard	중간	보통－길다	크다	중간－많다	○
허리케인	중간	보통－길다	중간－크다	중간－많다	○
공기오염	중간	보통－길다	중간－크다	중간－많다	
위험물	빠름	짧음－길다	작다－중간	적다－중간	
수원 오염	느림－빠름	보통－길다	작다－중간	중간	
화재 확대	빠름	짧음－길다	작다	적다－중간	
질병	느림－빠름	길다	중간－크다	많다	
열파	중간	보통－길다	중간－크다	많다	○
한파	중간	보통－길다	중간－크다	많다	○
가뭄	느림－빠름	길다	크다	많다	○
화산폭발	중간－빠름	짧음－보통	작다－중간	중간	
산사태	빠름	짧음	작다	적다	
수송	빠름	짧음	작다	적다	
Microburst	빠름	짧음	작다	적다	○
안개	빠름	짧음	작다－중간	적다－중간	○
Frost	빠름	짧음	작다－중간	적다－중간	○

출처: 맥그레고어(Kent M. McGregor, 2007) 재편집

스리니베이슨(Srinivason, 2008)은 기후변화로 인해 제기되는 위험의 특징을 ① 인간 시스템이 그들의 계획 속에 사용하는 수준을 넘어 오랜 시간에 걸쳐 나타난다. ② 위험들은 지구적이며 일부지역은 혜택이 있고 다른 대부분의 지역은 피해를 입는 것같이 전 세계에 걸쳐 같지 않다. ③ 기후변화의 영향은 상호연관성이 있고 복잡하여 우리가 이해하기에는 그 위험들이 너무 복잡하다. ④ 전체 위험에 관한 정확한 성질에 대하여 유용한 정보는 매우 적다. ⑤ 기후와 인간사이의 관계와 기후의 물리적 과정에 관한 이해의 제한 때문에 기후의 위험은 근본적으로 불확실하다. ⑥ 기후변화는 점진적이다(누적적, 점진적, 한정되지 않는 시작과 행동하기에 특정되지 않는 유용한 장소). ⑦ 현재 세대가 해결하기에는 엄청난 비용이 필요한 미래 지향적인 문제라 했다.

바이스베커(Weissbecker, 2011)는 표 2-17과 같이 극한기후 사고의 특징을 정리 했다.

기후변화는 단기, 중기, 장기적 양상과 결과를 알 수 없는 다수 형상・다차원 위험이다. 기후변화는 재난으로 인한 단순한 인적 물적 피해를 넘어 중요한 재정적인 피해를 가져다 줄 것으로 예상한다. 기후변화는 새로운 위협과 위험요소이다. 기후변화는 기존의 위험요소들을 더욱 악화시킨다. 기후변화로 인한 재난사고들은 보다 빈발하고 동시적이고, 그 강도도 클 것이다. 재난으로부터 강한 지역사회를 건설하기 위해서는 기후변화에 대응하는 다양한 전략과 독특한 대응이 요구된다. 특히 국가는 새로운 전략을 가지고 기존의 시스템의 보강과 같은 새로운 시스템의 설계를 통해 해결할 수 있다. 향후 정부는 통합성과 전문성을 동시에 고려할 수 있는 정책과 전략이 요구된다. 기후변화에 따른 재난위험의 변화를 정리하면 표 2-18과 같다.

표 2-17 극한기후 사고의 특징

사고종류	등장	규모	기간	경보기간
홍수	천천히	지역적	수일 수주	가능
급류홍수	급격히	지방적	수시간	불가능
태풍	천천히	지역적	수일	가능
가뭄	천천히	지역적	수개월 수년	가능
산불	급격히	지방/지역적	수일 수주	불가능
열/한파	급격히	지역적	수일 수주	가능

출처 : 바이스베커(Weissbecker, 2011) 재편집

표 2-18 기후변화에 따른 재난위험의 변화

기후변화		재난위험(Disaster Risk)의 변화			
기후요인	예상기후	위험요소 (Hazards)	노출 (Exposure)	취약성 (Vulnerability)	위험 (Risk)
태양복사량, 화산활동에 의한 성층권 에어로졸, 온실가스농도	기온상승 강수량 증가 해수면 상승 가뭄 빈발	강한 태풍 호우와 홍수 해안 침식 심각한 가뭄	도시집중 인구집중 인구이동성 위험지역거주 산업 확대	경제적 영향 사회적 영향 환경적 영향 물리적 영향 제도적 영향	위험요소, 노출, 취약성증가로 위험의 크기가 증가한다.

바이스베커(Weissbecker, 2011)는 기후변화의 지역사회 웰빙 결정요소를 표 2-19와 같이 정리한 바 있다. 이처럼 기후변화는 우리사회의 전반적인 부분에 직·간접적인 영향을 미치게 되며, 그 결과 재난위험에 대한 취약성을 악화시키는 것으로 나타났다. 기후변화는 기후재난의 위험요소들을 더욱더 위험하고 빈번하게 변화시킬 뿐만 아니라 지역사회의 취약성 또한 복잡한 원인과 결과에 의해 악화시킬 수 있다. 기후변화는 재난위험요소의 변화와 지역사회의 취약성을 증가시켜 재난의 위험성을 지속적으로 증가시키고 있다.

표 2-19 기후변화의 영향과 지역사회 웰빙 결정요소

지역 웰빙 결정요소	기후변화의 영향
물리적 건강	열파, 바람, 폭풍, 홍수와 화재 같은 극한기후 사고의 결과로서 기후변화의 핵심 건강영향은 사망과 부상을 포함 한다. 감염되거나 믿을 수 없는 수자원에 의한 독소와 수인성 질병에 노출, 불안전한 음식 증가로 인한 영향부족, 높은 온도로 인한 음식부패에 노출, 호흡기질환 사고의 증가, 전염성 질환의 증가, 자외선 광선 노출 증가
정신적 건강	기후변화와 연관된 정신건강은 극한기상사건, 육지의 장기적 변화, 강제적인 이주 등에 의한 직접적인 정신건강 충격; 사회적 배제, 경제적 불안정, 폭동과 차별 같은 정신건강의 핵심 결정요소에 영향, 미래에 걸친 본질적인 불확실성을 만들어내는 글로벌 환경적 위협인 기후변화의 이해로부터 시작된 감정적 불안
사회적 건강 불공평	기후변화는 세계자원에 가장 적게 접근하는 사람들과, 기후변화의 원인제공을 가장 적게 하는 사람들이 가장 많은 영향을 받을 것이다. 완화와 적응 없이는, 기후변화는 가난한 지역사회의 사회적 건강 결정요인에 부정적 영향을 주는 건강 불공정을 증가시킬 것이다.
직업과 실업	기후변화영향은 특히 농업과 여행과 같은 산업이 취약하다. 탄소배출저감 정책들은 에너지, 운송, 광업과 중공업분야의 고용전망에 영향을 줄 것이다. 반면, 저 탄소 경제로의 전환 또한 새로운 녹색경제 산업의 창조능력과 고용의 기회를 가진다.

보험 접근	기후변화영향으로부터(극한기상의 빈도, 강도) 위험의 증가는 보험의 적합성과 가용성에 영향을 주고 있다.
식품	증가된 가뭄과 극한기상사고들은 지방과, 가격인상과 품귀를 유발하는 수입식품 공급에 영향을 주고 있다. 인상된 식품가격과 불안전한 음식은 특히 저소득 사람들에 우려를 준다.
물	기후변화는 가정용, 농업용, 산업용 목적의 수자원의 질과 확실성을 줄인다. 물 공급을 늘리기 위한 인프라시설에 대한 투자는 물의 비용을 증가시킨다.
에너지	극한기후 사건들은 주요 에너지 시스템 인프라를 파괴시킬 수 있고, 이송의 단절, 전력부족과 단절을 초래할 수 있다. 기후변화와 기후변화 정책 대응은 수송, 난방, 냉방과 요리 같은 에너지관련 서비스의 가격인상에 영향을 준다.
교통	널어난 극한기후는 수송 인프라에 대한 위험을 제기한다. 증가하는 전력비용과 배출을 줄이기 위한 정책 때문에 유류와 공공수송비용증가는 이동비용을 증가시킨다.
주거	기후변화는 주택설계와 건설은 열과 극한기후로부터 적절한 보호를 제공하기 위해 개선이 요구 될 것이다. 일부지역에서, 기존 주택의 건설이나 유지는 가능하지 않을 것이다.
사회적 연관성과 가정의식, 소유물	기후변화는 인간결속과 지역연결을 단절하는 극한기후사건, 해안침식, 해수면 상승, 경제적 손실을 유발할 수 있으며, 영향을 받은 지역은 임시적, 영구적 이주가 요구될 가능성이 높다. 기온의 상승과 물 부족은 폭넓은 사회적 요소들과 공원, 휴양시설, 스포츠시설 등과 같은 지역사회 인프라에 영향을 주고 있다.
건강, 지역과 응급서비스	위에서 언급한 영향의 범위는 응급, 건강과 지역사회 서비스들의 요구를 증가시킨다. 극한기후사건은 특히 필수적인 건강과 지역서비스들의 접근을 방해할 능력이 있다.

출처 : 바이스베커(Weissbecker, 2011) 재편집

제3절 취약성(Vulnerability)

팀머맨(Timmerman, 1981)은 취약성을 재난 시스템에 대한 부정적 결과의 정도라고 정의하면서 재난의 크기는 시스템들의 복원력에 의해 결정된다고 했다. 즉 위험스런 사고의 시스템에 대한 부정적 영향의 정도를 취약성으로 묘사했다. 맥언타이어(McEntire, 2001)는 표 2-20과 같이 취약성을 결정하는 4가지 변수로 위험, 감수성, 저항, 복원력을 들고 있다. 유엔 재난위험경감 사무국(UNISDR, 2005)은 재난위험은 위험요소들이 물리적, 사회적, 경제적, 환경적 취약성들과 상호 작용할 때 그 위험은 증가한다면서 재난위험은 지역적, 국가적 지원을 통해 정책, 계획, 프로그램 속에 체계적으로 통합관리 되어야 함을 강조하였다.

표 2-20 취약성의 결정변수와 내용

변 수	내 용
위험(Risk)	불의의 충격의 가능성에 영향을 주는 위험에 대한 근접이나 노출
감수성(Susceptibility)	사회적, 경제적, 정치적, 문화적 변수들에 근거한 재난의 불의의 충격에 대한 개인의 성향
저항(Resistance)	위험요인에 의해 가해진 스트레스를 견디는 지역사회 시스템들의 능력(예, 건물, SOC)
복원력(Resilience)	재난의 불의의 충격으로부터 신속히 복원하기 위해 대처하는 능력

출처 : 맥언타이어(McEntire, 2001) 재편집

린델(Lindell, 2007)은 재난은 위험에 대한 노출, 물리적인 취약성, 사회적인 취약성과 같은 세 가지 사전적 조건에 의해 분석될 수 있다고 했다. 과거에는 취약성은 물리적 감수성에만 한정되었으나 요즘은 위험에 대한 노출, 대처능력, 적응능력, 사회적인 불평등은 물론 물리적, 제도적, 경제적인 약점들까지 포함하는 포괄적인 의미를 가진다고 했다. 일반적으로 재난의 취약성은 지역사회를 구성하는 인적 시스템, 자연적 시스템, 건설 환경시스템의 상호관계에 의해 발생한다. UNISDR(2002)은 취약성을 위험요소들의 충격에 대한 지역사회의 감수성을 증가시키는 다양한 물리적, 사회적, 경제적 환경적 요소들에서 유발되는 조건들의 모임이라고 했다. 제질로스(Jegillos, 1999)는 취약성을 재난에 대응하기 위한 지역사회 능력에 부정적인 영향을 주는 물리적, 사회경제적, 정치적인 요소들로 구성될 수 있다고 주장했다.

쏘말라(Thomalla, 2006)는 인적 취약성을 증가시킬 수 있는 핵심 위험요소들로 ① 낮은 수입, ② 낮은 사회경제적 지위, ③ 주택 미소유, ④ 한 부모 가정, ⑤ 5세 미만 65세 이상 사람들, ⑥ 여성, ⑦ 만성적인 질병과 장애, ⑧ 영양상태, ⑨ 면역상태, ⑩ 사회적 고립을 들고 있다. 브레이키(Blaikie)는 재난을 위험과 취약성 관점에서 접근했다. 위험은 사회적 취약성과 다양한 형태의 위험요소들이 결합되어 재난을 유발한다고 했다. 위험요소, 취약성과 위험은 재난으로부터 파괴와 죽음의 진행과정에서 독특하게 상호작용한다고 주장한다. 자연적 위험 관점에서의 취약성을 브레이키(Blaikie, 1994) 등은 자연적 위험의 충격을 예상하고, 대처하고, 저항하고, 회복하는 개인이나 그룹의 능력 면에서의 특성이라고 정의하였다.

1 취약성의 종류(Types)

취약성에 대한 개념을 하나의 연구방법에 의해 포괄적으로 정의하거나 답변하기는 어렵다. 이처럼 취약성에 대한 하나의 정의는 없지만 일반적으로 어떤 위험요소가 사람, 인프라, 경제에 주는 영향을 의미한다. 인구, 자산, 환경자원들은 위험에 노출되고 있고, 결과적으로 사망, 부상, 손실에 취약하다. 이러한 노출의 성질은 물리적, 사회적, 경제적, 환경적으로 평가될 수 있다. 따라서 재난의 취약성은 표 2-21과 같이 5가지로 구분할 수 있다.

표 2-21 취약성의 구분과 성질

구 분	노출(Exposure)의 성질
물리적	건축물, 사회적 인프라의 질과 강도
사회적	지적, 교육적 건강 인프라, 평화와 안보, 사회적 평등, 사회적 결속을 포함한 물리적 건강을 포함한 인구의 건강과 사회적 구조
경제적	부, 자본, 수입, 생산성, 재정보호수준, 수익의 균형성과 같은 경제적 구조
환경적	생물다양성, 물, 흙, 공기와 같은 자연적 자원의 다양성과 질 그리고 자연적 자원의 가용성
정치적	거버넌스의 질과 의사결정 조정, 지식적인 기반이 포함된다.

1) 물리적 요소(Physical Factor)

물리적 취약성은 건축 환경, 인프라, 인구에 대한 물리적 충격의 잠재성을 말한다. 물리적 취약성은 위험요소가 취약한 대상에 직접적인 물리적 충격으로 영향을 주기 때문에 상대적으로 수치화하기 쉽다. 물리적 취약성은 또한 손실에 대한 개인적, 가정적, 지역사회의 감수성을 말한다. 이것은 적합한 땅에 대한 접근, 토지이용계획, 주택설계, 건축법, 건축재료, 공학, 비상 서비스의 접근성과 같은 것들과 관계있다. 또한 물리적인 취약성은 인구밀도와 밀접한 관계가 있다.

2) 사회적 요소(Social Factor)

사회적인 웰빙 수준은 개인, 가정, 지역사회의 취약성과 밀접한 관계가 있다. 교육, 훈련, 안전, 인권, 사회적 공평성, 정보와 인지, 문화적인 신념, 전통적 가치, 도덕, 거버넌스, 시민사회 같은 모든 것들은 사회적 웰빙과 물리적, 정신적, 심리적인 건강과 관련 있는 주요한 요소들이다. 위험관리자와 위험연구자들은 매일 가용한 자료, 입증되지 않은 증거, 훈련과 개인적 경험에 근거하여 지역사회의 웰빙에 관해 의사결정을 하게 된다. 개인들 역시 마찬가지이다. 사회적 취약성 결정을 위한 접근은 정성적 방법과 정량적인 방법을 통합 보완적으로 활용한다.

3) 경제적 요소(Economic Factor)

취약성 수준에 기여하는 다양한 요소들 중에서 가난은 가장 중요한 영향요인이다. 가난으로부터의 탈피는 가장 중요한 취약성의 경감방법이다. 사람들의 경제적인 상태는 생명,

재산, 인프라의 손실뿐만 아니라 재난의 대처능력과 복구와도 밀접한 관계를 가지고 있다. 경제적 손실은 일반적으로 유형의 것과 무형의 것으로 분류하는 경향이 있다. 그리고 그 하위 분류로 직접손실과 간접손실로 구분한다. 유형의 직접손실은 건물과 부속물, 차량과 인프라의 물리적 피해를 말한다. 유형의 간접손실은 사업, 교통, 유틸리티 네트워크, 청소 비용, 비상대응과 완화를 말한다. 간접비용은 대안적 자원의 공급 가용성, 생산시장, 재생산에 이르기까지의 기간 등을 포함한다. 무형의 간접손실들은 사망, 부상, 기념품의 손실 등이 포함되고, 무형의 직접손실에는 건강효과, 가사의 단절이 포함된다. 무형의 손실에 대한 시장가격은 없지만 개략적인 가치제공을 위해 비 시장의 가치 기술들이 적용될 수 있다. 재난으로부터의 잠재적, 실질적 손실에 대한 경제적인 평가는 이들 모든 범주의 손실을 포함한다. 하지만, 우선 유형의 손실은 경제적 손실의 보수적인 산정을 제공하는데 충분하다. 무형의 손실은 개략적인 가치의 필요 때문에 산정하기 때문에 보다 복잡하다.

4) 환경적 요소(Environmental Factor)

취약성의 환경적인 요소에는 사회적, 경제적, 생태적 측면에서의 지속가능한 개발과 상호작용하는 매우 광범위한 범위의 이슈들을 포함하고 있다. UNISDR은 환경적 취약성의 핵심을 ① 자연적 자원의 고갈정도, ② 자원의 황폐화 상태, ③ 생태시스템의 회복력 손실, ④ 생물다양성의 손실, ⑤ 위험물, 유독물 오염에 대한 노출과 같이 5가지로 정리하고 있다.

5) 정치적 요소(Political Factor)

지역사회의 취약성의 정도는 정치적 의지나 개발적인 관심의 이행과 밀접하게 관계되어 있다. 정치적 의사결정들은 취약대상들의 위험에 대한 직접적인 노출만큼 중요하게 취약성과 연관된다. 인권의 부정, 권력구조에 대한 접근의 거부, 양질의 교육기회, 직업의 기회, 토지의 사용, 자원의 접근 유용성, 정보, 서비스, 인프라에 대한 접근 같은 측면을 포함하는 뿌리 깊은 사회경제적인 요소들은 극한수준의 취약성을 만들거나 유지하기 위한 능력을 가진다. 따라서 정치적인 의지는 재난위험 경감의 기본이다.

2 취약성 모델(Model)

위험에 대한 노출과 물리적 사회적 취약성이 증감하는 과정을 이해하는 것은 쉽지 않다. 많은 학자들은 재난 취약성에관한 모델을 연구해왔다. 프라터(Prater, 2004) 등은 재난충격에 대한 취약성 모델을 그림 2-5와 같이 제시하였다. 재난 취약성은 ① 높은 위험요소에 대한 노출과, ② 높은 구조적, 생명선의 취약성, ③ 높은 사회적, 정부적인 취약성이 서로 결합되어 사회적 영향, 즉 사회적인 취약성이 형성된다고 보았다.

터너(Turner)등은 HR모델을 제시했다. HR모델은 위험요소에 대한 충격을 위험사건에 대한 노출과 노출된 주체의 민감도 사이의 함수로 이해했다. 이후 마타인과 구즈맨(Martine & Guzman, 2002)은 이 모델은 문제의 시스템들이 위험요소의 충격을 확대하거나 줄여주는 방식을 다루지 못한다고 지적했다. 이러한 비판은 압력과 해소(Press and Release, PAR) 모델의 개발로 이어진다. 브레이키(Blaikie, 1994) 등은 PAR 모델은 사회경제적인 압력과 물리적 노출사이의 상호작용으로 재난을 이해한다(제4장 참조).

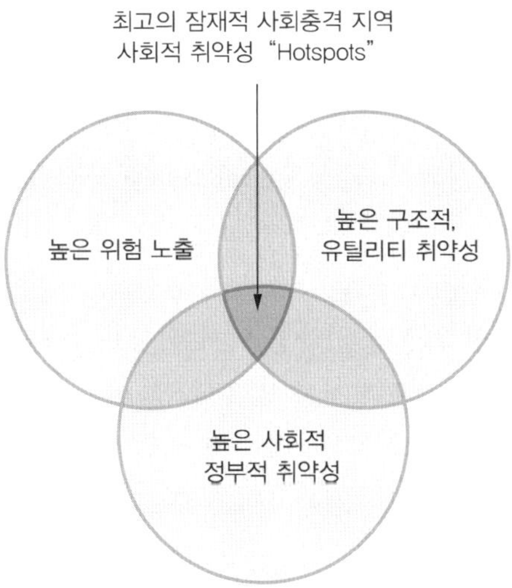

그림 2-5 재난영향 취약성 평가모델

출처: 프라터(Prater, 2004)

3 취약성 평가(Assessment)

취약성 평가는 일반적으로 위험을 인지하고, 위험의 근원인 원인을 파악하고, 위험으로 인한 여파를 생각하고, 가정, 지역, 국가단위의 대응전략을 이행하면서 이루어지고 있다. 위험의 원인은 일반적으로 자연적, 기술적, 인적 요소를 포함한다. 위험의 여파 즉 영향은 인적 물적, 경제적 손실을 포함한다. 따라서 재난의 취약성 평가를 위해서는 다양한 측면에서의 고려가 이루어져야 한다. 취약성 평가란 어떤 시스템의 취약성을 정의하고, 수치화하고, 우선순위화하는 과정이다. 재난관리 측면에서의 취약성은 인적 물적 자원들이 잠재적 위험요소들로 부터의 위협을 평가하는 것을 의미한다. 이것은 정치적, 사회적, 경제적, 환경적인 분야에 걸쳐 행하여진다.

주민들의 인구학적, 사회적 특성들은 특정지역을 다른 지역 보다 더욱더 취약하게 하는 요인이다. 가장 일반적인 사회 지표들은 나이, 성, 인종, 사회경제적 상태, 장애인, 노숙자 여행자 등이다. 지역사회의 사회적 취약성은 불평등에서 생산된다. 위험은 자연적이지만 재난은 그렇지 않다. 즉 사람들의 조건이 위험을 재난으로 만든다. 재난위험의 평가에 있어 위험요소의 분명한 정의도 중요하다. 하지만 더욱 중요한 것은 정의된 위험요소가 제한된 지역에서 어떻게 재난으로 확대되어 가는지를 분명하게 이해하는 것이다. 이것은 전적으로 지역사회의 취약성에 달려있다. 지역사회의 취약성은 다양하지만 일반적으로 물리적, 경제적, 제도적, 사회적, 환경적인 요소들을 포함한 5가지 분야로 나누어진다.

오늘날 다양한 GIS 기반의 모델링 같은 tool 개발은 물리적 취약성에 대한 정보를 제공할 수 있다. 특히 민간 보험회사들은 재난모델을 활용하여 위험의 노출정도와 재정적 위험을 산정할 수 있다. 건설 환경의 취약성 역시 위험요소나 위협의 인자들의 특징과 관련 있다. 잘못 지어진 건축물, 인프라시설 및 이들에 대한 유지관리 부실은 취약성을 증대시킨다. 그래서 오늘날 지역사회 취약성을 기반으로 한 재난예측 tool의 개발은 재난관리 과정에서 아주 중요하다. 미국의 경우 HAZUS를 개발운영 중이다. HAZUS는 지진, 홍수, 허리케인으로 인한 잠재적인 손실을 산정하기 위한 모델을 포함한 미국 내에서 적용 가능한 표준화된 방법이다. HAZUS는 GIS 기술을 기반으로 하여 물리적, 사회적, 경제적인 재난의 결과를 산정한다. HAZUS는 재난위험의 평가를 포함한 재난관리의 전 단계에서 다양한 관계자들이 사용할 수 있다. 즉 재난완화를 위한 정책개발 단계에서부터 정책수단의 결정 및 모니터링 과정에 이르기 까지 다양하게 응용할 수 있다. 또한 대응단계에서는 신속한 재난의 피해산정과 대응계획을 수립가능하며, 2차적인 재난의 파생적인 예측에도 활용될 수 있다. 물리적 피해항목에는 주거 및 상업용 건축물, 학교, 주요시설과 인프라시설들이 포함되고, 경제적 손실에는 실업, 사업 중단, 복구와 재건비용을 산정할 수 있으며, 사회적 영향에서는 임시수용시설의 수요, 이주민 주거, 홍수 지진 허리케인에 노출된 인구에 관한 정보 산정도 포함되어 있다.

지역 취약성 평가수단들은 다양하다. NOAA의 해안지역 서비스센터는 표 2-22와 같이 지역 취약성분석 실행에 관한 안내를 제공하고 있다. 이 안내에는 7가지 단계에 걸친 취약성 평가를 제시한다.

표 2-22 취약성평가 단계와 수단

단계별 모델	내 용
1) 위험정의 모델	지역사회의 위험요소들을 열거하고 각각의 위험의 정도를 빈도와 결과측면에서 각각 1~5점으로 평가하여 잠재적인 피해 정도를 산출하여 최종의 위험을 결정
2) 위험분석 모델	정의된 위험의 정도를 위험지도를 통해 각 지역별 위험도를 분석
3) 주요시설 분석	주요시설을 정의하고, 각각의 시설에 대한 종류, 이름, 주소, 기타정보를 기록한 목록을 작성한다. 이분석을 통해 위험지역에 위치하는 시설을 알 수 있다.
4) 사회분석 모델	특별한 관심을 가질 필요가 있는 사회적 그룹들에 대한 위치와 현황정보를 알 수 있다.
5) 경제분석 모델	지역 내의 중요한 경제 분야를 지역적 위치를 포함하여 정의한다. 위험지역내의 경제 분야의 위치와 현황
6) 환경분석 모델	핵심 환경자원들과 1차적인 위험으로 인한 2차적인 위험으로 확대에 관한 정보를 담고 있다.
7) 완화기회 분석	완화전략 개발과 신개발 계획에 초점을 둔다.

출처 : NOAA 재편집

4 취약성 지수(Index)

취약성을 상대적으로 비교하고 계량화하기 위해 취약성 지수들이 사용된다. 많은 취약성들 중에서 일반적으로 물리적 취약성과 사회적 취약성들이 재난의 취약성 지수로 주로 활용된다. 린델과 페리(Lindell and Perry, 1992)는 사회적 취약성을 표 2-23과 같이 지수화 하였다.

표 2-23 사회적 취약성 지수

취약 그룹	취약성 지수	단 위
여성가구	여성 가구수 비율	%
노인	65세 이상의 개인 노인 가구수	%
낮은 수입/높은 빈곤	빈곤수준 이하의 가구수 HUD 표준 이하의 가구수	%
임대자들	임대주거 가구수 주거 형태별 임대주거 가구수	%
인종과 언어적 소유인들	흑인, 히스패닉, 소수자들 개인비율 자국 언어 미사용자 비율	%
아이들과 청년	선정된 그룹별 인구비율 특정수준이상의 부양비 가구수	%
사회적으로 취약한 대상 분석	사회적 취약성들과 조합된 지역들	개수

출처 : 린델과 페리(Lindell and Perry, 1992)

인종, 계급, 성 또한 위험요소에 대한 사회적인 감수성에 영향을 받는다. 경제적 수준이 낮을수록 자연재난에 더욱더 취약하다. 재난위험의 예방과 완화를 위해서는 자원이 필요하고 이런 자원들은 경제적 수준을 갖춘 그룹에게만 가능하다. 하지만 일부 잠재적 위험들은 개인적인 선택에 의해 현실화되는 경우도 있다. 일부 부자들은 위험지역에 자발적인 선택으로 거주하는 경우도 있다. 표 2-24는 기타 유용한 취약성 지표(Prevalent Vulnerability Index)들을 나타낸다.

표 2-24 유용한 취약성 지표(Prevalent Vulnerability Index)

상습지역 노출	사회 경제적 취약성	사회적 회복력 부족
• 년 간 평균 인구 성장률 % • 년 간 평균 도시 성장률 % • 인구밀도 • 빈곤인구 1일 1$ 이하 • 자본율 • 상품과 서비스 수출입 • GDP 중 순 국내 고정투자 % • 농지 중 불모지와 영속작물 %	• 인간빈곤지수 HPI-1 • 근로연령 인구비율대비 • 부양자수 • GINI 계수에 의한 불평등 • 전체 노동력 중 실업률 • 연간 음식료 값 인상률 • GDP성장률 중 농업부분 • GDP대비 부채비율 • 인적활동에 의한 토지황폐화	• 인간개발지수 HDI • 성 관련 개발지수 GDI • GDP 중 사회적 연금, 보건, 교육 지출 % • 거버넌스 인덱스 • GDP 중 인프라, 주택보험 % • TV 보급률 1,000명당 • 병상수 1,000명당 • 환경 지속가능성 지수

표 2-25 세계위험지수(World Risk Index)

세계위험지수(World Risk Index)			
범제계적, 지역적 수준의 세계위험 지수의 구성요소			
노출 자연적 위험요소에 대한 노출	민감성 고통스런 위해의 가능성	대응 부정적인 결과를 줄이기 위한 능력들	적응 사회적 변화와 장기적 전략을 위한 능력
자연적 위험 영역	취약성 사회적 영역		

United Nations University(2011)는 세계 173개국의 자연재난에 대한 상대적인 위험을 지수화한 World Risk Report를 발표했다. 기본 자료는 CRED EM-DAT 2011의 1970년부터 2005년 사이에 발생한 재난을 근거로 했다. 세계위험지수(WRI)는 표 2-25와 같이 네 가지의 지수 ① 지진, 태풍, 홍수, 가뭄, 해수면상승과 같은 자연적 위험에 대한 노출(Exposure), ② 공공 인프라, 주거조건, 영양, 일반적인 경제적 틀과 같은 기능으로서의 민감성(Susceptibility), ③ 거버넌스, 재난준비, 조기경보, 의료서비스, 사회적 경제적 안전과 같은 기능으로서의 대처능력(Coping Capacities), ④ 미래 자연적 사고와 기후변화에 대한 적응적 능력(Adaptive Capacities)으로 구성되어 있다.

WRI는 자연적 위험요소 연구에 있어 노출은 위험요소에 의해 영향을 받을 가능성이 있거나 노출된 주체를 말하며 이들 주체들에는 사람, 자원, 인프라, 생산, 상품, 서비스 또는 생태계들과 맞물려있는 사회 생태학적인 시스템들을 포함하는 것들이라고 했다. 민감도란 사회적 행동가들이 잠재적 자연적 위험요소들과 기후현상을 직면하는 선택된 사회나 조건의 구조적 특징을 말한다. 일반적으로 민감성이란 자연적인 위험이 발생하였을 때 위해나 손실의 가능성으로 이해된다. 적응은 자연재난이나 기후변화로 인하여 예상되는 부정적인 결과를 다루기 위하여 지역사회가 변할 수 있도록 하는 능력, 조치, 전략을 포함한다.

취약성 지수들은 그림 2-6과 같이 위험지도상에 표현되어 다양하게 활용된다. 표 2-26은 고도로 취약한 사람들이 거주하는 시설 현황을 나타내고 있다.

취약성 지수와 유사한 지수들은 재난관리 과정에서 다양하게 활용된다. 예를 들어 기후재난회복지표(CDRI)는 표 2-27과 같이 물리적, 사회적, 경제적, 제도적, 자연적인 5개 차원으로 구성되어 있다. 각각의 항목들은 1~5점까지 채점되어 회복력지수를 계량화할 수 있다. CDRI는 지구 물리적, 생물학적인 위험 같은 모든 종류의 위험에 적용되지는 않지만, 홍수, 태풍, 산사태, 열파, 가뭄 같은 기후관련, 또는 수리 기상관련 위험요소들에는 적용된다. CDRI의 목표는 도시의 회복력을 포괄적으로 평가하는 것이다.

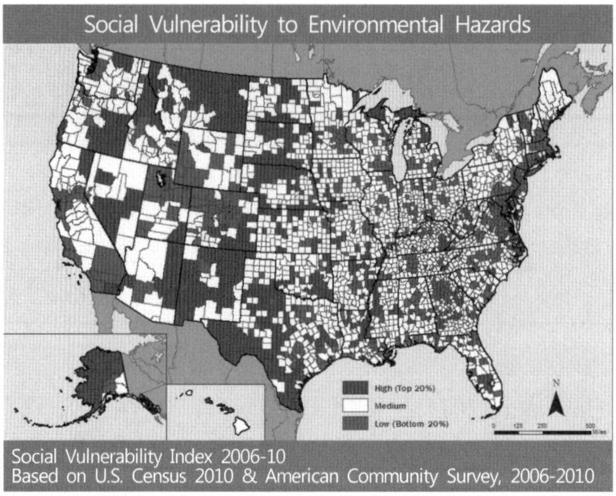

그림 2-6 환경위험에 대한 사회적 취약성(출처 : HVRI)

표 2-26 재난에 고도로 취약한 사람들이 거주하는 시설

시설구분	취약 인구
건강관련	병원, 요양소, 중독자 시설, 정신 관련 기관들
PENAL	교도소, 체류시설, 소년원
체육집결	체육관, 강당, 극장, 전시관, 체육시설과 야외광장
오락시설	해안, 회의장, 놀이동산, 캠핑시설, 공원, 호수, 강, 골프장, 스키장, 지역 센터
종교시설	교회, 사찰, 성당,
고밀주거	호텔, 모델, 아파트, 콘도, 캠핑카 숙박지, 기숙사, 수녀원
교통시설	강, 호수, 댐, 선박, 철도, 버스 터미널
상업시설	백화점, 쇼핑센터, 중심상업지역, 상업 및 공업단지
교육시설	탁아소, 유치원, 어린이집, 초등학교, 중고등학교, 특수학교, 대학

출처 : 린델과 페리(Lindell and Perry, 1992) 재편집

표 2-27 CDRI - Matrix(Climate Disaster Resilience Index)

물리적	사회적	경제적	제도적	자연적
전기	인구	수입	CCA/DRR의 포함	위험요소의 정도
수도	건강	고용	위기관리	위험요소의 빈도
위생과 고물	교육과 인지	가계자산	제도의 효과성	생태시스템
도로 접근성	사회적 자산	재정과 저축	제도적 협력	자연적 토지이용
주거와 토지이용	사회적 연관성	예산과 보조비	좋은 거버넌스	환경정책

출처 : CDRI Report(2010). (*CCA : 기후변화적응, DRR : 재난위험경감)

5 도시의 취약성

커터(Cutter, 2008) 등은 취약성(Vulnerability)은 시스템의 노출(Exposure)과 민감성(Sensitivity) 사이의 함수이고 민감성은 도시지역이 해를 입을 수 있는 정도를 말 한다고 했다. 또한 도시는 사람들이 사회적, 경제적, 제도적, 물리적 복잡한 상호작용을 하는 시스템들이라고 이해하고 있다. 밀레티(Mileti, 1999)는 도시 속에서 취약성을 이 같은 맥락에서 설명하면서, 노출은 상습위험 지역에 살고 있는 사람들 이거나, 기후변화의 부정적 영향, 부속물을 포함한 파괴되기 쉬운 건축 환경과 같은 수많은 위험 동기(Risk Drivers)에 의해 정의할 수 있다고 했다.

도시의 재난위험은 스트레스 요인과 충격 요인들이 상호작용하여 도시 재난위험을 가중시키고 있다. 스트레스 요인은 도시화, 깨지기 쉬운 상태 시스템, 자원 손실, 비계획적인 도시계획, 도시빈곤과 같은 도시지역의 위험 동기들이다. 충격 요인은 기후관련 위험들과 폭풍, 홍수, 산사태, 열파, 가뭄과 같은 요인들이 포함된다. 이들 두 요인들은 상호작용하여 도시 재난위험을 가중시키고 있다. 이러한 위험을 관리하여 회복력 있는 도시, 재난에 강한 도시를 만들기 위해 많은 노력을 기울이고 있다.

커니(Cuny, 1983)는 도시화가 자연적 재난의 발생 가능성을 높이는 아주 중요한 요소들 중의 하나이며, 인구증가와 물질적 투자의 증가는 심각한 물리적 위험에 노출된 도시에 집중되고 있으며, 위험지역 속으로 점차 확대되고, 물리적 시스템과 사회기술적 시스템의 한계에 반하게 진행되고 있어 도시화된 지역의 재난 위험성을 강조했다. 와이즈너(Wisner, 2004) 등은 도시는 사람들이 사회적, 경제적, 제도적, 물리적으로 복잡한 상호작용을 하는 시스템이라 했다. 헤윗(Hewitt, 1997)은 그래서 다양한 행동가, 주체, 과정들의 집중은 종종 심각한 위험에 도시의 노출을 증가 시키고 어떤 형태의 위험으로부터 도시를 취약하게 만든다고 주장한다.

미첼(Mitchell, 1992) 역시 Loma Prieta 지진 당시 ① 대도시의 재난은 상대적으로 시골지역보다 더 많이 보도되는 경향이 있고, ② 대도시 사람들은 긴급 대응서비스 와 재난구호 활동 과정에서 인구밀집으로 인한 새로운 문제들에 직면하였고, ③ 대도시의 교통, 라이프 라인 같은 인프라 망들은 특히 파괴에 취약하고, ④ 토지이용과 재개발 등 갈등해결의 어려움 때문에 재난으로부터의 비슷한 규모의 재난의 복구 또한 시골 지역이나, 작은 규모의 지역사회보다 늦은 경향이 있다며 도시지역의 상대적 취약성을 강조했다.

World Urbanization Prospects(2005)의 세계적 도시화 정도에 의하면 2005년 기준으로 세계인구의 50% 이상은 도시지역에서 살고 있다. 유럽의 경우 72%, 북미의 84%, 남미의 78%, 아시아 아프리카의 40% 이상이 살고 있다. 2030년엔 아프리카의 51%, 아시아의 54% 인구가 도시지역에 살 것이다. 인구의 성장은 도시인구의 증가를 의미한다고 볼 수 있다. 2020년엔 22개의 메가 시티가 있을 것으로 전망하고 있다.

도시화의 결과 수도, 하수, 에너지, 교통 등 주요 인프라스트럭처의 집중은 상호종속성을 증가시키고 도시를 보다 취약하게 만들고 있다. 해안지방이나 위험 상존지역에 거주하는 취약인구 또한 증가할 것이다. 도시의 무분별한 개발은 토지의 황폐화를 가져오고, 공기오염으로 인한 알레르기나 천식환자들은 증가하고 있다. 기후변화는 이미 3억2천5백만 명에게 영향을 미치고 30만 명 이상이 기후변화로 매년 사망한다. 전 세계의 60% 이상인 40억 명 이상이 기후변화에 취약하고 향후 20년간 기후변화의 충격은 증가할 것이다. 기후변화 영향의 점전적인 환경파괴로 인한 사상자는 오늘날보다 향후 20년 이내에 약간 증가하는 수준이지만 기후관련 자연재난으로 인한 사상자수는 급격히 증가할 것으로 예상하고 있다.

6 주요 인프라의 취약성

인프라시설들은 생활 속의 필수적 상품과 서비스 공급을 지원하는 시스템, 네트워크, 공급망들이다. 따라서 인프라시설은 통합된 사회기술적 시스템으로 고려된다. 이들 중 일부 인프라시설들은 아주 중요하게 고려된다. 왜냐하면 이들 인프라시설들은 사회를 지원하는 필수적인 서비스를 제공하기 때문이다. 이들 인프라시설들은 테러, 자연재난, 부주의, 사고, 범죄적 목적, 컴퓨터 해킹 등으로 파괴되거나 중단될 수 있다. 만약 주요 인프라시설의 단절과 중단이 발생하면 그 피해는 급속도로 증가되고 재난의 결과는 심각해질 수 있다. 따라서 지역사회의 주요 인프라는 재난의 취약성을 구성하고 결정하는 중요한 요소들이다. 네트워크와 시스템들의 상호의존성 효과를 고려할 필요가 있다. 주요 인프라시설들은 일반적은 표 2-28과 같이 4가지 종류의 특징적 의존성들이 있다.

◎ **표 2-28** 인프라시설들의 상호의존성

의존성 구분	내 용
물리적 의존성 (Physical Interdependency)	물질과 에너지의 교환, 하나는 다른 하나의 상태와 연관되기 때문에 두 개의 인프라들은 상호의존 한다.
사이버 의존성 (Cyber Interdependency)	정보의 교환 때문에 두 개의 인프라들은 상호의존 한다.
지리적 의존성 (Geographical Interdependency)	지리적 인접성 때문에 두 개의 인프라들은 상호의존 한다.
제도적 의존성 (Institutional Interdependency)	두 개의 인프라들은 정책이나 규제활동 등에 의해 논리적으로 의존적이다.

출처 : Public Safety and Emergency Preparedness Canada (2004) 재편집

표 2-29는 지역사회의 인프라 Networks의 특징을 정리하고, 그림 2-7은 주요 인프라시설들의 상호 연계도를 나타내고 있다. 그림과 같이 주요 인프라 시설들은 복잡하고 상호의존적으로 연결되고 기능한다. 인간은 특히 이들 주요 인프라에 매우 의존적이다. 하나의 시스템 붕괴는 다른 시스템을 단절시킨다. 또한 전력의 생산과 수송, 통신, 상수도, 교통, 은행관련 재난의 준비대응 복구와 주요 인프라의 이해는 재난관리의 필수이다. 인프라는 일반적으로 자본과 서비스의 조합이다. 물리적인 자산과 이들 자산들로부터 제공되는 서비스를 말한다. 주요 인프라시설들은 대부분 구조적, 기술적, 기능적인 측면의 시스템들이다.

◎ **표 2-29** 인프라 Networks의 특징

구분 등급	A	B	C	D	E
맞춤 (Inter-meshing)	딱 들어맞는 인프라	딱 들어맞는 인프라	딱 들어맞는 인프라	공유하는 인프라	공유하는 인프라
제공 재료	서비스	물질	물질	서비스	서비스와 물질
상호관계	아주 많다	많음	약간	가변적	가변적
사람들 영향	간접적	간접적	직접적	직접적	간접적
Networks 분류	전기, 통신 컴퓨터 대중교통	자연적 가스 액화연료 철도, 하수도	상수도	음식 병원	고속도로, 공항항만, 재정, 공공안전, 정부

출처 : Public Safety and Emergency Preparedness Canada(2004) 재편집

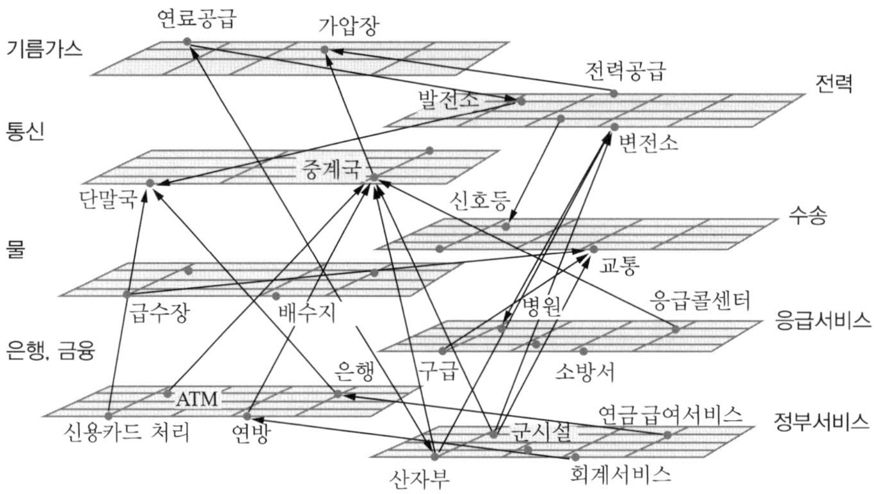

그림 2-7 주요 인프라시설 상호연계도

(출처 : www.naruc.org)

제4절
복원력(Resilience)

1 복원력의 정의

재난으로 부터의 충격이나 사회적 기능의 단절을 흡수할 수 있는 능력이 복원력(Resilience)이다. 자연적 환경에서 복원력이란 어떤 위험요소들이나 위협 아래에 있는 지역이나 생태계가 원래의 상태로 회복되는 것을 의미한다. 건설과 공학에 있어서 복원력은 압력이나 무게 충격을 지탱하기 위해 원상태로 돌아가기 위한 금속이나 구조체의 능력이기도 하다. 인간시스템은 과거로의 복원보다 진보적인 발전을 요구한다. 따라서 UNISDR은 복원력을 위험에 노출된 시스템과 지역사회가 기본적 구조와 기능의 보존과 복원을 포함하여 저항, 흡수, 복구하기 위한 능력이라고 정의 했다. 즉 복원력은 충격으로부터 원상회복하는 능력을 의미한다. 복원력은 또한 대응과 복구할 수 있는 인적 시스템의 능력을 말한다.

브루노(Bruneau, 2003) 등은 복원력은 ① 기술적 차원에서는 위험스트레스 하에서 수용 가능한 수준을 수행하기 위한 물리적 시스템의 능력, ② 조직적 차원에서 주요시설을 관리하고, 복원력을 달성하기 위해 필요한 재난관련 기능을 수행하는 권한과 책임을 가진 조직들의 능력, ③ 사회적 차원에서 재난 이후 주요 서비스의 고장으로 인한 부정적 사회적 결과를 완화하기 위해 특별히 설계된 조치들, ④ 경제적 차원에서 재난사고로부터 직·간접적인 경제적 손실을 완화하기 위한 능력과 같은 4가지 상호연관 있는 차원들로 구성되고, 이들 차원들은 상호 협력하기 때문에 단순한 조치로 지역사회의 복원력을 정의하기는 어렵다고 주장한다.

기술적 차원의 복원력은 재난의 파괴력에 대해 요구되는 수준을 수행하기 위한 구조물, lifeline, 토목시스템 등과 같은 물리적 시스템의 능력을 말하고, 조직적 차원의 복원력은 재난의 취약성과 충격을 줄이기 위한 조치나 의사결정을 하는 재난관리 조직, 유틸리티, 병원, 정부조직 같은 조직의 능력을 말하고, 사회적 차원의 복원력은 재난의 부정적인 사회적 또는 지역사회의 결과를 줄이는 요소들로 구성된다. 반면 경제적 복원력은 재난으로부터 직·간접적인 경제적 손실을 줄이거나 포함, 흡수할 수 있는 회사, 지역, 국가적 결제의 능력을 말한다.

티어니(Tierney, 2003) 등은 복원력(resilience)은 물리적 사회적 시스템들이 재난으로 인한 기능적 손실의 가능성을 줄이고, 피해나 단절이 발생할 때 적절하게 대응하고, 적절한 시기한 복구될 수 있도록 하는 성질이라고 정의 했다. 그래서 일반적으로 복원력은 ① 효과적인 완화조치를 통해 주요재난으로 인한 충격의 가능성을 줄이거나, ② 재난에 효과적인 대응으로 재난에 대처하거나, ③ 재난이후 신속하게 복구 하는 하나 또는 그 이상의 시스템으로 이해된다.

2 복원력을 갖추기 위한 조건

브루노(Bruneau, 2004) 등은 재난계획의 목표를 통해 재난에 대한 견고함을 구축하고, 복구의 신속성을 확보하는 것을 지역사회의 복원력으로 정의 하였다. 그는 또한 견고함(Robustness)이란 주어진 수준의 하중에 견디기 위한 능력이나 강도를 말하고, 신속성(Rapidity)이란 손실을 복구하고 이후 파괴를 피하기 위한 즉각적인 목표를 달성하고 우선순위를 맞추기 위한 능력이라고 하면서, 어떤 것에 대한 복원력이란 실패의 가능성을 줄이고, 실패로 인한 결과를 줄이고, 복구의 시간을 줄이는 것이라 했다.

MCEER은 회복력을 갖추기 위해서는 네 가지 조건으로 견고함(robustness), 여분(redundancy), 풍부함(resourcefulness), 신속성(rapidity)을 들고 있다.

① 강건성(Robustness)은 기능의 상당한 손상과 손실 없이 위험요인에 의해 발생되는 작용력을 견디는 능력을 말한다.

② 자원 확보성(Resourcefulness)은 사회적 단절을 치료할 수 있는 물질, 정보, 인적자원을 활용하기 위한 능력을 의미한다.

③ 가외성(Redundancy)은 사회적 단위의 요구를 만족시킬 수 있는 요소, 시스템 등을 확보하는 정도이다.

④ 신속성(Rapidity)은 신속하게 손실을 복원하는 시스템 또는 다른 단위를 포함할 수 있는 능력을 말한다.

3 지역사회의 자본과 복원력

마윤가(Mayunga, 2007)는 지역사회의 복원력을 평가하는 것은 사람, 지역, 사회와 환경의 역동적인 상호작용 때문에 복잡한 과정이라 했다. 그는 지역사회의 복원력과 지역사회가 갖고 있는 자본들과의 관계 개념도를 표 2-30과 같이 정리했다. 기후변화로 인한 영향의 특성과 심각성은 극한기후 그 자체뿐만 아니라 노출 및 취약성에 의해서도 좌우된다.

표 2-30 자본과 지역재난 복원력 사이의 관계 개념도

자본의 형태	복원력 지수	역 할
사회적 자본	신뢰, 규범, Networks	조정과 협력을 촉진 자원에 대한 접근을 촉진
경제적 자본	수입, 저축, 투자	능력을 향상(예, 보험) 복구과정의 속도 웰빙 향상과 빈곤감소
인적 자본	교육, 건강, 기술, 지식, 정보	지역 위험이해를 위한 기술과 지식향상 위험저감 전략 이행과 개발능력 향상
물리적 자본	주거, 공공시설, 사업, 산업	교통과 통신의 촉진 대피 촉진과 안전성 향상
자연적 자본	자원, 땅과 물, 생태계	모든 형태의 생명을 유지 및 환경보호 태풍과 홍수에 대한 방어 향상

출처 : 마윤가(Mayunga, 2007)

전문가들은 기후변화는 수자원, 생태계, 농업, 연안 및 해양, 국민생활과 산업, 보건 등 다양한 분야에 걸쳐 직·간접적인 영향을 미치며, 이런 영향들은 지역사회를 더욱더 재난으로부터 취약하게 만들 것으로 예상하고 있다. 그래서 재난위험 관리와 기후변화 적응은 위험요인들의 감소나 제거뿐만 아니라 극한기후의 잠재적 악영향에 대한 노출과 취약성을 줄이고 복원력을 증가시키는데 중점을 둔다.

기후변화란 측면에서 팀머맨(Timmerman, 1981)은 복원력(resilience)을 기후변화로 인한 위험으로부터 견디어내고 회복하는 시스템의 능력으로 언급한다. 밀레티(Mileti, 1999)는 지역사회의 지속가능성이란 측면에서 재난에 복원력 있는 지역사회란 극단의 자연적 사고에 심각한 손실, 피해, 생산성감소, 상활의 질, 외부지역으로부터의 대량의 지원 없이 견딜 수 있는 능력으로 언급한다. 일부는 복원력을 복구능력으로, 완화와 같은 맥락으로, 고장으로 부터의 시스템의 복원 등으로 정의하기도 한다.

지역사회의 복원력 정도를 평가하기 위한 다양한 시도가 있어왔다. 커트(Cutter, 2010) 등은 지역사회의 복원력 평가를 위해 지역사회의 기본 탄력성 지수(BRIC)를 사용하기도 했다. 여기에서 커트는 사회적, 경제적, 제도적, 인프라와 지역사회 자본의 5가지 차원들과 36개의 변수들로 평가 자료를 활용했다. 또한 지역사회와 지역적 탄력성 연구소(CARRI, 2009)는 지역사회 기능들을 인프라적, 경제적, 사회적으로 구분하여 지역복원력을 평가하였으며, 마일즈와 창(Miles and Chang, 2006)은 ResilUS에서 지역사회의 탄력성 지수들은 건강, 고용, 생산성, 상품수요와 같은 내부관계와 가구와 사업 웰빙의 상호작용에 의한 것으로 주장하고 있다. 트윅(Twigg, 2010)은 재난에 강한 지역사회의 특징들에서 167개의 탄력성 특징과 5가지 주제 분야를 정하여 1~5까지 점수로 측정하였다. 5가지 주제 분야는 ① 거버넌스, ② 위험평가, ③ 지식과 교육, ④ 위험관리와 취약성저감, ⑤ 재난준비와 대응을 포함 한다.

4 재난에 강한 지역사회

탄력 있는 지역사회란 만약 재난사고 이후 서비스와 생활이 파괴 되었을 때 새롭고 더 좋은 조건으로 신속히 복구 하고 최소한의 사회적 파괴를 가져오도록 지역사회를 유지관리 하는 것이다. 즉 재난발생시 주요 서비스들의 심각한 손실을 경험하지 않고, 혹 손실이 있을지라도 합리적인 시간 내에 전보다 낫게 복구할 수 있는 사회를 말한다. 만약 지역사회의 주요 서비스나 중요한 자본들이 심각한 경제적 자연적 혼란으로부터 탄력성 있지 못한 경우 재난이나 인적생활의 심각한 손상을 가져올 것이다. 탄력성 있는 사회를 만들기 위한 가장 효과적인 수단은 주요 서비스나 지역 자본들을 견고하게 하고 완화정책을 통해 피해 가능성이나 결과를 최소화하는 것이다.

호주의 재난에 강한 국가전략(National Strategy for Disaster Resilience, NSDR)은 재난에 강한 지역사회의 특징을 ① 지역의 위험과 취약성을 이해하는 사회, ② 자신들과 타인, 자산과 자원을 보호하기 위해 재난을 예상, 대응하는 선제적인 조치를 치하는 사회, ③ 지역적 지식 네트워크와 자원들을 사용하면서 같이 일하는 사회, ④ 재난관리 서비스, 지역정부, 다른 조직들이 재난의 이전, 재난발생 시, 재난 이후에 협동으로 일하는 사회, ⑤ 탄력적인 재난관리 계획과 강한 재난관리 분야의 자원 봉사자들을 가진 사회, ⑥ 사업과 서비스 제공자들을 위한 지속가능한 계획을 포함한 사회, ⑦ 인명과 재산의 위험을 줄이는 토지이용계획이나 건축법을 채택한 사회, ⑧ 신속한 재난복구를 수행할 수 있는 시스템을 가진 사회 로 정의하면서 재난에 강한 지역사회를 건설하는 것은 미래의 재난관리의 성공을 위한 핵심이라고 강조한다.

재난에 강한 지역사회를 건설하기 위해서는 외부의 지원 없이도 극한사고로부터 피해를 줄이고, 생산성 감소를 줄이며, 삶의 질을 확보할 수 있어야 한다. 이러하기 위해서 국가나 지역사회는 위험을 다루기 위한 능력을 개선하여야 한다. 국제적 관점에서 재난관리 시스템을 보완하고, 단기적 사고방식이 아닌 지속가능한 개발계획에 초점을 두어야하며, 다양한 사회적인 요구를 수용하면서 재난의 취약성을 감소시켜 나가야한다. FEMA의 "Project Impact"는 대표적인 재난에 강한 지역사회건설(BDRC)을 위한 대표 사례이다. 이 프로그램은 강한고 건강한 지역사회를 만들기 위해 전통적이고 혁신신적인 개발전략을 조합했다. 우선 ① 지역사회의 공공부분과 민간부분의 파트너십 구축하고, ② 지역의 위험요소와 위험을 정의하고, ③ 지역사회의 요구를 우선순위화하며, ④ 장기적 지역사회 보호계획을 이행하고, ⑤ 정보의 공유와 지역재난교육을 강화하였다. 실제로 지난 샌프란시스코 지진발생시 이 프로그램의 효과는 입증되었다.

5 취약성과 복원력의 차이

만에나(Manyena, 2006)는 표 2-31과 같이 취약성과 복원력의 차이를 비교하고 있다.

표 2-31 취약성과 복원력의 차이

취약성(Vulnerability)	복원력(Resilience)
저항(Resistance)	복구(Recovery)
힘(Force) 경계	시간(Time) 경계
안전(Safety)	회복(Bounce back)
완화(Mitigation)	적응(Adaptation)
기관적(Institutional)	지역사회 기반(Community-based)
시스템(System)	네트워크(Network)
공학(Engineering)	문화(Culture)
위험평가(Risk assessment)	취약성과 대처능력 분석 (Vulnerability and Capacity Analysis)
결과(Outcome)	과정(Process)
표준(Standards)	기관(Institution)

출처: 만에나(Manyena, 2006)

제5절
대처능력(Capability)

1 대처능력의 정의

재난위험에 대한 대처능력이란 재난과 같은 부정적 조건을 예상하고 이를 관리하기 위해 가용한 기술, 자원을 이용할 수 있는 사람, 조직, 시스템 능력을 말한다. UNISDR (2002)은 대처능력은 재난의 영향이나 위험의 정도를 줄일 수 있는 지역 또는 조직 내의 모든 장점이나 가용한 자원의 조합이라 했다. 능력(Capacity)이란 개인, 지역사회, 국가와 같은 다양한 주체들이 재난으로부터 준비, 완화, 대응, 복구활동을 포함한 재난관리 활동상에 필요한 제도, 자원, 수단 등의 포괄적인 능력을 의미한다. 대처능력은 국가나 지역사회의 인적, 물적, 시스템적인 능력의 합이다.

2 준비능력 평가(Capability Assessment for Readiness, CAR)

FEMA, NEMA는 공동으로 주와 지방 재난관리자들을 위한 준비와 능력평가 시스템을 개발하였다. 준비능력 평가(Capability Assessment for Readiness, CAR)이다. 이 평가제도는 지방정부의 재난관리 프로그램 강화를 위해 취해져야할 필요가 있는 협력적인 행동을 위한 기본과 부족함을 정의하는데 초점을 두고 설계되었다. 이 평가서비스는 두 가지 목적이 있다. 지역 관할에 프로그램 분석과 전략적 계획을 사용할 수 있게 하는 기본적인 정보를 제공하며, 주정부의 재난관리 기본의 개발을 조장하는 것이다.

CAR의 장점으로는 ① 기존의 강점과 약점을 정의하고, ② 현재의 준비상태를 평가하며, ③ 파악된 위협에 대한 약점을 개선하여 전략적 계획을 수립하고, ④ 기존의 프로그램 인력과 예산을 정의하고, ⑤ 인력, 예산, 지역자원 등과 같은 추가적인 프로그램자원의 수요를 파악하며, ⑥ 전문적인 개발과 인증 프로그램을 지원하는 것이다.

CAR에는 13개의 평가요소가 있다. 이들 13개 재난관리 기능은 FEMA가 규정한 지역 재난관리 프로그램의 핵심 요소로 구성된다. 13개 요소에는 ① 법규와 권한, ② 위험요소 정의와 위험평가, ③ 위험요소관리, ④ 자원관리, ⑤ 계획, ⑥ 지휘, 통제와 협력, ⑦ 의사소통과 경보, ⑧ 활동과 절차, ⑨ 보급과 시설, ⑩ 훈련, ⑪ 연습, ⑫ 공공교육과 정보, ⑬ 재정과 행정을 포함한다. CAR을 통해 지역사회 프로그램의 상태를 상세하게 평가할 수 있고, 이러한 과정에서 NFPA 1600과 같은 다른 표준을 적용하기도 한다. CAR은 지역사회의 재난관리 프로그램의 개선과 발전이 필요한 부분을 지적하고, 측정 가능한 용어로 평과결과를 수치화할 수 있으며, 각각의 프로그램 요소의 우선순위, 경쟁을 위한 시간틀, 비용 전략적 활동계획을 생산하고, 기존의 업무 부담을 분석해준다.

CHAPTER 03

재난관리 (Disaster Management)

제1절. 재난추이(Disaster Trend)와 통계
제2절. 재난의 특징(Characteristics of Disasters)
제3절. 재난관리(Disaster Management)
제4절. 재난관리 주체(Disaster Management Entity)
제5절. 재난위험경감(Disaster Risk Reduction, DRR)
제6절. 재난관리와 정보통신(IT in Disaster Management)
제7절. 언론관계(Press Relationship)

제1절 재난추이(Disaster Trend)와 통계

1 재난추이(Disaster Trend)

지난 1900년 이래 자연적, 기술적 재난의 발생건수와 그로 인한 피해는 꾸준하게 증가하고 있다. 비록 기술적 재난의 발생건수는 2005년 이후 다소 줄고 있지만 재난으로 인한 피해규모는 꾸준히 증가하고 있는 실정이다. 그림 3-1, 3-2와 같이 지난 2000년 이후 세계적으로 자연재난은 연 평균 390여건이 발생하고, 사망자는 10만 7천여 명에 달하며, 2억 7천만 명의 인명피해와 143 billion$에 달하는 재산피해를 유발하고 있다.

EM-DAT는 오늘날 재난발생 추이의 일반적 경향으로
① 재난 영향을 받은 사람들은 증가하고 있다.
② 재난으로 인해 사망자는 점차 줄어들고 있다.
③ 재난으로 인한 경제적 피해는 증가하고 있다.
④ 가난한 국가들은 재난에 상대적으로 더 취약하다.
⑤ 매년 재난사고의 발생은 증가하고 있다고 정리하였다.

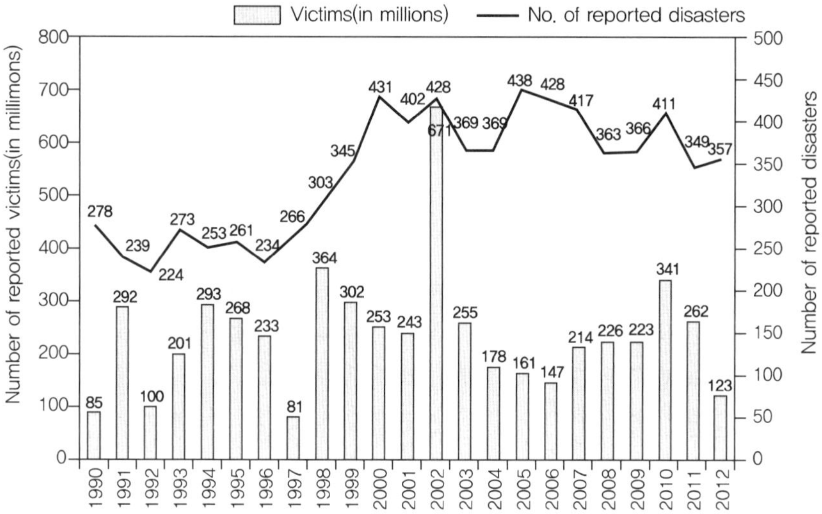

◎ **그림 3-1** 재난과 사상자 발생추이(출처 : CRED EM-DAT, 2013)

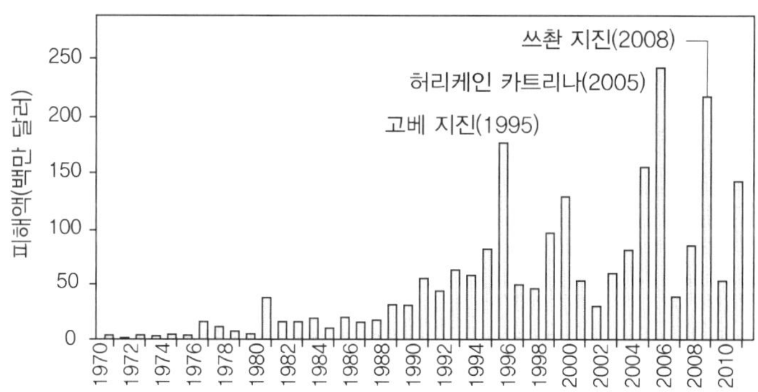

◎ **그림 3-2** 자연적 재난 경제적 손실(출처 : CRED EM-DAT, 2011)

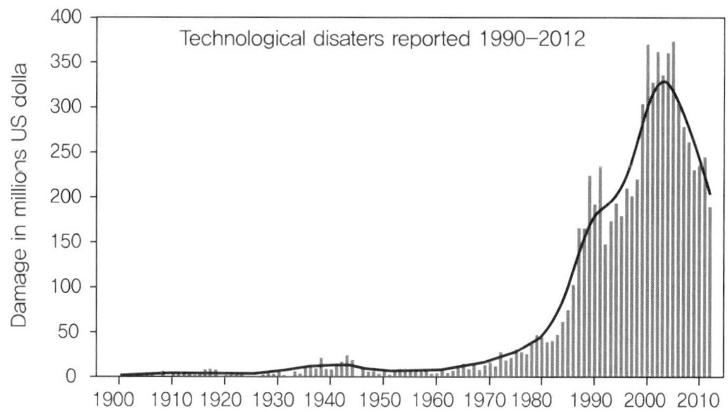

◎ **그림 3-3** 기술적 재난 발생현황(출처 : CRED EM-DAT, 2014)

2 재난통계

오늘날 정부, 비정부, 학계, 민간조직 등에서 운영하는 수많은 재난통계 기관들이 있다. 이들 중 대표적인 글로벌 손실통계 기관에는 ① CRED가 운영하는 EM-DAT, ② Munich 재보험의 NarCatSERVICE, ③ 스위스 재보험의 Sigma가 있다. 이들 중 EM-DAT를 제외한 두 개 기관은 민간의 접근이 제한되어 있다. 국가적 수준에서는 약 55개 손실 통계 기관이 있으며 이들 기관에서 기록관리 하는 자료의 종류와 수준은 다양 하다.

대표적 재난통계 기관은 CRED, 뮤니치 재보험(Munich Re), 스위스 재보험(Swiss Re)이 있지만 이들은 각기 다른 분류기준으로 세계적인 재난통계를 관리하고 있다. 재난의 영향은 우리에게 인적, 환경적, 경제적 손실을 가져다준다. 따라서 재난의 영향과 충격을 표준화하여 문서화하는 노력은 중요하다. 하지만 위험에 대한 일반적인 용어, 재난의 특정 방법, 인적손실에 관한 지수 등의 부족으로 통계의 표준화와 문서화에는 많은 어려움이 있었다. 따라서 상호간의 정보나 자료를 서로 공유하면서 활용하는 데는 많은 문제가 있어 왔다. 즉 재난에 대한 표준과 정의의 부족이 재난관리 분야의 발전에 심각한 문제로 지적되었다.

이 같은 문제해결을 위한 노력의 일환으로 지난 2002년 예방 컨소시움(Prevention Consortium)은 CRED 주도로 EM-DAT(CRED), NatCatSERVICE(Munich RE) and Sigma (Swiss RE) 3개 기관의 공동연구를 수행하였으며 지난 2007년 CRED와 Munich Re가 동의한 자연재난에 대한 분류기준을 만들었다.

표 3-1은 자연재난의 하위그룹 분류와 정의 및 위험요소의 종류를 보여준다. 이후 자연재난의 분류는 외계재난이 추가되어 다시 표 3-2와 같이 수정된다.

재난통계 관리의 문제해결을 위해 재난위험에 대한 통합적 연구 프로그램(IRDR)이 적극적으로 진행되었다. 이 연구는 2013년에 모든 참여그룹들에 의해 재난손실에 관한 데이터베이스 활용을 위한 자료표준, 위험용어와 위험분류에 관한 결과를 만들었다. 비록 이 자료는 손실 데이터베이스 활용을 위한 자료이지만 재난의 분류에 대한 이해를 돕기에 충분하다. 이 연구에는 EM-DAT, NatCatService, Sigma, Deslnventar and SHELDUS가 참여하였다. 이 연구는 재난손실 정보들을 쉽게 비교하기 위해서 지구적, 국가적, 지역적 자료의 다수 종류를 제공하는 분류 개념으로 설계되었다. 가장 개괄적인 분류인 Family에서

부터 가장 구체적인 위험 Peril까지 3단계로 나누었다(표 3-3).

표 3-1 재난 하위그룹 분류와 정의

재난 하위그룹	정 의	위험요소의 종류
지구물리학적	단단한 지표면으로 부터 유발된 사고	지진, 화산, 중력침식(건식)
기상학적	수분에서 수일에 걸친 중소규모의 대기적 과정에 의해 유발된 사고	폭풍
수문학적	일상적 물 순환의 편차에 의한 사고나 바람의 체계에 의한 물의 넘침	홍수, 중력침식(습식)
기후학적	계절적 요소에서부터 수십 년에 걸친 중대규모의 기후 변동성 과정에 의한 사고	극한기온, 가뭄, 산불
생물학적	살이 있는 생명체가 세균이나 독성물질에 노출되어 발생하는 사고	전염병, 곤충습격, Animal Stampede

출처 : CRED (2012)

표 3-2 자연재난의 분류

종 류	내 용
Geophysical 지구물리학적	지질, 지각으로부터 유발된 위험요소 이 용어는 지질학적 위험요소(geological hazard)라고도 한다.
Hydrological 수문학적	민물과 바다의 표면이나 표면 아래의 분포, 이동, 발생에 의해 유발되는 위험요소이다.
Meteorological 기상학적	수분에서 수일동안 지속되는 단기, 소, 중규모의 극한 기후와 대기적 조건에 의해 유발되는 위험요소이다.
Climatological 기후학적	계절적 요소에서 수십 년에 걸친 장기적, 중・대 규모의 대기적 과정에 의해 유발되는 위험요소이다.
Biological 생물학적	생명체나 독성물질 그리고 그들이 운반하는 질병에 대한 노출에 의해 유발되는 위험요소이다.
Extraterrestrial 외계적	소행성, 유성, 혜성들이 지구 주위를 지나거나, 대기진입, 지구와 충돌할 때 또는 행성간의 조건변화에 의해 유발되는 위험요소이다.

출처 : EM-DAT

표 3-3 자연재난의 분류(위험 분류: peril classification)

Family	Main Event	Peril
Geophysical (지구물리학적)	Earthquake(지진) Mass Movement(물질이동) Volcanic Activity(화산활동)	Ash Fall(화산재) Fire following EQ(지진이후 화재) Ground Movement(지반 이동) Landslide following EQ(지진 이후 산사태) Lahar(화산재 이류) Lava Flow(용암 흐름) Liquefaction(액화 현상) Pyroclastic Flow(화산쇄설물류) Tsunami(쓰나미)
Hydrological (수문학적)	Flood(홍수) Landslide(산사태) Wave Action(파도작용)	Avalanche: Snow, Debris(눈, 쓰레기 잔해) Coastal Flood(해안가 홍수) Coastal Erosion(해안 침식) Debris/Mud Flow/Rockfall(진흙, 바위흘러내림) Expansive Soil(팽창성 흙) Flash Flood(급류 홍수) Ice Jam Flood(얼음 막음 홍수) Riverine Flood(강안지역 홍수) Rogue Wave(거대 파도) Seiche(세이시) Sinkhole(싱크홀)
Meteorological (기상학적)	Convective Storm (대류적 폭풍) Extratropical Storm (온대성 폭풍) Extreme Temperature (극한 기온) Fog(안개) Tropical Cyclone (열대성 폭풍)	Cold Wave(한파) Derecho(빠른 폭풍) Frost/Freeze(서리) Hail(우박) Heat Wave(열파) Lightning(벼락) Rain(비) Sandstorm/Dust storm(모래/먼지폭풍) Snow/Ice(눈/얼음) Storm Surge(폭풍 파도) Tornado(토네이도) Wind(바람) Winter Storm/Blizzard(겨울 폭풍)
Climatological (기후학적)	Drought(가뭄) Glacial Lake Outburst (방하 호수 폭발) Wildfire(산불)	Forest Fire(산불) Land fire: Brush, Bush(들불) Pasture(초원) Subsidence(침하)

Biological (생물학적)	Animal Incident (동물 사고) Disease(질병) Insect Infestation (곤충습격)	Bacterial Disease(박테리아 질병) Fungal Disease(진균성 질병) Parasitic Disease(기생충 질병) Prion Disease(광우병등 프리온 질병) Viral Disease(바이러스성 질병)
Extraterrestrial (외계적)	Impact(충돌) Space Weather (우주 기후)	Airburst(공중폭발) Collision(충돌) Energetic Particles(고에너지 입자) Geomagnetic Storm(지구자기적 폭풍) Radio Disturbance(전파장애) Shockwave(충격파)

출처 : EM-DAT

CRED(2012)는 재난을 자연적 재난(Natural Disasters)과 기술적 재난(Technological Disasters)의 두 가지 커다란 범주로 구분하고, 복잡한 재난(Complex Disasters)을 예외적으로 관리하고 있다. CRED는 또한 재난의 범위를 ① 10명 이상의 사망, ② 100명 이상의 피해자, ③ 비상상황의 선포, ④ 국제적인 지원요청이 있을 때로 한정하여 통계자료를 관리하고 있다. CRED는 이들 재난사고 피해의 기록 관리를 위해 사망자(Killed), 부상자(Injured), 임시거처가 필요한 이재민(Homeless), 원조, 이주, 대피가 필요한 이재민(Affected), 부상자를 포함한 전체 이재민(Total Affected), 산정된 경제적인 피해(Estimated Damages)에 관한 사항들의 기록을 관리하고 있다. 다른 주요 재난통계 기관들도 다양한 기준에 따른 기록들을 특성 있게 관리하고 있다. 표 3-4는 주요재난 통계관리 기관별 관리범위와 정보 활용 가능성을 보여준다.

표 3-4 주요재난 손실 Database

주 도	기 관	범 위	가용성
GLIDE	Asian Disaster Reduction Center	Global	공개
DESINVENTAR	UNISDR	Global	공개
EM-DAT	Catholic University of Louvain	Global	공개
Sigma	Swiss Re	Global	상업적
NatCatSERVICE	Munich Re	Global	상업적

3 미래 재난

캐스티(Casti, 2010)는 미래의 충격은 아마도 가능성과 영향에 관한 모델도 자료도 없고 이전에 알려지지 않은 위험, 소위 말하는 Unknown-unknown 사건으로 부터 야기될 것이라고 했다. 따라서 이러한 미래의 충격을 대비하기 위해서는 전략적 준비가 필요하며, 미래 재난을 준비하기 위한 전략적 개념으로는 보다 강건하고, 적절하고, 다양하고, 복잡한 시스템을 강화하여 설계하고, 성질이나 규모면에서 약간의 유사성을 가진 극한 사건들의 경험으로부터 추출한 알려지지 않은 사건에 대한 사회적 복원력 구축의 중요성을 강조한다.

스미스(Smith, 1992)는 오늘날 재난의 결과가 커지는 6가지 이유로 인구의 증가, 땅의 무분별한 개발과 같은 부정적 변화, 경제의 성장, 시스템의 확장과 같은 기술적 혁신, 유틸리티 성능과 같은 사회적 기대의 확장, 상호의존적인 성장을 들고 있다. 이처럼 오늘날 재난위험은 위험요소의 강도, 빈도와 같은 물리적 동기의 증가와 지역사회의 재난에 대한 노출이나 취약성과 같은 인간 동기의 증가로 인해 날로 증가하고 있다.

따라서 대표적인 미래재난의 증가요인으로는

① 인구의 증가와 통계학적 변화 : 지속적인 인구증가는 교육과 사회적 서비스에 대한 공백을 가속화하여 사회적 취약계층들을 확대시킬 수 있다. 성장인구의 90% 정도가 저개발국가에 집중된 현실 또한 식량, 물, 자원, 보건 등의 분야에서 인적 취약성을 증가시킬 수 있다. 선진국에서는 노령인구의 증가로 인해 독거노인, 단독세대와 같은 재난 취약성이 증가할 수 있다.

② 도시화와 인프라시설 : 도시화의 확대는 도시주거의 확장과 인구의 집중을 유발하고, 이들 수많은 도시인구들의 재난에 대한 노출 확대는 지진과 같은 재난에 취약할 수 있다. 인구의 증가와 인프라시설의 부족은 도시의 복잡화를 가속화시켜 시스템 단절시 대형재난을 유발할 수 있고, 복잡하고 다양한 메가시티(Mega-city) 문제를 유발할 수 있다. 사회적 기대수준의 향상은 인프라시설을 정상사고 이론에서 말하는 상호적으로 복잡하고 꽉 짜인 시스템으로 변화시켜 다양한 기술적인 재난을 유발하게 할 수 있다.

③ 개인적 역할 변화와 불평등 : 재난의 취약성은 부자와 가난한 사람들의 경제적 차

이와 밀접한 관계가 있다. 전 세계 20% 사람들이 80%의 부를 소유하고 있다. 소외계층의 복지문제와 소득의 불평등은 사회적 취약성을 증대시켜 재난의 결과를 크게 만들 수 있다.

④ 기후변화 : 기후변화는 재난위험을 결정하는 3가지 핵심 요소인 위험요소, 취약성, 대처능력에 심각한 영향을 미친다. 먼저 기후변화는 재난 위험요소들을 새롭고, 강하고, 빈번하고, 광범위하게 영향을 미치게 하고, 다양하고 복잡하게 변하여 재난의 발생가능성과 위험의 강도를 심각하게 증대시킬 것이다. 예를 들어 태풍의 경우 규모, 바람의 세기, 발생 시기, 이동경로, 발생횟수, 강우량과 같은 태풍 위험성을 결정하는 요인들이 더욱 강하거나 증대된다. 또한 기후재난 위험은 인적, 사회적 재난위험을 2차적으로 유발하거나 상호작용하게 하여 위험을 증대시킨다. 기후변화는 또한 사회적, 물리적 취약성을 직· 간접적으로 악화시켜 재난의 크기를 증대시킨다. 예를 들어 취약계층과 취약 지역은 보건안전과 재난안전 면에서 더욱 취약해질 것이다. 뿐만 아니라 일상적 수준으로 준비된 지역과 국가의 재난 대처능력은 기후변화의 극한 조건들 속에서 많이 부족하고 미흡하여 새로운 차원에서의 보강이 요구된다.

⑤ 정치적 변화와 테러위협 : 선진국들의 국제 원조에 인색하고 정치 사회적 불안감에 의한 사회적 재난의 발생 요인이 증가하게 되며, 국가적 재정부족은 보건 복지예산의 감소를 가져와 다양한 취약성을 증대시킬 수 있다.

⑥ 경제성장과 개발계획 : 경제성장으로 자산의 가치는 증대되고 이들은 위험에 대한 노출을 확대시켜 재난피해를 가중시킬 수 있다. 또한 다양한 개발계획은 도시환경적인 취약성을 증대시킨다. 뿐만 아니라 경제성장과 개발과정에서 화학물질의 사용, 도시환경의 불안전화, 도시규모의 확대, 위험성의 증대로 재난은 확대될 수 있다.

⑦ 기술혁신 : 과학기술의 발달은 재난관리의 긍정적인 지원을 하기도하지만 검증되지 않은 기술의 실패로 인한 심각한 재난을 유발할 수 있다.

⑧ 범지구적인 연관성 : 인적 물적 정치적 경제적 상호의존성은 한지역의 재난이 다른 지역의 재난으로 확대되기도 한다.

OECD(2011)는 미래의 지구적 충격을 발생가능하게하고 취약성을 증가시키며, 재난의 결과를 증폭시키는 5가지 핵심 대형 동기들을 ① 증가된 이동성, ② 생산과 배달시스템 관련 인프라의 상호의존성, ③ 시스템들의 집중과 중앙 집중화, ④ 인구와 자산의 집중과 도시화, ⑤ 규제자들 중에서의 전문적이고 협력적인 무리행동과 집단사고를 들고 있다. 결과적으로 위험요소의 발생빈도 증가와 이로 인한 재난피해 증가는 우리사회의 재난위험(Disaster Risk)을 증가시키는 작용을 한다.

기후변화와 같은 환경적 변화와 인구통계학적 변화들은 재난관리를 위한 새로운 접근법, 도구, 능력들을 요구하고 있다. 이와 같은 맥락에서 FEMA는 재난관리 분야에 영향을 미칠 세계적인 변화를 사전에 예측하고 준비하기 위해 전략적 예상계획을 마련하였다. 전략적 예지계획(SFI)의 연구목적은 미래의 잠재적 변화에 효과적으로 대처하고, 거시적 안목으로 변화하는 재난환경에 미리 대처하기 위해서다. 잠재적 미래재난 환경을 이해하고, 미래에 닥칠 수 있는 위험을 미리 예상하고, 주요 정책과 의사결정을 지원하며, 계획과 훈련과정에도 참고하기 위해서다.

표 3-5는 전략적 예지계획(SFI)의 9가지 주요 드라이버와 표 3-6은 15가지 전략을 제시하고 있다.

표 3-5 9가지 드라이버

SFI Drivers	세 부 내 용
개인적인 역할 변화	- 지역사회의 유대감소(국가개념) : 사회적 경쟁과 기술혁신 - 기술은 업무에 있어 위계적인 장벽을 붕괴, 개인의 역할증대
기후변화	- 불확실성, 다양성, 크기와 세기, 범위를 확대 - 조직과 시스템에 많은 스트레스로 작용
주요 인프라시설	- 경기 침체와 재정압박은 인프라 개선에 심각한 위험 - 대 공항은 보건, 응급의료 서비스의 문제로 글로벌 전염병
진화하는 테러공격	- 사이버 공격의 심각성 - 사회적인 불만증가와 불특정다수인에 대한 공격
세계적 상호의존	- 국가 간의 갈등, 지역갈등, 시민폭동 - 세계경제는 밀접하게 상호연관 되며 새것은 옛것을 바꾼다.
정부예산	- 정부재정은 재난관리 분야에 중대한 영향을 미친다.
기술적 혁신과 의존	- 기술혁신은 새로운 생산수단을 만들어낸다. - 사회적 흥미, 정부 서비스는 혜택을 받지 못한다.
정보의 공유	- 기술시대의 수익을 공유할 수 있는가? - 재난관리자는 어떻게 수많은 자료를 정보로 활용할 수 있을까?
인구통계적인 변화	- 인구통계는 재난관리에 모든 면에서 영향을 미친다. - 노인문제, 특수계층의 관리, 사회적 취약성 문제 유발

출처 : FEMA

표 3-6 15가지 전략적 필요

필수 능력	혁신적 모델과 수단	역동적 협력관계
인구변화 관리 능력개발	복잡한 사고관리를 위한 새로운 관리수단을 채택	재난관련 기술개발에 영향
다차원 지식공유 실천	대안적인 충격모델 채택	개인과 지역사회에 권한위임
재난관리 실행과 기술을 교육적 경험에 확산	모든 범주에 걸친 상호 활동적 재난관리 촉진	적극적으로 민간참여유도
공유된 재난관리 미래 틀을 구축	재난관리 능력의 최대 활용을 위한 계획	국가간 재난대응 협력강화
자원봉사 능력을 구축	재난관리 취약성의 개선	군의 활용

출처 : FEMA

제2절
재난의 특징(Characteristics of Disasters)

재난관리를 실행하는 주체들은 정부, 기업, NGO, 개인 등과 같이 다양하지만 국민들의 생명과 재산을 보호하는 것은 국가의 기본적인 책무이다. 국가의 재난관리 과정은 정치 지원적, 행정관리적, 사회참여적, 과학기술적 협력의 특징들이 있다. 이와 같은 재난의 특징들의 이해와 활용은 재난관리 과정에 중요하다.

1 행정관리적 특징

워(Waugh, 2000)는 재난은 관리되어져야 하고, 재난관리를 위해서는 특별한 권한과 조직을 가진 기관들이 필요하며, 재난관리는 본질적으로 정부의 역할이라고 했다. 드래백(Drabek, 2010)은 지역사회의 생활을 단절하고, 자산에 심각한 피해를 주고, 수많은 사람들을 사상시킬 수 있는 재난을 관리하기 위해 과학, 기술, 계획과 관리를 활용하는 것을 재난관리라고 했다. 이 같은 재난관리 기능에는 ① 지역사회의 위험을 평가하고 취약성을 분석하는 위험평가, ② 대응 준비상태를 유지하는 준비, ③ 다수의 다양한 단위를 조율하여 재난발생 시 즉각적인 행동을 하는 대응, ④ 상처를 치유하고 고통을 줄이는 복구, ⑤ 지역사회의 자연적 자원과 기술적인 관여를 통해 지역사회의 위험수준을 관리하는 완화활동이 포함된다고 했다. 이러한 기능을 수행하기 위해서는 재난을 관리하는 전문적인 조직과 적절한 시스템이 요구된다고 했다. 또한 콤포트(Comport, 1998)는 재난관리에 관해 불확실성(Uncertainty), 상호 작용성(Interaction), 복잡성(Complexity)이라는 3가지 관리적 특징이 있다고 하였다.

1) 불확실성(Uncertainty)

재난의 불확실성(Uncertainty)이란 재난의 발생 원인이 되는 위험요소(Hazard)들 중에서 무슨 위험이, 언제, 어디서, 얼마나 자주, 누구에게 올 것인지를 예상할 수 없다는 것이다. 재난 발생 직후 대응과정에서도 정보의 부족으로 인해 무엇이 왜 얼마나 크게, 어떻게 진행될지 하는 다양한 불확실성에 의해 관리되어진다는 특징이 있다.

힐본(Hilborn, 1987)은 자연적 시스템속의 재난에 대한 세 가지 불확실성으로 ① 요란함(Noise), ② 불확실한 상태의 자연(Uncertain states of nature), ③ 놀라움(Surprise)을 들고 있다. 요란함(Noise)이란 매년 다른 형태의 재난발생 패턴은 특정사고의 발생시기와 피해의 정도를 정확히 예상할 수 없게 한다는 것이다. 불확실한 상태의 자연(Uncertain states of nature)이란 기후변화 대응의 어려움과 예측불가능한 자연의 불확실성을 강조한 것이다. 놀라움(Surprise)이란 적절히 대응하기에는 사전적 경험이 부족한 예상 밖의, 전례 없는 사고를 의미한다. 이러한 자연적 시스템속의 특징들은 재난의 불확실성을 가중시킨다는 것이다.

재난의 불확실성(Uncertainty)은 재난관리 과정상에 많은 어려움을 안겨 준다. 무엇보다도 정책결정자들의 재난관리관련 주요 의사결정 과정에서 이해관계자들의 심각한 비판이나 저항에 부딪힐 수 있다.

2) 상호작용성(Interaction)

재난의 상호작용성(Interaction)이란 자연적, 기술적, 사회적으로 구분되는 재난들과, 재난의 원인이 되는 위험요인들이 단독적으로 진행되는 것이 아니라 상호간에 복잡하게 작용하면서 확대되거나 재발된다는 의미이다. 대부분의 재난은 2차적 위험이 촉발될 수 있다. 자연재난은 매우 복잡하고, 중복적이며, 급격하게 진행되기 때문에 2차, 3차적 위험을 유발하기도 한다. 특히 지진, 태풍, 홍수 같은 자연재난은 파생적인 인적재난을 유발한다. 예를 들어 재난관리자들은 지진이나 태풍이 올 때에도, 화재, 기름유출, 폭발사고와 같은 기술적 재난이나, 폭동과 같은 사회적인 재난을 대비할 필요가 있다. 즉 미래에는 자연적, 기술적 재난이 상호작용하는 복잡하고 중복적인 재난들이 발생할 가능성이 높다. 뿐만 아니라 오늘날 다양한 재난의 물리적 위험요인들은 지역사회가 가지고 있는 경제적, 사회적, 문화적, 제도적, 물리적 취약성들과 상호작용하면서 재난을 확대 유발할 수 있다.

3) 복잡성(Complexity)

재난의 복잡성(Complexity)이란 다양한 재난의 이해를 위해서는 다양한 학문의 상호교접적인 이해를 필요로 한다는 것이다. 과거 공학적인 접근에 일관되었던 재난관리는 사회학적, 심리학적, 경제학적, 정치학적, 기상학적 등 다양한 측면의 학문적인 접근이 요구된다. 뿐만 아니라 재난의 불확실성과 상호 작용적인 특징은 재난을 더욱 복잡하게 만드는 요인이다. 오늘날 재난관리의 복잡성은 과거보다 더욱 더하다. 이 같은 재난의 복잡성은 의사결정자들이나 재난대응자들에게 많은 어려움을 가져다준다. 또한 재난관리 시스템의 복잡성은 ① 휴먼에러와 같은 인적 복잡성, ② 컴퓨터 기술의 활용과 같은 기술적 복잡성, ③ 재난 사건의 복잡성, ④ 조직, 조정, 행정관리와 같은 상호작용상의 복잡성, ⑤ 국가와 지역별 문화적 차이는 재난의 인식, 조직 활동, 조정과정에서의 차이를 제공하는 것과 같은 문화적 복잡성, ⑥ 의사결정 복잡성과 같은 원인에서 기인된다.

재난관리 과정의 복잡성 때문에 드로어(Dror, 1988)는 재난발생 시 의사결정이 어려운 이유를 아래와 같이 정리하였다.

① 역경을 면하고 있는 것(Facing Adversity) : 재난은 부상, 죽음, 파괴로 특성화되고 의사결정자의 즉각적인 관심이 요구된다는 것이다.

② 상의 생산(Image Production) : 재난동안 의사결정자가 확보한 정보는 언론과 다른 사람들로부터 수집되어서 정확하지 않게 인지될 수 있다는 것이다.

③ 제한된 시간(Compressed Time) : 사람들의 생활이 위기에 처해 있을 때 의사결정자가 빨리 완전하게 행동하기 위해서는 엄청난 압박을 받는다.

④ 비극의 선택(Tragic Choice) : 재난은 항상 어떤 결정을 하더라고 모든 결정이후에는 흠이나 과실이 뒤따른다.

⑤ 명확하지 않은 게임(Fuzzy Gambling) : 대응활동 중의 의사결정은 대응활동의 동적인 성질과 정보의 부족과 부정확성 등으로 어렵다.

⑥ 제한과 스트레스(Strain and Stress) 의사결정자 갖는 물리적이고 감정적인 요구가 너무 지나쳐서 효과적인 결정을 하는데 장애가 된다.

⑦ 그룹과정(Group Processes) : 의사결정 과정에서 개인이나 조직간의 상호관계 즉 그룹적 행동과정은 종종 최선이 아닌 결정을 유도할 수 있다는 것이다.

또한 브리톤(Britton, 1999)은 재난관리는 더 이상 개별적으로 특정한 재난에 국한적, 제한적으로 준비, 대응, 복구하는 것이 아니라 지역의 계획, 환경정책, 지속가능한 개발과 같은 보다 포괄적인 지역의 의사결정 과정의 통합적인 부분임을 강조 했다. 슈나이더(Schneider, 2002)는 지속가능한 지역사회 개발의 광범위한 업무에 위험완화의 연관성은 재난관리를 지역사회 계획의 중심에 두게 한다며, 지역사회 개발과정에서 재난관리와 위험완화 업무의 중요성을 강조한 바 있다. 그래서 오늘날 재난관리는 특정재난에 초점을 둔 제한적이거나 업무 지향적인 구식의 재난관리 방식에서 벗어나 광범위하고 보다 전략적 틀을 가진 포괄적인 재난관리 방식을 채택하게 된다. 이와 같은 재난관리방식의 변화는 재난과 재난관리를 보다 복잡하게 만들고 있다.

2 정치적 특징

(1) 사회적 취약성은 재난에 커다란 영향을 미치는 정치적 산물이다.

모든 재난은 정치적이다. 왜냐하면 재난은 자연적, 기술적, 사회적 위험요인들과 지역사회의 취약성이 상호 작용한 결과 재난의 규모가 결정된다. 뿐만 아니라 사회의 취약성이란 정치적, 경제적, 물리적, 환경적 분야에서 노출된다. 따라서 재난은 근본적으로 사회적으로 조성된 것이고, 일부는 물리적인 사건이며 또한 사회적, 물리적 조합으로 재난은 발생한다. 즉 재난은 정치적 결과의 산물이라고 볼 수 있다. 와이즈너(Wisner, 2004) 등은 재난관리는 취약한 사회 그룹, 경제적 활동, 인프라의 능력을 초월하는 사고에 대한 저항과 복구하기 위한 과정으로 일반적으로 이해되며, 재난은 사회, 기술, 환경의 상호작용에 의해 발생하고, 근본적으로 이러한 특성들에 의한 결과라 했다. 따라서 재난은 더 이상 자연적, 기술적, 사회적 인자린 용이로 독자적으로 정의될 수 없고, 취약성은 일반적으로 매우 특별한 환경요소들과 정치적 경제적 조건들에 결속되어 있다고 주장한다.

(2) 주요 제도의 결정과정은 정치적이다.

맥루키(McLuckie)는 효율적 재난관리 조직에 관한 연구를 통해, 재난 조직의 효율적 정비는 재난대응의 속도를 결정하기 때문에 재난관리 효과성에 지대한 영향을 미칠 수 있다고 주장했다. 즉 중앙과 지방의 정치인들은 의정활동을 통해 재난관리관련 조직과 법률의 형태와 권한 등 주요제도를 결정함에 있어 주도적인 역할을 하며, 그 권한을 가지고 있다. 그래서 재난은 정치적 특징이 있다.

사회의 제도는 대부분 정치적 작용에 의해 결정된다. 레벨(Lebel, 2006) 등은 제도는 누가, 무엇이 위험 할 것인가를 정의할 뿐만 아니라 재난위험이 정의, 인지, 행동되는 방식을 수정한다고 하였다. 더글라스(Douglas, 1989)는 재난관련 제도는 사람들의 삶과 죽음을 결정하기 때문에 재난경감에 있어 아주 중요하다고 하였다. 노쓰(North, 1998)는 제도는 사회적 인센티브나 벌칙을 형성하기 때문에 중요하며, 제도는 인간이 고안한 인간의 상호작용을 구축하는 제한들이며, 이것은 법이나 규정과 같은 공식적 제한, 행동규범, 관습, 개인이 규정한 행동규칙 등과 같은 비공식적인 제한, 그리고 이들을 집행하는 특징들로 구성된다고 말하고 있다. 재난위험 경감 측면에서 제도란, 법, 건축법, 보험시장, 위험평가, 토지이용, 위험계획, 기타 재난관련 정책들을 포함하고 있다고 했다.

대통령과 국회의 관심에 따라 주요 재난관련 조직과 제도가 결정되며 재난발생시 해당지역의 주요재난지역 선포 시에도 정치적인 영향력이 절대적으로 미친다. 국회는 정부의 제도, 법률, 재정, 공공지출 등의 전 과정에 직·간접적으로 관여하고 있어 이러한 과정들은 대부분 정치적이라 할 수 있다.

(3) 재난관리 과정의 정치적 영향

페리(Perry, 1984)는 과거 재난관리는 장기적 지속가능한 계획의 이행보다는 특정의 임박한 재난대응에 초점을 두었기 때문에 재난준비에는 냉담과 무관심했으며, 또한 재난관리는 초기대응 자들의 몫으로 다른 분야에서는 관여하지 않아도 된다고 인식했고, 따라서 중앙정부의 지속적인 관심과 지원이 부족하였으며, 적극적인 조치가 필요한 위험에 대한 정책결정 과정에서 정책의 중요성은 과소평가되거나 정책우선순위에서 밀려나는 경향들이 있었으며, 이러한 관행들이 행정적인 과오라면 정치적인 역할을 통해 바람직한 방향으로 정책을 가져갈 필요가 있음을 강조했다.

뿐만 아니라 선출직들은 재난지역에 신속하게 도움을 줄 수 있고, 재난지역으로 들어오는 모든 외부자원들은 정치적 과정을 통하여 접근될 수 있으며, 그런 도움을 정당화하고 획득하고 요구하는 과정은 모든 재난관리 활동 중의 가장 정치적인 것 중의 하나라고 했다. 그래서 정치적인 고려들은 재난사건의 준비 대응 복구 완화의 중요한 요소들이며, 정치는 재난관리의 통합적인 요소라고 볼 수 있다고 했다.

클리프(Cliffs, 1968)는 정책결정은 시작과 끝이 없는 극도로 복잡한 분석적 정치적 과정으로 이것의 경계도 불분명하다고 했다. 브랜톤(Blanton, 1996) 등은 정치적 경제를 일반 국민들에게 연관성 있는 생산과 소비, 정치적 관심, 이상적인 책임을 통한 약속으로 권력을 유지하기 위한 통치 엘리트들의 전략이라고 정의했다. 이처럼 재난관리 과정은 상당히 많은 부분들이 정치적인 과정에 종속되어 있다.

(4) 재난관리는 공공정책으로 유권자들의 투표행위에 영향을 미친다.

재난이 본질적으로 정치적인 것은 적어도 세 가지 기본적인 이유가 있기 때문이다. 가장 중요한 첫째는, 재난은 유권자인 사람들에게 영향을 준다는 것이다. 애브니와 힐(Abney and Hill, 1996)은 자연적 재난이 투표에 어떤 영향을 미치는지를 연구하였다. 많은 사람들은 정부가 자연재난에 적절한 방어조치를 제공하지 못함을 이유로 비판할 의향이 있는 것으로 나타났다. 비록 정부가 자연적 재난의 원인 제공이 없었어도 자연재난은 투표행위에 영향을 미치는 것으로 조사된 바 있다.

둘째로 재난관리 과정은 수많은 공공 정책들과 상호연계되어 있어 정치적이다. 자연적 재난이 발생하면, 소방, 경찰, 재난관리자들의 대응활동과 재정적 지원활동은 정부의 역할이다. 따라서 재난관리 과정은 정부의 업무능력을 평가할 수 있는 아주 좋은 기회가 된다. 비록 1차적인 책임은 지방정부에 있다고 하나 2차적이지만 근본적인 책임은 국가에 있을 수밖에 없다. 그래서 재난관리는 정치적 특징이 있다.

앤드슨(Anderson, 2006)은 공공정책들은 정부의 주체나 관료들에 의해 개발된다. 그가 주장하는 공공정책과정 모델에 의하면 ① 정책의제 설정, ② 정책형성, ③ 정책채택, ④ 정책이행, ⑤ 정책평가의 단계를 갖는다고 주장한다. 정치학은 공공정책의 수립과 수행의 과정이다. 정책수립이나 정책 이행의 실패는 정치적 논쟁을 가져오고 정치적 캠페인이 만들어지는 그런 것이다. 재난사고는 이러한 정치적인 논쟁을 정치적 토론의 장으로 가져오게 된다.

셋째로는 재난은 대중매체를 통해 공중의 흥미를 불러일으킨다는 사실이다. 모든 대중매체는 재난을 극적이고, 공중의 흥미를 강하게 유발하는 뉴스로서 가치 있는 사건으로 다룬다. 따라서 정치인들은 적절히 그런 종류의 흥미와 세세함에 대응하여야 하기 때문에 재난은 정치적일 수밖에 없다는 것이다.

(5) 재난의 경제적 특징은 재난을 정치적으로 만든다.

노이(Noy, 2008)는 재난은 공장, 자산, 장비, 도로와 다른 자산들을 포함한 인프라시설의 파괴를 통해 다양하게 자본시장의 수준에 영향을 미치고 이런 자본의 감소는 경제의 생산적 능력에 영향을 부정적으로 미친다고 주장했다. 실제로 2011 일본 대지진은 중·단기적으로 폭넓은 생산중단을 초래하였고, 공공과 민간 인프라시설의 파괴에 의해 국가의 생산능력은 줄어들었다. 대규모 재난은 이처럼 사회에 심각한 경제적 손실을 가져오기도 한다. 이런 경제적 손실은 사회적으로 인적, 경제적 개발을 둔화시켜 지역사회를 보다 더 취약하게 만들어 가기도 한다. 즉 재난은 경제적 시스템에 다양한 방법으로 영향을 미치고 있으며 이러한 특징은 재난을 정치적으로 만들고 있다.

3 사회참여적 특징

오늘날 대부분 국가들의 주도적 재난관리 방식은 포괄적 재난관리이다. 포괄적 재난관리는 자연적, 기술적, 사회적 위험요소들을 종합적으로 묶어 모든 재난관리 단계를 고려하면서, 많은 주체들이 재난을 통합적으로 관리하는 방식이다. 이 관리이론은 다양한 사회적 자원들이 적절한 시기에 적절한 전문가들이 상호 협력하며 완성해나가야 한다. 특히 재난의 특징인 불확실성, 상호작용성, 복잡성과 같은 관리적 특징들은 재난관리 과정상의 사회적 참여의 필요성을 더욱 요구하고 있다. 이 같은 측면에서 쇼와 오카자키(Shaw & Okazaki, 2003)는 사고지역 주민들과 사람들의 초기 참여는 성공적이고 효과적인 재난경감과 초기대응에 중요한 요소라고 지적한바 있다.

1) 학문적 참여

재난관리는 다양한 학문적 분야의 참여를 통해 이루어진다. 맥엔타이어(McEntire, 2007)는 각종 재난상황에는 수많은 행동가들이 인명을 보호하고, 인적 고통을 최소화하고, 사회적 단절을 극복하고, 재산의 손실을 다루고, 피해 입은 환경을 보호하기 위해 공공, 민간, 비영리 분야에서 재난피해 지역에 도착하며, 이러한 집중은 재난관리 분야에만 국한되지는 않는다고 했다. 또한 재난관리 학문은 다수분야가 혼합된 상호교접적인 학문들의 체계로 구성되며, 오늘날 복잡한 문제들을 효과적으로 관리하고 이해하기 위해서는 다수분야, 융합 학문적 접근이 필요하다고 강조하고 있다. 그는 또한 재난관리 과정은 ①

횟수와 다양성에서 많은 위험을 경험하고 있고, ② 재난관리는 많은 단계를 통해 다양한 기능을 수행하고 있으며, ③ 재난관리에는 아주 많은 사람들이 연루되기 때문에 지리학, 기상학, 공학, 인류학, 경제학, 사회학, 심리학, 전념병학, 환경과학, 정치과학, 행정학, 법학, 언론학, 재난관리, 국토안보 등 다양한 분야의 융합적 학문접근을 강조했다.

알렉산더(Alexander, 1993)는 재난관리와 관련된 6가지 전문분야를 지리학(Geography), 인류학(Anthropology), 사회학(Sociology), 개발학문(Development Studies), 보건과학(Health Science), 지구물리학과 공학(Geophysical Sciences with Engineering)으로 분류했고 이후 사회심리학(Social Psychology)을 포함하여 7개 분야로 정의한 바 있다. 밀레티(Mileti, 1999)는 위험연구 관련 분야를 기상학, 경제학, 공학, 지리학, 지질학, 법학, 기상학, 기획, 지진학, 사회학 같은 분야를 강조했다. 브리톤(Britton, 1999) 역시 재난연구, 위험연구와 그 결과의 재난관리 적용은 더욱더 다수 분야의 연구가 필요하다고 지적했다. 커트(Cutter, 2003) 등은 재난의 연구는 사회적, 자연적, 공학적, 보건 과학의 상호교접의 노력이라고 했다.

전문가들은 재난연구 분야에서도 ① 재난위험의 다양성으로 인해 재난연구에 다수 교접분야의 접근적 연구가 요구되고, ② 위험과 취약성의 분석, 각종완화 계획의 수립과 집행, 법령의 제정과 운영, 교육과 훈련, 경보, 피난, 대응, 복구 등과 같은 재난관리 단계별로 필요한 전문적인 활동과정에서 많은 분야의 참여가 요구되며, ③ 재난관리는 사회적, 물리적, 환경적, 공학적, 경제적 취약성을 다루는 학문으로 확대되고 있다고 했다.

오늘날 다양하고 복잡한 재난을 관리하기 위해서는 다수 분야의 학문들이 같이 참여하는 통합적인 연구 활동이 중요하다. 다양한 학문들의 통합적인 참여는 오늘날 우리가 당면하고 있는 도전인 복잡한 재난의 총체적인 이해를 가능하게 할 것이다.

2) 언론의 역할

언론은 정치적 고려단계에서부터 위험평가, 예방, 완화와 준비에 이르는 실무적 과정에 이르기 까지 주요정책의 유력한 참여자이다. 즉 언론은 재난의 정치적, 행정적, 관리적 과정 전반에 직·간접적으로 관여하면서 재난관리의 중요한 참여자로서의 역할을 수행한다. 주요 재난관련 정책의 결정과정에 참여하여 그 정책의 시행여부, 효율적 수단의 선택, 정책의 평가 등 다양하게 영향을 미칠 수 있다. 한마디로 언론은 보도를 통한 사회적인 문제를 이슈화하여 주요정책을 간접적으로 수립하기도 하고 폐기하기도 한다.

재난의 준비와 대응과정에서 언론의 가장 중요한 관리기능 중의 하나가 위험지역 사람들에 대한 위험의 경보이다. 경보는 사람들에게 임박하거나 이미 발생한 재난에 대한 살아있는 정보를 제공한다. 이러한 정보는 사람들로 하여금 준비나 대응할 수 있게 하여 자신의 생명과 재산을 보호하도록 해준다. 이러한 경보를 위험지역의 사람들에게 가장 빠르고, 폭넓고, 효과적으로 발령하는 방법은 언론매체를 활용하는 것이다.

언론매체는 재난의 대응, 복구의 과정에서도 지대한 역할을 한다. 쿠치(Couch, 2000)는 현대 재난의 의미는 대중매체에 의해 어떻게 묘사되고 해석되는지가 중요하다며 대중매체의 중요성을 강조했다. 언론의 역할에 따라 어떤 지역의 재난은 확대 포장되기도 하고 보다 큰 재난임 에도 불구하고 어떤 지역의 재난은 무관심하게 넘어가기도 한다. 언론이란 국민들이 재난을 감상할 수 있는 화면이다. 때론 진실을 때론 거짓을 보도하기도 한다. 이러한 보도는 재난의 대응과 복구활동에 많은 영향을 미칠 수 있다.

3) 비정부기구(Non-governmental Organizations, NGO)

NGO는 상업적이지 않은 조직이다. NGO는 종교적, 정치적으로 중립적이며, 지역과 인종을 차별하지 않으며, 대부분의 경우 정부의 정책과 무관하게 독립적으로 운영된다. NGO의 종류는 민간 자원봉사단체들, 기부단체, 국제조직, 협력단체, 종교단체와 같이 다양하다.

다양한 재난의 종류, 재난관리 단계별 활동, 규모와 지역 발생적인 특징들은 정부가 제한된 시간 내에서 재난을 효율적으로 관리하기에는 한계점이 있다. NGO들은 재난관리 과정에서 정부의 인적, 물적, 기능적인 역할의 차이를 신속하고 폭넓게 보완한다. 이들은 다양한 자원, 장비, 인력, 지식, 기술, 물자 등을 가지고 있어 효율적으로 현장에서 지원할 수 있다. 특히, 지진이나 홍수와 같은 광범위한 재난의 경우 초기 대응활동은 대부분 지역에 근거를 둔 자원봉사자들에 의해 진행된다. 그래서 오늘날 재난관리 과정상에 NGO들과 자원봉사자들의 역할은 중요하며 다양하다. 그래서 프랜드센(Frandsen, 2002)은 재난대응 과정에 참여하는 NGO들의 목적으로 ① 재난 희생자들의 사상자 비율을 줄이고, ② 공중보건이 안정되는 동안 질병과 장애사고를 줄이며, ③ 손상된 인프라 복구와 재건을 돕고, ④ 이재민들을 보호하고, 안정적인 귀가를 돕는다고 했다.

재난 초기의 재난대응과 긴급 복구과정에는 긴급구조와 구급활동, 사상자 처리, 쓰레기 처리, 임시주거 제공, 재난 정보관리, 피해지역 및 수요파악, 재난지역 피해자들과 사회적인 약자들에 대한 요구 파악과 응급 서비스 제공, 지원물품 제공과 같은 활동을 한다. 이후 지역사회의 보건, 교육, 훈련, 협력과 같은 역할을 하며, 장기적인 복구과정에서는 복구지원과 봉사활동을 수행한다.

표 3-7 스리랑카 2004 쓰나미 수요평가

순위	수 요(Needs)	요구비율(%)
1	가재도구(Household items)	78.4
2	임시주거(Shelter)	64.7
3	재정지원/구호바우쳐(Assistance in getting financial compensation/relief vouchers)	55.0
4	의류(Clothing)	54.9
5	정신적 지원/자문/의약품(Psychological support/counseling/medication)	52.9
6	아이들과 노약자들의 특정수요 (Any other specific needs of children/elderly disabled)	41.2
7	직업적 요구(Vocational/occupational needs)	39.2
8	종교적/정신적 요구(Religious/spiritual needs)	33.3
9	교육적 요구(Educational needs)	31.4
10	기타(Others)	27.4
11	법률지원(Legal assistance)	21.6
12	물리적 건강(Physical health)	15.1
13	음식(Food)	13.7
14	가족이나 친구의 위치확인 지원 (Assistance in locating missing family members/friends	2.0

출처 : 비제이쿠마(Vijaykumar, 2006) 재편집

이 같은 자원봉사자들의 활동은 오늘날 대응과 복구단의 지원활동에 그치지 않고 재난의 준비와 완화단계까지 폭넓고 다양하게 참여하고 있다. 공공의 재난위험 인지, 재난관련 캠페인, 훈련, 지역적, 전국적인 조직의 구축과 대비, 협력과 지원활동, 지역의 재난대응시스템 내에서의 활동 등 그 영역은 점점 확대되고 있다.

표 3-7은 2004년 인도네시아 쓰나미 사고 이후 스리랑카 지역의 재난피해 현장의 수요평가 결과를 나타내고 있다. 이 표에서처럼 대형 재난사고 현장에서는 다양한 요구들이 있고 이들 요구들을 충족하기 위해서는 수많은 자원봉사자들의 역할이 필요하다. 오늘날 민간과 공공의 협력 또한 날로 그 중요성이 증가하고 있다. 미국의 경우 911 테러나 2005년 허리케인 Katrina 이후 민간과 공공의 협력의 필요성은 더욱 부각되었다. 정부는 재난관리에 필요한 모든 자원들을 충분히 비축하고 준비할 수는 없다. 따라서 오늘날 대형재난 발생 시에는 민관협력은 절대적이다. 재난관리 과정에서 민간이 협력이 필요한 잠재적인 자원은 표 3-8과 같다.

표 3-8 민간의 잠재적인 자원현황

분 야	잠재적 자원
Utilities	인프라, 피해평가
교통회사	피난과 이송
공학자	인프라, 직원보강 , 피해평가
건물 검사자	피해평가, 관내 건물검사
통신	장비, 피해평가, 관내 통신요원
쓰레기 모니터와 관리	장비, 쓰레기 관리계획
임시주거 제조와 공급	주거, 임시주택 계획, 이동사무실
건설회사	장비, 자재, 공급, 수리공
음식, 물, 얼음 도매업	음식, 물, 얼음,
하드웨어 도매상	수리 자재, 보호적 자재
건강관리시설, 병원, 요양소	간호사, 의사, 의료자재
임시 인력 서비스	숙련, 비숙련공
협력	인적, 물적, 협력
민간보안회사	보안요원
민간 구급차 서비스	구급차, 의료자제, 인력
발전기 대여/전기 자제 공급	발전기, 전기 자재
도매와 상업적 대여 업체	자재들
복구회사	수리자재, 서류복구, 시설복구, 청소
창고, 임시저장	대량저장

출처 : FEMA

4 과학기술적 특징

과학기술은 다양한 위험요소들의 생성과 발달 및 그들이 재난으로 이어지는 메커니즘에 관한 정보를 준다. 그래서 드래벡(Drabek, 1991)은 재난관리란 과학과 기술을 적용하는 분야라며 재난관리에 있어 과학기술의 중요성을 강조했다. 재난관리 분야에 있어 과학과 기술의 활용은 무궁무진하다. UNISDR은 재난관리 분야에서 과학과 기술은 수리, 지질, 기상, 생물학 등과 같은 위험요소적 환경, 공학, 건축, 재료공학 같은 건설적 환경, 사회학, 정치과학, 관리과학 같은 정책적 환경들과 관련이 있다고 했다. 또한 과학기술 자체뿐만 아니라 과학기술이 다른 분야들과의 융합 없이는 재난으로부터 안전한 세상을 구축하기는 어렵다며 과학기술의 중요성을 강조했다.

오늘날 과학기술은 다양한 분야에 기여하고 있지만 특히 재난관리 분야에 있어서는 과학기술의 기여는 절대적이라 할 수 있다. 우선 인공위성을 활용한 재난관리이다. 인공위성 정보들의 활용은 위험평가 완화와 준비 대응단계에 다양하게 활용된다. 특히 2004년 쓰나미 사고에 대한 위성정보들은 국제사회, 특히 저개발 국가들에 유익한 경보를 제공했고, 그 결과 수많은 인명피해를 줄일 수 있었다.

오늘날 위성의 활용은 예·경보는 물론 위성통신, 실시간 위험 추적관리 등 다양하게 활용된다. 응용기술들 또한 다양하게 확대 발전하고 있다. 정보통신기술(ICT), 지리정보시스템(GIS), 리모트 센싱(RS), 지구위치시스템(위성항법장치, GPS) 등이 대표적이다. 이들 시스템들을 통합하거나 인터넷 기반과 연계하여 의사결정시스템(DSS), 위험지도 등과 같은 다양한 응용기술들이 개발되고 활용되고 있다.

존슨(Johnson, 2000)은 GIS 기술의 중요성을 소개하면서 재난관리 모든 단계는 다양한 원천의 자료에 의존하게 되며, 적절한 자료는 재난관리 프로그램의 규모, 범위를 결정하기 위해서 수집되고, 조직화되고, 논리적으로 표현되어야 한다고 주장했다. 또한 실제 재난에서 적절한 대응조치를 취하기 위해서 자료들이 필요로 하는 정확한 시간에 논리적으로 전시되어져야 한다고 했다. 재난관리자는 파이프라인, 빌딩배치, 전기 공급, 하수도 등과 같은 상세한 정보가 필요하다. GIS를 활용하면, 컴퓨터 지도상의 자료를 통해 정보를 모든 기관에서 공유할 수 있다. 이 같은 능력 없이는 재난관리자들은 관련기관의 정보나 자료를 얻기 위해 개별적으로 접촉해야 한다. GIS는 재난동안 주요정보를 통합하고 시각화하는 메커니즘을 제공한다. 특히 산불, 쓰나미, 홍수, 지진, 허리케인, 전염병, 화학물질의 확산, 기름확산과 같은 재난사고들은 모델화하여 GIS로 표현할 수 있다.

그래서 오늘날 지역의 취약성을 기반으로 한 재난예측 도구의 개발은 중요하다. 미국의 경우 지진, 홍수, 허리케인으로 인한 잠재적인 손실을 산정하기 위해 HAZUS(The Hazards U.S.)를 개발운영 중이며 HAZUS는 미국 국내에서 적용 가능한 표준화된 방법이다. HAZUS는 GIS 기술을 기반으로 하여 물리적, 사회적, 경제적인 재난의 결과를 산정한다. HAZUS는 재난위험의 평가를 포함한 재난관리의 모든 단계에서 다양한 관계자들이 사용할 수 있다. 즉 재난완화를 위한 정책개발 단계에서부터 정책수단의 결정 및 모니터링 과정에 이르기 까지 다양하게 응용할 수 있다. 또한 대응단계에서는 신속한 재난의 피해산정과 대응계획을 수립가능하며, 2차적인 재난의 파생적인 예측에도 활용될 수 있다. 물리적 피해항목에는 주거 및 상업용 건축물, 학교, 주요시설과 인프라시설들이 포함되고, 경제적 손실에는 실업, 사업 중단, 복구와 재건비용을 산정할 수 있으며, 사회적 영향으로는 임시수용시설이 요구, 이주민 주거, 홍수 지진 허리케인에 노출된 인구에 간한 정보 산정도 포함되어 있다.

과학기술은 재난관리 단계별로 다양하게 활용된다. 위험평가 단계에서는 위험요소들과 재난위험에 대한 불확실성을 줄이고, 가능성과 결과의 산정, 위험관리 수단에 대한 비용과 편익을 계산하고, 완화단계는 공학적인 지원을 통해 효과적인 완화 수단을 현실화시키기도 한다. 준비와 대응단계에서는 재난의 예・경보, 관측 수단, 위험예측시스템, 의사결정시스템, 현장지휘시스템, 정보관리시스템, GIS활용 등에 사용된다. 복구단계에서도 과학기술을 활용한 다양한 공학적 지원을 받을 수 있다.

제3절
재난관리(Disaster Management)

우리가 살고 있는 지구에는 많은 종류의 에너지들이 존재한다. 이러한 에너지들이 발산되는 과정에서 지진, 태풍, 홍수와 같은 자연적 재난이 발생하게 된다. 또한 인간의 다양한 사회활동 과정에서 기술적, 사회적인 재난을 유발하기도 한다. 전통적인 재난관리는 허리케인, 홍수, 혹한폭풍, 지진, 기술적인 재난 같은 극한 사고들에 초점을 두고 있다. 우리는 이 같은 재난위험을 수용하거나, 방치할 수도 있고, 적극적인 관여를 통해 재난위험을 줄일 수 있다. 이 같은 사회적 관여행위를 재난관리라 할 수 있다.

1 재난관리 정의(Definition)

재난관리는 자연적, 기술적, 사회적 재난을 사전 예방, 완화, 준비활동을 통해 재난을 회피하거나 줄이고, 재난 발생 시에는 적극적인 대응과 복구활동으로 관리하는 것이다. 즉 재난관리란 지역사회가 위험으로부터 취약성을 줄이고 재난에 대응하는 틀을 만드는 것을 담당하는 관리적 기능이다. 오늘날 국가재난관리는 정부주도의 정치 행정적 수단을 최대한 동원하여 시민들의 사회적 참여와 과학기술의 발전을 유도해나가면서 재난에 대한 완화, 준비, 대응, 복구와 관련된 정치·행정적 의사를 결정해나가는 과정이다. 그래서 알렉산더(Alexander, 2002)는 재난관리의 초점은 실제적, 잠재적 위험요소들로부터 제기된 위험을 줄이는 것이라고 했다. 즉 재난관리는 위험과 위험회피를 다루는 분야로 단순히 정의할 수 있다. 위험은 광범위한 분야의 문제들을 표현하고 다양한 틀의 사람들을 포함하며 그 범위는 광범위하다.

드라벡(Drabek, 1991)은 재난관리(Disaster Management)는 지역사회의 생활을 단절하고, 자산에 심각한 피해를 주고, 수많은 사람들을 사상시킬 수 있는 극한사고를 다루기 위해 과학, 기술, 계획과 관리를 활용하는 것이라고 정의했다. 오늘날 재난관리자는 기술적, 정치적으로 전문화된 분야의 요구에 대응할 수 있어야 한다. 초기의 재난관리는 소방을 중심으로 한 일상적인 사고 대응의 확대개념으로 이해되었다. 이후 위험관리, 완화, 복구단계의 중요성이 확대되면서 점차 공공행정 개념의 모델들이 등장하게 되었다. 오늘날 재난관리 분야는 과거의 재난경험이나 오늘날 재난피해의 증가와 미래 가능성 증대 측면에서 볼 때 보다 더 전문적이고 통합적으로 진화하고 있으며 더 많은 전문가들이 요구된다.

2 재난관리의 필요성

로렌스(Lowrance, 1976)는 재난관리와 위험관리에 있어 사회적 동의의 중요성을 강조하면서, 우리는 제한된 시간과 자원으로 재난위험 관리에 투자할지 여부와 어떤 위험을 받아들이고 어떤 위험을 관리할 것인지를 결정해야 한다고 했다. 우리는 위험평가를 포함한 사전적 예방과 완화활동을 통해 재난의 위험을 없애거나 재난으로 인한 피해를 줄일 필요가 있다. 재난관리에 소요되는 비용과 관리활동을 통한 위험경감의 편익 계산은 쉽지 않다. 역사적 기록을 통해 유사 재난의 비용은 계산할 수 있지만, 사전적 투자로 인한 편익 계산에 사용될 수 있는 정보나 자료들은 많지 않고 계산하기도 어렵다.

다수위험경감 위원회(Multihazard Mitigation Council, MMC)는 재난완화의 투자의 효과는 위험의 완화 프로그램의 종류, 지역, 시기 등에 따라 다를 수 있지만 일반적으로 재난완화와 관련되어 1$를 투자하였을 때 4$의 편익이 발생하는 것으로 연구결과를 발표한 바 있다. 하지만 재난관리 담당자 대부분은 재난완화 단계 정책들에 크게 활용하고 있지 못하고 있다. 예를 들어 주요한 환경정책, 건축법령, 토지이용계획을 지속가능한 개발계획 속에 재난위험경감의 전략을 포함시킬 수 있는 제도적인 시스템을 갖추지 못하고 있다. 이러한 문제는 거버넌스 활동의 확대나 재난관리 기관의 조직과 위상을 크게 할 때만

이 극복할 수 있다.

전통적인 재난관리는 중앙정부가 개입되기 이전부터 지방정부 차원에서 이행되었다. 하지만 시간이 지나 정치적 철학이 변화되고, 국가가 발전하고 중앙정부의 역할이 꾸준하게 증가되면서 중앙정부의 역할은 점차 증가하고 있다. 재난관리는 중앙정부의 기본적인 역할이지만 지방정부들 역시 공공의 건강과 안전에 대한 책임을 갖는다. 오늘날 대부분의 국가에서 중앙정부는 지방정부나 각각의 개인들이 재난상황에 대처할 수 없을 때 돕는 2차적인 책임이 있다.

오늘날 재난관리의 중요성은 ① 최근 재난의 비용이 극적으로 증가하면서 위험, 비상, 재난에 관한 공공인지는 증가하였고, ② 민간사업들도 재난이 그들의 사업 활동을 단절시킬 수 있다고 이해하며, ③ 위험스런 지리적 지역에서의 급격한 인구증가는 재난의 충격에 대한 노출을 증대하고, ④ 재난관리자는 더욱더 전문화되고 특화되게 훈련되고 있는데 있다. 재난관리 분야는 공공행정과 공공안전의 하위분야로 자리하고 있다가 최근 전문분야로 새롭게 등장한 분야라고 볼 수 있다. 재난관리는 대규모의 위험요소, 위협, 재난을 다루는 분야이다. 대규모란 정상적인 자원이나 조직의 능력을 초과하는 예외적인 사건을 말한다.

3 재난관리 역사

1) 고대 위험관리

코벨로와 뭄파워(Covello and Mumpower, 1985)는 BC 3200년경 현재 이라크 지역에 Asipu라는 사회적 그룹들이 존재하였으며, 사람들은 위험과 같은 어려운 문제 해결 과정에 처했을 때 이들 Asipu에게 자문을 구하는 것 같은 위험관리적 실행의 증거가 발견되었다고 한다. 이들은 오늘날 위험관리와 유사한 ① 문제분석, ② 대안제시, ③ 가능한 결과를 제공하는 것 같은 과정을 사용 했던 것으로 알려졌으며 이것은 오늘날의 포괄적인 위험관리와 유사했다고 주장한다.

2) 소방서의 기원

코포라(Coppola, 2011)는 오늘날과 같은 소방서의 기원을 2000년 전 로마 화재사건 이후로 보고 있다. 이 사고 이전에는 일부 그룹들이 훈련, 장비가 부족한 상태에서 매우 비효율적으로 화재진압 업무를 수행하고 있었지만 로마의 대화재사고 이후 아우구스투스(Augustus) 황제는 로마군 내에 "Corps of Vigiles"이라고 불리는 시 전체 소방업무를 담당하는 공식적인 부대를 설치하였다고 한다. 그 결과 화재진압 업무는 아주 존경받았고, 능률적이었으며, 대 로마제국 500년 동안 본보기가 되었으며, 이 조직의 구조는 직업적 역할을 수행함에 있어 오늘날의 소방서 조직과 아주 유사 하였다고 주장한다.

3) 재난관리

20세기 중반까지 현대적인 재난관리 조직은 없었다. 이후 많은 선진국들은 전쟁과 같은 공습으로부터 국민들을 보호하기 위해 민방위 시스템을 조직하게 되었다. 이 시기에는 민방위 조직을 위한 법률적 근거들이 만들어 졌지만 포괄적 재난관리 수준의 업무는 없었다. 학자들은 현대적 재난관리 조직의 탄생을 냉전시대의 민방위조직을 들고 있다. 전시 적공습의 위험으로부터 대응하기 위해 많은 선진국들은 민방위의 정교한 시스템을 만들시 시작하였다. 이들 시스템은 감지 시스템, 조기경보 시스템, 대피소 보강, 탐색과 구조팀, 지방과 지역의 협력을 포함하였다. 대부분의 국가들은 이들 시스템을 유지하기 위한 법률과 조직을 만들었다.

콰렌틀리(Quarantelli, 1995)는 극히 일부의 민방위 조직만이 보다 포괄적인 재난관리 조직으로 진화되었고, 민방위 조직을 지원하기 위한 법률적 틀이 오늘날의 재난관리의 기초가 되었다고 주장한다. 그 예로 코포라(Coppola, 2011)는 영국 재난관리청의 근간을 1948년 민방위법에서, 캐나다 주요 인프라 준비와 재난준비국은 1948년에 신설된 민방위 조직에서, 미국 연방재난관리청(FEMA)은 1950년 연방 민방위법에서, 프랑스 시민보호는 1950년 조례와 1965년 민방위관련 법률에서 발전되었다고 주장한다. 그는 또한 1970년 페루, 1972년 니카라구아이, 1976년 과테말라와 같이 어떤 국가들은 재난관리 조직을 시민을 보호하기 위해서가 아니라 부실한 재난관리에 대한 대중의 비판을 무마하기 위해 재난관리 조직을 만든 경우도 있다고 했다.

4) 미국의 재난관리 역사

미국의 경우 체계적이고 근대적인 재난관리의 역사는 대부분 민방위에서 출발했다고 볼 수 있다. 1916년 연방의 역할을 정한 민방위관련 법령의 통과와 더불어 시작되었다. 1950년 이후는 민방위와 재난관리의 이중적 업무구조로 운영되었다. 1960년대 말과 1970년대엔 냉전의 긴장감은 감소하고 일련의 대형재난들은 재난관리의 중요성을 강조하게 되었고 사회과학자들은 재난분야에 관심을 두게 되었다. 더불어 재난관리 또한 새로운 학문의 한 분야로 출범하게 되었다. 이후 재난관리는 자연재난과 핵전쟁의 위협으로부터의 국민들의 생명과 재산을 보호하는 기능으로 자리 잡았다.

1970년대 후반 자연적 재난에 대한 우려는 증가하였고 재난관리 조직은 민방위 자원과 시설을 이중적으로 사용하도록 요구받게 되었다. 이러한 경향은 전문적 재난관리의 시작을 의미하고 연방정부에서도 재난관리를 다루게 되었다. 이후 전국 주지사연합은 포괄적인 국가 재난정책의 부족에 대한 우려를 표명하고 연방과 지방간의 협력에 의한 포괄적인 재난관리 조직의 설치를 건의하게 되고 1979년 카트는 연방재난관리청을 신설하게 된다.

재난관리는 일반적으로 전쟁을 대비하기 위한 대응과 구호활동에 초점을 둔 민방위업무에서 출발하였다. 이후 자연적, 기술적 재난을 관리하기 위한 완화, 준비, 대응, 복구의 4단계를 통합적으로 관리하는 전문적인 재난관리 업무로 발전하게 되었다. 특히 재난에 강한 지역사회의 개념으로 현대적인 재난관리체계가 정립되게 되며, 오늘날 일부 국가에서는 중앙정부 주도하에서 테러나 안보와 같은 사회적인 재난을 포함한 포괄적인 재난관리업무가 이루어지고 있다.

표 3-9 미국 재난관리 변천

기 간	책임 연방기관	조직적 지휘
'50년대 이전	연방기관 없음	사안에 따라 그 때 그 때 처리
'53~'58	연방민방위청	독립기관 : 민방위와 재난완화 준비
'58~'61	민방위동원사무국	백악관 : 재난완화, 민방위, 민방위동원
'61~'73	비상계획(준비)사무국	백악관 : 재난완화, 민방위계획(이후 국방부 이동)
'73~'79	연방재난지원청	주택도시개발부 : 재난완화(민방위는 다른 부서)
'79~현재	연방재난관리청 국토안보부(02)설치	독립기관 : 재난완화, 민방위, 준비 국가안보 전담부처 신설

4 재난관리와 법률

재난관련 법률들은 국가적 재난관리 정책, 계획, 지방정부의 책임, 자원의 할당, 지역사회와 시민사회의 준비, 조기경보시스템, 교육과 일반대중의 재난인식에 이르기 까지 다양하게 영향을 미친다. 또한 재난관련 법률들은 재난관리 정책의 우선순위, 제도적 의무와 같은 국가적 재난관리시스템의 다양한 면들을 제한하기도 한다. 특히 재난관리는 많은 조직들과 활동들을 조정하면서 이루어진다. 이러한 과정에서 대부분의 재난관리 참여조직과 부서들은 다른 기관에 의해 조정되기를 원치 않는다. 그래서 기관별 책임과 역할이 정해진 법률적인 규정이 요구된다. 재난관리 과정상의 책임과 역할에 대한 법률적, 행정적 지지 없이는 재난관리 조직은 성공할 수 없다. 특히 재난준비와 완화단계의 실효성 확보를 위해서는 토지이용계획, 건축법, 환경관련법, 수자원관리, 인프라관리 등과 같은 다양한 법령들의 규제수준과 이행능력에 따라 재난관리의 승패가 좌우되기도 한다.

법률적 권한은 재난관리시스템에 있어 아주 중요하다. 미국의 경우 Stafford Act는 FEMA 활동을 위한 권한을 분명히 규정하고 있다. 이법은 기관들의 주요한 경감・준비・대응・복구 프로그램과 그들이 이행해야 할 요구를 설정하고 있다. 이 법은 FEMA가 연방정부 내에서 또는 주와 지방 재난관리 기관들과 같이 기능하기 위한 법적인 권한을 제공한다. 의회가 FEMA에 제공하는 예산 없이는 이러한 권한은 의미 없을 것이다. 지속적이고 합리적인 예산의 지원은 FEMA의 지속적인 활동을 지원할 것이다. 규칙적이고 일관성 있는 예산지원은 FEMA 프로그램과 활동의 효율성과 능률성을 보장할 것이다. 재난관리 시스템은 법률적 권한과 일관성 있는 예산의 지원 없이는 어렵다. 대부분의 나라에서 재난관리시스템은 존재하지만 법률적인 권한과 규칙적인 예산지원은 잘 이행되지 않는다. 따라서 성공적 재난관리 시스템을 위해서는 법률적인 권한과 예산지원은 필수적이다.

핸머와 몬순(Handmer and Monson, 2004)은 재난관리는 법 없이는 존재할 수 없고, 권한과 예산은 법률에 의하며, 주요한 정의와 책임도 법률에서 정한다고 했다. 또한 법률은 조직, 예산, 임무, 책임, 정의, 작용 등을 다양하게 규정한다고 했다.

5 재난관리자의 역할

현대사회는 인구의 증가, 과학기술의 발달, 사회기능의 복잡화 등으로 자연적, 기술적, 사회적 재난이 상존하고 있다. 재난관리는 이러한 위험을 관리하는 학문이다. 이러한 재난위험을 관리하기 위해 재난관리 분야는 지속적으로 성장하며 이 분야는 다양하고 복잡한 한문들이 연관되어 있어 그 경계를 정의하기 어렵다. 또한 오늘날 위험과 재난관련 분야는 사회과학적인 접근이 활발해지는 특징이 있다. 재난관리는 근본적으로 국가의 책임이다. 재난이나 위험발생 가능성은 정치적, 행정적 문제들을 제기하기도 한다. 따라서 재난관리 분야는 공공행정, 공공안전의 하위분야로 자리하고 있다가 최근 전문분야로 새롭게 등장한 분야라고 볼 수 있다.

1) 재난관리자들의 핵심능력

브랜차드(Blanchard, 2003)는 재난관리자는 수많은 기술 분야들의 활동과 노력을 통합하는 일반적 전문가(Generalist)로서 봉사해야하며, 재난관리자는 모든 기술 분야에 능숙할 필요는 없지만 이들 다른 분야들을 위험관리 모자이크 안에 맞추는 방법을 이해할 수 있어야 한다고 주장한다. 그래서 전문적인 서비스를 누가하며, 어디에서 찾고, 어떻게 요청하는지를 알아야한다고 했다. 오늘날 전문적인 재난관리 직업을 수행하기 위해 적합한 기술과 능력 리스트를 표 3-10과 같이 정의하기도 한다.

표 3-10 재난관리자들의 20가지 핵심능력

1	기획	11	활동과 절차
2	위험정의, 위험평가, 충격분석	12	행. 재정
3	지휘, 통제, 조정	13	훈련
4	법률괴 관계당국	14	완화
5	연습, 평가, 교정적 활동	15	복구와 사업연속성
6	의사소통과 경보	16	조달과 시설
7	위험완화	17	위기 의사소통
8	자원관리	18	프로젝트 관리
9	활동영속성/정부연속성	19	대피
10	상호지원	20	위험관리

2) 재난관리 프로그램 구성요소

NFPA 1600은 체계적인 재난관리를 위해서는 문서화된 재난관리 프로그램, 적절한 행정구조, 정해진 조정자, 자문위원회, 평가절차와 같은 요소들이 필요하다고 했다. NFPA 1600은 또한 표 3-11과 같이 재난관리 프로그램에 필요한 핵심적인 요소들을 정리하고 있다. 따라서 재난관리자들은 아래와 같은 재난관리 프로그램을 계획, 운영, 관리할 수 있는 전문적인 지식과 기술이 요구된다.

표 3-11 재난관리 프로그램 요소

순서	요 소	순서	요 소
1	법률과 권한	8	의사소통과 경보
2	위험정의, 위험평가, 충격분석	9	활동과 절차
3	위험완화	10	조달과 시설
4	자원관리	11	훈련
5	상호지원	12	연습, 평가, 교정적 행동
6	기획	13	위기의사소통과 공공정보
7	지휘, 통제와 조정	14	행・재정

3) 재난관리 성공요건

효과적인 재난관리를 위한 성공요건으로는 ① 효과적인 기관협력, ② 조화와 협력, ③ 지원 법률과 규정, ④ 효과적인 정보관리 시스템, ⑤ 유능한 관리자와 팀원, ⑥ 주요 이해관계자와 수혜자들에 대한 효과적인 상담, ⑦ 효과적인 통신 체계, ⑧ 정확히 정의된 임무와 목표, ⑨ 효과적인 자원관리, ⑩ 충분한 이동과 자원의 분배를 들 수 있다. 모든 사회와 사람들은 본능적으로 재난으로부터 노출을 줄이려고 노력한다. 하지만 국가, 단체, 지역사회, 개인과 같은 재난관리 주체들의 정치적, 문화적, 경제적, 차이로 인해 재난을 관리하고 대처하는 수행능력은 각각 다르다.

재난관리 활동에 있어 중앙정부와 지방정부의 역할에 대한 접근방식은 ① 중앙정부 주도의 Top down 방식과, ② 지방정부 주도의 Bottom up 방식이 있다. 대부분의 국가들은 재난관리의 책임을 즉각적인 대응, 현장 활동성 등과 같은 재난의 특성상 지방정부에 둔다. 하지만 중앙정부의 역할도 분명히 있어 오늘날 재난관리 활동은 이 들 두 가지 방식을 적절하게 혼합한 중앙정부와 지방정부 공동의 책임과 활동으로 이루어지고 있다.

제4절
재난관리 주체(Disaster Management Entity)

많은 종류의 재난으로부터 인명과 재산상의 피해를 줄이기 위한 활동주체들 즉, 재난관리 주체들은 다양하다. 재난은 사람의 재난이다. 재난관리의 시작과 최소의 기본단위는 개인이며, 그 끝과 전체는 국가나 인류 전체라고 할 수 있다. 왜냐하면 개개인의 피해가 모여서 지역의 피해가 되고, 지역의 피해들이 모여서 국가나 인류의 피해가 되기 때문이다. 개인들은 위험회피를 위해 보험 가입이나 각종 규제의 준수, 비상 대피계획, 교육훈련 참여 등 다양한 활동을 한다. 이 같은 개개인의 재난관리 활동들은 지역의 재난관리 체계를 형성하는 중요한 부분이다. 이런 측면에서 재난관리의 주체는 일반개인을 포함한 가정, 단체, 조직, 기관, 국가에 이르는 모든 것들이 재난관리의 주체가 될 수 있다.

NFPA 1600은 재난관리(Disaster/Emergency Management)를 인명과 재산, 활동 또는 환경을 위협하는 사고로부터 예방, 완화, 준비, 대응, 복구를 위한 계속적인 과정으로 정의하고 있다. 특히 재난관리 주체(Entity)를 정부나 정부기관, 민간, 공공회사와 파트너, 비영리조직 또는 재난관리에 대한 책임을 갖는 다른 조직들로 정의하고 있다. 이처럼 다양한 주체들이 개별적, 협력적, 통합적으로 재난관리를 이행하고 있으며, 이들 다양한 주체들 중에서 중앙정부와 지방정부들을 포함한 정부의 역할이 그 핵심이라고 볼 수 있다.

재난관리 과정에서 정부기관들의 역할은 아주 중요하다. 각각의 정부는 재난관리 과정에서 다른 형태의 역할과 책임이 있으며 효율적인 재난관리를 위해 미리 조직적인 정리를 설정해 둘 필요가 있다. 효과적인 국가적 재난관리 틀을 형성하기 위해서는 정부수준별 협력뿐만 아니라 공공부분과 민간부분의 협력과 조정활동은 매우 중요하다. 하지만 정확한 정부의 역할을 구분하고 정의하기는 쉽지 않다. 재난관리는 재난을 완화, 준비, 대응, 복구하는 능력을 구축하고 유지 향상하기 위해 필요한 모든 활동들의 조정과 통합하는 과정이다. 이러한 과정은 다수의 관할, 다수의 분야, 다수의 자원들의 통합적인 관리계획으로 구성된다. 따라서 중앙정부와 지방정부, 공공부분과 민간부분의 협력적 역할과 책임분담이 요구된다. 다수기관, 분야, 정부들의 참여활동은 조정과 협력의 메커니즘 속에서 이루어진다. 따라서 정부는 국가재난관리시스템을 통해 이러한 메커니즘을 통합하고 조정할 수 있다.

1 중앙정부 역할

모든위험(All-hazards) 관리적 접근은 정부가 통합적 재난관리 능력을 생산하고 정의할 수 있는 틀을 제공한다. 중앙정부는 재난발생 이전 단계에 기관 상호간의 계획이나 부처별, 지역별, 민간분야, NGO 등과의 협력을 증진시킬 수 있다. 완화정책에 대한 투자나 대응준비의 효율성을 향상하기 위해서는 참여 주체들의 전문적 지식과 자원, 정보를 통합하는 것이 핵심이다. 이러한 통합은 기상학적, 지리학적 관측 서비스에서부터 규제기관, 정보기관에 걸치고, 위험예보에 사용하기 위해 모여진 다양한 지식과 정보의 통합이 필요하다. 이러한 역할수행은 중앙정부에서 이행할 때 능률적이다.

모든위험 정책 틀은 고도로 전문화된 전문가들의 협력, 정보공유와 조정의 발달, 자료통합 능력의 개선, 공무원들의 훈련과 국가 위기관리 관련 다수기관들이 참여한 협력 훈련에 대한 투자를 촉진한다. 재난 시 모든위험(All-hazards) 접근법은 다양한 수준의 정부기관들의 역할을 명확히 하여 대응시스템의 효율을 향상할 것이며, 활동의 일치성을 가져올 것이다. 재난발생 시 효율적이고 즉각적인 의사결정이 이루어지기 위해 기관들 사이의 지휘체계는 신속하게 구축되어져야 한다. 모든위험(All-hazards) 정책 틀은 새로운 위험에 적절한 지휘통제 프로토콜을 구축할 수 있는 기회를 제공한다. 지역의 대응능력이 초과되면 다음 단계의 정부나 국가에서 대응하게 된다. 정부 간의 예산지출에 관한 규정을 명확히 할 필요가 있다.

1) 중앙정부 역할의 중요성

오늘날 국가재난관리의 중요성은 날로 부각되고 있다. 특히,

① 재난관리의 책임이 지방에 있다면, 재난의 대응측면에서는 신속하게 지역적 기반으

로 대응할 수 있을 것이다. 하지만 다양한 위험들의 위험관리 측면에서 보면 지방은 대형재난 위험들의 인지와 평가에 한계가 있음을 쉽게 알 수 있다. 예를 들어, 혜성의 충돌, 대형지진, 대형태풍 등에 관한 위험은 다분히 국가적 차원에서의 연구개발 및 위험진단이 필요하다.

② 재난은 일상적인 사고에서 출발하여 점점 규모가 큰 대형재난사고에 이르기까지 종합적이고 통합적으로 관리되어야 한다. 이는 일상적인 작은 사고들뿐만 아니라 대형재난 사고에 이르기까지 대응되고 준비되어 있어야 한다. 따라서 지역의 한정된 자원으로 대형 재난사고를 준비 대응하기에는 한계가 있다.

③ 오늘날 대형재난의 특징은 범국가적이거나 대규모 지역적이어서 시・군・구나, 시・도 규모의 자치단체 규모의 중복적 투자와 연구개발은 한계에 쉽게 도달한다.

④ 재난의 정치적 특징은 정치・행정적인 관심과 책임이 있다. 충분한 정치적 지원 없이는 위험관리, 완화 정책의 이행은 어렵다. 정치적인 작용은 의사결정, 수단의 집행, 대응활동의 참여, 복구의 완성도 등에 다양하게 영향을 미친다. 공공의 지원 참여, 규제의 동참, 예산의 통과, 민간의 참여는 재난관리와 밀접한 관계가 있다. 특히 완화활동에 참여하는 것은 정치적 의사결정에 많은 영향을 미친다.

⑤ 결론적으로 오늘날 대부분의 국가들이 통합적 재난관리 방식을 채택하고 있어 중앙정부의 역할은 날로 증가되고 있으며 국가재난관리시스템으로 대표되는 중앙정부의 하위 시스템으로 지역의 재난관리시스템들이 구축되어져야 한다.

2) 지방정부 주도 재난관리의 한계점

지방정부 주도의 재난관리 정책의 대표적 한계점은 대부분 중요한 재난 완화단계의 정책결정을 중앙정부에서 한다는 것이다. 지방정부는 단지 정책이행 단계의 사소한 결정들만 할 수 있다. 재난관리 계획, 교육, 훈련들은 국가적인 통일이 요구되는 전문적인 분야로서 국가의 기본적인 틀(Frame)과 다양한 프로그램 지원이 필요하다. 유일하게 가장 지방정부의 역할에 가까운 재난관리 단계는 대응단계로 볼 수 있다. 하지만 대응단계 또한 재난의 규모가 커져 대형재난 사고로 확대될 경우 지역자원의 한계로 국가차원에서의 체계적 시스템 구축과 지원 체계 없이는 효율적인 대응은 어렵다. 즉 국가재난관리시스템의 하위시스템으로 지방재난관리시스템이 구성되어야 한다. 복구단계는 예산과 기술, 규정의 정도에 따라 결정됨으로 이 또한 중앙정부의 역할은 중요하다. 이처럼 대부분의 재난관리 업무는 중앙정부의 업무에 가깝다고 볼 수 있고 특히 우리나라의 정치, 문화, 지리적 특성상 재난관리 업무의 중요한 틀을 결정하는 것은 중앙정부의 역할이라고 볼 수 있다.

만약 지방정부가 재난관리 업무에 대한 전반적인 책임을 지고 운영한다면 재난관리에 관한 분명한 목적, 적절한 자원, 공중의 관심 측면에서 많은 부족한 점을 노출한다. 또한 발생가능성은 낮지만 심각한 결과를 초래할 수 있는 대형재난(LPHC)에 대한 지역적 관심과 지원 수준이 낮고, 건축법, 도시계획법, 환경관련법 등 재난규제관련 법령들을 활용한 완화수단의 선택과 이행에 있어 지역적 감각이 떨어지고, 중앙정부의 재난관련 주요 정책결정이나 예산지원 과정에 정부와의 관계가 단절되며, 전문적인 지식과 능력이 부족할 수 있다. 특히 지역 사회의 예산과 자원의 부족은 대형재난 사고의 관리상 심각한 문제를 야기할 수 있다.

2 지방정부의 역할

지역사회는 재난관리의 최전선이다. 지방정부는 지역 재난관리계획의 전략적 정책 체계 속에서 ① 참여기관들의 역할과 책임을 정의하고, ② 대응단계의 참여기관들의 활동을 조정하고, ③ 지역적 특정에 따른 발생 가능한 재난들을 목록화하고, ④ 재난관리의 전략적 우선순위를 정해야 한다. 이러한 과정상에 지역재난관리위원회(LEMC)는 중요한 역할을 수행한다. 지역재난관리위원회는 수평적으로는 관할 내의 지역정부기관들, NGOs, 재난관리관련 민간부분의 조직들과 연결되어 있고, 수직적으로는 아래로는 개개인과 사업장, 위로는 중앙정부와 연결 되어 있다.

1) 지역재난관리위원회(LEMC)

지역 재난관리 전략에는 위험관리, 완화, 준비, 대응, 복구 단계를 포함하고 있어 재난관리자뿐만 아니라, 토지이용계획, 건설, 공학, 공공행정, 보건복지, 선출직 공무원들과, 지역 사회의 폭넓은 참여가 필요하다.

표 3-12는 전형적인 지역재난관리위원회 참석조직을 나타내고 있다. 지역적 대응과정에서는 일상적인 사고는 소방, 구급, 경찰, 교통, 보건 등의 부서들의 대응활동으로 관리된다. 지방정부의 재난관리 활동 중 재난대응 활동은 크게 나누어 재난안전대책본부

(Emergency Operation Center, EOC)와 현장지휘본부(Incident Command Post, ICP)활동으로 나누어 구분할 수 있다. EOC와 ICP의 상호 협력적인 관계설정과 역할 분담은 무엇보다 중요한 과제이다. 이러한 다양한 부서들의 공동적인 대응을 위해서 사고지휘체계(Incident Command System, ICS)가 활용되고 있다. 그림 3-4는 지역단위의 재난관리 활동체계를 보여준다.

표 3-12 전형적인 지역재난관리위원회 참석조직

공공 부분	민간 부분
소방	지역 유틸리티(수도, 전기, 가스, 전화)
경찰	적십자사
구급서비스	병원
공공업무	요양원
토지이용계획	학교
건설	언론
시장실	환경그룹
공공보건	지역산업
지역선출직	노동조합

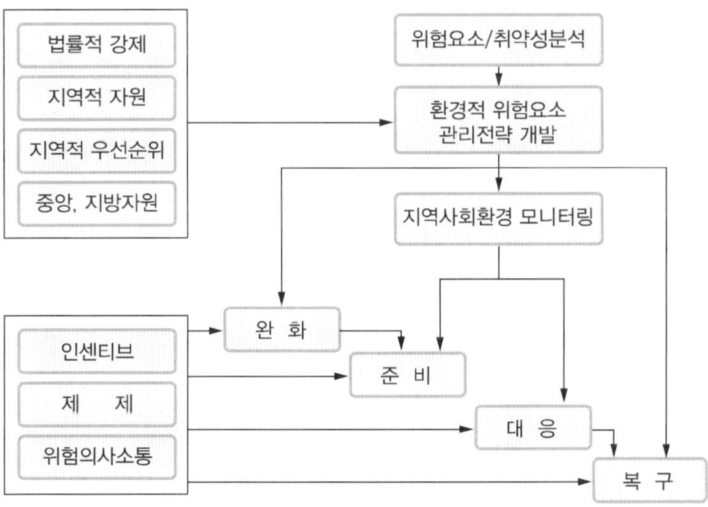

그림 3-4 지역재난관리위원회 활동체계도

출처 : FEMA

2) 재난관리 조직

효과적인 재난관리를 위해서는 먼저 재난관리상의 이해관계자들을 이해하는 것이 중요하다. 수직적 위로는 중앙의 기관들이 있고, 수평적으로는 사회적 경제적인 그룹들이 있으며, 아래에는 개인들과 기업들이 있다. 일반적으로 지역 재난관리 기관은 소방, 경찰, 공공업무와 연결된다. 따라서 효과적인 재난관리와 지역사회의 조정을 위해 지역사회의 중요한 하위시스템을 이해하는 것은 중요하다. 지역사회의 하위시스템에는 ① 공공기관(소방, 경찰, 보건), ② 사회적 서비스(음식, 의류, 대피소, 위기관여, 자문)와 정신적 건강, ③ EMS, ④ 민간부분(산업, 자원봉사, 민간단체), ⑤ 유틸리티, ⑥ 언론 등이 있다. 지방정부는 재난조직 설계 시 지역사회의 규모, 지역사회의 재정적 자원의 규모, 지역사회의 취약성과 위험을 함께 고려하여 적정 규모의 조직을 설계하여야 한다. 그림 3-5는 지방의 정부기관 상호간의 관계를 보여준다.

지방정부는 다양한 관리시스템을 구축하고 소방, 경찰, 공공업무, 자원봉사 그룹, 상급정부 자원들과 적절하게 협력적으로 운영하여야 한다. 특히 지방정부는 ① 취약성, 위험요소, 위협과 예상되는 충격을 알아야 한다. ② 어떤 종류의 재난에 대해서 적용 가능한 계획을 수립하고, ③ 어떤 비상상황에도 적절한 시간에 효과적으로 대응하고, ④ 적절한 복구활동을 수행할 수 있어야 한다. 이 같은 임무 수행을 위해 필요한 지방정부의 핵심 기능들로는 ① 위험의 정의, ② 취약성분석, ③ 충격의 이해, ④ 지역적 능력의 평가, ⑤ 효과적인 관계구축, ⑥ 대응과 복구활동 조정, ⑦ 위험요소의 완화 이행, ⑧ 공공정보 절차 개발, ⑨ 재난관리 훈련을 통한 능력유지, ⑩ 재난계획의 수립과 준비 조정활동이 있다.

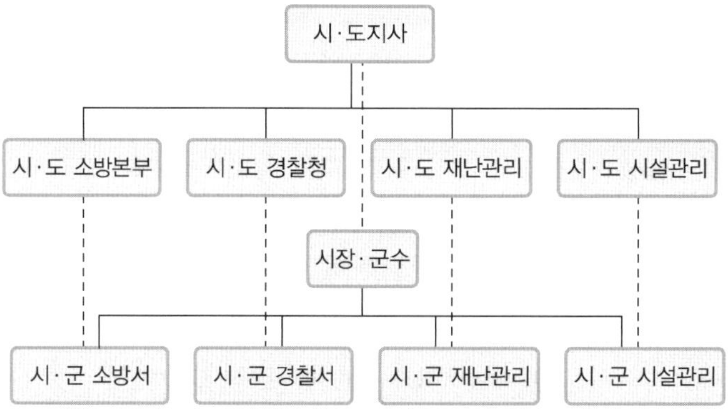

그림 3-5 지방정부기관 관계도

3) 재난관리자의 고려사항

국제시장군수협회(International City/County Management Association, ICMA)는 재난관리와 준비활동을 수행할 때 재난관리자나 공공관리자들이 고려하여야 할 핵심 분야로 ① 정보와 통신(컴퓨터 네트워크, 유선전화, 무선 중계소), ② 전기(발전소, 중계소 등), ③ 교통(공항, 고속도로와 교량, 항만), ④ 석유화학(유정, 정제소, 배달 저장시설) ⑤ 경제(은행, 재정시설, 주요기업들), ⑥ 수자원(댐, 하수 처리시설, 저장 및 공급 시스템), ⑦ 비상서비스(소방, 경찰서, EOC, 병원), ⑧ 주요 정부 서비스(시장실, 시청, 법원)를 들고 있다.

ICMA(2003)는 또한 재난준비 과정에서 수행하여야할 노력들로 ① 재난관리관련 법령, ② 위험평가, ③ 재난관리계획, ④ 경보시스템, ⑤ 자원 정의, ⑥ 보조금 습득(소방관 지원금, 화학물질 비상준비 프로그램, 지역지원 프로그램, 지역재난 대부, 포괄적 환경대응, 보상, 책임, 협력적 기술 파트너, 위험자문, 재난법률서비스, 홍수와 대피소 프로그램, 소방관리 지원, 재난관리연구, 홍수완화지원, 위험완화프로그램, 개인가구 지원, 지도 현대화 관리지원, 국가댐 안전, 국가지진 위험경감, 소방교육훈련, 홍수보험, 도시탐색 구조대응, 사전재난완화, 공공 지원금, 연방자산 소방활동 배상, 반복적 홍수요구, 주 단위 소방훈련 시스템, 슈퍼펀드 개정), ⑦ 상호응원협정, ⑧ 교육훈련, ⑨ 공공교육 홍보 등을 강조하였다.

유사한 맥락에서 ICMA는 선출직 시장·군수들의 재난관리 업무와 관련된 자기평가 수단으로 "효율적인 재난관리 조직구조의 20가지 특성"을 아래와 같이 정리하였다. 이후 이들 특성들은 지방의 재난관리 기관들의 검토와 현장에서의 사례연구를 통하여 지속적으로 수정보완 되어 아래와 같이 정리되었다.

① 시장·군수의 정의된 역할 : 시장·군수의 역할들은 재난관리 조직구조에서 구체적으로 정의되어져야 한다. 물론 이들은 재난상황 동안에 유권자를 대표하여 핵심 역할을 갖는다.

② 강력하고 명확한 지휘라인 : 조직구조는 재난관리 과정 동안 권한과 책임의 라인을 분명하게 정리하여야 한다.

③ 유사한 일상적 재난조직 구조 : 재난상황에 이행되는 조직구조는 일상적인 사고 동안에 사용되는 구조와 유사하여야 한다. 즉, 가능한 한 재난조직 구조는 필요시 피해평가와 같은 특별한 기능이나 자원봉사단체 같은 협력라인을 추가하여, 일상적 재난구조의 확장이나 확대를 통해 구축하여야 한다. 가능하다면, 재난관리 인력들은 그들이 매일 일하는 협력자나 감독자들과 더불어 업무를 지속해야 한다.

④ 재난관리 절차들은 일상적인 사고활동 절차와 가능한 비슷해야 한다. 조직구조는

지역사회의 일상 활동속의 재난관리 기능들의 통합을 제공하여야 한다. 즉 재난계획은 일상적 활동의 부분이여야 하며 재난발생 시 새로 만들어진 것이 아니어야 한다. 나아가 조직속의 인력들은 재난 시 같이 활동할 다른 사람들과 일반적으로 친숙해야 한다.

⑤ 인력상호간의 좋은 관계 : 조직구조는 재난관리 활동의 효율성은 개성과 개인상호간, 부서간의 관계에 의존한다는 사실을 알아야 한다. 그리고 이들 관계는 특정 개인들이 조직 속에 들어오고 나갈 때도 마찬가지다.

⑥ 재난관리계획은 진행 중인 활동이다. 재난관리계획 속의 다양한 기능들은 다른 기관 인력들의 관심, 협력, 존중을 받기위해 필요한 권위와 사정을 제공하는 방식으로 전반적으로는 지방정부 조직 속에서 수립되어져야 한다. 가능한 한 재난관리 계획 기능은 지방정부의 일상적인 활동 속에 통합되어져야 한다. 즉 계획인력과 다른 지방정부 인력간의 빈번한 접속이 요구되는 조직적 관계가 구축되어져야 한다.

⑦ 모든위험 접근(All-Hazard Approach) : 지방정부 재난관리 조직구조(상세한 계획들 포함)는 공공종사자나 일반대중들의 예상되는 요구를 충족하고, 강한 참여나 지원을 이끌어내기 위한 재난관리 능력을 가지기 위해, 모든 재난을(자연적, 인적, 테러 등) 다루기 위한 설계가 이루어져야 한다.

⑧ 재난예방과 완화 : 사전적 행동들은 재난의 발생을 예방하거나 재난의 결과를 완화하기 위해 취해진다. 예를 들어 위험물질 운반에 관한 엄격하게 강요된 통제들은 재난의 발생을 예방할 수 있을 것이다.

⑨ 재난관리 프로그램 참여를 위한 동기제공 : 조직은 재난관리 프로그램 속에 참여를 위한 동기를 포함하여야 한다. 이러한 동기는 개인이나 조직에 적용할 수 있다.

⑩ 시민들의 참여 : 지역사회 주민들은 재난관리 프로그램에 포함되어져야 한다. 사실 주민들은 경보 사인을 인지하고, 경보발생 시 무엇을 해야 할지를 알고, 개인적으로 부상과 피해에 대처하기 위한 방법을 알고, 가능한 재난을 준비하는 것 같은 수많은 책임이 있다. 게다가 주민들은 직·간접적인 자원봉사자로서 봉사할 것이다.

⑪ 참여기관들 사이의 강력한 협력 : 재난관리는 단지 지방정부의 책임만이 아니라 지역사회의 책임이다. 조직적 구조는 지방정부의 직접적인 통제 밖에 있는 단위의 자원을 협력할 책임이 있는 이들 개인들이나 조직들의 분명한 정의가 필요하다.

⑫ 공공과 민간의 협력 : 재난관리 조직구조는 지방정부 공무원뿐만 아니라 완전한 지역사회를 포함하여야 한다. 재난관리는 지역사회의 책임이다. 그리고 대응조직과 계획은 공공과 민간조직들, 인접도시들, NGO들과 보험회사 등도 포함시켜야 한다.

⑬ 자원의 다각적인 사용 : 재난관리 조직적 구조는 일상적 기능들 속에 재난관리 자원들의 사용을 촉진하여야 한다. 예를 들어 재난관리 훈련 자원들은 CPR 훈련을 일반 공무원들의 훈련과정에 포함하여야 한다.

⑭ 분명히 정의된 공공정보 기능 : 조직적 구조는 언론사와 협력하여 재난관련 정보를 일반대중에게 제공하기 위해 지정된 재난공공 정보기능을 포함하여야 한다.

⑮ 잠재적인 재난들에 대한 지속적인 모니터링 : 조직적 구조는 24시간 운영되는 재난관리 모니터링 기능을 제공하여야 한다. 이 기능의 목적은 잠재적인 재난상황의 진행을 모니터하고, 공무원 및 일반대중에게 적절한 경보의 단계를 발령할 수 있다.

⑯ 내부적 경보 절차 : 재난관리 조직은 비번, 전화시스템의 고장 시를 포함한 재난 시 핵심 관료들과 인력에게 경보를 제공할 수 있어야 한다.

⑰ 극대화된 공공에 대한 경보 능력 : 공공에 대한 경보 기능은 지방정부 재난관리 조직구조 속에 포함되어져야 한다. 경보 기능은 모든 재난 시 활용되며, 장애인, 다문화가족, 소회계층 등에까지 확대할 필요가 있다.

⑱ 활발한 정부 간 협력 : 재난관리 조직구조는 효과적인 상호작용을 위하여 이웃의 지역사회, 주, 연방의 재난관리 조직들을 명시하여야 한다.

⑲ 재난 시 포괄적인 기록을 유지할 수 있는 능력 : 조직적 구조는 정부 지출에 대한 재정적 자료를 포함한 재난관련 정보의 수집과 기록을 제공하여야 한다.

⑳ 주와 연방보조의 적합성 고려 : 재난관리 활동을 위한 주나 연방의 보조를 바라는 지치관할은 조직구조와 관련 있는 주나 연방의 적합한 요구들에 효과적으로 대응하여야 한다.

3 민간의 역할

민간부분은 재난에 대처하기 위한 최전방에 있다. 아무리 훌륭한 정부의 계획이 있더라도 민간부분의 역할과 적절한 활동 없이는 재난관리는 성공하기 어렵다. 민간부분은 주요 인프라의 운용은 물론 민간부분의 피해의 합이 전체적인 피해가 되기 때문이다. 예를 들어 전기, 수도, 가스, 전화는 물론 발전소, 식품의 안정적 공급, 병원, 철도, 항공, 은행

시스템의 단절은 재난의 크기를 확대시키고 파생적인 재난을 가져올 수 있기 때문이다. 민간부분의 조직들은 사고 전후에 핵심적인 역할을 한다. 우선 그들의 사업장과 종사자들을 재난으로부터 보호하여야 하며 나아가 정부의 재난관리 시스템 속에서 적극적으로 협력하여 조직적, 지역적, 국가적 피해를 줄여야하기 때문이다. 따라서 정부뿐만 아니라 민간부분도 재난계획에 관한 책임이 있다.

특히 오늘날 대부분의 주요 인프라 시설들은 민간부분에서 관리하고 있다. 민간부분은 일반적으로 자신의 시설을 보호하기 위한 최 일선에 있다. 미국의 경우 911 테러사고 이후 민간부분의 역할은 더욱 강조되었고 실제로 911위원회는 민간부분의 표준마련을 권고하였고 NFPA 1600은 그 기준을 담고 있다.

1) 개인

재난계획은 개인과 가족단위에서부터 시작된다. 만약 민간부분 속의 지역주민들이 재난을 잘 준비하고 적극적으로 대처할 수 있다면 사회적 취약성은 줄어들고 재난의 피해 또한 줄어들 것이다. 재난발생 시 비상식량이나, 대피소의 적절한 활용, 사전적인 경보활동에 적극적으로 동참한다면 정부의 대응수요는 줄어들고 협력적인 결과를 만들어 낼 수 있을 것이다.

2) 기업과 민간단체

민간 기업들은 국가와 국민들이 필요한 수많은 상품과 서비스를 창출 및 공급하고 있다. 이러한 기능이 재난으로 단절된다면 심각한 피해를 가져올 수 있다.

기업들은 사업연속성계획(BCP)을 통해
① 기업의 취약성과 재난연속성을 다루고,
② 지방정부들과 협력체계를 구축하고,
③ 종사자와 관리자들에게 BCP에 관한 교육을 실시하며,
④ 규칙적인 실행과 수정을 통해 효율적인 재난준비와 사업연속성계획을 확보해 나간다.

NFPA 1600은 공공부분뿐만 아니라 민간부분에 적용할 수 있는 재난관리 및 사업연속성 프로그램에 관한 표준이다. 이 표준을 통해 기업과 민간조직들은 재난의 예방, 완화, 준비, 대응, 복구뿐만 아니라 기업과 조직의 영속적인 활동을 유지하기 위한 준비를 하고

있다. NFPA 프로그램의 핵심요소 들로는 위험평가, 사고예방, 완화, 자원관리와 조달, 상호응원과 지원, 계획, 사고관리, 의사소통과 경보, 활동적 절차, 시설, 훈련, 연습과 평가 및 교정적 행동, 위기의사소통과 공공정보, 행정과 재정에 관한 내용을 담고 있다. 정부는 홍보와 다양한 프로그램을 통해 민간부분의 준비능력 향상을 위해 노력하고 있다.

4 기타 이해관계자

재난관리의 기본 조직은 가정이다. 개인가구는 재난완화와 준비활동들 중에서 위험조정을 선택하고, 대피하고, 경제적인 손실로부터 고통 받기도 한다. 그래서 모든 가구는 주거의 위치, 주거의 형태, 위험의 인식 등에서 취약성의 구성과 같은 재난정책에 관심을 가진다. 뿐만 아니라 개인들의 재난에 관한 관심은 자원봉사활동, NGO, 의용소방대, 종교, 지역비상대응팀(Community Emergency Response Team, CERT) 등과 같은 지역봉사단체의 참여와 같이 확대된 형태로 나타나기도 한다. 대규모 단체들은 지역단위를 넘어 전국단위의 조직으로 확대되기도 한다.

이해관계자는 어떤 정책의 결과에 개인적 흥미를 갖는 사람들을 말한다. 지역사회에서 재난관리 이해관계자는 사회적 그룹, 경제적 그룹, 정치적 그룹으로 나눌 수 있다. 사회적 그룹에는 개인, CERT, 민간부분(종교단체, NGO, 비영리기구, 지역기반조직, 사업체) 등이 포함된다. 경제적 그룹에는 보험회자, 건축업자, 은행가, 지역개발업자, 공공기관(전기, 수도, 하수 폐기물, 통신) 등이 포함되다. 정치적 그룹에는 중앙과 지방의 의원들, 중앙과 지방정부들, 유관기관들이 포함된다.

재난관리 과정에는 수많은 조직과 이해관계자들의 요구와 활동들의 조정되면서 이루어진다. 대부뷰의 재난관리 참여조직과 부서들은 조정되기를 원치 않는다 그래서 법률적인 규정이 요구된다. 책임과 역할에 대한 법률적, 행정적 지정 없이는 재난관리조직은 성공할 수 없다.

제5절
재난위험경감(Disaster Risk Reduction, DRR)

재난위험경감은 위험요소에 대한 노출의 감소, 사람과 자산의 취약성 감소, 환경과 토지의 현명한 관리, 부정적 충격에 대한 준비의 개선을 통해 재난의 원인요소를 관리하고 분석하며, 시스템적 노력을 통해 재난위험을 줄이는 개념과 실행으로 정의된다. 재난위험 전략은 다수의 기관적 능력과 활동능력뿐만 아니라 우선적으로 취약성과 위험에 대한 평가를 포함한다. 지역사회, 주민, 주요시설과 인프라에 대한 사회적, 경제적 취약성 평가와 많은 종류의 과학적 기술적 적용, 그리고 능숙한 대처능력들은 재난위험경감의 필수적인 요소들이다.

재난위험경감(Disaster Risk Reduction, DRR)은 UNISDR이 재난예방을 통해 지진, 홍수, 태풍, 가뭄과 같은 자연적 위험요소들로부터 기인된 피해를 줄이는 것을 목적으로 하는 재난경감 프로그램이다. DRR은 재난관리는 물론 재난완화와 재난준비를 포함할 뿐만 아니라 지속가능한 개발의 한 부분이다. 지금까지 DRR은 재난발생 이전 단계의 위험평가, 예방과 완화, 준비단계에 초점을 두고 추진해온 경향이 많았다. 즉 DRR은 재난의 사전적 완화활동과 관련된 대부분의 활동들을 포함하고 있다. 하지만 최근에는 재난대응과 복구과정까지를 포함한다. 특히 재난관리의 모든 단계를 포함한다는 의미를 강조하기 위해 DRR을 대신하여 재난위험관리(Disaster Risk Management, DRM)를 쓰기도 한다.

1 효고행동계획(Hyogo Framework for Action, HFA)

1994년 자연재난에 대한 세계회의는 요코하마에서 안전한 세상을 위한 요코하마 행동 전략과 계획을 채택하였다. 이후 이 계획은 정치적, 분석적 맥락에서 중요한 동기가 되었고, 이 계획이 종료되었던 2004년과 2005년 UNISDR은 이 계획에 대한 평가보고서를 세계회의에 제출하면서 2005년 1월 HFA가 공식적으로 출발하는 기초가 되었다. UNISDR (2007)의 HFA는 증가하는 재난의 영향에 관한 국제적 우려에 대하여 포괄적, 행동 지향적인 대응으로서 형성되어졌다. 재난위험과 재난경감에 관한 실제적인 경험과 경향에 대한 주의 깊은 연구에 근거하고, 심도 있는 토론과 협상에 의해 HFA는 최종적으로 만들어지고 일본 고베에서 열린 재난경감 국제회의에서 세계 168개 국가들이 채택하였다.

효고행동계획(HFA)은 재난위험 경감을 위해 UNISDR이 추진하는 범세계적인 행동계획이다. 이 계획이 추구하는 바는 지역사회와 국가의 생명과 사회적, 경제적, 환경적 자산에 대한 재난손실의 실질적인 감소이다. UNISDR은 HFA을 통해 재난위험경감을 위한 세 가지 전략적 목표를 갖고 있다. ① DRR을 지속가능한 개발정책과 계획 속에 포함하는 것과, ② 위험요소들로부터 회복력을 갖추기 위한 제도, 메커니즘, 능력의 개발과 보강, ③ 위험경감 관리적 접근을 재난의 준비, 대응, 복구 프로그램 속에 통합하는 것이다. 또한 핵심적인 활동은 기후변화적응(Climate Change Adaptation, CCA) 속에 DRR이 적용되는 것이다.

이것은 3가지 전략적 목표와 5가지 우선 행동으로 세분화 되어있다. 표 3-13은 HFA의 5가지 주요 과제와 세부내용을 정리하고 있다.

HFA의 국가별 이행실적들에 대한 결과를 각 국가별 주관적인 실적보고에 근거하여 지난 5년간의 중간평가가 이루어졌다. UNISDR(2011) 중간평가는 각 국가별 HFA에 대한 상당한 성과를 강조했다. 주요성과들은 재난위험경감, 국가적인 법률제정, 조기경보체제 확립과 재난준비와 대응의 강화에서 일어났다고 주장한다. 하지만 여전히 조직적 다수위험에 대한 위험평가, 조기경보체계의 구축, 경제적인 취약성 관리, 지속가능한 개발정책과 계획 속에 재난위험경감을 포함시키는 것들은 부족하다고 진단하고 있다. 또한 재난관리 계획과 과정들이 종합적이고 통합적인 방법으로의 이행되지 않는 점을 지적하고, 국가적 차원에서의 전략적 접근을 주문하고 있다. 더불어서 지역사회의 복원력을 강화하기 위해 국가적 지역적 수준에서 통합적으로 계획하는 기후변화적응(CCA)과 재난위험경감

(DRR)의 통합이 필요성을 강조하고 있다.

표 3-13 HFA 과제

HFA 과제	
1. 재난위험경감을 취우선 사항으로 둠	국가적 제도적 틀
	자원
	지역사회의 참여
2. 위험정보와 조기경보를 개선	국가적 지역적인 위험평가
	조기경보
	과학, 기술, 제도적 능력
	지역적, 최근의 위험
3. 안전과 복원문화를 향상	정보관리와 교환
	교육훈련
	연구개발
	공공인지
4. 주요핵심 분야의 위험을 줄임	환경적, 자연적 자원관리
	사회적 경제적 개발실행
	토지이용계획
5. 대응을 위한 준비를 강화	정책과 제도적 능력강화
	대화와 정보교환 협력
	정책, 계획, 통신보강
	계획의 준비
	재난관리 기금의 준비
	참여 메커니즘의 개발

출처 : UNISDR

이 평가는 또는 HFA 이행을 위해 각각의 기관들의 책임을 기술하고 있다. HFA 이행을 위한 주요책임은 국가에 두고 있으며, NGO들을 포함한 모든 관계자들 사이의 협력과 공동의 노력들은 지역사회를 재난으로부터 강하게 개선하기 위해 중요하다고 했다. 뿐만 아니라 지역적, 국제적 조직들의 기여는 필수적이며, ISDR의 역할을 강조하고 있다.

국가의 주요한 책임과 역할로는 ① 국가적인 협력 메커니즘을 개발하고, ② 재난위험 감소의 상태에 대한 기본적인 평가를 수행하고, ③ 국가적인 프로그램들의 개요를 발행하고 보강해야하며, ④ HFA의 우선 과제와 목적을 달성하기 위한 국가적인 실적을 평가하고, ⑤ 기후변화전략과 재난위험경감을 통합해야 한다고 주장한다. 특히 HFA는 특정 부처에서 이행을 주도할 책임이 있다고 명시하지 않고 국가적 특성에 따라 선택하도록 하고 있다. 나아가 재난위험경감은 대부분의 부처의 관심이 요구되고 모든 부처에 걸친다고 주장한다.

2 재난위험경감(DRR)과 기후변화적응(CCA)

UNISDR(2009)은 DRR을 위험에 대한 노출의 저감, 인적 물적 취약성 감소, 환경과 토지의 현명한 관리, 재난사건에 대한 향상된 준비를 포함한 체계적인 노력을 통해 재난의 원인요소들을 관리하고 분석하는 재난위험 감소에 관한 개념과 실천이라고 정의했다. UNFCCC는 CCA를 실제적이며 예상적인 기후적 자극이나 그로 인한 영향에 대응하여 해를 줄이거나 유익한 기회를 활용하는 자연적, 인적 시스템의 조정을 의미한다고 정의했다. 또한 DRR과 CCA는 농업, 수자원, 보건, 토지이용, 환경, 재정, 계획과 연관되어 있고, 특히 빈곤퇴치와 지속가능한 개발, 교육과 과학에 연관성이 많다고 지적하고 있다.

OECD(2009)는 재난위험경감을 위한 국가적 메커니즘 강화를 강조하며 CCA는 DRR과 밀접하게 연관되어 있어 국가 수준의 조정 메커니즘과 플랫폼의 필요성을 강조했다. CCA는 이들 기존 메커니즘들과 긴밀하게 연결될 필요가 있고, 기존의 DRR 메커니즘들은, 기후변화가 가뭄, 홍수, 허리케인, 태풍과 같은 어떤 종류의 자연재난의 빈도와 강도에 어떻게 영향을 미칠지에 대해 더욱더 정책으로 반영할 필요가 있으며, DRR 조치의 효과성과 적절성들이 정책에 영향을 미칠 수 있도록 정부는 자연재난을 준비하고 대응하기 위한 계획과 제도의 필요성을 강조했다.

DRR이 재난 관리적 접근이라면 CCA는 기후변화에 따른 적응적 접근이다. CCA와 DRR은 중복되어 있으며, 이들의 목표는 위험으로부터 취약성을 다루는 것이다. 단지 CCA가 극한기후 현상과 이러한 변화의 진행을 느리게 하는 것에 초점을 두고 있다면 DRR은 기후변화뿐만 아니라 모든 재난의 경감에 초점을 두고 있다고 볼 수 있다. CCA와 DRR의 중요한 요소이며, DRR은 CCA의 기본이라고 볼 수 있다. 적응을 위한 전략은 단지 재난관리뿐만 아니라 모든 과제 속에 통합될 필요가 있다는 것이다. 재난 위험경감 접근은 준비와 완화가 주를 이루며 통합적 접근이 필요하다. 위험경감은 인간의 개발행위와 대응활동 사이에 상호작용적으로 놓여 있는 것이다.

1) CCA와 DRR의 특성

표 3-14는 CCA와 DRR 영역의 일반적 특성을 비교분석하고 있다.

표 3-14 CCA/DRR 영역의 일반적 특성

구 분	기후변화 적응 (Climate Change Adaptation)	재난위험경감 (Disaster Risk Reduction)
접근	- 위험관리 - 강한 과학적 기초 - 환경 과학적 관점 - 고도로 교접학문 - 취약성 관점 - 장기적 관점 - 지구적 스케일 - Top Down	- 위험관리 - 공학과 자연과학 기초 - 전통적으로 사건과 노출, 기술적 해결책에 초점을 둠 - 대응과 복구에서 인지와 준비로 이동 - 단기적에서 장기적으로 증가 - 지역규모 - 지역사회 근거
조직과 기관들	- United Nations Framework Convention on Climate Change(UNFCCC) - Intergovernmental Panel on Climate Change(IPCC) - 학문적 연구 - 국가 환경과 에너지 기관들	- United Nations(UN) - Prevention Consortium(World Bank) - International Federation of Red Cross and Red Crescent Societies(IFRC) - 국제적, 국가적, 지방 민간조직들 - 국가 민방위 조직들
국제적 회의	- Conference of the Parties(COP)	- World Conference on Disaster Reduction
평가	- IPCC 평가보고서	- IFRC 취약성과 능력 평가(VCA) - IFRC 세계재난보고서 - 국제 재난 데이터베이스
전략	- UNFCCC와 국가적 의사소통 - 저개발국의 국가적응계획과 행동(NAPA)	- UN International Decade for Natural Disaster Reduction(IDNDR) - Yokohama Strategy and Plan of Action for a Safer World - UN International Strategy for Disaster Reduction(ISDR) - Hyogo Framework for Action 2005-15
재정	- Special Climate Change Fund - Least Developed Countries Fund - Kyoto Protocol Adaptation Fund	- National civil defence/emergency response - International humanitarian funding - Multilateral banks - Bilateral aid

출처 : OECD

2) CCA와 DRR의 공통점

전문가들은 CCA와 DRR은 공통적으로 ① 지속가능한 개발의 맥락에서 지역사회의 취약성을 줄이고 탄력성을 향상하는데 그 목표가 있고, ② 개발계획 과정 속으로의 통합을 위해 국가개발계획, 분야별 정책, 개발수단과 기술 속에 CCA와 DRR이 주류를 이루어야 하며, ③ 빈곤경감과 관련하여 그들의 복원력을 향상할 수 있는 경제적, 사회적, 물리적, 환경적 수단들에 접근하는 한계 때문에 빈곤층은 위험에 영향을 많이 받으며, ④ 개발 수단들은 기존의 향후개발 수단들을 적용하고, ⑤ 비구조적인 조치들을 활용하고, ⑥ 정치적 Agenda들의 집결이란 면에서의 유사점이 있다고 했다.

3) CCA와 DRR의 차이점

티어펀드(Tearfund, 2008)는 CCA와 DRR의 차이점을 표 3-15와 같이 정리했다. 버커맨(Birkmann, 2009)은 CCA는 재난관리 모든 단계에 걸쳐 DRR에 통합되어질 수 있으며, 특히 위험평가, 완화, 재건단계에서의 통합의 중요성을 강조했다. 뿐만 아니라 준비, 대응, 복구 단계에서도 통합의 필요성을 강조했다.

표 3-15 CCA/DRR 사이의 차이점

차이점		signs of convergence (수렴의 신호)
DRR	CCA	
모든 위험 종류들과 연관	기후관련 위험에 연관	N/A
인도적 원조에 기원	과학적 이론에 기원	CCA전문가 DRR 보충
기존의 위험	미래 새로운 위험	DRR 미래적 관점
역사적 관점	미래 관점	DRR 미래적 관점
전통적, 고유지식	전통, 고유지식으로 부족	과학, 전통적 지식통합
안전설계 구조적 조치	안전설계 구조적 조치	
역사적 증거	역사적 증거와 예상변화	
취약성 경감에 초점	물리적 노출에 초점	N/A
경험에서 기인	정책적 의제에 기인	N/A
지역수준 실제적 적용	지역수준 이론적 적용	CCA 실제경험 체득
전체범위의 수단들	제한된 범위의 수단들	
정치적, 공감 약함	정치적, 다수의 공감 강함	N/A
간헐적 부족한 예산	상당하고, 증가하는 예산	DRR이 CCA 예산체계 내

출처 : 티어펀드(Tearfund, 2008)

그래서 쇼(Shaw), 펄힌(Pulhin), 페레이라(Pereira)(2010)는 재난위험 관련 연구, 정책, 실행은 현재의 CCA를 DRR 하위의 틀로서 받아들여야 한다고 주장했다. 그 이유로서 ① 기후변화는 수많은 재난요인 중의 하나이고, ② 기후변화는 수많은 절명의 환경변화(Creeping Environmental Change) 중의 하나이며, ③ 기후변화의 실체는 몇몇 국가나 분야가 아닌 전 세계적인 공중의 의식에 도달했고, 정치적인 중요성을 갖게 되었기 때문이라고 했다.

그들은 또한 CCA와 DRR은 정확하게 일치하지 않지만 CCA와 DRR을 어떻게 협력적으로 운영할 것인가가 중요하며, 이들 두 분야를 같이 가져올 수 있는 중요한 범위가 있고, 핵심차이 중의 하나는 DRR 접근은 과거의 경험에 근거하고, 반면 CAA는 미래의 현상에 더욱더 근거한다고 했다. 예를 들어 DRR은 과거 홍수기록에 근거하여 제방과 둑 같은 홍수 방지시설과 구조물들을 설계하지만 오늘날 DRR을 CCA에서 예상할 수 있는 많은 미래의 불확실성들을 같이 고려하여 DRR을 이행하고 있고 이것이 CCA와 DRR의 중첩되는 부분 중의 하나라고 했다.

길야드(Gaillard, 2010), 머서(Mercer, 2010) 역시 기후변화는 재난의 취약성을 증가시키고, 개발과정과 지속가능한 성장을 방해하기 때문에 적절한 조치가 취해지지 않는 한 CCA는 DRR 내에 포함되어져야 한다고 주장하고 있다. CCA의 중요성은 증가하고 있는 반면에 DRR은 상대적으로 많은 주목을 받고 있지 못해 왔다. 하지만 최근의 기후변화로 인한 많은 재난들로 인해 DRR의 중요성은 많이 부각되고 있는 실정이다. CCA와 DRR은 각기 다른 그룹의 전문가들에 의해 이행되고 있으며, 각기 자기들 측면에서의 시각을 견지하고 있다. 하지만 최근 들어 두 분야에서의 상호 수혜적 통합 경향이 관찰되고 있으며, 두 분야와 전문가들, 실무자들, 정책결정자들이 두 분야의 중첩과 시너지 효과 창출을 위해 노력하고 있다.

제6절 재난관리와 정보통신 (IT in Disaster Management)

기술이 사회전반에 다양한 영향을 미치듯이 오늘날 기술은 재난관리 과정 속에서 중요한 역할을 수행하고 있으며 특히 정보의 통합이나 응용과 같은 역할을 수행한다. 기술은 재난관리 단계 중 완화과정에서 토론을 촉진하며, 잠재적 위험을 정의한다. 모든 종류의 대응조직들을 결속하고, 공중에 대한 경보메시지를 전달하는 등 재난정보를 제공해줄 수 있다. 예를 들어 재난 이후 기술은 가족과 친지를 연결 해준다. 이산가족 문제를 부분적으로 해결할 수도 있다. 우리사회는 재난관리 과정에 복잡한 기술적 시스템에 의존하고, 재난이후 해결을 위해서는 기술적인 지원이 필수적이다. 또한 기술은 재난교육과 훈련의 수단으로 적극 활용되기도 한다.

오늘날 GIS, 원격감지, 인터넷은 재난관리 분야에 중대한 영향을 미치고 있으며, 다양하게 사용된다. 효과적인 재난관리를 위해서는 다양한 의사결정자들에게 실시간 정보와 자료의 수집과 전파가 요구된다. 이러한 요구들의 대부분은 GIS와 원격감지기술에 의해 이루어지며, 인터넷은 정보와 자료의 교환을 촉진한다. 재난관리 분야에서의 Data 확보를 위해 ① 원격감지(RS), ② 지리정보시스템(GIS), ③ 글로벌 항해위성시스템(GNSS) 기술들이 대표적으로 활용되는 유용한 도구들이다. 이들 기술과 도구들은 다양한 자료들의 통합을 통해 보다 상세하고 다양한 정보를 개발할 수 있다. 따라서 오늘날 재난관리 분야에서는 이들 Data와 정보의 공유 시스템 구축 또한 중요하다.

오늘날 맵핑(Mapping) 기술의 발달은 다양한 자료를 활용하여 유익한 정보를 제공하고 있다. 재난관리 분야에서의 대표적인 맵핑은 위험지도로 활용된다. 홍수, 지진, 쓰나미, 태풍, 산사태 등 대부분의 자연재난들은 맵핑을 활용하여 그 위험관련 일반적인 정보를 제공할 수 있다. 일반적으로 수집된 Data는 가공되지 않은 것으로 가치를 발휘하기 위해서는 같이 모아서 정보의 틀을 만들어야 한다. 이러한 정보들은 다른 정보들과 어우러져 새로운 정보나 지식을 만들어 지며, 이들 정보와 지식을 활용하여 재난관리 과정에서 중요한 의사결정이 이루어진다. 이러한 과정에서 기술이 기능적, 사용적, 정보적, 개방적, 상호작용적으로 신뢰할 수 있고, 쉽고 빠르게 접근할 수 있을 때 성공적인 정보통신기술(ICT)을 구축할 수 있다.

1 지리정보시스템(GIS)

1) GIS 활용 용도와 장점

GIS는 각종 위험에 대한 자료와, 지역사회의 다양한 정보, 사고현장의 실시간 정보, 유관기관의 활동과 의사소통, 통신에 관한 내용을 같이 묶어서 새로운 정보로 발전 가공하여 재난분야에 활용할 수 있게 해준다.

GIS 기술의 활용 용도는
① 위험목록과 지도의 작성,
② 취약한 시설의 위치,
③ 관련 자료의 개발과 관리,
④ 취약성 평가 등의 용도로 주로 사용된다.

GIS 기술의 장점은
① 상세한 3차원 그래픽정보를 포함한 폭넓은 지리적 영역에 공간정보를 표현하고,
② 다른 지리공간 정보의 통합을 촉진하며,
③ 최선의 정보를 효과적으로 분석, 수집, 관리, 보급할 수 있고,
④ 짧은 기간의 교육 훈련을 통해 쉽게 이용가능하며,
⑤ 속성정보를 공간정보에 쉽게 적용가능 할 수 있는 장점이 있다.

GIS기술은 모든 종류의 위험요소들을 분석하고 지도화하고, 재난으로 인한 잠재적인 충격(Impact)을 시각화 할 수 있는 능력을 제공한다. 위험요소들이 주요 인프라, 인구밀

도, 잠재적인 영향 등과 같이 융합되면 지역사회의 취약성을 지도화 할 수 있고, 시각화된 특정위험의 잠재적인 영향에 근거하여 완화의 우선순위를 정할 수 있다. GIS는 이들 정보에 근거하여 대응계획을 수립할 수 있게 하며, 계획분석 과정을 최적화 해준다. 그림 3-6은 재난관리 과정에 활용되는 지진과 쓰나미 조기경보 시스템 체계도를 보여준다.

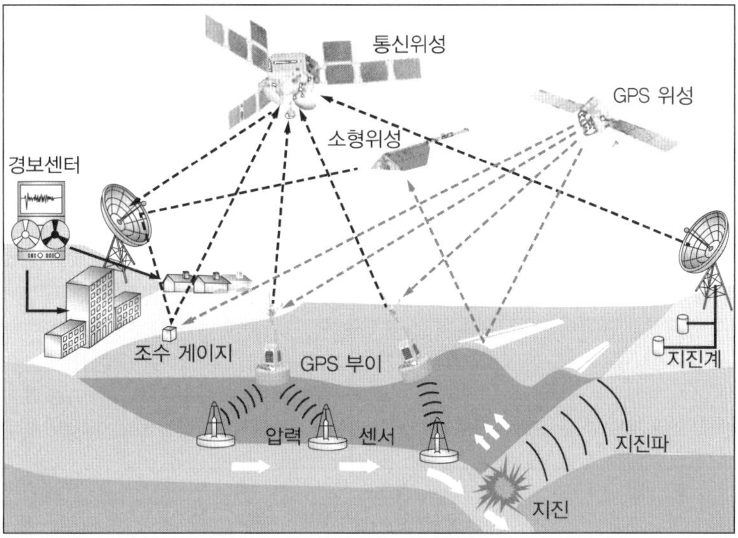

그림 3-6 조기경보 시스템

출처 : GFZ(2006)

따라서 GIS는

① 자연적, 기술적 위험요소들을 정의하고 지도화 한다. 자연적 위험요소들은 지진의 단층대, 태풍 해일에 대한 노출, 가연성 식목, 홍수나 산사태 같은 극한기후 노출지역들이 포함되며, 기술적 위험요소들에는 위험물질들의 위치, 위험물질들의 일상적인 이송경로, 핵발전소, 석유화학가공 및 저장시설 등이 포함될 수 있다.

② 주요 위험 값에 대해 정의와 지도화 할 수 있다. 주요위험 관련 값들은 인구밀도, 주요 인프라시설, 비상 서비스 시설, 특정시설, 자연적 자원 등을 포함한다.

③ 재난지역 내에 거주하는 위험 수치를 정의한다. GIS는 폭발, 홍수, 지진 등과 같은 잠재적인 사고모델에 활용할 수 있다. 또한 그 사고로 인한 피해지역의 피해정도를 표시할 수 있으며 사상자 또한 도출할 수 있다.

④ GIS 활용을 통해 재난완화 수단들을 우선순위화 할 수 있고, 준비계획을 개발하며, 재난손실을 줄이기 위한 경감활동에 필요한 전략개발에도 활용된다.

2) 재난관리 단계별 GIS활용

우리는 모든 재난관리 단계에서 다양한 자원으로부터 수집되는 Data에 의존한다. 재난관리 프로그램의 규모와 범위를 결정하기 위해서도 적절한 Data는 수집, 조직, 표시 되어져야 한다. 실제 재난 시에도 적절한 대응활동을 위해 정확한 Data와 정확한 시간이 적절하게 표시되는 것은 중요하다. 재난관리자들은 종종 파이프라인, 빌딩배치, 전기 공급, 상하수도 시스템 등 상세한 정보를 필요로 한다. GIS의 활용을 통해 모든 부서에서는 컴퓨터상의 지도를 통한 정보를 공유할 수 있다. GIS는 집중적인 메커니즘과 시각화로 주요 정보를 비상상황에서 제공한다. 대부분의 필요정보는 공간정보들로 지도상에 나타난다. 그림 3-7은 재난관리용 지리정보시스템 체계를 보여준다.

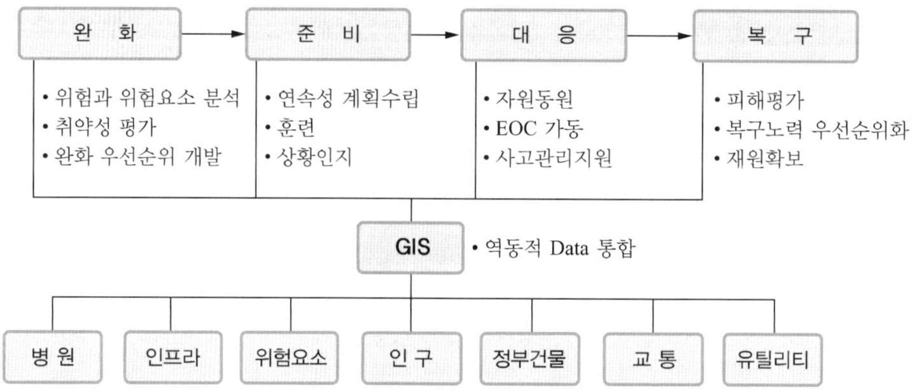

그림 3-7 재난관리용 지리정보시스템

출처 : ESIR

(1) 계획 단계

재난계획 단계에서는 재난관리 프로그램은 잠재적 재난 문제들을 정의하고 위치하는 것에서 부터 시작한다. 계획단계에 GIS는 컴퓨터 기반의 지도를 통해 공간적 정보를 제공받아 계획과 관리에 활용가능하며, 완환 단계에서는 구조적, 비구조적인 완화수단의 선택과 취약한 지역의 선정을 할 수 있다. GIS 활용으로 위험요소들을 정의하고 잠재적인 결과를 평가할 수 있다. 지진, 홍수지역과 같은 위험들이 거리, 파이프라인, 건물, 교량 등 다른지도 Data들과 같이 보이면 재난관리자들은 쉽고 유용하게 그 정보들을 완화, 준비, 대응, 복구과정에 활용할 수 있다. 또한 위험에 노출될 가능성이 있는 인명, 자산, 환경 등에 대한 정보를 분명하게 정의할 수 있게 된다.

계획과 분석과정을 통해 효과적인 재난관리 프로그램들은 선택되고 이행될 수 있다. 이처럼 GIS는 계획가들에게 컴퓨터가 만든 지도를 통해 공간정보의 적절한 조합을 볼 수 있게 함으로서 이러한 과정의 효율성을 함양한다. 다양한 재난으로부터 인명과 자산, 환경을 지키기 위해 재난관리자들은 각종 관리 단계별로 이들 정보를 확대, 응용, 가공, 비교하며 활용할 수 있다. 따라서 계획단계에서 GIS 기술은 폭넓게 활용된다.

(2) 완화단계

완화단계에서는 잠재적인 재난상황이 정의 되었을 때, 완화를 위한 정책과 수단들은 결정되고 우선순위화 될 수 있다. 위험에 관한 다양한 Data와 정보를 수집하여 완화정책의 수립과 시행에 활용될 수 있다. 잠재적 재난상항을 정의하고, 위험을 평가하고, 이를 관리하기 위한 다양한 완화정책과 수단들이 결정된다. 이러한 과정에서 GIS는 폭넓게 활용된다.

홍수재난 준비와 완화를 위해 GIS의 활용은 수리적 모델개발은 물론 정교한 홍수 시나리오별 지도를 작성할 수 있다. 또한 실시간 강우 자료를 통합해서 예・경보는 물론 재난대응 과정에서 다양한 정보를 제공해줄 수 있다. 쓰나미 이후의 재난피해 평가 과정에도 위성 정보들이 활용된다. 위성정보를 활용한 이미지 기술인 MODIS는 태풍 이후의 교통망 상태를 감지하고 신속한 대응 노선선정을 돕기 위한 활용도 시도된 바 있고, LIDAR는 공간정보들을 이용하여 피해지역을 파악하고, 필요한 대상을 정의하고, 계획 활동, 구조노선 결정, 생필품들의 보급과 배치, 구조와 응급지원활동에 활용된다.

(3) 준비단계

준비과정에서는 실제 재난을 준비하기 위한 활동들을 포함한다. 소방관서의 적절한 위치선정, 재난 시 발생하는 응급수요, 화학사고 대응관련 정보, 예보와 경보에 대한 방법, 교통정보, 임시주거나 대피소의 위치 등과 관련된 정보를 효과적으로 제공할 수 있다. 재난 조기경보를 위한 실시간 모니터링 정보를 표시할 수 있으며, 기후와 기상정보를 제공하고, 바람 온도에 대한 정보들도 시각화하여 제공할 수 있다. 재난관리의 준비단계에서는 다양한 의문들을 가지게 된다. 이때 이들 의문들에 대한 합리적인 답변을 찾기 위해 활용될 수 있다. 예를 들어 소방서의 위치, 조기경보 방법 등에 관한 정보를 사전에 점검할 수 있다.

준비단계에 활용 가능한 GIS 기술로는 적절한 대피소 선정, 시간과 경로를 고려한 대피경로 모델링 선정, 병원, 공공안전시설, 지원 자원과 같은 전술 전략적 시설들의 정의와 지도화, 준비상태를 점검하기 위한 훈련, 피해평가, 사상자 파악, 공공자원의 할당, 사고행동계획(IAP)의 수립과 보급, 상황파악과 사고관리 지원을 가능하게 하는 지휘통제 정보시스템을 위한 핵심능력 같은 것 들을 제공 할 수 있다. 포괄적인 준비를 위해서는 많은 양의 정보들이 수집되고 관리되어야 한다. 재난발생 시에는 정확한 정보들이 정확한 대상들에 보급되어 적절하게 활용가능 해야 한다.

(4) 대응단계

대응과정에서 GIS는 컴퓨터 지원 출동시스템을 제공할 수 있다. 위치와 경로를 선택할 수 있고, 현장 도착 이전의 다양한 정보들을 사전에 제공할 수도 있다. 화학사고의 경우는 바람과 기상의 조건에 따른 확산 모델을 활용하여 피난지역과 오염지역에 대한 정보를 제공할 수도 있다. 다수기관들의 현장 활동 정보를 제공할 수 있으며 ICS 시스템 운영상에 필요한 다양한 정보를 제공할 수 있다. 재난지역 공중에 대한 경보와 통지, 대피소의 가동여부, 공공자원들의 능력과 위치, 정보수집과 고유 능력, 보고에 필요한 지도, 요약, 상황보고서를 준비할 수 있다. 또한 재난대응 현장의 상황파악을 위해 위험지역, 사고지휘소, 대피소, 자원대기소, 부서별 경계, 임시의료소 등 현장시설의 선정 관련 분석, 활동지도, 보급지도, 전술지도, 항공 배치지도, 교통지도, 사고 예상지도 등과 같은 사고지휘시스템상의 사고활동 계획을 표시할 수도 있다.

(5) 복구단계

복구과정에서 GIS는 GPS 기술과 연결하여 피해산정, 주요피해 시설에 대한정보, 피해의 정도, 행동우선순위 결정을 할 수 있다. 주요한 인프라시설의 손실을 평가하고 단기적 활동을 결정한다. 또한 장기적으로는 복원투자에 대한 우선순위화에 활용된다. 복구단계는 복구의 수단이나 완화로 이어지는 개발활동 등에 활용가능하다.

2 원격감지(Remote Sensing, RS)

우주 위성기술의 발전은 위험경감과 재난관리를 위한 새로운 선택을 제공한다. 최근 증가하는 실용적 기술은 원격감지(RS)이며 이 기술은 물리적 접촉 없이 흥미대상에 관한 정보를 얻을 수 있다. RS를 이용한 기술은 카메라, 스캐너, 레이즈 이미징 레이더(LIDAR)에 사용된다. 일부 RS는 휴대할 수 있다. 하지만 대부분은 풍선, 항공기, 위성, 우주왕복선 등에 장착되어 사용된다. RS는 물, 바람, 수목과 같은 대상에서 발산되는 에너지(전자기), 소리(음향), 힘(중력, 자기력)을 감지, 측정할 수 있게 한다. 이들 자료들은 예보나 계획 목적으로 이미지와 같은 형태의 사용가능한 정보로 전환 된다.

재난발생 시 생명과 재산상의 손실을 줄이기 위해 신속한 대응은 아주 중요하다. 하지만 대부분의 피해지역은 도로와 통신들은 물론 주요 인프라들이 단절될 가능성이 크다. 이러한 여건에서 RS는 피해지역 접근이나 피해범위 지도 작성을 위해 중요하다. 특히 위성을 이용한 RS 정보들은 재난지역의 광범위한 정보를 정확하고 선명하게 제공할 수 있다. 위성을 활용한 RS는 재난사건을 모니터할 수 있고 실시간의 정보를 제공할 수 있다. 필요시 개인과 지역사회도 그들의 위험수준을 확인하기 위해 RS 자료를 접근할 수 있다.

표 3-16 재난종류와 관리단계별 RS응용

재난종류	예방	준비	구호
지진	맵핑(지질학적 구조와 토지이용)	땅의 이동 단층의 표면 확장	피해지역 위치 피해지도
화산폭발	지형과 토지이용지도	감지(가스분출 측정) 지표이동	Lava흐름 지도 패해 지도
산사태	지형과 토지이용지도	흙 함수율/강우 경사 안정도/경사 이동	사태지역의 지도
Flash Floods	토지이용지도 침수지역 결정	지역 강수 측정 눈/얼음 공간적 범위결정 해빙 유량산정	홍수피해 지도
Major Floods Storm Surge	토지이용/홍수지도 해안변화, 침식 지도	지역적 강우 증발, 증산 속도 침전 측정/바다표면 풍속	홍수범위 지도 피해범위 지도
태풍		기상 예보	피해범위 지도
토네이도		실시간 방송/지역기후 관측	피해지도
Ice storm	지표표면 지도	기상예보	피해범위 지도
가뭄	산림표면 지도 화재위험 모니터링 작물가뭄 모니터링	작물, 산림면적 측정 작물 수확예상/지역적 강우 증발, 증산율/가뭄경보	수목생물량 모니터링 기지국 통신 화재범위 지도

출처 : Canadians at risk

리모트 센싱의 장점은 자료획득까지의 시간이 절약되고, 위험과의 접촉 없이, 광범위한 지역을 볼 수 있다. 또한 우리가 눈으로 볼 수 없는 영역까지 감지가 가능하며, 규칙적으로 자료를 획득하고 문서화 할 수 있다. 가장 경제적인 자료 확보방법이며, 피해평가 모니터링과 연계할 수 도 있고, 계획과 복구과정에 활용되며, 재발방지에 도움을 준다. RS의 단점으로는 설치와 운영에 많은 예산이 소요되고, 전문적인 기술이 요구되며, 해상도가 거칠다. 또한 작은 규모는 묘사가 어려운 단점이 있다. 표 3-16은 재난종류와 재난관리 단계별 RS적용 범위를 보여주고 있다.

3 정보관리(Information Management)

정보관리는 목표(Direction), 수집(Collection), 가공(Processing), 전파(Dissemination)의 4단계의 단순한 순환 과정이다.

1) 목표(Direction)

목표단계는 문제 정의를 위해 외부환경을 모니터하고, 다루어야 할 문제를 한정하고, 요구되는 정보를 정의하고, 정보로부터 수혜자를 정의하는 것이다.

2) 수집(Collection)

수집계획의 이행은 정의된 정보의 기본적인 요소에 초점을 두어야한다. Data의 수집은 RS, 위성, 항공에 의해 수집된다. 또한 질문, 현장실측과 같은 기본적이며 전통적인 수집 방식들도 동원된다.

3) 가공(Processing)

가공과정은 다양한 질문에 대한 대답들이 기본 Data를 유익한 정보로의 전환하게 된다. 이러한 과정에서 GIS와 데이터베이스, 다양한 컴퓨터 프로그램 Tool들이 활용된다. 정보의 가공과정은 전적으로 기술에만 의존하지는 않고 참여자들의 스킬과 경험에 의존한다.

4) 전파(Dissemination)

마지막 단계는 의사결정을 위해 정보가 필요한 사람들에게 보급되는 것이다. 다양한 형태의 가공된 정보를 표현하는 현대식 시스템의 능력은 정보의 이해와 정보의 보급에 있어 중요하다.

재난관리를 위한 정보 인프라의 구축은 중요하다. 오늘날 재난관리 정보 인프라는 국가나 지역기반의 거버넌스 형태로 이루어지고 있다. 여기에는 재난관리자들 뿐만 아니라 폭넓은 사람들과 전문분야들이 포함된다. 그래서 전문적인 재난관리자들은 그들만이 전체과정을 수행하는 것이 아니라 참여자들의 수요를 충족하기 위해서는 다양한 정보의 흐름 단계들에 참여 하여야 한다.

제7절 언론관계(Press Relationship)

언론은 정치인, 행정관료, 민간조직, 국민들에게 재난에 관한 관심을 유도하고 주요 정책결정에 적극적으로 참여하고 긍정적인 결과를 도출하도록 간접적인 작용을 한다. 언론은 또한 정부의 재난위험 이슈들에 대한 정책결정에 영향을 미치며 조기경보 시스템의 구축이나 국가적 준비전략에도 다양한 영향을 미칠 수 있다.

언론은 재난정보를 전파하는 중요한 수단이다. 조직은 언론을 다루는 효과적인 계획을 통해 정보전파와 공공의 신뢰확보를 할 수 있다. 특히 대변인을 선정하여 언론관계를 담당하게하고, 필요시 재난발생 이전에 가능하면 기자회견을 준비하는 것도 필요하다. 언론사 기자들을 사전에 알고지내고, 전체적인 재난계획 훈련이나 연습 시에 비공식적 자리를 만들고, 상호간의 기능을 협력하고, 자료를 사전에 공개하는 것도 필요하다.

1 언론의 역할

재난관리 과정에서 언론은 중요한 역할을 수행한다. 언론 지원 없이는 효율적 재난관리는 불가능하다.

그래서 맥엔타이어(McEntire, 2005)는 재난 시 언론의 중요한 역할을

① 임박한 위험을 공공에 알리는 것을 도와주고,

② 피난과 대피에 관한 정보를 제공하며,
③ 자신과 타인을 보호하기 위해 사람들이 할 수 있는 것을 알려주고,
④ 정부가 하는 것과 어떻게 재난에 대응해야하는 것에 대해 통보하며,
⑤ 어떤 조직이 지원을 제공하고 도움이 어떻게 주어지는지 명시하고,
⑥ 공공에 대한 예방적, 준비적 조치들에 대해 교육하며,
⑦ 재난 지역에 통화량을 줄이고,
⑧ 재난관리자와 프로그램에 대한 일반적인 지원이라고 정의 했다.

페인(Payne,1994)은 언론이 재난기관을 돕는 방법으로는
① 공중에 대하여 응급서비스에 관한 정보를 방송하고,
② 조치되어야할 응급서비스 문제들을 정의하고,
③ 장비를 공유하며,
④ 재난상항을 언론에 설명할 수 있는 기회를 제공하고,
⑤ 사진과 동영상을 통해 사고평가를 도와주고,
⑥ 사전재해에 관한 공공교육을 할 수 있는 것을 들고 있다.

2 언론의 양면성

TV, 라디오, 신문, 인터넷과 같은 언론매체는 정보전파의 경로이자 공공요구의 통로이다. 대부분의 시민들은 언론을 통해 재난을 이해한다.

EMI(Emergency Management Institute)는 언론은
① 정보의 제공과 피해주민에 대한 지도
② 향후 유사한 재난에 대한 준비조치에 관한 정보제공
③ 자원봉사, 기부, 헌혈에 관한 동기부여
④ 개선을 요하는 정부대응을 노출
⑤ 때때로 부정적, 역효과를 내는 정보를 보류하는 것 같은 점들을 언론의 긍정적인 면으로 지적한 바 있다.

또한 부정적인 면으로는 공무원들에게
① 방해되기도 하고,
② 스트레스를 유발하며,
③ 정치적 관여를 자극하고,
④ 사고에 대한 책임자를 찾는 특징을 언급하고 있다.

언론이 재난관리자와 대응자에게 주는 도전으로
① 정확하지 않은 보도
② 경쟁적인 보도를 위한 무례한 행동
③ 재난을 다루는 감성의 부족
④ 재난관리나 공익에 필요한 비협력적인 태도를 들고 있다.

맥엔타이어(McEntire, 2005)는 재난 시 언론의 7가지 문제들로는
① 현장으로의 집중
② 재난관리자와 대응자들에 추가적인 요구
③ 대응활동의 방해
④ 안전문제의 발생
⑤ 기술적 이해의 부족
⑥ 과장, 오해의 잘못된 표현과 지속
⑦ 개인과 기관의 명성에 피해를 주는 점을 지적하고 있다.

3 효율적인 언론관계

EMI는 언론관계 요령으로 ① 계획수립, ② 잦은 현행화, ③ 폭넓은 질문에 대한 준비, ④ 근거 없는 언급금지, ⑤ 솔직 정직하라. ⑥ 애매하고 추측성 답변은 피하라. ⑦ 청중과 관련된 것을 찾아라. ⑧ 팀 작업, ⑨ TV 용모 준비, ⑩ 전화 인터뷰 준비, ⑪ 보조 자료나 정보를 제공, ⑫ 존경하고, 전술적, 외교적으로 대하라고 주문한다.

대변인은 재난 이전 단계에서 정보의 종류나 마감 등과 같은 언론의 요구를 이해하고,

사진, 위치, 지도, 비디오, 문서와 같은 조직에 관한 현재의 정보를 보유하고, 지역적, 국가적인 뉴스나 방송을 모니터할 수 있는 여건을 만들어야 한다. 재난 시에는 재난에 관한 현재의 정보를 얻기 위해 재난조정관을 만나고, 언론자료를 결정하기 위해 언론 관계 팀과 상의하며, 기자회견 동안 분명하고, 간결하고, 명확한 정보를 제공하고, 일치되고 전문적으로 재난을 다루며, 모든 진술은 긍정적이고 자신감 있게 하고 독립적인 전문가들을 대동할 필요가 있다. 또한 재난 이후에는 조직의 명성관리에 노력하고, 희생자들에 대한 애도, 구조작업 종사자 격려, 재발방지 약속과 같은 내용을 담은 기자회견을 가질 필요가 있다.

효율적인 언론관계를 위해서는 적절한 시설과 자원이 있어야 한다. 효과적인 의사소통을 제공할 수 있는 시설과 자원뿐만 아니라 브리핑 룸, 인터넷, 전화시설 등과 같은 시설도 확보되어야 한다. 언론사의 주소(인터넷, 유선)를 가지고, 제공체계를 형성하고, 주기적인 주소를 현행화하며, 언론정책, 절차, 의사소통, 역할과 책임, 시설과 자원, 문서와 교육훈련 등을 주기적으로 검토하고 보완하여야 한다. 모든 직원들에 대한 교육과 훈련은 필요하며, 언론관계 팀에 대한 정기적인 훈련, 역할과 책임에 대한 검토도 필요하다.

4 재난방송(Disaster Broadcast)

오늘날 실시간 재난방송은 사고책임기관보다 먼저 더 많고 정확한 정보를 확보할 수 있다. YTN, CNN은 사고보도를 누구보다 먼저 할 수 있다. 재난관리 부서는 이들 방송에 대한 실시간 모니터링은 아주 중요하다.

5 소셜 미디어(Social Media, SM)

소셜 미디어(SM)는 사고에 관한 정보의 흐름의 속도를 변화시킨다. SM은 정보의 차이, 네트워크 효과, SM의 진화와 전파로인해 속도의 변화는 더욱 크다. SM은 정보를 공유하고, 토론을 조장하며, 관계를 향상시키는 온라인 기술과 실행이다. 가장 일반적으로 사용되는 SM 수단은 카카오톡, Face book, You Tube, Twitter, 다음, 네이버 등이 있다. 재난상황에서 이들 수단들은 재난정보를 공유하기 위한 중요한 수단이다. 재난대응 단계에서 효과적이며 적극적인 의사소통은 재난대응자들의 목적 달성을 위해 아주 중요하다.

재난 시 SM을 활용한 의사소통을 통해
① 대중과 피해주민들과 의사소통하고, 관여할 수 있게 돕고,
② 재난 상황인지를 할 수 있게 하며,
③ 소문을 확실히 할 수 있는 사진을 확보할 수 있고,
④ 재난피해를 산정할 수 있게 한다.

SM이 제공하는 정보의 종류는 군중의 지식, 목격담, 의견과 같은 인적정보, 지질학적 정보나 지도와 같은 지구 공간적 정보, 시각적인 정보, 사진, 동영상을 포함한 이미지 정보, Big Data가 있다. 또한 SM은 복구단계에서도 다양하게 활용할 수 있다. 그림 3-8은 SM의 효과를 보여준다. 재난초기 사람들의 정보요구에 비해 가용한 정보는 부족하다. 이러한 부족한 정보의 차이를 SM을 통해 적극적으로 보완할 수 있다.

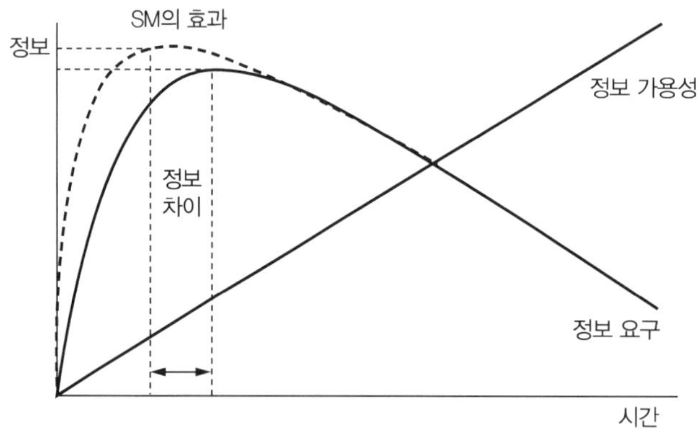

그림 3-8 Social Media의 효과

CHAPTER 04

재난관리 이론 (Disaster Management Theory)

제1절. 재난관리 이론(Theory)
제2절. 재난관리 모델의 종류(Types of Disaster Management Models)
제3절. 위험관리 이론(Risk Management Theory)

제1절
재난관리 이론(Theory)

1 재난관리 정책(Policy)

오늘날 재난관리 과정의 복잡성은 점점 증가하고 있어 임무수행을 위해서는 수많은 분야의 참여가 필요하며 이들 분야의 경계를 찾기는 쉽지 않다. 특히 지구온난화, 전염병, 테러와 같은 새로운 위협들과 복잡한 사회적 인프라들로 인해 미래재난의 관리를 보다 더 어렵게 만들고 있을 뿐만 아니라 과학기술의 발달로 인한 기술적, 사회적 변화로 인해 등장하는 수많은 도전들을 수용할 준비를 하여야 한다. 따라서 정부는 기후변화, 지구적 질병, 주요 인프라 시설의 단절, 정보시스템 단절 등과 같은 새로운 위험을 관리하고 정책화할 수 있어야한다. 이들 정책들은 재난발생 이전의 사전적인 정책은 물론 재난발생 이후 재난을 관리하는 사후적인 정책들을 포함한다.

재난관리 정책은 복잡한 정치적, 경제적, 사회적 환경 속에서 다양한 분야의 상호 연관적, 조정적 정책 틀 형태로 존재한다. 따라서 정부는 재난관리 정책과정에서 정부부처와 기관들은 물론 학계, 민간, NGO 등과 통합적 접근을 조장할 수 있어야 한다. 즉 집합적 의사결정 구조나 과정을 의미하는 거버넌스 활동들이 강조되어야 한다. 특히 포괄적·통합적 재난관리 방식 하에서는 모든 수준의 정부, 민간, NGO, 개개 국민들의 분담된 책임이 강조된다. 재난관리는 모든 위험요소들로부터 완화, 준비, 대응, 복구하기 위해 이행되는 조직화된 분석, 계획, 의사결정, 가용자원의 할당 등에 관한 활동이다. 재난관리는 기본적으로 복잡한 시스템을 관리 조정하는 활동으로 사회적 법률적, 정치적, 경제적인 제한들 속에서 움직인다. 특히 성공적인 완화와 준비를 위해서는 과학적 지식이나 기술적인 해결보다 정치와 정부사이의 복잡성을 이해하고 접근하는 것이 더욱 중요하다. 재난관리 정책들에는 법률과 규제, 위험의 평가, 능력의 평가, 위험관리, 자원관리, 계획, 지휘통제 협력, 피해평가, 의사소통과 경보, 정책의 운영과 순서, 교육훈련, 행정과 재정적인 지원과 관련된 내용들을 포함한다.

오늘날 재난관리는 위험관리에서부터 시작한다. 위험관리는 위험의 불확실성, 복잡성, 모호성을 다루어야하기 때문에 단순한 행정관리적 활동으로 관리하기는 한계가 있다. 위험을 관리하는 과정은 사회적 가치와 규범을 적용하고, 정치적 우선순위를 정하고, 사회적 갈등을 관리할 수 있어야한다. 위험관리의 합리적인 접근을 위해서는 사회적, 기술적, 행정적, 정치적, 법률적, 경제적 요소들 고려하여야 한다. 따라서 위험관리에서부터 시작하는 오늘날의 재난관리는 단순한 행정관리적인 차원을 넘어 고도의 정치적, 사회적 동의를 필요로 하는 정치·행적적인 과정이라고 볼 수 있다.

위험관리 정책은 복잡하고 불확실한 위험요소를 정의하고, 위험요소에 따른 사회적 경제적 취약성을 평가하고, 이들 위험들의 수용여부를 결정하고, 위험관리의 우선순위를 결정한다. 또한 다양한 위험관리 수단들이 동원되며 재난관리 전 단계와 관련 있는 기초를 제공해준다. 재난완화 정책은 지역사회와 경제적, 환경적 영향을 줄이기 위한 사전적인 수단들이 동원된다. 재난준비 정책은 효과적인 재난에 대처하기 위해 필요한 자원과 서비스를 준비한다. 적절한 조직과 인력, 계획, 교육훈련, 장비, 대처능력, 지휘시스템, 지역의 복원력과 강건함을 향상시키기 위한 노력들이 포함 된다. 재난대응 정책은 국가적 능력을 가장 효과적으로 동원하여 재난에 대응하기 위한 시스템을 구축하고 이행하는 내용들의 포함된다. 재난복구 정책은 지역사회의 재건, 인프라의 복구, 경제적, 환경적 회생을 위한 협력적인 노력들을 포함하는 정책이다.

페닥(Petak, 1985)은 재난관리 정책을 4가지 단계로 나누었다. 4단계는 완화, 준비, 대응과 복구이다. 완화 정책과 프로그램은 위험을 줄이거나 제거하기 위해 위험에 어떻게 대응할 것인지를 설정하고 프로그램을 이행하는 것이며, 준비정책은 대응계획의 개발, 자원의 정의, 재난서비스 관계자들에 대한 교육훈련을 포함하고, 대응정책은 재난발생 시 활동과 관련되는 것으로 구급, 주거와 음식물 지원, 대피, 탐색과 구조 활동을 포함하고, 복구정책과 프로그램에서는 생명지원시스템을 가능하게하고, 지역사회의 즉각적인 안정화 문제를 다루는 것이라 했다. 페닥(Petak)은 또한 공공행정의 과제로서 재난관리는 완화, 준비, 대응, 복구에 관한 정책을 개발하고, 집행하는 과정으로 정의할 수 있고, 역사적으로 재난관리는 소방, 경찰, 보건, 민방위 등 비상대응조직에서 담당하는 기능으로 취급하였고, 상대적으로 일반 공공행정은 재난관리에 소홀하였으며, 재난관리는 공공행정의 활동의 중심이 되어야 한다고 주장했다.

재난관리 분야를 정확히 이해하기 위해서는 ① 과거에 경험한 재난의 역사적 지식, ② 인류 문명이 살아가는 과정에 대한 사회과학적으로 표현된 인간의 본성, ③ 우리사회의 재난을 구성하고 있는 위험요소들과 취약성을 포함한 재난관리 및 대응과정속의 다양한 분야의 전문적인 기술과 지식을 알아야 한다. 특히 재난관리자는 ① 전체 시스템을 이해하고, ② 이 시스템을 사용할 수 있어야하며, ③ 전문가들의 다양한 활동을 전반적으로 연결할 수 있어야하고, ④ 산출된 형식과 결과를 잘 이해할 수 있는 개념적인 지식과 기술을 가져야한다. 그래서 쉴베스(Sylves 1998)는 재난관리 분야를 극한사고를 다루기 위하여 과학, 기술, 계획과 관리를 적용하는 직업분야라고 했다.

와프(Waugh)는 재난관리 정책과 프로그램의 효과적인 설계와 이행을 위해 필요한 요소들은 ① 현저성 문제, ② 정치· 행정적 책임, ③ 기술적 전문능력을 강조했다. 먼저 현저성 문제는 간헐적으로 발생하는 재난의 특성 때문에 재난준비 노력들은 일반인들이나 정책결정자들에게 낮은 현저성으로 인식되고 있다는 것이다. 즉 재난관리 정책은 다른 정책들과 비교해볼 때 정책의 필요성 인식이나 우선순위에서 부정적인 영향을 미친다는 것이다. 둘째 분산된 정치· 행정적 책임은 재난관리의 효과적인 행동을 방해한다면서 효과적인 의사결정과 프로그램 조정은 정부의 역할 없이는 어렵다는 것이다. 효과적인 재난관리를 위해서는 지방정부 뿐만 아니라 중앙정부의 기술적 전문성, 재정적 지원, 행정적 능력이 요구된다고 강조했다. 마지막으로 효과적인 재난관리를 위해서는 프로그램의 설계와 이행을 위한 위험평가와 정의, 결과의 예측, 기술적인 정보의 제공을 강조했다.

재난관리 정책의 형성과정은 일반 공공정책과 같이 정책의 형성, 채택, 이행, 평가의 과정을 거치면서 이루어진다. 오늘날 재난관리 정책의 초점은 사고발생 이후의 사후조치 차원의 대응과 복구활동보다는 사전예방 차원의 완화와 준비활동을 강조하고 있다. 재난정책은 정부 상호간의 조직시스템과 부처 상호간의 정책시스템 사이의 상호작용으로 결정된다. 정부 상호간의 조직 시스템 속에서 업무에 대한 책임, 역할 등이 결정되며, 정책시스템 속에는 정책단계, 관리단계, 이행단계를 포함하는 정책과정이 이루어진다. 정책시스템과 관리시스템 속에서 재난관리의 통합을 완성하게 된다.

맥콘넬(McConnell, 2006) 등은 재난관리의 이상과 현실사이에 내재한 문제들을 정확히 정리하였다.

① 재난은 중요한 위기사건임에도 불구하고 낮은 정책적 관심과 투자 우선순위로 인해

재난관리 문제들을 해결하지 못하고 있고,

② 재난관리 과정상에 다양한 계획과 규칙을 요구하고 있지만 재난이나 위기사건들은 혼란한 불확실성과 무질서적 특징을 갖고 있어 이행하기 쉽지 않으며,

③ 재난관리의 통합적 접근을 요구하고 있지만 통합적 재난관리를 추진하기에는 현실적으로 수많은 조직적 단절이 발생하고 있으며,

④ 재난관리를 위해서는 적극적인 계획과 천재적인 준비를 요구하고 있지만 현실적으로는 상징적 준비에 그치고 있다.

그래서 재난관리를 위한 행정관리는 이러한 이상과 현실 사이의 문제를 적극적으로 다루고 해결할 수 있어야 한다고 했다.

또한 오늘날 재난위험을 제거하거나 줄이기 위한 다양한 재난관리 정책들이 추진되고 있지만 여전히 많은 문제들은 해결되지 않고 있으며, 이 같은 문제해결을 위한 정책적 노력을 저해하는 주요 요인들로는

① 정책결정자들은 잠재적 위험으로 존재하는 재난관리 문제보다는 현재의 상존한 문제들을 더욱 긴급하고 중요하다고 보고 있다.

② 위험관리의 필요성을 인지하고 정책을 지지하는 유권자, 자문 그룹들은 강력한 정치적 영향력을 행사하고 있지 않다.

③ 정치적 경제적 비용이 문제해결의 수익보다 덜하다.

④ 위험요소 문제들은 복잡성과 불확실성은 만연하고, 경제적 합리성에 반응하지 못한다.

⑤ 지방정부의 기술적, 행정적 능력들은 복잡한 문제들을 다루는데 한계가 있다.

⑥ 정부간 또는 조직 상호간의 복잡성은 조정부족, 불신, 갈등을 유발한다.

⑦ 재난관리의 사실상 이슈들은 사회적 가치와 쉽게 조화되지 않는다는 것이다.

2 재난관리 모델(Models)

체계적이고 근대적인 재난관리 역사는 대부분 민방위에서 출발했다고 볼 수 있다. 이후 자연재난의 빈발과 더불어 재난관리는 민방위와 재난관리의 이중적 업무구조로 운영

되어왔다. 1960년대 말과 1970년대에 냉전의 긴장감은 감소하고 사회의 산업화와 인구밀도의 증가로 인한 재난의 빈도와 강도는 증가하였다. 또한 일련의 대형 재난사고의 발생은 국가적, 지역적 재난관리의 중요성을 강조하게 되고 사회과학자들은 재난분야에 관심을 두게 되었다. 당시 재난분야에 관한 학자들의 관심은 보다 효율적인 재난관리를 위한 다양한 종류의 재난관리 모델에 관한 연구로 이어져왔다.

자연적, 기술적 재난의 빈발에 따라 재난관리에 있어 중앙정부의 관여가 필연적이면서 공공기관들의 관여가 지배적이었다. 이와 더불어 지역사회의 재난관리 조직 또한 관료주의적 조직으로 자연스럽게 변해갔다. 이러한 과정에서 재난 패러다임은 자연스럽게 변화하여 갔다.

이 시기 재난에 관한 주요한 패러다임의 변화는

① 국가적 관심에서 지역적 관심으로 확대,

② 사회질서유지에서 지역적 문제해결을 강조,

③ 대응위주에서 준비, 대응, 복구, 완화에 대한 관심고조,

④ 국가적 지원은 물론 지역자원의 동원을 강조,

⑤ 제한된 위험에 대한 좁은 관심에서 모든 위험에 대한 관심으로,

⑥ 자연적 재난에서 기술적 재난으로,

⑦ 발생 희박한 재난의 즉흥적 대응에서 일상적인 재난으로,

⑧ 외부적 지원에 집착에서 가족과 사회적 단위의 능력개발을 강조하는 특징을 가졌다.

켈리(Kelly, 1999)는 재난관리 모델 개발의 중요성에 대하여

① 재난관리 모델은 재난관리 과정에서 주요 요소와 불필요한 것을 구분해주는데 도움을 줌으로써 복잡한 사건을 단순화할 수 있고,

② 실제 조건과 이론적 모델을 비교하는 것은 현재 상황과 향후 재난의 전개를 더욱 잘 이해할 수 있게 하며,

③ 가용한 재난과정 모델을 가지는 것은 재난사건을 수치화하는데 기본적인 요소이며,

④ 문서화된 재난과정 모델은 재난관리 과정에 연루된 모든 것들의 일반적 기초를 구축하는데 도와준다고 주장한다.

이러한 모델들은 경험이나, 공식적인 학습, 환경적 영향에 의해 개발된다. 일부 재난의 혼돈과 복잡성은 다른 문화, 언어, 직업, 정신적 모델에서 기인된다. 문서화된 모델은 일반적인 배경을 제공한다. 외부의 지원 없이도 재난구호나 복구노력이 통합 가능하게 한다. 특히 재난과정 모델은 재난과정과 재난의 미래 결과를 비전문가들에게 설명하기 위해 재난관리자들에게 매우 유용하다.

재난과정 모델은 재난단계, 사건, 행동과 시간을 정의함에 기초해 왔다. 시간은 수초, 수시간, 수일, 수년으로 수치화 할 수 있으며 재난단계는 재난이 펼쳐진 기간을 정의한다. 각각의 단계는 충격의 성질을 분류할 수 있게 하고 사건은 행동처럼 상호연결 되어져 있다. 그리고 사건과 행동 상호간에도 이들 연결은 긴밀하거나 느슨하게 연결되어 있다.

1) 위험, 위기, 비상, 재난관리

관리는 한사람이 혼자서 할 수 없는 목적을 달성하기 위해서 다른 사람들의 활동을 지도하고 조정하는 한사람 이상의 개인들에 의해 수행되는 의사결정 활동들로 구성된다. 그래서 관리는 두 사람 이상이 그들의 목표달성을 위해 노력과 자원을 조합하는 것이 필요하다. 재난관리는 예방, 완화, 준비, 대응, 복구과정에서 목표달성을 위해 수행되는 정치적, 행정적, 경제적 결정과 이행 활동들을 포함한다. 따라서 재난관리는 모든 수준의 정부들과, 비정부기구, 지역사회의 조직, 민간기업, 개인에 이러기 까지 다수의 이해관계자들의 활동들을 포함한다. 특히 오늘날의 재난관리는 재난 이전의 위험경감, 재난완화, 계획, 준비활동들은 물론 조직 단위의 계획, 훈련, 정보관리, 예보와 경보, 공공관계 등을 포함하며, 재난발생 이후의 긴급구조와 구호활동을 포함하는 현장대응 활동과 장・단기적인 복구는 물론 피해주민들에 대한 지원과 원조 등의 활동들을 포함한다.

재난관리와 유사한 관리들이 많다.

① 위험관리(Risk Management)는 불운한 사건의 가능성과 충격을 최소화, 모니터, 조정하고, 기회적 실현을 최대화하기 위해 자원의 협력적, 경제적 적용이 동반되는 활동으로 위험의 정의, 평가, 우선순위화 하는 것이라고 ISO 31000은 정의하고 있다.

② 위기관리(Crisis Management)는 조직을 해하기 위해 위협하는 주요한 사건을 다루는 과정이다. 위기를 정의함에 있어 세 가지 일반적인 요소가 있다. 조직에 대한 위협, 놀라움의 요소, 짧은 의사결정 시간이 요소들이다. 위험관리가 잠재적인 위협을 평가하고, 위협을 회피하기 위해 가장 최선의 방법을 찾는 다면, 위기관리는 사건이 발생한 이후에 위협을 다루는 것이다. 일반적으로 위기관리 모델은 3단계가 있다. 임박한 문제나 위험신호의 진단, 적절한 반전 전략의 선택, 변화과정의 이행과 모니터링이다.

③ 재난관리(Disaster Management)는 위험을 회피하는 것을 다루는 분야로서 일반적으로 완화, 준비, 대응, 복구의 4단계를 포함한다. 위기관리와 재난관리의 기본적인 차이는 없지만 재난관리는 보다 더 구체적이다.

④ 비상관리(Emergency Management)는 재난을 유발할 수 있는 위험요소로 부터 조직의 주요자산을 보호하기 위한 전략적 조직관리 과정을 다루는 분야로서 재난관리와 같은 의미로 사용되기도 한다.

본질적으로 위기관리와 재난관리의 차이는 없지만 재난관리는 보다 더 특정적이다. 비상관리는 재난을 유발하는 위험요소로부터 조직의 주요 자산을 보호하는데 사용되는 전략적 조직관리 과정을 다루는 여러 학문 분야의 일반적인 용어이다. 또한 비상(Emergency)은 재난(Disaster)과 용어적인 측면에서 재난의 사전적 단계, 적은규모의 재난이란 측면에서는 재난관리와 유사하다고 할 수 있다.

2) 재난관리 모델

재난은 단순히 고립된 사건이 아니라 복잡한 사회적 과정이다. 하지만 지나친 국가 중심적 의사결정은 어떤 측면에서는 지역의 지식과 조건에 대한 이해부족을 유발할 수 있으며 이로 인해 지역사회의 문제해결에 적합하지 않을 수 있다. 따라서 재난대응을 위한 관리모델은 결과적으로 지역의 민주적 의사결정에 의한 모델 개발이 요구되었다. 그 결과 군대식 모델을 대체하여 지역사회의 문제해결을 강조한 새로운 모델이 탄생하게 된다(표 4-1).

표 4-1 재난관리 모델에 따른 재난의 이해차이

가 정	군대식 모델(Military)	문제해결 모델(Problem-solving)
재난행동의 특성	무질서	지속성
재난대응의 특성	지휘(Command)	조정(Coordination)
개입의 특성	통제(Control) 극적인 변화를 위한 계획 줄어든 사회적 능력에 대한 계획 새로운 조직 창조 새로운 권한을 미리결정 중앙의사결정 창조	협력(Cooperation) 지속성을 위한 계획 예상하지 못한 문제에 대한 계획 기존 조직을 활용 미리 주어진 비상권한 활용 분권 의사결정 활용
계획의 결과	재난종사자들의 손실 예상 역할포기 문제 기대 권위적 공공발표 제공 강조 요인유발수요의 강조 표준 시나리오 강조 SOP 준군사적 조직 설치 강조	광범위한 봉사활동 예상 가족지원 시스템의 중요성 예상 조직적 지식 전파강조 요인과 대응유발수요 모두 강조 준비/대안에 기초한 즉흥적 대응강조 사회적 자원의 동원강조

이후 이 모델은 새로운 규범으로 자리 잡게 된다. 군사적 모델은 사회적 무질서, 사회적 통제를 강조하고 있고, 새로운 모델은 지속성 유지를 위한 지역사회의 능력을 강조한다(표 4-2). 국가 시스템이란 이들 지역적 시스템과 자원들을 가장 효율적으로 사용하고 집중을 통한 협력과 조정활동으로 국가재난을 관리하는 것을 목표로 한다.

표 4-2 재난관리 모델 비교

전통적	현대적
경제적 기준의 조치들	경제적 사회적 조치들
수적인 원조를 강조	수와 질적인 원조를 강조
피라미드식 관리	참여식 관리
단기적 원조 프로그램	지역개발 목표와 연결된 장기적 프로그램
중앙집권적인 의사결정	지역적 의사결정
하나의 지원 시스템으로서 기관	큰 시스템속의 작은 시스템으로서 기관
단기적인 피해지원에 초점	장기적인 영향지원 프로그램

3 재난관리 조직(Organization)

재난관리 조직은 재난관리 업무의 변천에 따라 변해왔다. 전통적으로 재난관리 업무는 지방정부의 책임이었다. 그래서 지방정부는 지역사회의 특성에 맞는 효율적인 형태의 재난관리 조직을 지역별로 다양하게 운영해왔다. 과거 민방위 시절에는 군사모델이 일반적이었지만 시대적인 변화는 군사적 모델을 구식으로 인식하게 만들었고 새로운 모델들이 등장하게 된다.

1) 재난관리 초점(Focus)

초기 대부분의 국가들은 재난관리 4단계 중 재난대응과 복구단계에 초점을 둔 재난관리 정책들을 추진해왔다. 그래서 재난관리는 재난대응을 의미하는 것으로 오해하기도 하였다. 실제로 과거 많은 자료들도 재난관리와 재난대응을 혼용하여 사용하는 경우가 많았다. 하지만 이들 두 가지 용어는 명백하게 다르다. 재난관리는 일반적으로 재난관리의 4

단계를 전부 포함하는 것이고, 재난대응은 재난관리 단계 중의 하나의 단계이다.

과거에는 재난관리의 정책적 초점들은 사고발생 이후 재난대응과 복구단계에 초점을 두었으나 오늘날 관리초점은 완화, 예방, 준비단계로 이동하고 있다. 즉 사고발생 이전의 관리활동들을 강조한다. 표 4-3은 관리초점에 따른 관리의 차이를 나타내고 있다. 따라서 재난관리 정책의 초점에 따라 재난관리 조직의 구조와 특성은 완전히 달라진다. 재난대응 활동위주의 조직은 현장조직 위주의 구조를 갖게 되고 재난의 완화예방 활동에 초점을 둔 조직은 전문행정 조직적인 특성을 갖게 된다.

표 4-3 대응복구/ 예방과 위험저감 기반의 관리비교

대응과 복구 기반 활동	예방과 위험저감 기반 활동
재난 사건들에 초점	취약성과 위험문제들에 초점
독자적 사고에 근거한 시나리오	다수의 위험문제와 개발을 고려한 시나리오
사고대응에 기본적 책임	변화하는 조건을 평가하기위한 근본요구
고정된 지역한정 조건	확장, 변화, 공유, 지역적 변화
단독 기관의 책임	다수의 기관, 흥미, 활동가들과 연관
지휘통제, 지시된 활동	상황 한정된 기능들, 자유롭고 공개된 참여
구축된 위계적 관계	유연하고 협력적인 관계
장비와 하드웨어에 의존	관련실무, 능력, 지식에 의존
특정 전문가에 의존	공공관점의 전문화된 전문가들 조율에 의존
단기적이고 긴급한 전망, 계획, 관심	중장기적 전망, 계획, 관심
급속한 변화, 역동적 정보이용	누적된, 역사적, 포괄적인 정보이용
주요, 단독 정보자원, 확정적 사실요구	공개된 공적정보, 상이한 관점 변화된 자원
수직적인 정보흐름	분산적, 수평적 정보흐름
공공안전과 보안의 문제 연관	공공흥미, 투자, 안전의 문제 연관

출처 : 제글 (Jeggle, 2001)

2) 재난관리 조직모델(Models)

냉전시대의 종식과 더불어 재난관리 업무가 공공행정 업무로 인식되고 전문적 조직으로 서서히 정착되자 재난관리 조직에는 민방위(CD) 모델 외에 두 가지 철학적 모델이 새롭게 등장하게 된다. 따라서 재난관리 조직은 민방위(CD) 모델, 응급서비스(ES) 모델, 공공행정(PA) 모델과 같은 세 가지 모델이 등장하게 되었다.

(1) 민방위(Civil Defence, CD) 모델

민방위(Civil Defence, CD) 모델은 냉전시대의 군사적 재난관리 모델이다. 과거 냉전시

대는 자연적, 기술적, 사회적 재난보다 전쟁을 최고의 위협요소로 인식하고 관리하였다. 그 결과 군사조직에 의한 중앙의 엄격한 통제를 기본으로 한 지휘통제 조직이 재난관리 조직으로 등장하였다.

(2) 응급서비스(Emergency Services, ES) 모델

응급서비스(Emergency Services, ES) 모델은 재난관리를 소방, 경찰과 같은 지역 내의 주요 비상 대응기관들에 의해 이루어지는 시스템이다. 주요재난에 대한 지역의 긴급서비스를 대응적 관점에서 접근한다. 이 모델은 재난관리 단계 중 완화와 준비 같은 비 응급 문제들을 다루는 단계는 접어두고 재난대응의 기능을 최우선적으로 취급하는 모델이다.

(3) 공공행정(Public Administration, PA) 모델

공공행정(Public Administration, PA) 모델은 정부의 행정관리의 연장선상에서 전문적 관료들에 의해 관리되는 시스템이다. 이 모델은 재난관리 업무는 정부의 행정관리 업무 중에서 중요한 요소로 인식한다. 즉 재난관리 업무를 위기 시의 정부의 주요기능으로 간주한다.

3) 합리적 조직 선택

국가와 지역사회는 합리적 재난관리 조직 구성을 위하여 다각적인 노력을 하고 있다. 민방위 모델은 냉전 이후 점점 사라지는 비효율적이며, 비합리적인 조직으로 인식되고 있다. 응급서비스(ES) 모델과 공공행정(PA) 모델은 서로 장・단점을 가지고 있어 일방적인 선택은 쉽지 않다. 미국의 경우 1979년 거버너 보고서를 통해 준비와 대응단계를 응급서비스 조직이 담당하도록 권고한바 있으며 거의 대부분의 주에서 오늘날 까지 현장대응 활동은 소방과 경찰 조직을 중심으로 한 비상 서비스 기관들이 수행하고 있다. 오늘날 포괄적 재난관리 방식은 완화, 예방, 준비와 같은 사고발생 이전의 재난관리 활동들을 강조한다. 이런 활동들은 고도의 전문성과 부처 간의 긴밀한 협력을 필요로 한다. 특히 기후변화와 같은 미래재난 환경은 전문적 재난관리 조직의 중요성을 더욱더 강조하게 된다.

대응단계에서의 위기 및 재난상황은 위험요소들로부터 수많은 사람들이 심각하게 위협받고 있는 상황이다. 또한 다양한 불확실성 속에서 수많은 의사결정을 신속하게 내려야하는 시간적인 압박을 받게 된다. 이 같은 상황 속에서 효과적인 위기대응을 위해서는 일상적 업무패턴과 습관의 중요성이 강조된다. 그래서 재난 대응조직을 설계하기 위해서는 이러한 특징이 효과적으로 이용될 필요가 있다. 즉 재난대응 기능은 일상적 비상업무 기관들에 의해 이루어질 필요가 있다.

재난대응은 재난관리 기능속의 하나의 단계이다. 재난대응은 하나의 기관이나 조직이 주도할 수 없다. 수많은 재난대응 관련기관, 조직, 참여자들의 협력에 의해 재난대응은 이루어진다. 하지만 이러한 협력적 과정 속에서도 주도적 조직의 역할은 중요하다. 국가와 지역의 재난관리시스템 속에서 재난대응 조직은 사고 이후 재난관리시스템을 주도하는 핵심적인 조직기능을 수행할 수 있어야 한다.

마이클 셀비스(Michael Selves)는 재난관리 분야에서의 두 가지 모델 중 적정 모델의 판단 근거로

① 지역 재난관리 프로그램 조직과 문화,
② 다른 기관들과의 상호작용의 성질,
③ 사람들의 재난관리의 역할에 관해 가지는 일반적인 가정과 인식을 제시하였다.

4 재난관리 방식

1) 재난관리 접근방법(Approaches)

재난을 관리하기 위한 접근방법은 두 가지로 구분된다. ① 위험요소에 초점을 둔 기술 관료적 접근방법과 ② 취약성에 초점을 둔 취약성 접근방법이 있다. 이처럼 재난관리는 크게 위험요소들(Hazards)에 대한 관리와 취약성(Vulnerability)에 대한 관리로 나누어진다. 왜냐하면 재난은 자연적, 사회적 위험요소(Hazard)들이 사회적으로 조성된 취약성(Vulnerability)과 결합하여 재난의 결과(Consequences)를 만드는 것으로 이해되기 때문이다.

과거 전통적인 재난관리는 다양한 재난 위험요소들(Hazards)에 초점을 둔 준비와 대응관리 위주로 이루어졌다고 볼 수 있다. 이후 재난관리는 사전적 완화와 위험관리 단계의 중요성을 강조하고 관리적 초점의 전환을 가져왔다. 표 4-4는 재난관리의 두 가지 접근방법의 차이를 보여준다.

표 4-4 재난관리 접근방법 비교

구 분	기술 관료적 (Technocratic Approach)	취약성 (Vulnerability Approach)
초점 (Focus)	물리적 과정 피해 경감	사회적 과정 사람들의 취약성 경감
스타일 (Style)	관리적(Managerial) 위계적(Hierarchical) 핵심 개인과 조직들이 문제해결 기술, 공학, 돈을 이용	비차등적(Collegial) 분산적(Decentralized) 문제 이해를 위해 지역 사회적 접근 창의성, 상상, 압력을 활용
철학적 지향	실용주의적(Utilitarian) 자연을 정복(Conquer nature)	평등주의적(Egalitarian) 자연과 공존(Live with nature)
방법	파괴주의자(Deconstructionist)	총체적(Holistic)

(1) 기술 관료적 접근방식

기술 관료적 재난관리 방식은 전통적인 재난관리 방식으로 지진, 태풍, 산사태, 화재 등과 같은 자연적 현상을 유발하는 위험요소(Hazard)들의 물리적인 과정에 초점을 두고 관리하는 방식이다. 이 관리적 접근방식은 재난을 자연의 행동(Acts of Nature)으로 인식하는 것에서부터 출발한다. 따라서 재난관리는 주로 위험요소들의 발생차단, 규모축소, 2차적 확산방지 등에 관한 관리적 방식으로 접근한다. 즉 위험요소들의 물리적 과정의 이해를 통한 피해경감을 초점을 두었으며, 기술과 공학을 적극적으로 활용한 실용주의적인 관리 방식을 지향하였다. 또한 위험요소의 관리를 위해 자본과 노력을 적극적으로 투자한다.

(2) 취약성 접근방식

취약성 접근방식은 사회적인 다양한 취약성에 초점을 둔 재난관리 방식이다. 이 접근방식은 재난의 사회 조성적(Acts of Society)인식에서 출발한다. 대형재난 사고의 결과는 자연적 위험요소들에 의해 발생하는 것이 아니라 인간의 선택에 의한 사회적으로 조성된 많은 요인들의 취약성 때문에 재난은 발생한다는 인식을 하게 된다. 이러한 인식에서 출발하여 빈곤, 취약한 인프라 등 사회적으로 조성된 취약성에 초점을 둔 관리 방식을 전환하게 된다.

오늘날 재난관리는 단순히 위험요소들(Hazards)에 대한 관리를 넘어 지역사회의 다양한 취약성(Vulnerability)에 대한 관리까지도 포함하고 있다. 지역사회의 취약성은 사회적, 경제적, 물리적, 환경적, 제도적 취약성에 이르기 까지 구성요소들은 다양하다. 이 관리방식은 사람들의 다양한 취약성 경감에 관리적인 초점을 둔다. 그 결과 재난관리는 보다 종합적이고, 포괄적이며, 정치적 비중이 확대된다. 재난관리는 정부의 기본적인 역할로 인식한다. 그래서 국가는 재난관리조직, 법률, 예산 등을 제정하고 운영한다.

이들 재난관련 제도들은 정치적 관심과 경제적 수준, 문화적 차이에서 국가별로 다양할 수 있다. 오늘날 국가는 모든 재난에 완화, 준비, 대응, 복구할 수 있는 국가능력을 갖추어야 한다. 이러한 국가능력은 다수의 정부, 기관, 분야, 관할, 기능, 인력, 자원들의 관리와 통합의 문제이다.

수많은 자연적, 인적 위험요소들은 다양한 재난을 유발한다. 이 같은 다양한 위험요소들은 사전에 정의되고 그로 인한 위험들은 평가되고 관리되어져야 한다. 오늘날 재난관리는 재난의 피해를 줄이거나 회피할 수 있는 재난발생 이전의 완화적인 측면을 강조하고 있다. 재난발생 이전의 재난예방이나 완화를 위한 관리활동들을 일반적으로 재난관리 과정상의 위험관리라고 볼 수 있다.

쉴베스(Sylves, 1998)는 재난관리는 모든 위험 요소들의 충격으로부터 완화, 준비, 대응, 복구하기 위하여 조직화된 분석, 계획, 의사결정을 하고, 가용자원을 할당하는 것이라고 했다. 또한 재난관리를 극한 사고를 다루기 위하여 과학, 기술, 계획과 관리를 적용하는 직업분야라고 했다. 재난관리에 관한 접근방법은 표 4-5와 같이 두 가지 방식이 있다. 오늘날 이들 두 가지 방식의 적절한 조합이 중요하다.

표 4-5 재난관리에 대한 접근방법

종 류	접근 방법
기술 관료적 접근 (Technocratic Approach)	1) 위험요소들의 물리적 과정에 초점 2) 관리적 문제해결을 적용 3) 기술, 공학, 자본의 활용 4) Top-Down 접근 경향
취약성 접근 (Vulnerability Approach)	1) 사회·경제·정치적 요인에 초점 2) 사람들의 취약성 경감에 추구 3) 위험요소의 경감내의 사회적 정의와 평등에 민감 4) Bottom-Up 접근

2) 재난관리 방식

재난을 관리하는 방식에 대한 논쟁은 많았다. 따라서 지금까지 다양한 종류의 위험요소들을 개별적, 전문적으로 관리해야 할지 모든위험(All-hazards)을 일반적, 종합적으로 관리할지 하는 문제에 대한 연구는 많이 이루어졌다. 따라서 재난관리 방식은 ① 분산관리 방식과, ② 통합관리 방식으로 나눌 수 있다.

(1) 분산관리 방식

분산관리 방식은 위험요인 한정적 접근(Agent Specific Approach)에 의한 관리방식이다. 각각의 재난위험 요인들과 재난의 종류들은 재난결과에 영향을 주는 다양하고 독특한 특성을 지니기 때문에 개별 관리적 접근이 요구된다는 것이다. 예를 들어 태풍, 지진, 화재, 테러, 전염병 등과 같은 다양한 형태의 위험요소들을 해당기관이나 조직에서 개별적으로 관리하는 관리방식이다.

(2) 통합관리 방식

반면 통합관리 방식은 일반적인 접근(Generic Approach)에 의한 관리방식으로 모든 종류의 재난위험 요소들을 통합하여 관리하는 방식이다. 통합적 관리방식은 재난을 관리하는 과정상에 개인적, 조직적 행동의 유사성이 차이점보다 더욱 크기 때문에 종합적인 관리가 요구된다는 것이다.

통합관리의 필요성에 대한 두 가지 주요 이유는 이론적 측면과 경험적 측면에서 구분해볼 수 있다. 먼저 이론적인 측면에서는 재난을 보는 관점과 개념이 물리적 측면에서 사회적인 측면으로 옮겨 갔다는 것이다. 즉 재난의 발생 원인을 물리적 현상에 그 원인을 둔 게 아니라 사회적인 특성에 의해 재난이 발생하기 때문에 모든 재난들은 위험요소의 종류나 재난이 종류에 관계없이 일반적인 특성을 지니고 있다는 것이다. 따라서 모든 종류의 재난대응 과정에는 계획, 경보, 의사소통, 대피, 대피소 운영, 구호와 같은 재난관리의 일반적 기능들이 요구된다는 것이다.

콰렌틀리(Quarantelli, 1982)는 모든 위험의 통합적 관리법은 실제적으로

① 시긴, 노력, 예산, 자원의 지출 면에서 비용 효과적이나.
② 계획과정에서 흥미그룹을 동원하여 보다 강력한 유권자들을 만들 수 있어 정치적으로 보다 더 전략적이다.
③ 준비와 대응과정상의 이중, 갈등, 중복, 차이를 극복하는 방식이다.
④ 재난대처를 위한 조직화된 노력의 효과와 효율성을 향상시키는 방식이라고 했다.
표 4-6은 두 가지 재난관리 방식을 비교하고 있다.

표 4-6 재난관리 방식의 비교

구 분	위험 종류	관리 구조	정책 형태	전문성	비 용
분산관리	개별위험	기관중심	단위사업	Specialist	고비용
통합관리	모든위험	기능중심	종합계획	Generalist	저비용

(3) 현대적 재난관리

오늘날 재난관리의 개념은 완화에서부터 복구에 이르는 재난관리 단계 전반에 걸친 통합적인 관리 과정들을 포함한다. 또한 재난관리 개념의 전체적인 고려는 두 가지 접근에 기초한다. 재난관리 절차는 포괄적 재난관리(CEM)와 통합적 재난관리(IEM) 접근에 기초한다. 포괄적 재난관리(CEM)는 재난 및 재난결과를 다루는 개념으로 1979년 FEMA의 창설과 더불어 제도화되었다. 연방기능의 통합으로 FEMA 탄생이후 대부분의 미국 정부들이 채택한 재난관리 접근법이다. 즉 기존의 단독위험, 좁게 정의된 범주의 위험에 대한 준비에서 모든 위험에 대한 준비로 이동을 의미 한다. 이전의 재난관리는 주로 대응에 초점을 두었다. 하지만 CEM 시행이후 대응은 CEM의 하나의 단계로 인식된다. 또한 관리 과정에서 책임의 분담과 통합적 4단계에 초점을 두게 되며, 각각의 관리단계들은 상호 독립적이지 않고 서로 중첩되면서 상호작용하게 된다.

현대적 재난관리는 통합적인 관리를 원칙으로 한다. 지역적, 환경적, 특성적인 부분들은 통합적인 관리를 기본으로 하여 분산적, 개별적 관리의 장점을 보완하면서 운영하고 있다. 따라서 오늘날 재난관리자들은 과거와 비교하여 많은 특징적인 차이를 보이고 있다. 표 4-7은 과거와 현대의 재난관리자들의 실체를 보여준다.

표 4-7 재난관리자 stereotype

과거 재난관리자	현재 재난관리자
저학력(비 학사자격)	고학력(학사, 석사, 박사)
재난관리경력(2~3차 경력)	전문적인 지식에 근거(과학과 기술 연구)
관료주의적	보다 다양하고 문화적으로 감각적
재난대응계획 지향(수동, 지휘통제, 응급서비스 우선)	첫 번째의 직업선택
재난계획(협력적이지 못한 재난대응 위주)	재난관리의 위험에 근거한 접근
최고결정권자와의 최소의 접근	재난에 안전한 지역건설에 초점
미 이행(위험관리, 완화계획, 전략계획)	풍족한 예산
부족한 예산	취약성 저감을 강조
활동지식(경험, 공감, 선행)	포괄적, 모든 위험, 통합적 재난관리
변화에 둔감	전문적 조직에 가입하고 연구
	이해관계자들과 협력적인 계획

따라서 현대적 재난관리의 특징을 요약하면 모든위험(All-hazards)접근, 포괄적 재난관리(CEM), 통합적 재난관리(IEM), 국가적 재난관리시스템 등을 들 수 있다.

5 재난관리 원칙(Disaster Management Principle)

지난 2007년 FEMA는 로우렌스(Lawrence)의 지도하에 학계 전문가들과 재난관리실무자들이 함께 참여하여 재난관리 원칙 8가지를 정의하였다. 이 연구팀은 재난관리를 재난을 대처하고, 위험에 대한 취약성을 줄이는 틀을 만드는 것을 담당하는 관리적 기능이라고 했다. 이 팀이 주장하는 재난관리 원칙 8가지는 포괄적(Comprehensive), 진보적(Progressive), 위험에 근거한(Risk-driven), 통합적(Integrated), 협력적(Collaborative), 조정적(Coordinative), 유연적(Flexible), 전문적(Professional) 재난관리를 정의하고 있다.

① 포괄적(comprehensive) : 재난관리자들은 모든 위험, 모든 단계, 모든 관계자와 재난관련 모든 영향을 고려하여야 한다. 모든 위험(All Hazards)은 발생가능성과 영향측면에서 위험평가와 우선순위화를 통해 관할내의 모든 위험들이 고려되어져야 한다는 것이다. 하지만 재난요인별 특별한 계획들도 고려되어져야 한다는 것이다. 모든 단계(All Phases)는 재난관리의 모든 단계(위험평가, 완화, 준비, 대응, 복구)들을 근거로 한다는 것이다. 모든 충격(All Impacts)은 재난의 영향은 인적, 물적, 서비스, 인프라 시설, 경제적 영향에 걸쳐 다양하기 때문에 재난관리는 모든 영향을 고려하여 한다는 것이다.

② 진보적(Progressive) : 재난관리자들은 미래 재난을 예측하고 재난에 강하고 복원력 있는 지역사회 건설을 위해 예방적이고 준비적인 조치를 하여한다. 오늘날 재난은 더욱더 빈발하고, 강하며, 역동적이고, 복잡화 되고 있다. 따라서 전통적인 대응위주의 재난관리에서 벗어나 예방과 완화활동에 더 많은 관심을 기울여야 한다는 것이다.

③ 위험에 근거(Risk-driven) : 우선순위와 자원의 할당에 있어 위험관리 원칙을(위험인지, 위험분석, 영향분석) 활용하여야 한다. 위험을 관리하기 위해서 재난관리자는 가용자원을 효과적이고 효율적으로 관리할 필요가 있으며, 정책과 프로그램의 우선순위는 산정된 인적, 물적, 환경적인 위험의 수준에 근거하여야 한다는 것이다. 효

과적인 위험관리는 자연적, 인적 위험요소의 정의, 이들 위험에 대한 분석, 위험에 대한 영향분석에 근거한다고 했다.

④ 통합적(integrated) : 모든 수준의 정부, 지역사회의 모든 요소들의 노력을 통합해야 한다. 통합적 재난관리(IEM)는 위치, 규모, 복잡성에 관계없이 모든위험 관리적 접근으로 재난을 조정, 통제를 하는 것을 말한다. 통합의 노력은 수직적 수평적인 통합에 의존한다. 즉 민간기업의 사업연속성 계획(Business Continuity Plan)들도 지역사회의 재난관리 계획 속에 포함되어져야 한다는 것이다.

⑤ 협력적(Collaborative) : 다양한 참여조직들은 신뢰 조성과 팀 분위기, 공감대형성, 의사소통의 촉진을 위해 개인과 조직 간의 관계를 폭넓게 유지 형성해야 한다.

⑥ 조정적(Coordinated) : 일반적 공통의 목표 달성을 위해 모든 관계자들의 활동을 일치·조정되어야 한다. 재난관리는 재난관리 프로그램들은 일반적 목표를 달성하기 위해 모든 관계자들의 활동들은 일치되어야 한다는 것이다. 모든 참여자들은 큰 그림의 단위 모자이크 속에 참여해서 큰 그림을 표현할 수 있어야 한다는 것이다.

⑦ 유연한(Flexible) : 재난관리 과정의 도전을 해결하기 위해 창조적이고 혁신적인 접근을 사용하여야 한다.

⑧ 전문적(Professional) : 교육 훈련 경험에 중심을 둔 과학과 지식에 근거한 접근에 가치를 두어야 한다.

6 포괄적 재난관리 (Comprehensive Emergency Management, CEM)

1) CEM의 정의

포괄적 재난관리는 자연적, 기술적, 인적재난을 포함한 모든 종류의 위험요소로 부터 유발된 다양하고 복잡한 재난을 재난관리의 일반적인 단계들인 완화, 준비, 대응 복구 과정 속에 일반화된 기능으로 수행할 수 있도록 하는 준비로 정의할 수 있다. 따라서 포괄적 재난관리는 모든위험(All Hazards), 모든단계(All Phases), 모든영향(All Impacts), 모든 이해관계자(All Stakeholders)을 포함하는 포괄적인 재난관리 개념이다. 포괄적 재난관리(CEM)는 효과적으로 국가나 기업의 재난관리를 할 수 있는 일종의 재난관리 방식이자 이론이다.

먼저 모든위험이란 공격, 인적, 자연적 재난과 같은 모든 종류의 위험요소를 의미한다. 관할내의 모든 위험요소들은 완전한 위험평가가 이루어져야 하고 발생가능성과 그 결과에 기초한 재난관리의 우선순위화를 하여야 한다. 포괄적 재난관리 과정에서는 모든 위험요소들을 개별적이 아닌 총괄적・일반적으로 관리하고, 재난요인별 차이가 있는 위험요소들에 대하여는 위험요소별로 개별적 관리방법을 추가하거나 병행하는 관리 방식이다.

모든 단계의 통합은 완화, 준비, 대응, 복구를 통합적으로 관리하는 것을 의미한다. 모든 영향이란 재난으로 인한 경제적, 인적, 사회적 피해와 충격들을 종합적으로 관리하며, 모든 이해관계자의 통합이란 4단계 재난관리 활동에 참여하는 중앙과 지방, 공공과 민간이 모두 같이 협력하여 활동하는 것을 의미한다.

2) CEM의 목적과 의의

CEM의 목적은 ① 높은 가능성의 재난위험을 사전적으로 제거할 수 없다면 발생가능성을 줄이고, ② 예방할 수 없는 재난에 대하여는 예상되는 건강, 재산, 경제적인 피해를 감소시키며, ③ 재난관리의 효율성을 향상시켜 재난대응과 복구 경비를 줄이는 것이 목적이다. CEM은 또한 ① 중앙과 지방의 정치적 책임과 능력을 통합, ② 모든위험 요소들의 관리활동을 통합적 관리, ③ 완화, 준비, 대응, 복구의 모든 단계의 통합적 관리, ④ 모든 이해관계자들의 통합적 참여와 협력을 의미한다.

과거 대부분의 국가들이 채택한 전통적 재난관리 접근법은 특정위험접근법(Hazards-Specific Approach) 이었다. 예를 들어 지진계획, 위험물질 누출계획, 태풍계획, 홍수계획 등과 같이 특정위험요소에 대하여 개별적이고 분산적으로 관리하는 방식이다. 하지만 오늘날 대부분의 선진국이 채택하는 현대적인 재난관리 방식의 기본적인 구성은 모든위험(All-hazards) 또는 포괄적 재난관리(CEM) 방식이다.

CEM은 새로운 용어로 수많은 기관들의 협력과 조정활동을 통해 모든 종류의 재난을 관리하기 위한 정부의 책임과 능력을 말한다. CEM은 모든 단계의 활동을 포함하고, 모든 위험에 적용되며, 모든 정부의 참여와 협력을 통해 이루어진다. 포괄적 재난관리는 포괄적인 재난계획과는 구분된다. CEM은 모든 자원을 모으고 통제한다. CEM은 공공, 민간 프로그램의 조정을 통해 준비와 대응단계 뿐만 아니라 완화와 복구단계에서도 정부의 책임을 수행할 수 있게 한다. CEM은 중앙, 지역, 지방간의 파트너십을 강조한다.

3) CEM의 운영

CEM 이론을 시작으로 통합적 재난관리 시스템(Integrated Emergency Management System, IEMS)이 등장하게 된다. IEMS는 수직적으로는 모든 정부를 통합하고, 수평적으로는 다른 기관들과 공공과 민간부분의 협력관계를 돕는 과정모델이다. IEMS는 단순히 대응뿐만 아니라 위험의 분석, 대처능력, 재난계획, 준비와 복구 등 재난관리 과정상의 모든 부분에 걸쳐 초점을 둔 과정모델이다.

운영적 측면에서 CEM의 틀이 IEMS(Integrated Emergency Management System)이다. 연방정부의 전략으로 변화한 CEM의 목표는 모든 위험에 대해, 가능한 모든 범위로, 모든 정부의 수준 상의 기능라인을 따른 활동을 통합하여 국가적 재난관리 능력을 유지 발전시키는 것이다. 즉 IEMS는 FEMA가 CEM을 이행하기 위해 개발한 관리전략으로서 정의할 수 있다. 특히 기능적 통합을 강조하고, 다른 종류의 위험에 대한 복잡성을 줄이기 위한 다수 위험적 접근, 또는 모든위험 접근(All Hazard Approach)을 채택한다. CEM과 IEMS 전략은 모든 위험에 대한 재난의 총체적 준비와 대응능력 향상에 초점을 둔다.

4) 미국의 CEM

미국 재난관리 정책은 정부, 분야, 조직 간의 통합을 위한 지속적 노력을 해왔다. 그 결과 재난관리 전담조직인 FEMA를 1979년 창설하였다. 1979 FEMA 창설 이후 미국의 재난관리는 포괄적 국가 정책은 결여되고, 수많은 연방기관들 사이의 재난관리에 관한 책임은 분산되어 있었다. 이런 문제들 사이에서 주정부의 재난관리 정책은 많은 문제를 안고 있었다. 전국주지사연합은 1년간의 연구를 통해 효율적인 재난관리 이론으로 대표되는 포괄적 재난관리에 관한 연구를 발표한다. 이 때 까지 대부분의 주에서의 재난관리 프로그램은 분산되어 있고, 준비와 대응체계는 충분하지 못했다.

1978년 전국 주지사협회의 재난준비 보고서는 이러한 분산의 문제와 불충분한 협력의 문제를 지적하고 통합적이고 포괄적인 관리의 필요성을 지적한다(표 4-8). 중앙에서 정책을 통합하고, 모든 단계, 모든 종류의 재난에서의 협력과 모든 조직의 참여를 강조했다. 이후 FEMA는 포괄적인재난관리(CEM) 전략을 채택하고 개발하였다. CEM은 재난관리 프로그램과 활동들을 통합적으로 관리하는 것을 요구하고 있다.

전통적인 재난관리 모델인 완화, 준비, 대응, 복구 4단계를 상호연관성 있게 정의하였다. 준비는 재난관리 능력을 향상하기 위해 재난 발생 이전에 수행하는 것으로 재난활동 계획 개발에 초점을 두었다. 대응활동은 재난 직전이나, 재난 시, 재난 이후에 시작하는 활동을 말하며 재난대응의 목적은 피난, 탐색과 구조 등을 응급활동을 통해 인적, 물적 손실을 최소화 하는 것이다. 복구는 최소한의 서비스 재개를 위한 노력으로 재난 이후 시작되며, 이후 장기적인 복구를 통해 지역사회가 정상적으로 돌아갈 수 있도록 하는 노력이다. 완화는 재난의 발생 이전과 이후에 행해진다. 완화활동은 위험지역계획, 토지이용, 건축법, 위험에 관한 교육 등이 포함된다. CEM은 재난관리 4단계가 상호관계하면서 지속적인 순환과정의 의미를 포함하고 있다.

표 4-8 전국주지사협회(NGA)의 연구 결과

비 고	CEM 시행 이전	CEM 시행 이후
완화	임시방편의 정책기획과 예산 입법 : 알지 못함 이행당국 : 불완전, 조정 되지 않음	주 종합적 기획과 예산 법률적 제정 조정된 이행 기관
준비	부적절한 인적재난 계획	모든 위험 계획, 훈련, 공공정보
대응	다양한 인적재난 책임기관들	주내 기관들 간의 조정과 협력
복구	임시적 연방보조금, 법률적 예산 임시적 주 기관 복구관련 개인적 프로그램	조정된 연방보조금 법률적 계획 조정된 주 기관 기획과 프로그램

출처 : CEM Governor's Guide(재편집)

주의 개발계획과 연계된 조정되고 적극적인 완화와 복구 프로그램들이 요구되었으며, 재난관리에 필요한 주요한 기준으로는 ① 기획, 프로그램, 정치, 대응, 기술들이 필요하고, ② 완화 프로그램은 인적 물적 피해를 줄일 수 있고, ③ 인적 재난을 관리할 수 있는 능력을 보강해야하는 것으로 연구되었다.

발디(Baldi, 1995)는 미국연방의 재난관리 정책의 세 가지 개념을 통합(integration), 일치(agreement), 지역주의(localism)로 정의하고 있다. ① 재난관리에 연관된 다수의 다른 조직들, 정부들, 분야들, 업무들 사이의 통합의 목표달성을 위해 노력하고, ② 연관된 사람들 사이의 일치감을 조성하며, ③ 순수한 지역수준에서 대응능력 개발과 관리체계 구축에 노력하는 것이다.

5) CEM의 특징

포괄적 재난관리(CEM)의 특징은

① 효과적인 대응을 위해서는 준비의 강화를 강조한다.

② 모든 종류의 위험을 고려한다.
③ 모든 단계의 재난관리 사이클을 다룬다.
④ 안전문화를 함양한다.
⑤ 전략적인 파트너와의 협력을 강화한다.
⑥ 분야의 파트너에게 권한의 위임을 할 수 있다는 것이다.

다양한 재난의 종류와 규모, 국가적 재난관리 여건에 비추어 하나로 대표되고 공통으로 활용되는 재난관리 이론은 없다. 하지만 CEM은 재난관리 기능들을 잘 조직화한 현대적인 재난관리 이론이며 처음으로 시도된 재난관리의 통합된 개념이다.

표 4-9 포괄적인 재난관리 4 단계별 조치사항

단 계	일반적인 조치
완화(Mitigation) 자연적, 기술적 위험요소로부터 생명과 재산에 대한 장기적 위험의 정도를 줄이거나 제거하기 위하여 취해지는 행동들	• 건축법, 재난보험, 위험정보 시스템 • 토지이용계획, 위험요소 분석 • 토지수용 매입, 모니터링과 검사 • 공공교육, 연구, 이주, 위험지도, 안전규정, 법령과 조례, 세금 인센티브/ 제제
준비(Preparedness) 재난상황에서 효율적인 대응을 촉진하고 활동적인 능력을 개발하기 위해 재난발생 이전에 취해지는 행동들	• 정부영속성, 재난방송 시스템 • 재난통신, 재난운영센터(재난대책본부) • 재난(비상)대응계획, 재난공공정보자료 • 계획과 시스템의 훈련, 상호응원협정 • 자원관리, 대응인력에 대한 교육 • 경보시스템
대응(Response) 인명을 구하고 재난손실을 줄이고 복구의 효율성을 높이기 위해 재난발생 직전, 도중, 또는 발생 이후에 취해지는 행동들	• 재난계획의 가동, 재난방송시스템의 가동 • 대중에 대한 재난지도, 비상의료지원 • EOC 운영, 공식적 경보 접수와 관리 • 대피소와 피난, 탐색과 구조 • 자원의 동원, 경보시스템의 가동
복구(Recovery) 필수적인 생활지원시스템을 최소 활동 수준으로 되돌리는 활동과 정상 또는 개선된 수준으로 삶을 되돌리기 위해 설계된 장기적인 활동들	• 위기자문, 피해평가 • 쓰레기 청소, 오염제독 • 재난 지원소, 재난보험 지급 • 재난대부와 기금, 재난실업 지원 • 공공정보, 재난계획의 재평가 • 재건, 임시주택

출처 : 콜맨과 그래니토(Coleman and Granito, 1988)

알렉산더(Alexander, 2002)는 포괄적 재난관리(Comprehensive Emergency Management)를 강조하는 현대적 재난관리 접근은 완화, 준비, 대응, 복구의 네 가지 주요 단계로 구성된 관리 사이클에 근거 하고, 이 들 네 단계는 상호 독립적이지 않고, 상호 혼합적으로 작용한다고 했다. 예를 들어 완화와 준비, 준비와 대응, 대응과 복구, 복구와 완화 등 대부분의 단계들은 서로 보완적으로 진행 된다. 표 4-9는 재난관리 단계에 관한 기본적인 정의와 각각의 단계별 일반적인 조치사항을 나타내고 있다.

7 통합적 재난관리 (Integrated Emergency Management, IEM)

포괄적 재난관리(CEM)가 재난관리 과정에서의 소프트웨어적인 통합을 의미한다면, 통합적 재난관리(IEM)는 재난관리 과정에 참여하는 공공, 민간 조직과 인력의 통합, 즉 하드웨어적인 통합을 의미할 수 있다. IEM은 CEM 채택 이후인 1980년 대 초부터 운영되었다. 재난의 위치, 규모, 복잡성에 상관없이 모든 종류의 위험을 지휘, 통제, 조정하는 접근법이다. IEM은 지역사회의 의사결정 과정에서 모든 이해관계자들을 포함하는 협력적 통합을 말한다. IEM은 정부, 지역사회, 비정부조직, 민간부분의 노력의 통합을 이루는 필수적인 조직 문화를 만드는 것이 목적이다. 통합은 수직적, 수평적인 통합을 의미한다. 여기에는 민간과 공공부문의 통합을 포함한다. 통합의 대상은 재난관리와 관련 있는 모든 분야, 민간, 언론, 지역사회 단체들을 포함한다.

IEM은 주요사고 상황에 대한 유연한 접근법이라고 정의할 수 있다. 재난계획의 운영에 있어 특정적 위험요소에 대한 재난계획이나, 총괄적 재난계획을 유연성 있게 수립하여 어떤 조직이 언제 어느 정도 개입할지 하는 유연성을 말한다. 이것은 동시에 기존의 관리 시스템에 구축된 것이다. 평가, 예방, 준비, 대응, 복구의 5가지 핵심 분야의 협력 활동으로 정의된다. IEM 접근의 근본은 기존에 존재하는 단순 서비스계획의 통합이라고 볼 수 있다. IEM 과정의 첫 번째 순서는 목표가 다양한 기관들의 협력을 촉진하는 통합이다.

알렉산더(Alexander, 2000)는 좋은 IEM을

① 기존의 기관이 사용하는 절차에 근거하고, 배우기 쉽고 단순해야 한다.

② 소규모의 재난에서 대규모의 재난으로 확장이 가능하여야 한다.
③ 다양한 다른 종류의 재난을 다룰 수 있어야 한다.
④ 단일 기관이나 다수의 기관 그리고 다수의 관할에서 기능할 수 있어야 한다고 했다.

IEM의 이런 개념은 조직 내에서나 조직 간의 일상적인 활동에 의한 재난대응 절차의 통합에 근거한다. IEM의 성공은 유니폼 조직이 선호하는 것과 같은 엄격한 지휘통제 구조에 의존하는 것이 아니라 협력과 유연성을 통한 효과적인 조정에 의존한다고 알렉산더(Alexander)는 지적한다. 중요한 것은 달성하고자 하는 목표에 다 같이 도달하는 것이고, 대표하고, 참여하고, 다수를 포함하는 과정을 통해 목표를 향해 나아가는 것이다.

IEM 시스템은 1983년에 채택되었다. IEM은 위험과 재난관리 기능을 향상시키고, 민방위 예산 증액을 위한 의회의 전 방위적인 지원을 유도하게 된다. IEM의 목표는 전국적으로 모든 종류의 재난에 모든 수준의 정부들이 신뢰할 수 있는 재난관리 능력을 개발하고 유지하는 것이다. IEM이 추구하는 바는 재난관리 능력의 지속적인 보강, 공동계획을 통한 노력과 자원의 중복을 방지하는 것이다. IEM은 또한 주와 지방의 정책결정과, 활동시스템의 주류 속에서 재난관리 계획의 완전한 통합을 추구하려고 하였다

통합적 재난관리시스템(IEMS)은 재난관리의 통합적 접근을 의미한다. 4단계의 CEM에 맞추어 모든위험 개념과 장기적 CEM을 적용하기 위한 과정이다. IEMS는 모든위험 관리에 필요한 기능들에 초점을 둔 재난관리 능력개발을 지원하기 위한 틀을 제공한다. 성공적 재난관리를 위해서는 대응 서비스들 간의 통합된 계획은 필수이다. 계획과정의 실제 가치는 위기 시에 행해져야할 것을 정확히 파악하는 것에 있는 게 아니라, 총괄적인 문제분야를 파악하고, 재난관리 대응의 수익으로 돌아가도록 과정을 설계하는데 있다. 또한 효과적이고 통합된 재난계획은 효과적인 IEM을 지원하는 활동으로 계획들 사이의 중복과 혼란이나 자원의 낭비를 막기 위해 통합되어져야 한다는 의미이다.

IEMS의 구성 틀(framework)은

① 위험분석 : 국가나 지역사회의 위험을 평가하고 관리하는 것이다.
② 능력평가 : 평가된 위험에 적절히 대응하기 위해 필요한 능력을 평가하는 것이다.
③ 재난계획 : 재난관리를 위한 사전계획을 수립 시행하는 것이다.
④ 능력유지 : 평가된 필요능력과 재난계획을 적절하게 운영할 수 있는 능력을 조직화, 자격인증, 장비화, 교육훈련 등을 통해 유지하는 것이다.
⑤ 재난대응 : 사고발생 전후에 통합적인 정보와 자원들을 시스템화하고 효율적으로 활용하여 사고에 대응하는 것이다.

⑥ 복구노력 : 사고발생 이전의 상황으로 복구 또는 발전을 이루기 위한 노력과 같이 6가지로 구성된다.

이 시스템은 재난의 일반적인 요소를 강조한다. 뿐만 아니라 특정종류의 재난의 특징적인 요소 또한 부가적으로 관리한다. IEMS 접근을 위한 일반적 기능들로는 ① 재난관리 조직, ② 재난대응 계획, ③ 자원관리, ④ 지휘와 통제, ⑤ 재난 의사소통, ⑥ 예보와 경보, ⑦ 재난 공공정보, ⑧ 정부의 연속성, ⑨ 피난처 보호, ⑩ 대피, ⑪ 보호조치, ⑫ 비상지원 서비스, ⑬ 비상 보고, ⑭ 교육 훈련, ⑮ 연습과 연마 기능들이 포함된다.

IEMS 개념은 모든 수준의 정부, 모든 관련 위험, 모든 관리 단계에 적용된다. 이 시스템은 재난의 모든 범위를 관리하기 위한 통합적 접근을 강조한다. 또한 이 시스템은 정착되기 까지 오랜 적응과정이 필요하다. IEMS는 세 가지 주요구성으로 ① 위험요소에 대한 취약성 평가, ② 위험을 다루기위한 지역사회의 능력에 관한 목록작성, ③ 취약성과 능력사이의 차이를 줄이기 위한 조치들로 이루어진다.

8 모든위험 접근법(All Hazards Approach, AHA)

모든위험 접근(AHA)은 다양한 종류의 재난을 개별적으로 관리하지 않고, 자연적, 기술적, 사회적인 재난의 위험요소들을 모두 통합적으로 관리하는 재난관리 방식이다. 다양한 종류의 재난을 관리함에 있어 비록 재난의 종류는 다르지만 관리상의 공통점들은 많다. 실제로 재난의 준비와 대응에 있어 특정 기관들에게는 재난의 종류에 따른 관리상의 차이점들은 특별하지 않다. 뿐만 아니라 재난은 위험요인의 물리적인 특성과 취약성이라는 사회적인 특성이 서로 조합되어 일어나는 특성 때문에 총괄적, 통합적 또는 모든위험 접근법은 모든 단계의 재난관리에 적합하다.

모든 재난의 경우 특정 위험요소가 가지는 차이점보다 재난관리 과정에서 개인적 조직적 활동의 유사성이 많다는 것이다. 즉 재난관리 과정에서 총괄적인 접근(Generic Approach)이 필요하다는 것이다. 그래서 대부분의 사회과학자들은 재난연구에 있어 위험요소들이 갖는 개별적인 특정이나 방식을 사용하지 않고 총괄적인 문제 접근을 택한다.

1) 재난의 기능적 관리

재난이나 위험요소들은 종류별로 다양한 관리적 특징들이 요구되지만 재난관리자들은 다양한 종류들의 위험요소들의 경계를 아우르는 기능들이 있다고 생각한다. 예를 들어 통신기능은 위험요소의 종류에 상관없이 재난대응에 필요한 기능이란 것이다. 지진, 태풍과 같은 자연재난이나, 폭발, 화재와 같은 기술적 재난관리 과정에도 통신, 구조, 예・경보, 대피 등의 기능은 항상 요구되는 특징이 있다. 이 같은 재난관리의 기능주의적 접근에 근거하여 모든위험 관리의 필요성과 중요성이 강조된다.

재난계획은 특정 위험요소만 다루기보다 모든 위험을 통합하여 일반적으로 수립하는 것이 좋다. 즉 아주 상세한 활동에 대한 계획보다 일반적인 기능으로 접근하는 것이 중요하다. 다양한 종류의 재난과 위험요소들은 예상할 수 있는 것, 사전 예보가능 시간, 등장속도, 강도, 범위, 충격시간, 2차적인 재난 등과 같이 다양하게 다르다. 하지만 경보와 같은 기능은 어떤 종류의 재난이라도 필요한 일반적인 재난관리의 기능이다. 이처럼 어떤 종류의 재난에도 공동적이고 일반적으로 필요한 재난관리 기능들로는 경보, 피난, EMS, 탐색과 구조, 응급복구와 같은 기능들이 포함된다(표 4-10).

표 4-10 통합적인 관리기능

단계 구분	재난관리 단계	주요기능과 활동
발생이전 Before	위험관리	위험정의, 위험평가, 위험관리
	완화예방	구조적 경감정책, 비구조적 경감정책, 위험예방
	준비	계획, 공공정보, 교육훈련
발생이후 After	대응	경보, 대피, EMS, 응급구호, 탐색구조, 응급복구
	복구	단기적 복구, 장기적 복구

이 같은 이유로 재난준비는 위험요소들의 차이를 고려하면서도 일반기능을 포괄적으로 관리할 수 있는 조직적인 문제를 다루는 것이 중요하다. 일반적 재난 준비는 시간, 노력, 경비, 자원의 사용에 있어 효율적이다. 모든 위험 접근에 의한 일반적 재난준비는 업무의 중첩, 대응의 격차, 다양한 계획들에 의한 갈등을 줄이는데 효과적이다.

2) AHA의 특징

모든위험 접근법(AHA)의 특징은 재난관리 전문가, 과학자, 정부, 기관, 산업들과 연계된 네트워크를 강조한다. 지역과 정부, 국가들과의 공조, 위험요소 상호간의 작용, 변화하는 위험요소들의 본질을 강조한다. 또한 하나의 재난에 대한 교훈은 다른 재난에 적용가능하며, 구조적, 문화적 요소들에 의한 취약성을 강조한다. 뿐만 아니라 소수민족, 장애인, 환경적인 파괴, 건축행위, 비계획적 도시화, 무분별한 산업시설의 확충과 규제부족, 불충분한 재난관리지원, 잘못된 의사결정, 건강상태의 악화, 외교정책결정과 문화적 오해와 같은 다양한 요인의 관리적 접근을 강조한다.

위험과 취약성 평가, 토지이용계획, 구조적 완화, 강화, 규제신설과 이행, 계획, 훈련, 상호지원, EOC 설치와 가동, 정책과 의사결정, 위험감지, 경보, 대피관리, 대피소와 다수사상자처리, 구조와 탐색, 구조・구급, 전염병 감시, 범죄 조사, 다수사상자관리, 언론관계, 기부관리, 자원봉사자 관리, 피해평가, 재난선포, 개인과 공공지원 기능들을 종합적으로 통합 관리하는 것을 강조한다. 이러한 관리 과제에는 재난관리자, 소방서장, 지역계획가, 건축물관리, 위험공장 관계자, 사업연속성 전문가, 자원봉사자, 종교단체, 경찰, 보건 등과 같은 모든 이해관계자들이 공동으로 참여하게 된다.

과거 각각의 위험을 분산적으로 관리하던 개별적 위험관리 방식과 달리 CEM, IEMS는 AHA 접근에 근거한다. 이러한 접근방식은 자연적, 기술적, 사회적인 모든 재난과 모든위험 들은 공통적이며 일반적인 특성을 가지고 있고 재난관리 과정상에는 이들 공통적인 기능들이 언제나 필요하다는 것에 기초한다. 따라서 하나의 유연한 시스템이 많은 종류의 다양한 위험들을 종합적으로 관리 조정할 수 있다는 논리에서 AHA는 출발한다.

AHA는

① 통합관리의 필요성을 부각시키고,

② CBRNE 계획, 준비, 대응, 복구 과정상의 상호 보완적인 관리형태이며,

③ 거버넌스 활용, 유기적인 조직, 교육훈련, 시스템의 개선 등을 통한 이행능력을 보완할 수 있다.

또한 AHA는

① 재난대응계획의 무질서를 최소화할 수 있고,

② 재난관리 시 기관별 접근이 아닌 기능적 접근을 요구하며,

③ 다양한 형태의 위험요인의 특수성도 인정하고 있으며,

④ 비용 효율적이다. 또 다른 측면에서 AHA는 교차적 교육훈련과 기획이 가능하며 중복적인 노력을 피할 수 있다.

재난관리 시 기능 통합적 관리방식은 재난관리 단계별로 다양하다. 완화, 준비, 대응, 복구 전 과정에서 기능적 통합에 의한 관리방식은 많은 장점이 있다. 예를 들어 재난완화 정책의 시행에 있어 기능 통합적인 관리방식의 장·단점을 살펴보면 통합적 완화 프로그램 운영의 장점은 개별적 프로그램운영보다

① 모든 범위의 재난을 직접적인 관심,
② 2차적이며, 파생적인 재난위험까지 포함하여 고려할 수 있으며,
③ 인력, 예산, 자원의 효율적인 사용이 가능하며,
④ 조직과 활동 전 범위에서 효율성을 향상시킬 수 있다.

반면 통합적인 완화 프로그램의 단점으로는
① 시스템에 대한 저항은 주요한 장애,
② 기술적인 복잡성,
③ 낮은 정책적 우선순위를 형성하는 단점이 있다.

3) AHA의 필요성

콰렌텔리(Quarantelli, 1992)는 모든위험(All-hazard) 관리의 필요성을
① 시간, 노력, 예산과 자원의 지출 면에서 비용 편익적이고,
② 재난계획에 관심 있는 수많은 그룹들을 움직일 수 있으며, 그에 따라 보다 강력한 선거구를 만들 수 있어 정치적으로 나은 전략이며,
③ 재난의 실제적인 대응과 준비활동상의 중복, 갈등, 중첩과 격차를 피할 수 있는 중요한 방법이며,
④ 조직화된 노력으로 효율성뿐만 아니라 효과성도 향상시킬 수 있는 방식이라고 그 필요성을 강조했다.

9 미국의 재난관리 정책

FEMA는 주 정부나 지방정부의 재난관리 업무를 국가적 프로그램, 기술적, 재정적 지원을 제공하면서 적극 지원한다. 포괄적 협력협정(Comprehensive Cooperative Agreement, CCA)

은 지방정부의 다수위험의 재난관리 능력을 구축하기 위한 FEMA가 지원하는 자원들을 제공하는 주요 메커니즘이다. 많은 재난준비 프로그램 중의 하나인 CCA는 재난관리지원(EMA) 프로그램이다. 재난관리 지원 프로그램을 통해 연방은 지방에 현장 활동적 재난관리 능력을 증가시키고 잘 훈련되고, 경험이 많은 재난전문 인력을 양성하고, 유지관리를 돕는다. EMA 프로그램은 주 정부나 지방 정부의 인건비, 여비, 행정비용 등 재난관리 활동에 필요한 일상경비의 50%를 지원했다.

재난관리의 복잡성은 구조적, 관할의 차이, 분야의 다양성, 다수의 업무, 조직 상호적인 행동, 위험의 차이점 등에서 야기된다. 그러나 미국 연방정부는 재난관리 문제에 대한 접근으로 처음에 FEMA 조직을 창립하고, 전략(CEM/IEMS)을 개발하고, 정책이행 촉진을 위해 교부지원프로그램을 운영하였다. 이 전략은 재난관리의 복잡성을 줄이기 위한 노력으로 기능적으로뿐만 아니라 다수위험의 통합을 촉진시켰다.

정부와 조직 사이의 연결은 정부와 정부의 상호지원, 기관과 기관의 MOU, 주와 주의 지원협정, 재난 이전 연방과 주의 협정과 같은 형태로 나타난다. 통합적 재난관리는 정부간의 협력을 강조한다. 즉 ① 지방정부는 혼자가 아니며, ② 재난관리는 연방, 주, 지방의 공동적인 책임이고, ③ 각 수준별 정부들은 상호협력 하여야 하고, ④ 재난관리의 특성상 유연성과 즉흥성의 중요성을 강조하며, ⑤ Teamwork을 강조한다. 표 4-11은 공공과 민간의 재난관리주체를 나타내며, 표 4-12는 정부간의 주요역할을 비교해 준다.

표 4-11 공공과 민간주체

공공기관	민간 주체
연방(Federal) 주(State) 지방(Local: City, County, Tribe)	사업(Business) 산업(Industry) 자원봉사 봉사단체 일반대중

표 4-12 정부간의 주요역할 비교

연방	주	지방
법률적 권한 (입법, 규정, 실행명령) 재정적 물질적 자원 연구, 기술정보와 서비스 전문가 인력	법률적 권한 물질적 자원 재난관리조직 행정적인 기술 전문가 인력 연방과 지방의 전달자	직접적인 동기와 관여 상황에 대한 지식(사람과 환경) 인력과 자원 초기대응자

미국의 재난관리는 전형적인 Bottom Up 방식이다. 즉 지방의 재난관리 역량향상에 의존한다. 반면 Top down 방식은 국가와 중앙의 재난관리 조직(corps)에 의존한다. 대부분의 지역에서 Bottom Up 방식의 재난관리 방식을 사용한다. 교육훈련은 주정부의 역할이다. 지역단위의 조직과 인력만으로는 관리하기에는 부족한 위험요인들이 많다. 따라서 해당 지역사회는 다른 지역 사회와 협력적으로 능력을 향상시켜야 한다. 재난대응 역량의 구축은 지역단위의 기본노력이다. 또한 준비, 완화, 대응, 복구과정에 주와 연방정부의 부분적인 도움이 있지만 지역특성에 따른 그들만의 특정위험에 대한 능력을 갖추어야만 한다. 표 4-13은 Bottom Up 방식의 4가지 특징을 정리하고 있다.

포괄적인 재난관리는 모든 위험요소, 모든 관리단계, 재난관리 과정상의 모든 참여자들의 개념적인 통합을 시도했다. 나아가 포괄적인 재난관리는 포괄적인 취약성 관리를 의미한다.

표 4-13 Bottom Up 방식의 4가지 특징

구 분	특 징
책임의 분산 (Decentralization)	비일상적인 사고의 경우 연방인력이 계획과 대응에 공유 - 권한 라인 상의 위에서 아래로 명령과 지시를 내리고(지휘관계), - 연방은 위험, 재난관리에 많이 관여하지만 지휘와 감독대신 독려와 유인책과 반유인책을 동원한다. - 유인책은 재정적인 수단으로, 비유인은 권한의 보류, - Bottom up이 Top down보다 많은 장점이 있지만 각각의 독립적 시스템은 완전한 시스템이 아니며 적당한 혼합도 필요하다(국가적 법률과 실행명령을 통해 Top down을 실현).
지역 정치적 관할의 재난관리 설치	Bottom up은 전국적인 간부단과 주와 지방의 재난관리 인력을 가진다.
기존 긴급서비스 인력들의 활용	소방, 경찰, 공공업무, 보건, 교통 - 지역의 재난관리조직은 현장대응 인력을 가지고 있지 않다. - 자원 봉사적 보조 인력의 확보 형태로 인적자원을 확보, - 전국단위의 지원, 연방역시 대응역력은 없고 단지 관리활동 지원, 지원인력의 파견수준이다.
지역사회의 폭넓은 부분들과 Networking	효과적인 재난관리를 위해서는 조직, 인력, 공공과 민간부분의 광범위한 집결이 요구된다(지역정부인력, 사업과 산업, 자원봉사, 종교조직, 언론, 학계, 시민).

제2절
재난관리 모델의 종류
(Types of Disaster Management Models)

우리가 일반적으로 말하는 재난관리 모델은 ① 재난조직 모델, ② 재난관리 모델, ③ 재난대응 모델 ④ 재난발생과정(원인) 모델, ⑤ 재난 취약성 모델로 세분하여 구분할 수 있다(표 4-14). 재난조직 모델은 재난관리를 담당하는 조직에 관한 모델이다. 재난관리모델은 재난의 단계를 구분하고 재난단계별 관리적 특성들을 제시한 모델이다. 재난대응모델은 재난관리 과정 중에서 재난대응 단계의 활동모델을 제시한다. 재난발생과정(원인) 모델은 재발의 발생원인과 과정에 관한 모델이다. 또한 재난취약성 모델은 재난위험은 재난위험요소와 사회적인 취약성의 결과로 재난이 발생한다는 이론에 근거한 사회적인 취약성이 재난으로 이어지는 과정을 모델화 한 것이다.

재난관리 모델에는 다양한 학문적 이론들이 내포된다. 이론과 모델은 그룹들 사이의 차이나 관계에 대한 이론적인 연결을 보여주는 차트다. 재난관리 모델에는 다양한 이론들이 활용된다. 예를 들어 재난의 취약성에대하여 다양한 이론적 배경과 관점으로 재난의 취약성을 정의하고 파악한다.

표 4-14 재난관리 모델의 분류

모델의 종류	연구초점	학문적 이론
재난조직 모델	조직	조직론, 조직관리, 행정학, 정책학
재난관리 모델	관리	조직관리. 일반관리, 행정관리, 정책관리
재난대응 모델	대응활동	조직행동, 시스템 이론, 네트워크 이론, FIT, TTC
재난발생과정 모델	발생원인/과정	시스템, 사회과학, 자연과학

표 4-15는 관점에 따른 취약성의 개념을 구분하여 나타내고 있다. 결론적으로 재난관리에 있어 취약성의 관점은 수많은 개념과 이론들로 표현될 수 있다.

표 4-15 관점에 따른 취약성의 개념

관점/이론	취약성 개념
사회 건설자 관점	취약성은 사회적 조성 관점과 직접 관련 있는 개념
막시스트 관점	경제적 조건과 정치적 무능함이 재난의 취약성 유발
Weberian 관점	문화는 재난 취약성을 증대시키는 주요 원인
조직적 행동 측면	그들의 흥미에만 관심이 있고 그들의 작위, 부작위가 다른 기관들에 어떻게 영향을 미치는지 이해하지 못함
위험인지와 의사소통	대부분의 사람들의 재난에 대해 냉담한 태도가 취약성 증대
지속가능한 개발	개발과 취약성, 그리고 환경적 황폐는 추가적인 취약성을 유발
기술	전선, 핵발전소, 화학공장, 컴퓨터, 휴대폰, GPS, GIS는 취약성과 관계있다. 현대사회의 인프라의 복잡성이 취약성 유발
의사결정이론	정보의 부족, 불확실성 속에서의 인간의 판단이 취약성 유발
시스템 이론	자연적, 건설된, 기술적, 사회적, 정치적, 경제적, 문화적, 조직적, 심리적 환경은 취약성의 정도에 직접적인 영향
무질서 이론	많은 다양성들은 상호작용하여 취약성을 생산
관리이론	재난은 정치적, 조직적 문제
네트워킹과 협력	재난은 다수 조직적 대응이 요구되어 취약성 유발
대피순응모델	임박한 재난동안 다양한 변수들에 의해 사람들은 영향
정책결정	정치적 과정으로 사회에 가치를 분배 할 때 사람들 사이의 취약성
통합	너무 많은 사람들의 관여 때문에 일관성 있는 이행이 어려움

1 재난관리 단계모델(Disaster Management Phase Models)

재난관리 단계모델은 1979년 미국의 주지사보고서를 통해 완성된 완화, 준비, 대응, 복구의 4단계로 일반화 되었다. 또한 페닥(Petak, 1985)은 이들 4단계를 정책적 기능으로 이해하기도 했지만, 현재까지 아래와 같은 수많은 재난관리 단계모델들이 제시되고 있다.

1) 전통적 재난관리 모델

전통적 재난관리 모델은 2단계 모델과 3단계 모델로 구분된다. 2단계 모델은 ① 재난 이전 위험경감 단계와, ② 재난 이후 복구단계로 구분된다. 재난 이전 단계는 준비, 완화, 예방을 포함하고, 재난이후 단계는 대응과 복구, 개발을 포함한다(그림 4-1). 이 모델은 재난이 발생한 순간을 고려하지 않은 평범한 모델이다. 또한 자료의 통합과 의사결정이 쉽게 이루어지지 않는 단점이 있다. 3단계 모델은 ① 재난이전, ② 재난발생, ③ 재난이후 단계로 구분한다.

전통적인 재난관리 모델은 재난발생 이전과 재난발생 이후 단계들의 순환흐름인 재난관리 사이클로 이해하고 있다. 특히 이 모델은 재난관리를 재난발생 직전과 이후에 초점을 둔 모델이다.

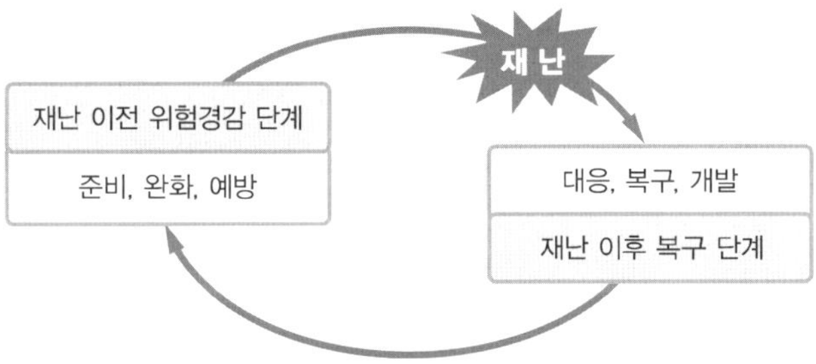

그림 4-1 전통적인 재난관리 모델

2) 킴버리(Kimberly) 모델

킴버리는 재난관리를 완화, 준비, 대응, 복구의 4단계로 정의한다(그림 4-2). 이 모델은 대응단계를 재난관리의 가장 가시적인 단계로 묘사한다. 또한 성공적인 재난대응을 위해 완화와 준비의 강력한 역할을 강조한다. 복구단계는 대응 이후의 단계이고, 비용과 시간이 많이 소요됨으로 최고에 위치한다. 이 모델의 한계는 지나치게 병원의 응급관리에 초점을 두고 있어 다른 분야의 재난에 적용함에 어렵다는 단점이 있다.

재난관리 4단계 사이클을 분해해 보면 킴버리 모델은 완화와 대응을 같은 기초수준으로 고려하였고 복구를 최고의 수준으로 고려하였다. 반면, 투스카루사 모델은 완화단계를 순환의 시작과 끝에 삽입하여 재난의 효과를 제한하였다.

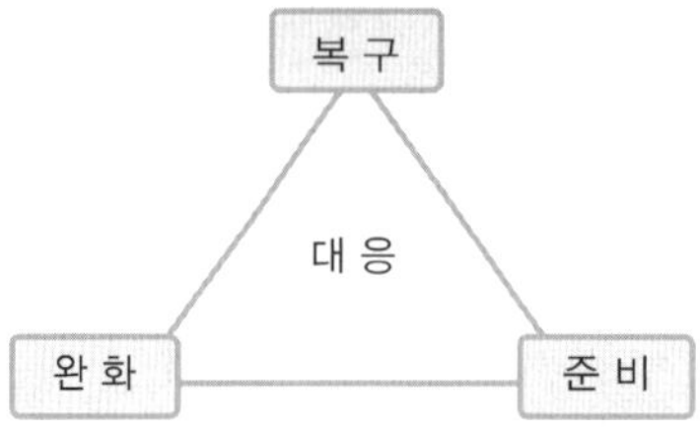

◎ **그림 4-2** 킴버리(Kimberly) 모델

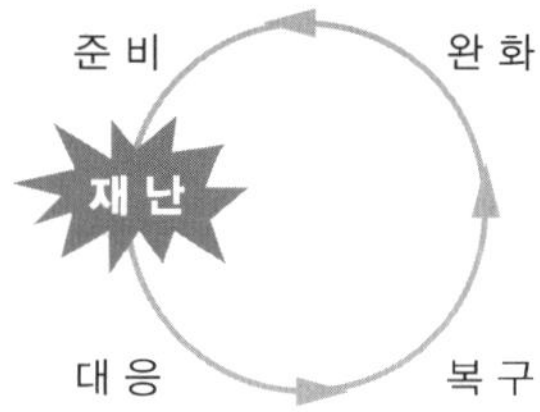

◎ **그림 4-3** 투스카루사(Tuscaloosa) 모델

이 두 모델은 효과적으로 재난관리 단계를 적용하기 위해서 잘 훈련된 직원들을 요구한다. 또한 병원에서의 비상관리와 같은 특정한 경우에 한하여 사용되어질 수 있으며 나아가 종사자들을 위한 많은 예산이 요구된다.

3) 투스카루사(Tuscaloosa) 모델

투스카루사(Tuscaloosa) 모델은 확장과 조정이 가능한(open-ended) 과정이다. 재난관리 4단계는 완화에서 시작하여 완화에서 끝을 낸다(그림 4-3). 재난의 영향을 제한하기 위해 지속적인 시도를 나타낸다. 투스카루사(Tuscaloosa, 2003)의 개방형 과정은 이들 4단계의 순환 즉 완화에서 시작하여 완화에서 끝나는 모델을 제시했다.

4) 켈리(Kelly) 모델

켈리는 재난관리를 위한 순환모델을 제안했다. 이 모델은 재난의 비선형적인 성질을 다루며 재난의 복잡성을 줄이는데 도움이 된다. 이 모델은 단순한 재난의 단계적 분류보다 투입과 영향 사이의 관계를 세부적으로 정의하는데 도움을 준다. 이 모델의 주요 특징과 장점은 실질적인 재난으로부터 학습능력이 있다는 것이다.

켈리는 재난관리 과정을 8단계로 구분하였다. 8단계는 재난대응(Emergency Response), 복원(Rehabilitation), 재건(Reconstruction), 개발(Development), 재난예방(Disaster Prevention), 재난완화(Disaster Mitigation), 재난준비(Disaster Preparedness), 경보(Warning) 이다(그림 4-4). 그는 재난의 복잡성을 줄이고, 재난사건의 비선형적인 성질을 다루는 순환모델을 제안하였다. 이 모델은 정보를 다루기 위해 전문적인 직원들이 필요한 재난 충격과 투입 그리고 산출 정보의 포괄적인 자료개발이 요구된다. 나아가 합리적인 결과를 달성하기 위해서는 고도의 기술적 인프라가 요구된다.

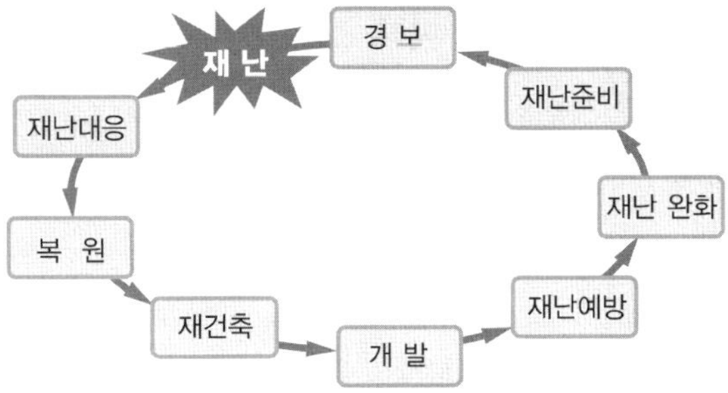

그림 4-4 Kelly 모델

5) 마니토바(Manitoba) 모델(통합적 모델)

마니토바 모델은 전략적 계획, 위험평가, 위험관리, 완화, 준비, 모니터링과 평가의 6가지 단계로 구성된다(그림 4-5). 이 모델의 장점으로는 재난의 특별한 수요에 유연하게 대응할 수 있도록 준비와 유연성 사이의 균형을 제공한다. 이 모델의 단점으로는 위험요소들과 위험관리 활동과의 강한 연관성을 제공하지만 재난관리에 중요한 다른 4단계와는 느슨하게 연결된다. 이 모델은 4가지 주요 요소들인 위험평가, 위험관리, 완화, 준비들과 통합되어 있다. 또한 고도의 기술적 기반이 요구되며 훈련된 직원들, 많은 예산, 훈련비용이 소요된다.

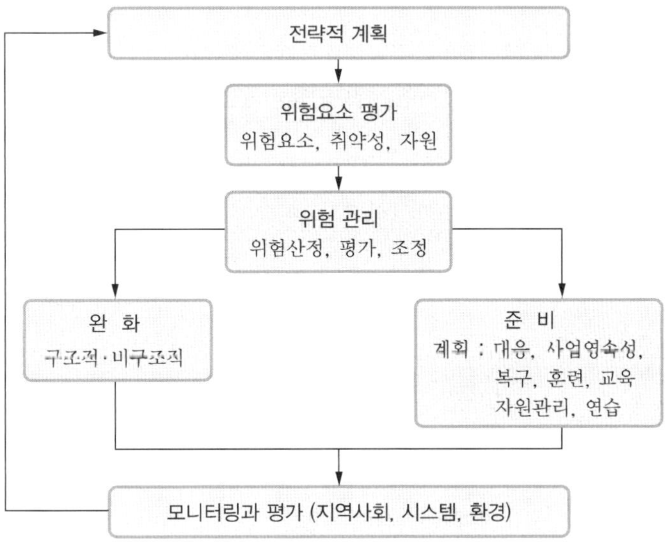

그림 4-5 Manitoba(2002) 모델

6) 위계 계층적 시스템(HSEM) 모델

HMEM 모델은 4가지 기본 단계 대신에 6가지 주요 단계로 구성된다. ① 전략적 계획, ② 위험평가, ③ 위험관리, ④ 재난관리, ⑤ 모니터링, ⑥ 평가 단계이다(그림 4-6). 이 모델은 마니토바 모델의 확장적인 개념으로 대응단계와 복구단계까지 포함하고 있다.

이 모델은 2가지 층으로 된 틀로 나타낼 수 있다. 순차적인 과정을 통해 재난을 완화할 수 있으며, 재난관리를 위한 위계 계층적 시스템(HIERARCHICAL SYSTEM FOR EMERGENCY MANAGEMENT, HSEM)의 첫 번째 층에서는 위험평가와 위험관리에 관해 나타내주고 있으며, 두 번째 층에서는 위험관리와 재난관리의 관계를 보여주고 있다.

재난 이후나 복구단계에서 관련 자료의 유용성을 촉진하고, 이것은 효율적이고, 신뢰할 수 있고 안전한 정보를 제공하여 효과적인 위험관리를 가능하게 한다. 위험의 개념은 위험요소, 노출, 취약성에 의존한다는 개념이다. 이 모델은 포괄적이며 통합적인 자연적 재난과 위험관리 모델이다. 자연적 재난위험은 위험요소, 노출, 취약성, 비상대응과 복구능력과 같은 4가지 중요한 요소에 근거한 기능으로 정의된다.

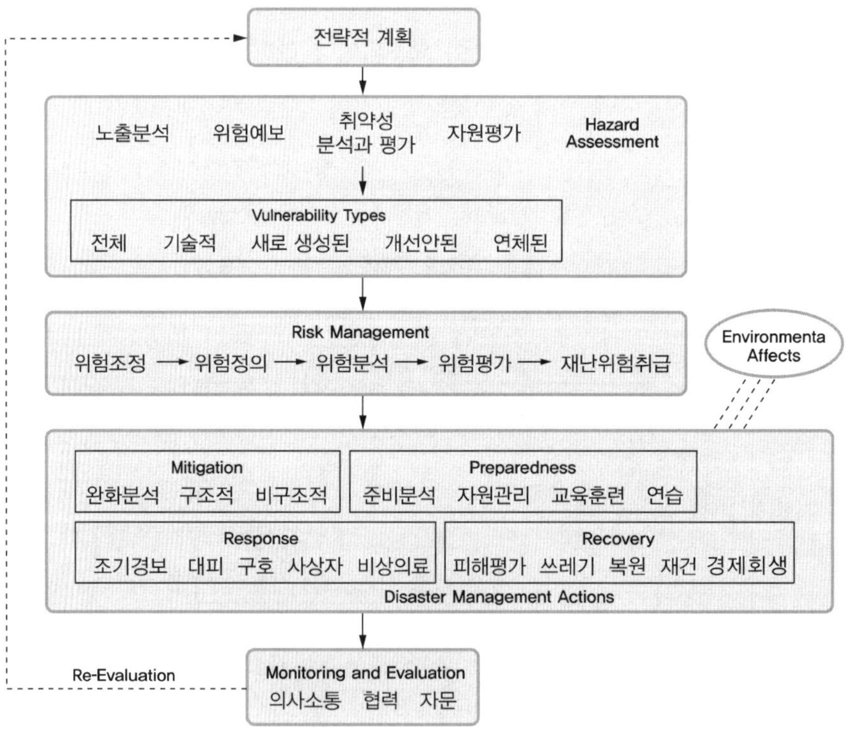

그림 4-6 HSEM 모델

7) 기타 모델

(1) 확장과 수축 모델(Expand and Contract model)

확장과 수축 모델의 주요한 특징은 재난관리 단계들을 동시에 진행되는 지속적인 과정으로 이해하고 있다. 개별적 재난관리 단계들은 연속적이고 순차적으로 진행되기보다는 각각의 단계들이 병렬적으로 동시에 진행 된다는 것이다. 이들 단계들 내의 활동들은 필요에 따라 특정 단계들이 확장과 수축하면서 더불어 진행된다. 이 모델은 연속적인 성질을 갖고 있는 전통적인 재난관리 모델의 한계를 극복한다. 이 접근은 재난관리는 동시에 이루어지는 다양한 활동과 행동으로 구성된 분야라고 인식한다.

예를 들어 재난 직후에는 구호활동과 긴급대응 활동들의 수요가 확장된다. 이후 시간의 경과됨에 따라 대응의 수요는 축소되고 복구에 대한 수요가 확대된다. 이들 단계별 기준의 상대적인 비중은 위험요소와 지역사회의 취약성 관계 사이에 따라 다양하다. 활동들은 각 단계들이 병렬로 수요에 따라 확장과 수축하면서 계속된다.

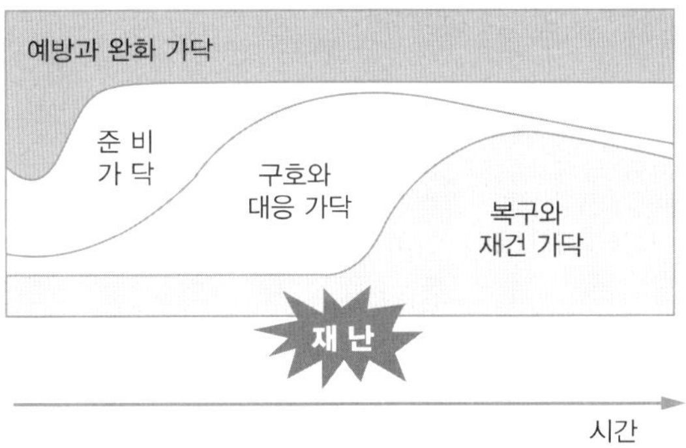

그림 4-7 확장과 수축 모델

(2) 통합적 모델

통합적 모델은 전략적 계획이나 모니터링과 같은 기능의 발전에 의해 재난의 단계를 특성화 한다. 이들 모델은 사건과 행동으로 연결되는 모델이다. 통합적 재난관리 모델은 활동들의 효과적인 이행을 보장하기 위한 관련 활동들을 조직화하는 수단이다. 통합적 재난관리 모델은 4가지 주요 성분으로는 ① 위험요소 평가(Hazard assessment), ② 위험관리(Risk management), ③ 완화(Mitigation), ④ 준비(Preparedness)가 있다. 하지만 대응과 복구단계를 다루지 않고 있다.

2 재난발생 원인 모델(Cause Model)

재난의 발생 원인을 이해하는 것은 재난관리 과정에서 아주 중요하다. 왜냐하면 재난관리 과정에서 사전에 그 원인을 예방하거나 제거할 수 있기 때문이다. 따라서 재난발생의 원인에 대한 연구는 관심 있는 분야로 부각되어 많은 연구가 진행되어 왔다. 자연적 재난의 발생 원인과 인적(기술적, 사회적) 재난의 발생원인은 확연히 다르다. 따라서 두 가지 종류의 재난 발생원인 모델은 각각 다르다. ① 기술적 재난의 경우 재난배양 이론, 정상사건 이론, 고도신뢰 이론 등이 대표적인 재난발생 원인모델들이다. 또한 ② 자연적 재난의 발생원인 모델에는 재난경색과 해소모델, 위험-위험요소(Risk-Hazard, HR) 모델, 압력과 해소(Pressure and Release, PAR) 모델 등이 대표적이다.

1) 인적(기술적) 재난발생 원인모델

기술적 재난의 경우 1970년대 이전까지 대부분 기술자들의 실수로 발생한다고 믿고 있었다. 하지만 80년대 이후 재난관리 과정상의 사회과학적 중요성이 부각되면서 사회과학자들은 이러한 기술적 사고들은 사회적 조직적인 차원에서 발생한다고 인지하게 된다. 영국의 사회학자 배리 터너(Barry Turner, 1976)는 일련의 인적, 기술적 재난들의 조사연구를 통해 인적, 기술적 재난들은 자연재난에서는 주목받지 못하는 사전 경고들과 더불어 일정하게 나타나게 된다고 주장했다. 전문가들은 이 같은 분명하고 지적인 위험신호를 간과하는 것은 공학적인 문제라기보다 사회적인 문제라고 보았다. 그래서 터너(Tuner)는 사고를 “미리 알아채는 것의 실패”로 생각하기 시작했다. 터너의 기본 신조는 이들 사고들은 조직이 대형재난사고를 방지할 수 있는 사전 전조들이 있음에도 불구하고 그 전조에 대한 “알아챔의 실패”란 것이다.

그리고 왜 이러한 신호들을 알지 못하고 지나가는지에 대한 설명을 위한 연구도 시작했다. 사전경고 신호를 가진 재난은 피할 수 있기 때문에 이것은 중요하다. 조직의 독특한 특성을 조사하는 고도신뢰 이론(HRT)으로 알려진 접근이 시작되었다. 또한 인적, 기술적 재난의 발생 원인에 관한 다양한 연구가 진행되었다. 표 4-16은 기술적 재난의 발생 원인에 관한 모델과 이론들이다.

표 4-16 재난발생 이론

이론	이론가	주요내용
재난배양 이론 DIT	Barry Turner	사회 속에 내재되어 누적되어 발생한다. 사회적 산물, 누적성, 조직문화
정상사건 이론 NAT	Chales Perrow	모든 조직에서 재난은 일어나고 피할 수 없다. 복잡한 상호관계, 꽉 짜인 연결
고도신뢰 이론 HRT	Berkely 학파	충분한 조직적 노력이 투자되면 피할 수 있다. 유념, 개념적 느슨함, 일탈의 정상화

(1) 재난배양 이론(Disaster Incubation Theory, DIT)

터너(Turner, 1976)는 재난에 이르는 사고의 경과를 세분하여 표 4-17과 같이 ① 개념상으로 정상적 시작 시점(Nationally normal starting points), ② 배양시기(Incubation Period), ③ 사건의 촉발(Precipitation event), ④ 재난의 등장(Onset), ⑤ 구조와 구호(Rescue and salvage), ⑥ 완전한 문화적 재조정(Fully cultural readjustment) 과 같이 6단계로 구분하고 있다. 이것이 재난배양 이론이다.

표 4-17 DIT 재난발생 단계

단 계	예지력 실패와 관련된 사건들의 흐름
1단계	개념상으로 정상적 시작 시점(Nationally normal starting point)
2단계	배양시기(Incubation period)
3단계	사건의 촉발(Precipitating event)
4단계	재난의 등장(Onset)
5단계	구조와 구호(Rescue and salvage first stage adjustment)
6단계	완전한 문화적 재조정(Full cultural readjustment)

재난배양 이론은 사고의 원인이 누적되어 재난이 발생할 때 까지는

① 규범과 신념의 초기 설정, 실존하는 경보들의 위반과 이들의 적용의 실패,

② 사고 가능성의 배양,

㉠ 인식의 경직성과 조직의 설정에 대한 신뢰

- 효과성의 발달, 문제에 무관심

㉡ 유인

- 조직은 모든 문제를 알지만 우선 잘 조직된 문제를 다루는 것을 선택

- 잘못 조직된 문제들로부터 산만해지거나 무시

㉢ 조직적 배타성

- 조직의 근무자들은 외부의 다른 그룹들보다 회사의 모든 위험을 더 잘 안다는 신념에서부터 출발

㉣ 정보의 어려움

- 잘 구축되지 못한 정보는 문제를 발생

㉤ 방문자들(Strangers)은 위험의 기회를 약화시킨다.

- 대중은 종종 훈련과 정보를 갖추고 있지 못해 조직의 흥미에 맞게 행동하지 못함

㉥ 오래되고 신뢰할 수 없는 규정의 적용으로 실패

㉦ 재난위험의 최소화

- 위험은 저평가되고 경보는 무시

③ 재난이 등장할 수 있는 어떤 사건(점화원)이 발생,

④ 재난이 발생한다.

⑤ 구조와 구호활동 조치,

⑥ 모든 문화적 조정(새로운 문제들이 정의되고, 적절한 경고와 기대가 구축)과 같은 6단계를 거친다는 이론이다.

이후 1997년 터너는 그의 저서 인적재난 2판에서 정상사고 이론(NAT)과 고도신뢰이론(HRT)의 논쟁을 다시 가져왔다. 여기에서 터너의 재난배양 이론을 다시 발표한다. 이 이론은 1957년의 시몬의 "Bounded Ratioality"의 틀에 근거한 이론이다. 이 이론은 조직은 환경에 관한 단순한 가정들의 채택에 의해 행동 한다는 것이다. 재난배양 이론은 기술적, 숙명론적 이론이라기보다 재난에 대하여 낭만적이고 관리적인 관점의 이론이다. 터너(Turner, 1976)는 재난은 "예지력 실패"에서 발생하고, 그의 논문 "지능 실패의 연속적 모델(sequence model of intelligence failure)"에서는 다양한 단계에 걸친 재난의 진행을 묘사했다. 재난의 발달에 기초한 일련의 사건을 상세하게 기술한다. 재난이 배양되는 기간은 수년이 걸릴 수 있다는 것이다. 이러한 기간 동안 급박한 위험의 사인들은 무시되거나 잘못 이해되면서 재난에 이르게 된다는 것이다.

(2) 정상사고 이론(Normal Accident Theory, NAT)

정상사고 이론(NAT)는 사회학자 찰스 페로우(Charles Perrow)에 의해 1984년 그의 저

서 "Normal Accidents"에서 처음으로 제안되었다. 이 연구를 통해 재난연구에 커다란 진보를 이루게 되었다. 페로우의 주장은 사소한 사건과 주요하지 않은 실패(고장) 들이 때때로 예기치 않은 방식으로 상호작용하여 아주 재난적인 시스템 전반의 실패(고장)를 유발한다는 것이다. 즉 사소한 실패(고장)가 대형재난 사고를 가져온다는 것이다. 그는 이러한 실패를 "일상적 사고" 또는 "시스템 사고"라고 불렀다. 일상적 사고들은 예상하기 불가능하기 때문에 정상사고 이론(NAT)은 중요하다.

정상사고 이론(NAT)은

① 일상적인 사고들은 예상할 수도 피할 수도 없다.
② 일상적인 사고들은 "tightly-coupled", 복잡한 시스템에서 발생가능성이 높다.
③ 일상적인 사고들은 재발할 가능성은 낮다.
④ 일상적인 사고들은 구축된 지식을 거의 요구하지 않는다.
⑤ 일상적 사고들은 실험적이지 않다(heuristic)는 특징이 있다.

페로우(Perrow, 1981)는 특수한 기술적인 시스템 속에서는 심각한 사고의 발생은 불가피하다고 했다. 그는 이러한 실패는 2가지 주요한 차원 때문에 발생한다고 했다.

① 상호 작용적인 복잡성과 선형의 상호작용 사이에서 계획되지 않고 예상하지 못한 결과, 즉 결과적으로 기술적인 시스템의 복잡성 때문에 실패가 나타나며,
② 꽉 짜여진 것과 느슨하게 결합된 것들 사이에서 사고는 발생한다고 했다. 즉 사고 발생이 불가피한 이유로는 복잡성과 꽉 짜인 모순된 요구를 들고 있다.

복잡한 상호작용은 친숙하지 않은 연속동작이나, 계획되지 않고 기대되지 않은 연속동작, 그리고 볼 수도 즉각적으로 이해할 수 없는 것들 이라고 했다. 또한 꽉 짜인 시스템에서는 하나의 사건은 다른 사건으로 작업자가 관여할 기회는 거의 없이 신속하고 변함없이 진행된다. 상호적인 복잡성과 꽉 짜인 시스템의 조합은 신속하게 통제를 넘어 실패로 도달하고 사고를 불가피하게 만든다. 따라서 사고들은 시스템 속에서 고질적이 되며, 이를 "정상 또는 시스템" 사고라 한다.

(3) 고도신뢰 이론(High Reliability Theory, HRT)

고도신뢰 이론(HRT)은 사고는 예방할 수 있다는 믿음에 근거한다. 고도신뢰 이론의 이러한 낙관적인 신념은 사고발생은 불가피하는 정상사고 이론의 신념과는 완전히 다르다. 정상사고 이론은 사고는 꽉 끼인 시스템에서 불가피하게 유발되는 것으로 가정한다면 고

도신뢰 이론(HRT)은 위험 예방은 항상 가능하다는 전제에서 시작되기 때문에 조직의 관심과 전략에 따라 사고예방은 물론 안전에 관한 신뢰성을 높일 수 있다는 것이다. 재난대응조직에 있어서도 고도신뢰 이론(HRT)은 재난대응 조직들의 조직적 회복력의 개념을 제공한다. 재난대응 과정에서도 회복력 있는 시스템과 조직들은 신속하게 정보를 얻고, 변화된 환경에 행동과 구조적인 적응을 유연하게 잘 한다는 것이다.

라포테(Laporte, 2006)는 회복력 있는 조직들은 정상모드에서 위기모드 사이의 전환 능력이 있다고 했다. 정상모드에서는 계획과 일상에 초점을 두면서 일상적인 재난을 관리하고 위기모드에서는 신속한 대응과 적응적인 대처를 강조한다. 고도신뢰 이론(HRT)과 조직적인 회복력은 산업과 기술적인 위험요소들 분야에 적용되어 왔지만, 이들 개념들은 자연적 재난과 사회적 재난에도 유용하게 적용할 수 있다.

로버츠(Roberts, 1993)는 고도신뢰 조직은 조직의 복잡성과 꽉 짜인 환경에도 불구하고 탁월한 안전기록을 달성할 수 있으며, 이들 조직들은 모두 잠재적 위험으로부터 신뢰적 작업을 확신할 수 있는 전략을 적용하고 있고, 결국 다양한 실패로부터 안전할 수 있다고 했다. 즉 조직의 영향력 있는 요소들과 특징들이 고도의 신뢰도를 확보하며, 이러한 요소들에는 ① 집합적인 유념, ② 개념적인 유연함, ③ 조직의 학습능력들이 포함된다고 했다.

라포테와 로치린(La Porte and Rochlin, 1994)은 기본적 태도에 있어 고도신뢰 이론(HRT)은 정상사고 이론 보다 덜 비관적이며, 좋은 조직의 설계와 관리를 통해 복잡하고 꽉 짜인 시스템속의 실패나 사고를 억누를 수 있지만, 일부 장소에서는 이런 사고를 피할 수 없다고 주장했다. 정상사고 이론 관점에서는 모든 사고를 예방하는 것은 불가능하다. 하지만 고도신뢰 이론(HRT) 관점에서는 조직과 팀은 물론 사회도 사고를 예방할 수 있는 능력을 가지고 있다.

2) 자연적 재난 발생 원인모델

자연적 재난들은 인적(기술적) 재난과 달리 태풍, 지진, 홍수, 가뭄 등과 같은 자연현상들이 재난의 직접적인 발생 원인이 될 수 있다. 하지만 사회 과학적 측면으로 관점을 확장해보면 모든 재난의 원인은 자연적인 위험요소들 뿐만 아니라 사회적인 취약성들과의 상호작용에 의해 발생한다는 것을 알 수 있다 이러한 관점에서 다양한 이론들이 제시된다. 자연적 재난의 발생원인 모델에는 위험-위험요소(Risk-Hazard, HR) 모델, 압력과 해소(PAR) 모델, 재난경색과 해소 모델 등이 있다.

(1) 위험-위험요소(Risk-Hazard, RH) 모델

터너(Turner, 2003) 등은 위험-위험요소(RH) 모델은 위험요소에 대한 충격을 위험사건에 대한 노출과 노출된 주체의 민감도의 함수로 이해했다(그림 4-8). 위험-위험요소(Risk-Hazard, RH) 모델은 어떤 위험요소의 충격(영향)은 노출과 민감도의 함수로서 보여 진다. 일련의 순서는 위험요소에서부터 시작하여, 취약성 개념요소들인 노출, 민감도, 충격과 연관되어 나타내고 있다.

그림 4-8 위험-위험요소(Risk-Hazard, RH) Model

출처 : 터너(Turner, 2003)

(2) 압력과 해소 모델(Pressure and Release model, PAR)

마틴과 구즈맨(Martine & Guzman, 2002)은 위험-위험요소(Risk-Hazard, RH) 모델은 문제의 시스템들이 위험요소의 충격을 확대하거나 줄여주는 방식을 다루지 못한다고 지적했다. 이러한 비판은 PAR 모델의 개발로 이어진다. 브레이키(Blaikie, 1994) 등은 PAR 모델은 사회·경제적인 압력과 물리적 노출사이의 상호작용으로 재난을 이해한다. 위험은 심리적 동요, 스트레스 요인, 스트레스와 노출된 단위의 취약성의 함수로 분명하게 정의되었다.

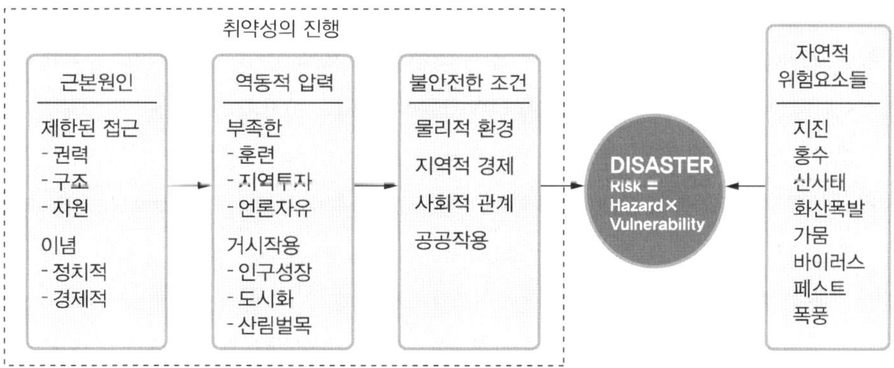

그림 4-9 압력과 해소 모델(Pressure and Release model, PAR)

출처 : 브레이키(Blaikie, 1994) 재편집

압력과 해소(PAR) 모델은 그림 4-9와 같이 자연적 위험요소들에 대한 물리적인 노출과 사회・경제적인 취약성의 진행과정 사이의 상호조합으로 재난위험이 형성되고, 재난이 발생하는 것을 보여준다. 압력과 해소(PAR) 모델에서 가장 중요한 근본적인 원인은 경제적, 인구 통계적, 정치적 기초를 가지는 것들이다. 이러한 기초들이 공공정책과 정부 행정관리에 영향을 주는 사회의 사회적, 재정적, 정치적 시스템에 영향을 미친다. 결론적으로 가난한 수준의 사람들은 사회 정치적, 물리적 환경이 부자들보다 덜 권한이 주어진다는 것이다. 이러한 차이 때문에 위험의 취약성이 경제적 약자들에게 더욱 크다는 것이다. 압력과 해소(PAR) 모델에서 역동적 압력들은 근본적인 원인들로 안내한다. 역동적 압력들이란 전염병, 급격한 도시화, 전쟁 등을 들고 있다. 불안전한 조건이란 물리적인 조건들과 지역경제, 사회적 관계, 공적인 활동들과 같은 인간의 작위와 부작위로 인해 만들어진다.

압력과 해소(PAR) 모델에서 이러한 취약한 사람들에 대한 압력들은(Pressure) 역동적 작용이나 불안전한 조건 같은 다양한 근본 원인을 제거하거나 줄임으로서 풀 수(Release) 있다.

이 모델은 경색 모델(Crunch model)의 정반대적 생각이 고려되었으며, 예방적, 완화적인 활동을 적용해 재난의 위험을 어떻게 줄일 수 있는지를 지적하고, 잠재적인 원인을 다루는 것과 위험요소의 성질을 분석하는 것에서 시작한다.

(3) 경색 모델(Crunch model)

재난의 원인과 결과 측면에서 채택된 모델이다. 이 모델은 압력(Pressure) 모델이다. 재난의 원인을 제공하는 취약성들은 재난을 유발하는 압력으로 축척되고 어떤 단계에서 재난으로 이어진다는 것이다(그림 4-10). 재난을 유발하는 취약성은 사회적, 경제적, 정치적 과정에서 그 근원을 제공하는 것으로 본다. 이들 취약성들은 재난위험경감을 통해 해소되고 관리되어져야 한다. 이 모델은 취약성의 진행을 밝혀준다. 이 취약성은 사람들의 요구를 충족시키지 못하는 사회 배면에 깔린 원인들에서부터 시작한다. 이들 근본적인 원인들은 불안전한 조건 속에서 역동적인 압력으로 전환된다.

재난경색 모델은 재난은 위험요소가 취약한 지역사회나 사람들에게 충격을 줄 때 발생한다는 전제에서 기인한다. 즉 위험요소는 재난을 촉발하는 사건의 유발요인이며, 불안전한 조건들은 위험에 노출된 곳에 있는 취약한 요소들이다. 경색 모델(Crunch model)은 재난의 원인을 이해하기 위한 틀을 제공해준다. 지역사회의 취약성의 진행은 드러나고 사람들의 요구를 만족하지 못하는 잠재적인 원인은 정의된다. 이 모델은 그때 역동적인 압력과 불안전한 조건들을 산정한다.

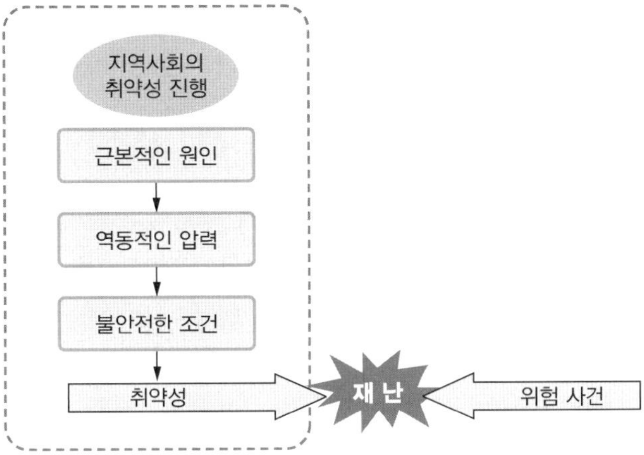

그림 4-10 경색 모델(Crunch Model)

(4) 해소 모델(Release Model)

해소모델은 경색모델의 반대 과정을 통해 재난의 위험을 어떻게 경감시킬 수 있을지를 보여준다(그림 4-11). 여기서 위험경감을 위한 예방적 활동이나 완화활동을 포함한다. 이러한 조치들은 지역사회를 위협하는 위험요소들의 성질과 사회내면에 깔린 원인들의 성질에 대한 연구에서 부터 시작된다. 적절한 완화조치들로 하나하나의 원인들이 관리될 때 사회는 안전한 조건으로 변화될 수 있다.

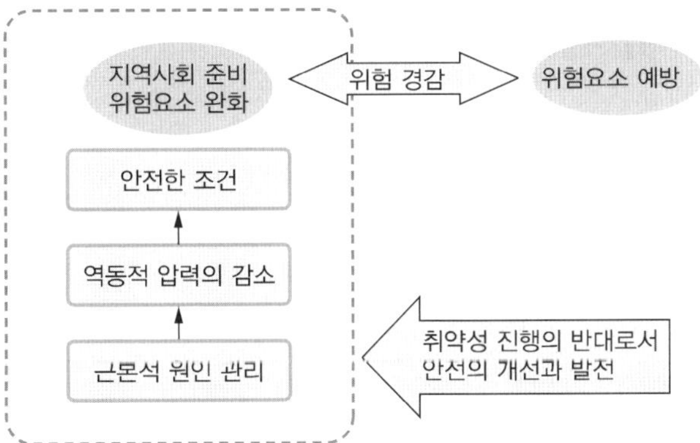

그림 4-11 해소 모델(Release Model)

(5) 접근 모델(Access Model)

접근 모델(Access Model)은 PAR 모델 속에서 나타난 요소들의 확장적인 분석을 통해 재난발생 원인을 설명한다. PAR 모델상의 다양한 작용들이 어떻게 취약한 사람들의 일상에 영향을 주는지에 대해 이해할 수 있게 도와주는 의도이다. 접근 모델에서는 위험(Risk)과 위험요소(Hazard)는 재난을 유발할 수 있는 시간과 공간의 특징적 특성을 가지고 있다.

사람들은 위험의 배경에 대항하여 그들의 일상을 수행하고 그들이 속해 있는 사회적, 정치적 환경에 의해 영향을 받는다. 이 같은 유발사건은 단지 사람에게 뿐만 아니라 사회적, 정치적, 법률적 구조에도 영향을 준다. 재난의 강도와 정도는 다른 사회적 그룹들과 기관들에 다양하게 영향을 준다. 접근모델의 중심 전제는 사회적 그룹의 위험과 취약성은 자산과 자원의 추가적인 분배나 할당을 강화할 수 있는 관여(Intervention) 시점을 정확히 정의함으로서 위험을 최소화 할 수 있다는 것이다.

3) 기타 원인과 관리 모델

재난원인과 재난관리 단계에 관한 모델들은 다양하다. 표 4-18은 다양한 재난관리와 발생원인 단계 모델의 구분방식을 보여준다.

(1) 이브라함 라찌(Ibrahim-Razi, 2003) 등은 기술적 재난의 발생 이전 사전조건 단계를 8단계로 표현한 모델이다.

8단계에는
① 실수의 인지(inception of error),
② 실수의 누적(accumulation of errors),
③ 경보(warning),
④ 교정의 실패(failure of correction),
⑤ 재난임박 단계(disaster impending stages),
⑥ 유발사건(triggering events),
⑦ 비상단계(emergency stage),
⑧ 재난(disaster)이 포함된다.

(2) 토프트와 레이놀즈(Toft and Reynolds)는 터너의 모델을 수정하여 3부분 속에 7단계로 구분한 SFCRM 모델을 제시 하였다. 3가지 부분과 7단계는 아래와 같다.

Part 1 : 누적단계, 사회 기술적 시스템운영 단계
Part 2 : 사건의 촉진단계, 재난발생, 구조와 구호단계
Part 3 : 조사와 보고단계, feedback 단계로 구분하였다.

(3) 산업적 위기모델(Shrivastava Model)은 두 가지 틀의 실패들이 상호작용하여 산업적 위기를 유발한다고 정의한다.

① 조직 내부의 인적(human), 조직적(organizational), 기술적(technological) 요인, 즉 HOT 요인들이 사건을 유발하고,

② 조직 환경속의 규제(regulatory), 인프라(infrastructure), 준비(preparedness) 요인, 즉 RIP 요인들이 실패와 상호작용하여 재난은 발생한다는 모델이다.

(4) 켈러와 알마다리(Keller and Al-madhari, 1996)는 재난의 강도, 결과, 재발주기에 대한 확률적인 예상에 대한 모델을 제안했다.

(5) 메이어즈(Mayers, 1993)는 재난관리 과정을 ① 정상 활동, ② 비상대응, ③ 중간과정, ④ 복구 과정과 같이 4단계로 설명한다.

(6) 리차드선(Richardson, 1994)은 인적 재난의 발생 단계를 Before, During, After disaster와 같이 3단계로 구성된다고 했다.

(7) 피스쳐(Fischer)는 ① 준비(pre-impact period), ② 사고발생(impact), ③ 사고이후 단계(post-impact period), ④ 복구(Recovery period), ⑤ 재건(Reconstruction)과 같이 5단계로 재난관리 단계를 구분하였다.

표 4-18 재난관리와 발생원인 단계모델

단 계	제안자	세부 내용
3단계	리차드선, 1994	before disaster, during disaster, after disaster
	ADPC	준비, 완화와 대응, 복원과 복구
4단계	킴버리, 2003	완화, 준비, 대응, 복구
	투스카루사, 2003	완화, 준비, 대응, 복구(완화는 순환구조의 시작과 끝이다)
5단계	Fischer	준비, 사고발생, 사고이후, 복구, 재건
6단계	터너, 1976	정상적인 시작, 누적, 사건촉진, 재난, 구조구호, 문화 재조정
	MHDM, 2002	전략적 계획, 위험평가, 위험관리, 완화, 준비, 모니터링, 평가
7단계	토프트 등, 1994	누적, 사회 기술적 시스템 운영, 촉진, 재난, 구조구호, 질문과 보고, 피드백
8단계	아브라함, 2003	실수의 시작, 실수의 누적, 경고, 교정의 실패, 재난임박, 사건발단, 비상, 재난
	Kelly, 1999	경보, 준비, 완화, 재난예방, 개발, 재건, 복구, 재난대응

3 재난대응(시스템) 모델

재난관리 모델이 재난관리 과정 전반에 걸친 관리 모델이라면 재난대응 모델은 재난관리 과정 중 재난발생 직전부터 시작하여 재난대응이 완료되는 시점동안 효율적인 대응활동을 위한 조직과 시스템에 관한 모델이다. 재난상황이 발생하면 다양한 사회적 자원들이 대응활동에 참여하게 된다. 이들 자원들은 효율적인 대응활동을 위해 사전에 만들어진 국가, 지역, 기업, 단체들의 재난대응시스템 속에서 활동하게 된다. 따라서 재난대응시스템은 개인, 그룹, 조직, 장비, 차량, 법규, 지식, 문화 등과 같은 수많은 요소들로 구성된다.

재난대응 과정에 수많은 조직들의 참여방식은 위계적 구조와 비 위계적인 구조의 형태로 시스템이 운영될 수 있다. 비위계적인 구조란 행정 관료적 지시가 이루어지지 않는 구조를 말할 수 있다. 비위계적인 구조에는 순수 자원봉사 단체들의 자발적인 지원활동들이 포함된다. 반면 위계적 구조란 책임기관의 지시에 의해 엄격한 위계관계에 의해 활동이 이루어지는 구조를 말한다. 위계적인 구조에는 책임기관, 참여기관, 지원기관들이 법률적, 계획적 위계에 의해 현장 활동을 이루게 된다. 주로 정부조직을 포함한 공공기관 상호관의 관계일 수 있다. 일부의 경우 공공과 민간과의 관계도 위계적 구조를 형성할 수 있다.

1) 재난대응(시스템) 모델

근대적 재난업무의 시작은 민방위 업무에서 찾을 수 있다. 민방위는 전쟁과 같은 재난을 대응하기 위한 시스템으로 자연적 재난이나 기술적 재난에 대한 대응에 효과적이지 못했다. 따라서 냉전 종식과 더불어 자연적, 기술적 재난에 대응할 수 있는 새로운 형태의 재난대응 시스템이 요구되었다. 전통적인 재난대응 모델의 기초는 냉전시대의 민방위 목적의 지휘와 통제 접근적인 모델에서 시작하였다. 1970년대의 포괄적이고 통합적인 재난관리 모델이 등장하면서 재난대응 모델은 발전을 하게 된다. 2000년대 이후 재난관리 분야는 지속가능한 개발과 국민들의 안전에 대한 기대의 증가 등으로 새로운 모델적(이론적) 접근을 시도하고 있다.

재난대응 모델(시스템)에는 일반적으로 두 가지로 구분할 수 있다. ① 지휘통제(Command and Control, C2 or CC)시스템과 ② 지휘통제조정(Command, Control, and Coordination, C3 or CCC)시스템이 있다.

(1) 지휘통제(Command and Control, C2) 모델

재난관리 과정에서 Top-down과 Bottom-up의 다양한 형식의 관리 과정들은 반복적으로 나타난다. 특히 재난대응 과정에서는 이러한 반복적 관리 과정들은 필수적 요소가 된다. 지휘통제(C2) 모델은 Top-down 방식의 지휘통제 방식으로 엄격한 권위를 중요시한 군사 조직적 모델이다. 이 모델은 중앙통제적인 재난대응 방식이다. 전문가들은 이 방식은 재난충격의 거대함, 사회적 시스템의 파괴, 사회적 통제의 붕괴, 하나의 주관조직이 많은 참여조직들과 같이 특정 기능을 수행할 때와 같은 상황의 재난관리에 적합하다고 주장한다. 그래서 이 방식을 기본으로 하는 재난계획은 재난 극복을 위한 강력한 권한과 권위를 생성하는데 초점을 둔다. 따라서 전통적 재난대응 모델인 C2 시스템은 최고 계급상의 중앙권위의 역할을 강조한다. 또한 재난대응과정에 참여하는 지역과 조직, 개별단체들의 경험적 행동을 인정치 않는 특징이 있다.

지휘통제(C2) 모델은 민방위 시대부터 진화해 왔다. 이 모델은 소방, 경찰, 군, EMS를 축으로 하는 재난대응 과정의 지휘와 통제 모델이다. 계획이나 시스템을 통해 잘 정의된 문제들은 다수의 이해관계자들이 서로 동의하고, 불확실성이 적으며, 참여자들 상호간에 잘 이해되고, 명확한 경계를 갖는 특징이 있다. 하지만 잘 정의되지 않은 문제들은 이해관계자들의 불일치, 관심과 흥미의 갈등, 높은 불확실성, 정리되지 않은 경계, 상호간의 이해 부족, 복잡한 과정을 갖는 특징이 있다.

규범적인 모델에 속하는 지휘통제(C2)는 공식적 조직의 특성, 다양한 계획, 규정된 절차에 의해 진행된다. 지휘통제(C2) 모델은 한마디로 기계와 같은 시스템이다. 지휘통제(C2) 시스템은 사람들과 조직은 지시대로 움직이며, 안정되고, 지시와 조정을 생성하고, 법과 규범이 필요하고, 지휘체계를 갖추며, 공식적인 활동절차가 있고, 권력구조와 정책을 유지하는 관료적 특징을 갖는다. 또한 재난대응 과정에서 창의성, 혁신성, 임기응변 능력이 부족한 단점이 있다. 하지만 재난의 특징인 불확실성과 애매함을 다루기 어려운 집단에서는 장점이 되기도 한다.

(2) 지휘통제조정(Command, Control, and Coordination, C3) 모델

지휘통제조정 모델은 일명 조정모델(Coordination Model, CM)이라고도 한다. 이 모델은 지나치게 중앙집권적이며, 위계적인 지휘통제(C2) 모델의 보완적인 모델이라고 할 수 있다. 재난발생 시 실제로 지역사회는 비록 심각한 재난 일지라도 재난요구를 충족하기 위해 빠르게 움직인다. 이러한 상황에서는 적절한 시간의 조정(Coordination) 활동들은 엄격한 위계의 권위보다 더욱 중요하다는 것이다. 조정활동들은 지역사회 조직과 그룹들 뿐만 아니라 정부조직 상호간에도 필요하다는 이론이다. 물론 권위와 위계를 절대적으로 부정하는 것은 아니다. 따라서 효과적 재난관리는 일방적 "지휘와 통제" 방식이 아니라 협력적 "재난자원조정" 방식이 유리하다는 것이다.

조정모델(CM)은 ① 인력과 자원의 효과적인 이동, ② 정보의 적절한 의사소통, ③ 갈등의 해결, ④ 지역과 중앙정부간의 효율적인 상호작용, ⑤ 효율적인 연습이 이루어질 때 더욱 효과적이다. 재난대응의 현대적인 접근은 재난대응시스템의 복잡성, 재난관리 방식의 Bottom-up 행동, 그리고 외부로부터 조정할 수 없는 시스템임을 인정한다. 따라서 현대적 재난대응모델은 지휘통제조정을 강조하는 지휘통제조정(C3) 모델이 주가 된다. 이 모델은 다수 참여기관들의 경험적 행동을 인정한다.

2) 재난대응의 핵심요소

성공적인 재난대응을 위한 핵심적인 요소들은 "5Cs"로 요약할 수 있다. "5Cs"는 지휘(Command), 통제(Control), 의사소통(Communication), 조정(Coordination)(부분들의 조화로운 기능), 협력(Cooperation)(사람들의 참여와 제휴) 이다.

(1) 지휘(Command)

효율적인 지휘 없이는 사고현장을 통제할 수 없다. 효율적인 지휘를 위해서는 ① 권위적인(지휘권) 존재, ② 담당 지휘자, ③ 사고현장의 상항에 따른 요구사항들 뿐만 아니라 대응관련 우려사항들 같은 상항인식이 필요하다. 상항인식을 통해 지휘관은 전략적 목표, 활동목표를 정하고, 명령과 지시를 수행 할 수 있다.

(2) 통제(Control)

재난상항을 통제하기 위해서 화재, 폭발, 누출과 같은 위험요소를 제거하여야 한다. 효과적인 현장통제를 위해서는 사고통제의 우선순위를 설정하여야 한다. 재난대응 활동 과정에서의 우선순위는 "LIP"으로 표현된다. "LIP"은 첫째는 ① 인명안전(Life safety), 둘째는 ② 사고안정화(Incident stabilization), 셋째는 ③ 재산보존(Property conservation)을 의미한다.

(3) 의사소통(Communication)

분명하고 명확한 의사소통은 중요하다. 의사소통의 수단들은 ① face-to face 토론, ② 무선통신, ③ 전화(유무선), ④ 서면 또는 전자메일을 이용한 메시지, ⑤ 즉석 문자시스템, ⑥ 위성 시스템 등을 활용한 기타 통신시스템이 있다. 의사소통은 송신, 수신, 확인의 3단계를 가진다. 이 과정에서 의사소통은 간단하고 명확할 때 의사소통 과정에서 오해 발생 가능성은 줄어들 수 있다. 의사소통의 실패는 다양한 원인으로 발생할 수 있기 때문에 재난대응 과정에는 용어의 통일, 불분명한 용어의 사용금지, 공용의 하드웨어(HW) 사용, 통일된 시스템 등이 필요하다.

(4) 조정(Coordination)

조정은 재난관리 모델에서 핵심적인 기초이다. 효과적인 재난관리시스템이 기능하기 위해서는 조정은 각각의 수준에서 동시에 이루어져야한다. 수직적, 수평적인 원활한 의사소통은 재난대응 참여기관들 상호간의 조정을 원활하게 할 수 있다. 조정과 자원의 통제는 혼란을 통제하고 전반적인 대응을 강화할 수 있다.

(5) 협력(Cooperation)

협력은 당사자들 사이의 활동관계를 포함한다. 일종의 teamwork이다. 운동경기에서의 협력과 같다 따라서 협력 없이는 노력은 헛수고가 된다.

3) 조정(Coordination)

조정은 모든 재난관리 단계에 있어 아주 중요하다. 완화단계의 조정은 지역사회의 위험과 취약성평가(HVA) 단계에서부터 적용된다. 준비단계는 상호협정이나 재난계획과 같이 일상적인 상태의 업무형태로 나타난다. 대응활동 과정상의 협력은 더욱더 중요하며 정부와 정부, 정부와 민간, 민간과 민간이 협력하는 형태로 나타난다. 복구단계에서는 역할과 책임이 부여되면 가용자원에 근거하여 신속하게 이루어진다. 조정은 재난관리시스템의 필수요소로 지역의 이익을 위해 자원을 투입하는 것이다. 일반적으로 조정은 참여 단위들 사이의 단절, 서비스의 차이, 서비스의 중복을 제거하기 위한 목적의 독립적 단위들 간의 협력이다. 조정은 협력이나 통합이란 의미와 유사하게 사용될 수 있다.

조정에는 자발적 조정과 의무적 조정이 있다. 자발적 조정은 상호적인 필요에 대응하기 위해 등장한다. 즉 각각의 이해관계가 일치할 경우 발생한다. 대부분의 재난관리 과정에 등장하는 조정은 자발적인 조정에 해당된다. 반면 의무적 조정은 다양한 관할의 경계나 책임과 권한영역에 걸쳐 조정된 규정적 시스템의 결과이다. 조정은 재난계획과 대응활동 제공 과정에 이루어진다. 조정된 계획이란 조직들이 의사결정을 같이 했다는 것이 되며, 재난대응활동 제공 과정상의 조정이란 협력과 같은 의미이다.

조정(Coordination)을 저해하는 요인들로는

① 자치권을 추구하는 조직들의 경향

② 전문적인 이념에 집착하는 관료

③ 조직적 기술과 자원의 수요 차이

④ 그룹이나 조직의 동질성을 잃는 것에 대한 두려움

⑤ 부족한 자원의 방향수정(복귀)에 관한 우려

⑥ 정치권의 조직과 흥미 그룹들의 확산

⑦ 조정과정 참여로 인한 비용과 편익 차이를 들 수 있다.

조정(Coordination)으로 인한 편익으로

① 재정적 안정성

② 간부들의 독창성 증가

③ 대중의 지지와 적법성 인지

④ 광범위한 지리적 표현

⑤ 명성

⑥ 서비스의 단절 감소

⑦ 서비스의 연속성

⑧ 서비스의 중복 감소를 들 수 있다.

4) 신생의 다수조직 네트워크(Emergent Multiorganizational Networks, EMONs)

신생의 다수조직 네트워크(EMONs)는 수많은 지역과 지역, 외부의 조직과 기관들로부터 인력과 자원을 반영하는 재난 시 등장하는 네트워크 조직 형태이다. EMONs는 특별한 업무에 초점을 둔 조직들과 조직의 부분들로 형성된 관계구조를 갖는다. 예를 들어 수많은 조직의 인력들이 탐색과 구조(SAR) 활동 참여를 위해 대응했을 경우 겪을 수 있는 어려움들은 ① 광범위한 업무분야, ② 다양한 조직의 혼합, ③ 다수 조직 간의 문화, ④ 다른 형태와 수준의 교육훈련, ⑤ 고도의 조직적 자주성, ⑥ 단기적 시스템, ⑦ 긴급하고, 예상할 수 없으며, 정보가 불확실한 업무구조를 들 수 있다.

4 재난조직 모델

재난관리 활동은 완화, 준비, 대응, 복구 과정에 참여하는 다양한 자원들을 시스템적으로 관리하는 활동이다. 재난관리를 위해서는 효과적인 조직의 설계는 필연적이다. 따라서 재난조직을 관리하기 위한 다양한 모델들이 연구되었다.

재난관리 조직모델의 구성과 관련하여 재난관리 업무는 몇몇 특징들이 있다. 우선 첫째로 재난관리 업무는 단계별로 나누어지고 각각의 단계에 어울리는 효율적인 조직의 특성이 다르다는 특징이 있다. 예를 들어 완화와 준비단계에 어울리는 조직과, 대응과 복구단계에 어울리는 조직은 서로 다르다는 것이다. 뿐만 아니라 각각의 단계는 일상적 협력을 통한 업무와 긴급한 협력을 통한 업무로 구분되는 특징들도 갖는다.

둘째로 재난관리 과정은 다양한 분야의 기관과 부서들이 상호 협력적으로 업무를 이행한다는 특징이 있다. 예를 들어 대부분의 재난관리 과정들은 독립된 개인이나, 기관, 조직에 의해 이루어지지 않고 사회나 국가의 다양한 자원들이 상호 협력하면서 수행된다. 재난대응 과정역시 주요책임 기관과 참여기관들의 협력, 공공부분과 민간부분의 협력, 자발적 참여자들과 의무적 참여자들이 상호협력하면서 시스템을 구성한다.

셋째는 재난의 종류, 규모, 특성에 따라 관리와 참여의 방식이 다른 특징이 있다. 예를 들어 일상적 사고는 그 규모가 클 때 대형 재난사고로 확대된다. 재난관리 과정에서 일상적 사고와 재난의 경계를 구분하기는 쉽지 않고, 또한 사건이 어디에 속하는가에 의해 관리시스템이 달라지는 경우도 있다. 뿐만 아니라 어떤 재난은 지역수준에서 또 어떤 재난은 국가수준에서 관리되기도 한다.

재난조직 모델은 크게 세 가지로 구분하여 설명할 수 있다. 우선 첫째는 조직이론과 관리이론상의 일반적 이론들을 그대로 재난관리 분야에 적용시키는 것이다. 둘째는 일반조직과 다른 재난관리 조직의 특성을 고려하면서 재난관리 분야에 맞는 독특한 재난관리 조직이론을 말한다. 셋째는 일반조직과 다른 재난관리 과정의 특수성에 대한 고려뿐만 아니라 재난관리 4단계 중 재난대응 활동에 초점을 둔 재난대응 조직에 관한 모델이 있다.

조직이론 관점에서 재난관리와 연관 있는 이론들은 ① 관리이론, ② 시스템이론, ③ 조건적합이론 등이 있다. 또한 재난관리(Management)에 필요한 조직의 시스템적 접근 측면에서는 ① 이성적, ② 자연적, ③ 공개적 시스템으로 구분할 수 있다. 재난대응(Response) 활동관리에 필요한 조직의 관리방식 측면에서는 ① 위계조직, ② Network 조직, ③ 생태적 조직으로 구분할 수 있다. 또한 재난의 공공관리 주체가 누구냐 하는 관점에서는 ① 비상 서비스 조직, ② 공공행정 조직, ③ 민방위 조직, ④ 지배 모델 형태로 구분할 수 있다.

1) 조직 이론

재난관리 조직의 설계과정에는 조직행동 이론과 관리 이론이 그대로 적용된다. 조직, 관리, 행동과 관련한 수많은 이론들 중에서 재난관리 분야에서는 ① 관리(Management) 이론, ② 시스템(System) 이론, ③ 조건적합(Contingency) 이론이 특히 강조되고 활용된다.

(1) 관리 이론(Management Theory)

관리 이론은 조직의 목표들 달성하기 위하여 효과적인 계획의 중요성을 강조한다. 조직 관리는 가용한 자원을 효율적으로 사용하여 조직의 목표와 목적을 달성하기 위해 사람들의 노력을 조정하는 기능이다. 관리는 목표달성을 위한 기획, 조직화, 인사, 지도, 지시와 조직의 통제를 포함한다. 이 때 자원이란 인적자원, 재정자원, 기술적 자원, 자연적 자원들이 포함된다.

오늘날 재난관리는 공공안전과 보안, 사업업무, 공공정보, 정보시스템 관리, 정보통신기술, 맵핑 과학, 위험모델링, 법률업무는 물론 수많은 조직의 조정과 관련된 기능을 포함하는 복잡한 기능을 수행한다. 이 같은 다양한 형태의 기능과 활동들은 재난관리자들이 활동관리자로서 뿐만 아니라 많은 재난관리 프로그램 운영과정의 효과적인 관리자가 되기를 요구한다. 효과적 프로그램과 운용적 활동을 효과적으로 관리하기 위해서는 관리원칙의 이해가 필요하다.

관리 이론은 계획, 조직, 통솔, 조정으로부터 관리과정을 활용하여 재난관리 이론의 등장을 지원하기 위한 기초를 제공한다. 관리 이론은 호손의 연구, 행동적 접근, 조직의 최적의 기능, 전사적 품질경영(TQM) 발달을 가져왔다. 이처럼 관리 이론의 발달과 더불어 재난관리 분야에서도 영향을 받았다. 가장 효율적인 재난안전대책본부(EOC)나 재난대응 설계, 재난대응 프로그램의 평가는 대표적 전사적 품질경영(TQM) 적용 사례이다. 재난관리 조직은 관리 이론으로부터 질적 관리와 자원이 효율적인 관리를 위한 노력을 하고 있다.

(2) 시스템 이론(System Theory)

시스템 이론은 모든 것은 큰 것의 부분이라는 생각에 근거한다. 재난관리에 적용하는 많은 주요 개념들은 공개 시스템(Open System), 하위 시스템, 시너지효과, 인터페이스(Interface), 전체론(Holism), 전략(Strategic), 선거구(Constituencies), 경계(Boundaries), 기능주의(Functionalism), 피드백과 평형상태로 이동 등이 있다. 재난관리의 공공부분은 기초, 광역, 중앙정부로 구분되고, 민간부분은 비영리 조직 등과도 나누어져 있다. 이러한 단위들은 많은 독립적인 방식으로 상호작용한다. 그리고 각각의 단위들은 개별적인 경계와 기능을 가지고 있다. 재난관리 과정상의 다양한 기관들과 단체들의 상호협력은 거대한 공개 시스템(Open System)의 부분이 된다. 공개 시스템(Open System)은 시스템과 주변환경과의 역동적인 상호관계를 내포한다. 이 이론은 위험요소와 재난관리를 이해하기 위한 기본이 된다. 이 시스템은 수많은 하위 시스템들을 갖게 된다. 예를 들어 재난대응시스템은 소방, 경찰 등 단위 시스템들이 합해져서 만든 큰 시스템이다. 시너지 효과 개념도 재난관리에 있어 중요하다. 부분의 합에 의해 더 큰 효과를 가져 올 수 있다.

시스템 관점에서 재난관리는 개인, 그룹, 공식・비공식적 조직, 태도, 동기, 작용, 목표 등 다양한 상호 독립적인 요소들을 통합한다. 무질서 이론은 재난관리시스템이 피드백 시스템을 통해 조직의 복잡한 변화와 기관적 학습에 적응할 수 있어야 한다는 것을 지적한다.

(3) 조건적합 이론(Contingency Theory)

조건적합 이론은 일종의 행동이론으로 기업의 조직화, 회사의 운영, 의사의 결정을 위한 최선의 방식은 없다는 이론이다. 대신에 가장 최적의 행동과정은 내부적, 외부적 상황에 의존한다는 것이다. 내외부적인 상황에 가장 적합한 대안으로 판단하고 행동한다는 이론이다. 따라서 조건적합(Contingent) 리더는 정확한 상황에 대하여 그들이 소유한 리더십 스타일을 효과적으로 적용한다는 것이다.

재난상황은 아주 다양하다. 재난은 종류에서부터 장소, 규모, 시기, 참여기관, 대응방법 등에 이르기 까지 다양한 종류의 형태의 복잡한 재난을 긴급한 상황에서 다수기관들이 상호작용하여 관리하여야 한다. 따라서 조건적합 이론상의 재난관리 조직은 이 같은 관리적 환경에서 특정 이론만을 순수하게 적용하는 것은 불가능하기 때문에 다양한 상황과 내・외적인 환경에 맞는 유연한 조직 관리의 필요성을 강조한다.

2) 재난관리 조직이론

재난조직의 발전은 수 천 년 동안 재난적응 메커니즘의 진화를 통해 이루어져 왔다. 역사적 형태의 재난관리 조직은 재난의 근원에 적응하고 피해를 최소화하기 위한 사회적 자원을 활용한다. 이 같은 재난에 대한 조직의 사회적 적응과정은 전통적으로 발전해왔다. 지역사회는 사회적 단위로 조직되어 있어 변화를 채택할 수 있는 유연성을 가지며, 물리적, 사회적 환경에 편리를 제공한다.

재난은 휴머니즘, 주거이동, 전념, 환경오염, 2차 재난, 여론, 정치 등에 많은 영향을 미친다. 따라서 재난조직은 지역사회 수준의 조직에서 지역이나 국가가 장악하는 형태인 행정·관료체제의 조직으로 이동하게 된다. 즉 재난관리 조직은 지역사회 조직에서 복잡한 공공행정 부분의 관료 조직으로 발전해 왔다. 이러한 조직의 변화는 현대화 과정에서 국가재난관리의 중요성이 부각되면서 나타난 자연적인 성장으로 볼 수 있다. 지역 사회적 조직에는 자연적, 조직적, 사회적 적응활동들이 포함되고, 행정·관료적 조직에는 인위적, 의도적인 조직적 특성들을 보이고 있다.

지역사회 모델(Community Models)은 재난에 대한 지역사회의 본능적 생존행위로 인식될 수 있다. 과거의 경험을 통한 잠재적 도움의식이 현실로 표현되기도 하고, 지역의 개인들이 조직 속에 포함되어 활동하고, 개별 조직들이 탄생하기도 한다. 지역주민들은 재난발생 시 이웃을 돕거나, 지역사회의 재건에 참여한다. 지역사회는 사회적인 단위로 조직되어 있다. 그래서 변화에 유연하게 잘 적응할 수 있었다.

카프만(Kauffman, 1994)은 생존을 위해 조직화는 가장 효과적이고 효율적인 수단이라고 했다. 조직화는 재난과 위험으로부터 자신과 사회를 보호하는 가장 일반적인 행동이다. 이러한 잠재적인 조직화 행동들은 지역사회를 단위로 발전해 왔다. 따라서 우리는 수많은 재난을 경험하면서 우리사회는 공식적, 비공식적으로 조직화되어 왔으며 이 같은 조직화는 사회적인 활동 속에 구현되어진다.

지역에서 국가로의 전환에 따른 재난관리 조직은 많은 변화를 가져오게 된다. 제한적 지역사회에서, 복잡한 정부조직 속의 공공부분의 조직들로 구성되고, 과학과 기술로 구현된 철학을 가지게 되며, 다양한 기관과 부서의 조정된 변화, 분야와 기관 상호간의 합리적 접근을 재난관리에 반영할 수 있게 된다. 조직적 모델의 종류는 ① 이성적 시스템, ② 자연적 시스템, ③ 공개시스템이 있다.

(1) 이성적 시스템 접근(Rational System Approach)

이성적 시스템 접근법은 목적달성을 위한 인간 행동은 고도의 이성을 추구한다는 것이다. 이 접근법은 오늘날 관료주의라고 불리는 위계구조, 권위적 사무, 정의된 권력관계, Top-down 지위 체계와 같은 전통적인 특징을 가지고 발전한 조직으로 ① 잘 돌아가는 기계의 톱니바퀴처럼 개인의 과학적 활용에 초점을 두고, ② 관료적 구조 속에 목적 달성을 위한 기초로서의 다양한 종류의 사회적 기관들이 있으며, ③ 행정적 지시의 합리적인 이용을 강조하고, ④ 의사결정자들의 합리적 선택은 조직적 성공의 기초가 되게 하는 고도로 형식적인 틀과 같은 특징을 가진다.

이들 조직적 형태에서 이성적 행동은 조직이 그룹의 목표를 달성할 수 있는 최선의 조직, 수단, 과정을 결정한다. 의도적인 목적을 추구하려는 인간행동의 높은 합리성을 가정한 접근이다. 재난을 다루기 위한 현대인들의 조직능력은 모든 상상 가능한 재난을 다룰 수 있는 재난관리 조직능력을 만들었다.

(2) 자연적 시스템 접근(Natural Systems Approach)

자연적 시스템은 이성적 시스템이 인간의 합리적인 특성을 강조한 반면 수많은 비합리적인 특징을 무시하고 있다고 강조한다. 조직 학자들은 조직은 사회에서 타고난 사회적 역동성을 반영한다고 주장한다. 이런 관점에서 출발하여 자연적 시스템 접근이 만들어 졌다. 이성적 시스템 조직은 인위적이며 인간의 사회적 관계의 약점과 취약점과 관련이 있다는 것이다. 조직적 관계들은 사회가 부가하는 법칙에 따라 발전되기 때문에 엄격한 이성을 넘어선 문제라는 것이다. 사랑, 선호, 증오와 질투는 모두 사회적 관계들의 정형화라는 것이다. 비공식적, 사회적 구조들은 공식적, 관료주의적 위계와 더불어 안정되게 존재할 수 있다는 것이다. 또한 비공식적 지도자들은 공식적인 관료들과 더불어 존재할 수 있으며 흥미에 대한 부서적, 개인적 갈등은 이성적으로 구축된 지위체계나 권위로 허물 수 있다는 것이다. 예를 들어 회사에서의 근로자들의 비이성적 "필요"도 중요하며 조직화 행위는 사회의 "자연적" 구성임을 강조한다.

(3) 공개 시스템(Open System)

자연적 시스템의 확장이 "공개" 시스템이다. 독립적 시스템은 현실과 어울리지 못하다는 생각들은 공개 시스템 접근의 발전을 가져왔다. 만약 조직이 자신이 발동한 문화를 반영한다면 다른 조직들 간의 관계를 반드시 포함하여야만 한다는 것이다. 조직은 큰 시스템의 하위시스템으로 조직의 외부환경을 강조하며 조직 간의 상호 의존을 강조한다. 조직 시스템은 상호연관하고, 종속적이며, 경쟁적인 부분이라는 것이다. 조직 간에는 상품이나 서비스의 상호 교환, 하나의 시스템은 다른 시스템에 영향을 미치며, 내부조직은 외부조직의 수요나 공급에 영향을 받는다. 이 같은 맥락에서 재난관리조직 역시 사회적, 조직적, 환경적 뿌리에서 독립적일 수 없다는 것이다.

이성적, 자연적, 공개적 시스템에 의해 영향을 받은 재난관리 모델은 오늘날 유행하는 관료적 공공행정 시스템이다. 오늘날 관료적 공공행정 시스템은 주도적이며 새로운 이성적 철학의 지원을 받고 있다. 표 4-19는 조직 모델의 주요 기여자를 나타낸다.

표 4-19 조직모델의 주요 기여자

이성적 모델 (Rational Models)	자연적 시스템 (Natural System)	공개시스템 (Open System)
프레드릭 테일러(Fredrick Taylor) 막스 웨버(Max Weber) 헨리 페이올(Henry Fayol) 마쉬와 시몬(Marsh and Simon)	엘톤 메이요(Elton Mayo) 체스트 버나드(Chester Barnard) 필립 셀즈닉(Philip Selznick) 탤콧 파슨스(Talcot Parsons)	노버드 와이너(Norbert Weiner) 왈트 버클리(Walter Buckley)

3) 재난대응 조직 이론

다인즈(Dynes, 1998)는 재난대응에 참여하는 조직의 형태를 표 4-20과 같이 구분하였다. 재난현장에 동원되는 조직의 규모와 형태는 재난의 규모와 특성에 달려 있다. 지역의 일상적 재난은 기존에 조직되어 있는(Established) 소방, 경찰과 같은 응급기관들이 협력하여 대응할 수 있다. 하지만 지역의 중규모 이상의 재난에 대하여는 기존 조직의 확장은 물론 새롭게 확대된 조직(Expanding)의 활동이 필요하며, 대형재난의 발생 시에는 4가지 종류의 조직들이 순차적으로 대응하게 된다. 대부분의 경우 확립된(Established) 조직이 재난대응을 하지만 대형재난의 경우 다양한 형태의 조직들이 동원될 수 있으며 희생자 본인들과 주변의 사람들에 의해 초기대응이 이루어지는 경우도 많다.

표 4-20 재난대응 참여조직의 형태

구 분		업 무	
		일상적	비일상적
활동적 조직구조	기존조직	Established(확립된) 재난관리조직 - 교육훈련 잘됨 - 경험 많은 정규직	Extending(확장된) 교회(식사 제공 활동) - 반복적인 재난으로 학습된 지역은 수준이 높다.
	새 조직	Expanding(확대된) 적십자사(자원봉사자 모집) - 적은 수의 핵심은 습관적이며, 교육, 훈련, 경험 있음 - 지원하는 다수는 그렇지 못함	Emergent(신생의) 기부 목적의 지역단체 - 즉흥적 조직

출처 : 다인즈(Dynes, 1998) 재편집

재난조직의 구조와 과정이론은 재난대응 시 등장하는 그룹들이나 조직들의 활동을 묘사하는 기록적 자료에서 부터 발전되었다. 조직의 구성과정은 영역(Domain), 업무(Tasks), 인적 물적 자원(Human and Material Resources), 활동(Activities)과 같은 4가지 요소를 고려하게 된다. 이들 요소들은 조직의 본질을 차지하지만, 논리적, 경험적으로는 상호 독립적이다. 따라서 이들 4가지 요소는 조직의 존재를 위해 개별적으로 필요하며 영역과 업무는 조직의 집합적인 표현으로 이해된다.

밀워드와 프로밴(Milward and Provan, 2006)은 재난대응 조직은 ① 전문가, ② 협력의 문제, ③ 조정, ④ 대담한 리더십을 필수적인 요소로 지적하고 있다. 콤포트(Comfort, 2006) 등은 허리케인 카트리나의 경우 535개 조직들이 대응활동에 관여하였으며, 이들 중 공조직 305개, NGO 84개, 민간조직 143개, 정당 가입조직 3개로 나타났다고 한다. 참여조직 중 217개 조직은 다른 조직들과 상호작용하지 않았고, 318개 조직은 상호작용하였다고 했다.

효율적인 재난대응 모델과 시스템 구축을 위하여 국가적 특성을 고려한 다양한 방식의 재난대응 모델들이 연구 되었다. 대표적인 재난대응 활동과 관련된 조직의 모델들은 ① 위계적 조직, ② Network 조직, ③ 생태학적 조직으로 구분해 볼 수 있다.

(1) 위계적 모델(Hierarchical model)

위계적 모델은 수직적, 수평적 부서의 활동을 조정하거나 생산하기 위해서 법률적인 권한을 사용한다. 지식이나 기술보다 상위조직의 의사결정 권한에 의해 일방적으로 운영되는 조직모델이다. 이 모델은 조직의 목표 이행을 촉진할 수 있으며, 다수인들이 참여하거나, 업무적 특성상 책임이 애매할 수 있는 경우 장점으로 작용한다. 이 모델은 일상적인 업무에 대하여는 효율적일 수 있으나 혁신적인 업무에 대하여는 성과가 떨어질 수 있는 단점이 있다.

(2) Network 모델

Network 모델은 재난관리는 공공기능 분야들의 수많은 조직, 정부기관, 영리, 비영리 단체들이 다양하게 기능하여 이루어진다는 견지에서 시작된다. 이들 참여 주체들은 하나의 주요조직에 종속적이지 않고 상호의존적 구조를 형성하면서 기능하는 조직 모델이다. Network 조직은 다양한 형태를 가질 수 있다. 재난관리 조직으로서의 Network는 하나의 기관이 독자적으로 문제해결을 할 수 없는 사안들에 대하여 정부주도로 운영되는 다수조직 참여형태의 공공관리 Network를 말한다. 이러한 Network 조직은 책임이 분산되고 성과를 평가함에 있어 다수기관들의 중복적 업무수행으로 인하여 산정하기 쉽지 않은 단점이 있다.

오늘날 재난관리에 있어 네트워크 조직의 중요성은 증가하고 있으며 공공네트워크 관리는 관료적 권위주의로 인식되는 위계적 모델과 경쟁한다. 특히 재난대응 과정은 다양한 내용을 담고 있고 이런 기능과 업무수행을 위해서는 공공, 민간, 자원봉사자 등과의 협력적 Network 관계는 필수적이다. 재난관리 과정에서 Network의 이론적 틀을 살펴보면 Network는 위계적이고 시장 논리에 지배되지 않으면서 느슨하게 모든 조정을 통합하기 위해 사용된다. 그래서 콰렌텔리(Quarantelli, 2005)는 대규모 재난대응 단계에서 네트워크의 조직적인 요구를 관리하는 것은 성공적 재난관리의 핵심이라고 했다. 이들 네트워크 조직들은 계획된 조직과 즉흥적인 조직들로 구성된다.

(3) 생태학적 모델

생태학적 이론의 기본은 모든 시스템들은 역동적이고, 모든 것은 상호 연결되어 있다는 것이다. 즉 인간의 모든 관계와 상호작용은 생태학적인 맥락에서 이해될 수 있다는 것이다. 많은 과학자들은 복잡한 인간 행동들을 이해하고 표현하기 위해서 생태학적인 접근을 적용해왔다.

개인과 가족들은 생존을 위해 3~7일간의 생존 kits를 준비해야 한다. 또한 공식적인 대피계획 수립과 훈련, 개인 위생관리를 하게 된다. 이 처럼 개인과 가족들의 재난관리 노력들은 지역사회나 조직 수준의 생태모델에 큰 영향을 미치게 된다. 왜냐하면 대규모 재난 시 1차적인 구조 활동은 대부분 이들 개인들과 가족단위에 의해 이루어지기 때문이다. 직장, 병원, 학교와 같은 그룹들과 다른 조직들 역시 다른 수준의 생태적 재난관리 모델이다. 재난의 준비와 계획들은 해당시설과 사람들에 초점을 두면서 피난과 대피, 지원계획을 갖게 된다. 재난훈련은 사람들의 재난대처 능력과 역량을 향상시키게 된다.

기타 수준별 생태 모델들로는 지역사회 수준의 생태모델, 지방정부 단위의 생태모델, 국가 단위의 생태모델들이 있다. 국가단위의 생태모델에는 국가단위의 사고관리시스템을 정의한 NIMS와 연방정부의 협력계획인 NRF와 같은 계획이나 시스템들이 동원된다. 생태학적 모델과 이들 계획들은 준비, 완화, 대응, 복구과정에서의 조직 상호간의 협력, 조정, 의사소통의 중요성을 강조한다. 생태학적 모델의 재난관리는 계획, 준비, 대응, 복구단계를 통합하는 포괄적인 시스템 모델이다.

(4) 합리적 대안

현대적 조직관리 이론은 모든 상항에 적합한 하나의 이상적인 구조를 갖춘 모델은 없음을 강조한다. 특히 오늘날 재난관리는 다양한 지식, 기술, 자원들의 총합적인 운용으로 이루어진다. 또한 공공분야, 민간분야, 자원봉사분야들의 협력적인 활동과 참여로 재난관리 조직의 목표는 완성된다. 따라서 재난관리 조직의 효과적인 조직구조와 기능을 구축하기 위해서는 조직업무의 특성, 환경의 특성, 국가적 여건을 감안하여 조직의 구조를 결정할 필요가 있다.

재난의 대응과 복구단계는 신속성과 통합적인 노력들이 필요하기 때문에 위계모델과 네트워트적 특징을 동시에 갖는 조직이 유리할 수 있다. 하지만 다수의 조직과 이해관계자들의 의사결정과정에 참여하는 재난의 완화와 준비 단계적 특징을 고려하면 네트워크적 특징을 갖춘 조직이 유리할 수 있다. 또한 생태적인 모델의 구축과 관리는 국가재난관리 전반에 긍정적인 작용을 가져올 수 있다.

4) 재난관리 및 대응조직 모델

재난의 공공관리를 누가하는가에 따라 재난관리 및 대응 모델의 형태는 달라진다. 재난관리 및 대응조직 모델의 종류는 ① 응급서비스(Emergency Service, ES) 모델, ② 공공행정(Public Administration, PA) 모델, ③ 민방위(Civil Defence, CD) 모델과 같은 형태로 구분된다. 이들 세 모델들은 재난관리를 하는 과정에서 관리주체조직, 지휘통제방식, 중점관리단계, 관리방식에 따라 다양한 특징을 갖고 있다(표 4-21). 지금까지 재난관리 분야는 군, 소방, 재난 전문가그룹 등과 같은 다양한 분야의 이해관계자들이 재난관리 분야의 주도권을 두고 협력, 대립, 갈등하면서 성장해 왔다.

초기 민방위 위주의 재난관리가 이루어졌을 당시는 민방위 모델이 지배적이었다. 이후 자연적, 기술적 대형 재난사고의 빈발과 더불어 응급서비스 모델과 공공행정 모델이 등장하게 된다. 또한 관료적, 지배적 재난대응 조직의 필요성이 부각되면서 민방위 모델이 수정 보강된 모델 형태인 지배모델이 등장하게 된다. 이들 다양한 모델 중 최선의 모델을 선택하기는 쉽지 않다. 그래서 전문가들은 지역실정에 맞는 재난관리 및 대응조직 모델을 선택하기 위해서는 ① 지역 재난관리 조직과 문화, ② 다른 기관들과의 상호작용의 성질, ③ 재난관리 역할에 관한 일반적 가정과 인식 같은 요소들을 고려해야 한다고 주장하다.

(1) 응급서비스(ES) 모델

응급서비스 모델은 재난관리 단계 중 응급 서비스를 제공하는 재난대응 단계에 최우선적 관리초점을 둔 모델 형태이다. 그래서 재난대응 기능을 재난관리의 최우선적 책무로 강조하고 완화, 준비, 복구, 공공인지, 정부연속성과 같은 재난관리 과정상의 다른 기능들은 2차적으로 다루는 경향이 있다. 초기 민방위 모델이 주도적일 때는 재난관리의 책임은 군이나 민방위 기관에 초점을 두었다. 하지만 민방위 모델이 퇴색해지면서 다수의 재난관리자들은 소방 서비스와 제휴하여 업무를 추진하게 되었다. 초기 소방조직은 재난관리를 잘 이해하지 못했으며 그 당시는 소방업무가 우선이고 재난관리 업무는 뒷전이었다.

이 모델의 특징은 ① 비상대응에 사용되는 사람, 장비, 절차는 강조된 반면 부처 간의 협력과 조정 및 의사소통에는 상대적으로 소홀했다. ② 상호작용은 주로 응급 서비스 기관들 상호간에 이루어졌다. ③ 참여기관들의 업무영역에 대한 불만들이 많이 발생하였다. ④ 응급서비스 기관내의 부가적인 임무로서 재난관리는 다루어 졌다.

지역과 국가의 재난관리시스템 내에서 재난관리와 응급서비스 기관들의 기능과 역할에 대한 경계는 여전히 불분명하다. 이는 지역적, 국가적 여건이나 재난의 종류와 규모에 따라 선호도나 효율성이 달라지기 때문이다. NFPA 1600은 소방서비스 주도의 재난관리 활동을 채택한 기준이다. 따라서 수많은 지역과 국가들의 경험적 증거에 근거하여 ES 모델의 사용은 꾸준히 증가하고 있다. 재난대응 계획도 응급서비스 기관들의 책임과 역할로 되는 경향이 있다. ICS 모델은 ES 모델과 EOC 속의 모델로서 성공적으로 사용되고 있다. 하지만 오늘날 현대적 재난관리 모델은 응급서비스(ES) 모델과 공공행정(PA) 모델의 두 가지가 있다. 재난대응 모델의 채택에 있어 국가적 특성에 따라 다양하지만 오늘날 대부분의 선진국에서는 일반적으로 재난관리 단계 중 완화, 복구단계는 공공행정(PA) 모델이 주가 되고, 대응과 준비단계는 응급서비스(ES) 모델이 축이 되는 구조를 갖는다고 볼 수 있다.

오늘날 모든위험 관리적 접근은 테러를 재난의 범주에 포함한다. 테러 관리는 ES 모델의 방식에서 움직인다. 따라서 테러의 등장은 PA 모델에서 ES 모델로 초점을 옮겨가고 있다. 그러나 이 모델의 단점으로는 재난대응과 준비단계를 제외한 완화와 복구단계의 관리는 상당히 제한적다. 또한 시장 군수와의 접촉과 교류부족으로 정책결정의 고립을 초래하기도 한다.

(2) 공공행정(Public Administration, PA) 모델

재난관리 기능은 정부가 위기동안 통합적으로 효과적인 활동을 가능하게 하는 사전 계획된 메커니즘을 제공하는 것이다. 특히 현대적 재난관리의 특징인 포괄적, 통합적 재난관리와 어울리는 모델이다. PA 모델은 재난관리는 정부행정의 중요요소로 인식한다. 재난관리를 응급서비스 기관의 기능이나 하부기관의 기능이 아닌 정부의 전반적 행정의 분리된 요소임을 강조한다. 즉 재난관리는 국가적 위기로서 정부가 수행하여야 할 주요핵심 기능으로 간주한다. 그래서 정치적 관심을 중요하게 생각하며 사회적, 심리적 요소들도 재난관리 과정에 포함된다. 이 모델은 응급서비스 대응뿐만 아니라 재난관리 단계 전반에 관한 포괄적인 관리의 중요성을 강조한다. 특히 이 모델은 재난관리 과정에서 모든 정부와 민간의 노력의 조정과 통합을 강조한다.

이 모델의 단점으로는 응급서비스 조직들의 지원 없이는 재난대응 단계관리에 한계를 갖는다. 지나치게 전문성을 강조하여 조직이 필요 이상으로 비대해질 수 있으며 경제적이지 못한 조직이 될 수 있다. 또한 PA 모델은 비상대비에 초점을 두거나, 민방위 영역이 확대될 경우 과거 민방위 모델의 재현으로 비추어질 수도 있다.

(3) 민방위(Civil Defense, CD) 모델

민방위 모델은 과거 민방위 시절의 군사적 모델로 시대적인 변화와 더불어 이 모델은 구식으로 인식된다. 민방위 프로그램은 재난관리의 모든위험 접근(AHA)으로 진화하기도 했다. 대부분의 지역에서는 소방이나 경찰조직에 재난관리 업무에 대하여 이중의 임무를 수행하도록 하였다. 이후 민방위 모델은 PA 모델로 발전하게 되었다. 재난관리 분야의 군사적 유산은 ICS를 기본으로 캘리포니아 표준재난관리시스템(Standardized Emergency Mangement System SEMS)으로 발전했다고 하는 주장도 있다.

이 모델은 군사적 모델로 인식되며 지휘통제에 의한 지배적인 재난관리(Dominate model, C2) 모델이다. 드래백은 지역재난 계획에 가장 폭넓게 사용되는 이 모델의 장· 단점을 지적 한 바 있다.

이 모델의 장・단점으로는

① 이 모델은 군사 계획과 관료적인 조직이론을 갖는다.

② 틀에 박힌 활동과 과정상의 통제를 통해 인간을 기계적 행동 흐름처럼 고도의 효율적인 단위로 조직화된다.

③ 지휘와 통제의 모델은 지역 재난관리자들에 실패를 안겨준다.

표 4-21 재난관리 조직의 형태

구 분		담당조직	접 근	강조 활동	관리방식
Dominate Model	민방위(CD) 모델	군사조직	지휘통제 CC	대응단계	Top Down 엄격한 통제
Problem Solving	응급서비스(ES) 모델	시민조직 (비상업무)	지휘통제조정 CCC	대응단계	Bottom Up 조정분산
	공공행정(PA) 모델	시민조직 (전문행정)	지휘통제조정 CCC	포괄적 관리	Bottom Up 조정분산

제3절
위험관리 이론(Risk Management Theory)

우리 주위의 재난위험은 잠재적인 위험으로 존재한다. 따라서 재난을 관리한다는 것은 잠재적인 위험을 관리하는 것에서부터 시작된다. 지역사회를 위협하는 위험요소를 정확하게 정의하고, 위험요소들과 그로 인한 재난결과의 수준을 아는 것을 위험평가라 하며 재난관리 과정의 핵심이다. 이러한 위험평가 자료는 재난관리 전 단계에 활용되고 적용된다. 그래서 오늘날 재난관리 단계에는 위험평가 및 관리 단계가 반드시 포함된다.

위험(Risk)은 어떤 사건이 발생하여 목표달성에 부정적인 영향을 미칠 가능성이다. 위험관리(Risk Management)는 목표달성에 부정적인 영향을 미칠 불확실성을 관리하기 위해 시도되는 과정이다. 즉 위험관리는 위험을 정의하고 임박한 영향을 줄이기 위해 적절한 조치를 취하는 것이다. 하지만 발생할 가능성이 있는 특정 위험(Risk)에 대한 정확한 통계적 가능성과 결과를 정할 수 있는 정보들은 많지 않다. 재난관리자들은 이런 여건 하에서 특정재난의 과거발생 기록이나 경험, 전문가적인 식견을 통해 특정위험에 대한 위험(Risk)을 산정하고 관리할 수 있어야 한다. 재난관리자들은 대부분 표준화된 위험의 측정 방법에 따라 어떤 위험요소(Hazard)의 발생 가능성과 그로 인한 결과를 산정한다. 그래서 우리주변의 다양한 위험요소들(Hazards)은 위험(Risk)으로 계산될 수 있고 그 위험들은 심각도에 따라 관리의 우선순위나 투자비용을 결정할 수 있다.

재난관리자에 의해 수행되는 분석의 깊이는 ① 투입되는 시간과 예산, ② 위험의 심각성, ③ 위험의 복잡성과 같은 세 가지 요소들에 의존한다. 위험의 정의와 특성화 과정에서 수집한 정보에 따라 재난관리자들은 개별 위험요소들에 투자할 노력의 수준과 자원들의 규모를 결정하여야 한다.

1 위험의 산정과 실행

1) 위험의 산정과 표현

위험에 관한 가장 단순하고 일반적인 정의에 대하여 안셀과 와톤(Ansell & Wharton, 1992)은 위험(Risk) = 가능성(Likelihood) × 결과(Consequence)라고 정의한다. 즉 위험은 어떤 위험요소의 발생 가능성과 그것으로 인한 충격의 결과로 위험의 크기를 산정할 수 있다.

(1) 위험의 산정

위험요소에 관한 자료와 정보가 충분할 때 위험의 정도는 측정되고 비교가 가능하다. 각각의 위험요소의 발생 가능성과 결과의 결정과정은 수적, 양적 자료들을 정성적 측정 시스템 속에 전환하는 것으로부터 시작한다. 하지만 위험요소들에 대한 충분한 정보가 없을 때는 정성적, 정량적 측정의 조합을 활용하는 것이 유용하다.

위험 발생 가능성의 수치적 분석은 재난을 유발하는 위험요소의 발생 가능성에 관한 통계적 가능성을 찾는 것이다. 이러한 분석들은 정의된 위험요소들을 묘사하는 과정에서 수집된 역사적 자료에 근거하는 경향이 많다. 재난발생 가능성의 수치적인 분석을 수행하는 재난관리자들은 표준화된 수치적 측정을 하여야 한다. 가장 일반적으로 사용되는 가능성에 대한 수치적인 측정은 연간 발생하는 특정 위험요소의 발생횟수이다. 예를 들어 1년에 3번과 같이 표현된다. 강도와 정도에 따라 동일한 위험을 구분할 필요도 있다. 예를 들어 지진의 규모나 강도에 따라 그 위험의 발생 가능성을 구분하여 산정하는 것이다.

규칙적으로 발생하는 재난들은 발생 횟수를 계산하기는 쉽다. 하지만 재난발생 가능성과 결과를 수치화하기에는 충분한 정보나 고도의 신뢰가 없는 경우나 재난이 빈발하지 않고 분명한 양상도 없을 때에는 위험의 가능성을 결정하기는 쉽지 않다. 이때에는 정량적 분석 방법들이 사용된다. 예를 들어 해당지역에서 발생한 기록은 없지만, 테러, 항공기 사고와 같이 가능성이 전혀 없지 않은 재난의 경우 해당된다.

재난결과의 수치적 분석은 사상자, 자산, 인프라 등의 직접적 손실과 재난관련 간접적 손실들을 결정하는 것이다. 위험 각각의 정도와 강도의 기대되는 결과를 분석할 필요도 있다. 위험의 발생 가능성 산정처럼 위험결과 산정 역시 역사적인 자료의 조사에 의해 시작된다.

효과적인 정량적 위험분석은 4단계를 이용해 수행된다.

① 각각 한정된 위험요소들의 수치적인 가능성을 산정한다.

② 각각의 위험요소로 인해 기대되는 인적, 경제적, 재정적 피해 결과를 산정한다.

③ 지역을 위협하는 정의된 위험의 가능성과 결과를 측정하기위한 지역적으로 맞는 정량적 시스템을 개발한다.

④ 각각의 위험요소의 가능성과 결과에 대한 모든 수치적인 자료를 정량적인 측정량으로 변형한다.

표 4-22는 정량적 위험분석에 필요한 기본적인 요소들의 사례를 보여준다.

표 4-22 정량적 위험분석의 기본요소

사 건	발생 확률	재난손실	누적 확률
E1	P1	L1	P1=P1+P2+Pn=1
E2	P2	L2	P2=P2+...Pn
En	Pn	Ln	Pn=Pn

출처 : 크레우스키 (Krewski, 1982) * 증가 순으로 정렬 (L1<L2...<Ln)

표 4-23 재산손실 확률

재산 손실($)	확 률	초과누적 확률(Exceedance)
0	0.95	1.000
10,000	0.030	0.050
50,000	0.015	0.020
100,000	0.005	0.005

예를 들어 표 4-23에서 재산손실이 전혀 없을 확률은 95%이며, 재산손실이 50,000($) 이상일 확률은 2%가 된다.

재난사고의 발생 확률을 나타내는 방법들은 다양하다. 평균재발간격(Average Recurrence Interval, ARI)은 매 X년 마다 어떤 위험이 한번 발생할 가능성을 나타낸다. 또한 연간 초과확률(Annual Exceedence Probability, AEP)은 어떤 위험의 발생 가능성이 어떤 1년 동안 같거나 초과하는 확률을 나타낸다.

정량적인 위험분석에 의한 대부분의 결과는 약간 부정확하다. 어떤 경우에는 부정확성이 커서 위험분석 결과가 문제시 될 때도 있다. 그래서 위험분석 결과의 보완 차원으로 불확실성(Uncertainty) 분석이 이루어진다. 불확실성에 대한 범주는 ① 우연에 의한 것(Aleatory), ② 지식에 의한 것(Epistemic)과 같이 두 가지가 있다. 주사위 굴리기와 같은 우연에 의한 불확실성은 자연적 변수와 무작위에 의해 유발되는 부정확성이다. 즉 주사위를 굴려 어떤 수가 나올지 불확실한 것이다. 이런 종류의 불확실성을 우연에 의한(Aleatory) 불확실성이라고 한다. 지식에 의한 불확실성은 충분하지 못한 지식에서 오는 부정확성이다. 예를 들어 지진의 발생확률은 확률산정에 필요한 정확한 지식이 부족하여 위험의 부정확성이 발생한다. 이 같은 불확실성을 지식에 의한 (Epistemic) 불확실성이라고 한다. 불확실성의 발생은 여러 가지 원인이 있을 수 있다. 위험산정 과정에서 부정확성이 발생하는 원인으로는 부적절한 모델의 이용, 시스템 기능의 곡해, 잠재적인 사고 시나리오 정의의 실패, 지표(Parameter)의 불확실성, 완전함(Completeness)의 불확실성 등이 있을 수 있다.

불확실성의 검증방법으로는 ① 분석적 방법(Analytical Methods), ② 몬테 카를로스 시뮬레이션(Monte Carlo Simulation)이 주로 사용된다. 몬테 카를로스 시뮬레이션은 알 수 없는 확률적 사안의 분포를 얻기 위해 확률분포의 각 변수들로부터의 반복적인 샘플링에 의해 수행된다.

민감도 분석은 불확실성 분석과는 다르다. 민감도 분석의 목적은 모델이나 투입 값 을 바꾸어 수학적 모델의 산출 변화를 결정하는 것이다. 민감도 분석을 통해 ① 모델의 적정성을 평가하고, ② 보다 정확한 값을 얻기 위해 중요한 지표를 결정하고, ③ 모델의 최소 변화의 효과를 결정하고, ④ 사용된 모델 시스템의 작용을 이해하는 것이다.

일반적으로 위험요소의 발생 가능성과 결과 산정에는 5가지 방법이 주로 사용된다.

① 위험 원천과 관련 있는 과거의 통계적 자료를 수집

② 위험요소나 기술적 구성요소와 관련 있는 통계적 자료 수집

③ 정의된 인구 샘플 내에서 위험요소에 대한 노출과 부정적 효과 사이의 통계적 연관성을 찾을 목석으로 실시하는 실험적 연구

④ 불충분한 통계적 자료뿐인 특정사건들에 대한 전문가 또는 의사결정자들의 최선의 가능성 산정

⑤ 시나리오 기술을 통한 최선과 최악에 근거한 위험요소에 대한 노출과 결과를 산정하는 방법이 있다. 이들 모든 방법들은 같거나 유사한 위험요소들의 과거 성과나 실험적 통계에 근거한다.

(2) 위험의 표현방법

위험의 발생 가능성과 위험요소로 인한 부정적 결과의 표현 방식은 두 가지 방법이 사용된다. 정량적(Qualitative) 방법과 정성적(Quantitative) 방법이다.

① 정성적(Quantitative) 분석은 위험의 수적인 표현을 이끌어내기 위해 수학적, 통계적인 Data(정확한 숫자)가 사용된다. 예를 들어 "1%의 가능성"과 같은 표현이다.

② 정량적(Qualitative) 분석은 위험의 가능성과 결과를 분류하거나 표현하기 위해 가능성의 범위를 정의된 단어를 사용한다. 예를 들어 "확실하다"와 같은 표현이다.

정성적 분석 과정은 비용과 시간이 많이 투자된다. 반면 정량적 분석은 상대적으로 적은 비용과 시간이 투자된다. 그래서 일반적으로 정량적인 분석이 선호되지만 정확한 분석이 요구되는 경우에는 정성적 방법을 통한 분석을 해야 한다. 일반적으로 이들 두 가지 분석을 병행하여 활용하는 경우가 많다.

정량적 분석의 표현들과 정석적 분석의 기준과 비교하면 아래와 같다.

- 확실하다(Certain) : 99% 이상 가능성
- 많이 그렇다(Likely) : 50∼99% 가능성
- 가능할 수 있다(Possible) : 5∼49% 가능성
- 많이 그렇지 않다(Unlikely) : 2∼5% 가능성
- 거의 그렇지 않다(Rare) : 1∼2% 가능성
- 절대로 어렵다(Extremely Rare) : 1% 이하 가능성을 표현한다.

2) 위험발생 가능성(Likelihood)

(1) 가능성의 표현방법

위험요소의 발생 가능성(Likelihood)은 확률(Probability)또는 빈도(Frequency)로 나타낼 수 있다.

① 빈도(Frequency)는 제한된 시간 내에 어떤 사건이 일어날 수 있는 횟수를 말한다. 예를 들어 교통사고 사망자 발생 빈도는 운전자가 5억 킬로미터를 운전할 때 1건의 빈도로 발생한다.

② 확률(Probability)은 단순한 사건의 시나리오를 말한다. 확률은 사건이 한번 발생할 수 있는 경우로 0과 1사이에 있다. 0은 발생가능성이 없다는 것이며, 1은 확실히 발생한다는 것이다. 예를 들어 한사람이 500 킬로미터를 운전할 경우 교통사고 사망

확률은 0.000001의 가능성이 있다.

위험산정 과정에서 사용되는 위험이나 위험요소의 발생가능성과 결과는 모두 잠재적인 수치이며 결정방법은 정성적 방법과 정량적 방법이 사용된다. 이때 가능성은 빈도나 확률에서 이끌어낼 수 있으며 빈도는 선택된 시간범위 내에서의 기대되는 실제사건의 결과로 표시된다.

(2) 가능성의 산정결과

위험발생 가능성은 정성적, 정량적 방법으로 그 결과를 산정할 수 있다. 정성적 방법으로 빈도를 나타낼 때는 1년에 4회, 10년에 1회, 100년에 1회 등과 같이 나타내고, 확률은 0과 1사이 또는 0%와 100% 사이에서 나타낸다. 예를 들어 100년 홍수(100-year flood)의 경우 1/100로 나타낼 수 있어 확률은 1% 또는 0.01로 나타낼 수 있다. 50년 빈도의 홍수(50-year flood)는 1/50의 발생 빈도를 말한다. 즉 2%, 0.02의 확률을 의미한다. 향후 3년간 2회에 발생이 기대되는 사건은 매년 0.66의 확률, 즉 66%의 발생 가능성을 의미한다.

위험의 발생 가능성을 정량적으로 표현할 수 도 있다. 이 때 각각의 단어들은 지정된 가능성의 범위를 갖는다. 정량적 방법은 가능성을 “확실하다”, “가능할 수 있다” 등으로 나타내는 방법이다. 발생가능성이 낮고 그 결과가 큰(Low Probability High Consequence, LPHC) 재난위험과 특정위험 관련 기록들이 많지 않아 정성적 분석이 어려운 경우 대부분 정량적 방법으로 위험가능성을 산정한다.

3) 위험의 결과(Consequence)

위험의 결과(Consequence)는 인간, 건물, 경제, 환경에 대한 위험요소의 영향을 표현한 것이다. 일반적으로 재난위험의 결과(Consequence)를 결정할 때에는 ①사망자(Deaths/Fatalities), ②부상자(Injuries), ③피해(Damages) 비용(미국의 달러)과 같은 세 가지 요소들이 사용된다.

(1) 재난피해의 구분

가장 일반적인 재난피해의 구분은 직접· 간접피해와 유형· 무형의 손실로 구분한다(표 4-24).

표 4-24 피해의 종류

구 분	피해 내역
직접손실 (Direct losses)	사상자, 부상자, 구조물의 복구비용, 복귀비용, 사업 inventory 손실, 수입손실, 지역대응비용, 청소비용 등
간접손실 (Indirect losses)	수입의 감소, 사업의 input output 손실, 사업 감소, 개인지출, 기관적 지식의 손실, 정신적 질병, 가족사망
유형의 손실 (Tangible losses)	건물복구 비용, 대응 비용, 재고목록의 손실, 수입의 손실
무형의 손실 (Intangible losses)	문화적 손실, 스트레스, 정신적 질병, 감성적 가치, 환경적 손실

재난관리 과정에서는 가상적 재난에 대한 재산피해를 미리 예상하여 산정하기도 한다. 좋은 일례로 미국지리조사국(USGS)은 가상홍수 재난의 결과를 예측하기 위해 ARKStorm 시나리오를 활용한바 있다. 이 시나리오 상의 재산손실은 400 billion$로 허리케인 Katrina (148 billion$) 사고 시보다 많은 재산피해가 발생하는 것으로 예측되었다. 특정 시나리오의 재난위험에 대하여 재난의 결과 즉 피해를 미리 예측하여 산정하는 것은 아주 어려운 과정으로 대부분의 경우 피해예측 도구를 사용한다. 미국의 경우 피해예측 도구인 HAZUS를 운영 중이다. HAZUS는 지진, 홍수, 허리케인으로 인한 잠재적 손실을 산정하여 재난관리 전반적인 과정에 활용하기 위한 표준 예측모델이다.

(2) 피해 상호비교

재난위험의 결과는 일반적으로 인명피해와 재산피해 비용으로 산정하는 것이 일반적이다. 재산피해 비용 산정 시에는 사회적 경제적 피해와 같은 간접피해를 포함하여 산정할 수도 있다. 하지만 다양한 종류와 규모의 재난사고를 상호 비교하는 것은 쉽지 않다. 어떤 재난은 인명피해가 많을 수 있고 어떤 재난은 인명피해 없이 많은 재산피해만 발생하기도 한다. 이 경우 이들 두 재난을 상호 비교하여 재난의 규모를 판단하기는 어렵다. 즉 인명피해와 재산피해를 상호 비교하여 재난의 규모를 결정하기는 쉽지 않다.

그래서 웨스트(West, 2012) 등은 초대형 재난의 규모를 결정하기 위해 인명피해를 재산의 가치로 환산한 통계적 생명 값(Value of Statistical Life, VSL)을 활용했다. VSL 비용은 일반적으로 사망자 1명당 5백만$에서 1천만$ 사이로 산정하였다. 미국 국토안보부(DHS)의 경우 어떤 공격 시나리오로 인한 사망자 1명에 대하여 6백만$로 산정하기도 했다. 비록 정확하지는 않지만 이 같은 방법으로 두 종류의 다른 재난을 상호비교 하기도 한다.

(3) 위험의 결과(Consequence) 산정

위험의 결과 역시 정성적, 정량적 방법으로 산정한다. 위험의 결과에 대한 정성적 표현 방법은 사상자, 부상자, 피해액에 대하여 구체적인 수치로 산정하는 것이다. 예를 들어, 사망 10명, 부상 100명, 피해액 50,000 $와 같은 형태로 표현된다. 위험의 결과에 대한 정량적인 표현 방법으로는 경미한 피해, 중한피해, 심각한 피해 등과 같이 아주 다양하게 표현할 수 있다.

EMA(2000)는 위험의 결과에 대한 정량적 측정기준으로 ① None(사망자 없음), ② Minor(적은수의 부상자, 하지만 사망자 없음), ③ Moderate(사망자 없지만 의료적 치료가 요구됨), ④ Major(다수의 부상자, 상당수의 입원, 사상자들), ⑤ Catastrophic(수많은 중상자, 수많은 입원, 다수의 사망자)과 같이 재난의 규모를 정량적으로 분류하였다(표 4-25). 또한 일반인들이 사건규모를 쉽게 이해할 수 있도록 도와주기 위해 1~20명의 사상자는 Major, 20명 이상의 경우 Catastrophic으로 구분하고 있다.

표 4-25 정량적 사고구분

구 분	기 준
경미한(Insignificant)	사상자와 부상자가 없음
소형(Minor)	적은수의 부상자, 사상자는 없음(응급조치만 요구됨)
보통(Moderate)	의료치료가 요구됨, 사상자 없음, 일부는 병원진료
대형(Major)	다수의 부상자, 사상자, 상당한 병원진료
초대형(Catastrophic)	아주 많은 사상자와 병원진료가 필요한 심각한 부상자들

4) 위험 매트릭스(Risk Matrices)

위험 매트릭스(Risk Matrices)는 사고나 사고 시나리오의 결과와 빈도를 테이블 형식의 표현으로 다양하게 표현될 수 있다. 위험 매트릭스를 통해 다수의 위험들에 대한 상대적 위험성을 상호 비교할 수 있다. 특히 위험 매트릭스를 활용하여 지역의 다수의 위험에 대한 관리의 우선순위를 결정할 수 있다. 위험 매트릭스를 작성하기 위해서는 각각의 위험에 대한 발생가능성과 그 위험들로 인한 결과를 우선적으로 산정하여야 한다.

이때 위험의 발생가능성(Likelihood)과 결과(Consequences)는 위험의 특성이나 위험평가 수준에 따라 정량적, 정성적으로 산정될 수 있다. 라우센드(Rausand, 2011)는 재난의 발생빈도를 표 4-26과 같이 구분하였다. 일반적으로 위험요소의 발생빈도와 위험요소로 인한 결과는 5단계로 구분하는 것이 일반적이다. 표 4-27은 위험의 발생가능성과 위험의 결과에 대한 정량적 산정결과를 근거로 위험 매트릭스 작성 테이블을 보여준다.

표 4-26 재난의 빈도수준

Category	(빈도 / Year)	표 현
5. Fairly normal	10～1	흔히 발생할 것으로 예상되는 사건
4. Occasional	1～0.1	개인적으로 그때그때 따라서 발생
3. Possible	0.1～0.001	흔치 않지만 개인적으로 발생할 가능성 있음
2. Remote	0.001～0.00001	매우 흔치 않음
1. Improbable	0～0.00001	극히 드문 사건

*빈도수준(1. 극히 드문, 2. 흔치 않은, 3. 가능한, 4. 경우에 따른, 5. 아주 흔한)
출처 : 라우센드(Rausand, 2011) 재편집

표 4-27 위험 매트릭스

Probability/ Consequence	1. Improbable	2. Remote	3. Possible	4. Occasional	5. Fairly Normal
Catastrophic 5	6	7	8	9	10
Severe loss 4	5	6	7	8	9
Major damage 3	4	5	6	7	8
Damage 2	3	4	5	6	7
Minor damage 1	2	3	4	5	6

*결과수준(1. 경미한, 2. 보통, 3. 주요, 4. 심각한, 5. 최악의 피해)
출처 : 라우센드(Rausand, 2011) 재편집

5) 수용 가능한 위험(Acceptable Risk)

위험은 수용여부에 따라 위험을 수용할 수 없는 위험(Unacceptable level of risk), 견딜 만한 위험(Tolerable level of risk), 수용할 수 있는 위험(Acceptable level of risk)으로 구분한다. 위험의 수준에 대한 기준을 정하는 것은 아주 복잡하고 어려운 결정과정이다. 정확한 위험수준에 대한 기준을 설정하는 것은 과학적 관점에서의 필요한 증거수집이 필요하고 사회적 가치와 규범을 적용하는 복잡한 의사결정 과정이다. 합리적 수준결정을 위해서는 위험산정, 불확실성, 위험의 특성, 위험의 심각성, 위험경감수단, 위험과 수익에 대한 비교, 사회적 갈등, 법률적 요구, 공공의 수락과 같은 복잡하고 다양한 요소들이 세밀하게 고려되고 반영되어야 한다.

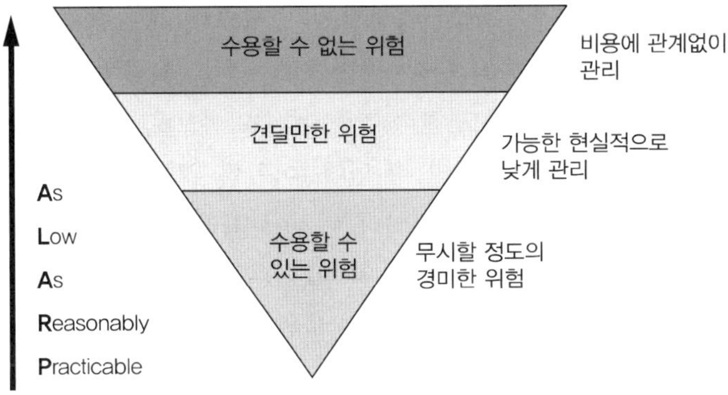

그림 4-12 실행 가능한 낮게 관리할 위험수준(ALARP)

① 수용할 수 없는 위험(Unacceptable level of risk)은 위험의 크기가 너무 커서 적극적으로 관리해야할 위험이다. 즉 위험관리에 소요되는 비용에 관계없이 적극적으로 관리해야할 위험수준이다. 수용할 수 없는 위험이 기술적 위험요소일 경우 해당 위험요소는 폐기되거나 다른 대안으로 대체되어야 하고, 자연적 위험요소일 경우는 해당위험요소를 선택하거나 대체할 수 없기 때문에 취약성과 노출을 적극적으로 제한하거나 경감하여야 한다.

② 견딜만한 위험(Tolerable)은 적절히 조정할 수도 있고 확실한 혜택이 보장될 때는 위험과 같이 살 수 있는 범위를 말한다. 그렇다고 해서 이 수준의 위험이 무시할 만한 수준의 위험을 말하는 것은 아니다. 이 수준의 위험은 가능한 낮게 실행될 수 있게 해야 한다. 즉 다양한 방법으로 해당 위험은 관리되거나 경감되어야 한다. 이때 위험관리는 공공, 민간, 공공과 민간의 협력에 의한 형태로 관리될 수 있다.

③ 수용할 수 있는 위험(Acceptable)은 조건 없이 받아 들 일 수 있는 수준의 위험을 말한다. 현실적으로 무시할 수 있는 수준의 위험을 말한다. 하지만 수용할 수 있는 위험수준임에도 불구하고 위험관리 주체는 해당 위험에 대한 주관적 인식과 개별적인 여건에 따라 위험을 전이하거나 자발적인 경감노력들을 여전히 투자할 수도 있다.

표 4-27에서 평가된 숫자가 높은 수록 우선적으로 관리하여야할 위험이며, 숫자가 낮을수록 관리 우선순위가 낮은 위험이다. 위험 매트릭스를 통해 평가된 위험들은 그림 4-12와 같이 ① 수용할 수 없는 위험범위(Generally Intolerable Region), ② 견딜만한 위험범위(Tolerable Region Subject to ALARP), ③ 수용할 수 있는 위험(Broadly Acceptable Region) 범위로 구분하고 관리 우선 순위결정과 다양한 위험관리 전략에 의해 관리되어 진다.

수용할 수 있는 위험의 기준은 역시 정성적, 정량적으로 표현할 수 있다. 이들 기준들은 기관들, 기준들, 경험이나 이론적 지식, 규범으로 부터의 요구에 근거한다(표 4-28). 사회나 기업의 현재 가치에 근거하기도 한다. 위험을 수락함으로서 얻을 수 있는 혜택이 크면 자발적으로 많은 위험을 받아 들 일 수 있다. 이처럼 위험관리에 관한 기준을 정하는 것은 각 국가나 기업뿐만 아니라 개개인마다 여건에 따라 다양할 수 있지만 일반적으로 위험수용에 대한 한계값(Threshold Values)은 연간 1만분의 1이상의 위험은 받아들일 수 없는(Unacceptable) 수준으로 정의하고 즉각적인 조치가 필요한 위험으로 취급한다. 또한 100만분의 1미만의 위험은 적극적으로 수용할 수 있는 위험(Acceptable)으로 인식하고 있다. 대부분의 기관들은 ALARP 조건에 맞을 때를 결정하기 위해 효용에 근거한(Utility-based) 분석을 적용하고 있다고 했다.

수용 가능한 위험(Acceptable risk)이란 주위의 다양한 위험요소로 부터 모든 위험을 완전히 제거하는 것은 불가능하기 때문에 우리는 극히 적은 수준의 위험은 수용할 수밖에 없다. 하지만 위험 수준에 따른 경계를 설정하는 것은 쉽지 않다. 왜냐하면 수용 가능성이란 사회적인 가치, 위험요소에 관한 지식의 상태, 경보에 대한 신뢰, 노출에 대한인지와 연관되어 있기 때문이다. 따라서 수용가능한 수준이란 개인적, 지역적 차이에 따라 다른 개념을 가진다. 또한 젊은 사람들은 노인들에 비해 더 많은 위험을 받아들일 수 있다.

위험의 수용 가능성(Acceptability of Risk) 결정, 우선순위의 결정, LPHC 위험에 대한 정책적 결정과 같은 것은 정치적, 사회적인 결정으로 민주적인 과정을 통해 이루어진다. 그래서 앨레스(Alesch, 2001)는 지역과 인구적 특성의 차이에 따라서 수용 가능한 위험은 모든 사람들에게 보편적이지 못하며, 이것은 장소와 장소, 시간과 시간, 위험과 위험에 따라 다르다고 주장한다. 예를 들어 일본의 후쿠시마 원전사고 이후 출입제한 구역의 설정에 대하여 국가별, 지역별, 이해관계를 가진 다양한 사람들 사이에 다양한 이견이 있을 수 있다.

표 4-28 영국의 최소한의 위험한계

한계	확률(연간)		대상
상위	1 in 1,000	10^{-3}	작업자
	1 in 10,000	10^{-4}	공중(기존 산업공장)
	1 in 100,000	10^{-5}	공중(신 산업공장)
하위	1 in 1,000,000	10^{-6}	공중

출처 : HSE(1992)

6) 위험의 표현

(1) FN Curves

FN Curves는 위험을 표시하는 여러 가지 방법 중의 하나이다. FN Curves는 위험의 발생 빈도와 결과를 그래프로 나타낸 것이다. 이때 위험의 발생 빈도는 F(Frequency)로 표시하고 결과를 나타내는 사상자의 수는 N(Number of Fatalities)으로 표시되어 FN Curves를 형성한다. FN Curves는 일반적으로 ① 사고의 역사적인 기록을 보여 주기 위해, ② 정량적인 위험분석의 결과를 나타낼 때, ③ 정량적인 위험평가 결과로부터 참을 수 있는 위험과 수용 가능한 위험을 판단하기 위한 기준을 나타낼 때와 같은 세 가지 목적으로 사용된다.

그림 4-13은 사회적 위험기준에 관한 FN Curves를 나타낸 것이다. FN Criterion 라인들은 위험들의 관리수준을 폭넓게 수용할 수 있는 위험(Broadly Acceptable), 견딜만한 위험(Tolerable, ALARP), 위험을 수용할 수 없는 위험(Unacceptable) 수준으로 나타내 준다. 어떤 위험들로 인한 사상자수와 그 위험의 발생 빈도를 그래프 상에 표현하고 위험의 종류별 위험의 관리 수준의 결정을 보여주고 있다.

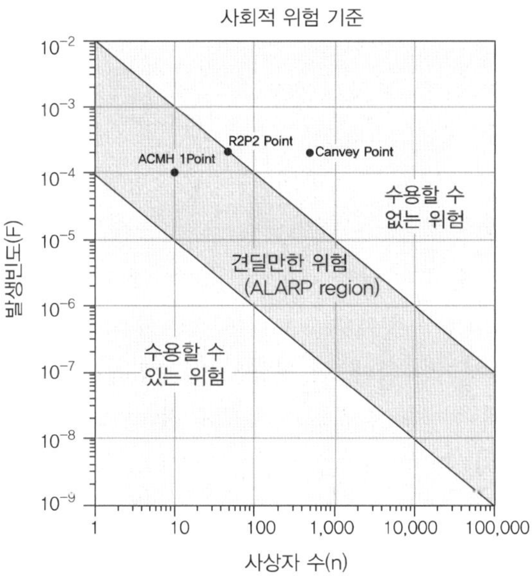

그림 4-13 FN Curves 예

출처 : http://www.alarp.plus.com

(2) 초과확률 곡선(Excedance Probability Curves, EP Curve)

EP 커버는 어떤 수준 이상의 손실이 초과할 확률을 그래프로 보여준다. 즉 사람과 자산의 위험에 대한 노출 정도를 평가하기 위한 기본적 측정수단이 초과확률 곡선(EP curve) 이다. EP 커버는 주어진 위치, 인프라시설, 위험에 대한 모든 사건의 가능성을 요약하기 위해 사용되는 기본적인 수학적 수단이다. 정확히 말해 EP 커버는 어떤 특정 위험에 대하여 주어진 시간 내에 특정 위치에서 최소한으로 예상되는 손실의 발생 가능성 "P"를 보여주는 것이다. 일반적으로 손실액 "Li"를 넘어설 가능성 "Pi"로 주어진다. 그림 4-14에서 X 축은 손실액의 정도를 나타내고, Y 축은 피해액이 이 수준을 넘어설 손실의 년 간 발생 확률을 나타낸다.

이 그래프의 장점은 EP 커버 아래쪽 부분은 평균 연간 손실(AAL)을 나타낸다. 즉 오랜 기간에 걸쳐 특정 지역에서 특정 위험에 대한 손실액을 매년 평균적으로 기대할 수 있는 값이다. 물론 그래프상의 수치들은 통계 값이기 때문에 어떤 해는 이보다 높기도 하고 어떤 해는 이보다 낮게 발생할 수도 있다.

재난관리 과정에서 완화정책들은 EP Curver를 아래쪽으로 이동시킬 수 있다. 즉 대표적인 완화정책인 재난위험경감(DRR) 활동을 통해 재난발생의 취약성을 줄일 수 있어 예상되는 손실 또한 감소시킬 수 있다(그림 4-14). 재난위험경감(DRR) 조치의 비용은 다양하게 산정할 수 있고, 이 산정결과를 근거로 B/C분석을 할 수 있으며, 최적의 조치 즉 가장 높은 비용편익비(BCR, B/C ratio)를 가지는 대안을 채택할 수 있다. 부족한 예산범위 내에서 효과적인 DRR을 선정하고 정책화하는 좋은 방법으로는 우선순위화와 효용한계를 활용하는 것이다.

예를 들어 지진발생 가능성 판단에 관한 EP Cover에 대하여 알아보자. 건물의 지진에 대한 취약성 판단에 있어 우선 첫째로 그 위치에서의 위험 즉 다른 빈도와 강도로 지반의 움직임의 가능성을 계산하여야 한다. 이 위험은 각 지역에서의 지진의 진앙에서부터 분포된 지진대에 이르기까지 지반의 움직일 가능성에 달려있다. 지반의 움직일 가능성은 각 원인에 대한 종합적인 가능성과 지진규모의 범위에 의해 결정된다. 결국, 해당 지역의 지질학적 특성은 지반의 움직임에 영향을 줄 것이다. 지진위험은 과거의 기록에 근본적으로 근거해서 미래에 관해 진술하는 것이다. 역사 이전의 사건에 대한 지질학적인 기록을 조사하고, 역사 이후의 사건들에 대한 기록을 측정하고, 지반의 흔들림의 반응을 측정하여 과학자들은 미래 지진의 발생의 위치, 강도, 빈도와 물리적인 영향을 지속적으로 연구한다. 하지만 불확실성은 여전히 크고 보다 신뢰할만한 평가절차를 확보하기 위해 과학자들은 많은 노력을 투입하게 된다.

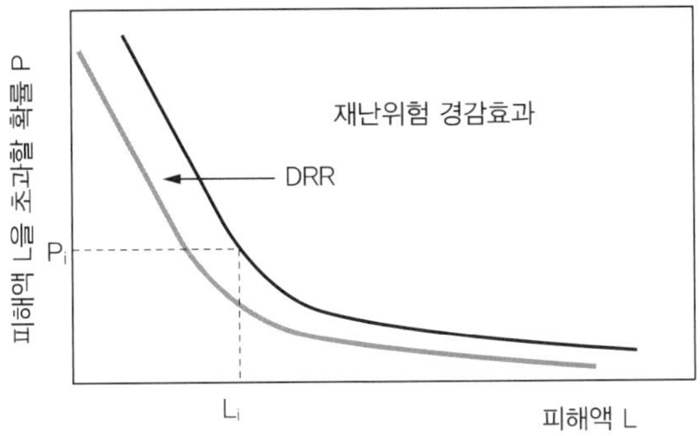

그림 4-14 EP Curve

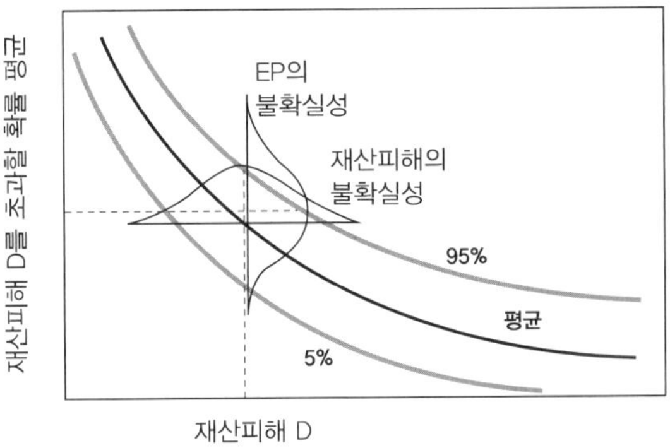

그림 4-15 완화조치 없는 주거용 건축물의 EP cover

건물들의 디자인과 공법은 다른 중요한 요소이다. 공학자들은 지진으로 부터의 파손 수준과 분포 성질에 관해 초점을 두고 있다. 이러한 활동들은 지반의 이동에 대한 건물의 다양한 수행에 관한 이해를 증가시키고 있다. 또한 오늘날 GIS의 발달은 지질학적, 공학적 자료 수집을 용이하게 해준다. GIS는 과거에 발생한 지진의 자료를 미래 재난의 계산을 위한 모델링 능력에 결합할 수 있다. 이것은 과학자들이 효과적으로 지진의 손실 평균비율과 특정 지진 시나리오로부터의 예상되는 손실을 산정할 수 있게 한다. 이 같은 정보에 근거하여 우리는 어떤 시나리오로 부터의 손실과 피해가 어떤 값 이상을 초과하는 연간 지진위험의 가능성을 나타내는 초과학률곡선(Exceedance Probability, EP)을 작성할 수 있다.

EP curve는 위험관리 도구들 중의 한 틀을 평가하기 위한 핵심요소이다. EP cover의 정확성은 다른 구조물에 다른 강도의 재난의 충격을 산정하는 지질학자와 공학자들 같은 자연위험 전문가들의 능력에 달려있다. 그림 4-15는 완화 조치 없는 상태에서의 지진발생 가능지역의 주거용 건축물에 대한 가상적인 EP cover를 나타내고 있다. 평균 EP cover를 둘러싼 신뢰성 간격들은 다른 강도의 지진으로 부터의 초과 확률산정뿐만 아니라 손실산정을 둘러싼 불확실성을 보여준다. 우리는 하나의 구조물에 구조적 보강이나 비구조적 보강 같은 특정 완화 조치들이 취해질 때 어떻게 평균 EP cover가 아래쪽으로 이동하고(안전하고), 어떻게 신뢰 수준들이 변하는지 이해할 필요가 있다.

7) 비용편익분석(Cost Benefit Analysis, CBA)

비용편익분석(CBA)은 주어진 과제의 효율성을 평가하고, 대안을 비교하며, 가장 쉽게 사업의 전체 비용과 경비를 알 수 있는 분석기법으로 기업, NGO, 정부조직에서 일반적으로 사용하는 분석 수단이다. 최근에는 재난위험 관리과정에서 완화, 준비, 대응 과정에서 적정 프로그램 수단을 선택하기 위해 많이 이용된다. 비용편익분석은 사업의 타당성 평가과정에도 일반적으로 사용되는 주요 의사결정 수단이다.

비용편익분석(CBA)은 부정적 태도를 가진 정책결정자들의 태도 변화에 결정적인 역할을 할 수 있다. 효율적인 자연적 재난위험 관리에서 CBA는 효과적인 재난위험 경감조치를 선택하는데 사용되고, 제한된 자원으로 비용 효과적이지 못한 사업들은 포기하고, 가장 유익한 사업을 선택할 수 있게 해준다.

자연적 위험과 그로 인한 잠재적 충격을 산정하기 위한 표준 접근은 자연적 재난위험을 위험과 취약성의 기능으로 이해하는 것이다. 비용편익분석 수단에 의한 정보들은 이처럼 흔히 일어나지 않는 위험관리에 대한 투자를 유발하기 위해 도움을 준다. 재난위험 관리의 맥락에서 CBA는 편익이란 충격으로부터 회피할 수 있는 이익을 말한다. 충격에는 사회적, 경제적, 환경적인 충격들이 있다. 나아가 이들은 직・간접으로 구분하고, 경제적, 비경제적 영향으로 구분될 수 있다. 재난위험 관리를 위한 CBA의 요소들은 위험을 분석하고, 위험의 평가에 근거하여 위험관리에 따른 관련비용을 산정하며, 위험경감의 효과를 경제적으로 분석하여, 경제적 효과성을 계산하는 것이다.

재난위험 관리의 순수한 편익을 특정하기 위한 두 가지 접근법이 있다.

① 위험요소와 취약성의 상세한 평가를 만들어 최종적으로 위험(Risk)과 위험경감을 유도해내는 위험에 근거한 접근법, 즉 앞을 지향하는 접근법이 있다.

② 또한 위험요소로 인해 발생한 과거의 피해정보 즉 재난의 결과에 근거하는 뒤를 바라보는 접근법이 있다.

보드맨(Boardman, 2001)은 어떤 완화책이 적절한지에 대한 CBA의 5가지 단계를

① 문제 본질의 정의(대안적 선택, 관련 당사자들)

② 완화 대안의 직접적인 경비의 산정
③ 완화 대안의 기대되는 수익의 산정
④ 완화 대안의 효과성 산정(순수 현재가치 또는 B/C 비율)
⑤ 최적의 대안 선택을 들고 있다.

코프(Kopp, 1997)는 비용편익분석은(CBA) 사업평가 과정에 일반적으로 사용되는 주요 의사결정 수단으로 비용과 편익뿐만 아니라 사업들의 근원적인 상관관계(Trade-offs)를 조직화하고, 평가하고, 나타내기 위해서 사용된다고 했다. 벤슨과 트위그(Benson and Twigg, 2004)는 순수한 경제적, 사회적 편익에 관한 구체적인 정보의 부재와 예산과 자원의 부족은 많은 정책결정자들이 위험경감에 대한 중요 예산의 투자를 꺼려온 반면 뚜렷하게 보여 지는 재난 이후 대응복구에 대한 예산증액은 적극적이었다고 지적한다. CBA는 정책결정자들의 이러한 태도의 변화에 결정적인 역할을 할 수 있다고 한다. 특히 비용편익의 수단에 의한 정보들은 오늘날 흔히 일어나지 않는 위험관리에 대한 투자를 유발하기 위해 커다란 도움을 준다.

자연적 재난위험 관리과정에서 CBA를 존중해야할 두 가지 주요한 이슈들에는

① CBA는 위험상존 지역의 효과적인 자연적 재난위험경감 조치를 선택하는데 사용된다. 자원의 제한이란 면에서 CBA는 비용 효과적이지 못한 사업들을 거절하고 피해회피란 측면에서 가장 유익한 사업을 선택하기 위해 유익하다.
② 재난위험과 위험관리 조치를 지속적인 지역개발계획에 통합할 필요가 있으며 개발계획의 평가방법 속에 재난위험과 위험관리 조치들을 포함하는 것은 개발효과를 보다 강력하게 나타낼 수 있다는 것이다.

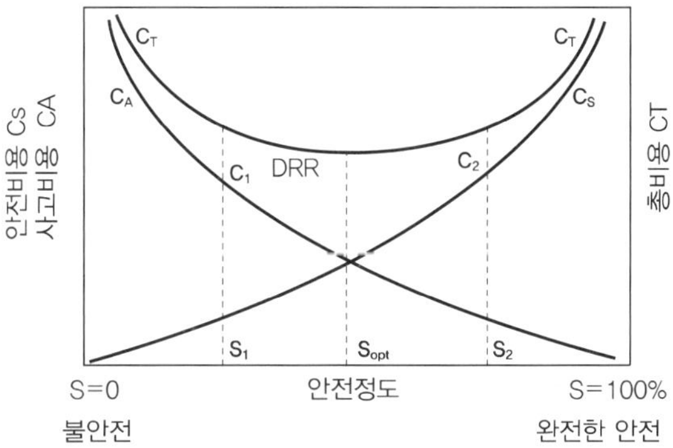

그림 4-16 안전의 경제적 비용

그림 4-16은 사고비용과 안전비용과의 관계를 나타내고 있다. 안전에 대한 투자비용이 없으면 사고로 인한 비용이 많이 소요된다. 따라서 안전에 대한 투자비용이 많을수록 사고로 인한 비용은 적다. 여기서 Sopt는 투자의 최적점을 나타낸다.

예를 들어 조리썬(Jorissen, 1998)에 의하면 네덜란드 홍수방어 계획은 1953년 홍수 이후 델타 위원회의 과학적 접근에 의해 홍수방어 설계방법을 획기적으로 개선하였다. 현재까지도 정책결정을 위한 제방의 붕괴 가능성은 정확하게 계산되어질 수 없지만 더 높고, 강하고, 믿을만한 홍수방어 계획일수록, 시스템의 실패의 확률은 줄어든다. 피해의 확률을 줄이는 것은 홍수방어 안전수준의 수익적인 측면의 고려이다. 반면 홍수방어의 강화에는 사회적 비용이 발생한다. 이것은 건설비용뿐만 아니라 유지관리의 비용이 포함된다. 홍수로 인한 직·간접적인 피해역시 고려된다. 지속가능하고 건실한 안전정책을 위해서는 사고비용과 안전비용을 효과적으로 고려한 포괄적 위험접근법 개발의 필요성이 강조된다.

2 위험관리(Risk Management)

위험관리(Risk Management)는 시스템이나 관련 활동속의 잠재적 위험에 대한 평가, 분석, 정의를 목적으로 한 지속적인 관리이고, 사람, 환경, 다른 자산들에 대한 잠재적인 해를 줄이거나 제거하기 위한 위험조정 조치를 소개하고 정의하는 관리과정이다. 즉 위험관리는 위험을 평가하고 관리하는 과정이다. 오늘날 위험관리 분야의 다양화로 위험관리 과정과 단계, 용어들은 다소 차이가 있지만 기본원리는 같다.

위험관리는 ① 위험평가와 ② 위험조정(취급) 과정을 통해 이루어진다(표 4-29). 위험평가는 위험을 정의, 분석, 평가하는 단계를 거친다. 위험평가를 위해서는 해당 위험에 대한 과거 역사적인 기록이나 해당 분야 전문가들의 식견에 의존하게 된다. 위험조정은 평가된 위험들을 어떻게 취급할지 결정하는 것이다. 따라서 위험조정을 위험취급이라고도 한다. 위험조정에는 회피, 경감, 조정, 전이와 같이 4가지 처리방식이 있다.

재난관리자는 위험관리를 통해 어떤 위험을 받아들이고, 어떤 위험을 적극적으로 관리할 것인지를 결정하여야 한다. 이러한 결정은 위험평가와 위험조정 과정을 통해 정확한 지식과 합리성에 근거하여야 한다. 위험을 관리하는 단계는 네 단계로 구분하여 이루어진다. 먼저 ① 정의된 위험의 관리를 위한 위험관리 목적을 공식화하고, ② 위험관리를 위한 대안의 개발과 설계를 정의하고, ③ 위험관리 대안들을 B/C 분석 등을 통하여 평가하며, ④ 위험관리 계획을 수립 시행하는 과정을 통해 이루어진다.

1) 위험평가(Risk Assessment)

위험평가(Risk Assessment)는 위험분석(Risk Analysis)과 위험가치평가(Risk Evaluation)의 전반적인 과정이다. 위험분석과 위험가치평가가 수행되는 연결과정을 우리는 위험평가를 한다고 말한다. 대부분 위험평가의 목적은 어떤 형태의 의사결정을 도와주기 위해서다. 따라서 위험평가 결과는 중요한 의사결정의 기준이 된다. 제한된 자원범위 내에서 최적의 의사결정을 위해 오늘날 위험에 근거한 의사결정법이 많이 활용된다. 위험에 근거한 의사결정은 의사결정 안들의 비교와 평가를 위해 위험, 비용, 수익의 수치화를 사용하는 과정이다.

(1) 위험평가 단계

위험평가는 위험정의(Risk Identification), 위험분석(Risk Analysis), 위험가치평가(Risk Evaluation)의 세 가지 단계를 포함한다.

① 위험정의(Risk Identification)는 손해와 손실을 가져다주는 잠재적 가능성이나 위험요소들(Hazards)을 정의하는 것을 의미한다.

② 위험분석(Risk Analysis)은 원치 않는 사고의 상대적 중요성과 우선순위를 정의하는 것이다. 일반적으로 위험관리의 우선순위는 가능성과 결과(위험=가능성*결과)에 의해 결정된다. 정량적인 위험분석은 위험의 결과와 가능성이 수적인 데이터로 측정할 수 있을 때 가능하다.

③ 위험가치평가(Risk Evaluation)는 위험분석을 통한 위험들이 수용 가능한지를 결정하기 위하여 위험기준과 분석된 결과를 비교하는 과정이다.

마빈 라우샌드(Marvin Rausand, 2011)는 위험관리를 위해서는 세 가지 주요 질문이 필요하다고 했다.

① "무엇이 잘못될 수 있는가?" 하는 질문을 통해서 자산에(Assets) 해를 줄 수 있는 위험스런 요소들을(Hazard Source) 정의 할 수 있고, 자산에는 사람, 동물, 환경, 건물, 기술적 설치, 인프라, 문화적 유산, 명성, 정보, 자료들이 포함될 수 있다고 했다.

◎ **표 4-29** 위험관리 단계

위험관리(Risk Management)		
위험평가(Risk Assessment)		위험조정, 취급 (Risk Control, Risk Treatment)
위험분석(Risk Analysis)	위험가치평가(Risk Evaluation)	
위험정의(Risk Identification) 위험스런 사건을 정의 발생빈도와 결과를 결정 위험도를 구축 (Establish Risk Picture)	위험수용기준에 따라 위험을 평가 위험저감 조치를 제안 대안적 위험저감 조치 평가	위험저감조치 관련 의사결정 조치의 이행 효과 모니터 위험소통(Communicate Risk)

*위험정의는 위험분석 단계 속에 포함시키기도 한다.

② "그 발생의 가능성은(Frequency)?" 이란 질문에 대한 대답은 질적인 진술이거나 가능성 또는 발생빈도로 주어질 수 있고, 이때 위험스런 사건의 기본적인 원인을 정의하기 위한 원인분석을 하여야 한다고 했다.

③ "결과는(Consequence) 무엇인가?" 하는 질문에는 각각의 위험스런 사건에서 자산에 대한 잠재적인 해나 부정적인 결과를 정의하여야 하며, 대부분의 시스템은 해를 예방하고 완화하기 위한 장벽을 가지고 있고, 자산에 대한 해는 이들 장벽의 기능에 의존한다고 했다.

(2) 위험평가 시 주요 도전

위험평가가 직면한 3가지 주요 도전들은 "복잡성(Complexity), 불확실성(Uncertainty), 모호성(Ambiguity)" 이란 용어를 사용하여 묘사할 수 있다. 이들 세 가지 도전들은 위험요소나 위험(Hazard, Risk)들 자신들의 본질적인 특성뿐만 아니라 이들 위험에 관한 유용한 지식의 상태나 질과도 관계한다.

① 복잡성은 다수의 잠재적 원인 요인들과 특정 관찰된 결과 사이의 원인 연결을 정의하고 수치화하기가 어려운 것을 말한다. 이 같은 어려움의 성질은 이들 요인들 사이의 상호적인 결과로 되돌아 갈 것이다. 복잡성은 위험요소나 위험이란(Hazard, Risk) 관점에서 특별히 산정의 단계에 속한다. 고도의 복잡한 위험들에는 복잡한 화학시설, 잠재적 독성 물질의 시너지 효과, 상호 연결된 대형 인프라시설의 실패위험과 민감한 생태계의 치명적인 부담 위험들이 포함된다.

② 불확실성이란 복잡성과는 다르다. 하지만 종종 Cause-Effect Chains 모델링 과정에

서처럼 복잡성에서부터 기인되는 경우도 있다. 세상이 본질적으로 불확실한지 아닌지는 철학적인 질문이다. 목표의 다양성, 모델링 과정에서의 시스템적 그리고 random 변수에러, 시스템의 범위, 무지나 지식의 결여는 불확실성의 핵심적인 요소를 나타낸다. 높은 불확실성의 예로는 많은 지진, 대도시의 가능한 건강효과, 자연재난을 포함한다.

③ 모호성에 관하여 스티어링(Stirling, 2003)은 불확실성이 의사결정을 위한 기본적인 과학적 기술적인 명확성의 결여라고 말한다면, 모호성은 정당성, 강도, 주어진 위험과 연관된 폭넓은 의미에 대한 다양성의 결과라고 했다. 모호성은 증거가 부족한 해석적인 모호성과 값의 모호함에서 비롯된 명목적인 모호성으로 나눌 수 있다. 높은 해석적인 모호성의 예로는 저 용량의 방사능, 저 집중 유전자 독성물질, 가축의 호르몬 치료와 식품 첨가물들이 포함된다. 명목적인 모호성은 간접흡연, 원자력 발전소, 유전자 조작 식품 같은 예들과 연관지울 수 있다.

2) 위험 정의(Risk Identification)

위험의 종류는 다양하다. 우선 재난을 유발하는 위험의 종류는 일반적으로 자연적, 기술적, 사회적 위험으로 구분할 수 있으며, 위험은 물리적, 재정적, 도덕적, 법률적일 수 있다. 위험정의 과정은 일반적으로 두 단계로 진행된다. 먼저 가능한 모든 종류의 위험을 목록화(list) 하고 설문조사나 인터뷰 등을 통해 다양한 종류의 위험 특성을 보강한다. 그런 다음 최종적으로 역사적 사고기록과 전문가들의 식견을 감안하여 분석이 필요한 주요 위험들을 열거하여 완성한다.

위험인지는 위험을 찾고, 인지하고, 표현하는 과정이다. 목표의 달성을 늦추거나 가속, 예방, 강화, 창조할 수 있는 여러 가지 사건들을 포괄적으로 목록화하여 위험을 정의할 필요가 있다. 위험의 원천, 사건, 그들의 원인과 잠재적인 결과를 파악하는 것을 포함한다. 위험정의를 위해서는 역사적 자료, 이론적인 분석, 전문가들의 의견, 이해관계자들의 요구가 필요하다.

ISO 31000(2009)은 위험정의(Risk Identification)란 위험의 근원, 사건, 원인과 잠재적인 결과를 정의하는 것이라 했다. 위험정의를 위해서는 그림 4-17과 같이 Bow-tie 다이아그램이 활용된다. 이 방법은 재난을 유발하는 경로뿐만 아니라 예방, 준비와 대응, 복구과정의 다양한 조정들을 정의할 수 있다.

재난위험의 근원(Source)은 사건유발과 관련 있는 위험요소(Hazard)이다. 원인(Cause)

은 일반적으로 위험의 근원에 노출될 위험요소의 메커니즘과 조건들로 묘사된다. 사고(Incident)는 위험의 구성요소들이 위험근원에 노출되는 사건이다. 충격 또는 영향(Impact)은 위험의 근원들에 위험의 요소들이 노출되는 결과로 표현된다.

충격(Impact)의 분류는 표 4-30과 같이 사람, 환경, 경제, 행정, 사회적 구성, 인프라를 포함한다. 위험에 대한 조정(Controls)은 위험의 원인을 관리하여 재난의 발생가능성과 충격을 줄이는 것을 말하며, 행위적, 절차적, 물리적인 조정들이 있다. 위험정의 과정에서 위험의 근원, 충격의 범주, 기타 상호작용의 결과들을 폭넓게 정리할 수 있어야 한다.

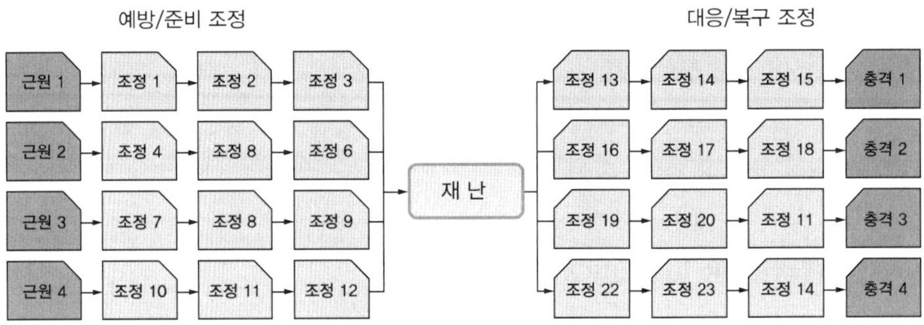

그림 4-17 Bow tie 다이어그램(예)

표 4-30 재난의 결과(Impact)

충격(Impact) 범주의 정의	
사람	개인의 건강과 재난 서비스의 관리능력에 직접적인 영향
환경	재난의 충격과 지역 생태시스템에 대한 영향
경제	관리주체와 산업분야에 대한 재난의 경제적인 충격
행정	관리주체의 관리능력에 주는 영향
사회적 틀	사회, 사회적 구조, 지역사회의 회복력에 주는 영향
인프라	지역의 인프라, lifeline, 유틸리티와 이들의 서비스 능력에 주는 영향

자료 : ISO 31000(2009) 재편집

3) 위험 분석(Risk Analysis)

위험 분석(Risk Analysis)은 위험 요소를 정의하고, 개인, 자산, 환경에 대한 위험을 평가하기 위하여 가용한 정보를 체계적으로 사용하는 것이다. 위험분석은 항상 잠재적인 사고를 다루기 위한 사전적인 접근이다. 위험 분석(Risk Analysis) 단계는 정의된 위험의 발생가능성과 결과를 분석하고, 어떤 위험이 더 위험한지를 결정하며, 어떻게 관리해야 할지를 결정하는 것을 포함한다. 이 처럼 위험 분석은 ① 위험 요소의 정의(Hazard Identification), ② 발생빈도 분석(Frequency Analysis), ③ 결과 분석(Consequence Analysis)과 같이 항상 3가지 단계로 수행된다. 이 때 위험의 발생가능성과 위험으로 인한 결과에 근거하여 위험의 크기 및 위험관리의 우선순위를 결정하게 된다. 위험분석은 위험의 원인과 원천을 고려한다. 또한 위험 분석은 위험가치평가(evaluation)와 위험취급(treatment)에 관한 의사결정을 하기 위한 기초자료를 제공한다. 위험 분석은 위험산정(estimation)을 포함한다.

위험 분석의 중요한 부분은 위험의 충격이나 영향(Impact)의 종류, 원천, 성질을 결정하는 것이다. 위험의 평가는 위험 분류시스템을 사용하여 신뢰성과 정확성을 강화한다. 위험분류 시스템은 위험평가 과정에서 아주 중요하다. 이들 시스템들은 조직이 축척한 다양하고 유사한 위험을 정의할 수 있게 할뿐만 아니라 가장 취약한 전략, 전술과 활동을 정의할 수 있게 한다. 위험 분류시스템은 일반적으로 재정조정, 활동효율, 명성노출, 상업적 활동과 관련 있는 것들로 구분한다. 재난관리 과정에서는 다양한 종류와 규모의 재난에 대하여 분류하여 평가할 수 있다. 조직의 규모, 성질, 복잡성에 따라 선택 가능한 시스템은 다양하지만 모든 조직에 공통적으로 적용할 수 있는 시스템은 없다. 표 4-31은 재난으로 인한 사상자와 경제적 피해 정도에 따른 재난의 규모를 구분해주고 있다.

위험 분석은 위험의 본성을 이해하고, 위험의 수준을 추론하는 체계적인 과정이며, 위험분석 방법 선택은 일반적으로 가용한 자원과 목록에 의해 결정된다. 이는 정량적일 수 있고, 정성적일 수 있으며, 정량적인 방법은 사람들의 경험을 활용하여 단순한 작용으로 이루어지는 반면에 정성적인 방법은 빈도와 확률에 근거하여 위험에 대한 복잡한 수학적인 계산을 포함한다. 또한 간혹 이들 두 방법들 간에는 상당한 차이가 발생하여 반 정성적(Semi-quantitative)인 방법들이 사용되기도 하며, 이 방법은 정량적, 정성적인 방법들의 장점을 조합할 수 있다는 것이다. 이처럼 위험분석은 분석의 목적에 따라 정성적 분석(Quantitative Risk Analysis)과 정량적 분석(Qualitative Risk Analysis)을 활용할 수 있다.

정성적 평가는 잠재적인 결과의 강도와 그러한 결과가 발생한 가능성을 수적인 척도를 사용하여 평가한다. 정량적 평가는 잠재적인 결과의 강도와 그러한 결과가 발생한 가능성을 양적인 척도를 사용하여 평가한다. 정량적 분석은 일반적으로 낮은 발생가능성과 높은 결과(LPHC) 사고에 대한 위험의 산정에 사용된다. 표 4-32는 두 가지 평가의 비교를 제공한다.

위험의 평가과정에는 표 4-33과 같은 다양한 분석수단과 기술들이 이용된다.

표 4-31 재난의 결과 산정

구분	Catastrophic	Major	Moderate	Minor	Insignificant
사람	만분의 1 이상	10만분의 1	백만분의 1	일상적	무관
경제	3% 이상	1-3%	0,3~1%	0,1~0.3%	0.1% 미만

*사람 ; 인구수 대비 사상자 비율, 경제 ; 정부수익 대비 재정적 손실 비율
출처 : AS/NZS ISO 31000(2009)

표 4-32 정량적/정성적 평가 비교

정량적 평가	정성적 평가
위험 시나리오를 사용	수학을 사용
주관적인 데이터	객관적인 자료(수)
점진적인 척도로 표현	계량이나 화폐 단위로 표현
이해관계자들의 위험인지에 근거	위험산정을 위한 전문가들의 능력에 근거

표 4-33 사업영향분석(Business Impact Analysis, BIA) 수단과 기술

Brainstorming	근본 원인분석	신뢰성 중심
구조적/반구조적 인터뷰	실태모드 효과분석	Sneak Circuit Analysis
Delphi	Fault tree analysis	Markov analysis
Checklists	Event tree analysis	Monte Carlo simulation
Primary hazard analysis	원인과 결과 분석	Bayesian statistics and Bayes
Hazard and operability studies	원인과 효과 분석	FN curves
Hazard analysis and critical control point	Layer of Protection analysis	Risk indices
환경적 위험분석	의사결정 tree	결과/확률 matrix
Structured What-If	인적 신뢰성 분석	Cost/Benefit analysis
Scenario analysis	Bow tie analysis	Multi-criteria decision analysis

4) 위험 가치평가(Risk Evaluation)

위험 가치평가(Risk Evaluation)는 위험분석에 근거하여 위험의 수용여부에 대한 판단이 이루어지고, 사회경제적, 환경적 측면의 요소들을 고려하는 과정이다. 위험 가치평가(Risk evaluation)는 특정위험이나 그 위험의 정도가 수용가능한지 여부를 결정하기 위하여 설정한 위험의 기준(Criteria)과 분석된 결과를 비교하는 과정이다. 즉 사전에 구축된

위험기준에 따라 분석과정 동안에 알게 된 위험의 수준을 비교하고, 그 위험을 수용할 것인지를 결정하는 것을 포함한다. 어떤 위험의 위험수준이 낮고 수용 가능한 위험 일 때는 주기적으로 모니터 되고 재검토될 필요가 있다. 어떤 위험의 위험수준이 높고 수용할 수 없을 때 그 위험은 관리적인 대안으로 적극적으로 관리되어야 한다. 위험가치평가 단계의 목적은 의사결정을 돕는 것이다.

위험의 수준은(level of the risk) 위험이나 위험들 조합의 강도로서 결과와 가능성의 조합으로 표현 된다. 위험의 기준(Criteria)은 조직적인 목표와 내 외부의 맥락에 근거한다. 또한 위험기준은 기준, 법, 정책, 다른 요구사항들에 기인한다. 위험관리는 위험을 수정하는 조치를 말한다. 조정에는 과정, 정책, 장치, 실행과 위험을 조정하는 다른 행동들을 포함한다. 위험분석을 통해 위험을 다양하게 분류할 수 있다. 위험분류는 기본적인 위험, 모니터해야할 위험, 관찰되어져야할 위험 등으로 나누어 관리할 수 있다. 위험의 발생가능성 척도와 위험으로 인한 영향에 관한 척도를 정량적, 정성적 방법으로 나타낸다.

위험분석의 성과에 근거하여 위험관리(Risk Treatment) 우선순위와 필요성이 결정된다. 가치평가된 위험들은 의사결정 과정에서 받아들일 수 있는 위험(Acceptable), 참을 수 있는 위험(Tolerable, ALARP), 적극적인 관리가 필요한 위험(Unacceptable)으로 구분해서 관리한다(표 4-34).

의사결정 과정에는 법률적, 규제적, 다른 요구 사항들과 맞게 결정되어져야 한다. 위험가치평가 과정에서는 위험처리의 우선순위 결정과 더불어 필요한 위험에 대하여 보다 깊은 분석을 진행한다. 평가한 내용들은 신뢰성, 잔여위험 등에 의해 순위화하여 우선순위를 결정하는데 이용되고, 취해져야 할 행동의 수준과 종류에 관한 정보를 제공해 준다.

이처럼 산정된 위험들의 우선순위를 정하는 것이 위험가치평가(Risk evaluation)이다. 위험가치평가는 재난관리자들이 재난관리 완화와 준비단계에서 어떤 조치들이 가장 효율적이며 적절한지에 대하여 결정할 수 있도록 도와준다. 특히 오늘날 정부의 제한된 예산과 관심 범위 내에서 현안 위험들을 효과적으로 관리하기 위한 재난관리 정책과 시책 결정과정에서 꼭 필요한 방법이다.

표 4-34 잔여위험 용인수준

잔여위험 수준	위험들의 용인 수준
Extreme or high (아주 높은)	Generally Intolerable(일반적으로 참을 수 없는) : 위험을 낮추기 위한 적극적 조치들이 취해져야 한다.
Moderate(보통)	Tolerable(참을 수 있는) : ALARP 수준까지 낮추어야 할 대상
Low(낮은)	Broadly Acceptable(수용할 수 있는) : 일반적 요구는 거의 없다.

5) 위험 조정과 취급(Risk Control & Treatment)

위험 평가(Risk Assessment)를 통해 평가된 위험을 다루는(Treatment) 방법은 두 가지가 있다. 첫째로 그 위험을 수용하는 것이다. 둘째는 위험을 조정, 취급하는 것이다.

① 위험 수용(Risk Acceptance)은 산정된 특정 위험에 대하여 영향을 미칠 행동을 의도적으로 취하지 않는 분명하거나 불분명한 의사결정을 하는 것을 말한다.

② 위험 취급(Risk treatment)은 위험 조정(Risk Control)과 유사한 용어로 분명한 의사를 가지고 위험을 조정하는 과정이다.

위험 조정(Risk Control)은 분석된 위험에 근거하여 위험을 관리는 것이다. 이 때 다양한 형태의 위험관리 전략이 필요하다. 평가된 주요 위험들에 대한 관리 전략에는 표 4-35와 같이 회피, 경감, 조정, 전이와 같은 4가지 방법이 있다.

① 회피(Avoidance)는 위험을 유발하는 활동을 완전히 제거하거나 다시는 발생하지 않도록 하는 것이다. 회피는 아주 효과적이지만, 비실용적이고 바람직하지 않다. 대부분의 주체는 법률적으로 위험을 유발하는 활동을 하도록 요구받고 있을 뿐만 아니라 이들 활동은 아주 유익하여 중단 될 수 없기 때문이다.

② 경감(Reduction) 전략들의 대부분은 발생가능성이나 피해를 줄이기 위한 활동의 변화에 의해 위험으로부터 피해의 발생빈도와 심각성을 줄이는 것이다. 예를 들어 위험경감전략은 피해로부터 복구를 신속히 하기 위한 지속계획의 준비이다.

③ 조정(Control) 전략은 피해가 발생한 이후에 피해의 최소화를 유지하는 것이다. 예를 들어 제 삼자의 요구에 대한 효과적인 관리와 사전 준비된 지속계획의 활용을 통해 단절된 서비스를 가능한 빨리 복구시키는 것을 포함한다.

표 4-35 위험관리 전략

위험관리 수단	정 의
위험 회피 (Risk Avoidance)	위험에 처한 조직의 노출을 효과적으로 제거하기 위한 전략과 조치
위험 경감 (Risk Reduction)	위험으로 부터의 피해의 발생빈도와 심각성을 줄이는 것
위험 조정 (Risk Control)	해로움에 대한 위험의 가능성을 줄이기 위해 행해지는 의도적 행동 또는 수용가능한 수준으로 위험을 유지하는 것
위험 전이 (Risk Transfer)	전부 또는 일부의 위험을 다른 주체, 자산, 시스템, 네트워크 또는 지리적 지역으로 이동하는 것

④ 전이(Transfer) 전략은 위험활동 수행의 책임을 다른 사람에게 넘기는 것이다. 보험은 좋은 예이다.

위험 취급(Risk Treatment)은 위험을 다루기 위한 선택범위를 정의하고, 대안을 평가하고, 위험관리 계획을 준비하고, 이행하는 것을 포함한다. 이 단계는 요구된 성과를 달성하기 위해 가장 적절한 방법을 선택하고 위험관리 대안을 고려하는 단계이다. 위험을 다루기 위한 대안들은 위험의 중요성, 위험관리 비용, 위험관리에 따른 잠재적 수익 등과 비례하여 적절히 준비할 필요가 있다. 가장 적절한 위험관리 대안을 선정함에 있어 중요한 것은 대안의 이행에 따른 비용과 효과 측면의 균형을 이루는 것이다. 예를 들어 사소한 위험을 다루기 위해 지난 친 비용을 투자하는 것은 적절하지 않다. 반대로 아주 중요한 위험을 다루면서 경미한 비용의 투자 역시 적절하지 않다. 또한 위험관리에 따른 기대되는 수혜와 편익이 경미함에도 많은 비용을 투자하는 것은 적절한 위험관리라고 볼 수 없다. 위험관리에 있어 비용편익분석은 비용 효과적인 결정과 잠재적 위험처리의 상대적인 우선순위 결정을 위해 수행되어져하는 중요한 수단이다.

가장 적절한 위험 취급(treatment) 대안 선택은 비용과 이행 면에서의 균형을 유지하는 것이다. 위험 취급은 일반적으로 아래와 같은 사이클 과정을 포함한다.
① 위험 취급을 평가하고,
② 잔여 위험수준이 참을 수 있는지를 결정하고,
③ 참을 수 없다면 새로운 방법의 위험취급을 하고,
④ 위험취급의 효과성을 평가하는 과정을 포함한다.

또한 위험 취급(Risk treatment)은 위험을 조정하는 과정이며 위험을 관리하는 단계에는
① 정의된 위험의 필요한 관리를 위해 위험관리 목적을 공식화하고,
② 위험관리를 위한 대안의 개발과 설계 및 정의하고,
③ 위험관리 대안들을 B/C 분석 등을 통하여 평가하며,
④ 위험관리 계획을 수립하는 것과 같은 네 단계로 구분하여 이루어진다.

위험 취급 계획의 준비와 이행 목적은 선택한 위험관리 대안이 어떻게 이행될지 기록하는 것이다. 이 계획에는 기대되는 수익, 관리대안의 선택 이유, 계획의 이행과 승인을 위해 적합한 사람, 제안된 행동들, 영속성을 포함한 자원요구, 성과 측정과 제한, 요구사항들의 보고와 모니터링, 시간의 적절성과 일정 등을 포함한다. 의사결정자들과 다른 이해관계자들은 위험관리 이후의 잔여위험의 성질과 범위에 대해서도 알아야 한다. 또한 잔

여위험은 기록, 모니터링, 재검토 되어야 한다.

기술적 위험의 경우 표 4-36과 같은 위험조정 대응들과 내용들이 있다. 각각의 위험관리 대책들은 상호배타적일 필요는 없으며 중복적인 활용이 효과적이다.

표 4-36 기술적 위험의 위험 조정 위계

위험 조정 위계	내 용	효 과
1. 제거(Elimination)	작업장에서 제거를 통해 위험물질을 완전히 제거	최 고
2. 대체(Substitution)	보다 덜 위험한 활동, 과정, 물질로 대체	
3. 공학(Engineering)	기계적인 도움을 통해 종사자들로 부터 위험을 고립	
4. 행정(Administration)	안전한 작업 실행, 순서, 정책의 이행	
5. 개인보호장구(PPE)	종사자 보호를 위해 적정 PPE 제공	최 저

6) 위험관리와 정부의 역할

루빈(Rubin, 2000)은 현대 재난들을 불의의 충격을 줄 수 있는 큰 잠재력을 가진 복잡하고 다양한 현상이라고 했다. 현대사회의 모든 것들은 상호 복잡하게 연결되어 있어 종합적이고 통합적인 접근이 요구된다. 맥언타이어(McEntire, 2002) 등은 오늘날 재난관리 분야에서 가장 눈에 띄는 학문적 패러다임과 정책변화는 ① 재난에 강한 지역사회, ② 재난 회복력 있는 지역사회, ③ 지속가능한 개발, ④ 지속가능한 위험요소들의 완화를 들고 있다.

오늘날의 재난위험은 사람들의 이동성의 증가로 더욱더 복잡해졌다. 또한 재난의 규모와 지역적인 집중현상들은 재난관리의 책임을 단순히 지역사회가 아닌 중앙정부의 역할을 강조하고 있다. 따라서 국가는 사회적인 변화에 맞는 새로운 정책적 틀을 구성하고 준비할 수 있어야한다. 위험요소들의 다양성과 변화들은 지역사회의 위험요소에 대한 불확실성을 증대시키고 있다. 따라서 과거의 재난 경험에만 집착하면 안 된다.

OECD(2003)는 오늘날 증가하고 있는 위험의 효과적 관리를 위해 ① 위험관리의 새로운 정책적 접근의 채택, ② 공공과 민간부분 사이의 시너지를 개발, ③ 이해관계자들과 일반대중들에 대한 정보제공, ④ 국제적인 협력의 강화, ⑤ 잠재적 기술의 사용증진, ⑥ 연구노력의 강화를 강조하고 있다. 또한 위험관리에 영향을 주는 4가지 주요 도전들은 ① 인구통계학적 문제 ② 기후변화 ③ 과학기술 ④ 사회, 정치, 경제적 구조를 들고 있다(표 4-37).

표 4-37 위험관리에 영향을 주는 요인들

주요 이슈	요 인
인구통계학적 문제	인구 증가, 고령화, 도시집중, 재난으로 인한 주거이동
기후변화	대형 기후재난, 수질오염, 생물 다양성 감소
과학기술	과학기술의 변화는 위험을 줄이기도 하지만 증가시키기도 함
사회, 정치, 경제구조	빈곤 등으로 인한 사회적 취약성 증대

출처 : OECD(2003) 재편집

이들은 기존의 위험요소들을 새롭게 만들고, 새로운 형태의 위험요소를 만들고, 위험에 대한 취약성을 수정하고, 사고를 전파하는 채널을 변형시키고, 사회의 대응을 변화시킬 것으로 예상했다.

일반적으로 위험관리에 관한 정부의 역할은 ① 위험을 유발하는 주체에 대한 책임을 전과하고, ② 누구의 탓으로 돌리기 어렵거나 위험의 크기가 개인이나 사회가 받아들이기 어려울정도로 큰 위험에 대하여는 정부가 직접 위험을 관리하며, ③ 특히 각각의 그룹들 간의 위험 책임에 대한 균형을 유지하면서 소수자에 대한 보호를 하여한다. 위험에 관한 국민들 우려의 증가는 정부에 대해 규제적 역할을 행사할 것을 요구한다. 정부는 적정수준의 위험관리 책임 정도를 결정하기 위해 공공의 기대 경향을 지속적으로 모니터하고, 기존규제 모델을 재 검토해야한다.

오늘날 정책결정, 의사결정, 행동과 이행, 규제와 지출, 판단, 그리고 이들을 지원하는 과정과 같은 정부업무의 모든 면에서 위험의 기회적 면들과 위기적 면들이 내포되어 있다. 이 같은 위험에 따른 기회와 위기는 위험관리 업무를 더욱더 정부의 업무로 만들고 있다. 또한 과학기술의 변화속도 증가와 세계의 결속 증가는 정부의 새로운 책임과 요구를 만들고 있다. 정부 책임의 위험관리에 대한 공중의 기대증가는 기관의 신뢰와 복종을 저해하고 특정 위험문제에 대한 활동을 증가시키고 있다. 세계적으로 정부는 지금 위험관리에 대한 개선을 추구하고 있고 정부의 다양한 노력에도 불구하고 보다 더 많은 노력들이 요구되는 실정이다.

정부는 폭넓은 범주의 위험을 다루어야할 책임이 있으며 이러한 책임을 덜기 위해 정부는 세 가지 역할을 하여야한다.

① 규제(Regulatory) : 개인과 사업이 위험을 다른 사람에게 부과할 때 정부의 역할은 규제자로서 게임의 법칙을 정하는 것이다.

② 책무(Stewardship) : 위험이 특정 개인이나 주체에 속하지 않을 때 정부는 결과에

대한 완화나 보호를 제공해야할 관리적 책임이 있다.

③ 관리(Management) : 시민에 대한 서비스 조항을 포함한 업무관계 속에서 정부는 위험을 정의하고 관리할 책임이 있다.

7) 위험관리 표준

위험과 위험관리에 관한 정의는 분야별로 다양하다. 이처럼 다양한 위험관리 방법을 표준화하기 위해 지속적으로 노력해 오고 있다. ISO 31000은 ISO에서 코드화한 위험관리에 관한 표준 기준이다. ISO 31000의 목적은 위험관리에 관한 원칙과 일반적인 안내를 제공한다. ISO 31000은 위험관리 과정에 관한 산업별, 지역별로 다양한 기준과 방법을 통합할 수 있는 공동적인 기준을 제공하는 것을 추구하고 있다.

현재 ISO 31000과 관련 있는 기준들은 ISO 31000:2009 "이행 원칙과 안내", ISO/IEC 31010 :2009 "위험평가기술", ISO Guide 73:2009 "용어"를 포함하고 있으며 유사한 기준으로 ISO 21500 "프로젝트 관리 안내" 기준이 있다.

ISO 31000은 조직을 통한 위험관리 과정의 설계, 이행, 유지 및 일반적인 안내를 제공한다. 이 기준은 경영자 수준의 이해관계자, 기업 위험관리 그룹, 위험분석과 관리 간부들, 부서와 프로젝트 관리자, 회계나 내부감사인, 독립적 실행자들과 같은 폭넓은 이해관계자 그룹들을 겨냥하고 있다. ISO 31000는 호주와 뉴질랜드 기준인 AS/NZS 4360:2004를 수용하여 지난 2009년 말에 위험관리에 관한 기존 기준을 대체하였다.

ISO Guide 73:2009은 "어떤 대상에 대한 불확실성의 효과"를 위험으로 정의하고 있다. 위험관리는 "위험관련 조직의 통제와 지휘를 위한 조정된 활동들"로 정의한다.

2007년 호주재난관리 위원회는 위험에 대한 효율적인 관리를 위해 국가재난위험평가 안내(National Emergency Risk Assessment Guidelines, NERAG)를 개발하였다. 이 안내는 재난위험에 대한 이해 증진과 위험관리 조치들이 투자에 대한 수익으로 돌아온다는 것을 확신 시키고, 위험평가의 표준화와 대안적 위험경감 제안들을 개발하고, 평가과정을 쉽게 따라하고 개선된 지식과 정보로 수정할 수 있도록 하여 투명성을 증가시키며, 다른 지리적 지역들과 위험 등급들 사이의 의미 있는 비교가 가능하여 일관성 개선을 목적으로 하고 있다. NERAG은 재난사고는 자연적, 생물학적, 기술적, 산업적, 인적 현상으로부터 기인되며, 사회적 경제적 비용을 유발하며 이들 피해는 자산에 대한 직접적인 피해, 인프라시설, 재정비용, 간접적 경제적 손실, 사상자, 부상자, 환자, 생태계의 파괴, 생물다양성의 손실, 사회문화적인 손실을 가져온다고 했다.

ISO 31000은 어떻게 위험을 다룰지에 관해 다음과 같이 정리하고 있다.

① 위험을 가중시키는 활동을 시작하고 계속을 하지 않는 결정을 통한 위험회피,

② 기회를 추구하기 위해서 위험을 받아들이고 증가시키는 것,

③ 위험의 원천을 제거하는 것,

④ 발생가능성을 변화시키는 것,

⑤ 결과를 변화시키는 것,

⑥ 계약과 위험금융(risk financing)과 같이 다른 상대방과 위험을 분담하는 것,

⑦ 제공된 정보에 의한 의사결정으로 위험을 보유하는 것이다.

ISO 31000(2009)은 위험관리 원칙을

① 가치를 창조하고 보호한다.

② 모든 조직적 과정들 속에 통합한다.

③ 의사결정 과정에 정보를 준다.

④ 불확실성을 분명히 다룬다.

⑤ 체계적이고, 구조적이며, 적절해야 한다.

⑥ 가장 유용한 정보에 근거한다.

⑦ 목적, 수요, 특성에 맞게 재단되어야 한다.

⑧ 인적 문화적 요소들을 고려해야 한다.

⑨ 분명하고 포괄적이어야 한다.

⑩ 변화에 역동적, 반복적, 대응적이어야 한다.

⑪ 지속적인 개선을 촉진해야 한다고 그 원칙을 정의하고 있다.

ISO 31000(2009)은 또한 위험관리 틀을 제시하였다. 성공적인 위험관리는 모든 수준의 조직을 통해 구현될 조정과 기초를 제공하는 관리 틀의 효과성에 달려있다고 했다.

효과적인 위험관리 틀의 핵심구성에는

① 지도자와 관리자로부터의 명령과 전념,

② 위험관리를 위한 효과적인 틀의 설계를 위한 과정,

③ 그 틀과 위험관리 과정을 이행하기 위한 프로그램,

④ 그 틀의 모니터링과 검토를 가능하게 하는 프로그램,

⑤ 그 틀을 지속적으로 개선하기 위한 과정을 담고 있다.

3 위험관리 과정(Risk Management Process)

위험관리 과정은 5가지 단계로 정의할 수 있다.

① 주변상황에 관한 맥락을 정하고(Establish the context),

② 위험을 정의하고(Identify risks),

③ 위험을 분석하고(Analyse risks),

④ 위험을 평가하고(Evaluate risks),

⑤ 위험을 다루는(Treat risks) 것이다.

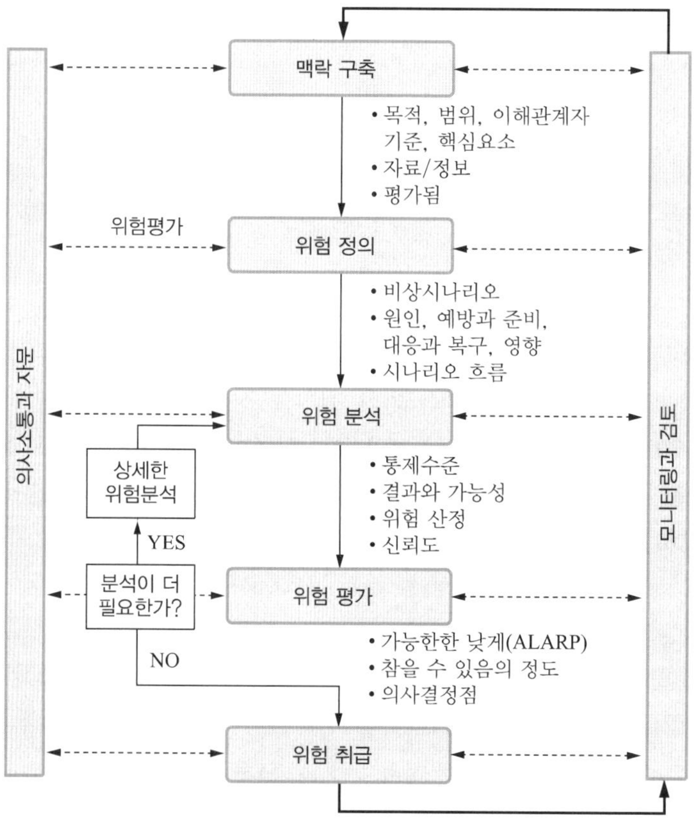

◎ **그림 4-18** 위험관리 과정

출처 : ISO 31000

이때 모든 단계에서 의사소통과 자문, 모니터링과 검토는 동시에 이루어진다. 위험관리 과정 중 위험의 정의, 위험의 분석, 위험의 평가단계를 포괄하여 위험의 평가(Risk Assessment)라고 말한다. 그림 4-18에 위험관리 단계를 나타내었다.

1) 상황맥락의 구축(Context Establishment)

위험이 분명히 이해되고 다루어지기 이전에 위험이 존재하는 곳의 전체적인 맥락(context)을 이해하는 것은 중요하다. 위험을 분명히 하기 위해서는 위험이 운영되는 환경과 우리 사이의 관계를 정의하여 한다. 이때 고려되어야 할 사항들로는 조직이 운영되고 있는 환경과 같은 전략적인 맥락과 목표, 핵심활동, 업무와 같은 조직적인 맥락, 또한 지역적 맥락 등을 고려하여야 한다. 표 4-38은 다양한 상황맥락을 설명하고 있다.

지역적 맥락에는 지역의 경제적, 사회적, 문화적, 환경적 기초에 근거한 특징들로 지리·지형적 상황, 인구·통계학적 상황, 역사적인 주요위험, 기후와 기상, 지역사회의 능력, 산업, 공공 공간이나 건물과 주요행사, 주요 인프라, 필수 서비스, 위험지역 등과 같은 내용들을 고려하여야 한다. 이 같은 지역적 특성들은 위험의 잠재적인 영향을 고려할 때 유용한 참고를 제공한다.

조직 주변의 상황맥락을 구축하는 다음의 단계는 위험평가(Assessment)이다. 위험평가는 ① 위험정의(Identification), ② 위험분석(Analysis), ③ 위험가치평가(Evaluation)의 3가지 과정으로 구성된다.

표 4-38 상황맥락별 내용

구 분	내 용
조직 외부적 상황맥락	- 법률, 규제, 재정 - 국제적, 국내적, 지역적 - 외부 이해관계자들의 가치와 인지와의 관계
조직 내부적 상황맥락	- 조직적인 목표 - 프로세스, 과정, 활동 목표 - 조직이 채택한 정책, 기준, 안내, 모델 - 계약적인 관계
위험관리 과정상의 맥락	- 목표, 범위, 책임, 방법 - 위험기준의 정의, 조치, tolerance, 수준, 이해관계자들의 관점

2) 위험 정의(Risk Identification)

위험 정의 단계에서는 위험의 원천, 영향지역, 사건과 그들의 원인과 잠재적인 결과를 정의하여야 한다. 이 단계의 목적은 무엇이 잘못될 가능성이 있는지, 잘못 되었을 때 손실과 피해와 같은 결과는 어떤지를 정의하는 것이다. 따라서

① 어떤 위험이나 사건들이 발생할 수 있을까?
② 이들 위험들은 어떤 원인으로, 어떤 시나리오로, 왜 그것은 발생할까?
③ 그들이 발생할 가능성은?
④ 그 결과는 무엇인가? 하는 핵심 질문들에 대한 답변을 찾아가면서 위험을 정의하여야 한다.

3) 위험 분석(Risk Analysis)

위험 분석(Risk Analysis) 단계는 정의된 위험의 발생가능성과 결과를 분석하고, 어떤 위험이 더 위험한지를 결정하며, 어떻게 관리해야 할지를 결정하는 것을 포함한다. 이 때 위험의 발생가능성, 위험으로 인한 결과에 근거하여 위험의 우선순위를 결정하게 된다. 위험분석은 위험의 원인과 원천을 고려한다. 또한 위험분석은 위험가치평가(evaluation)와 위험취급(treatment)에 관한 의사를 결정하기 위한 기초자료를 제공한다.

4) 위험 가치평가(Risk evaluation)

위험 가치평가(Risk evaluation)는 사전에 구축된 위험기준에 따라 분석과정 동안에 알게 된 위험의 수준을 비교하고, 그 위험을 수용할 것 인지를 결정하는 것을 포함한다. 어떤 위험의 위험수준이 낮고 수용 가능한 위험일 때는 주기적으로 모니터 되고 재검토될 필요가 있다. 어떤 위험의 위험수준이 높고 수용할 수 없을 때 그 위험은 관리적인 대안으로 관리되어져야 한다. 위험평가 단계의 목적은 의사결정을 돕는 것이다.

5) 위험 취급(Risk Treatment)

위험 취급은 위험을 다루기 위한 선택범위를 정의하고, 대안을 평가하고, 위험관리 계획을 준비하고 이행하는 것을 포함한다. 이 단계는 요구된 성과를 달성하기 위해 가장 적절한 방법을 선택하고 위험관리 대안을 고려하는 단계이다. 위험을 다루기 위한 대안들은 위험의 중요성, 위험관리 비용, 위험관리에 따른 잠재적 수익 등과 비례하여 적절히 준비할 필요가 있다.

6) 모니터링과 리뷰(Monitering and Review)

위험관리 과정의 통합적인 부분은 규칙적인 검토와 감시를 포함한다. 위험조정(Control)은 효과적이고 효율적인 활동이다. 위험관리 과정에서의 다양한 변화를 조직의 내·외부적인 맥락에서 감지하여야 한다. 또한 이러한 변화를 분석하고, 교훈을 학습하고, 지속적으로 개선해나가야 한다. 이 과정에서 새로운 위험도 정의해야 한다. 모니터링과 재검토는 위험관리 과정에 계획된 부분이다. 조직의 모니터링과 재검토 과정은 모든 위험관리 과정의 모든 측면들을 포함해야 한다. 이러한 과정을 수행하는 목적은 ① 조정활동이 설계와 활동면에서 효과적이고 효율적인 것임을 확신하고, ② 위험평가 능력향상을 위한 향후 정보를 획득하고, ③ 사건, 변화, 경향, 성공, 실패로부터 학습하고 분석하는데 그 목적이 있다.

7) 위험 의사소통과 자문(Risk Communication and Counsel)

위험 의사소통과 자문은 조직이 정보를 제공, 공유, 획득하고, 위험관리와 관련된 이해관계자들과 대화하는 지속적이며 반복적인 소통과정이다. 정보는 존재, 성질, 가능성, 중요성, 평가, 수락 가능성, 관리측면과 관련될 수 있다. 자문은 어떤 문제의 의사결정이나 방향결정 이전에 조직과 이해관계자들 사이에서 정보가 제공되거나 의사소통을 하는 과정이다. 이 과정은 권한이 아닌 영향을 통해 의사결정에 영향을 미친다.

CHAPTER 05

재난관리 단계 (Disaster Management Phases)

제1절. 재난관리 단계(Disaster Management Phases)

제2절. 완화(Mitigation)

제3절. 준비(Preparedness)

제4절. 대응(Response)

제5절. 복구(Recover)

제1절
재난관리 단계 (Disaster Management Phases)

모든 재난은 복잡하다. 이처럼 복잡한 재난을 효율적으로 관리하기 위한 대표적인 방법은 재난관리 단계 모델을 설정하는 것이다. 켈리(Kelly, 1999)는 재난관리 모델의 개발의 중요성에 대하여 ① 주요 요소와 불필요한 것을 구분해주는데 도움을 줌으로써 복잡한 사건을 단순화할 수 있고, ② 실제 조건과 이론적 모델을 비교하는 것은 현재 상황과 향후 재난의 전개를 더욱 잘 이해할 수 있게 하며, ③ 가용한 재난관리 모델을 가지는 것은 재난사건을 수치화 하는데 기본적인 요소이며, ④ 문서화된 재난관리 모델은 재난관리 과정에 연루된 모든 것들의 일반적 기초를 구축하는데 필요하다면서 재난관리 모델의 중요성을 강조했다.

1 전통적 재난관리 단계구분

미국은 1970년대 말 전문적 재난관리 모델 개발의 필요성을 인식하고 전국 주지사협회 주도로 재난관리 정책과 프로그램 분류를 규정한 재난관리 4단계 모델을 개발하였다(표 5-1). 이 모델은 4단계로 구성된 완화, 준비, 대응, 복구 단계를 가진다. 이후 이 모델은 재난관리를 위한 기초 모델이 되었다. 이들 4단계는 상호복잡하게 연결되어 있어 4가지 기능(Function)이라고 말하기도 한다.

표 5-1 재난관리 단계

재난관리 단계	주요 내용
완화(Mitigation)	위험요소의 충격을 제거하거나 줄이기 위한 조치들
준비(Preparedness)	잠재적 위험요소를 준비하고 대응하기 위한 능력개발 노력
대응(Response)	재난의 충격을 다루고 대응하기 위하여 취해지는 행동들
복구(Recovery)	재난 이후 지역사회를 정상으로 복원하기 위한 조치들

페닥(Petak, 1985)은 재난관리 단계를 4가지 정책단계로 표현했다. 4가지 정책단계는 역시 완화(Mitigation), 준비(Preparedness), 대응(Response), 복구(Recovery)이다. 재난완화 정책과 프로그램은 위험을 줄이거나 제거하기 위해 위험에 어떻게 대응할 것인지를 결정하고 관련 프로그램을 이행하는 것이다. 재난준비 정책은 대응계획의 개발, 자원의 정의, 재난 서비스 관계자들에 대한 교육훈련을 포함한다. 재난대응 정책은 재난발생 시 활동과 관련되는 것으로 구급, 주거와 음식물 지원, 대피, 탐색과 구조 활동을 포함한다. 또한 재난복구 정책과 프로그램에서는 생명지원 시스템을 가능하게하고 지역사회의 즉각적인 안정화 문제를 다루는 것이다.

페닥(Petak, 1985)은 재난관리는 공공행정의 과제로서 완화, 준비, 대응, 복구에 관한 정책을 개발하고 집행하는 과정으로 정의한다. 그는 또한 역사적으로 재난관리는 소방, 경찰, 보건, 민방위 등 비상대응 조직에서 담당하는 기능으로 취급하였고 상대적으로 일반 공공행정은 재난관리에 소홀하였으며 현대사회에서 재난관리는 공공행정 활동의 중심이 되어야 한다고 주장했다.

1) 완화(Mitigation)

재난완화 활동은 대부분 재난발생 이전에 이루어지지만 이후에도 이루어질 수 있다. 완화활동은 위험지역 계획, 토지이용, 건축법, 위험에 관한 교육 등이 포함된다. 완화는 사고발생 시 피해정도를 최소화하기 위해 사고 이전에 취해지는 정책과 조치이다. 이러한 조치들은 토지이용계획, 특정시설 건축, 거주행위의 위치에 관한 결정, 재난에 견딜 수 있는 구조를 만들기 위한 공학적 원칙과 디자인의 적용, 재난으로 부터의 사회적 파괴와 인명의 위험이나 피해를 줄이기 위해 취해지는 정책과 행동들을 말한다.

2) 준비(Preparedness)

재난준비는 재난관리 능력을 향상하기 위해 재난 발생 이전에 수행되는 조치들로 재난 활동 계획 개발에 초점을 두었다. 대표적인 준비활동에는 재난계획, 교육, 훈련 등이 포함된다. 준비조치는 재난에 대한 방어의 2선이다. 준비조치 들의 목적은 재난발생 시 대응 능력을 향상 시키는데 있다. 재난계획을 수립하고, 계획의 반복적인 테스트와 훈련, 일반 공중과 초기대응자들에 대한 재난의 이해를 향상시키기 위한 교육과 훈련의 제공, 사람들의 취약성을 줄이기 위한 행동들과, 정보교환, 미래재난에 대한 예상, 이들 문제들의 해결 방법을 고안하는 것들이 포함된다.

3) 대응(Response)

재난대응 활동은 재난 직전에서부터 시작하여, 재난발생 동안, 재난발생 이후에 까지 진행되는 활동을 말한다. 재난대응의 목적은 피난, 탐색과 구조 등의 응급활동을 통해 인적, 물적 손실을 최소화 하는 것이다. 재난대응 활동은 재난으로 발생하는 피해와 2차적 위험, 인명의 위험을 줄이기 위한 목적으로 재난발생 시 취해지는 행동이다. 어떤 재난이 미리 예견되고 예상되었다면 재난 이전에 취해지는 사전적 행동들도 포함된다. 이들 대응 조치들은 재난경보, 대피, 재산과 인명의 보호, 탐색과 구조, 부상자 처리, 임시숙소 제공, 피해평가, 쓰레기 및 잔해제거, 재난발생 직후 비상기간 동안 취해지는 다른 활동들을 포함한다.

4) 복구(Recovery)

재난복구는 재난으로 파괴되고 단절된 사회적 서비스 재개를 위한 활동으로 긴급대응 활동 이후부터 시작되며, 이후 장기적인 복구를 통해 지역사회가 정상적으로 돌아갈 수 있을 때까지 하는 노력이다. 재난복구는 장기간의 노력들이다. 재난 시 파괴된 지역의 재건이나 수리복구, 희생자들의 복구관련 요구들의 충족, 재난이 지역 생활에 가져다준 파괴를 처리하는 것, 향후 재난의 완화활동들 까지도 포함된다.

이들 재난관리 4단계는 상호관계하면서 지속적인 순환과정을 통해 작용한다. 비록 재난관리 4단계는 일련의 흐름처럼 나타나지만, 실제로는 각각의 단계들이 중첩되고 합쳐지면서 이루어진다. 예를 들어, 재난대응 활동은 아직 진행 중이지만 다음 단계인 재난복구 활동에 영향을 주는 의사결정들은 재난발생 바로 직후부터 등장한다. 또한 재난 이후 복구단계에서 부터 미래사고의 피해를 완화하기 위한 활동들도 추진된다.

2 현대적 재난관리 단계구분

오늘날 전문가들은 보다 효과적이고 효율적인 재난관리를 위하여 8가지 재난관리 원칙을 주장한다. 이 원칙에는 ① 포괄적(Comprehensive), ② 진보적(Progressive), ③ 위험에 근거한(Risk-driven), ④ 통합적(Integrated), ⑤ 협력적(Collaborative), ⑥ 조정적(Coordinative), ⑦ 유연적(Flexible), ⑧ 전문적(Professional) 재난관리가 포함된다. 이러한 현대적 재난관리 원칙들은 전통적 재난관리 단계인 완화(Mitigation), 준비(Preparedness), 대응(Response), 복구(Recovery)의 4단계 구성에 많은 영향을 미치게 된다.

특히 포괄적, 통합적, 위험에 근거한, 사전적 재난관리의 중요성이 부각되면서 전통적 재난관리 모델에 세 가지 측면에서의 큰 변화가 감지된다. 첫째로 기술적, 사회적 재난의 경우 대부분의 자연적 재난과 달리 예방(Prevention)이 가능하다는 점에서 예방단계를 완화단계와 더불어 같이 쓰는 특징이 있다. 둘째로 과거 전통적 재난관리는 재난발생 이후 재난대응과 복구 단계를 강조한 반면 오늘날에는 재난이 발생하기 이전에 미리 관리하는 완화, 준비 단계의 중요성을 더욱더 강조하게 된다. 셋째는 재난완화의 중요성이 부각되면서 재난관리 분야의 위험 관리적 접근이 이루어지고 있다. 이러한 특징의 결과로 위험관리(Risk Management) 또는 위험평가(Risk Assessment) 단계가 재난완화 단계 이전에 포함되는 경향이 많다.

따라서 현대적 재난관리 단계는 위험평가, 예방완화, 준비, 대응, 복구와 같이 5단계로 구분되는 경향이 있다. 이러한 맥락에서 FEMA 역시 재난관리 단계와 단계별 주요활동들을 표 5-2와 같이 정리하기도 했다.

표 5-2 재난관리 단계별 주요활동

단 계	주요 활동
위험평가	국가와 지역 위험평가, 위험의 정의, 위험산정, 위험전이, 위험관리, 위험회피
예방완화	건축법, 공공교육, 보험, 토지이용계획, 공공정보, 유인책과 처벌, 규정, 세금 유인
준비	재난대응계획, 상호지원협력, 교육프로그램, 경보시스템, 공공교육, 훈련, 피난처
대응	계획이행, 탐색구조, 비상선포, 의료지원, 경보메시지, 자원이동, 긴급구호, 피해평가, 피난, 공공보건조치, 공공정보, 조정센터 설치, 상부기관 보고
복구	필수서비스 복구, 공공자산 복구, 자문프로그램, 공공정보, 경제적 영향분석, 임시주거, 장기적 의료지원, 개발계획검토, 재정지원과 원조, 민원관리, 재건활동

출처 : FEMA

제2절 완화(Mitigation)

1 위험관리와 재난완화

재난완화는 재난을 유발할 수 있는 다양한 종류의 위험요소들과 그들의 영향으로부터 사람들의 생명과 재산의 장기적인 위험을 제거하거나 줄이기 위해 취해지는 조치를 말한다. 재난 이전에 취해진다는 점에서 준비단계와 비슷하다. 재난 완화가 수동적 방어를 제공하는 조치라면 준비단계는 인력, 계획, 시설, 장비, 물질과 같은 자원을 제공하는 적극적 대응을 지원하기 위해 필요한 조치이다. 완화활동은 재난발생 이전 단계에 이루어지므로 완화는 준비단계와의 조화가 중요하다. 뿐만 아니라 재난은 지역사회를 재건할 수 있는 좋은 기회를 제공하기 때문에 재난완화는 재난복구 과정 속에 통합되어 나가는 것 또한 중요하다. 재난완화의 대표적인 활동들은 토지이용계획과 건축법이다. 미국의 경우 대부분 이들 활동들이 전적으로 지방정부의 자율적 결정에 의해 이루어진다. 즉 재난위험에 노출 정도를 주민들과 자치정부 스스로가 결정할 수 있다. 하지만 우리나라의 경우 거의 대부분 중요한 요소들은 중앙정부에서 결정하고 있어 재난 노출과 취약성에 대한 중앙정부의 책임이 미국보도 크다고 할 수 있다.

재난위험 완화는 대부분 위험관리 활동의 연장선상에서 이행된다. 재난위험은 위험요소와 취약성 그리고 대처능력 사이의 함수관계에 의해 결정된다. 재난위험 완화는 재난발생 이전에 위험의 발생가능성과 그로 인한 결과를 줄이기 위해 취해지는 지속적인 노력들로 정의된다. 따라서 재난위험을 경감하거나 완화하기 위한 활동들은 다양한 변수들과 연관된다. 대부분의 위험들은 완화조치로 그 위험을 감소할 수 있다. 하지만 이러한 완화조치는 많은 비용을 수반한다. 따라서 대부분의 완화조치들의 의사결정과 선택에 앞서 비용편익분석이 선행된다. 재난완화나 예방은 위험관리 과정의 위험저감으로 표현되기도 한다.

재난완화 활동들은 위험요소의 발생가능성을 줄이거나 위험요소로 인한 부정적인 영향 즉 결과를 줄이는 활동이다. 재난완화 활동의 추진 주체, 내용, 범위, 규모 등은 아주 다양하다. 따라서 다양한 주체들은 다양한 방식으로 위험을 관리한다. 일반적인 위험경감을 위한 완화대안들로는 ① 위험 가능성 경감, ② 위험 결과 경감, ③ 위험회피, ④ 위험수용, ⑤ 위험의 전이, 공유, 전파 등과 같은 결정들이 있다.

1) 위험 가능성(Possibility) 경감

위험의 발생 가능성(Possibility) 경감은 위험(Risk)의 크기를 줄이기 위해 위험요소(Hazard)들의 발생 가능성을 없애거나 줄이는 조치이다. 지진, 태풍, 화산폭발과 같은 자연적인 위험요소들은 위험발생 가능성을 경감하기는 불가능하다. 단지 이들 위험으로 인해 발생할 수 있는 결과적인 부분을 경감시킬 수는 있다. 하지만 대부분의 기술적, 고의적 위험요소들은 위험의 발생가능성을 완화조치로 감소시킬 수 있다. 대부분의 이들 위험요소들은 인간의 직접적인 결정의 결과이기 때문이다.

2) 위험 결과(Consequences) 경감

위험 결과(Consequences) 경감은 위험요소에 대한 발생 가능성을 경감하기 어려울 때 그로 인해 발생하는 2차적 재난의 결과를 줄이기 위한 완화대안이다. 완화조치를 통한 재난관리자들의 2차적 목표는 이들 위험요소들에 의해 진행되는 재난의 결과 즉 인간, 구조물, 환경 등에 미치는 영향을 감소시키는 것이다. 대부분의 재난은 비록 위험의 발생 가능성을 줄이지는 못해도 다양한 완화조치로 피해의 결과는 줄일 수 있다.

3) 위험 회피(Risk Avoidance)

위험 회피는 일부 위험들은 아주 거대하여 발생의 가능성과 결과를 부분적으로 경감하였지만, 그 위험의 결과가 여전히 수용할 수 없는 수준일 때가 있다. 이 때 위험의 회피는 고려된다. 자연재난에 대한 위험 회피는 재난의 영향지역에서 사람들과 구조물을 완전히 제거하는 것을 의미한다. 위험 회피는 현실적이지 못한 대안일 수 있다. 하지만 위험 회피는 기술적 재난 중에서 일반적으로 위험을 받아들이는 것이 어려울 때 선택되는 조치로 사용된다.

4) 위험 수용(Risk Acceptance)

위험 수용은 특정 위험에 대하여는 적극적으로 관리하기보다 위험을 그대로 받아들이는 것이다. 일부의 위험 요소들은 재난관리자나 개인들에 의해 받아들여진다. 어떤 위험의 경우 위험경감 조치를 위해 너무 많은 비용이 들거나 위험이 경미하여 완화의 필요성이 없다고 생각할 때 사람들은 위험을 수락한다. 위험 수락을 할 수밖에 없는 이유에는 ① 위험은 누구에게 상존하면서 자본은 한정적이며, ② 일부 경감조치는 원치 않은 결과를 유발하기도 하고, ③ 사회문화적 패턴과도 관련 있기 때문이다.

5) 위험 전이, 공유, 전파

위험 전이, 공유, 전파는 위험을 실제로 줄이지는 못하지만 위험의 결과와 가능성을 다른 사람들과 서로 나누어 가지면서 많은 사람들과 더불어 희석시키는 방법이다. 가장 일반적인 형태의 위험전이는 보험이다. 보험을 통해 재정적인 결과 부담을 줄일 수 있다. 빈곤한 사람들에게 보유한 음식을 나누는 것 또한 위험의 공유의 한 형태이다.

2 완화 전략(Mitigation Strategy)

어떤 국가의 완화 전략은 다른 국가에서 효과적이지 않을 수 있다. 그 이유는 국가별로 위험의 종류나 취약성, 건축물들의 구조나 환경 등이 다르기 때문이다. 완화활동의 종류는 법률적인 틀, 위험이나 문제에 대한 사회적인 태도, 가용 예산에 따라 효과적인 완화 프로그램이 결정된다. 대부분의 국가들은 제한된 범위 내에서 완화 전략을 선택하여야 한다. 따라서 비용과 편익분석을 통해 합리적인 전략개발이 중요하다. 재난완화 전략의 기본은 위험 분석과 위험관리 전략에서 시작해야 한다.

오늘날 완화 전략은 다양하고 전문적으로 발전하여왔다. 최근 위험관리 이론의 적용과 관련 전략들은 장기적 재난완화 정책의 부분으로 해석될 수 있다. 완화의 편익으로는 효과적으로 인명과 재산을 보호할 수 있다는 것이다. 완화정책을 통해 재산손실을 줄이거나 예방할 수 있고 경제적 손실은 물론 사회적 혼란과 스트레스를 최소화 할 수 있다. 또한 인프라시설의 피해와 단절을 줄이고 정부의 신뢰와 정치적 안정을 기할 수 도 있다.

완화정책은 이 같은 장점에도 불구하고 재난완화 정책의 효과를 성취하기 위해서는 많은 장애요인들이 있다. 예를 들어 완화 전략은 대부분 단기적, 가시적 성과를 기대하거나 평가하기 어렵고 정책결정자나 선출직공무원, 일반시민들의 지지를 받기에는 쉽지 않은 특징이 있다. 성공적 완화 실행을 위해서는 지역사회와 대규모 개발부서와의 협력이 중요하며, 합리적이고 성공적인 완화 전략을 위해서는 첨단의 공학적 기술, 체계적인 연구, 합리적인 규제, 정치적, 예산적 투자, 다양한 사회적 지원들이 필요하다.

밀레티는 우리사회의 지속가능한 위험완화를 위해 ① 환경적인 질을 강화하고, ② 사람들의 생활의 질을 강화하며, ③ 지역적 회복력과 책임을 강조하고, ④ 활력 있는 지역경제는 본질임을 인지하고, ⑤ 세대 간의 평등을 보장하며, ⑥ 지역적 동의에 의한 건축물의 건축이 필요하다고 하였다. 또한 지역 위험완화를 위한 본질적인 조치들로는 ① 지역적 네트워크 능력과 합의구축, ② 총체적인 정부의 틀을 구축, ③ 국가단위의 위험평가 실시, ④ 국가적 자료 구축, ⑤ 포괄적인 교육 훈련 제공, ⑥ 업무의 성과나 진도를 측정, ⑦ 국제적 지식 공유가 중요하다고 주장한다.

NEMA(2009)는 국가의 효과적 완화 전략을 위해 지역사회의 강력한 파트너십을 강조했다. 지역사회의 강한 파트너십은 재난의 회복력을 증가시킨다. 또한 효과적인 완화 전략으로 광범위한 협력적 파트너십과 모든위험들에 대한인지는 물론 지역사회에서부터 중앙정부에 이르는 전체적 접근을 강조하고 있다. 또한 국가의 재난완화 정책의 편익은 비용이 아닌 사회적인 투자로 나타난다고 했다. 또한 효과적인 완화활동은 인명의 사상을 줄이고, 공공 민간자산의 피해를 줄이고, 자원의 지출과 초기대응자 들의 위험을 줄이며, 지역사회와 사업의 복구를 가속화시키며, 지역사회의 회복력을 증가시킨다고 했다.

특히 국가완화 전략의 필요 요소들로는 ① 일반적이고 공생적인 목적, ② 수익적 완화활동의 장려, ③ 가능한 폭넓게 개발정책 속에 재난완화를 구현, ④ 공개적 대화의 필요, ⑤ 연방, 주, 지방 관료들의 교육, ⑥ 완화의 수단, 자원, 실행, 성공에 대한 지식체를 만들고, ⑦ 처벌적 완화정책이 아닌 유인적 완화정책을 강조 했다.

또한 국가적 재난완화 전략의 주요 권고사항으로 국가완화 협력체를 구성하고, 풀뿌리의 참여를 활성화하고, 국가완화 지식 저장소를 구축하고, 다른 프로그램들과 재난완화를 연결하고, 정책의 평가를 강조하고 있다. 완화는 단독의 정부기관, 민간부분, 재원에 의한 고립적인 활동이 아니다. 완화는 폭넓은 범위의 참여자들이 참여하는 확산적인 활동이다. 무엇보다도 완화정책은 제한된 재정을 합리적으로 투자하기 위한 고위관료나 정치인들의 의사결정이 요구되는 중요한 정치·행정 활동이다.

FEMA는 1986년 위험완화 전략을 5가지로 구분하여 소개했다. FEMA의 5가지 완화 전략에는 ① 위험요소 통제, ② 지역보호 활동, ③ 토지이용 실행, ④ 건물건축 실행, ⑤ 건물 내용물 보호가 포함된다(표 5-3).

표 5-3 위험 완화 전략

완화 전략	내 용
위험요소의 통제	어떤 위험요소의 발생가능성과 크기를 줄이는 것에 대하여 관여하는 것이다. (화재예방, 위험물 안전관리)
지역보호활동	위험요소의 전달 과정, 사람들의 위험노출을 줄이기 위해 물질의 흐름을 제한하거나 다양화하여 재난의 충격을 완화하는 것이다. (예를 들어 홍수통제활동, 산사태 통제, 산업저장시설 관리)
토지이용실행	재난의 발생으로 위험이 클 것으로 예상되는 지역의 개발을 제한하거나 최소화하여 위험요소에 대한 노출을 제한하는 것이다. (위험완화 계획, 조닝, 토지수용과 개발권한, 재정정책, 대지분리 규제)
건물건축실행	대조적으로 건물건축 실행은 건물구조물의 위험충격에 대한 저항성을 높여 물리적인 취약성을 제한하는 것이다(건물구성, 수리적 위험으로부터의 구조적 보호, 지대의 높이, 산불로부터의 구조적인 보호, 바람으로부터의 보호, 지진으로부터의 보호, 건축법).
건물내용물 보호	건물 내의 가구, 장비와 같은 건물내부 내용물을 보호하기 위한 조치이다. (침수, 누수, 습기, 온도)

출처 : FEMA

FEMA(1998)는 완화를 위험스런 사고로부터 실제적, 잠재적 피해 위험을 줄이기 위한 장기적, 영구적 속성의 행동으로 정의한다. 즉 재난 완화는 위험요소를 제거하거나 발생의 가능성을 줄이고, 재난의 결과를 줄이는 활동이다. 이러한 과정에서 장기적인 활동도 포함되고, 재난의 영향을 줄이거나, 재난발생을 연기하거나 분산하기 위한 계획적 활동들을 포함한다. 재난완화는 특히 재난의 위협 이전에 취해진다. 그래서 완화 활동을 통해 위험요소로 부터의 위협과 그 결과를 줄이거나 제거할 수 있다. 일반적으로 재난완화 활동은 장기적, 영구적, 지속가능한 조치들이다.

따라서 완화의 전략은 다양하게 분류할 수 있다. 일반적으로 공학적인 해법의 적용을 통한 건설과 물리적 환경의 변화를 구조적 조치라고 한다. 또한 비구조적인 조치란 공학적인 구조물들의 사용 없이 인간의 행동이나 자연적인 과정의 조정을 통한 위험경감 활동을 말한다. 구조적인 완화는 과학기술의 발전으로 인간이 자연을 조정하는 건설, 공학, 기계적인 변화나 개선의 형태를 요하는 조치들이다. 구조적 조치들은 일반적으로 비싸고, 규제, 이행, 집행, 검사, 유지관리, 갱신 등의 문제를 안고 있다.

3 완화 조치(Mitigation Measurement)

재난위험을 경감하기 위한 조치들로는 ① 건축법, 규정, 조례, 기준(지붕고정, 건물지면부터 높이, 위험물질 저장소, 방염지붕 등), ② 건물과 시설 설계(건축붕괴 분석, 설계와 건설기술의 향상), ③ 주요 공공시설 정책과 프로젝트(피해로 부터 시설, 구조, 내용물들의 의무적인 조치, 수로의 배수), ④ 도시계획이나 토지이용계획 규정(위험지역의 사용규제와 예방, 용적률과 건폐율의 제한), ⑤ 구조물의 수용이나 이전(홍수지역 내의 건물 매입), ⑥ 위험요소 조정(제방이나 댐, 스프링클러 시스템, 경사지 안정화 조치, 방풍막), ⑦ 위험요소들에 대한 규제법령(위험물 탱크의 이동제한), ⑧ 부동산 공시 조항, ⑨ 개선조치(와이어 메시, 굴뚝, 광고판, 건물의 고정, 보강 구조물, 방풍세트, 이동식 주택고정, 보강굴뚝, 구조물 보강), ⑩ 공공교육, 위험인지와 확산(홍수예방을 위한 윤곽, 등고선, 모든 경감조치들), ⑪ 경감의 중요성(방어, 경감, 부채경감), ⑫ 재난완화 프로젝트의 효과 등이 포함된다.

이러한 재난위험의 발생가능성과 결과를 경감하기 위한 위험완화 조치들은 구조적 조치와 비구조적 조치의 두 가지 주요 범주로 구분할 수 있다. 구조적 조치에는 ① 내구성 있는 건설, ② 건축법규와 규제조치, ③ 이주, ④ 구조적 변정, ⑤ 지역 대피소의 건설, ⑥ 장벽, 굴절, 보유 시스템의 건설, ⑦ 감지시스템, ⑧ 물리적 변경, ⑨ 치리시스템, ⑩ 생활안전 인프라의 여분과 같은 것들이 포함된다. 또한 비구조적 조치들에는 법령과 규정, 법령집행, 토지이용, 교육훈련, 재개발계획 등이 포함된다.

1) 구조적 완화(Structural Mitigation)

구조적 완화(structural mitigation) 수단들에는 댐, 제방, 방파제, 건축물, 시설물, 장벽

등이 포함될 수 있다. 이러한 구조적 완화에는 전기, 가스, 전화, 은행, 교량 등 인프라 시설에 대한 다양한 공학적인 접근들도 해당된다. 구조적인 완화는 재난의 충격으로부터 방어하기 위해 공학적인 안전 기술을 이용하는 것이다. 또한 개별 구조물의 기초능력과 역학적인 내력을 증가시키기 위한 건물의 설계와 시공재료의 사용 같은 것들도 포함할 수 있다. 이런 방법들은 개인주택, 상업건물, 산업시설, 인프라, 도로와 교량, 시설물, 각종 설비 라인에 적용될 수 있다.

2) 비구조적 완화(Nonstructural Mitigation)

비구조적 완화(nonstructural mitigation) 수단들에는 위험지역 주거의 제한, 준비계획, 경보, 교육, 훈련 등과 같이 재난을 사전적으로 줄이기 위한 활동들로 구조적 완화에 해당하지 않는 대부분의 것들이 여기에 해당된다. 대표적인 비구조적 완화 조치에는 ① 건축법과 같이 규제를 통한 사회적, 물리적, 환경적인 취약성을 줄이는 조치와 같은 법률적인 구성, ② 인명과 재산상의 손실을 줄이기 위해 위험 빈발 지역에서의 인간의 활동을 조정하는 토지이용계획, ③ 법률적인 규제보다 완화된 유인책들로 보험, 세금감면, 보조금등 다양한 형태의 유인책과 같은 인센티브, ④ 재난관련 이해증진을 위한 교육훈련, ⑤ 위험, 재난, 취약성, 위험요소들에 대한 지식과 개인별 인지와 같은 공공인지, ⑥ 국가적, 지역적 사회구조 강화를 위한 사회적 제도 구축과 같은 내용들이 포함된다.

해안지역 재난경감을 위한 구조적・비구조적인 완화대안들을 표 5-4는 나타내고 있다.

표 5-4 해안지역의 구조적・비구조적 위험요소 완화 전략

구 분	구조적 완화	비구조적 완화
개념	위험요소의 조정과 통제 인간의 정착 제한	위험요소 완화와 회피 인간 활동들의 조정과 적응
조치 수단	방파제, 제방, 홍수 저장 저수지 댐, 둑, 펌프시설, 수로보강 건축법을 통한 건축물 강화 피난처 건설	토지이용관리, 인프라 관리정책, 보험 교육, 정보 전파를 통한 위험인지 자연적 지역의 보호(습지, 해양 숲, 식물) 위험경감과 준비 정책

3) 주요 완화수단

완화는 재난의 피해와 발생 가능성을 줄이거나 감소하기 위한 실질적이고 사전적인 활동들과 관련이 있다. 완화활동은 위험을 평가하고, 재난의 잠재적인 효과를 줄이며, 향후

재난의 잠재적인 손실을 줄이기 위한 재난 이후 활동들까지 포함된다. 재난완화 활동은 재난으로 인해 발생할 수 있는 사상자와 재산상의 손실을 줄이기 위한 재난발생 이전에 취해지는 조치들이다.

재난완화는 재난으로부터 영향을 줄이거나 제거하기 위한 위험평가 활동을 포함한다. 예방과 완화수단으로는 토지이용계획, 건축 관련 법령, 위험요소의 예방이나 조정을 위한 구조적인 장벽들, 조닝, 이주, 안전도 개선, 법령, 공공정보, 공공인지와 교육, 세금, 보험 인센티브와 불이익 등이 있다. 이러한 재난완화 활동들은 ① 공학과 건설, ② 물리적 계획, ③ 경제적 활동, ④ 관리와 기관, ⑤ 사회적 활동들로 구분하여 분류할 수 있다(표 5-5).

중앙정부는 위험완화에 대한 직·간접적인 유인책을 통해 지방정부의 위험완화 정책을 유도하기도 한다. 또한 재난관리에 대한 구체적인 책임을 명시함으로써 완화정책의 이행을 강제하기도 한다.

표 5-5 완화활동 조치들과 주요 활동사항

완화 조치	주요 활동
1) 공학과 건설	개인적인 구조물을 위험에 잘 견디도록 보강하는 것과, 댐, 제방, 둑과 같이 홍수 방어 구조물을 건설하는 것이다.
2) 물리적 계획	도시계획 과정에서 도시개발과 계획과정 속에 자연적 위험요소와 재난위험 완화의 인지사항들을 통합할 필요가 있다. 주요 공공시설뿐만 아니라 개인적인 시설 또한 위치를 조정할 수 있다. 이러한 과정은 재난으로부터의 건축물과 사람들의 취약성을 줄이는데 중요한 역할을 한다.(학교, 병원, 재난시설, 배수장, 유틸리티 시설, 도로 등)
3) 경제적 활동	공정한 경제 개발은 재난완화의 핵심이다. 사회에 공평한 경제활동들과 특히 개발과 재난의 상호의존은 중요하다. 또한 적절한 완화 조치는 지역의 경제적인 손실을 줄여주는 비용효과적인 투자이다. 즉 재난완화는 경제개발 과정의 중요한 부분으로 인식될 필요가 있다. 예를 들어 생산수단인 상품의 수송, 정보의 이동, 노동시장들은 재난으로부터 단절되면 취약해진다. 뿐만 아니라 인프라와 유틸리티에 대한 산업과 경제의 의존도는 날로 증가하고 있다. 경제적인 유인책과 페널티 또한 기업과 개인의 재난관련 인식과 정책이행에 많은 영향을 준다.
4) 관리와 제도	교육 훈련의 전문적인 수행과 정치적인 의지 또한 중요한 재난완화 양상이다. 다양한 재난관련 분야의 관계자들에 대한 위험과 재난관리에 대한 전문적인 교육과 훈련은 중요하다. 특히 과학기술 분야의 재난에 대한 관심과 참여는 중요하다. 재난완화를 위한 계획과정에서 정보는 중요한 역할을 한다. 결론적으로 연구, 기술적 전문가, 정책결정 조직들은 국가나 지방의 완화 전략 개발을 위한 중요한 자원들이다.
5) 사회적 활동	일반적인 교육을 통한 공공인지는 다양한 방식으로 이루어진다. 특히 위험지역에 거주자들은 가능한 위험요소와 재난에 대한 이해가 중요하다. 어린 시절 부터 재난에 대한 교육과 훈련은 이루어져야 한다. 언론과의 상호협력을 통한 효과적인 공공인지 프로그램의 개발들도 요구된다.

(1) 위험인지와 위험지도

위험을 정의하고 인지된 위험을 맵핑하여 재난관리 과정은 물론 다양한 완화수단을 결정하는 과정에도 활용할 수 있는 가장 분명한 수단이다. 위험지도는 특정 위험요소들의 가능성과 결과를 표시하는 지도를 말한다. 위험지도는 완화 조치를 이행하기 위한 수단으로 유용하게 활용된다. HAZUS는 대표적 위험인지 및 위험지도를 제공하는 수단이다.

(2) 건축 관련 법령

건축물의 설계와 시공과정은 재난위험을 다루기 위한 가장 효과적인 수단이다. 건축법규와 규제조치들과 같은 위험에 대한 내구적 건설은 선택된 위험요소들에 대한 취약성을 줄이는 효과적인 방법이다. 정부는 건축 관련 법률을 만들어서 이행을 강제하거나 안내를 통해 위험경감을 달성할 수 있다. 건축물에 대한 규제는 가장 폭 넓게 이용되는 구조적인 완화 조치들이다. 외력에 대한 건축설계 기준들은 ① 수직·수평적인 흔들림(지진), ② 수직·수평적인 하중(태풍, 토네이도, 폭풍), ③ 극한 열기(구조물화재, 산불, 들불), ④ 지붕의 하중(눈, 화산재), ⑤ 수압(홍수, 해일)과 같은 위험요소들에 대하여 효과적인 경감을 가져올 수 있다.

(3) 토지이용계획

토지의 이용계획은 다양한 건설의 이행과 같은 위험에 대한 노출을 줄이는 조치를 법률적으로 규정한다. 토지이용계획은 일반적으로 중앙정부의 법률적 규제 범위 내에서 시·도의 조례로서 일부 세세한 내용들을 규정하고 있다. 토지이용계획은 토지이용관리(zoning), 개방 공간 보존(green spaces), 방어적 자원 보존, 고도의 위험지역에 대한 서비스 거부, 밀도조정, 건물내부 사용규제, 완화지역권, 위험물질의 생산, 이용, 이송, 폐기, 안전기준과 규정, 자연자원의 이용규정, 파도와 해일 관리 규정, 환경보호 규정, 공공 공개규정(disclosure), 대부 시 완화규정 요구 등과 같은 다양한 형태의 완화규정을 설정하고 이행할 수 있다.

(4) 재정적인 인센티브

행정·재정적인 유인책들은 개인이나 기업, 조직은 물론 지방자치 단체들의 행동이나, 정책결정에 적극적인 영향을 미칠 수 있다. 대표적인 인센티브들로는 세금 인센티브, 보조금, 재정보상과 같은 인센티브들이 있다.

(5) 보험

재난보험은 위험을 전이하는 중요한 재난완화 수단이다. 특히 홍수, 지진, 태풍 등과 같은 자연적 재난들은 위험요소의 발생 자체를 제거하거나 줄이기 어렵다. 뿐만 아니라 위험요소의 결과를 줄일 수 있는 대안들도 상당히 제한적이다. 따라서 이들 위험들은 보험과 같은 위험의 전이 형식의 재난완화 수단이 필요하다. 하지만 이들 재난의 특징은 피해액의 규모가 거대하여 민간보험 시장에서 다루기가 쉽지 않다는 것이다. 따라서 오늘날 대부분의 선진 국가들은 민간보험 시장에서 자연재난과 관련된 보험을 적극적으로 제공토록하기 위해 다양한 지원을 한다. 이 처럼 국가는 민간보험 제도를 간접적으로 지원하거나, 국가가 직접 민간보험사와 같이 공동으로 보험 제도를 운영하기도 한다.

(6) 구조적 통제

재난으로 인한 위험을 제거하거나 줄이기 위해 다양한 구조적 통제들이 이용된다. 많은 종류의 위험요소들에 대하여 가구, 사진, 기기의 고정이나 찬장의 고정물 설치와 같이 비산물의 사전 제거나 고정을 내용으로 하는 다양한 구조적 조정들도 사용된다. 예를 들어 위험요소의 종류별 구조적 통제 수단들을 살펴보면

① 폭풍 : 내풍의 지붕재, 셔트, 방수, 강한 부재 연결, 지붕의 고정, 구조물의 높이, 수평적지지 구조물, 강한 현관문

② 지진 : 전단력 보강 벽, 취약한 벽의 제거, 기초 지지 볼트, 부재 연결, 바닥틀, 굴뚝 보강, 기초고립 시스템, 외부재, 지붕하중 제거, 약한 층의 보강

③ 홍수 : 구조물의 높이, 1층 개조, 방수, 기초부의 홍수 퇴로

④ 산불 : 외부재의 교체, 낙수 홈통, 물 홈통, 창틀, 지붕재의 방화

⑤ 우박 : 경사의 증가, 지붕재의 강화, 내하중 강화

⑥ 토네이도 : 안전실, 지하대피소

⑦ 벼락 : 피뢰침

⑧ 폭염 : 에어컨

⑨ 테러 : 외벽의 강화, 방폭벽의 설치, 유리의 내구재로 교체, 접근 제한 에어컨 시스템, 출입제한 등의 수단들이 사용된다.

(7) 교육훈련

위험의 인지나 행동을 통한 위험경감, 준비, 대응, 복구 능력을 향상하기 위해 다양한

교육훈련들이 제공된다. 예를 들어 가뭄, 토네이도, 폭풍, 전염병, 산사태, 지진, 화학물질의 누출, 화산폭발, 홍수, 산불, 공습, 테러의 공격 같은 위험요소들은 효과적인 경보가 요구된다. 이러한 경보시스템의 성공적인 활용을 위해서는 위험의 정의, 분석, 효과적인 위험감지, 공공교육에 의존하게 된다. 특히 경보시스템은 ① 위험직면 이전의 사전적 지식, ② 위험에 대한 기술적 모니터와 경보서비스, ③ 이해할 수 있는 경보의 전파, ④ 위험에 대한 반응과 대응에 관한 지식들이 요구되어 교육훈련은 아주 중요하다.

(8) 환경적 조정

오늘날 과학기술의 발전과 더불어 재난완화를 위해 다양한 환경적 조정 기술들의 사용된다. 대표적인 환경적 조정 기술들로는 지진 에너지를 완화하기 위한 폭발적인 폭파, 눈사태 예방을 위한 폭발물의 설치나 발사, 우박, 허리케인, 가뭄, 눈을 만들기 위한 구름씨앗, 계획적 산불, 화산 분출물 흐름변경, 해구와 해안의 복원, 보존, 산사태, 홍수, 침식예방을 위한 숲과 관목의 관리, 홍수예방을 위한 강과 저수지 침식물과 침식 조정, 토사의 제거, 산사태 예방을 위한 경사지의 배수, 산사태, 낙석, 침식 예방을 위한 경사지의 점층적인 시공, 전염병 예방을 위한 질병개체의 박멸과 같은 것들이 이용된다.

4 완화효과와 이행 시 고려사항

재난완화 정책과 수단들의 경제적 효과를 산정하기는 쉽지 않지만 완화정책의 투자효과들은 다양하게 측정된다. 다수위험완화위원회(Multihazard Mitigation Council, MMC 2005)는 재난완화에 투자된 1$은 4$의 투자 효과가 있는 것으로 나타났다며 재난완화의 경제적인 효과를 강조했다. 하지만 완화정책은 재난관리 단계 중에서 정책적인 효과가 가장 간접적으로 나타나기 때문에 완화 조치의 추진 상에 많은 장애요인들이 존재한다. 재난완화 정책추진상의 대표적인 장애요인들로는 ① 비용을 수반하고, ② 낮은 수준의 정치적 지원, ③ 사회문화적 문제들, ④ 위험의 인식에 관한 문제들을 들 수 있다.

FEMA는 완화의 수익과 비용 산정 시 고려해야할 사항들로는 ① 인명 구조와 부상자 감소, ② 재산의 손실 감소, ③ 경제적인 손실 감소, ④ 사회적 혼란과 긴장을 최소화, ⑤

농업적 손실 최소화, ⑥ 주요시설의 기능적인 유지, ⑦ 인프라시설의 손실 방어, ⑧ 정신건강의 보호, ⑨ 정부와 공무원들의 법률적인 책임 감소, ⑩ 정부의 정치적 활동에 대한 긍정적 결과 제공효과를 제시한다.

완화정책의 경제적인 수익을 산정하기 위해서는 경제적인 손실을 산정할 수 있어야한다. 경제적 손실의 산정은 ① 완화정책이 추진되지 않을 경우 재난으로 예상되는 경제적인 손실의 규모, ② 완화정책 추진으로 예상되는 손실의 규모, ③ ①과 ②의 차이에 관한 계산으로 완화정책의 수익과 비용을 산정할 수 있다.

다양한 종류의 위험요소들은 종류별로 재난 완화 조치들의 적용상 한계들이 있다. 즉 위험종류별 완화 조치의 적용성이 존재한다. 적용성의 한계에는

① 위험요소들의 통제상의 한계가 있다. 일부 자연적 재난의 경우 물리적 사고 체계를 통제할 수 없다는 것이다. 예를 들어 폭풍, 극한, 극서, 토네이도, 허리케인과 같은 기상학적 요인들과 폭풍해일, 쓰나미와 같은 수리학적 요인, 화산폭발, 지진과 같은 지질학적 요인의 위험요소들에 대하여는 위험요소들의 통제가 불가하기 때문에 대안적 방법의 재난완화 수단들이 요구된다.

② 지역보호 활동 적용성의 한계이다. 폭풍, 한파, 한서, 토네이도 허리케인, 산불과 같은 기상학적인 요인에 의한 위험요소 경우와 유해화학물질, 방사능 물질과 같은 기술적인 위험요소인 경우 지역 보호활동을 통해 통제할 수 없는 특징이 있어 대안적인 완화 방법이 요구된다.

③ 토지이용계획의 실행 및 적용상의 한계도 있다. 폭풍, 한서, 토네이도 같은 경우는 토지이용계획의 실행으로 재난완화를 기대하기에는 한계가 발생한다.

④ 건물 내용물 보호조치의 적용상의 한계는 인간의 독성물질 누출에 대한 보호와 같은 부분은 적용하기 어렵다.

재난위험 요소별 가능한 완화 조치들은 표 5-6과 같다. 표 5-7은 완화 전략별 목표와 수단들을 보여준다.

표 5-6 위험별 적용 가능한 완화수단

위 험	근원조정	지역방어활동	토지이용계획	건축법	건물가구방어
폭풍				×	×
극고 기온				×	
토네이도				×	
허리케인			×	×	

산불	×	×	×	×	
홍수	×	×	×	×	×
해일		×	×	×	×
쓰나미		×	×	×	×
화산폭발		×	×	×	×
지진			×	×	×
산사태	×	×	×	×	
구조물화재	×		×	×	
폭발	×		×	×	
화학물 누출	×		×	×	
방사능 누출	×		×	×	
생물학 사고	×			×	

출처: EMI

표 5-7 완화 전략, 목표, 수단

전 략	목 표	수 단
규제와 토지이용 개발	위험지역 점유 제한 밀도 규제 위험지역, 환경보호지역 개발 제지	건축, 주택 조례 계획적 단위개발 농업, 개방 공간 계획 해일, 파도 제지
해안개발 제한	해안선 사용금지 위험지역, 환경보호지역 활동제한	해안선 개발제한 해안선 외장 제한 준설, 파공 제한
건축기준	피해경감 목적의 설계 규제	건축법 내풍 기준 내 홍수위험 주택 기존 건축물의 개수와 보강 특수시설물 관련규정
자연적 자원 보호	생태학적 민간 해안지역 보존	해구 보호 습지 보호 해안 목초 수초 보호 서식지 보호 보호지역
공공정보와 인지	위험요소, 지역, 완화기술, 목표에 관한 정보의 전파, 자문	위험완화 공공교육 위험완화 시민참여 건설업자를 위한 세미나 위험 노출 위험지역 표시

인센티브 수단	위험, 환경지역 지주와 개발업자 격려	개발권의 이전 밀도에 대한 보너스 묶어서 개발
연방 인센티브	지주들 격려, 위험지역 개발회피 위험분산과 위험경감	연방 홍수보험 프로그램 참여 지역평가 시스템 참여
자산 획득 프로그램	공익을 위한 자산의 습득 민간시장에서 위험자산 제거	미개발지역 수용 개발과 지역권 수용 위험지역 기존 건축물의 이전
재정적 수단	민간개발 공공비용을 보다 공정하게 분배	감세 특별세 산정 impact fees, 특수 산정
주요 공공·민간 시설 정책	위험지역에서 인프라 시설의 위치를 멀리하게 지도	인프라, 공공시설 위치 요구 주요민간 시설과 인프라 위치요구 자치 서비스 지역으로 활용
민간·공공부분 계획	다른 민간 주체들과 동업	토지 보증 공공 민간 파트너십
전문적 이용	전문가와 협업은 기술, 전문가 제공가능	적당한 건축위치 정의 특수 건축기술 개발 태풍, 지붕검사 수행

위험요소들은 다양하며 각각의 위험요소들에 적합한 완화수단을 선택하기는 쉽지 않다. 하지만 위험요소들의 완화수단 선택과정에서 최우선적으로 고려되는 절차는 비용편익분석이다. 비용편역분석에 의한 수단의 선택은 대부분의 경우 가장 합리적인 선택이 될 수 있다. 물론, 어떤 종류의 위험들은 비용편익적 접근에 한계가 있는 경우도 있다. 표 5-8, 5-9, 5-10은 각각 태풍, 지진, 홍수 위험 저감조치들의 종류와 각각의 완화 조치들의 수익과 비용 및 후속영향들을 상세히 보여주고 있다.

표 5-8 태풍피해 저감조치 비교기준

계획	경제적 수익	사회적 수익		비용	후속 영향
		인명보호	부정영향감소		
mangroves	보통/높음	보통	보통	보통	다양성보존
해안모래언덕	높음	보통	보통	보통/높음	야생동물서식
대피소	낮음	높음	보통	보통	지역 인프라
경보시스템	보통/높음	높음	보통	낮음	
건축법 보강	보통	보통	높음	낮음	
Prediction	보통	보통	보통	낮음/보통	
sea walls	높음	높음	높음	높음	환경파괴

출처: http://www.unepfi.org

표 5-9 지진위험 저감조치 비교기준

계획	경제적 수익	사회적 수익		비용	후속영향
		인명보호	부정효과저감		
이주	높음	높음	낮음	높음	재개발
prediction	낮음	낮음	낮음	높음	위험지도
쓰나미 경보	보통	높음	낮음	높음	대피계획
토질평가	보통	보통	보통	높음	구조물붕괴
건축법	보통/높음	높음	보통	낮음	BCM
retrofitting	보통/높음	높음	보통	높음	BCM

출처: http://www.unepfi.org

표 5-10 홍수위험 저감조치 비교기준

계획	경제적 수익	사회적 수익		비용	후속영향
		인명보호	부정효과저감		
영구적 장벽	보통/높음	보통	높음	보통/높음	
조정된 장벽	높음	높음	높음	높음	생태계 부정
일시적 장벽	낮음/보통	낮음	보통	보통	
습지 Block	보통/높음	보통	높음	보통	생태적 서식
재 수목화	낮음/보통	보통	보통	낮음	생태 강화
강 조정	낮음/보통	보통	보통	높음	유량증가
conveyance	높음	높음	보통/높음	보통/높음	배수향상
basin 저장	보통/높음	보통	보통	보통	위험감소
이주	높음	보통	보통	보통/높음	
경보시스템	낮음	높음	낮음	낮음	급류홍수
토지이용계획	보통/높음	높음	높음	낮음	

출처: http://www.unepfi.org

5 완화대안 평가

완화대안의 평가와 선택 시에 고려되어야할 사항들은 많다. 각각의 위험을 평가할 때 고려해야할 사항들로는 ① 기대되는 충격, ② 대안의 이행 가능성, ③ 재정 메커니즘과 필요자원의 조달과 같은 사항들이 있다.

위험 경감안의 평가에 있어 가장 중요한 문제는 ① 경감할 수 있는 사상자와 부상자의 수, ② 경감할 수 있는 재난의 손실, ③ 경감할 수 있는 경제적 손실을 포함한다.
대안의 이행 가능성은 ① 정치적인 지원, ② 공중의 지원, ③ 사업부분의 지원, ④ 비영리단체나 흥미그룹으로 부터의 지원, ⑤ 비용, ⑥ 장·단기적 수익과 같은 사항들을 고려하여야 한다.

FEMA는 재난관리자들이 계획하는 완화방안들이 효율적인 완화수단인지 여부를 평가하기 위해 STAPLEE 방법을 개발하였다. STAPLEE 방법은 지역사회에서 추진되는 완화방안들은

① 사회적(Social) : 지역사회에 사회적으로 받아들여져야 하고,
② 기술적(Technical) : 기술적으로 실현가능해야 하며,
③ 행정적(Administrative) : 행정적으로 수행 가능하여야 하고,
④ 정치적(Political) : 고도의 정치적인 경향이 있고,
⑤ 법률적(Legal) : 법률적으로 이행할 수 있는 법률적 권한이 있어야 하며,
⑥ 경제적(Economic) : 경제적으로 비용대비 효과적이어야 하고,
⑦ 환경적(Environmental) : 환경적으로 긍정적인 영향을 주어야 한다는 것이다.

6 완화프로그램 사례

FEMA는 완화란 재난의 영향을 줄임으로써 인명과 재산의 손실을 줄이기 위한 노력이라 했나. FEMA는 다양한 완화 활농늘을 추진하고 있다. 대표적인 활동들로는 ① 위험분석 활동으로 홍수위험 Mapping, 국가 댐 안전프로그램, 다수위험완화 계획이 있고, ②위험경감 활동으로는 위험완화지원(HMA)기금 프로그램, 홍수지역 관리, 국가지진위험경감프로그램(NEHRP), 국가 댐 안전프로그램, 건물과학이 있으며, ③홍수보험 활동으로 국가홍수보험프로그램(NFIP)을 운영하고 있다.

1997년 FEMA는 국가적 재난경감 프로그램을 이행하였다. 미국의 대표적인 재난완화 정책은 "Project Impact"이다. 초기 7개 지역에서 출발하여 곧 200 여개의 시·군으로 확장되었다. 이 프로그램의 목적은 ① 지역사회의 파트너십을 구축하고, ② 지역사회의 위험과 취약성을 정의하고, ③ 위험경감 활동의 우선순위화와 완성, ④ Project Impact(PI)에 관한 일반인에 대한 교육과 의사소통 전략 개발이 목적이다. PI는 재난관리를 대응과 복구 중심에서 완화와 준비단계 중심으로의 전환을 시도한 대표적인 프로그램이다. 기존의 재난관리 문제들에서 벗어나서 지역사회의 시민조직들이 같이하는 활동적인 의사결정과 계획을 포함하는 것을 권장하였다. 이것은 Bottom-up 방식의 완화 프로그램, 지역사회의 사회적, 정치적 문화뿐만 아니라 지역의 수요를 고려하는 기존의 방식과 다른 완화 전략이다. 연방정부는 종자자원을 제공하고 지역사회도 반드시 연방이 규정한 일정규모의 기준을 충족해야 했다. 연방의 일방적 지원이 아닌 지역사회의 적극적인 참여를 유도하는 유인정책을 추진하였다. 완화 프로그램은 모든 수준의 정부와 민간부분에서 위험의 경감을 위해 사용된다.

미국의 경우 연방정부의 재난관리와 관련된 지방지원 사업들은 다음과 같이 다양하다.

① 소방공무원 지원 사업
② 화학 stockpile 재난준비 프로그램
③ 지역사회 지원 프로그램
④ 지역사회 재난 대부 프로그램
⑤ 포괄적인 환경 대응, 보상, 책임법
⑥ 협력적 기술 파트너
⑦ 위험자문
⑧ 재난법률 서비스
⑨ 재난 실업지원 프로그램
⑩ 재난 식품과 임시주거 프로그램
⑪ 재난 교육훈련 지원
⑫ 소방관리 지원 사업
⑬ 홍수완화 지원 프로그램
⑭ 위험요소 완화 보조사업
⑮ 개인과 가구 보조사업
⑯ 지도 현대화 관리 지원
⑰ 국가 댐 안전관리 사업
⑱ 국가 지진 위험감소 프로그램
⑲ 국가 소방교육훈련지원 프로그램
⑳ 국가 홍수보험 프로그램
㉑ 국가 도시 탐색과 구조 대응시스템
㉒ 사전재난완화 프로그램
㉓ 공공 지원보조사업
㉔ 연방시설 소방 활동에 대한 상환
㉕ 반복적 홍수 Claims 프로그램
㉖ 주 소방훈련시스템 보조사업

제3절
준비(Preparedness)

1 재난준비(Disaster Preparedness)

재난준비는 극한의 사건에 대응하기 위한 준비상태를 구축하는 재난 이전 활동으로 정의할 수 있다. 준비활동은 개인의 보건과 안전을 위한 능동적 대응수단에서부터 물리적 구조의 기능을 통합함으로서 재난으로부터 피해를 줄이기 위한 조직적 준비를 구축하는 것까지 포함된다. 준비는 계획, 훈련, 장비확보, 대응조직 간의 훈련 등으로 구성된다.

모든 재난은 독특하기 때문에 재난관리자들은 항상 특정한 상황적 요구를 충족하기 위해 임기응변이 필요하다. 임기응변에는 재생산적, 적응적, 창조적 변화를 통한 임기응변들이 있다. 이 같은 임기응변들은 조직적 연속성과, 조직적 지속성과는 다르다. 재생산적 임기응변은 재난경보가 실패했을 때와 같이 즉흥적인 대안을 사용하여 부족한 부분을 보완하여 대응하는 것이다. 적응적 임기응변은 활동의 목표를 달성하기 위해 일상적 행동이나 연속성계획을 수정하는 것을 의미한다. 창조적인 임기응변은 새로운 방식의 행동을 개발하여 예상하지 못한 재난의 요구에 대응하는 것을 말한다. 물론 임기응변적인 대응활동의 이행은 미리 계획된 행동보다 많은 시간이 소요될 경우가 많다. 그리고 시간은 재난현장에서 항상 부족하고 제한적이다. 뿐만 아니라 이러한 임기응변들은 다른 조직들의 대응활동들과 중복되거나 방해가 되기도 한다.

결론적으로 재난관리 계획은 이러한 임기응변의 부정적인 부분을 사전에 보완하는 역할을 하기도 한다. 하지만 임기응변이 부정적인 내용만을 갖고 있는 것은 아니며, 다양한 재난현장의 대응과정에서 임기응변을 적절하게 활용하는 것이 아주 중요하다. 재난의 특성상 현장 대응활동상의 임기응변은 아주 중요하다. 따라서 효과적인 계획은 계획과 임기응변의 적절한 균형을 유지하는 것이 중요하다.

2 국가 준비계획

1) 준비이론

돈키호테의 저자 세르반테스는 "준비하는 것은 반의 성공이다."라고 했다. 재난준비는 적절한 대응, 구호, 복구를 보장하기 위한 재난발생 이전에 취해지는 행동으로 정의된다. 재난의 대응과 복구활동에는 다양한 조직, 개인, 정부, 사업, 시민들이 참여한다. 따라서 재난의 준비활동 역시 이들 주체들에 의해 수행된다. 각각의 재난준비 주체들은 역할과 책임을 갖게 된다.

재난의 준비는 일반적으로 재난대응계획(Emergency Operation Plan, EOP), 연습, 훈련, 장비, 법률적 권한, 경보, 공공준비 등을 포함한다. 재난준비의 목표는 누가, 언제, 어디서, 무엇을, 어떻게 하는지를 알게 만드는 것이다. 준비활동 그룹들은 공공, 민간, 자원봉사 단체들로 나눌 수 있다. 공공부분의 계획은 EOP의 수립과 적용을 통해 수행되며 민간부분은 주로 사업연속성계획(Business Continuity Plan, BCP)을 통해 자율적 준비를 한다. 또한 민간부분은 재난발생 시 공공부분 주도의 EOP와 연계하여 협력과 지원활동을 수행하게 된다. 자원봉사 단체들 역시 공공부분의 EOP 속에서 다양한 협력과 지원활동을 수행한다.

밀레티(Mileti, 1999)는 준비란 공식화하고, 검증하고, 재난계획을 훈련하고, 일반인들과 재난대응자들에게 훈련을 제공하고, 무엇을 해야 하고 재난 취약성에 관해 공공과 의사소통하는 것을 포함한 활동이라고 정의한다. 준비에는 계획, 자원파악, 경보시스템, 훈련, 모의실험과 같이 대응의 안전과 효과성을 개선 할 목적으로 사전에 취해지는 행동이라고 말한다. 효과적인 준비활동은 인명을 구하고, 부상을 줄이고, 재산손실을 줄이고, 모든 종류의 파괴를 최소화하는 것을 도와준다.

재난대응계획(EOP)은 위험평가 활동을 통한 위험이 파악된 이후에 수립된다. EOP는 모든위험, 모든 행동자, 모든 기능들을 통합적으로 다루어야 한다. EOP 내에는 ① 권한(법률적인 근거와 계획, 법, 서류 등을 언급), ② 목적, ③ 예상되는 상황의 가정(위험의 종류별 구체적인 상황과 계획의 이행), ④ 활동의 개념, ⑤ 참여 조직에 책임의 할당, ⑥ 지휘와 통제, ⑦ 계획수립과 유지 및 이행, ⑧ 기타 준비조건이나 행정지원에 관한 내용들을 포함하여야 한다.

ICMA(2003)가 정의한 재난준비를 위한 대표적인 노력들로 ① 재난관련 법령들의 채택, ② 위험평가, ③ EOP, ④ 경보시스템, ⑤ 자원정의, ⑥ 자원조달, ⑦ 상호협정, ⑧ 교육훈련, ⑨ 공공교육 등을 강조한다. 표 5-11은 재난준비 단계에서 이루어져야 할 주요 준비사항과 세부내용을 열거하고 있다.

표 5-11 주요 준비사항과 내용

주요 준비사항	주요 내용
1) 위험요소, 재난법규, 권한정립	지역 내의 위험요소의 정의, 재난관리 조직, 재난관련 법령과 권한을 정립, 대피안내, 사마리안법, 상호협정
2) 계획수립 정책과 절차	재난대응계획 수립, 장기적인 지역 완화 전략과 복구에 대한 계획, 특별 행사계획, 지역의 인구, 자원, 시설 등에 관한 프로파일 개발, 업무상의 책임에 대한 보호계획, 능력개발 계획
3) 교육과 훈련	응급서비스와 재난 종사자들에 대한 훈련 시민 재난인지와 지역사회 재난교육 프로그램의 개발과 이행
4) 인력과 장비를 위한 점검과 훈련	공공과 민간, 지역사회와 가정
5) 보험가입	공공, 민간에서 제공하는 보험가입

2) 재난계획의 원칙

준비활동이 효과적이기 위해서는 재난발생 이후 요구되는 수많은 필요(Needs)와 인간행동의 기본원칙에 관한 정확한 가정에 근거하여야 한다.

콰렌텔리(Quarantelli, 1982)는 가장 효과적인 재난계획에 적용되어야할 10가지 일반적 원칙을 정의 하였다.

① 계획수립은 지속적인 과정이다.

② 예상되는 재난상황에서 미지수를 줄이고자 하는 노력이 포함된다.

③ 계획은 적절한 행동을 하도록 하는 것이 목표이다.

④ 계획은 발생할 가능성에 근거를 두어야 한다.

⑤ 계획은 유효한 지식에 근거하여야 한다.

⑥ 계획은 일반적인 원칙에 초점을 두어야 한다.

"복잡하고 세밀한 계획은 일반적으로 대부분의 잠재적 사용자들에게 적합하지 않아서 무시되는 경향이 있다."라면서 콰렌틀리(Quarantelli, 1982)는 재난상황은 신속하게 변하고 진화하기 때문에 계획은 모든 사항에 맞지 않으며, 재난상황의 대응은 항상 기대나 예상하지 못한 도전들이 포함되어 있어서 계획은 유연하여야 한다고 주장했다.

⑦ 계획은 부분적으로 교육적인 활동이다.

⑧ 계획은 항상 저항을 극복하여야 한다.

⑨ 계획은 실험되어야 한다.

⑩ 계획은 관리가 아니다.

재난계획은 비상상황에서의 행동을 위한 일반적인 원칙과 전략을 개발하는 것이다. 또한 재난관리는 재난상황에서 이들 원칙과 전략을 적용하기 위해 시도하는 것이다.

콰렌텔리(Quarantelli, 1988)는 재난계획을 위한 중요한 기준들 세 가지를 들고 있다.

첫째, 계획은 재난이 일상적 사고와는 질적, 수적으로 다르다는 것을 반드시 인지하여야 한다. 재난은 지역 시스템에 극한 스트레스를 가한다. 재난관리 과정에서는 중앙정부 기관들과 외부지원 기관들의 아주 많고 친숙하지 않는 조직적 행동들이 포함된다. 그래서 조직은 비록 일상적 사고를 담당하는 조직들이 운영할지라도 재난계획은 단순히 일상적 사고계획의 확장 수준으로는 안 된다.

둘째, 홍수, 지진, 산사태 또는 다양한 자연적, 기술적 현상과 같은 재난요인들은 서로 다르기 때문에 대응과정에서 비록 전형적으로 특수한 자원을 요구하지만 계획 효과들은 특정요인에 초점을 두기보다는 일반적, 총괄적 이어야 한다는 것이다. 왜냐하면 재난대응 과정에서 일반적 업무들은 재난의 종류에 무관하게 계획될 필요가 있다. 예를 들어 재난의 원인에 상관없이 재난 피해자들을 위한 임시숙소의 제공, 재난피해 평가, 인명구조와 부상자 처리 등과 같은 기능은 항상 필요하기 때문이다.

셋째, 계획은 부분적인 것 보다 같이 통합되어 있을 때 가장 효과적이다. 재난대응 단위기관들의 개별적인 계획을 갖는 것 보다는 다른 조직들이 종합적인 준비 노력을 집합하는 것이 보다 효과적이다. 이 원리는 단순히 계획 단계에만 적용되지 않고 교육과 훈련 과정에도 적용된다.

콰렌텔리(Quarantelli)는 또한 성공적인 재난관리 계획인지 여부를 평가하기 위한 10가지 기준을 제시하였다.

① 위험 요인유발수요와 대응유발수요 사이의 차이를 정확히 인지하라.

② 적절한 방법으로 일반적이고 총괄적인(generic) 기능을 수행하라.
③ 인력과 자원을 효과적으로 동원하라.
④ 적절한 업무 대표와 작업의 팀을 포함하라.
⑤ 정보의 적절한 흐름을 허용하라.
⑥ 의사결정의 적절한 훈련을 허용하라.
⑦ 전반적인 협력의 발전에 초점을 두라.
⑧ 응급한 면과 기존의 것을 섞어라.
⑨ 적절한 정보와 다수 통신 시스템을 제공하라.
⑩ 잘 기능하는 EOC를 가져라.

3) 재난계획과 대응모델의 이해

재난관리계획은 하나의 종합적 계획으로 수립할 수 있지만 필요에 따라서는 완화계획, 준비계획, 대응계획, 복구계획 등과 같이 세부적으로 수립할 수 있다. 이중에서 재난대응계획은 대응활동을 위한 계획이다. 재난대응계획의 수립에 있어 재난의 사회학적 이해나 재난대응 모델에 따라 재난대응 계획은 완전히 달라진다. 재난대응계획 수립을 위한 대응모델에는 두 가지 대조적인 모델이 있다. 두 가지 대조적인 재난대응 모델에는 ① 지휘통제 모델과 ② 문제해결 모델이다.

(1) 지휘통제 모델

지휘통제 모델은 재난관리를 군사작전처럼 취급한다. 이 모델은 ① 재난상황에서 정부와 다른 대응기관들은 재난현장으로 출동, 상황의 통제, 관리장악을 준비하여야 한다고 생각한다. 왜냐하면, 피해지역 주민들은 억압받고 희망이 없는 상황일 것이라고 인식하기 때문이다. ② 재난대응 활동은 중앙집권적 지휘통제와 의사결정을 통해서만 최고로 효율적으로 수행된다고 생각한다. ③ 적절한 대응조건에서 이상적인 한사람이 다양한 대응조직들 사이의 관계들은 위계설차로 소성할 수 있다고 생각한다. 재난계획 과정에서 이러한 접근은 일반적으로 비현실적으로 간주된다.

(2) 문제해결 모델

대조적으로 문제해결 모델은 지역과 사회는 재난발생 시 스스로 회복가능하고 복구가능하다는 개념에 근거한 모델이다. 재난으로 아무리 피해를 많이 입은 지역이라 할지라도 여전히 지역적 재난대응 능력은 남아있다는 것이다. 문제해결 모델에서 바람직한 준비계획은 재난을 다루기 위해 완전히 새로운 조직을 만드는 것보다 지역 내의 기존 기관들 상호간의 재난대응과 지원 시스템을 잘 구축하는 것이다. 그래서 계획단계에서는 그런 능력을 높여주는 실재하는 그룹들이나 조직들 그리고 기관들을 사전에 정하는 것을 강조한다. 이 모델은 또한 재난발생 시 대응기관들의 유연성을 중요하게 인정한다. 참여기관들의 효과적인 유연성 문제를 해결하기 위해서는 Top-down 방식의 의사결정 구조보다는 의사결정 과정이 집중적이지 않은 Bottom-up 방식의 대응구조를 통해 가장 성공적인 재난관리를 이룰 수 있다는 것이다.

(3) 재난대응 조직

재난 대응을 위한 조직적 구조는 두 가지 기본원칙에 근거하여한다. 첫째는 일상적 재난 대응에 익숙한 조직적 구조들이 재난발생 시 일상적인 조직적 구조를 확대하는 형태여야 한다. 둘째는 지역 재난대응 조직은 재난의 요인유발수요(AGD), 대응유발수요(RGD) 증가에 어울릴 수 있게 외부의 추가적인 자원들이 더해졌을 때 충분히 확대할 수 있을 만큼 유연성을 갖추어야 한다. 오늘날 이러한 조건을 갖춘 재난대응을 위해 유행하는 조직적인 구조는 사고지휘체계(ICS)와 사고관리시스템(IMS)이 있으며 이들 두 시스템의 조직적 구조는 부분적으로 조금 다르다.

재난계획과 더불어 현장지휘 과정에서 즉흥적인 활동은 재난관리의 중요한 요소이다. 즉흥적이란 의미 속에는 1) 독특한 여건에서 채택하는 것으로 유연성과 창조성이 요구된다. 2) 기존모델의 변형이다. 3) 창조성은 즉흥적인 활동의 한 면이다. 4) 창조성은 새로운 대안이다. 5) 조직적 창조는 복잡한 사회시스템 속에서 새것, 가치 있는 것, 서비스, 생각 등을 만드는 것을 포함한다.

재난준비 단계는 효과적인 대응활동을 촉진하기 위한 활동과 조달능력을 개발하기 위한 재난 이전에 수행되는 활동이 있다. 효과적인 준비노력들로는 적절한 계획, 충분한 자원의 할당, 재난대응자들의 훈련, 대규모 재난 실제연습이 포함된다. 성공적인 재난대응은 준비에 달려있다. 준비수단들은 지역에 대한 세부적인 인지와 교육, 재난계획, 훈련과 연습, 재난통신, 상호협력 동의, 경보시스템, 자원목록, 특수자원 확보, 대피계획 등이 포함된다. 이러한 재난준비는 장· 단기 계획에 의한 조치들로 구성된다. 재난준비를 위한 장기적 정책과 프로그램들로는 법률, 물리적 도시계획, 공공사업과 건축행위들이 포함된다. 주민들의 건강과 복지 프로그램들도 사회적 취약성을 줄이는 완화정책에 포함 될 수 있다. 일반적으로 준비는 계획과 공학 분야, 의료, 사회, 안전 서비스 분야의 활동들이 있다.

현장 활동 조직들의 운영과 대비도 실제적인 준비이다. 조직적 준비에는 교통통신, 행정시설, 공공업무, 주택건설 등의 기관들이 포함된다. 이들 다양한 조직들은 상호 유기적으로 작용하면서 재난을 준비하고 대응할 수 있다. 따라서 재난준비를 대표하는 계획과정에는 실질적으로 재난관리의 모든 단계에 참여하는 정책, 기관, 활동, 계획들이 포괄적으로 포함된다. 한마디로 재난준비는 재난계획과 이들 계획들의 이행 과정이다. 재난계획은 ①재난의 예방, ② 재난의 준비, ③ 재난의 대응을 담고 있다.

재난계획 과정은 ① 다양한 재난위험을 정의하고, ② 이들 위험으로부터 지역사회를 보호하기 위한 요구를 정의하고, ③ 재난준비 과정에 연관된 기관들과 지역사회의 자원을 정의하고, ④ 사람들에 의해 취해져야할 조치를 정하고, ⑤ 재난 완화와 조정과정의 모든 조직들의 활동 속에서 지휘체계를 분명히 하는 것이다.

4) 대응 기능적 능력분석

재난관리자들은 기본적인 재난대응 기능들을 수행하기 위한 재난대응 조직들의 능력을 분석하여야 한다. 콰렌텔리(Quarantelli, 1981)는 이들 기능들을 요인유발수요(Agent Generated Demands, AGD)와 대응유발수요(Response Generated Demands, RGD)로 구분하였다.

① AGD는 어떤 위험요소가 사상자나 손실을 유발하는 특정 메커니즘으로부터 등장한다.

② RGD는 재난대응을 이행하고 조직화하는 과정에서 등장한다. 예를 들어 홍수라는 위험요인은 경보, 대피, 제방 방어와 같은 AGD기능을 요구한다. 재난대응 과정에서 이들 기능을 수행하기 위해서는 대피 자들의 피난을 위한 모터보터, 집결을 위한 비상방송, 제방의 보강을 위한 샌드백의 이동과 설치, 중장비의 동원 등과 같은 더욱더 복잡하고 다양한 RGD 기능들을 유발하게 된다.

린델과 페리(Lindell & Perry)는 이후 콰렌텔리(Quarantelli)의 유형론을 세분화하여 재난평가, 위험요소 활동, 인구보호(AGD), 사고관리(RGD)와 같이 4가지 기본적인 재난대응 기능을 정의했다.

① 재난평가는 위험분석, 위험모니터링, 피해평가와 같은 활동들로 과거와 현재조건의 진단들과 재난대응을 안내하는 미래조건의 예상으로 구성된다.

② 위험요소 활동은 위험요소 통제, 보호활동, 건물건축 실행과 같은 활동들로 재난관리자들이 재난의 충격기간과 정도를 제한하기 위해 취해지는 위험요소 완화활동을

의미한다.

③ 인구보호는 경보, 탐색구조, 응급구조, 재난지역 통제와 같이 위험요소로부터 사람들을 보호하는 대피소, 피난, 다중방역과 같은 활동을 말한다.

④ 사고관리는 조직통보와 이동, 의사소통과 문서화, 분석과 계획, 내부지휘와 통제, 병참, 행・재정, 외부협력, 공공정보와 같은 재난대응 조직의 목표달성을 위해 재난에 대응하기 위해 사용되는 사람들과 물리적 자원들이 이동되고, 지휘되는 활동들로 구성된다.

5) 준비계획

재난으로 부터의 국민을 보호하는 것은 국가의 기본적인 책무이다. 따라서 국가는 전략적인 준비를 하여야 한다. 정부의 다양한 준비활동들은 ① 계획, ② 연습, ③ 훈련, ④ 장비화, ⑤ 법률적 권한 등이 있다.

(1) 계획

모든 수준의 정부들은 재난대응계획의 수립과 시행이 필요하다. 가장 일반적이며, 포괄적으로 사용되는 재난계획은 정부수준의 재난대응계획(EOP)이다. 재난대응계획은 재난으로부터 인명과 재산을 보호하고, 재난사건에 대응하기 위해 연루된 많은 사람들과 기관들의 역할과 책임을 사전적으로 복잡하고 상세하게 기술한 문서이다. 중앙의 계획은 지방의 계획과 상호 연계적이고 조화로워야하며, 인프라, 유틸리티, 병원, 학교와 같은 일부 민간부분 역시 정부 EOP와 연계된 자체적인 EOP를 갖고 있어야 한다. 재난계획은 지역사회 내・외부의 다양한 자원들과 조화와 협력을 기반으로 작성된다. EOP는 공공부분에서는 비상대응 계획 또는 재난대응 계획으로 간주된다. 민간 기업에서는 BCP 또는 BCM의 형태로 계획되기도 한다. 가장 효과적인 EOP는 지역사회의 위험평가와 분석을 시작으로 이루어진다. 분석된 위험을 기반으로 ① 기본계획, ② 기능적 부록, ③ 특정 위험부록 같은 내용들이 포함된다.

(2) 연습

재난계획은 재난대응 과정상의 참여자들의 반복적인 연습을 통해 이해되고 책임과 역할이 조정된다. 연습은

① 재난 시 조직과 회사의 생존 가능성을 증가시키고,

② 회사의 작동이나 서비스 제공의 단절을 줄일 수 있으며,
③ 평판이나 명성을 강화하거나 보존할 수 있으며,
④ 지역사회나 환경에 대한 재난으로 부터의 충격을 줄이며,
⑤ 사회적, 정치적, 법률적, 재정적인 재난의 결과를 줄이고,
⑥ 조직의 취약한 분야를 정의할 수 있고,
⑦ 재난에 대응할 사람들을 훈련시키는 긍정적인 역할을 한다.

(3) 훈련

재난대응 과정의 수많은 전문적인 기술과 시스템은 요원들이 잘 교육되고 훈련되어 있을 때 현장에서 더욱더 효과적으로 이행된다. 훈련의 종류는 1) 세미나 훈련, 2) 테이블탑 훈련 3) 실제훈련이 있다.

(4) 장비

재난대응 과정에는 수많은 장비와 기술들이 동원된다. 이러한 장비와 기술들은 체계적으로 목록화 되고 동원 및 활용 가능하게 준비 되어야 한다.

(5) 명문화된 권한

다양한 이해관계자들이 협력적으로 대응하는 재난현장에서의 효과적인 지휘통제를 위해서는 법률적으로 명시된 권한이 필요하다. 이 같은 명문화된 권한은 준비단계에서 미리 정해져 있어야하며 해당기관은 법률적으로 명시된 권한과 임무를 항상 숙지해야 한다. 이러한 권한을 통해 현장의 기능들이 효과적으로 작동할 수 있다.

3 재난계획

1) 재난계획의 기본원칙

정부는 인명과 재산은 물론 사회적 시스템을 위협하는 위험요소로부터 시민들을 보호하기 위해 적절할 조치를 취할 책임이 있다. 시민들은 정부의 이러한 역할을 기대할 뿐만

아니라 재난관리를 정부의 기본적인 역할로서 인식하고 있다. 지역사회의 안전을 위해서는 정부와 주민뿐만 아니라 지역사회의 각 분야에서도 주요한 역할들을 분담할 책임이 있다. 계획은 이러한 정부와 지역사회의 공동의 책임 부분을 지역실정에 맞게 사전에 수립하고 향후 전국적인 시스템에 확대적용 할 수 있어야 한다. 또한 지역재난계획은 재난발생 이전에 수립되어야 한다.

지역 재난계획 수립 시 고려해야할 기본적인 원칙들은 다음과 같다.

① 지역기반의 계획(Community-based Planning)
전체 주민과 그들의 요구를 대표할 수 있어야 한다. 전체 주민이란 사회적 소외계층과 어린이 등 재난에 상대적으로 취약한 그룹들도 포함되어야 한다. 재난으로 인한 대피, 대피소 운영, 가족들 상봉, 구호물품 보급 등의 과정들도 중요하다. 뿐만 아니라 지역 내의 다양한 인구통계학적 프로파일을 이해하고 관리할 필요가 있다. 지역기반의 계획은 향상된 대응, 복구는 물론 준비활동 전반에 걸친 활동들을 사전적으로 유도할 수 있다.

② 계획은 지역 내의 모든 이해관계자들이 참여하여야 한다. 효과적인 계획은 전체 지역사회가 계획과정에 포함되고 대표되는 것이다. 가장 이상적이며 효과적인 계획은 지역사회를 대표하는 기관, 조직, 시민단체, 사업체 등 다양한 사람들이 계획과정에 참여하는 팀에 의해 준비되는 것이다.

③ 계획은 복잡하고 불확실한 잠재적 위험요소와 위협을 다루는 것을 돕기 위해 논리적이고 분석적 문제해결 과정을 사용한다. 활동의 목표를 결정하고, 목표달성을 위한 대안을 개발하고, 정보의 수집과 분석을 포함한 논리적 단계들을 이행함으로써 복잡한 상황에서도 작동될 수 있다.

④ 계획은 모든위험 요소들과 위협들을 고려한다. 계획가는 계획수립 시 모든 종류의 위협에 관한 세부적이고 개별적인 계획보다는 일반적이고 포괄적인 활동기능을 다룰 수 있어야 한다. 하지만 필요시 특정위험에 대한 세부 내용을 부가적으로 첨부할 수 있다.

⑤ 계획은 일상적 재난에서부터 대형재난까지 다룰 수 있을 만큼 유연하여야 한다. 유연하고 가변적인 계획들은 현장 활동가들이 가장 쉽게 이해하고 실행할 수 있다.

⑥ 계획은 참여자들의 의무와 지원 목표를 분명히 정의하여야 한다. 이처럼 각각의 의무와 책임을 명시 할 때 다수그룹들 사이의 목표의 일치와 노력의 일치를 가능하게 한다.

⑦ 계획은 대응과정에서 예상되는 환경을 잘 묘사할 수 있어야 한다. 재난의 예상은 계획의 가정이나 위기에 대한 일치뿐만 아니라 상호작용에 대한 이해를 촉진한다.
⑧ 계획은 흠이나 단점에서부터 출발할 필요는 없다. 계획가는 다른 지역뿐만 아니라 다른 계획가들의 경험의 장점을 반영하여야 한다.
⑨ 계획은 업무나 이들 업무 수행을 위해 필요한 자원의 할당은 물론 계획의 적합성 구축에 관해 정의할 수 있어야 한다. 재난관련 주요 의사결정자들은 재난 계획가들에게 분명하게 정해진 우선순위와 적절한 자원을 제공하는 것을 보장해야 한다.
⑩ 계획은 이해와 승인을 보장하는 과정을 통해 고급관료를 포함시켜야 한다. 결제라인이 높으면 높을수록 계획의 생산성은 높아진다.
⑪ 시간, 불확실성, 위험, 경험은 계획에 영향을 준다. 왜냐하면 이들 요소들은 특정 문제에 대한 해결책을 마련하기 위한 적절한 개념과 방법을 적용하는 출발점을 정하기 때문이다.
⑫ 효과적인 계획은 활동책임자들에게 무엇을 왜 할지를 말한다. 또한 관할 외부사람들에게 어떻게 지원하고, 무엇을 기대할지에 대하여 미리 알려준다. 계획은 활동가들과 지원자들에게 역할과 책임에 대하여 분명하게 의사소통할 수 있게 하여야 한다.
⑬ 계획은 기본적으로 위험관리 과정이다. 위험관리는 위험을 정의하고, 분석, 평가, 결정, 이행하고, 관리하는 과정이다.
⑭ 계획은 재난준비 사이클의 핵심구성 중의 하나다. 계획은 준비 사이클 속에서 계획, 조직화, 훈련, 장비화, 훈련, 평가, 교정활동들의 사이클을 통해 지속적으로 평가되고, 개선되어야 한다(그림 5-1).

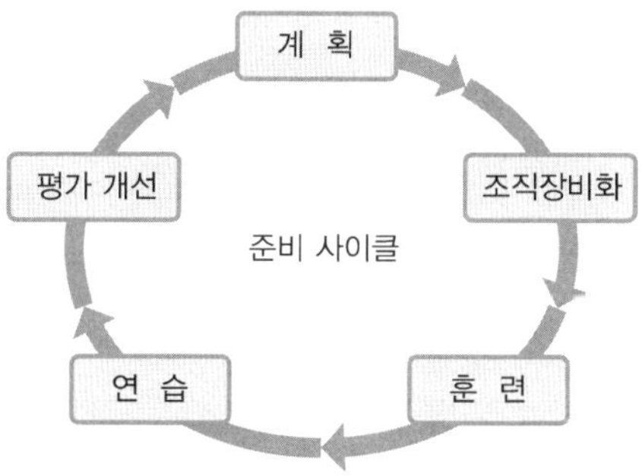

출처 : CPG 101

그림 5-1 준비 사이클

2) 계획의 종류

계획의 종류에는 전략계획, 활동계획, 전술계획의 3가지 층으로 구성된다. 전략계획은 활동계획에 대한 맥락과 기대를 정한다. 활동계획은 전술계획의 틀을 제공한다. 따라서 계획은 표 5-12와 같이 구분할 수 있다.

표 5-12 계획수준별 내용

계획구분	계획의 수준과 내용
전략계획	재난관리 책임이나 계획 우선순위에 대한 고급관료들의 정책적 결정
활동계획	재난 시 기관, 부서, 역할, 책임, 임무, 통합과 활동에 관하여 기술
전술계획	대응과정에 직접적 역할을 하는 인력과 장비 자원의 관리에 관한 내용

(1) 전략계획(Strategic Plan)

전략계획(Strategic Plan)은 관할의 장기간에 걸친 재난관리 책임을 어떻게 충족할 것인지에 대하여 표현한다. 이들 계획은 중앙에 종속된 고위관료의 정치적, 정책적 계획이며 다수의 계획들 사이의 우선순위를 정한다.

(2) 활동계획(Operational Plan)

활동계획(Operational Plan)은 재난 시 관할이나 기관, 부서의 역할과 책임, 업무, 통합과 요구되는 행동을 제공한다. 관할들은 이 계획을 기관이나 부서의 목표, 역할, 책임을 부여하기 위해 관할내의 많은 대응기관들의 활동을 조정하고 통합하는데 사용한다. 이 계획은 지역사회 자원의 할당은 물론 민간부분의 계획과 노력들도 고려한다. 활동계획은 광범위한 물리적, 공간적, 시간관련 활동에 초점을 두는 경향이 있다. 그래서 이들 계획은 더욱 복잡하고, 포괄적이며, 전술계획보다 덜 세밀하다.

활동계획의 종류는 다양하다.

① 재난대응계획(EOP)은 대표적인 재난대응 시 운영되는 활동계획이다. 재난대응 활동들은 다양한 종류의 기능과 행동들이 포함되는 것처럼 몇몇 종류의 계획들을 포함할 수 있다. EOP는 종종 재난계획 노력들의 중심이지만 재난관리를 다루는 유일한 계획은 아니다. EOP를 지원하거나 보충하는 다양한 종류의 계획들이 있다.

② 공동 운영계획 또는 지역적 조정계획은 특정한 사고나 사건을 다루기 위해 다수의 정부와 기관들의 참여를 포함한다.

③ 행정계획은 정부적 노력을 지원하기 위한 기본적인 정책과 절차를 기술한다.

④ 준비계획은 지역사회 전반의 능력 개발과 유지를 위한 과정을 다룬다. 준비계획에는 예방, 방어, 대응, 복구, 완화 활동들을 위해 필요한 능력을 다루어야 한다.

⑤ 지속성 계획(Continuity of Operation, COOP)은 사고동안 수행되어져야 할 기본적인 기능과 이들 기능들이 수행되어져야 할 방법을 정리한다. 또한 정상 활동의 재개를 위한 과정을 기술한다. COOP 계획들은 잠재적인 사건동안에 핵심능력의 지속적인 성능과 주요 활동을 다룬다. 정부계속 계획(Continuity of Government, COG)은 헌법, 법률, 행정적인 책임이 유지되는 것을 보장하기 위한 정부의 보존과 재구성을 다룬다.

⑥ 복구계획은 재난 이전과 이후에 수립되며 관할이 효과적으로 직접적인 복구활동을 할 수 있게 도와준다. 지역발전 계획과 연관되어 수행되는 사고 이전에 수립된 복구계획은 복구의 우선순위 설정, 완화 전략의 포함, 대안의 정의와 변경을 수립하는 것을 도와준다. 사고 이후에 수립된 복구계획은 복잡한 의사결정을 통합할 수 있게 해준다.

⑦ 완화계획은 지역이 직면한 위험요소들을 경감하기 위한 관할의 전략을 정리한 계획이다. 완화계획은 종종 장기간의 노력으로 지역의 개발계획과 연결된다. 완화계획의 참여자는 EOP 계획의 참여자와는 다르다.

⑧ 예방과 방어계획은 전형적으로 시설에 초점을 두고 있기 때문에 절차와 전술적인 경향이 많다. 일반적인 예방과 방어계획은 통합센터 운영계획, 인프라 보호계획, 특정 사고에 대한 영속성 행동계획들이 있다.

(3) 전술계획(Tactical Plan)

전술계획(Tactical Plan)은 사고대응에 직접적인 역할을 하는 개인, 장비, 자원관리에 초점을 둔다. 사고 이전 전술계획은 기존 활동계획에 근거하여 미리 정해진 인력들에 대하여 교육 훈련을 제공한다. 부서나 기관 상호간이 전술적 협력강화를 위해 상호지원, 기술지원, 정책보완, 보급, 지속적인 임대와 같은 다양한 수단을 통해 이들 사이의 격차를 보완한다.

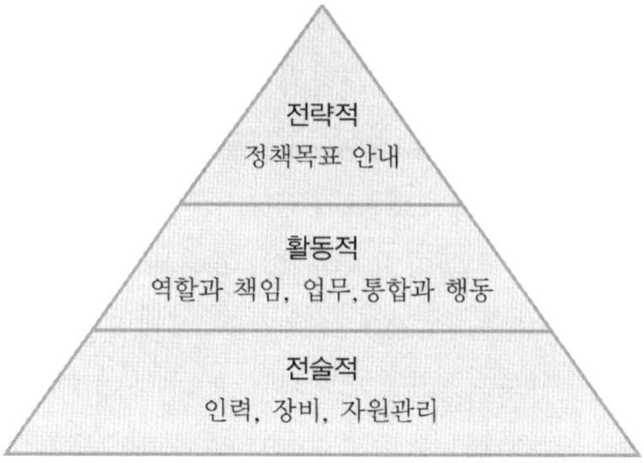

그림 5-2 전략, 활동, 전술계획 사이의 관계
출처 : CPG 101

(4) 기타 절차관련 문서들

재난대응 과정의 절차와 관련된 문서들로는 개요, 표준운영절차(SOP), 현장운영안내, 핸드북, Checklist가 있다.

① 개요는 사고관련 기능, 팀, 능력에 관한 간단한 개념요약이다.

② 표준운영절차(SOP), 표준운영안내(SOG)는 목적, 권한, 기간, 하나의 기능을 수행하기 위해 선호하는 방법, 관련기능들에 대해 상세히 기술한 완전한 참고문서이다.

③ 현장운영안내(FOG) 또는 핸드북은 특정 기능과 과제를 수행하기 위해 요구되는 정보를 담은 호주머니나 탁상용 안내서이다.

④ Job aids는 체크리스트 또는 사용자의 업무수행을 도와주는 것이다.

포괄적이고 통합적인 재난계획은 다른 수준들의 정부계획들이 특정 관할내의 사고대응 계획화 하는 것을 도와줄 수 있다.

3) 계획 접근법(Planning Approaches)

재난계획의 수립을 위한 접근방법에는 ① 시나리오 근거한 계획(Scenario-Based Planning), ② 기능에 근거한 계획(Function-based Planning), ③ 능력에 근거한 계획(Capabilities-based Planning)과 같이 3가지 종류가 있다(표 5-13).

표 5-13 계획 접근법의 종류

계획 접근법	계획 방법
시나리오에 근거한 계획	위험과 위협의 시나리오 설정, 영향분석, 계획수립
기능에 근거한 계획	재난관리에 필요한 일반적인 기능과, 기관, 부서의 책임의 조합
능력에 근거한 계획	관할의 능력에 초점을 둔 계획으로 시나리오 근거 계획과 기능에 근거한 계획의 조합적인 접근법
조합적 (Hybrid) 계획	세 가지 접근법의 조합

(1) 시나리오 근거한 계획(Scenario-Based Planning)

시나리오 근거한 계획은 지역사회가 직면할 수 있는 위험과 위협에 대한 합리적인 시나리오를 만들고 시작한다. 합리적인 시나리오란 과거 역사적 경험이나, 미래재난 환경의 변화, 전문가들의 식견들을 고려한 예상 시나리오를 말한다. 그런 다음 계획가는 적절한 행동과정을 결정하기 위하여 시나리오에 따른 재난결과를 분석한다. 계획가는 전형적으로 기본계획에 필요한 계획의 가정, 위험요소나 위협에 한정된 부록을 개발하기 위해 이 계획 개념을 사용한다.

(2) 기능에 근거한 계획(Function-based Planning)

기능에 근거한 계획은 관할지역이 재난발생 기간 동안 수행해야할 일반적인 기능들을 먼저 정의한다. 기능적 계획은 수행되어져야할 기능과 책임지고 수행해야할 정부의 기관, 부서들의 조합을 정의한다.

(3) 능력에 근거한 계획(Capabilities-based Planning)

능력에 근거한 계획은 일련이 활동을 취할 수 있는 관할의 능력에 초점을 둔다. 능력에 근거한 계획은 재난관리에 요구되는 기능을 수행하기 위한 시설, 장비, 관리, 리더십, 사람, 계획, 조직, 훈련의 적당한 혼합을 가지고 있는지에 대한 질문에 대한 답을 제공한다. 일부 계획가들은 이 방법을 시나리오－업무－능력에 초점을 두고 있기 때문에 위의 두 가지 방법의 조합이라고 보고 있다.

일반적으로 계획가들은 활동 계획에 이들 세 가지 방법을 조합하여 사용한다. 이를 조합적(Hybrid) 접근이라고 한다.

4) 계획의 통합과 일치

재난계획은 국가와 지방의 계획들이 정부 수준별로 통합되고 지역사회의 민간분야의 계획과 자원들과 통합되고 일치 되어야 한다.

① 계획의 수직적 통합은 중앙정부, 시・도, 시・군・구 단위의 수준별 계획이 상호 일치되거나 통합되는 것을 말한다. 수직적 통합의 필요성은 상위 정부로부터 자원의 효과적인 지원과 하위정부로부터의 보고 등을 고려한 계획이 필요하기 때문이다.

② 계획의 수평적 통합은 정부 계획과 지역사회의 민간분야의 계획들이 상호 협력적으로 통합되는 것을 말한다. 계획의 수평적 통합은 두 가지 목적으로 필요하다. 첫째 관할 전반에 걸친 활동 통합이다. 예를 들어 기관, 부서, 분야들은 관할지역의 지역계획에 맞추어 자기들의 계획이나 SOP를 수립하는 것이다. 둘째는 관할의 계획은 그 관할 이웃의 유사한 계획과 잘 통합되어야 한다. 대형 재난사고 발생 시 관할상호간의 지원을 예상한 계획의 통합이다.

5) 계획 시 고려사항

재난계획은 다양한 종류의 위협과 위험요소를 다루기 위한 핵심 사항들을 포함하여야 한다. 일반적 위험요소들의 종류는 표 5-14와 같이 구분 할 수 있다. 이들 위험요소들에 대한 예방, 방어, 대응, 복구, 완화에 관한 전반적인 내용을 담을 수 있도록 노력해야 한다. 이 같은 핵심 사항들의 통합노력은 관할 지역이 효과적인 EOP 수립은 물론 탁월한 준비를 할 수 있게 한다.

표 5-14 위험요소의 종류

자연적 위험요소	기술적 위험요소	인적(사회적) 위험요소
자연환경의 작용력이다. 관리할 수 없다. 상호 작용한다. 자연적 위험요소 만으로는 피해를 주지 않지만 인간의 조성환경과 상호작용하여 자연재난을 유발한다.	인간이 만든 물질과 시스템이 연관된다. 대중과 환경에 독특한 위험 사고를 유발한다. 2차적 위험을 유발한다. 고의적 사고가 가능하다.	사람에 의한 고의적, 사고적 원인으로 발생한다. 테러, 학교폭력, 사이버 사건 등이 포함된다.

① 예방(Prevention)은 테러를 포함한 인적재난 위험을 줄이는 행동들로 구성된다. 예방계획은 또한 주요사고 이후에 발생할 수 있는 2차적인 사고를 경감시키는데 도와줄 수 있다. 포괄적인 계획과정상의 협력적 예방방법들은 관할이 전반적인 계획과정을 지원할 수 있는 정보와 요구되는 지식이 무엇인지를 알 수 있게 한다.

② 방어(Protection)는 사람, 재산, 환경에 대한 위협을 줄이거나 제거하는 것이다. 방어활동의 주요 초점은 악의적 사건으로부터 주요 인프라시설과 자원을 보호하고 국가안보, 공공보건, 경제적인 활력을 유지하는데 있다. 이처럼 방어계획은 테러나 자연재난, 기타 비상상황으로부터 시민과 그들의 자유, 주요 인프라, 자산, 경제를 보호한다. 방어 행동들은 사고의 발생 이후에 일어나고 사고의 충격을 제한하거나 예방하고 감소시킨다.

③ 대응(Response)은 인명을 구하거나 유지하고, 사람들의 기본적인 요구를 충족하고, 재산의 손실을 줄이고, 환경과 인프라의 손실을 줄이기 위해 사고발생 직전부터 시작되거나 사고발생 즉각적인 이후에 시작되는 행동들이다. 사고발생 이후 재난대응활동들은 물리적, 심리적, 사회적, 경제적 영향을 줄일 수 있다. 대응단계에서는 대응계획이 신속하게 제공된다. 재난에 대한 발 빠른 대처와 모든위험에 적응 가능하고, 유연한 대응을 보장하기 위해 사고평가도 제공된다. 이 과정은 모든 정부와 민간분야의 사고대응에 관한 책임과 기본적인 역할을 정하고 있는 국가재난대응계획을 기본으로 수행된다.

④ 복구(Recovery)는 피해를 입은 지역사회의 재건과 재생을 위한 장・단기적인 노력들로 구성된다. 복구계획은 지역사회를 복원하고 지속가능한 미래 회복력으로 유도할 수 있도록 이해관계자들의 협력관계를 구축하는 것이다. 복구계획은 대응활동에서부터 시작하여 유틸리티 서비스의 복원, 교통망의 재건, 식량과 음식의 제공을 포함하는 단기적 복구활동으로 이어지며, 계획가들은 자원의 효과적인 사용과 국가복구계획과의 일치를 통해 결과를 최대화할 수 있도록 장기적인 복구계획도 수립해야 한다.

⑤ 완화(Mitigation)는 위험요소의 출현, 사람들의 노출, 사람들과 재산 및 환경의 상호관계를 제거하거나 제한하기 위해 구조적, 비구조적인 조치들이 취해진다. 장기적 위험을 줄이기 위한 지속가능한 행동들은 이런 종류의 완화 업무와 유사하다.

4 재난대응계획(Emergency Operation Plan, EOP)

EOP는 재난준비의 범위와 지역에 필요한 재난관리 활동에 대한 계획이다.

EOP는 다음과 같은 특징을 가진 문서이다.

① 일상적인 책임을 넘어선 특별한 행동 수행에 관하여 조직과 개인에게 책임을 부여한다.

② 권한과 조직적 관계에 대한 범위를 제시하고 모든 행동들이 어떻게 조정될 지를 보여준다.

③ 어떻게 사람들과 재산이 보호될 것인지를 규정한다.

④ 관할 내의 인력, 장비, 시설, 물자, 다른 가용한 자원을 정의한다.

⑤ 다른 관할과 요구사항들을 조정한다.

EOP는 또한 모든 재난에 사용될 수 있을 만큼 유연해야 한다. 완성된 EOP는 ① 계획의 목표, ② 상황, ③ 가정, ④ 활동개념(Concept of Operations, CONOPS,) ⑤ 조직책임의 부여, ⑥ 행정과 보급, ⑦ 계획수립과 유지, ⑧ 권한과 참조에 관한 사항을 포함한다. EOP는 또한 관할 조직과 활동에 대한 적절한 부록을 포함한다. EOP는 협력적 사고관리를 촉진하기 위해 사고지휘, 통합지휘, 다수기관조정에 관한 관할에서의 책임기관과 기능적인 분야에서의 대표를 미리 정한다. EOP는 장기적인 복구에 관한사항은 규정하지 않지만 대응단계에서 이루어지는 응급복구와 관련된 내용들은 포함한다. 또한 EOP는 복구단계로 전환되는 과정의 일부분을 계획에 포함할 수 있다.

1) 계획의 접근과 형식

계획의 접근은 시나리오에 근거한 계획, 기능에 근거한 계획, 능력에 근거한 계획 중에서 선택하거나 이들 계획들의 장점을 조합해서 재난관리 주체나 지역실정에 맞게 선택한다. 재난계획에는 자연적, 기술적, 악의적 인간유발의 위험요소들과 위협을 포함하는 모든위험(All-hazard)을 다루고, 예방, 방어, 대응, 복구, 완화와 같은 핵심 분야를 포함하고 있다. 계획수립을 위해서는 NIMS, NRF, NPG, NIPP, ICS, EOC와 같은 국가의 재난준비와 대응시스템은 물론 시・도와 시・군・구 뿐만 아니라 인근지역의 재난관리 계획과 체계의 이해를 전제로 접근하여야 한다.

재난대응계획은 다음과 같은 3가지 기본적인 형태로 구성된다. 계획의 구성요소에는 ① 기본계획 ② 기본계획을 지원하기 위한 기능적 목록 ③ 기능적 목록을 지원하기 위한 위험요소 특정 부록이 있다.

(1) 기본계획

기본계획은 관할의 준비와 대응전략을 제공한다. 예상되는 위험과 기관의 역할과 책임을 정의하고 어떻게 계획을 유지관리 할 것인지를 설명한다. 기본계획에는 소개, 목적, 상황과 가정, 개념과 운영, 조직과 책임의 할당, 행정과 보급, 계획수립과 유지, 권한과 참조, 용어의 정의에 관한 내용을 담는다.

(2) 기능적 부록

기능적 부록은 모든 위험에 공동적으로 발생할 수 있는 활동들을 참여 기관별로 활동, 역할, 책임을 정의한 것이다. 즉 어떤 재난에도 일반적으로 적용할 수 있는 일반화된 전략들이 포함된다. 기능적 부록에는 지휘와 통제, 통신, 경보, 재난 공공정보, 교육과 훈련, 대피, 대피소, 의료보건, 법집행, 공공업무, 화재와 구조, 교통, 복지, 절차보고, 정부연속성, 피해평가, 방사능 보호와 같은 기능들이 포함된다.

(3) 위험요소 특정 부록

위험, 위협, 사고별 전문 부록은 기능적 부록에 의한 계획만으로 특정위험요소를 관리하기 어렵기 때문에 특별한 위험과 사고에 대비한 전문적인 활동과 역할을 정의하고 있다. 따라서 위험요소 특정 부록에는 일반적으로 화학, 생물학, 방사능, 원자력, 폭발사고(CBRNE)와 같은 전문적인 위험들에 관한 내용들을 포함한다.

재난계획은 재난대응 단계와 긴밀하게 연결된다. 우선 계획과정 동안에 위험요인유발수요(AGD)와 대응유발수요(RGD)가 정의되고 이들을 충족시키기 위해 다양한 전략들이 개발된다. 즉 재난계획 자체에 이들 전략을 포함한다. 그리고 대응단계에서 계획속의 전략들이 실행된다. 또한 계획속의 활동들은 대응활동 과정에서 표현되기 때문에 훈련내용 또한 계획 속에 포함되어야 한다.

2) 재난대응계획(EOP)의 구성

EOP의 구성방식은 ① 전통적 기능 형식, ② 재난 지원기능 형식, ③ 기관과 부서 중심 형식과 같이 3가지 구성형식이 있다(표 5-15). 재난대응 계획을 수립하는 팀은 관할 내에 적합한 EOP 구성방식을 우선적으로 선택하여야 한다. 이 과정에서는 중앙과 상급정부의 재난대응계획의 구성방식을 고려하고, 지역의 위험평가 결과와 관련 여건들도 충분히 고려하여야 한다. 복잡한 정부구조를 가진 대형규모의 관할에서는 비상지원기능(ESF) 구성방식이 유리하고, 관할이 적은 지역사회 규모의 관할에서는 기관부서 초점 구성방식이 유리하다. 지역여건에 따라서는 일부 구성형식을 변경하여 운영할 수도 있다.

세 가지 구성형식들의 주요 차이점을 살펴보면 전통적인 기능적 형식은 25개 기능적 목록을 가진다. 하지만 재난 지원기능 형식에서는 모든 재난 시 일반적으로 활용 가능한 기능만을 구분하여 9가지 지원목록으로 구분해 주었다. 또한 기관과 부서중심 형식은 재난활동의 기능적 분류보다는 기관과 부서의 성격에 따른 역할로 구분하는 특징이 있다.

표 5-15 재난대응계획(EOP)의 구성형식

구성형식 구분	계획의 구성
전통적인 기능 형식	기본계획, 기능적 목록, 특정 위험. 사고 목록
재난 지원기능 형식	기본계획, 재난지원 기능목록, 지원목록, 특정 위험·사고 목록
기관과 부서 중심 형식	기본계획, 책임기관, 지원기관, 특정위험순서

(1) 전통적 기능 구성방식

전통적 기능 구성방식은 전통적인 재난대응 계획 방식이며 가장 일반적으로 사용되는 EOP의 구성방식이다. 이 구성방식은 ① 기본계획, ② 기능적 부록, ③ 특정위험 부록의 세 가지 주요 부분으로 구성된다(표 5-16).

표 5-16 기능적 구성방식(전통적) 재난대응계획 틀

1. 기본계획(Basic Plan) 1) 소개자료 (1) 서류 공포, 사인 (2) 승인과 이행 (3) 변경기록 (4) 보급기록	7) 주민보호 8) 다수사상자, 비상지원, 주거, 인적서비스 9) 공공보건과 의료서비스 10) 자원관리 11) 인프라시설 복원 12) 피해평가

(5) 목차
2) 목적, 범위, 상황전반, 가정
(1) 목적
(2) 범위
(3) 상황전반
- 위험요소 분석 요지
- 능력평가
- 완화전반
(4) 계획 가정
3) 활동개요
4) 조직과 책임부여
5) 지휘, 통제, 협력
6) 정보 수집, 분석, 보급
7) 의사소통
8) 행정, 재정, 보급
9) 계획 수립과 유지관리
10) 관계당국과 참조

2. 기능적 부록(Functional Annexes) :
관할별 특성에 따라 다양할 수 있다.
1) 지휘, 통제, 조정
2) 정부의 영속성(COG)/활동
3) 의사소통
4) 교통
5) 경보
6) 외부업무/비상공공정보
13) 소방
14) 조달관리와 자원관리
15) 기름과 위험물질 대응
16) 농업과 자연적 자원
17) 에너지
18) 공공안전과 보안
19) 장기적 지역사회 복구
20) 재정관리
21) 상호협정, 다수관할 조정
22) 민간부분 조정
23) 자원봉사자 및 기부관리
24) 작업자 보건안전
25) 예방과 방어

3. 위험요소, 위협, 사고 특정 부록(Hazard, Threat, or Incident-Specific Annexes) :
관할별 특성에 따라 다양할 수 있다.
1) 태풍, 폭풍
2) 지진
3) 토네이도
4) 홍수, 댐 붕괴
5) 위험물질사고
6) 방사능사고
7) 생물학적 사고
8) 테러사고

기본계획 내에는 관할의 준비와 대응전략 전반을 제공한다. 여기서는 예상되는 위험요소들, 기관들의 역할과 책임, 계획의 현행화와 같은 내용들을 기술한다. 기능적 부록에서는 기관별 책임과 의무를 초점으로 하는 개별적인 장들이다. 이들 부록들은 참여조직들의 행동, 역할, 책임을 기술한다. 이 부록은 또한 재난발생 이전, 진행, 재난 이후에 관할이 어떻게 그 기능들을 관리할 것인지를 설명하고, 각각의 기능을 수행할 기관을 정한다. 각각의 기능적 부록에서는 재난의 종류와 무관하게 다양한 재난에 사용되는 일반적인 전략을 다룬다. 특정위험 · 위협 · 사고 부록은 특정 위험 · 위협 · 사고에 대한 정책, 상황, 활동개념(CONOPS), 책임을 다룬다. 즉 특정 위험요소의 종류에 따른 독특한 절차를 설명한다.

(2) 비상지원기능(ESF) 구성방식

ESF 구성방식은 국가대응틀(NRF)에 사용되는 계획구조이다. 대부분의 주단위 수준의

EOP는 이 구성형식을 사용한다. 이 방식 또한 기본계획과 이 계획을 지원하는 특별한 부록들을 포함하고, 개별 ESF의 부록들을 다루며, 구분된 지원이나 사고부록을 첨부한다. 구성요소들은 ① 기본계획, ② ESF 기능 부록, ③ 지원 부록, ④ 특정위험 · 위협 · 사고 부록으로 구분된다(표 5-17).

표 5-17 비상지원기능(ESF) 구성방식 비상대응계획 틀

1. 기본계획(Basic Plan) 1) 소개자료 (1) 서류 공포, 사인 (2) 승인과 이행 (3) 변경기록 (4) 보급기록 (5) 목차 2) 목적, 범위, 상황전반, 가정 (1) 목적 (2) 범위 (3) 상황전반 - 위험요소 분석 요지 - 능력평가 - 완화전반 (4) 계획 가정 3) 활동개요 4) 조직과 책임부여 5) 지휘, 통제, 협력 6) 정보 수집, 분석, 보급 7) 의사소통 8) 행정, 재정, 보급 9) 계획수립과 유지관리 10) 관계당국과 참조 2. 비상지원기능 부록 (Emergency Support Function Annexes) 1) ESF #1 : 교통 2) ESF #2 : 의사소통 3) ESF #3 : 공공업무와 공학 4) ESF #4 : 소방 5) ESF #5 : 재난관리 6) ESF #6 : 대수사상자, 비상지원, 주거, 인적서비스 7) ESF #7 : 조달관리와 자원지원	8) ESF #8 : 공공보건과 의료서비스 9) ESF #9 : 탐색과 구조 10) ESF #10 : 기름과 위험물질 대응 11) ESF #11 : 농업과 자연적 자원 12) ESF #12 : 에너지 13) ESF #13 : 공공안전과 보안 14) ESF #14 : 장기적 지역사회 복구 15) ESF #15 : 외부업무 16) 지역별로 정의된 다른 비상지원기능들 3. 지원 부록(Support Annexes) : 관할별 특성에 따라 다양할 수 있다. 1) 정부연속성(COG) 활동 2) 경보 3) 주민보호 4) 재정관리 5) 민간부분 조정 6) 자원봉사자와 기부관리 7) 작업자의 보건안전 8) 예방과 방어 4. 위험요소, 위협, 사고 특정 부록 (Hazard, Threat, or Incident-Specific Annexes): 관할별 특성에 따라 다양할 수 있다. 1) 태풍, 폭풍 2) 지진 3) 토네이도 4) 홍수, 댐 붕괴 5) 위험물질사고 6) 방사능사고 7) 생물학적 사고 8) 테러사고

기본계획은 관할의 재난관리 시스템의 전반을 제공한다. 또한 지역사회가 직면한 위험, 능력, 요구, 관할의 재난관리 구조를 간단히 설명한다. 각 단계별로 예상되는 실행 의무를 검토하고 주어진 ESF의 책임을 가진 기관을 정의한다. 또한 재난 시 가동되는 ESF를 간단히 정리한다.

ESF 부록은 각 기능별로 ESF 책임기관, 지원기관, 조정기관을 지정한다. ESF의 다수 책임기관들은 사전계획 조정을 위해 ESF 조정관으로 지정된다. ESF 부록은 각 재난단계의 예상임무 실행을 기술한다. 그리고 ESF 멤버들과 NGO, 민간부분 협력자들에 임무를 부여한다.

지원 부록은 관할내의 부서들과, 민간, 비영리단체, 자원봉사기관, 다른 NGO들이 조정하고 집행하는 일반적인 재난관리 전략에 관한 틀을 정한다. 지원 부록에 기술된 행동들은 다양한 종류의 재난들과 거의 대부분의 재난에 적용된다. 각각의 지원 부록은 조정기관뿐만 아니라 지원과 협력기관을 정의한다. 일부의 경우 두 개의 기관이나 부서에서 조정기관의 책임을 분담하기도 한다.

특정위험·위협·사고 부록은 특별한 특정위험·위협·사고에 대한 정책, 상황, 활동개념(CONOPS), 그리고 책임을 기록한다.

각각의 부록에는 다음과 같은 구성을 고려하여야 한다.

① 정책 부분에서는 특정 재난형식과 특수한 활동과 공포 관련기관들을 정의한다.
② 상황 부분에서는 사건과 위험요소의 특징과 계획 시나리오를 기술한다.
③ 운영개념 부분에서는 임무와 목표 수행을 위한 재난관리 전략의 흐름을 기술한다.
④ 각각의 사고 목록은 사고/위험/위협 대응과 연관된 조정과 협력기관들을 정의한다.

(3) 기관·부서 초점 구성방식

기관·부서 초점 구성방식은 각각의 기관들과 부서의 업무를 구분된 장에서 다룬다. 기본계획과 더불어 이 구성형식은 책임기관과 지원기관 부분과 개별기관을 위한 특정위험관련 절차들을 포함한다.

기본계획은 역시 관할의 일반적인 재난관리 능력을 기술한다. 또한 재난준비를 위해 취해야할 기본적인 업무를 요약하고 있으며, 이 계획이 어떻게 개발되고 유지되어야하는지에 관해 정의된다. 분리된 책임기관과 지원기관 부분은 개인적인 부서, 기관, 비정부 파트너들에 의해 완성되는 비상기능들을 논한다. 개별기관 각각의 부분에서 재난관리 전략의 조정을 보장하기 위해 다른 기관부분을 언급할 필요가 있다. 특정위험 절차 부분에서는 특별한 재난종류에 대한 각각의 부서나 기관과 관련 있는 독특한 준비, 대응, 복구 전략을 다룬다(표 5-18).

표 5-18 기관·부서 초점 구성방식 재난대응계획 틀

1. 기본계획(Basic Plan)	2. 책임기관들(Lead Agencies)
1) 소개자료 (1) 서류 공포, 사인 (2) 승인과 이행 (3) 변경기록 (4) 보급기록 (5) 목차 2) 목적, 범위, 상황전반, 가정 (1) 목적 (2) 범위 (3) 상황전반 - 위험요소 분석 요지 - 능력평가 - 완화전반 (4) 계획 가정 3) 활동개요 4) 조직과 책임부여 5) 지휘, 통제, 협력 6) 정보 수집, 분석, 보급 7) 의사소통 8) 행정, 재정, 보급 9) 계획수립과 유지관리 10) 관계당국과 참조	1) 소방 2) 경찰 3) 비상의료 4) 재난관리 5) 병원 6) 공중보건 7) 필요시 다른 기관들 3. 지원기관(Support Agencies) 재난동안 지원역할을 하는 기관들을 정의하고 기관들의 이행에 대한 책임전략을 기술하고 설명한다. 4. 특정 위험요소 절차(Hazard-Specific Procedures) 대응이나 지원기관의 특정위험 전략을 기술하고 설명한다.

3) 모든위험(All-hazard) 접근의 채택

재난계획 과정은 모든 위험요소를 다수위험 EOP 속에 통합적으로 계획하여야 한다. 재난관리자들은 모든위험을 정의하기 위해 지역사회의 위험과 취약성에 관한 평가(HVAs)를 수행하고 그 결과를 활용하여야 한다. 위험요소들을 정의한 후 재난계획가들은 다른 위험요소들이 재난대응 조직에 유사한 요구의 정도를 고려하여야 한다. 그리고 두 위험요소들이 유사한 특징을 갖게 될 때 이들 두 위험요소들은 같은 재난대응 기능을 요구하게 된다. 재난대응 기능의 일반성은 인력, 절차, 시설, 장비에 대한 다중의 이용기회를 제공한다. 이러한 노력들은 기능적인 부록의 수를 줄여주어 EOP를 단순화 시킬 수 있다. 위험요소들이 아주 다른 특징을 가지면서 색다른 대응을 요구할 때 특정 위험요소 부록이 필요하다.

4) 다수 조직의 참여를 조장

재난계획은 대응조직들 사이의 참여, 임무, 동의를 이끌어 내는 메커니즘 개발을 통해 조직 상호간의 조정을 조장해야 한다. 대표적인 공공안전 기관들인 소방, 경찰 기능과 민간기관들인 유틸리티, 위험물질 시설, 학교, 병원들이 포함된다(표 5-19).

표 5-19 지역재난위원회 참여조직

지역재난위원회 참여조직	
소방	지역유틸리티(가스, 전기, 전화, 인터넷)
경찰	적십자사
응급의료서비스	병원
공공업무부서	요양원
토지이용계획부서	학교
건축물 검사부서	언론
기획관리실	환경그룹
공중보건 부서	지역산업체
지역 선출직 관료(의회, 위원)	노동조합 및 기타 지역적 필요 따라 선정

5) 정확한 가정에 의존

재난계획은 지역사회를 위협하는 정확한 지식에 근거해야 한다. 이러한 지식들은 위험요소와 취약성 평가(HVAs)를 통해 나온다. 계획과정에는 위험요소들의 기본적인 특징을 이해하는 것은 매우 중요하다. 재난의 정의 이후 전문성의 한계를 인식할 필요가 있으며 전문가 그룹들의 참여와 유사시 지원 가능한 외부자원의 도움 등을 정확하게 가정하여 계획을 수립하여야 한다. EOP는 재난발생 이전 재난대응 조직들의 기본적인 구조와 광범위한 전략을 정하는 것이다. 따라서 재난계획은 대응, 완화, 복구단계의 계획들과 중첩되어 나타나야 한다.

6) 포괄적 준비안내(Comprehensive Preparedness Guide, CPG)

포괄적 준비안내(CPG)는 중앙정부가 지방정부의 재난활동 계획수립을 위한 지침 및 안내서이다. 여기에는 지역재난의 예방, 보호, 대응, 복구 및 완화의 계획노력을 포함하고 있다. 포괄적 준비안내는 ① 지역기반의 계획을 수행하기 위해, ② 위험분석을 통한 계획을 보장하고, ③ 자원요구와 활동가정을 정의하며, ④ 계획과 계획노력을 우선순위화 할 수 있고, ⑤ 동시적인 노력을 통합하기 위한 방법을 지방정부의 재난계획 기획자에게 제공한다.

미국의 CPG101은 50년 넘게 비상활동 계획에 관한 안내를 주와 지방에 제공해오고 있다. 과거 연방 민방위가이드, 비상관리 실무, 민간준비 안내, 주와 지방의 비상활동계획 개발안내, 모든위험 비상활동 계획 등이 이 계획 속에 반영되어 있다. CPG101은 과거와 연관뿐만 아니라 현재의 변화된 비상준비 환경을 반영하고 있다. 또한 CPG101은 수많은 재난사고들의 교훈을 반영하고 다양한 영향을 받아 작성된다. CPG101은 NIMS와 NRF 속의 개념을 통합하였다.

CPG101은 재난활동 계획을 수립하기 위한 안내를 제공한다. 이 안내는 국가준비 정책과 문서는 물론 과거의 재난, 국가평가, 지원 프로그램들로부터의 경험들을 주요 핵심개념에 통합하고 있다. 이 계획은 주와 지방정부 재난관리 조직들이

① 관할을 위협하는 어떤 위험에 효과적으로 대응하기 위한 기초를 제공하는 계획,
② 전통적인 대응과 복구계획으로 예방과 완화 활동을 통합하는 계획,
③ 국가대응계획 실행이 필요한 사고동안 지방정부와 연방정부와의 협력을 촉진하게 하는 계획과 같은 EOP를 작성하도록 도와준다.

5 재난계획 과정

재난계획 과정은 계획 활동, 팀 분위기 개발, 상황분석, 자원 확보, 전략선택과 같은 5가지 기능으로 구성된다.

① 계획 활동은 다양한 부서의 핵심 참여자들의 동의적인 과정을 통해 만들어진다. 부서 상호간의 TF운영, 훈련, 최고책임자의 검토 등을 통해 재난계획의 가치는 더해진다. 카테즈와 린델(Kartez and Lindell, 1990)은 좋은 재난준비를 위한 효과적인 계획 활동의 영향은 부서간의 교육훈련, 책임자들의 검토, 부서 상호간의 TF, 지역 재난위원회, 사후행동 검토회의, 훈련, 취약성 분석, 언론관계자들과의 간담, 계획과 순서의 업데이트, 이웃 시군과의 상호협정 검토를 들고 있다.

② 긍정적인 조직 분위기는 좋은 계획수립에 중요한 요소이다. 또한 팀의 분위기는 개인적인 성과에도 큰 영향을 미친다.

③ 상황분석은 자연적 기술적 위험요소들에 대한 위험노출 분석, 건물, 주거, 상업시설, 공장, 에너지, 전기, 상・하수, 통신, 도로 등에 대한 물리적 취약성 분석, 인구 통계적, 경제적인 요인 등에 대한 사회적인 취약성 분석, 위험완화, 재난준비, 재난대응, 재난복구 단계의 위험조정의 평가, 개인, 기업, 정부, NGO 등과 같은 주체들의 대처능력 분석을 포함하고 있다.

④ 자원 확보는 다양한 종류의 인력, 장비 및 정보를 확보하는 것이다.

⑤ 전략적 선택은 지역실정에 맞는 합리적인 전략을 선택하는 것이다.

재난계획의 개발단계는 계획일정 수립, 기획방침, 지역재난관리위원회 구성과 조직가동, 재난수요와 능력평가, 계획의 구성, 초안 평가와 수정, 유관기관의 계획 검토, 수정과 출판의 순으로 이루어진다. EOP 수립과정은 표 5-20과 같이 6단계로 구성된다.

표 5-20 재난대응계획의 수립단계

1 단계 협력적 팀 구성	2 단계 상황 이해	3 단계 목표・목적 결정	4 단계 계획 개발	5 단계 계획 준비 검토 승인	6 단계 계획 이행 유지관리
1. 계획 핵심팀 정의 2. 전체 지역사회 관여	1. 위협・위험요소 정의 2. 위험평가	1. 운영 우선순위 결정 2. 목표와 목적 설정	1. 행동과정 개발 분석 2. 자원정의 3. 필요정보, 지식 정의	1. 계획 작성 2. 계획 검토 3. 승인·보급	1. 훈련 계획 2. 검토・수정 유지계획

출처 : CPG 101

① 1단계 : 협력적으로 재난대응 계획 팀을 구성한다.
최고의 재난운영 계획은 팀에 의해 계획될 수 있다. 팀과 그룹을 이용한 재난계획의 접근과 운영은 조직들의 역할을 정의하는데 큰 도움을 준다. 또한 기획팀의 구성멤버들은 다른 기관과 부서의 역할을 받아들이고 이해할 수 있어야 한다. 팀 계획의 목표는 창조와 혁신을 유도할 수 있는 관계십 구축과 확대이다. 지역사회의 모든 이해관계자들의 적극적인 참여는 중요하다. 지역사회의 관여는 지역사회의 위험요소, 인구, 대처능력을 이해하고, 지역사회의 관여를 정의하고, 관여 프로그램 수립을 위해 지역 지도자들과의 협력의 형태로 이루어진다.

② 2단계 : 위협, 위험요소를 정의 한다.
지역사회의 다양한 위협과 위험요소를 정확하게 정의하고 위험평가 방법에 의해 다양한 위험을 평가하는 것이다(위험관리 이론 참조).

③ 3단계 : 목표, 목적을 결정 한다.
평가된 위험에 근거하여 정의된 위험들의 관리 우선순위를 결정하고 재난대응 계획의 목표와 목적을 결정한다.

④ 4단계 : 계획을 개발한다.
지역사회의 특성에 맞는 계획의 틀을 결정하고 포괄적이며 일반적인 계획을 수립한다. 이 과정에서 계획의 기본원칙, 계획 시 고려사항, 계획의 틀, 참여기관들의 책임과 역할, 자원과 정보관리와 같은 종합적인 내용들이 적용된다.

⑤ 5단계 : 계획 준비와 검토 및 승인절차를 진행한다.
최종적인 계획은 문서화하여 내・외부적인 공람을 거쳐 최종적인 승인절차를 진행한다. 계획상의 참여자나, 이해관계자들은 개별적 기관이나 부서, 단체들의 역할과 책임을 최종적으로 확인하고 적합한 조건일 때 공람과 승인절차를 진행한다.

⑥ 6단계 : 계획의 이행과 유지관리를 한다.
최종 승인된 계획은 관계 기관과 이해관계자들에게 배포되고 유사시 협력적으로 이행될 수 있도록 교육과 훈련이 필요하다. 계획의 이행 과정에서 지적되고 예상되는 문제점들은 지속적으로 보완할 수 있어야 한다.

6 사업연속성 계획(Business Continuity Planning, BCP)

사업연속성계획(BCP)은 기업의 사업연속성과 재난관리에 관한 계획이다. 사업연속성계획은 대부분 기업의 위기관리를 포함한 다양한 기능과 절차를 담고 있으며 일반적으로 BCP 또는 BCM(Business Continuity Management)이라고 부른다. 영국의 경우 BCI 또는 BCM으로 부르기도 한다.

사업연속성계획은 다양한 원인으로 인한 기업의 사업단절을 예방하고 사업연속성을 확보하며, 다양한 형태의 위기를 관리함은 물론 자연적 기술적인 원인들로 인한 재난관리를 포괄적으로 지원하는 기업의 위험관리 계획이다. 오늘날 기업들의 사업 환경은 자연적, 기술적, 인적 위협들로부터 자유롭지 못하다. 또한 정부의 다양한 규제, 협력적 거버넌스의 필요성, 언론대응, 공공안전 요구 등과 같은 변화를 적극적으로 대처할 수 있어야 한다. 이 같은 이유로 기업운영의 복잡성은 날로 증가하고 있어 대부분의 선진 기업들은 위기관리 프로그램을 운영하고 있다. 기업의 위기관리와 사업의 연속성관리 기능에는 지원기능의 통합, 구조의 통합, 전략적 사업보호, 위험의 관리, 위기상황의 대응, 복구 등의 기능들이 포함된다.

정부가 주도하는 포괄적 재난관리계획(EOP)과 기업이 운영하는 사업연속성계획(BCP)은 아주 유사하며 상호 보완적이다. 재난관리계획(EOP)이 공공분야의 계획이라면 BCP는 민간부분의 계획이다. 오늘날 재난관리 과정에서의 공공부분과 민간부분의 협력이 중요한 만큼 이들 두 계획 상호간에는 밀접한 연관이 있고 상호 통일된 내용들을 포함할 필요가 있다. 즉 기업의 BCP는 관할지역의 정부 재난관리 계획과 상호 연계적이어야 한다.

지금까지 경험한 많은 재난사고들을 통해 우리는 정부와 민간기업의 상호협력과 조정의 중요성을 학습해 왔다. 그래서 정부는 재난관리에 있어 민간역할의 중요성을 강조해오고 있다. 정부는 민간부분이 그들 스스로 생명과 재산, 사업 활동을 보호하기 위한 적절한 조치를 취할 것을 독려하고 있으며 세제, 보험, 공공사업 참여제한 등의 방법으로 민간의 자율적인 재난관리 계획의 운영과 지역 재난관리계획 과정의 참여를 유도하고 있다. 뿐만 아니라 주요 인프라의 대부분은 민간이 관리하고 있다. 따라서 오늘날 대부분의 정부는 국가재난관리시스템에도 민간분야의 역할 적극적으로 포함하고 있다.

1) NFPA 1600(재난준비와 사업연속성계획)

NFPA 1600은 민간분야의 재난준비와 사업연속성계획에 관한 표준이다. 이 표준은 사업연속성 프로그램이란 선제적 관리에 의해 지원되고, 잠재적인 위험을 정의하고, 다양한 복구전략과 계획을 유지하고, 개인적인 훈련, 계획, 유지관리를 통한 서비스의 연속성을 보장하기 위해 필요한 조치가 취해질 수 있게 예산지원을 보장하는 진행과정이라고 했다. 이 표준이 제시한 기업의 사업연속성계획에는 ① 계획일반, ② 법률과 관계기관, ③ 위험정의, 위험평가와 영향분석, ④ 위험경감, ⑤ 자원관리, ⑥ 상호지원, ⑦ 계획, ⑧ 지휘, 통제, 조정, ⑨ 의사소통과 경보, ⑩ 조달과 시설, ⑪ 훈련, ⑫ 연습, 평가, 교정적 행동, ⑬ 위기의사소통, 공공정보, ⑭ 재정과 행정과 같은 내용을 포함하고 있다.

(1) 사업연속성 준비와 이행

준비정책은 사업의 비젼과 미션이 일치하여야 하고 철저한 관리에 의해 작성되고 보급되어져야 한다. 그 정책은 역할과 책임을 분명하게 정의하여야 한다. 또한 지정된 담당자에게 프로그램 개발과 프로그램의 현행화를 위한 권한을 주어야 한다. 그 정책은 프로그램의 목표와 목적을 정해야 한다. 준비 프로그램의 전형적인 목표는 ① 직원, 방문자, 계약자들을 회사시설 내부의 위험들로부터 안전하게 보호하고, 장애인을 위한 다양한 기능적인 니즈(Needs)에 대한 해법 같은 것을 사전에 계획하는 것이다. ② 유사시 사업 활동의 단절, 중단을 최소화하여 고객서비스를 항상 유지할 수 있게 하고, ③ 시설, 물리적 자산, 전자정보를 보호 하며, ④ 환경적인 오염을 예방하고, ⑤ 조직의 상표, 이미지, 명성을 보호하는 것이다.

이 계획의 계획과정은 모든위험 접근(All Hazard Approach)으로 행해져야 한다. 회사 주변에는 수많은 다른 종류의 위협과 위험요소들이 있다. 따라서 특정 위험요소가 사업에 어떤 영향을 줄지를 사전에 예측하기 쉽지 않다. 그래서 많은 노력과 투자를 통해 많은 종류의 위협과 위험요소들과 그들의 발생가능성을 예측하고 관리할 수 있어야 한다. 예방과 방어 및 위험완화 전략은 계획과정의 부분으로 개발되어져야 한다. 부상, 재산상의 손실, 사업의 단절, 환경적인 영향을 줄 가능성이 있는 것으로 분류된 위협 또는 위험요소들은 철저하게 잘 관리되어야 한다. 또한 모든 위험요소들은 준비계획 및 개발과정에서 철저히 파악되어야 한다. 취약성들은 평가되고 잠재적인 영향은 분석되어야 한다. 위험평가는 위협들과 위험요소들을 정의하고, 위험요소의 예방, 제지, 위험완화를 위한 꼭 필요한 절차이다. 위험평가는 또한 비상계획을 위해 고려해야할 다양한 시나리오들을 정할 수 있게 해준다.

사업영향분석(Business Impact Analysis, BIA)을 통해 시간에 대한 민감도, 주요공정, 사업과정의 단절로부터의 재정적, 활동적 영향들을 정할 수 있다. BIA는 또한 시간에 민감한 주요사업 공정을 지원하기 위한 자원요구에 관한 정보를 수집하기도 한다. 이 정보는 사업단절을 피하고 위험을 상쇄하기 위한 투자에 관한 정보에 근거한 의사결정을 하는데 유용하다.

이 표준은 사업연속성 준비에 관해 표 5-21과 같이 6단계를 제시한다.

준비 프로그램의 이행은 자원의 정의와 평가, 계획수립, 사고관리를 위한 시스템 개발과 계획 실행을 위한 종사자들의 훈련을 포함한다. 표 5-22는 준비 프로그램의 이행 내용들을 보여준다.

표 5-21 사업연속성 준비내용

구 분	주요 내용
프로그램 관리 (Program management)	준비프로그램의 조직화, 개발, 관리 프로그램에 필요한 최소한의 요구를 설정한 규정의 정의
기획 (Planning)	위험요소와 자산 위험에 관한 정보수집 사업영향분석(BIA) 수행 위험요소를 예방하고, 위험을 줄이기 위한 방법 조사
이행 (Implementation)	• 자원관리 • 비상대응 • 위기 의사소통 • 사업연속성 • 정보기술 • 종사자 지원 • 사고관리 • 훈련
시험과 연습 (Testing and Exercises)	계획의 평가와 시험 다른 종류의 연습을 정의 연습의 수행방법 학습 계획의 효율성 평가를 위한 연습의 결과를 활용
프로그램 개선 (Program Improvement)	준비프로그램이 언제 검토가 필요한지를 정함 준비 프로그램을 평가하기 위한 방법을 연구 계획의 개선과 필요한 변화를 위해서 검토를 활용

표 5-22 준비 프로그램의 이행

구 분	이행 내용
자원관리	비상에 대응하기 위해 요구되는 자원, 지속적인 사업 활동과 의사소통을 위한 자원들은 정의되고 평가되어야 한다.
비상대응 계획	사람, 재산, 환경을 보호하기 위한 계획은 수립되어야 한다. 계획에는 대피, 피난 등이 포함되어야 한다. 위험평가 동안 정의된 다른 종류의 위협들도 포함되어야 한다.
위기의사소통 계획	종사자들, 고객, 언론, 이해관계자들과 의사소통할 수 있는 계획은 구축되어야 한다.
사업연속성 계획	사업단절을 극복하기 위한 복구전략을 포함한 사업연속성 계획은 수립되어야 한다.
정보기술 계획	주요 사업과정을 지원하는 컴퓨터 하드웨어, 접속, 전자 데이터를 복구할 수 있는 계획은 수립되어야 한다.
종사자 도움과 지원	사업 준비계획은 가족 준비계획을 수립해서 종사자들과 그들의 가족들을 격려해야 한다. 사고이후 종사자들의 니즈를 지원하기 위한 계획들도 수립되어야 한다.
사고관리	사고관리 시스템은 사고 전후에서 책임과 조정활동을 정의하기 위해서 필요하다.
훈련	준비 프로그램 상에 역할이 정의된 사람들은 정해진 업무수행을 위해 훈련되어야 한다. 모든 종사자들은 훈련되고, 비상시에는 적절한 보호적인 행동이 취해져야 한다.

(2) 위험평가

BCP 과정에서 위험평가는 잠재적인 위험요소를 정의하고 위험요소 발생 시 무엇이 발생할지 분석하는 과정이다. BIA는 시간에 민감하거나, 취약한 사업 공정의 단절로 부터의 잠재적인 영향을 산정하는 과정이다(표 5-23). 이 과정에서 고려해야할 수많은 위험요소들이 있으며 각각의 위험요소들에 대하여 위험요소의 시간, 강도, 위치에 의존해서 펼쳐질 수 있는 수많은 가능한 시나리오들이 있다. 예를 들어 태풍의 경우 사업장 부근으로 오다가 위치를 변경할 수 있다. 적은 규모의 태풍들이 더욱더 강해져서 영향을 줄 수 도 있다. 위험요소들로부터 위험한 자산들은 수 없이 많다. 가장 최고는 위험평가 과정에서 사람들의 부상을 최고로 고려하여야 한다. 즉 중대한 인명피해가 예상되는 시나리오에 대하여는 적절한 비상계획이 요구된다. 다른 중요한 자산들로는, 건물, 정보기술, 유틸리티 시스템, 기계, 원료, 완성품들을 포함한다. 잠재적, 환경적 영향도 고려되어야 한다. 사고는 고객과의 관계, 주변 지역사회, 다른 이해관계자들과의 영향을 고려해야 한다. 조직, 제품, 서비스에 대한 소비자들의 신뢰 상실을 유발할 수 있는 상황도 고려해야 한다(표 5-24).

표 5-23 위험평가 과정

위험요소		위험한 자산		영향
화재 폭발 자연적 위험요소 위험물누출 테러 작업장 소요 전염병 유틸리티 단절 기계적 고장 공급 실패 사이버 공격	확률과 강도	사람들 건물, 인프라 공급망 시스템과 장비 정보기술 사업활동 명성과 신뢰 법률과 계약의무 환경	취약성	부상 자산피해 사업단절 고객손실 재정손실 환경적 오염 조직의 신뢰상실 처벌과 벌금 소송
위험 인지		취약성 평가		영향 분석

표 5-24 위험평가 과정에서 고려되어야 할 위험요소들

재난분류		위험요소
자연적	기상학적	홍수, 댐/제방분리, 천둥, 번개(Wind, Rain, Lightning, Hail), 토네이도, 폭풍, 열대성 폭풍, 겨울 폭풍(Snow/Ice)
	지질학적	지진, 쓰나미, 산사태, 침하/싱크홀, 화산
	생물학적	전염병, 식품매개 질병
인적	사고	작업장 사고, 고립과 구조(Machinery, Water, Confined Space, High Angle), 교통사고(Motor Vehicle, Rail, Water, Air, Pipeline), 구조적 붕괴, 기계적 고장
	고의적 행동	노사분규, 시위, 시민폭동(Riot), 폭파위험, 유괴, 납치, 인질, 작업장 폭동, 도둑, 저격사건, 테러(Chemical, Biological, Radiological, Nuclear, Explosives), 방화, 사이버 정보기술(Malware Attack, Hacking, Fraud, Denial of Service) 등
기술적	정보기술	접속 손실, 하드웨어 고장, 데이터 분실, 응용프로그램 고장
	유틸리티 단절	통신, 전력, 수도, 가스, 온수, 난방/환기/냉방, 오염조절 시스템, 하수시스템
	화재/폭발	화재(Structure, Wildland), 폭발(Chemical, Gas, or Process failure)
	위험물질	위험물 누출, 방사능 사고, 외부 위험물 사고, 교통사고, 원자력 발전소 사고, 천연가스 누출
	연결 단절	공급실패, 수송 단절

출처: http://www.ready.gov

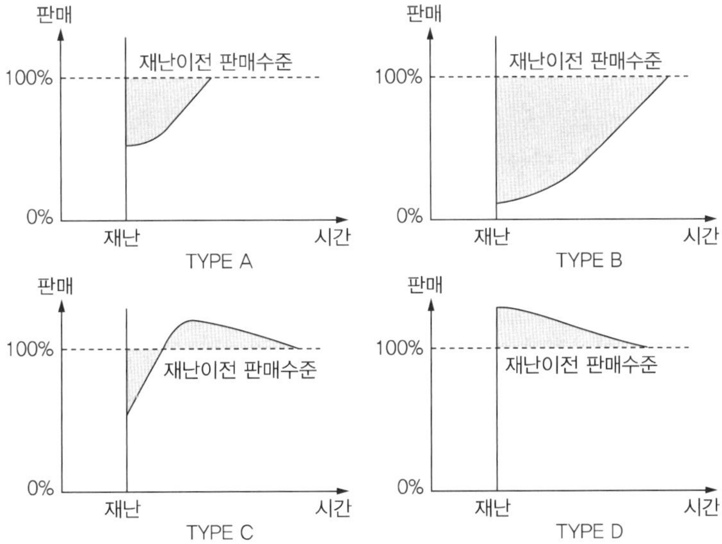

그림 5-3 재난이후 기업의 판매 영향형태

출처 : 린델(Lindell, 2006)

린델은 그림 5-3과 같이 회사의 종류에 따른 재난이후 기업의 판매량의 영향 형태를 구분한바 있다. Type A는 재난과 더불어 기업의 판매실적이 부분적으로 줄어들고 이후 서서히 회복하는 형태의 기업이다. Type B는 재난으로 인한 기업의 판매량이 심각하게 영향을 받는 기업이다. Type C는 재난이후 일시적으로 제한된 영향을 받지만 이후 이전보다 판매량이 증가하는 형태의 기업이다. Type D는 재난으로 인해 기업의 판매량이 증가하는 기업으로 재난복구 관련기업과 같은 업종의 기업이다. 물론 특별한 경우 경쟁사의 피해로 인해 일시적으로 판매량이 증가할 수 있지만 제한된 기간에 한정된다. 이 처럼 재난에 영향을 받는 기업의 형태에 따라서 다각적인 기업전략이 필요하다. BCP는 재난에 영향을 받는 기업의 피해를 최소화하고 신속하게 정상을 회복할 수 있게 한다.

위험평가를 할 때 자산들이 위험요소로부터 손실에 취약할 수 있는 취약성, 즉 약점을 조사한다. 취약성에는 건물시공 시 부족한 부분이나 과정 시스템, 보안, 방어 시스템, 손실예방 프로그램과 같은 요소들을 포함한다. 이러 요소들은 피해의 심각도에 많은 영향을 미친다. 위험요소들로부터의 영향은 완화과정의 투자로 경감할 수 있다. 따라서 만약 심각한 잠재적인 영향이 우려되는 위험이 있다면 그 완화 전략은 고도의 우선순위가 주어져야 한다.

(3) 사업영향분석(Business Impact Analysis, BIA)

BIA는 사업기능이나 과정의 단절 결과를 미리 예상하고 복구전략 수립에 필요한 정보를 수집하는 과정이다. 잠재적인 손실 시나리오들은 위험평가 동안에 정의되어야 한다. 잠재적 위험 시나리오에는 공급자의 상품이나 서비스의 실패나 배송의 지연으로 회사의 가동이 중단되는 것 같은 사고들도 포함된다. 여기에는 고려할 수 있는 수많은 가능한 시나리오들이 있다. 사업상의 재난의 영향 평가와 정의는 복구전략에 대한 투자뿐만 아니라 예방과 완화 전략의 투자에 대한 기본지식을 제공하기도 한다.

BIA는 사업기능과 과정의 단절로 인한 활동적, 재정적인 영향을 정의할 수 있어야 한다. 이 때 고려되어야할 영향에는 ① 판매와 수입의 손실, ② 지연된 판매와 수입, ③ 지출의 증가(연장근무, 아웃소싱, 지출경비 등), ④ 규제적인 벌금, ⑤ 계약적인 불이익과 계약적 보너스 손실, ⑥ 고객의 불만과 외면, ⑦ 새로운 사업계획의 지연 등이 있다.

사업기능과 공정의 단절 시점은 손실의 정도에 중요한 영향을 끼칠 수 있다. 예를 들어 백화점의 경우 주말 쇼핑 시전을 앞둔 시점에서의 사업단절로 인한 손실은 아주 클 것이다. 또한 단전의 경우 사고시간과 시각에 따라 피해의 규모는 경미할 수 있고 심각할 수 있다. 사업장 내의 직원들과 매니저를 대상으로 BIA 질문지를 사용하는 방법도 있다. BIA 보고서는 사업장의 기능과 공정의 단절로부터 예상되는 영향을 기록하여야 한다.

사업단절의 시나리오는 다양하다. 예를 들어

① 건축 중인 건물에 물리적 피해

② 기계, 시스템, 장비에 대한 파손과 피해

③ 부지와 건물로의 제한된 접근

④ 공급자의 실패, 공급자로 인한 상품의 이송중단을 포함 공급망의 중단

⑤ 유틸리티 단절(전기, 가스, 물, 통신 등)

⑥ 음성, 데이터 통신, 서비스, 컴퓨터, 운영시스템, 애플리케이션, 데이터를 포함한 정보기술의 피해나 손실

⑦ 필수 종사자들의 결근 등으로부터 사업단절을 예상해 볼 수 있다.

그린(Green, 2008)은 기업의 사업생존에 필요한 7가지 핵심사항을 그림 5-4와 같이 정리하였다. 기업은 사업생존을 위해 다양한 요소들이 필요하다. 기업은 사업의 종류에 따라 다양한 생산요소들이 단절 없이 지속적으로 공급되어야 한다. 또한 생산된 재화나 서비스 역시 소비자들로부터 지속적으로 소비될 수 있어야 한다. 이런 관점에서 그린은 기업의 사업생존에 필요한 요소들로 공급, 노동, 인프라지원, 사업위치, 기능적 운송시스템, 현금조달능력, 고객을 들고 있다. BCP 계획과 이행과정에서 이들 요소들은 철저히 분석되고 준비되어야 한다.

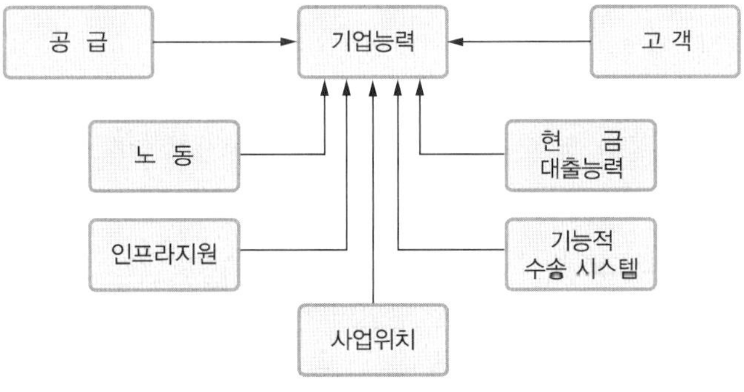

그림 5-4 사업생존의 7가지 주요 코드(Cords)

출처 : 그린(Green, 2008)

(4) 위험요소 예방과 제지

많은 위험요소들은 사전적 관리를 통해 예방할 수 있다. 작업장의 사고들이 좋은 예이다. 대부분의 화재를 예방할 수 있는 것처럼 포괄적인 사고예방 프로그램은 사고의 빈도를 적극적으로 줄일 수 있다. 작업장 안전 향상과 평가를 위한 많을 자료를 OSHA는 제공하고 있다. 화재예방을 위해서는 소방서 등 소방관련 기관이 제공한다.

오늘날 보안 문제는 BCP의 중요한 요소이다. 보안문제는 조직 내·외부의 문제로 발생한다. 따라서 모든 종사자들에 대한 보안에서부터 조직의 보안은 시작되며 종사자들에 대한 보안교육은 중요하다. 자연적 위험요소, 홍수, 지진, 태풍과 같은 위험요소들은 예방할 수 없지만 여기에도 여전이 피해를 경감할 수 있는 기회들은 있다.

(5) 위험관리

자연적 위험요소들은 주요 재난의 원인이 되어왔다. 이들 대부분의 자연적 위험요소들은 예방할 수 없다. 또한 지역적인 정전과 같은 일부 기술적인 위험요소들 역시 개인적 사업자가 예방할 수 없다. 예방할 수 없는 사고들과 제지할 수 없는 고의적인 행동들은 심각한 재산손실과 사업의 단절을 가져올 수 있다. 하지만 이들 사고들은 예방할 수 없지만 여전히 생명, 재산, 사업 활동, 환경에 대한 잠재적인 영향을 줄일 수 있는 기회들은 많다. 이러한 기회는 위험경감 활동을 통해 이루어진다.

위험요소들로 부터 피해를 줄일 수 있는 완화 전략들은 다양하고 많다. 예를 들어 안전한 장소에 사업장의 부지를 선정하는 것은 아주 중요한 완화 전략이다. 사업장 부지의 선택은 홍수, 태풍, 지진으로부터 안전해야 한다. 또한 주변에 위험시설이 있는지 확인하는 것은 아주 중요하다. 건축 시에는 건축 관련 규정을 준수하는 것은 화재방어와 인명안전에 중요하다. 가치 높은 자산을 다루는 건축물에는 더 많은 관심과 기준을 적용하는 것이 필요하다. UPS를 통한 중단 없는 전력공급, 비상대기 발전기 설치, 사업연속성 계획의 수립, 복구전략을 포함한 것들도 위험완화의 중요한 방법들이다.

화재와 소방관련 규정들을 연구하고, 보험 관계자들과 상의하는 것도 필요하다. 보험가입은 사업 중단의 재정적 영향을 줄이는 방법이다. 보험가입 시 고려해야 할 사항들로는

① worksheet을 활용한 보험범위 검토
② 위험평가, 정의된 위험요소, 잠재적인 영향 재검토
③ 잠재적인 재정 영향을 수치화하는 수단으로 사업영향분석을 활용
④ 시나리오 검증과 보험의 한계가 적정한지 평가

⑤ 재산과 자산의 목록을 편집해서 보험가치가 인플레 비용을 반영하는지를 결정
⑥ 재산 보험액이 실제적인 현금가의 대체비용을 충족하는지 검토
⑦ 공제나 보상의 시작까지 기다리는 기간, 보험사의 통지절차 등에 관하여 이해하여야 한다.

(6) 자원관리

재난관리와 사고대응 활동과정에서는 사고의 수요를 충족하기 위해 인력, 팀, 시설, 장비, 보급품과 같은 잘 관리된 자원들이 필요하다. 또한 유형화, 목록화, 조직화, 추적화와 같은 표준화된 자원관리 개념의 활용은 재난발생 시 급파, 배치, 자원의 복구를 촉진할 수 있다. 효율적인 자원관리는 변화에 잘 적응할 수 있어야 하고, 어떤 종류의 사고에도 지원할 수 있기 위해 유연해야 하고, 확장 가능해야 한다. 효과적이며 효율적인 자원의 배치는 자원관리 개념과 원칙들이 모든 단계의 재난관리와 사고대응 단계에서 사용될 수 있는 것을 의미한다. 자원관리 과정은 일반적으로 준비과정에서의 자원관리와 사고대응 과정에서의 자원관리로 구분할 수 있다.

2) BCP 포함 내용

쇼와 헤럴더(Shaw and Harrald, 2004)는 사업위험과 연속성관리 틀, 즉 기업의 BCP에 포함해야할 내용들을 기업관리, 위기관리, 위기의사소통, 지식관리, 위험관리, 계획, 프로그램 이행, 시스템 모니터링, 인식, 훈련, 연습, 사고관리, 사고대응, 기업연속성, 복원과 변환을 들고 있다. 또한 이들 용어들의 일반적인 의미를 아래와 같이 정의했다.

① 기업관리 : 조직의 문화, 신념, 임무, 목표, 조직구조 범위 내에서 사업 활동의 체계적인 이해와 관리를 의미한다.
② 위기관리 : 조직의 전략적 목표로서 위기사건 통제를 위한 노력의 조정, 위기사건 전후의 대응, 복구와 활동 재개와 연관된 관리활동으로, 위기관리 책임은 사건 이전의 완화, 예방, 준비는 물론 사건 이후의 복원까지 확대된다.
③ 위기의사소통 : 조직의 내부와 외부간의 위기관리 기능을 지원하기 위해 설계되고 제공되는 모든 의사소통의 수단이다.
④ 지식관리 : 기업 관리를 지원하는 지식의 습득, 확신, 표현, 변형, 이전과 활용을 의미한다.
⑤ 위험관리 : 어떻게 사업위기는 취급되고, 무시, 경감, 이전, 회피할 것인지에 대한

전략적, 전술적인 결정을 하기 위한 위험평가, 사업 분야 분석, 사업영향분석, 위험 의사소통, 위험에 근거한 의사결정 기능의 종합을 말한다.

⑥ 계획 : 위험관리의 결과에 근거하여, 기업 관리의 전반적인 맥락 속에서, 물리적, 사업적 잔여위험의 결과를 다루기 위한 계획, 정책, 절차의 수립이다.

⑦ 프로그램 이행 : 기업관리 맥락 속에서 사업 위험과 연속성관리 프로그램을 지원하는 물리적 보안, 사이버 보안, 환경적 보건, 직업적 보건과 안전과 같은 특정 프로그램의 이행과 관리를 의미한다.

⑧ 시스템 모니터링 : 부분들이 상호 연관하는 전반적인 시스템으로서 기업맥락에서 프로그램의 성능을 평가하고 측정하는 것이다.

⑨ 인지, 훈련, 연습 : 개인, 팀, 조직적 인지와 준비를 유지하고 개발하기 위한 배열된 프로그램을 말한다.

⑩ 사고관리 : 위기사건의 영향과 결과에 활동적인 대응에 관련 있는 활동, 조달, 계획, 행・재정 관리, 안전, 정보흐름의 관리이다.

⑪ 사고대응 : 사람들과 재산을 보호하고, 상황을 평가하고, 상황을 안정화하고, 대응활동을 수행하기 위한 위기사건의 물리적 결과나 영향에 대한 전술적 대응활동이다.

⑫ 사업연속성 : 사업기능들과 절차는 사업의 특징에 따라 우선순위화된 사전 계획에 의해 복구되고, 재개 된다는 측면에서, 조직이 위기사건에 대응 할 수 있게 하는 사업에 특정된 계획과 행동들이다.

⑬ 복원과 변환 : 위기사건 이후 새로운 정상 활동으로 사업을 복원하고 변환하기 위한 계획과 행동들이다.

3) 국제표준 비교

BCP관련 표준은 미국표준인 NFPA 1600과 국제표준인 ISO 22301이 있다. 이들은 모두 사업연속성계획에 관한 표준이다. 이들 표준들은 유사하지만 각 장에서 담고 있는 내용들은 다소간의 차이가 있다. 미국에서는 주로 NFPA 1600을 사용하고, 국제적인 시장에서는 ISO 22301을 주로 사용하는 경향이 있다. 하지만 대부분의 주요 민간 기업들은 두 가지 표준을 모두 충족하는 BCP를 계획하고 운영하고 있다.

NFPA 1600은 재난관리와 사업연속성 프로그램 표준(Standard on Disaster/Emergency Management and Business Continuity Programs) 이다. 이 표준은 공공 및 민간부분에 공동적으로 사용할 수 있는 재난관리 및 사업연속성 표준으로 자율적인 사용을 권고하고 있다.

NFPA 1600 표준이 다른 표준들과의 내용상의 차이를 살펴보면 거의 대부분 유사한 내용을 포함하고 있다(표 5-25).

표 5-25 사업연속성계획 표준비교

NFPA 1600	DRII	CSA ZI 600-08
4장 : 프로그램 관리	프로젝트 관리	프로그램 관리
5장 : 계획(계획과정, 계획 요구사항, 계획과 설계, 위험평가, 사업충격평가, 예방, 완화	위험평가 및 조정, 사업영향평가, 사업연속성 전략, 사업연속계획	계획과정, 계획 요구사항, 계획과 설계, 위험평가, 사업영향평가, 예방, 완화
6장 : 이행(자원관리, 상호지원, 의사소통과 경보, 활동절차, 재난대응, 직원지원, 사업연속성과 복구, 위기소통과 공공정보, 사고관리, 재난활동센터, 교육훈련	재난대응 전략, 재난준비와 대응, 사업연속계획, 인지와 훈련 프로그램, 사업연속성계획 훈련과 유지, 위기 통신	자원관리, 상호지원, 의사소통과 경보, 활동절차, 재난대응, 직원지원, 사업연속성과 복구, 위기소통과 공공정보, 사고관리, 재난활동센터, 교육훈련
7장 : 연습과 테스트	연습과 회계 유지관리	훈련, 평가, 교정활동
8장 : 프로그램 개선	연습과 회계 유지관리	연속성 개선, 교정활동

그러나 BCP는 근본적으로 민간의 사업연속성을 확보하기 위한 계획으로 공공부분이 사용하는 재난관리 모델과는 다소간의 차이는 있다. 이 같은 차이점에서 BCP의 특징을 살펴보면, BCP는 유사시 조직 내의 시설, Data, 자산의 복구를 가능토록 하기 위해 주요 서비스들과 생산품의 지속적인 보급을 가능하게 하는 조치와 조정 및 계획을 말한다. 또한 사업의 연속성을 지원하기 위한 인력, 정보, 장비, 재정, 법률자문, 인프라보호, 편의시설을 포함한 필요한 자원을 정의하는 것이다. BCP를 한다는 것은 직원, 이해관계자, 고객과 더불어 조직의 이미지를 향상 시킬 수 있다.

BCP는 전형적으로 ① BCP 거버넌스(Governance), ② 사업영향분석(Business Impact Analysis, BIA), ③ BCP를 위한 계획과 조치 및 조정, ④ 준비조치(교육훈련), ⑤ 수준과 품질 확신기술(훈련, 유지, 회계 등)을 포함한다.

제4절 대응(Response)

재난대응은 비상대응 과정으로 재난발생 바로 직전부터 시작하여 재난발생 이후 재난대응 활동과정을 통해 이루어진다. 재난대응은 위험요소(Hazard)의 감지에서부터 재난상황이 안정될 때까지 수행되는 활동으로 장비와 물자를 동원하여 배치시키고, 예상되는 희생자를 대피시키고, 생필품, 생수, 대피소, 응급의료와 같은 긴급한 요구에 대한 서비스를 제공하며, 주요 공공서비스를 복원하고 생명과 재산을 보호하기 위해 수행되는 긴급활동들이다. 재난대응을 위한 준비는 재난을 준비하기 위해 이루어지는 지역사회와 재난관리 주관기관, 지원기관들이 상호작용하는 모든 활동을 포함한다. 대응단계의 주요 기능으로서는 일반적으로 경보, 탐색과 구조, 피난, 구급, 화재진압, 긴급구호, 2차 재난을 방지하기 위한 응급복구 활동들이 포함된다.

아무리 훌륭한 재난완화와 준비정책을 수립하고 시행할지라도 완벽하게 재난발생을 사전에 차단할 수 없다. 다양한 종류의 재난은 우리주변에서 언제든지 발생할 수 있다. 따라서 재난은 위험요소의 특성에 따라 ① 사전예보 기간, ② 충격의 규모, ③ 충격의 범위, ④ 충격의 기간에 따라 재난은 구분할 수 있으며 지역사회의 자원만으로는 대응활동에 한계가 있어 외부자원의 지원이 필요한 특징도 있다. 그럼으로 재난대응 능력은 재난으로 인한 결과를 직접적으로 줄일 수 있는 지역사회의 대처능력을 의미하며 특히 강조되는 재난관리 단계 중의 하나이다.

재난대응이란 재난발생 직전부터 발생 이후까지 인명과 재산, 환경적인 손실을 제한하기 위해 행하여지는 행동을 포함한 재난관리 기능이다. 따라서 재난대응의 목적은 인명을 구조하고 재산을 보호하는데 있다. 재난대응 단계는 재난관리 4단계 중에서 가장 복잡한 기능을 수행한다. 따라서 대응과정은 높은 스트레스, 시간제약, 정보제한의 상황에서 복잡한 기관들과 상호작용하며 진행되는 어려운 과정이다. 그래서 다인즈(Dynes, 1972) 등은 일상과 달리 위기나 재난대응 과정에서 발생하는 재난관리와 관련되는 다양한 변화들을 지적한다. 재난대응 과정에서의 특징적 변화들로는 불확실성(Uncertainty), 긴급성(Urgency), 비상동의(Emergency Consensus), 시민의 역할확대(Expansion of Citizenship role), 계약관계의 비강조(De-emphasis of contractual relations), 집중(Convergence)을 지적한다.

① 불확실성은 재난 바로 직후 정보의 부족을 의미한다. "무엇이 발생했는가? 왜 일어났지? 사상자의 숫자는? 재난의 파괴범위는? 비상대응을 위해 무엇이 필요하지?" 하는 의문에 대한 정보가 부족하다.

② 긴급성은 비록 사고의 본질에 관한 지식은 부족하지만, 재난대응 과정에서 사고관리자와 종사자들은 비상과 재난에 신속히 대응할 필요가 있다는 것이다. 예를 들어 경보는 즉각적으로 발령되어야 하며, 부상자는 바로 치료되고, 도로와 같은 지역사회의 기능들은 가능한 빨리 복구 되어야한다.

③ 비상동의란 재난사고 이후 이해관계자들은 재난대응을 위한 가치와 우선순위에 대하여 주목할 만한 일치가 있다는 것이다. 개인, 그룹, 회사, 정부부처, 정치지도자들도 재난대응을 위해 한목소리를 낸다는 것이다. 따라서 사람들은 재난대응에 필요한 대처를 같이 한다는 것이다.

④ 시민의 역할확대는 사람들은 비상과 재난사고 이후 더욱 신속하게 협력할 뿐만 아니라 대응활동에 적극 참여하는 경향이 있다는 것이다. 잔해 속의 이웃을 구조하고 부상자를 돌보며 자선단체에 원조물자를 공급하기도 한다.

⑤ 계약관계의 비강조는 일반적으로 행해지는 제한된 관계들은 멀리하고 비상과 재난에 가급적 빨리 대응하는 특징을 말한다. 상품이나 서비스의 판매에 있어 시간이 소요되고 복잡한 문서화된 협정은 거의 사용되지 않으며, 사람들은 인력, 장비, 서비스를 확보하기 위해서 종종 즉흥적 구두상의 협정으로 진행된다.

⑥ 집중은 사람들과 물질적 자원들이 재난현장으로 집중되고 집결됨을 의미한다. 다양한 물적 자원은 물론 자원봉사자, 언론사의 기자들, 학문 연구자들, 기부단체들, 정부부서들을 포함한 인적자원들도 집중된다. 음식은 긴급업무 종사자들에게 제공되고 성금과 기부물품들은 희생자들에게 전달된다.

1 재난대응 이론

1) 재난대응 관리기능

다양한 종류의 재난은 그 특성에 따라 다양한 형태의 대응관리가 필요하다. 하지만 재난의 종류나 특성에 따라 개별적이고 지나치게 전문적으로 대응관리를 하게 되면 많은 조직과 예산이 수반되어 비효율적이고 중복적일 수 있다. 그래서 오늘날은 개별적인 재난관리를 지양하고 모든 종류의 재난을 통합적으로 관리하는 포괄적인 재난관리 방법을 추구하고 있다. 포괄적 재난대응은 모든위험(All hazard)의 재난대응에 필요한 일반적인 기능을 정의하고 그 기능을 다수의 기관들이 협력하여 대응하는 방식의 재난대응을 한다. 즉 하나의 기관이 특정재난을 독립적이거나 주도적으로 대응하는 것이 아니라 다수의 기관들이 대응활동 과정상의 다양한 기능을 수행하기 위하여 통합적, 협력적, 조정적으로 대응하게 된다. 물론 특정위험이나 재난에 대하여 다수의 기관들이 일반적인 방법으로 대응하는 것은 쉽지 않고 전문적인 대응에 한계를 보일 수 있다. 하지만 이런 경우를 대비하여 재난계획 수립과정에서 사고부록(Incidents appendix)과 같이 별도의 전문적인 대응계획을 확보하고 추가적인 대응활동들을 통해 문제점들이 보강된다.

재난현장의 대응과정에서는 재난의 종류와 관계없이 일반적으로 필요한 공통적 재난대응 기능들이 있다. 일반적인 재난대응 활동들은 예보와 경보의 발령과 전파, 대피와 같은 방어적인 행동을 포함하여, 재난관리 인력, 자원봉사자, 물질적 자원과 조직의 동원, 요구조자들에 대한 탐색과 구조, 부상자 및 생존자에 대한 조치, 피해와 수요평가, 피해조정, 공공서비스의 복원, 공공정보, 정치적 법률적인 시스템의 유지 등을 포함한다. 따라서 대부분의 재난대응 과정에서 필요한 일반적인 긴급대응 활동들에는 ① 조기경보, ② 대피와 이주, ③ 탐색과 구조, ④ 사고이후 평가, ⑤ 대응과 구호, ⑥ 조달과 보급, ⑦ 정보통신 관리, ⑧ 생존자 대응과 대처, ⑨ 안전, ⑩ 긴급활동 관리, ⑪ 복구, ⑫ 재건 활동과 같은 일반적인 기능들이 포함된다. 표 5-26은 재난대응 활동 단계에서 수행되는 주요기능들을 나타낸다.

표 5-26 재난대응활동이 추구하는 것

단계 구분	주요 기능
위험감지 후 계획된 준비 조치들을 이행	1) 경보사인, 대피명령, 건물보호 2) 재난안전대책본부(EOC) 가동 3) 비상 대피소 개방 4) 재난 정보제공
긴급지원서비스를 제공	1) 현장지휘소(ICP) 운영 2) 응급의료 3) 대피소 운영 4) 비상식량과 물 제공 5) 구조와 탐색
위험의 영향에 맞서 피해를 감소	1) 화재진압과 2차 피해 방지 2) 도로상의 쓰레기 제거 3) 재난의 모니터링 4) 피해지역 안전조치

2) 재난대응 활동

(1) 재난대응 활동

재난의 대응활동은 크게 두 가지 범주로 나눌 수 있다. 하나는 미리 정해진 재난대응계획(EOP)에 따라 움직이는 미리 계획된(Pre-planed) 대응활동이다. 다른 하나는 재난의 특성상 미리 정하거나 계획할 수 없어, 현장지휘자(팀)가 수시로 변하는 현장상황에 따라 즉흥적(Improvised)으로 대응하는 것이다. 따라서 재난대응의 기본적인 틀은 재난대응 계획서상에 수립되어 있는 계획에 따라 대응하게 된다. 오늘날 대부분의 재난대응 계획은 기관중심의 대응보다 기능중심의 재난대응계획(EOP)이 수립・운영된다.

(2) 주요 재난대응 시스템

재난발생 시 재난대응 과정에는 두 개의 필수 센터가 가동된다. 재난안전대책본부(EOC)와 현장지휘소(ICP) 이다. 두 개의 센터들은 서로 다른 역할과 임무를 가지고 운영된다. 재난현장 밖(Off-Site)에서 종합적인 관리지원 개념으로 운영되는 EOC와 재난현장(On-Site)에서 현장 대응관리 개념으로 운영되는 현장지휘소(ICP)가 있다. 이들 두 센터는 모두 사고지휘시스템(ICS) 표준조직 구조를 갖고 운영된다. 특히 현장에서 운영되는 현장지휘소(ICP) 요원들은 사고지휘시스템(ICS) 표준에 관한 교육훈련의 정도가 더욱더 요구된다. 이들 두 센터 운영 시에는 지휘통제(C2) 또는 지휘통제조정(C3) 체계를 활용한 조직운영과 정확한 상황인지를 전제한 의사결정 과정이 중요하다.

ICS는 관료적이고, 공식화, 표준화, 구조화된 조직으로 정책, 계획, 규정, 지시에 종속된 시스템이다. 이 조직의 특징은 일종의 광범위한 네트워크 조직의 특징이 있다. 따라서 재난대응 활동에 참여하는 네트워크 조직과 기관들은 반드시 ICS를 잘 이해하고 ICS 속에서 활동하여야 한다. 또한 이들 네트워크 조직의 원활한 운영을 위해서는 지속적인 연습과 훈련이 필요하다. 오늘날 대부분의 국가에서는 ICS와 같거나 유사한 시스템을 활용한다.

(3) 재난대응 기능과 주요활동

재난대응 활동들은 대부분 ICS 시스템을 이용하는 재난안전대책본부(EOC)와 현장지휘소(ICP)에서 다양한 집단들의 협력적인 노력으로 수행된다. 대부분 초기 재난대응은 지역사회의 초기대응자들과 자원봉사자들에 의해 이루어진다. 초기대응자들은 주로 소방, 구조, 구급, 경찰, 교통, 유틸리티 관리업무를 담당하는 사람들이 주축이 된다. 따라서 현장지휘소의 운영은 대부분의 경우 인명구조 활동이 요구되는 재난현장에서는 소방조직이 운영하게 된다. 하지만 인명구조 활동이 필요 없거나 재난의 유형이 복잡하고 전문적일 경우 현장지휘소(ICP)의 운영은 ① 법률로서 정해진 재난관리 책임기관에서 운영하게 되거나, ② 대응활동과 연관 있는 다수의 기관들 이 공동으로 참여하는 통합적 운영체제로 운영하게 된다. 재난의 유형별 재난관리 책임기관과 지원기관은 법률로서 정해진다.

재난안전대책본부(EOC)는 유관기관들이 합동으로 참여하는 재난대응을 위한 중앙 지휘와 통제의 조정점이다. 또한 응급 서비스 활동을 수행하는 사람에게 전달해야할 특정정보를 결정하는 장소이다. EOC는 모든 재난대응 노력에 대한 주요한 협력과 통제의 기능으로 일한다. EOC는 주요 의사결정을 하는 사람들이 재난에 관한 정보를 모으고, 사고에 관한 정책적 대안을 평가하고, 응급서비스와 다른 재난 종사자들을 위한 현장 활동을 지원하고 촉진하는 장소이다. 하지만 효율적인 재난대응을 위하여 표 5-27과 같이 ICP와 EOC의 역할과 기능은 엄격히 구분된다. 특히 이들 두 센터 사이의 역할조정에 있어 강조되는 것은 EOC는 ICP의 현장활동에 대하여 세세하게 관여하지 않는다는 것이다. 현장활동 전반에 대한 관리책임과 권한은 현장지휘자에게 있기 때문이다. 물론 ICP에서 독자적으로 결정할 수 없는 주요 정책사항들에 대하여 EOC는 관계기관들과 협력하여 주요 의사결정을 하게 되고 결정된 사항에 대하여는 ICP는 이행하게 된다. 물론 이 경우도 현장지휘 활동의 전문성, 독자성, 특수성을 저해하지 않는 범위 내에서의 의사결정만이 가능하다.

조직들 상호간의 협력적인 재난대응은 재난관리의 핵심이다. 재난대응 활동이 필요한 현장에서 발생하는 다양한 요구들을 정확히 예상할 수는 없다. 따라서 재난대응은 어느 정도 임기응변에 의한 대응이 요구된다. 재난현장에서 재난계획과 임기응변을 수행하기 위해서는 재난평가, 위험활동, 주민보호, 사고관리와 같은 4가지 주요기능들이 포함된다. 이들 기능들은 재난 현장지휘소(ICP), 재난안전대책본부(EOC)와 기타 장소에서 수행된다. 표 5-28은 재난대응 기능별 재난현장과 재난안전대책본부에서 수행되어야 할 특정 활동들을 구분하고 있다.

표 5-27 ICP와 EOC 비교

현장지휘소(ICP)	재난안전대책본부(EOC)
작은 재난(Emergency)	주요 재난(Disaster)
현장 수준	본부 수준
응급 서비스	시 지도력
제한된 기관들	무제한의 기관들
전술적 관점	전략 지향적

표 5-28 재난대응 기능과 특정 활동

기능	사고현장 지휘소(ICP)	재난안전대책본부(EOC)	다른 장소
재난평가	지역적 위협감지와 재난분류 지역 위험요소 모니터 피해평가	지역적 위협감지와 재난분류 지역위험요소 모니터 주민 모니터와 평가	
위험활동	위험원인과 요소 통제 방어활동 건축물 보호실행 내용물 보호실행		
주민보호	방어적 행동선정 주민경보 탐색과 구조 피해지역 출입통제와 보안관리 위험요소 노출통제 응급의료 조치 환경적 보증	방어적 행동 선정 주민 경보	주민경보 방어적 행동이행 희생자관리 응급의료 서비스
사고관리	기관통지와 동원 비상시설과 장비동원 의사소통과 문서화 분석과 계획 내부지휘와 통제	기관통지와 동원 비상시설과 장비동원 의사소통과 문서화 분석과 계획 내부지휘와 통제 조달 행·재정 외부 조정과 협력 공공정보	공공정보 비상시설과 장비동원

사고가 발생하면 ICS 체제는 사고지휘자의 감독에 의해 재난대응 기능이 수행된다. 하지만 지역단위의 재난에는 대부분 네트워크 기관들에 의한 대응이 요구된다. 어떤 경우 EOC는 기관들의 재난대응 기능을 조정할 수 있다. 이때 각 재난대응 조직은 부여된 업무를 주어진 기능 속에서 수행하기 위해 Check list를 포함한 SOP를 적극 활용할 수 있다. 또한 다수의 조직들이 연관된 기능을 수행하기 위해서 재난관리자는 모든 구성 조직들의 이동에 대한 책임을 지며 다양한 기능수행에 필요한 모든 업무의 성과를 모니터할 수 있어야한다.

재난현장에서 사고지휘자는 ① 현장지휘소 설치와 사고의 통제, ② 상황의 판단과 적절한 기관들에 조언, ③ 시간제약과 우선순위를 결정, ④ 사고관리팀의 구조를 결정, ⑤ 팀에 어울리는 사고계획 수립, ⑥ 대응기관과 지원서비스에 임무부여, ⑦ 자원과 지원의 조정, ⑧ 적절한 기관과 관계당국에 행동과 활동을 보고, ⑨ 사고현장 모든 인력에 대한 안전보장, ⑩ 언론관계 절차를 구축, ⑪ 복구활동의 개시와 같은 의무를 갖게 된다.

또한 재난현장 참여기관들은, ① 특정 책임지역을 확인, ② 사고지휘자로부터 사고계획 속에서 부여된 업무수행, ③ 신속한 정보교환을 위한 적절한 의사소통수단을 확보, ④ 기관 상호간의 긴밀한 협력을 촉진, ⑤ 연락 상황에 대한 규칙적인 검토, ⑥ 기관 상호간의 연락 이행과 같은 임무를 수행하게 된다.

(4) 재난현장 시설배치

재난현장에는 효율적이며 안전한 현장대응 활동을 위해 재난현장 시설들이 배치된다. 이 시설들의 현장배치에 관해서는 몇몇 원칙들이 있다.

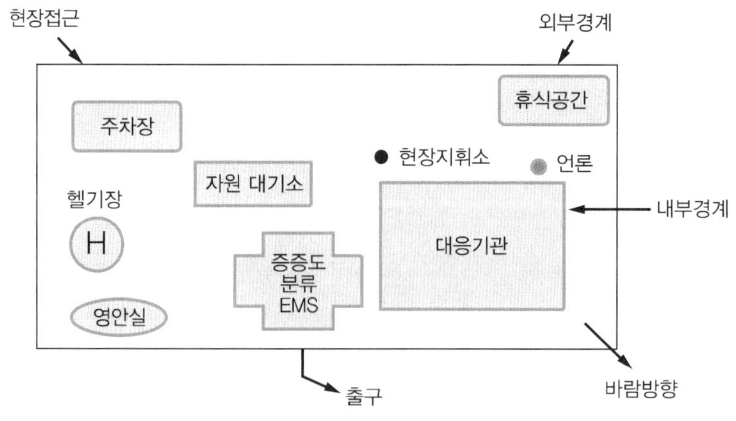

그림 5-5 사고현장 배치도

우선 ① 입구와 출구를 분리하고, ② 풍향을 고려한 지휘소 위치를 선정하며, ③ 재난현장 내・외부의 경계 설정하고, ④ 기타 현장필요 시설을 적절한 위치에 배치하는 것이다. 그림 5-5 재난현장의 Sample 배치도를 보여준다.

3) 비상대응 조직

재난대응과 복구과정에는 수많은 외부기관과 자원봉사자들의 역할은 아주 중요하다. 이들은 재난대응 조직의 부분으로 활동한다. 이들의 활동이 조직화되고 효율적이기 위해서는 재난대응시스템 속에서 조직화되어야 한다.

다인즈(Dynes, 1970)는 재난조직의 형태를 조직구조와 조직이 수행하는 업무의 형태에 따라 4가지로 구분하였다. 비상대응 조직들이 수행하는 업무는 일상적인(Normal) 업무와 새로운(Novel) 업무로 구분하였다. 또한 비상대응 조직의 구조 역시 일상적인(Normal) 조직구조와 새로운(Novel) 조직구조로 구분하였다(표 5-29). 이 같은 구분에 의해 다인즈는 재난대응 조직의 종류를 일상적인 조직구조를 가지고 일상적인 업무를 담당하는 확정된(Established) 조직, 일상적인 조직구조를 가지고 확대된 업무를 수행하는 확장된(Extending) 조직, 새로운 조직구조를 가지고 일상적인 업무를 수행하는 확대된(Expanding) 조직, 새로운 조직구조를 가지고 새로운 업무를 수행하는 신생의(Emergent) 조직과 같이 4가지로 구분하였다.

표 5-29 재난 시 조직화된 행동의 종류

조직 구조	정상(Normal) 업무	새로운(Novel) 업무
정상(Normal)	확정된(Established)	확장된(Extending)
새로운(Novel)	확대된(Expanding)	신생의(Emergent)

출처 : 다인즈 (1970) 재편집

① 확정된(Established) 조직들은 그들의 일상적인 업무를 일상적인 조직구조 속에서 수행한다. 예를 들어 소방과 경찰과 같은 조직들이 화재진압, 인명구조, 교통통제 등과 같은 일상적인 업무를 수행할 때 해당된다.

② 확장된(Extending) 조직들은 새로운 업무를 일상적인 조직 구조 속에서 수행한다. 예를 들어 공공업무 종사자들과 민간 건설업자들이 희생자 구출을 위해 잔해를 파는 것 같은 활동들이 해당된다.

③ 확대된(Expanding) 조직들은 그들의 일상적인 업무를 새로운 조직적인 구조 속에서 수행한다. 예를 들어 적십자사, 자원봉사자단체들이 다수의 사상자 처리 센터에서 일부 전문적인 요원들의 감독으로 일할 때 해당된다.

④ 신생의(Emergent) 조직들은 새로운 업무를 새로운 조직 구조 속에서 수행한다. 예를 들어 주민들이 팀을 갖추어 지진현장의 요구조자들을 구출하는 것이 해당된다.

드라벡(Drabek, 1980) 등은 이들 4가지 종류의 조직들은 각각 새로운 방식으로 상호작용 한다고 했다. 이러한 조직구조를 그들은 신생의 다수조직 네트워크(Emergent Multi-organizational Networks, EMONs)라고 명명했다. EMONs는 전형적으로 다양한 중앙과 지방의 정부기관, NGOs, 민간부분에서의 전문가들과 자원봉사자들이 혼합체로 구성된다. 조직적 이름, 구조, 훈련, 경험, 법률적인 책임의 차이 때문에 EMONs는 의사소통과 재난대응 협력과정에서 심각한 어려움을 경험하기도 한다. 이 같은 문제해결을 위해 사고관리시스템(ICS)의 표준화와 재난대응 현장 참여자들의 교육 훈련이 강조된다.

4) 지휘통제와 협력

(1) 지휘 · 통제 · 조정의 구분

사고관리는 지휘, 통제, 조정으로 표현되는 세 가지 분명한 기능을 포함한다. 지휘(Command)는 기관의 역할과 임무수행 과정에서 기관의 자원과 구성원을 지시하는 것이다. 통제(Control)는 재난상황에서 재난관리 활동들의 전반적인 지시이다. 조정(Coordination)은 효과적인 재난대응을 보장하기 위해 기관들과 자원들이 함께하는 것이다(표 5-30).

표 5-30 지휘통제협력의 특징

구 분	특 징
지 휘 (Command)	지휘는 기관들과 기관내의 수직적 활동들과 관련된다. 지위 권한은 법률이나 기관 내의 동의에 의해 구축된다.
통 제 (Control)	통제는 상황들과 기관들 사의의 수평적인 활동들과 관련 있다. 통제 권한은 법률과 재난계획에 의해 구축되며, 상황적 요구에 맞게 다른 기관들에 업무를 부여하는 책임을 수반한다.
조 정 (Coordination)	재난위험으로부터 요구에 맞게 부여되는 시스템적 확보와 자원(조직적, 인적, 장비)의 적용과 관계있다. 조정은 기관들 내에서 지휘권이 수직적으로 작용하고, 기관들 사이에서 통제권이 수평적으로 작용한다.

재난현장의 전반적 통제 책임은 현장지휘자에게 있다. 이처럼 재난현장 관리는 한사람이 책임을 지는 것은 기본이다. 사고관리자의 책임은 사고통제와 상황에 맞게 기관들에게 업무를 주는 책임이 있다. 사고관리는 어떤 기관에 의해, 언제, 무엇을 해야 하는 지로 정의된다. 개별적 기관들은 부여된 책임을 어떻게 수행할지를 결정해야 한다.

(2) 지휘통제(Command and Control, C2)

재난대응 단계에서 가장 중요한 것은 지휘통제(Command and Control, C2)이다. 훌륭한 C2는 상황인식의 모호함을 줄이는 것이다. 또한 상황인식의 애매함은 시스템 조직의 풍부한 정보와 지식으로 극복할 수 있다. C2는 사고관리팀의 조정과 자원의 적용, 정보의 보급 등을 통해 현장지휘관이 재난관리 과정에서 조직화된 활동을 할 수 있도록 도와준다. C2 시스템의 의사결정은 현장상황이 악화되어가는 속도보다 빨라야 한다. 따라서 불확실성에 대한 대처와 시간적 제약 사이의 긴장은 C2의 근본적인 어려움이다.

ICS는 모든 종류의 재난대응 활동을 향상하기 위해 개발된 대표적인 C2 구조의 사고지휘시스템이다. 사고관리를 위해 개인들의 역할은 중요하다. 개인들은 정보를 수집하고, 의사를 결정하고, 행동을 이행하며, 의사소통하고, 다른 사람들과 협력한다. 이러한 과정에서 개인 상호간의 협력능력 부족은 ICS 시스템의 실패를 가져오기도 한다.

ICS 하에서 구성원들 간의 조정과 협력은 공식적 지휘체계뿐만 아니라 시스템의 성패를 결정짓는 중요한 요소이다. 또한 구성원들 간의 의사소통은 현장대응 성과에 많은 영향을 미칠 수 있다. 적절한 상황인식과 의사소통 없이는 ICS 내에서 구성원들 간의 협력적 활동은 기대할 수 없으며, 목표달성도 어렵다. 대규모 재난의 대응실패 사례들은 부족한 자원이나 기술 때문이 아니라 대부분 협력의 부족이 주요원인이다. 따라서 ICS에서 의사결정에 대한 역할과 책임은 분명히 정해져 있다.

(3) 재난대응 기관의 조정(Coordination)과 협력(Cooperation)

재난대응은 참여기관이나 그룹들의 연결된 서비스와 기관 상호간의 협력적 활동에 의해 이루어진다. 각각의 재난들은 서로 독특하고 상이하여 하나의 고정되고 이상적인 재난대응 방식은 존재하기 어렵다. 하지만 그럼에도 불구하고 어떤 종류의 재난대응이라도 참여기관들 상호간에 조합적이며 협력적인 활동들로 이루어져야 한다. 한 사람이나 한 조직이 재난에 대한 국가적인 대응관리를 담당하는 것은 재난의 특성상 불가능하다. 재난을 관리하고 계획하는 책임은 지역의 책임이고, 이러한 문제를 해결하기 위해 지역의 재난대응 기관들을 통합하여 운영하는 것이다. 재난대응 서비스의 통합은 기관의 통합과 기능과 업무의 통합으로 이루어질 수 있다. 그럼으로 국가와 지방의 재난대응 기관들과 수많은 자원들을 시스템화 하는 것이 중요하다.

협력은 사고 이전, 사고 동안, 사고 이후의 협력으로 구분할 수 있다. 사고이전 협력은 재난대응의 강화를 위한 전반적인 준비와 활동능력을 구축하는 협력이다. 재난의 종류에 상관없는 계획, SOP, 교육훈련과 같은 일반적인 재난관리 요소들에 대하여 협력하는 과정이다. 사고 동안의 협력은 대응계획과 같이 미리 규정된 사항을 협력적으로 이행하는 과정과 사고의 불확실성과 같은 재난의 특징에 기인한 대응관리를 하기 위한 즉흥적 업무를 협력하는 과정이 있다. 또한 협력기관들의 위치에 따라서 현장 활동 참여 기관들 간의 현장협력과 EOC와의 협력과 같은 Network 협력으로 구분 할 수 도 있다. 사고이후의 협력은 주로 복구활동과 관련한 협력들이 진행된다. 또한 대응단계의 협력관계를 서로 검토하고 보완하는 협력관계도 이루어진다. 그림 5-6은 재난대응 과정에서 진행되는 기관 상호간의 업무조정 라이프 사이클을 보여준다.

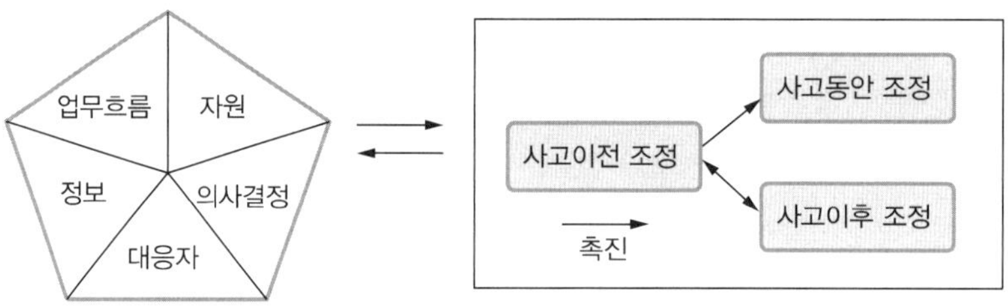

그림 5-6 재난대응 업무조정 라이프 사이클

맥언타이어(McEntire, 2002)는 협력은 ① 강한 리더십과 팀 지향, ② 계획, 훈련과 연습, ③ 다른 기관들과의 networking, ④ 이전 사고의 경험, ⑤ 유용한 기술, ⑥ 효과적인 EOC 관리가 있을 때 촉진된다고 주장한다.

또한 드라벡(Drabek, 2003)은 재난협력을 위해 아래와 같이 5가지 주요전략 활용을 권고한다.

① 핵심(Core) : 재난관리자는 재난 발생이전에 기관의 역할을 분명히 하고, 어떤 여건에서 누가 권한을 가지는지를 결정하고, 대응을 위해 어떤 자원들이 들어올지를 아는 것이 협력을 강화한다.

② 결과(Consequences) : 대응 참여자들은 정확한 수요와 어떻게 이 수요들이 충족될지를 추적함으로서 협력을 강화한다.

③ 고객(Customer) : 협력기관, 이해관계자, 희생자들을 위한 노력이 있을 때,

④ 조정(Control) : 그들이 승인된 계획, 과거의 경험과 훈련, 권한 분산의 필요, 현장조직(즉흥적)의 가치, 응급조직이 갖는 업무의 장점들과 같이 일한다고 생각함으로서 협력은 향상된다.

⑤ 문화(Culture) : 다른 대응기관들 상호간의 문화적 차이에 대한 이해를 서로 돕고, 다수기관 대응의 필요성을 인정하고 다른 기관의 성공을 축하하는 것은 협력을 향상시키는데 도움이 된다.

드라벡(Drabek, 2003)은 대응활동의 성공과 실패여부는 의사소통의 빈도와 기관 상호간의 협력의 폭에 의해 결정되며, 기관 상호간 협력의 장점으로는 ① 수요, 가능성, 목표, 활동을 정의할 수 있고, ② 공동노력의 효과를 증진하고, ③ 이간, 차이, 서비스의 중복을 제거하며, ④ 재난손실을 줄여 대응의 효율성과 효과성을 증가시킨다고 주장한다.

5) 상황판단과 의사결정(Situational Awareness and Decision Making)

정확하고 합리적인 의사결정을 위해서는 정확한 상황판단이 중요하다. 특히 재난대응과정에서 정확한 상황인지(SA)는 중요하며 의사결정의 첫 번째 단계이다. 상황인지는 지금 무엇이 진행되고 있고, 다음에 무엇이 발생할지에 대한 정확한 이해를 제공해준다. 따라서 정확하고 안전한 의사결정을 위해서는 지속적인 기술적, 환경적 정보의 추출과, 지식과 정보의 통합을 통한 미래의 예측과 인지가 중요하다. 특히 상황인지는 시간에 제약을 받으며 지속적인 훈련을 통해 상항인지 능력을 향상시킬 수 있다.

(1) 상황인지(Situational Awareness, SA)

상황인지란 용어는 항공안전 분야에서 처음으로 사용되었다. 이후 상황인지는 군사 분야, 소방분야, 초기비상대응자그룹에서 활발하게 사용하게 되었다. 재난현장에서 정확한 정보와 기술은 재난현장에 대한 투명성을 향상시켜 관계자들의 상황인식을 강화시켜준다. WIKIPEDIA는 상황인지를 주위에서 발생하는 모든 것을 이해하고 이들에 대한 상대적인 중요성을 아는 상태를 말한다고 정의했다. 즉 지속적으로 변화하는 사건 현장의 환경적인 상태를 이해하는 것을 말한다. 환경적 상태란 사람들의 지식이나 상황, 주위의 정신적 모델의 상태를 말한다.

상황인지는 복잡하고 역동적인 환경 속에서 효과적인 의사결정과 정확한 업무수행을 위해 중요하다. 따라서 상황인지는 소방과 재난관리 분야 종사자들에게 필수적인 요소이

다. 특히 재난대응 단계에서 재난현장에 대한 정확한 상황인지 없이는 현장지휘는 물론 현장대응 활동이 거의 불가능하다. 특히 개인적 피로, 스트레스, 업무단절, 시간제약 등으로 인하여 상황인지는 실패할 수도 있다.

(2) 상황인지 과정(Process)

엔즈레이(Endsley)는 상황인지 과정을 표 5-31과 같이 3단계로 나누어 정의하였다. 첫 번째 수준에서는 중요한 요소들을 받아들이는(Perceiving) 것이다. 이 수준에서는 환경에 대한 시각적 인지(연기), 청각적 인지(폭발), 촉각적인 인지(흔들림)와 다른 사람들과의 언어적, 비언어적인 의사소통을 포함한다. 즉 상황에 관한 다양한 자료를 수집(Perception)하는 단계이다. 두 번째 수준에서는 첫 번째 수준에서 인지한 요소들이 무엇을 의미하는지를 이해하는 것이다. 즉 데이터를 상황에 필요한 정보로 전환하는 과정이다. 이들 데이터를 정보로 연결하고 발전시키기 위해서는 개인적인 지식과 정보가 중요하다. 즉 상황을 인식하기 위해 수집한 자료를 통해 정보가공과 이해(Comprehension)를 하는 단계이다. 세 번째 수준에서는 정리된 정보를 통해 가까운 미래에 어떤 일이 발생할지를 예측하는 것이다. 즉 1단계에서 확보한 자료를 통해 2단계에서 정보를 생성하고 마지막 3단계에서 미래에 발생할 그림을 예상하는 것이다. 미래에 닥칠 상황을 예측(Projection)하는 것이다.

상황인지는 의사결정에 중대한 영향을 미친다. 엔즈레이와 가랜드(Endsley & Garland, 2000)는 상황인지 외에 의사결정에 영향을 미치는 요소들로 전략, 경험, 훈련, 개인적 특성, 조직적 기술적인 제한들도 의사결정 과정에 영향을 미친다고 주장한다. 그림 5-7은 엔즈레이(Endsley)가 제시한 의사결정 과정상의 상황인지 모델이다.

재난상황에서는 현장의 충분한 자료가 제공되지 않기 때문에 재난관리자는 제한된 정보에 근거하여 사실을 인지할 수 있는 능력을 가져야 한다. 또한 제공된 정보를 이해, 통합, 구조화하여 지식으로 전환할 수 있어야 한다. 지휘자는 개인적 상황 이해를 발전시키기 위해 관찰, 센서, 명령, 보고로부터 정보를 통합한다.

표 5-31 상황인지 단계

구 분	상황 인지	하는 일
1단계	현재 상황의 인지(Perception)	Data 수집
2단계	현재 상황의 이해(Comprehension)	자료의 정보화
3단계	미래 상황의 투영(Projection)	미래 예측

출처 : Endsley의 상황인지모델(1995) 재편집

이와 같은 상황이해를 통한 의사결정은 현장의 상황을 정확이 반영할 수 있다. 지휘관은 개인적 또는 팀 적인 경험과 지식을 바탕으로 ①현장의 상황, ②목표달성을 위한 전략과 전술, ③시스템의 능력에 근거하여 의사결정을 하게 된다. 일반적으로 현장지휘자는 현장상황의 정확한 이해와 판단을 위해 현장의 정확한 상태와 활동 조직들의 구조를 이해하는 것이 매우 중요하다.

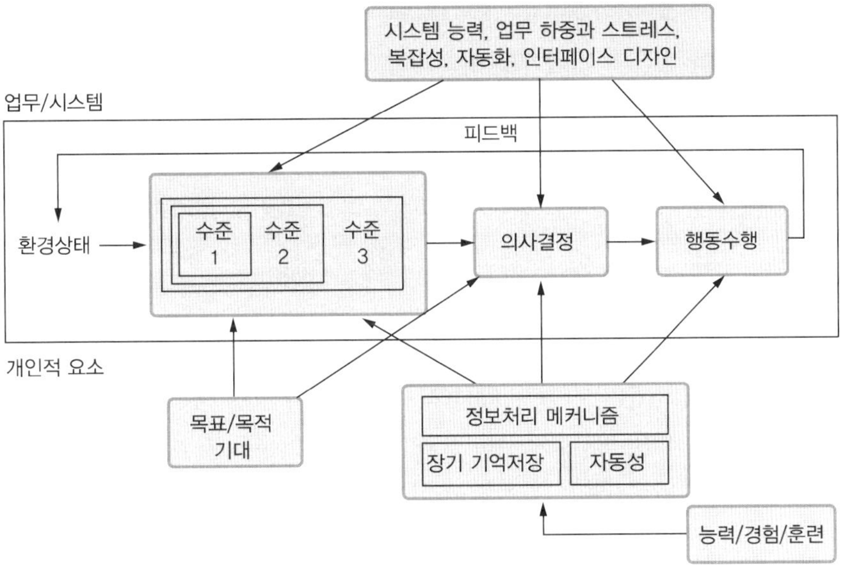

그림 5-7 의사결정 과정상의 상황인지 모델

출처 : 엔즈레이(Endsley) 재편집

(3) 의사결정(Decision Making)

의사결정 과정은 다양한 요소들로부터 영향을 받는다. 의사결정에 영향을 주는 요소들에는 업무적 요소와 개인적 요소로 구분된다. 업무적 요소들에는 법규, 사전계획, SOP, 시스템 등이 포함된다. 개인적 요소들에는 능력, 스트레스, 배고픔, 피로, 지루함, 경험, 훈련 같은 요소들이 포함된다. 하지만 좋은 의사결정을 위해서는 좋은 상황인지에 의해서만 결정되는 것은 아니다. 엔즈레이(Endsley)는 상황인지와 의사결정 사이의 관계를 확률적인 연결로 표현한다. 즉 좋은 상황 인지는 좋은 의사결정을 할 가능성을 높이지만 항상 그 결과를 보장하는 것은 아니라고 했다.

사람들의 의사결정 과정을 설명하기 위한 수많은 모델이 있다 그중 대표적인 모델들은 기대효용 이론, 제약 하에서 최적화 모델, 자연주의적 의사결정 모델이 있다.

① 기대효용 이론(Expected Utility Theory)은 문제해결을 위해서는 모든 가능한 선택들의 확률과 각 선택에 따른 모든 가능한 결과(효용)를 결정해야 한다. 선택할 수 있는 대안들의 주관적 확률은 각각의 결과와 같이 계산되어 기대 효용치를 얻는다. 그 중 가장 높은 효용치를 갖는 대안이 선택된다. 이 모델은 수학적인 모델링에 효과적이다. 이 모델은 재난이나 화재현장과 같이 제한된 시간과 제한된 지식 하에서 의사결정을 해야 하는 경우의 의사결정 방법은 아니다.

② 제약 하에서의 최적화(Optimization Under Constraints) 이론은 제한된 변수를 고려하면서 최적의 대안을 찾아가는 방식이다. 무한한 합리성 이론과 긴밀하게 관련이 있고 이 이론은 수익보다 비용이 많아지면 탐색을 중단하는 것 같은 제한된 정보 탐구를 포함한다. 따라서 각각의 결과가 결정되고, 확률과 효용성이 산정된 후에 다른 대안에 대한 결과들이 고려되기 전에 수익이 비용을 초과하는지에 관한 계산을 하면서 정보탐색 지속여부를 결정하게 된다. 이것은 기대효용 이론 보다 현실적이지 못하다.

③ 자연주의적 의사결정(Naturalistic Decision Making) 이론은 실제로 매일 일상에서 일어나는 자연스러운 의사결정 방식에 초점을 둔다. 따라서 의사결정자들의 실패에 초점을 둔 전통적인 의사결정 이론들과 달리 이 이론은 자연적으로 의사결정을 한다. 그래서 의사결정자들은 철저한 분석을 수행하지 않는다. 상황을 지켜보고, 사전 경험에 근거한 일반적 경험을 적용한다. 만약 과거의 유사한 경험과 비슷한 상황을 직면하면 과거와 유사한 의사결정을 한다는 것이다. 재난대응이나 화재현장 대응활동 과정은 일반적으로 시간적 압박 상황 하에 있게 된다. 이때 수많은 의사결정 시점에서 많은 시간을 사용할 수 없다. 전통적인 의사결정 과정에서 필요한 논리적 생각이나 확률적인 분석과 같은 통계적 방법들과 같은 능력들은 이 이론에는 소용이 없다. 대신 직관이나 정신적 시뮬레이션 비유와 같은 것을 강조한다. 직관은 상황을 장악할 수 있고, 정신적 시뮬레이션은 잠재적인 과정의 시각화를 가능하게 하고, 은유는 사전적 경험을 그릴 수 있게 한다. 자연적 의사결정은 시간적 제한이 있는 재난현장과 소방현장에서 유용하다. 또한 이 모델은 의사결정 과정이 유연해서 상황의 변화에 잘 적응할 수 있는 특징이 있다.

그림 5-8은 사고관리 과정에서의 의사결정 과정을 보여준다. 사고관리를 위해서 현장지휘자는 ① 사고에 대한 정보, ② 동원된 자원에 관한 정보, ③ 위험요소 관련 안전정보를 알아야 한다. 현장지휘자는 이들 정보들을 고려하여 사고현장 관리상의 목표를 순위화

하고, 이들 순위화된 목표들을 달성하기 위한 계획을 수립하고, 다양한 참여자들, 이해관계자들과 의사소통하고, 조정활동을 통해 결과를 만들어낸다. 이런 일련의 과정에서 성과를 평가하고 수정・보완하면서 현장사고관리 활동들이 이루어진다.

그림 5-9는 사고분석에 관한 일반적인 모델을 보여준다. 이 모델은 의사결정을 위해 사고현장에서 시간의 경과에 따라 다양한 판단들이 순차적으로 고려되는 것을 보여준다. 먼저 현장에서의 의사결정 과정은 족적이나 유산(Legacy)영향과 사고(Incident)영향으로 크게 구분되며, 또한 족적이나 유산영향에는 사회문화적 수준과 조직적 수준에서의 다양한 제한들을 고려하게 된다. 사회문화적 수준에는 법, 조약, 문화와 같은 요인들이 포함되고, 조직적인 판단 과정에서는 정책, 계획, 순서들이 고려된다. 또한 사고영향 수준에서는 사고의 특성에 따른 다양한 요인들이 의사결정 과정에서 고려된다.

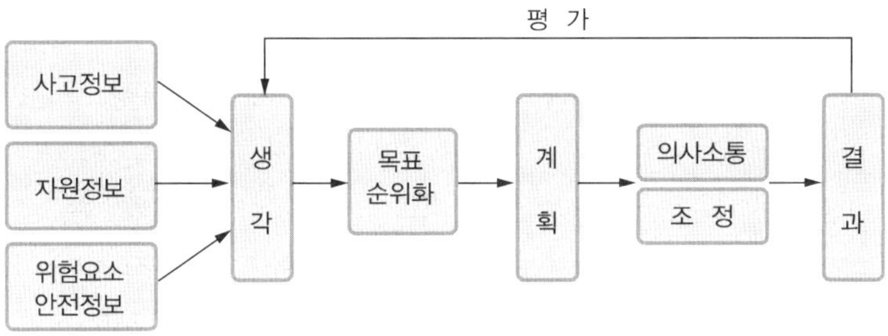

그림 5-8 사고관리 의사결정 모델

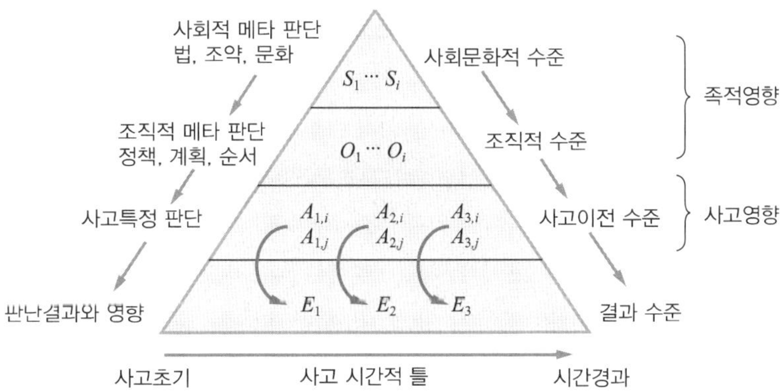

그림 5-9 사고분석 일반모델

출처 : 피터 코넬(Pate-Cornell, 1993)

(4) 의사결정 과정과 재난관리

재난관리 과정은 복잡하고 불확실한 결과에 대한 의사결정 과정이다. 어떤 결정은 긍정적인 결과를 가져오기도 하고, 어떤 결정은 부정적인 결과를 가져오기도 한다. 최적, 최선의 결정을 하기 위해 다양한 정보와, 유능한 관리자, 합리적인 의사결정 과정이 필요하다. 합리적 의사결정을 위해서는 정확한 상황인지는 핵심이다. 예를 들어 실수보고시스템(Human Factors Analysis Classification System, HFACS)은 소방공무원 사고와 부상에 대하여 ① SA의 부족, ② 인적실수, ③ 잘못된 의사결정과 같은 세 가지 주요 이유를 언급한다. 재난관리란 재난관리자의 연속적 의사결정 과정이다. 특히 재난대응 현장에서 재난관리자들에 부여되는 3가지 특별한 어려움은 ① 시간제약, ② 제한된 정보, ③ 수많은 의사결정 사항들이다.

예켈드로(Yehezkel Dror, 1988)는 재난 시 의사결정이 어려운 이유를 다음과 같이 정의 하였다. 재난대응 현장은 우선

① 역경을 마주보고 있다는(Facing Adversity)것이다. 재난은 부상, 죽음, 파괴로 특성화되고 의사결정자의 즉각적인 판단과 결정을 요구한다.

② 상을 생산(Image Production)한다는 것이다. 재난동안 의사결정자가 확보한 정보는 언론과 다른 사람들로부터 수집되어서 정확하지 않은 상태들이다.

③ 대응과정에서 시간이 제한(Compressed Time)되어 있다는 것이다. 뿐만 아니라 재난대응 과정은 어떤 선택을 하여도

④ 비극을 선택(Tragic Choice)한다는 것이다. 재난은 항상 모든 결정 이후 흠, 과실이 뒤따른다. 재난대응은 다양한 불확실성으로 인해

⑤ 명확하지 않은 게임(Fuzzy Gambling)이다. 대응활동 중의 의사결정은 어렵다.

⑥ 제한과 스트레스(Strain and Stress)는 의사결정자가 갖는 물리적이고 감정적인 요구가 너무 지나쳐서 효과적인 결정을 하는데 장애가 된다. 끝으로 재난대응은

⑦ 그룹과정(Group Processes)이다. 의사결정 과정에서 개인과 조직의 상호관계는 종종 최선이 아닌 결정을 유도할 수 있다. 예를 들어 기관 상호간의 협의 실패로 인한 대응활동이 필요한 결정을 지연시킬 수 있고 한 기관의 의사결정은 다른 기관의 목표를 저해할 수 있다.

6) 위험소통의 이해(Understanding Risk Communication)

위험소통 관련 하나의 주도적인 이론이나 모델은 없다. 단계별로 활용되는 이론과 모델

들 중에서 준비단계의 재난 이전 위험소통은 다양한 위험요소들의 특성에 대한 교육을 포함한 실질적인 준비조치들을 정리하고 있다. 대응단계는 주로 임박한 경보이다. 재난발생 바로 직전, 재난발생 과정상에 취해지는 보호적인 행동에 관한 위기소통과 안내이다. 복구단계는 사고 이후 수주, 수개월, 수년에 걸친 안내와 의사소통 수요에 대한 메시지들이다.

위험소통은 통신자와 수신자 사이에 이루어지는 양방향의 메시지 과정이다. 위험소통의 실패는 또 다른 위험을 양산할 수 있다. 코베로(Covello, 1992)는 위험소통을 위험의 성질, 강도, 중요성, 조정에 관한 흥미집단들 사이의 정보의 상호교환 과정으로 정의했다. 피스쵸프(Fischhof, 1995)는 위험소통의 최선의 실행을 위한 7가지 단계를 정의했다.

① 정확한 수를 파악하라.
② 핵심 대중들에게 그 수의 의미가 무엇인지 말해주라.
③ 그 수가 무엇을 의미하는지 설명하라.
④ 이전의 유사한 위험에 대하여 대중들에게 보여주라.
⑤ 위험의 수익이 비용보다 어떻게 큰지를 설명하라.
⑥ 대중들을 존중으로 대하라.
⑦ 대중을 위험소통의 파트너로 만들어라.
⑧ 위의 모든 것을 행하는 것이다.

효과적인 위험소통 노력은 위험의 종류들과 알맞게 조정되어야 한다. 슬로빅(Slovic)은 심리측정 패러다임에 근거한 위험의 행동과 인지에 영향을 주는 두 가지 사건의 특징들로는 두려움과 친숙도(dread and familiarity)의 정도를 들고 있다.

① 낮은 친숙도와 낮은 두려움을 갖는 위험에 대하여 사람들은 생명에 위협을 주거나 심각한 부상을 줄 가능성이 거의 없는 것으로 인지한다. 이런 종류의 위험에는 수족구병, 오일저장소 폭발, 농업용 질병 등이 해당된다.
② 낮은 친숙도와 높은 두려움을 갖는 위험에 대하여 사람들은 중요한 의사소통상의 애로사항이 형성된다. 이런 종류의 위험에는 화학물질, 생물학, 방사능, 원자력, 폭발물(CBRNE) 관련 위험들이 포함된다.
③ 높은 친숙도와 낮은 두려움을 갖는 위험들은 개인적 경험이나 언론의 보도에 의해 위험특성에 대한 일반적인 이해를 한다. 이들 위험에 대한 경보는 적절하게 제공될 수 있다. 비자발적인 속성의 두려움을 포함하는 이들 위험들은 사상자를 유발할 수 있는 잠재성을 가진다. 예를 들어 지진, 토네이도, 홍수 와 같은 대부분의 자연재난들이 포함된다.

④ 높은 친숙도와 높은 두려움을 갖는 위험에 대하여는 생명에 위협적이며, 관찰하기 어렵고, 경보도 부족하지만 대중들은 이들 위험에 대한인지를 잘하고 이해 역시 잘하고 있다. 테러공격이나 Pandemic flu와 같은 위험들이 포함된다.

2 재난대응 시스템

1) 재난관리와 재난대응

재난관리는 일반적으로 완화, 준비, 대응, 복구 단계를 모두 포함하는 관리활동을 말한다. 반면 재난대응은 재난관리 전체 기능 중에서 한 단계인 대응단계를 말한다. 과거 재난관리 활동이 재난대응과 복구과정에 초점을 두고 이루어졌을 때 재난관리와 재난대응은 많이 혼용되었다. 하지만 오늘날 재난관리 활동이 전문화되면서 이들 두 용어는 분명하게 구분되어 사용되어야 한다.

초기 재난은 대부분 전쟁과 같은 공격이나 자연적 위험요인이 대부분이었다. 따라서 재난관리는 과거 전쟁에 대한 대비에 초점을 둔 민방위적 관점에서 시작되었다. 이후 사회의 발전과 더불어 기술적 재난과 사회적 재난이 빈발하게 된다. 그 결과 전문적 재난관리 방식이 등장하게 되고, 오늘날에는 대부분의 국가에서는 테러와 같은 사회적 재난을 포함하는 종합적이고 포괄적인 재난관리 방식을 채택하고 있다.

재난의 종류는 일반적으로 재난을 유발하는 위험요소의 원인에 따라 ① 자연적, ② 기술적, ③ 사회적 재난으로 구분한다. 이들 재난들은 항상 독립적이지 않고 상호간의 복잡한 연관성을 가지고 2차적 재난으로 확대되거나 다른 재난에 부정적인 영향을 미치기도 한다. 특히 오늘날처럼 산업화되어 과학기술이 발전한 상황에서는 자연적, 기술적 재난의 상호 연관성은 증대되어 2차적인 재난을 파생시킴으로 이들 재난을 상호 독립적으로 관리하는 것은 효과적이지 못하다. 따라서 대부분의 국가에서는 모든 재난을 통합적으로 관리하는 모든위험 접근(All-hazard Approach) 관리 방식을 채택하고 있다.

재난관리 방식은 개별적 위험을 각각 관리하는 분산관리 방식과 모든 위험을 종합적으로 관리하는 통합관리 방식으로 나눌 수 있다. 오늘날 대부분의 선진 국가에서는 통합적 재난관리 방식을 채택하고 있다. 표 5-32는 분산관리 방식과 통합관리 방식을 상호비교하고 있다. 통합적 재난관리 방법은 ① 시간, 노력, 예산, 자원의 지출 면에서 비용 효과적이고, ② 계획과정에서 흥미그룹을 동원할 수 있어 보다 더 전략적이며, ③ 준비와 대응과정에서의 이중, 갈등, 중복, 차이를 극복하는 방식이고, ④ 재난대처를 위한 조직화된 노력의 효과와 효율성을 향상시키는 방식이라고 전문가들은 주장한다.

표 5-32 재난관리 방식의 비교

구 분	위험종류	관리구조	정책형태	전문성	비 용
분산관리	개별위험	기관중심	단위사업	Specialist	고비용
통합관리	모든위험	기능중심	종합계획	Generalist	저비용

현대적 재난관리 방식은 포괄적 재난관리(Comprehensive Emergency Management, CEM) 방식이다. CEM은 재난관리 과정에서 ① 중앙과 지방의 정치적 구성정부들의 책임과 능력의 통합, ② 모든위험 요소들의 관리, ③ 완화, 준비, 대응, 복구의 모든 단계의 통합관리, ④ 모든 이해관계자들의 통합을 의미한다. 이 방식의 목적은 ① 높은 가능성의 사고위험을 제거할 수 없다면 줄이고, ② 예방할 수 없는 재난에 의해 유발되는 건강, 재산, 경제적인 피해를 줄이고, ③ 효율성을 향상시켜 재난대응과 복구 경비를 줄이는 것이 목적이다.

이러한 CEM 이론을 시작으로 통합적 재난관리시스템(Integrated Emergency Management System, IEMS)이 등장하게 된다. IEMS는 수직적으로는 모든 정부를 통합하고, 수평적으로는 다른 기관들과 공공과 민간부분의 협력관계를 돕는 과정모델이다. IEMS는 단순히 대응뿐만 아니라 위험의 분석, 대처능력, 재난계획, 준비와 복구 등 모든 부분에 걸쳐 초점을 둔 과정모델이다. 이 모델은 이후 사고지휘체제(Incident Command System, ICS)로 발전하게 된다.

재난관리 모델은 전통적으로 ①재난이전 위험경감 단계와 ②재난이후 대응복구단계로 나눈다. 재난발생 이전 단계는 예방, 완화, 준비활동들을 포함하며, 재난발생이후 단계는 대응과 복구활동들을 포함한다. 오늘날 재난관리는 일반적으로 완화, 준비, 대응, 복구의 4단계로 구분한다. 이들 단계는 상호복잡하게 연결되어있어 4가지 기능이라고 말할 수도 있다. 이들 4단계는 밀접하게 연결되어 있어 엄격하게 구분하기는 어렵다. 오늘날 재난의 선제적인 조치를 위한 위험관리적인 접근이 강조되면서 위험관리를 별도의 단계로 포함시키는 경우도 있다(표 5-33).

표 5-33 재난관리 단계별 주요 기능과 활동

단계구분	재난관리 단계	주요기능과 활동
발생이전 Before	위험관리	위험정의, 위험평가, 위험전이, 위험관리
	완화예방	구조적 경감정책, 비구조적 경감정책, 위험예방
	준비	계획, 공공정보, 교육훈련
발생이후 After	대응	경보, 대피, EMS, 응급구호, 탐색구조, 응급복구
	복구	단기적 복구, 장기적 복구

2) 재난대응

재난대응 활동은 사건의 감지 시기인 발생 직전부터 시작하여 사고발생 이후 일상의 정상화 상황까지 이루어지는 활동이다. 재난대응의 목적은 인명을 구조하고 재산을 보호하는데 있다. 현장 대응활동 단계에는 조기경보 시스템, 현장구조 활동 시스템, 의사결정 시스템, 자원조달 시스템, 복구지원 시스템, 응급구호 시스템, 정보통신 시스템과 같은 다양한 시스템들의 조합으로 현장대응 활동들이 완성된다. 어떤 재난에는 모든 시스템이 필요하기도 하고 또 어떤 종류의 재난에서는 한두 가지의 시스템만 필요하다. 이러한 시스템들의 운영과 상호협력에 관한 사항들은 일반적으로 지역의 재난관리 계획 속에 포함되어 있다. 대부분의 경우 현장 활동은 ICS 틀 속에서 이들 시스템이 활동할 수 있도록 설계되고 교육된다.

재난계획과 대응을 위한 모델은 ① 지휘통제(Command and Control) 모델, ② 문제해결(Problem Solving) 모델로 구분하고 있다. 이 모델들은 책임기관, 참여기관, 법률적, 계획적 현장 활동을 담고 있는 위계적인 구조와 순수 자원봉사 단체들의 자발적인 지원활동과 같은 비 위계적인 구조의 특징을 갖고 운영된다.

① 지휘통제 모델은 전쟁과 민방위업무 수행을 위한 모델로 재난관리를 군사훈련처럼 취급한다. 이 모델은 재난상황에서 정부와 다른 대응기관들은 재난상황으로의 출동, 상황의 통제, 관리장악을 준비하여야 한다고 생각한다. 또한 재난대응 활동은 중심적인 지휘통제와 의사결정 통해 최고로 수행되어진다고 생각한다. 다양한 대응조직들 사이의 관계들은 위계절차로 조정된다고 생각한다.

② 대조적으로 문제해결 모델은 지역과 사회는 스스로 회복하고, 복구 가능하다는 개념에 근거한 모델이다. 재난에 큰 피해를 입은 지역이라 할지라도 주목할 말한 지역대응 능력은 남아있다는 것이다. 이 모델은 좋은 준비계획은 재난을 다루기 위한

완전히 새로운 조직을 만들려고 노력하는 것보다 기존의 지역 기관들과 지원 시스템을 구축하는 것이라고 생각한다. 그래서 계획단계에는 위험관리에 있어 주도적인 역할을 가질 수 있고, 그런 능력을 높여주는 실재하는 그룹들, 조직들 그리고 기관들을 정의 하는 것을 강조한다. 지휘통제 모델의 단점을 보완하면서 전문적인 모델의 장점을 보완한 대안적인 모델로 등장한 것이 ICS이다. 표 5-34는 두 모델 사이의 재난에 관한 인식과 관점 차이를 나타낸다.

표 5-34 두 모델의 비교

Traditional 모델(지휘통제)	Professional 모델(문제해결)
Chaos in Society(무질서한 사회)	Continuity of Society(사회의 계속)
Command over others(사람들을 지휘)	Coordination with others(사람들과 조율)
Control over others(사람들을 조정)	Cooperation with others(사람들과 협력)

냉전 이후 전문적인 재난관리를 위해 다양한 재난대응 모델들이 제시되고 있다. 대표적인 대응모델은 ① 응급서비스(Emergency Service, ES) 모델, ② 공공행정(Public Administration, PA) 모델이 있다. ES 모델은 재난대응과 준비에 초점을 둔 관리모델로 소방, 경찰, EMS, 유틸리티 등 비상서비스 제공 기관들에 의해 관리되는 모델이다. 반면 PA 모델은 재난관리를 정부행정의 한 부분으로 이해하는 관리모델로 완화와 복구과정에 초점을 둔 관리모델이다. 우리나라에서 발생하는 재난관련 조직 간의 역할과 책임에 대한 갈등의 근본이기도 하다. 미국의 경우 두 모델이 지역별로 다양한 형태로 운영되고 있다. 재난 전문가들은 재난대응과 준비과정을 ES 모델과 같이 소방조직을 중심으로 한 비상서비스 제공기관이 담당하는 것이 효율적이라고 정의하고 있다.

3) 효과적인 재난대응촉진 수단

재난대응 활동을 촉진시키기 위해서는 ① 효과적인 현장대응을 위한 사고지휘체계(ICS), ② 포괄적 접근의 재난안전대책본부(Emergency Operations Center, EOC), ③ 통합적이고 표준화된 국가사고관리시스템(National Incident Management System, NIMS), ④ 휴대폰, 위성, 컴퓨터와 같은 기술과 정보의 사용, ⑤ 사전적 계획과 같은 준비와 현장에서의 즉흥적 실행과 같은 수단들이 필요하다고 전문가들은 주장한다.

ICS는 사고현장을 관리하고, 조직화하고, 분류하고, 단순화하는 활동이다. 대부분의 활동조직들은 소방, 경찰, 공무원, 민간인들로 구성된다. 이 시스템의 조직적 구조는 공공안전기관들이 재난에 효과적으로 대응할 수 있어야 한다. 즉 모든 참여기관들에 적합하고, 수용할 수 있어야 한다. 대응조직의 구조는 초기 대응에서부터 주요 재난으로 신속하게 확장될 수 있어야 한다. 또한 조직, 용어, 절차에 관한 일반적인 요소를 가져야 한다. 기존의 활동절차나 조직 시스템의 붕괴를 최소화하면서 이행 되어져야 하며 수행은 효과적이고 쉽고 단순하여야 한다. 이 시스템은 시간이 지나도 적용되고, 항상 통용될 수 있어야 하며 국가시스템의 개념과 통합되어야 한다.

훌륭한 ICS는 규모에 있어서는, 작은 규모의 일상적 사고에서부터 큰 규모의 재난까지 구조를 확장할 수 있어야 하며, 재난의 종류에 있어서도 다양한 형태의 재난에 적용될 수 있어야 한다. 또한 적용할 수 있는 기관이나 관할에 있어서도 단독으로 사용할 수 있거나, 다수의 기관이나 관할에서 사용될 수 있어야 한다. ICS는 엄격함을 고수하는 지휘통제 시스템과 달리, 조정과 상의, 유연성을 강조한다. 이 시스템에 참여하는 조직들의 상호 협력적인 분위기 조성을 위해 일반적 요소의 절차와 용어나 구조를 요구한다.

ICS는 지휘자, 활동, 계획, 보급, 행・재정으로 구분된다. 지휘관은 사고에 대한 전반적인 권한과 책임을 진다. 활동반은 지휘관에 의해 정의된 사고목적을 완성하기 위해 지정된 전술적인 활동을 개발하고 지도하는 책임이 있다. 계획반은 사고 자료와 정보를 활용, 보급, 평가, 수집하는 책임이 있다. 보급반은 지원과 공급망을 구성하는 것이다. 행・재정반은 최종보고 회계서류 뿐만 아니라 서비스와 공급품의 집행에 관한 책임이 있다.

지휘관(통제관)은 소방, 경찰 등 단순기관에서 담당하고, 다른 기관에서는 지원하는 역할을 한다. 재난대응 활동들은 대부분 ICS를 이용하는 재난안전대책본부(EOC)와 현장지휘소(ICP)에서 다양한 집단들의 협력적인 노력으로 수행된다. 협력활동은 대부분 지역사회의 초기대응자들과 자원봉사자들에 의해 이루어진다. 초기대응자들은 주로 소방, 구조, 구급, 경찰, 교통, 유틸리티관리, 업무를 담당하는 사람들이 주축이 되며, 대부분은 소방조직이 운영하는 ICS 하에서 협력적인 활동으로 재난을 대응하게 된다.

재난대응 활동은 크게 나누어 EOC와 ICS로 나누어 구분할 수 있다. EOC와 ICS의 상호 협력적인 관계 설정과 역할 분담은 무엇보다 중요한 과제이다. 현장지휘시스템(ICS)은 ① 지휘 용어, ② 규정된 조직, ③ 통합된 의사소통, ④ 지휘의 통합, ⑤ 통합된 지위체계, ⑥ 정해진 사고활동계획(IAP), ⑦ 조정 관리의 범위(5명), ⑧ 사고시설의 지정, ⑨ 포괄적인 인력관리와 같은 중요한 원칙에 근거하여 운영되어야 한다. 재난안전대책본부(EOC)는 재난대응을 위한 중앙 지위와 통제의 조정점이다. 응급 서비스 활동을 수행하는 사람에게 전달해야할 특정정보를 결정하는 장소이다. EOC는 모든 재난대응 노력에 대한 주요한 협력과 통제의 기능으로 일한다. EOC는 주요 의사결정을 하는 사람들이 재난에 관한 정보를 모으고, 사고에 관한 정책적 대안을 평가하고, 응급서비스와 다른 재난 종사자들을 위한 현장 활동을 촉진하는 장소이다.

국가사고관리시스템(NIMS)의 구성은 ① 지휘와 관리(ICS, 다수기관 조정시스템, 공공정보시스템), ② 준비(계획, 훈련, 장비확보, 연습, 평가, 행동 사이클, 모든 수준의 정부와 공공 민간부분 참여, 표준과 인증, 다양한 위원회, 계획그룹의 참여), ③ 자원관리(인력, 장비, 과정과 시스템의 조정과 감독), ④ 통신과 정보관리, ⑤ 기술지원, ⑥ 지속적인 유지관리를 포함한다. 이 시스템은 일관성 있는 전국 단위의 접근을 제공한다. 연방, 주, 지방정부가 재난의 종류와 규모, 복잡성에 관계없이 효율적으로 준비, 대응과 복구를 하기 위함이다. 이 시스템은 사고지휘시스템, 다수기관협력시스템, 통합지휘, 훈련, 자원관리와 파악, 자격의 인증, 정보의 관리 등을 담고 있다.

국가대응계획(NRF)은 5가지 주요 대응 원칙을 명시하고 있다. ① 연방, 주, 지방정부, 민간분야, NGO, 개인 등 다양한 참여자들의 역할과 책임을 규정하고, ② 준비, 대응, 복구를 포함하는 대응활동의 핵심 업무를 정하고 있으며, ③ NIMS와 ICS로 대별되는 대응조직의 구조와 인력을 명시하고, ④ 국가준비계획과 연관된 계획의 과정을 설명하고, ⑤ 15개 비상지원기능과 9개 지원목록, 7개 사고목록을 포함한 부가적인 자원들을 명시하고 있다.

과학과 기술은 위험과 취약성을 이해하고, 모니터하고, 재난위험경감을 위한 방법과 수단을 개발하는데 핵심적인 역할을 한다. 오늘날 대부분의 새로운 재난관리 전략과 수단들에는 수많은 과학과 기술들이 지원된다.

재난계획 과정은 모든위험 요소들을 재난대응계획(Emergency Operation Plan, EOP)속에 통합적으로 계획하여야 한다. 재난관리자들은 모든위험을 정의하기 위해 지역사회의 위험과 취약성 평가를 수행하고 그 결과를 활용하여야 한다. 위험요소들을 정의한 후 재난계획가들은 다른 위험요소들이 재난대응 조직에 유사한 요구의 정도를 고려하여야 한다. 그리고 두 위험요소들이 유사한 특징을 갖게 될 때 이들 두 위험요소들은 같은 재난대응 기능을 요구하게 된다. 재난대응 기능의 일반성은 인력, 절차, 시설, 장비에 대한 다중의 이용기회를 제공한다. 이러한 노력들은 기능적인 부록의 수를 줄여주어 EOP를 단순화 시킬 수 있다. 위험요소들이 아주 다른 특징을 가지면서 색다른 대응을 요구할 때 특정 위험요소 부록이 필요하다.

3 비상대응 단계별 주요활동

1) 경보(Warning)

재난대응 시 가장 선행해서 이루어지고 가장 주요한 기능 중의 하나가 위험지역 사람들에 대한 경보이다. 경보의 발령이 필요한 이유는 사람들에게 위험에 관한 정확한 정보를 제공하여 사람들이 자신과 재난을 보호하기 위한 조치를 취할 수 있도록 하고 재난을 준비하도록 하기 위해서다. 만약에 위험의 경보가 있다면 위험지역 주민들이 피난을 포함한 예방적, 완화적, 경보적, 보호적 조치들을 취할 수 있다.

대부분의 재난은 발생 이전의 전조나 현상을 통해 그 발생을 예측할 수 있다. 따라서 전문가들은 언제, 어디에서, 얼마만한 강도로 재난이 발생할지를 사전에 예측, 관측하여 관련기관, 지역주민, 기타 대상자들에게 사전에 알려준다. 이 기능이 경보이다. 이 같은 정보제공의 목적은 재난을 적절히 준비하게 하고 피난이나 적적한 조치를 통해 피해를 줄이는데 있다. 대부분의 느리게 등장하는(slow-onset) 재난들은 정확한 정보를 사전에 여유 있게 제공할 수 있지만 빠르게 등장하는(rapid-onset) 재난들은 사전에 전조를 전혀 알 수 없거나, 사전 정보를 확보할 수 있는 시간(Lead time)이 아주 짧다. 오늘날 과학기술의 발달로 다양한 위험들에 대한 Lead time은 점점 길어지고 있어 재난관리에 많은 도움을 주고 있다.

경보시스템은 위험요소를 감지하고 모니터하여 사전경보를 통해 공중이나 기관에 제공된다. 이것은 재난으로 인해 피해를 줄이는데 많은 도움을 준다. 경보시스템은 아주 복잡하고, 위험요소에 대한 감지, 모니터링, 통지, 대응을 포함한다. 효과적인 경보시스템은 다수분야의 협력과정을 통해 개발될 수 있다. 물리학자, 공학자, 정보기술, 재난관리, 언론, 위험통신, 사회 과학자들과 같은 수 많은 전문가들의 노력의 통합으로 이루어질 수 있다.

경보 기능은 상당히 복잡한 내용들을 내포하고 있다.

① 재난의 종류에 따라서 경보는 필요할 수도 있고 필요 없을 수도 있다.
② 특정 위험요소들은 재난발생을 사전에 경보할 수 있는 Lead time을 허용한다.
③ 경보는 공식적 또는 비공식적인 자원들로부터 발해진다.

④ 경보는 기술을 활용하거나 하지 않고 이루어진다.
⑤ 경보는 다양한 사람들에 의해 발령된다는 특징이 있다.

경보시스템에는 사이렌, 방송, 비상경보장치, 119연동방송, 전화팩스, 방문전달, 확성기 등이 포함된다. 대부분의 경우 경보의 발령 순서는 정보의 평가와 메시지의 전파 순으로 이루어진다. 정보의 평가(Assessment) 단계는 정보가 수집되고, 의사가 결정되고, 메시지가 만들어진다. 정보의 전파(Dissemination) 단계에서는 평가된 정보를 다양한 방법으로 반복적으로 수요자들에게 전달된다. 전달된 정보는 사람들이 받고 경보에 따라서 행동하게 된다. 하지만 때때로 이러한 정보는 부정확하게 전달되거나 잘못 이해되는 경우도 종종 있다.

재난관리자들이 경보 기능에 관해 알아야 할 사항들로는
① 경보 결정의 기초로서 어떤 기준을 적용할 것인가?
② 경보시스템이 경보의 효율성 측면에서 적합한가?
③ 경보는 분명하고 정확한 정보를 담아야 한다.
④ 경보는 반복적이어야 하고, 일관성 있고 확신적이어야 한다.
⑤ 경보는 신뢰할 수 있는 기관에 의해 발령되어져야 한다.
⑥ 사람들의 경보에 대한 인식은 위험의 정도, 재난의 사전경험, 타인과의 사회적인 상호관계 등에 근거하여 다르게 인식된다는 것이다.

2) 대피(Evacuation)

대피는 건물이나 재난위험 지역으로부터 신속하게 임시적으로 안전한 곳으로 이동하는 것이다. 대피의 목적은 생명의 손실과 부상의 기회를 줄이기 위한 것이다. 대피는 화재 시에는 건물 내의 거주자들, 화학탱크 사고 시에는 인근주민들, 홍수 시에는 예상 피해지역 주민, 태풍 시에는 예상 피해지역 사람들이 대피 대상이 된다. 일반적으로 대피는 관계기관의 권고적 대피(Recommendatory Evacuation)와 의무적 대피(Mandatory Evacuation)로 구분되어 운영된다.

① 권고적 대피는 예상되는 위험의 정도와 심각하지 않지만 주민들의 여건에 따라 필요시 대피가 요구되는 상황에서 발령된다. 의무적 대피가 요구되지는 않지만 주민들은 스스로 판단하여 결정하여야 한다.
② 반면 의무적 대피는 재난관리 당국이 잠재적인 재난예상 지역 주민들의 생명을 보

호하기 위해 취해지는 방어적 행동으로 대피를 최고로 강조하는 상황에서 발령되며 주민들은 의무적으로 대피하여야 한다. 의무적 대피는 태풍, 쓰나미, 홍수, 위험물 누출, 산불, 화재, 홍수, 산사태 등의 사고에 주로 발령된다.

다수의 지역 주민들이 짧은 시간 동안 동시에 대피를 하기 위해서는 사전 준비와 계획이 필요하다. 또한 사전 준비된 계획들은 주기적인 훈련을 통해 숙달되어야 한다. 표 5-35와 같이 대피 종류별 대피 과정에서는 다양한 특징들이 있다. 대피의 준비와 계획 과정에는 주민들에 대한 효과적인 경보제공, 대피노선 결정과 관리, 집결, 임시 대피소, 비상서비스 제공, 교통통제 등과 같은 세밀한 내용들이 고려되어야 한다.

또한 재난대응 과정에는 여자, 소수그룹, 빈민, 여행자, 노인, 어린이, 장애인, 죄수, 환자, 요양인과 같은 특수집단의 관리가 중요하다. 이들 특수집단을 관리하기 위해서는 ① 관할 내의 특수집단을 파악하고, ② 사회적 변화를 촉진하고, ③ 특수집단을 고려하여 계획하며, ④ 계획이행을 위한 자원을 확보하고, ⑤ 대응자를 훈련하고 지역사회를 교육하고, ⑥ 재난발생 시 특수집단의 요구를 관리하는 것이 필요하다.

대피소의 종류에는 ① 비상 대피소(Emergency sheltering), ② 임시 대피소(Temporary sheltering), ③ 임시 주택(Temporary housing), ④ 영구 주택(Permanent housing)이 있다.

표 5-35 대피 과정의 특징

구 분		내 용
대피종류	수평적 대피	화재 건물의 같은 층으로, 태풍으로 다른 지역으로 대피
	수직적 대피	화재 건물의 상·하층으로, 쓰나미 발생 시 높은 곳으로 대피
	단기 대피	수 시간에서 수일 동안의 대피
	장기 대피	장기간의 대피
사람들의 특징적 행동		1) 순서에 입각해서, 2) 일부 사람들은 순서 없이 대피, 3) 대부분의 사람들은 대피명령이 있을 때 대피, 4) 많은 사람들은 대피하지 않는 특징
대피하지 않는 이유		위험을 몰라서, 위험을 경시, 부정확한 경보, 강탈의 위험, 나이, 가족의 규모나 구조, 가족의 행방불명, 이웃의 행동, 사전경험, 교육수준, 집의 구조, 불편함, 복귀에 대한 두려움, 사고위치로부터의 거리, 기타요인
대피 의사결정 시 고려요인		피난처 장소, 강풍의 강도와 방향, 잘못된 의사결정의 영향, 지리적 위험, 결정도움들, 전문가와 정치인들의 의견, 해소시간
대피의 수단		도보, 자동차, 버스, 기차, 배, 비행기
대피 과정		1) 대피의사 결정, 2) 위험 인구에 대한 경보, 3) 대피자 들을 도움, 4) 정보, 지시들 제공, 5) 교통 통제, 6) 대피 안전이행

3) 구조와 탐색(Search and Rescue)

재난대응 과정에서 구조와 탐색 단계는 인명을 구하고 고통을 줄일 수 있는 활동들을 포함하는 중요한 단계이다. 이 단계에서는 주로 초기 현장대응자들에 의해 이루어지며 소방, 경찰, 공무원, 자원봉사 등의 조직에 의해 주로 이루어진다. 탐색과 구조 활동은 구급, 대피, 파생적 위험의 제거와 통제, 생필품 지원 등의 활동과 동시에 진행된다.

재난피해 지역은 피해정도에 따라 구분할 수 있다. 재난지역의 중심에는 완전한 피해지역이 있고 이 지역에는 사상자와 피해가 최고인 곳이다. 중심피해 지역 인접한 주변의 피해지역은 사상자와 피해가 심각하지만 완전히 파괴되지는 않았다. 다음 지역은 자원 필터 지역으로 이곳을 통해 정보는 안쪽에서 바깥쪽으로 전달되고, 물질적 자원은 바깥쪽에서 안쪽으로 전달된다. 또한 지역사회와 주변의 지역들에 의해 대응과 복구 활동에 필요한 자원들의 지원이 제공된다.

재난지역의 생존자들은 대부분의 경우 재난 초기대응자들이 된다. 이들은 건물 잔해에 고립된 사람들을 구조하고, 구출하고, 응급한 조치는 물론 병원으로의 이송을 제공해준다. 소방조직과 응급서비스 종사자들은 탐색과 구조 활동에 참여한다. 탐색구조활동에는 ① 실종자를 수색, ② 재난희생자의 위치를 결정, ③ 구조관련 전략의 이행과 계획, ④ 현장 응급조치, ⑤ 환자의 이송과 같은 내용들이 포함된다.

웬저(Wenger, 1989)는 탐색구조 활동과정에서 사람들의 행동을

① 초기 탐색과 구조 활동은 희생자들과 자원봉사자들에 의해 행해진다.

② 자원봉사 활동의 정도는 광범위하다.

③ 대부분의 희생자들은 자원봉사자들과 응급조직 활동에 의해 구조된다.

④ 공식적, 전문적인 탐색과 구조 활동은 초기 자원봉사자들의 활동 다음에 이어 지며 보충적이다.

⑤ 자원봉사자들과 공식적 탐색과 구조 조직의 행동 통합과 협력에는 주목할 만한 어려움이 있다.

⑥ 탐색과 구조는 공식적 조직이나 소방서와 같은 기존의 조직 내에서도 협력과 관리에 심각한 문제를 나타낸다고 지적하였다.

FEMA(2003)는 성공적 탐색구조 활동을 위해 고려되어야할 요소들로는

① 적절한 공구와 장비가 필요하고,

② 사고현장의 상황 인식은 중요하며,

③ 현장 구조자들의 요구와 안전은 반드시 지켜져야 하고,
④ 사고이후 24시간은 구조의 골든타임으로 아주 중요하며 필수요소이다.
⑤ 희생자들은 신속한 의료조치가 필요하다고 했다.

구조현장에서는 다수 사상자관리는 중요한 기능이다. 재난현장에서 다수 사상자관리상의 일반적인 문제들로는(Mass Fatality Management Problems) ① 승인 안 된 시신의 이동조치, ② 시신이 사라짐, ③ 사망자 숫자에 대한 논쟁, ④ 기술과 전문가들의 필요, ⑤ 신원확인 과정에서의 혼란, ⑥ 신원확인의 시간경과와 사실관계, ⑦ 적절치 않은 기록 유지, ⑧ 희생자의 운명을 알고 싶어 하는 가족과 친구들의 요구, ⑨ 사상자 관리 과정에 대한 좌절, ⑩ 정상적인 장례절차의 취소, ⑪ 시신의 위험에 관한 잘못된 인지 등의 문제들이 발생할 수 있다.

4) 쓰레기 관리(Debris Management)

대부분의 재난현장에는 다량의 쓰레기들이 발생한다. 발생되는 쓰레기의 종류는 다양하다. 진흙이나 침전물 종류의 흙, 나무나 식물 같은 수목류, 개인과 가정의 생활폐기물, 건설과 붕괴 과정에서 발생하는 폐기물, 차량이나 위험물질 등이 포함된다. 건물과 도로상의 수많은 량의 쓰레기들이 제거되지 않으면 현장대응 활동을 어렵게 하기도 한다. 나아가 재난현장의 주거환경과 개인보건 위생에 심각한 영향을 줄 수도 있다. 따라서 대부분의 재난현장에서는 쓰레기 관리와 대응활동들은 동시에 진행된다.
표 5-36은 위험요소에 의한 재난의 종류별 쓰레기 발생 여부를 나타내고 있다. 재난관리 과정에서 이 같은 요소들을 적극적으로 고려하여 대응과 복구과정에 활용할 필요가 있다.

표 5-36 위험요소 유형별 쓰레기 발생 종류

위험요소	건물피해	찌꺼기	녹색 쓰레기	개인재산	불에 탄 나무
태풍	○	○	○	○	
지진	○	○	○	○	○
토네이도	○		○	○	
홍수	○	○	○	○	
화재	○			○	○
Ice storm	○		○	○	

출처: EPA(1995)

재난현장에서 발생하는 수많은 쓰레기들은 매립, 재활용, 소각 등의 방법으로 처리 된다. 쓰레기 관리(Debris Management)에 관하여 EPA는 장기 쓰레기 관리 계획의 수립, 상호지원 협정, 재활용 프로그램의 이행, 지역사회의 고유의 쓰레기 관리 계획을 보강, 의사소통 전략의 개발, 증가된 확장을 준비하고 요원들의 요구를 이행, 장비와 부품의 획득, 수집과 보관 장소의 선정, 관리의 선택과 목표를 결정, 위험물질의 분리, 계약준비, 상급기관의 보상계획을 적극 활용할 것을 권고한다.

5) 응급복구와 지원(Relief)

복구활동은 재난대응 활동 개시 직후부터 시작된다. 복구활동은 단기적 복구와 장기적인 복구로 구분할 수 있다. 응급복구는 단기적 복구활동 중에서도 긴급하게 복구활동을 하지 않으면 재난의 규모가 확대되거나, 2차적 또는 파생적인 재난을 유발하거나, 재난대응 과정과 더불어 진행되면서 주민들의 생명과 재산 피해를 줄이기 위해 긴급하게 취해지는 복구활동이라고 볼 수 있다. 일부 학자들은 재난대응과 복구는 분리할 수 없는 활동임을 강조한다. 즉 동시에 진행되어야만 하는 활동임을 강조하기도 한다.

일반적으로 복구단계는 단기복구와 장기복구로 구분한다. 단기복구는 필수적인 생명지원 시스템의 복구활동을 말한다. 또한 기본적인 정부와 지역사회의 기능 복원을 단기적인 복구라고 한다. 장기복구는 정상생활 또는 향상된 수준으로의 복구활동을 말한다. 비상단계의 복구활동에는 라이프 라인의 복원과, 임시대피소 운영, 전력복구, 희생자 구호, 쓰레기 제거 등과 같은 기능까지 포함시킨다.

6) 언론관리

재난대응 활동 시 언론의 역할은 중요하다. 재난 시 언론의 중요한 역할로는 ① 임박한 위험을 공공에 알리는 것을 돕고, ② 피난과 대피에 관한 정보를 제공하며, ③ 자신과 타인을 보호하기 위해 사람들이 할 수 있는 것을 알려주고, ④ 정부가 하는 것과 어떻게 재난에 대응해야 하는 것에 대하여 통보하며, ⑤ 어떤 조직이 지원을 제공하고 도움이 어떻게 주어지는지 명시하고, ⑥ 공공에 대한 예방적, 준비적 조치들에 대해 교육하고, ⑦ 재난 지역으로의 통화량을 줄일 수 있고, ⑧ 재난관리자와 프로그램에 대한 대중의 일반적인 지원을 가능하게 해준다.

페인(Payne, 1994)은 언론이 재난관리자와 대응자에게 주는 가장 어렵고 흔한 문제들로 ① 부정확한 보도, ② 보도를 위한 무례한 행동, ③ 감성의 부족, ④ 비협력적인 태도를 들고 있다. 또한 재난 시 언론의 문제들로는 ① 현장으로의 집중, ② 재난관리자와 대응자들에 추가적인 요구, ③ 대응활동의 방해, ④ 안전문제의 발생, ⑤ 기술적 이해의 부족, ⑥ 과장, 오해의 잘못된 표현과 지속, ⑦ 개인과 기관의 명성에 피해를 줄 수 있다는 것이다.

재난대응 과정에서 성공적인 언론 관리를 위해서는 ① 효과적인 PIO(공공정보 간부)를 지정하고, ② 언론을 파악하고 언론과 같이 계획하며, ③ 언론과 같이 훈련하고, ④ 재난 발생 이전에 미리 언론과의 관계를 유지할 필요가 있고, ⑤ 재난에 관해 언론을 교육하고, ⑥ 청중과 언론시장을 이해하며, ⑦ 지속적으로 언론관리 요령에 대해 훈련하고 언론의 요구를 이해할 필요가 있다.

7) 기타

(1) 재난 시 개별 가구의 행동기준

재난발생 시 일상적인 사람들은 어떻게 행동할까? 다양한 연구결과를 통해 정리된 재난 시 개별 가구들의 행동기준을 살펴보면 다음과 같다.

① 재난으로 위협받는 사람들은 다수의 자원으로부터 재난에 관한 정보를 얻는다. 이들 다양한 자원들이 제공하는 정보들은 완전한 신뢰 할 수 없어 어느 특정 하나의 자원도 자신을 보호하기 위해 필요한 정보를 제공해준다고 기대하지 않는다. 하지만 정보의 원천에 따라 중요한 차이들은 있지만 각각의 정보들에 대해 어느 정도는 신뢰를 하고 있다. 따라서 다양한 원천에 의해 제공된 정보들에 의한 갈등은 사람들의 문제해결을 어렵게 할 수도 있다.

② 사람들은 충격이나 패닉으로부터 일반적으로 두려움을 경험한다. 두려움은 높은 가능성을 가진 위협적 환경과 조건 하에서 사람들이 가지는 일상적인 반응이다. 이러한 두려움은 방어적 대응활동을 통해 절대적으로 막지는 못하지만 어느 정도 무마시킬 수는 있다. 또한 두려움은 정보가 부족한 경우 더욱 높아질 수 있다. 재난관리자들은 주민들에 대하여 적절한 정보 제공을 통해 이러한 두려움 적절하게 해결해줄 수 있다.

③ 사람들은 자기가 위험에 처했다고 판단할 때 행동한다. 초기대응은 추가적인 정보를 얻기 위해 노력하고 위험에 처했다고 결론을 지은 사람들은 방어적인 행동을 취하게 된다. 따라서 방어적 행동에 대한 권고를 포함한 공식적인 경보 메시지는 아주 중요하다.

④ 위험에 처한 일부 사람들은 기관의 권고사항에 대하여 어느 정도 이행하겠지만 그들은 자동적으로 이행 하지는 않는다. 권고에 대한 이행의 정도는 정보의 원천, 메시지 내용, 수신자의 상황적인 특징과 같은 많은 다른 요인들에 의존하게 된다. 특히 대응단계에서 사람들은 소방과 경찰과 같은 기관의 지시에 잘 따르는 경향이 있다.

⑤ 관계기관이 위험하지 않다고 생각하는 사람들 중의 일부도 기관의 방어적인 행동 권고를 이행하는 경향이 있다. 예를 들어 피난의 권고지역이 아닌 지역의 사람들도 자발적으로 피난을 하게 되는 경향이 있다.

(2) 외상후 스트레스 장애(Post trauma stress disorder, PTSD)

코널(Cornel, 1989)은 외상후 스트레스 장애(PTSD)는 인간이 심리학적으로 직면하는 일상적이지 않은 증상으로 외상적 사고 이후 특별한 증상의 발전에 대해 심리학자들이 주는 치료적 증상이라고 정의한다. 미첼(Mitchell, 1996)은 주요사고스트레스(Critical Incident Stress, CIS)는 어떤 외상이나 위기 또는 응급서비스 종사자들의 일상적인 메커니즘과 잠재적인 장애에 대한 대처를 어렵게 하는 사고의 결과로부터 기인된 비일상적인 업무 스트레스로 정의한다.

미첼(Mitchell, 1988)은 PTSD, CIS를 유발하는 사건들로는 일상적 대처 메커니즘을 넘어선 중요한 감정적 힘을 가진 사건들이 해당된다고 했다. 예를 들어 임무수행 중의 사망, 심각한 임무 중의 부상, 응급 종사자 자살, 재난, 어린이들의 비일상적인 비극적 죽음, 응급 종사자들의 가족이나 친구가 희생된 주요사고, 언론주목이 지나친 사고들, 대응자들의 생명을 위협하는 심각한 사고들이라고 했다. PTSD, CIS의 증상은 물리적, 인지적, 감성적, 행동적, 정신적 형태로 나타난다. 주로 전쟁, 소방, 재난, 경찰, 응급의료 관련 업무 종사들에게 빈발한다.

(3) 주요 인프라

재난대응 과정에서 주요 인프라의 기능은 아주 중요하다. 인프라 기능의 단절은 재난대응 활동의 단절을 의미한다. 웡(Wong)은 테러나 재난으로 목표가 될 수 있는 주요 인프라 시설을 아래와 같이 열거한다.

① 정보와 통신 : 컴퓨터 network, 전화시스템, Cell Towers 등

② 전기 : 발전소, 중계소, 변전소 등

③ 교통 : 공항, 고속도로와 교량, 항구 등

④ 석유화학 : 유정, 정유공장, 저장시설 등
⑤ 경제 : 은행, 재정 기관, 대기업 등
⑥ 물 : 댐, 쓰레기 처리시설, 저장 및 공급시설 등
⑦ 응급 서비스 : 소방 및 경찰서, 재난상황실, 병원 등
⑧ 주요 정부 서비스 : 시장실, 시청, 법원 등을 들고 있다.

(4) 재난대응 과정과 IT

재난 대응과정에는 다양한 IT 기술들이 활용된다. 컴퓨터 활용 출동, Reverse 911, 휴대폰, 햄 무선, 레이더, 무선 교통신호, 비디오카메라, 원격감지, GPS, email, 문자 메시지, 개인 전자장비, 테러 감지장비와 같은 HW적인 요소들과 HAZUS, CATS, TAOS, IRAS, TEMPO, SoftRisk, CoBRA, E-Team, EPlan, DMIS, CAMEO, ALOHA, MARPLOT 등과 같은 SW들도 다양하게 활용된다.

제5절
복구(Recover)

1 복구단계

재난복구 활동은 재난으로부터 일상이 어느 정도 안정화된 이후 재난 이전의 일상의 상태로 진입하기 위한 복구활동들이 진행되는 시기이다. 상・하수도, 전기, 에너지, 교통, 통신과 같은 물리적인 인프라의 복구와 더불어 지역사회 전반적인 환경들을 재난 이전으로 돌리려는 노력들이 진행된다. 재난의 복구는 물리적, 사회적 차원을 가진 활동이다. 재난복구는 자산의 손실을 대처하기 위해 취해지는 행동들도 포함된다. 파괴된 자산을 재건하거나 수리하는 것도 포함된다. 정부와 기업은 상업시설, 산업시설, 주요 인프라(공공인프라 : 소방서, 경찰서, 병원, 상하수도, 전력, 가스, 교통, 통신)를 수리한다. 파괴된 지역사회의 사회적인 일상과 경제활동의 복원도 포함된다. 이러한 과정은 정상으로의 복원을 의미한다.

자산의 종류에는 인적자산, 물리적 자산, 사회적 자산이 있다. 가정, 사업장, 정부기관들은 인적자산을 갖는다. 토지, 건물, 장비, 가구, 차량, 작물, 동물과 같은 경제인들이 말하는 상품들을 물리적 자산 이라한다. 또한 현금, 주식, 채권, 저축 보험과 같은 재정적 자산이 있다.

재난복구는 국가, 지역사회, 가정, 개인들이 수리와 재건하는 재난관리 기능이다. 복구단계는 가장 비용이 많이 소요되는 단계이다. 복구단계는 다른 세 개의 단계들과 복잡하게 연계된 과정이다. 수많은 계획들과 조정활동들이 요구되는 단계이다. 재난 이후에 모든 시스템을 가능한 정상화하려는 비 응급의 조치들을 말하며 지역사회의 재건을 의미한다. 이 단계들은 비선형의 관계를 가지며 순환형이며 서로 중첩적으로 이루어지기도 한다. 대응단계는 시간의 압박과 긴급한 상황으로 이러한 위기의 시간이 지나고 나면 대응에서 복구로 이동한다. 그림 5-10은 재난복구 활동과 다른 재난관리 활동들과의 관계를 나타낸다.

그림 5-10 재난관리 활동들과 복구 활동과의 관계

출처 : 슈왑(Schwab, 1998) 재편집

복구단계는 기본 서비스의 복원, 전력, 수도, 가스등 유틸리티의 보수, 임시주거, 생필품, 쓰레기 제거, 심리상담, 구인구직, 대출, 사업재개 등과 같은 활동들이 포함된다. 이들 활동단계들은 뚜렷한 구분 없이 중복적으로 나타나기도 한다. 피해지역의 안전이 확보될 때까지 주민들의 진입을 통제하고 안전을 확보하는 것이 필요하다. 또한 임시 피난소와 주거를 마련하여야 한다. 임시 사업 활동 재개를 지원하고, 인프라 복원과 서비스 재개가 필요하며, 주요시설의 가동을 복구해야 한다. 쓰레기 처리와 위험한 건물과 구조물에 대한 철거작업들도 동시에 이루어져야 한다. 구조물의 수리와 이전, 복구에 대한 허가가 이루어져야 하며, 복구과정에 다양한 형태의 지원활동도 이루어져야 한다.

복원단계(Rehabilitation)는 정상으로 되돌아가기 위한 활동으로, 인프라 시설, 피해 건물과 주요시설의 보수를 행하는 단계이다. 재건단계(Reconstruction)는 물리적인 환경과 주거와 지역시설을 다시 재건하는 단계로 수년에서 수 십 년이 소요될 수 있다. 그림 5-11은 시간에 따른 Katrina 이후 복구와 재건 경과 과정과 주요 실적을 나타내고 있다.

복구는 주택 재건, 자산의 이동, 고용의 재개, 사업의 재개, 인프라의 복구나 재건과 같은 사안에 대하여 의사결정하고 행동하는 것들을 포함한다. 복구활동은 오랜 기간 동안 지속되며, 많은 비용이 소요된다. 또한 복구과정에는 정부, 기업, 정치가, 지역 활동가, 개인 등 수많은 이해관계자들이 참여한다. 표 5-37은 장기복구와 단기복구의 특성과 성과에 대하여 지적하고 있다.

단 계	비상 대응	복 구	재건 1	재건 2
보유자산	파괴와 손상	수리와 수선	재건과 이전	기념과 향상
일상활동	중단과 변화	복구와 기능	재난이전 회복	개선과 발전

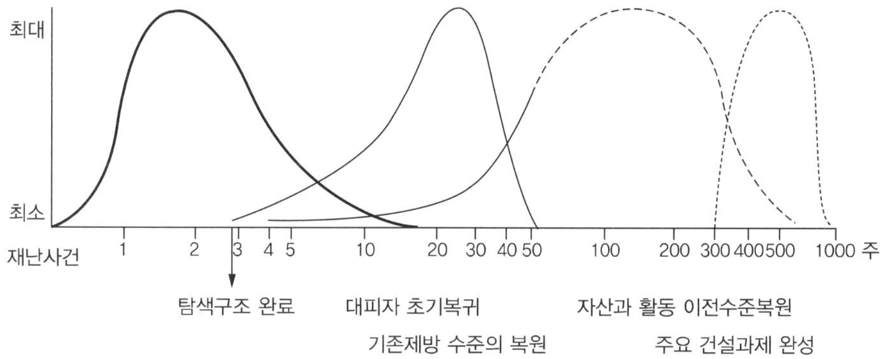

그림 5-11 Katrina 이후 재건 경과

출처 : 케이츠(Kates, 2006)

표 5-37 장·단기적 복구의 특성과 성과

구 분	단 기	장 기
특 성	임시방편의 복구 재건 계획 적절한 검토 없이 허가 제한된 공중의 참여 재난 이전 수준의 재건 상위 정부에 지나친 복구재원 의존	복구계획 수립 심도 있는 피해평가 수행 재건 활동에 위험완화 기술의 통합 지역자원의 정의 지속가능한 복구 목적 정의 지역의 목표와 복구의 목표 연결
성 과	경제적 변수 감소 위험요소의 취약성 증가 정부간의 협력 주민의 이동 세수의 감소 장소의 감각이 줄어듬	경제적인 변수 증대 위험요소의 취약성 감소 환경적 웰빙 증대 공중보건의 강화 지역의 독지성 강화 세입의 증대 장소의 감각 증대

출처 : 스미스(Smith, 2004)

2 복구계획

복구계획은 재난발생 이전에 미리 수립할 수 있는 복구계획과 재난발생 이후에 수립하는 복구계획으로 구분된다. 재난 이전에 미리 수립한 복구계획은 재난 이후 복구를 위한 사전적 계획이라고 한다. 재난 이전에 만들어지는 복구계획에는 장기적 임시주거의 위치선정, 임시적 사업 활동을 위한 위치선정, 쓰레기 제거를 위한 위치선정, 주요 복구나 복원과정에 참여할 계약자들의 선정, 복구 참여자들의 협력 메커니즘, 자원봉사자나 기부관리, 완화 조치나 위험경감 활동들을 포함한다.

재난발생 이후 복구 활동은 일반적으로 단기와 장기 활동을 구분된다. 장· 단기 복구의 결정은 재난 이후의 조건과 결과, 정부와 참여조직들의 재원을 포함한 능력들에 의해 결정될 수 있다. 단기적 복구는 재난발생 직전부터 재난대응 활동과 더불어 시작된다. 단기적 복구 활동들은 피해 주민들의 생활을 안정되게 하고 장기적 복구를 준비를 할 수 있게 한다. 단기적인 복구활동은 긴급대응 단계에서 수행되는 임시주거, 비상식량, 식수, 주요 인프라 긴급복원, 쓰레기 정리와 같은 긴급구호 기능과 유사하다. 장기적인 복구는 비상단계가 어느 정도 정리되는 시점부터 시작된다. 주요 재난의 경우 수년 동안 소요될 수도 있다. 복구단계는 가장 많은 이해관계자들이 참여하며 가장 많은 예산이 소요되는 단계이므로 상당한 조정활동과 계획이 요구된다. 재난복구 과정에 수행되는 주요 기능들을 린델은 표 5-38과 같이 구분하였다.

표 5-38 재난복구 기능

구 분	복 구 기 능
재난 평가	신속평가, 희생자 요구평가, 주요 피해평가, 교훈, 부지평가
단기 복구	피해지역 보안, 비상파괴, 임시 대피소와 주거, 수리허가, 인프라 복원, 기부관리, 쓰레기 관리, 재난지원
장기 복구	위험요소 통제와 지역방어, 인프라 복원력, 토지이용계획 실행, 역사유적 보존, 건축 실행, 환경 복구, 공공 보건, 재난 기념, 경제개발
복구 관리	기관통보와 가동, 공공정보, 복구시설 장비 가동, 법률과 재정 복구 내부 지휘통제, 행· 재정 지원, 외부 조정, 문서화

출처 : 린델(Lindell, 2006)

복구계획은 사전적인 계획과 달리 일상적인 계획의 고속 버전 이다. 복구과정에서 참여자들 사이의 협력은 복구의 승패를 좌우하는 중요한 요소이다. 복구계획 과정에서 협력 대상으로는 ① 환경, ② 홍수지역 관리, ③ 건축, ④ 도시계획, ⑤ 공공업무, ⑥ 공원, ⑦ 경제개발, ⑧ 재정, ⑨ 교통, ⑩ 주거, ⑪ 지역계획 조직, ⑫ 공공정보, ⑬ 상공회의소, ⑭ 공공민간 유틸리티, ⑮ 인근조직 ⑯ 부동산 협회, ⑰ 종교 자선단체, ⑱ 사회적 서비스 기관, ⑲ 적십자사와 NGO, ⑳ 환경단계, ㉑ 민간개발과 건설기관, ㉒ 지역 비상관리 조직(소방, 경찰 등) 들이 포함된다.

이들과의 협력은 위원회 형태로 운영될 수도 있다. 이 그룹들은 ① 피해의 평가와 수요에 대한 자료를 수집분석하고, ② 복구계획과정을 안내와 촉진하고, ③ 복구와 위험경감목표를 설정하고, ④ 구호와 복구자원에대한 정보를 집중하고, ⑤ 중복, 여분, 비효율적인 서비스를 최소화하고, ⑥ 희생자들을 위한 지원정보를 수집 전파하는 역할을 한다.

토마스(Thomas, 1992)는 이들 기본적인 지역 단위들은 서로 협력하고, 경쟁하고, 갈등하면서 작용하며, 협력은 상호이익을 위한 활동들이고, 경쟁은 한명만이 성취할 수 있는 결과를 향해 양자가 노력할 때 존재하며, 갈등은 다른 사람의 목표 성취를 직접적으로 좌절시키기 위해 한쪽이 시도할 때 발생한다고 했다. 또한 이해관계자들 간의 완전한 일치는 결코 있을 수 없으며, 그래서 이러한 차이를 해결하고 공공자원을 권위적인 할당을 제공하기 위해 정치적인 기관들이 존재한다면서 사회적인 관계를 그림 5-12와 같이 나타내었다.

훌륭한 복구계획은 중요한 수익을 얻을 수 있다. 우선 적정한 복구시기는 지역의 미래 개발에 영향을 줄 수 있는 가치 있는 기회가 된다. 또한 복구계획 과정은 지역 공무원들이 재난으로부터 복구한 경험이 있는 다른 지역사회를 연구할 수 있게 해준다. 뿐만 아니라 지역 공무원들은 많은 장점들을 보완한 경제적이고 합리적인 완화 노력이 담긴 계획과 정책과정을 준비할 수 있다.

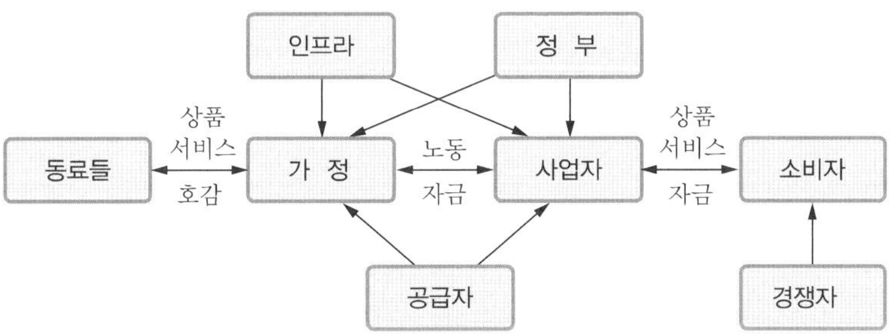

그림 5-12 사회적 단위들 사이의 일상적 관계도

미국의 국가재난복구계획(National Disaster Recovery Framework, NDRF, 2011)은 9가지 복구 원칙을 안내하였다. 9가지 복구원칙에는 ① 모든 지역사회의 구성원들은 지역사회의 복구활동에 참여하기 위한 동등한 기회를 갖으며, ② 성공적인 복구를 위해서는 모든 정부, 사회분야와 복구과정의 단계들이 알려지고, 조정적인 리더십이 요구되고, ③ 성공적인 복구를 위해서는 사전적인 복구계획이 중요하고, ④ 파트너십과 포괄적인 참여, ⑤ 공중의 정보, ⑥ 노력의 통합, ⑦ 시의성과 유연성, ⑧ 회복력과 지속가능성, ⑨ 심리적, 감정적 작용들도 성공적인 복구를 위해 중요하다고 지적했다. 또한 복구 과정별 주요 복구 활동들을 표 5-39와 같이 정리하고 있다.

표 5-39 단계별 주요 복구활동

단기(수일)	중기(수주~ 수개월)	장기(수개월~ 수년)
다수사상자관리/임시주거 • 통합관리와 응급서비스 쓰레기 • 주요도로상의 정리 사업 • 사업재개를 위한 임시 인프라설치 • 현금흐름 재개 감정과 심리 • 자문과 행동건강서비스 공공보건과 건강관리 • 임시진료와 감시 완화활동 • 위험과 취약성 평가	주거 • 임시주거 대책제공 쓰레기/인프라 • 초기 쓰레기 제거 • 인프라 수리와 복구 사업 • 사업재개 지원 • 사업복구 지원센터 감정과 심리 • 지속적 관리 네트워크 공중보건과 건강관리 • 임시시설 지속운영 완화활동 • 지역재건을 위한 정보제공	주거 • 영구적 주거대책 수립 인프라 • 미래 요구의 인프라 재건 사업 • 경제회생전략 이행 • 사업재건을 위한 시설투자 감정과 심리 • 자문, 행동건강, 사례관리 서비스 지속 공중보건과 건강관리 • 건강관리시설 재개 완화활동 • 완환 전략의 이행

출처 : 국가재난복구계획(NDRF, 2011) 재편집

3 복구단계의 주요활동

재난복구 단계에 이루어지는 주요활동들에는 ① 대중들과의 의사소통, ② 임시주거나 장기적 대피소 제공, ③ 피해와 수요조사, ④ 파손 건축물의 파괴, ⑤ 쓰레기들의 처분,

제거, 청소, ⑥ 인프라 시설의 복원, ⑦ 손상된 건축물들의 검사, ⑧ 피해 건축물의 수리, ⑨ 신축, ⑩ 사회적 복원 프로그램 운영, ⑪ 일자리 만들기, ⑫ 재산 손실에 대한 배상, ⑬ 부상자들의 재활, ⑭ 위험요소에 대한 재평가를 포함한다.

영국의 HM Government는 복구단계 동안의 주요 복구활동 내용들은 크게 4가지로 표 5-40과 같이 구분하기도 하였다.

표 5-40 재난복구 핵심 테마

복구 구분	복구 내용
인도적	물리적 영향(개인 건강, 주거, 재정 수요) 심리적 영향 사망 지역사회의 파손
경제	경제적 사업적인 복구
인프라	일상의 단절(교육, 복지, 교통시스템) 필수적 서비스와 유틸리티 단절 주거 자산의 피해, 빈주거의 보안
환경	공해와 오염 쓰레기 자연적 자원과 서식지

출처 : 영국 HM Government(2013) 재편집

표 5-41은 7가지 주요 복구기능과 각각의 기능에 따른 주요 복구활동들의 진행순서를 나타내고 있다.

표 5-41 7가지 복구기능과 주요활동

<table>
<tr><th rowspan="3">기능의 범주</th><th colspan="6">재난이후 시간(주)</th></tr>
<tr><th colspan="3">1 단계</th><th colspan="3">2 단계</th></tr>
<tr><th>1</th><th>2</th><th>3</th><th>3</th><th>4 ………</th><th>12</th></tr>
<tr><td>정보수집과 평가</td><td colspan="3">피해평가
물리적, 사회적, 경제적, 환경적 영향결정
재난이 종류와 수준 결정
필요한 지원과 가용자원 정의
확보된 지원 범위내의 목표와 정책 명확화
지출 담당자 지정</td><td colspan="3">피해평가의 지속
수요와 지원 자원 정의</td></tr>
</table>

조직적인 조정	임시복구팀 설치 자원봉사자와 기부물품의 집중현상 관리	복구 조정조직 설치 필요한 인력 확보 지역 복구계획 수립 시·도 복구사항 이행
자원동원	재난원조 보급 필수 서비스와 시설 복구 지역 계약자들과의 협력체제 구축	가용자원의 명확화 외부 가용자원의 정의 복구와 재건에 투자 지역 외부자원들과의 협력
계획, 행정 관리, 예산	기존계획의 수정 검토 지역 복구계획 수립(건물, 시설, 시스템) 나대지 확보 위험자산과 시설에 대한 안전 확보	지역개발 종합계획 수립 (지역위험, 복구계획 고려) 계획 수정과 필요 승인받기 계획 이행 예산확보
규정과 승인	기존의 건축법, 승인과정, 토지이용통제 규정의 이행·수정·개선 특수한 조례 수요 평가와 허가	특별조례, 필요한 규제와 허가 프로그램에 대한 승인획득 새 프로그램 관련 예산확보
조정과 조직적인 관계	핵심 지역서비스 기관들의 조정 지역적, 광역적, 전국적 연락망 설치 정부간, 조직간 필요한 조정체계 신설 지원을 위한 종교단체와의 활동 종교단체간의 그룹형성	도와 전국 지원 요청
모니터링과 평가	모니터링과 피드백 체계 구축 주민들이 수요파악을 위해 폭넓게 지역주민과 NGO 접촉	필요자료 결정 수정된 재난 준비계획 속에 계획 연구결과 반영 가용 지원 자원 검토 조직변화를 위한 요구분석 회계 시스템 이행과 구축

4 재난복구 관리과정

콰렌텔리(Quarantelli, 1982)는 그림 5-13과 같이 복구과정에 내포된 전략적 흐름을 지역하부 단위에 의해 수행되는 필요한 업무의 네트워크로 표현하였다. 경로 A는 재난영향을 받은 가정이 재난 대피소, 임시 피난, 임시 주거, 영구 주거로 이동하는 과정을 나타낸다. 경로 B는 가정과 기업이 그들이 정상적인 활동을 재개하기 전까지 상·하수도, 전기,

가스, 교통, 통신과 같은 유틸리티를 필요로 하며, 유틸리티의 기능이 재개된 이후에 가정과 기업은 정상적인 활동이 가능하다는 것을 나타낸다. 경로 C는 특별히 중요하다. 재난평가와 연방 재난지역선포는 연방의 재정지원의 전제 조건임을 나타내며, 대형재난 시에는 연방의 지원 없이는 가정과 기업의 정상적인 복구는 어렵다는 것을 나타낸다. 경로 D는 영향을 받은 기업은 약간 다른 경로를 통한다. 왜냐하면 기업들은 임시 활동 장소를 찾을 때까지 활동을 중단할 수 있음을 보여준다. 즉 경로 A는 가정의 복구, 경로B는 인프라의 복구, 경로 C는 재난선포 과정, 경로 D는 기업의 복구과정을 나타낸다.

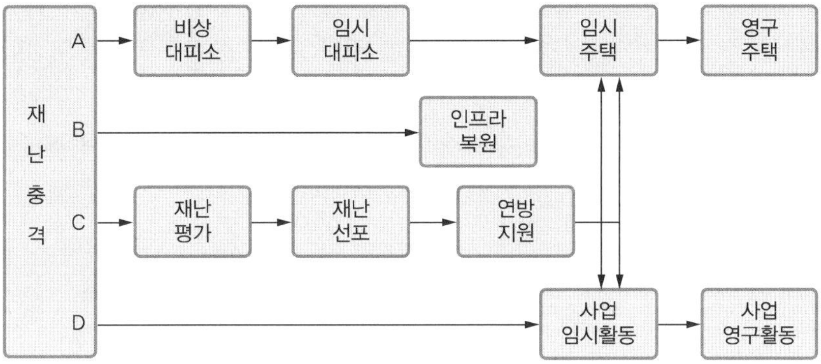

그림 5-13 복구관리 과정

출처 : 린델(Lindell, 2006)

재난복구는 사회적, 경제적으로 재난 이전 상태의 일상으로 복원시키는 것과 관련 있는 활동이다. 복구에는 개인 가정의 복구, 사업의 복구, 인프라의 복구가 있다. 복구의 종류는 공공지원, 주거, 경제적 복구, 개인적, 가정적, 사회적 복구를 포함한다. 주요 복구수단으로는 기본 서비스의 복원, 지역사회 복구, 자문, 임시주거, 재정지원, 보건과 안전정보, 장기적인 의료, 물리적 복구, 공공정보, 경제적 영향연구, 재정과 서비스의 제공, 주거와 산업시설의 복구 등이 동원된다.

재난지원 프로그램은 크게 개별지원과 공공지원으로 구분할 수 있다. 개별지원 프로그램에는 개인과 가구, 다른 필요에 대한 지원, 응급 서비스, 재난 대부, 위기 자문, 실업 지원, 세금 지원, 농가 서비스기관, 보험 서비스, 법률 서비스, 사회 안전, 재향군인 혜택, 음식 쿠폰, 소비자 서비스, 노인 서비스 등과 같은 지원 프로그램이 있다. 공공지원 프로그램에는 쓰레기 제거, 보호적 조치, 도로 시스템, 물 관리, 공공건물, 장비, 공공 유틸리티, 공원 등의 지원 프로그램이 있다.

5 재난평가

재난평가는 물리적·사회적 충격평가를 포함한다. 물리적 충격평가에는 주거, 상업시설, 산업시설과 인프라 시설을 포함한다. 주요 인프라에는 상·하수도, 전력, 가스, 교통과 통신시스템이 포함된다. 또한 소방서, 경찰서, 병원과 같은 주요시설에 대한 재난평가도 포함된다. 사회적인 충격평가에는 재난지역 희생자와 주민들의 요구사항들에 대한 평가이다. 피해평가는 ① 신속한 평가, ② 주요피해 평가, ③ 현장평가로 이루어진다. 이러한 피해평가는 피해평가 팀에 의해 이루어진다. 효과적인 복구계획에 앞서 정확한 피해평가는 필수적이다. 피해평가를 통해 복구계획가는 공간적인 피해범위와 피해 건축물에 대한 정확한 정보를 파악할 수 있다.

6 예산과 지원

복구과정에서 가장 필수적인 요소는 예산이다. 대부분의 예산은 정부에서 제공하지만 필요시 민간과 협력으로 특정지역이나 시설을 복구할 수 도 있다. 재정의 신속한 확보는 복구활동의 진행을 결정하는 결정적인 요소이다. 정부가 할 수 있는 재난복구 예산의 몇 가지 대안들로는 ① 정부예산, ② 재난관리기금, ③ 보험, ④ 기부, ⑤ 대부, ⑥ 국채발행, ⑦ 민간 개발기금, ⑧ 유인책, ⑨ 증세 등의 방법들이 있다.

CHAPTER
06

국가재난관리시스템 (National Disaster Management System)

제1절. 국가재난관리시스템(National Disaster Management System)
제2절. 국가준비 전략(National Preparedness Strategy)
제3절. 국가재난대응시스템(National Disaster Response System)
제4절. 사고지휘체계(Incident Command System, ICS)

제1절
국가재난관리시스템 (National Disaster Management System)

국가재난관리시스템은 국가 차원의 재난관리를 위해 구축된 다양한 정치적 작용, 전략과 제도, 정책과 조직, 자원과 정보, 학문적 수단, 과학과 기술, 사회적 참여 활동들을 총칭한다. 이 시스템은 수많은 하위시스템들이 모여서 국가 단위의 통합적인 시스템의 형태를 구축하고 있다. 따라서 국가재난관리는 정치와 정부의 기능뿐만 아니라 다양한 전문분야의 과학기술과 사회참여 그룹들이 형성하는 다양한 시스템들의 조합이라고 볼 수 있다. 즉 수많은 시스템의 조합으로 이루어진 국가 차원의 하나의 시스템을 말한다. 국가재난관리시스템은 모든 관할, 모든 재난사고에 적용 가능한 사고관리에 대한 포괄적 국가적 접근방법이다.

카터(Carter, 1992)는 국가재난관리시스템이란 국가의 재난위험 관리접근을 구성하는 제도, 재정 메커니즘, 규정과 정책의 상호작용으로 구성된다고 했다. 또한 이들 상호작용은 공식적, 비공식적일 수 있으며 국가재난관리가 포괄적으로 성공하기 위해서는 정부는 공식적 시스템의 설치와 이행에 적극적인 참여를 해야 한다고 주장한다.

1 국가재난관리

오늘날 재난관리는 공공행정 분야의 주요 핵심으로 자리 잡고 있으며 학문분야에도 전문적인 분야로 자리 잡고 있다. 모든 국가는 국가적, 지역적인 주요 위험을 관리하는 국가재난관리시스템을 구축 운영하고 있다. 즉 정부는 재난관리를 위해 법률과 조직을 설치하고 재난관리를 위한 기능을 수행해 오고 있다. 국가의 재난관리 방법은 개별부서들이 특별한 종류의 위험에 초점을 두고 개별적으로 관리하기도 하고 모든 종류의 위험을 통합적인 접근으로 관리하기도 한다. 오늘날 대부분의 선진국들은 관리의 효율성과 능률성을 이유로 모든위험(All-hazard)에 대한 포괄적인 재난관리 방식을 선택하고 있다.

오늘날 재난관리는 모든위험을 포괄적으로 관리하는 관리적 특성 때문에 정부별, 학문별, 공공과 민간부분, 정치와 행정, 조직과 조직, 정치・행정과 사회제도의 종합적인 협력은 더욱더 중요하다. 특히 재난관리 과정상의 이 같은 협력 활동은 정부 활동만으로는 한계가 있다. 따라서 오늘날 재난관리 형식은 기존의 정부 위주 재난관리 패턴을 벗어나 새로운 형태의 거버넌스(governance) 활동에 의한 관리방식들도 등장하고 있다. 오늘날 이 같은 거버넌스 활동의 활성화로 국가재난관리시스템은 거버넌스 체계의 시스템으로 이해되어지기도 한다. 특히 재난관리의 선행적 관리 형태인 위험관리 분야에서도 위험관리 거버넌스의 역할은 강조되고 있다. 따라서 국가재난관리시스템은 정부적 역할이란 범주에서 한 단계 확장하여 거버넌스 형태의 재난관리 시스템이 운영되고 있다.

모든위험 관리를 통한 재난과 위험관리를 위해서는 정부부분과 민간부분의 다양한 정보의 통합을 요구한다. 따라서 모든위험 관리는 재난발생 이전 단계에 기관 상호간의 계획, 부처별, 지역별, 지방별 협력, 민간분야, NGO 등과의 협력을 증진할 수 있다. 모든위험 관리방식의 주요 장점은 정부가 통합적 능력을 생산하고 정의할 수 있는 틀을 제공할 수 있다는 것이다. 모든위험 정책 틀은 고도로 전문화된 전문가들의 협력, 정보공유와 조정의 발달, 자료통합능력의 개선, 공무원들의 훈련과 국가 위기관리 관련 다수기관들이 참여한 협력 훈련에 대한 투자를 촉진한다.

재난발생 시에는 효율적이고 즉각적인 의사결정이 이루어지기 위해 기관들 사이의 지휘체계는 신속하게 구축 되어져야 한다. 모든위험 접근법은 재난대응 과정에서도 다양한 수준의 정부기관들의 역할을 명확히 하여 재난대응 시스템의 효율과 능력을 향상할 수 있으며, 활동의 일치성을 가져올 수 있다. 모든위험 정책 틀은 새로운 위험에 적절한 지휘통제 프로토콜을 구축할 수 있는 기회를 제공한다. 만약 지역의 대응능력을 조과한 재난이 발생하게 된다면 다음단계의 정부나 국가에서 대응하게 된다.

재난관리란 무엇인가? 드라벡(Drabek, 1991)은 재난관리는 지역사회의 생활을 단절하고, 자산에 심각한 피해를 주고, 수많은 사람들을 사상시킬 수 있는 극한사고를 다루기 위해 과학, 기술, 계획과 관리를 활용하는 것이라고 정의했다. 또한 그는 모든 재난은 인간의 결정에 의한 결과이고, 재난의 본질은 인간이 죽음, 파괴, 일상의 단절 등으로 고통 받는다는 것이라고 했다. 재난은 자연적, 기술적, 갈등적 재난으로 분류한 바 있으며, 재난관리 기능은 ① 지역사회의 위험을 평가를 통해 위험요소와 취약성을 분석하고, ② 대응 준비상태를 유지하고, ③ 재난발생시 즉각적인 행동을 하는 다수의 다양한 단위를 조율하고, ④ 사고 이전의 상태로 기능을 신속하게 복구하고, ⑤ 지역사회의 자연적 자원과 기술적인 관여를 통해 위험을 완화하는 것이라고 했다.

1) 정부별 역할

국가적 재난관리 과정에서 중앙에서부터 지방에 이르는 수준별 정부의 역할은 다양하며 서로 합리적인 분담이 필요하다. 예를 들어 미국의 정부 간의 역할을 살펴보면 지방의 기초자치단체는 ① 지역사회 내의 재난관리 계획, 대응, 조정과 수행의 책임, ② 재난대응계획의 준비와 평가 및 보완, ③ 지역 내에서와 지역 상호간의 교육훈련의 수행과 조정, ④ 지방정부 내에서의 재난관리 업무의 조정, ⑤ 재난관리 과정에 주어진 권한의 수행, ⑥ 지역의 재난관리위원위의 구성과 운영을 들 수 있다.

또한 광역자치단체는 ① 지역의 노력을 보완 촉진하고, ② 필요한 도움을 지원 및 연결하고, ③ 주와 연방 자원의 분석과 조정, ④ 비상의 선포, ⑤ 주 대응계획의 승인, ⑥ 재난기금과 예산의 활용, ⑦ 법령의 제·개정, ⑧ 자원봉사단체의 교육훈련과 관리, ⑨ 피난 및 대피경로 확보와 이행, ⑩ 주민들의 보건안전 및 복지문제, ⑪ 재난의 실제적인 지휘자, ⑫ 비상권한의 이행을 담당한다.

그리고 중앙정부는 ① 법률적인 권한, ② 재정과 자원, ③ 연구, ④ 기술적 정보와 서비스, ⑤ 전문화된 인력으로 지역의 재난을 돕고, 규제하고, 표준화하는 기능을 수행한다.

2) 국가재난관리 조직의 모델

국가의 재난관리 업무를 담당하는 재난관리 조직의 형태는 다양하다. 오늘날 대부분의 국가들이 추구하는 재난관리 조직의 특성은 세 가지로 요약해볼 수 있다.

① 중앙정부 부처를 통합하여 새로운 대형 부처를 형성하는 형태,

② 최고정부 직속에 상대적으로 작지만 고도의 영향을 가진 기구를 신설하는 형태,

③ 중앙정부의 책임을 조정하기 위해 국가 위험관리관련 기존 부처의 법령이나 임무 및 역할을 조정하는 형태로 나타난다.

또한 국가재난관리 담당조직 모델은

① 총리실에 속하고 아래 부처를 관장하는 형태,
② 부 소속에 있는 경우,
③ 각각의 부처에서 독립적으로 수행하는 형태와 같이 세 가지로 나타난다.

이 조직 모델들의 특징은 공공안전관련 국가정책 목표를 달성하기 위하여 다양한 형식으로 중앙, 지역, 지방 정부들을 조정한다. 또한 국가재난관리 조직은 중앙정부를 통해 지방정부들에 어떻게 위험평가와 관리, 재난 및 안전관리를 수행해야 할지를 안내한다. 이들은 일반적 정보공유 체계를 통해 위험평가나 재난관리계획에 대한 보고요구를 강조하고 표준화 하는 것을 강조하기도 한다.

2 재난관리시스템 요소

1) 시스템 요소

시스템이란 무엇인가? 시스템에 대한 정의는 다양하다. 시스템은 입력물(inputs)을 출력물(outputs)로 전환하는 어떤 과정이라고 단순하게 정의된다. 시스템은 일반적으로 하드웨어(hardware), 소프트웨어(software), 인적요소(human elements)로 구성된다. 이러한 세 요소들이 효과적으로 상호작용할 때 전체 시스템은 효과적이다.

국가재난관리에 있어 inputs 요소들은 국민들이 국가에 바라는 사회적인 요구(Needs)일 것이다. 이런 요구들은 과거 다양한 재난 속의 경험에서 나타나고, 현재의 재난대응과 복구과정에서 나타나고, 미래의 잠재적 재난에 대한 효과적인 준비를 위한 사회적 기대에서 생산된다. 이 같은 사회적 요구에 대하여 국가는 모든 정치・행정적 수단을 동원하여 효과적으로 재난을 관리하게 된다. 이 같은 재난관리 과정에서 나타나는 정치・행정적 과정을 outputs이라 할 수 있다. 이러한 outputs은 국가전략, 정책, 준비계획, 대응이나 복구활동 등과 같은 형태로 나타난다. 또한 outputs을 효과적으로 완성하기 위해서는 국가는 다양한 정치 행정적 수단동원, 다양한 분야들의 참여유도, 과학기술의 적극적인 응용과 같은 국가의 기능과 자원을 효율적으로 활용하게 된다.

◎ **표 6-1** 국가재난관리시스템의 구성요소

구 분	구성 요소
Hardware	재난대응 시설과 장비, 예비자원, 교육훈련 시설, 위성관측 장비, 주요 인프라시설, 정보관리 시설, 경보시설, 통제시설, 건축물, 시설물 등
Software	통합적 조직과 기능, 통합 법령과 규정, 재정지원 시스템, 과학기술, 재난관리전략과 계획, 정책, 국가재난대응시스템, 교육훈련, 공공 민간 참여시스템, 정책 자문시스템, 자원관리시스템, 위험평가시스템, 의사결정시스템, 정책평가관리시스템, 규제시스템, IT활용 tools 등
Human Elements	우수한 인력, 다양한 전문가, 자원봉사, 개인과 단체 등

이러한 관점에서 국가재난관리시스템의 구성요소를 정리하면 표 6-1과 같이 정리할 수 있다. 이들 구성요소들이 구축되는 과정은 복잡한 정치・행정적인 과정을 통하여 이루어진다. 또한 이들 요소들은 국가적, 지역적 차원에서 다양한 정치적, 행정적, 사회적인 참여로 진행됨을 알 수 있다.

2) 재난관리 프로그램 요소

NFPA 1600은 재난관리 프로그램의 구성요소를 표 6-2와 같이 정의한다.

◎ **표 6-2** 재난관리 프로그램 요소(NFPA 1600)

요소	제 목	내 용
1	법과 기관	재난관리 프로그램 권한을 준 법률, 규정, 지휘와 표준
2	위험정의와 평가	물리적 사회적 결과로 노출된 위험의 정의
3	위험완화	결과를 제한하기 위한 위험경감 전략 수립
4	자원관리	인력, 시설, 장비, 물질, 공급, 재정적 자원정의
5	상호지원	다른 주체들로 부터 필요한 지원의 정의와 협정
6	계획	전략적 계획수립(EOP, 복구, 완화, 사업지속성), 책임과 역할
7	지휘통제조정	대응복구 활동의 권한 구축
8	의사소통 경보	재난대응 조직을 위한 장비와 순서의 정기적인 점검
9	작전과 절차	정의된 위험 대응에 필요한 순서개발과 담당주체 결정
10	보급과 시설	구매 보급에 필요한 시스템개발 담당주체 정의
11	교육훈련	모든 재난관리자들에 대한 교육훈련 수요, 이행, 규정의 정의
12	연습평가 조정	계획과 순서의 주기적인 평가와 주체
13	위기통신 공공정보	공중과 언론에 대한 관련정보 제공 순서를 정한 주체
14	행정과 재정	행정 재정절차 개발과 주체

NFPA 1600은 공공분야의 재난관리와 민간의 사업연속성계획에 관한 미국 표준이다. 이 표준은 자발적인 기준이며, 법률로서 채택된 자치단체에서는 강제적, 의무적인 효력을 가진다. 즉 정부나 민간기관의 재난관리 프로그램 운영을 위해서는 아래와 같은 내용들로 구성된 시스템을 갖추어야 한다는 것이다.

NFPA 1561은 응급서비스 사고관리시스템에 관한 표준이다. 즉 재난대응 활동에 필요한 시스템에 관한 요소들을 정의하고 있다. 표 6-3은 국가사고관리시스템(NIMS)과 NFPA 1600, 1561에 포함된 재난관리 및 재난대응에 필요한 요소들을 비교해준다.

표 6-3 NFPA 1600, 1561 재난관리 프로그램 요소 비교

NIMS 기준	NFPA 표준	내 용
준비	1600 재난관리와 사업연속성 프로그램	위험요소와 위험평가 준비, 위험요소 완화 전략 자원관리계획과 목적, 상호응원계획 재난활동과 통제계획, 공공인지와 의사소통 계획 재정계획
통신과 정보관리	1600	일반적인 통신 시스템 절차 공공인지와 의사소통
	1561	통신시스템, 의사소통시스템의 관리와 통제
자원관리	1600	자원관리와 상호응원계획 고려할 부가적인 상호 지원 자원 목록화
지휘와 관리	1600	프로그램 관리, 기관 상호간의 조정을 위한 자문위원회 프로그램 평가, 지휘와 관리상의 필수 프로그램요소 사업연속성 문제
	1561 응급서비스 사고관리시스템	사고지휘 기능 속의 위험평가와 관리 사고활동계획, 적합성, 사고관리와 통제, 통제의 범위 지휘와 일반참모, 사고지휘 기능, 다수기관조정 다수기관 연관과 조정

3) 국제 권고 요소

오늘날 대부분의 국가에서 새로운 위험에 대한 특성에 맞는 국가전략 개발과 이행이 요구된다. 국가재난관리 전략은 기존 전략의 문제를 개선하고, 기후변화 같은 새로운 도전에 적합하며, 재난관리의 특성에 비추어 합리적인 제도, 국제사회의 추이에 걸 맞는 국제적인 감각이 필요하다. 따라서 오늘날 대부분의 국가에서 국가재난관리시스템은 효고행동계획(HFA)의 원칙을 적용하면서 보강되어 왔다.

효고행동계획(HFA)이 제시하는 보다 성공적인 재난위험 관리를 위한 시스템은

① 위험(Risk)은 개발정책, 전략과 이행, 환경관리 계획 속에 통합되고, 중요한 사항으로 인정되어져야 한다.

② 재난위험 관리를 위한 법률은 효과적으로 집행되고, 통합 된 다른 분야별 관리법령에 의해 보완되고, 주요내용은 법령에 의해 분명히 지원되고, 효과적으로 집행되어야 한다.

③ 재난위험 관리기능은 여러 부서들과 비례에 걸쳐 조정되어져야 하며 최고의 정치 수준의 조직에 의해 지도되어져야 한다.

④ 국가발전과 분야별 계획들 속에 재난위험에 대한 고려들은 포함되어야 하고 사회적 취약성에도 초점을 둔 계획이어야 한다.

⑤ 위험은 국가 예산과정과 구호지출, 보존기금, 위험금융을 포함한 폭넓은 범위 속에서 수치화되고 고려되어져야 된다.

⑥ 의사결정은 기후변화, 취약성, 노출, 역사적 피해와 같은 관측된 변화에 대한 포괄적인 정보에 의해 형성되어야 한다.

⑦ 조기경보 시스템은 적절한 시간에 적절하게 관련 위험에 관한 정확한 예측과 경보가 제공되어야 한다.

⑧ 국가전략은 인프라 기반강화와 보호 및 개인과 기관의 대처능력 향상과 같은 소프트적인 능력의 조화를 내포해야 한다는 것이다.

또한 기후변화에 따른 극한기후특별보고서(SREX)는 극한사건과 재난의 위험을 관리하기 위한 국가적 시스템은 법률과 제도, 메커니즘의 준수, 다양한 이해관계 주체들의 참여, 효율적인 자원을 할당, 재정과 예산의 투입 등과 같은 과정에 의해 보강되며, 이들 요소들은 국가재난관리시스템의 기술적 구조를 만드는데 도와준다고 했다.

3 국가재난관리시스템

오늘날 국가재난관리시스템은 기후변화 등 재난환경의 변화에 따른 국가의 정치적, 행정적, 사회적, 역할변화와 더불어 많이 변화하고 있다. 국가의 전통적 재난관리가 단순한

재난행정관리적 시스템이었다면 현대사회의 국가재난관리시스템은 복잡 다양한 정치・행정적인 국가작용 시스템으로 확대되고 있다.

국가의 재난위험은 근본적으로 위험요소(Hazard), 취약성(Vulnerability), 대처능력(Capability)에 의해 결정된다. 즉 재난위험(Disaster Risk)=위험요소 × 취약성/대처능력으로 정의될 수 있다. 그래서 국가는 재난관리를 위해 가능한 정치・행정적 수단을 모두 동원하여 ① 국가와 지역의 다양한 위험요소를 사전에 평가하고, ② 사회적, 환경적, 경제적, 제도적, 물리적인 취약성을 줄여서 재난에 강하고, 회복력이 강한 지역사회를 만들어가며, ③ 국가의 가능한 모든 수단을 동원하여 다양한 재난에 효율적으로 대처할 수 있는 능력을 갖추는 것이라 할 수 있다. 즉 위험 관리적 측면에서 국가의 재난관리는 위험요소, 취약성, 대처능력을 관리하는 국가의 다양한 작용과 기능이라고 할 수 있다(표 6-4).

표 6-4 국가재난관리 정책

국가관리	위험 관리	취약성 관리	대처능력 관리
주요 정책	국가 위험평가 포괄적 재난관리 통합적 위험경감	국가 취약성 평가 관리 주요건물, 인프라 관리 취약 지역과 계층관리	국가 준비전략 국가재난대응시스템 법・조직 등 재난 제도

국가재난관리의 행정관리적 접근은 재난관리를 완화, 준비, 대응, 복구의 4단계의 행정관리 활동으로 구분한다. 하지만 오늘날 모든위험, 모든 단계, 모든 참여자를 통합한 포괄적인 재난관리가 등장하고, 다수의 위험들을 종합적, 사전적으로 관리하고자 하는 위험관리의 중요성이 인식되면서, 위험관리는 재난관리의 핵심적인 요소로 인식되고 있다.

포괄적 재난관리는

① 단위 부처에서 개별적이고 중복적이며 단독적으로 관리되고 있는 인적, 자연적, 사회적 재난의 위험요소(Hazard)들을 통합적으로 관리하는 모든위험 관리법이다.

② 위험관리, 예방과 완화, 준비, 대응, 복구로 구분되는 모든 재난관리 단계를 일련의 흐름으로 이해하면서 종합적이고 통합적으로 관리하는 모든 단계에 대한 관리법이다.

③ 공공, 민간, 단체, 개인 등 다양한 재난관리 주체들을 하나의 틀 속에서 조직과 기능을 효과적이고 조화롭게 통합하는 관리법이다.

④ 다양한 종류의 재난관리에 필요한 다양한 형태의 자원과 정보를 종합적으로 관리하고 활용하는 통합적인 관리법이다.

⑤ 재난관리에 필요한 다양한 제도와 시스템을 사전적이고 전문적으로 통합하는 관리법이다.

따라서 국가재난관리시스템은 ① 모든위험(All-hazard)의 통합, ② 모든 단계의 통합, ③ 조직과 기능의 통합, ④ 자원과 정보의 통합, ⑤ 제도와 시스템의 통합을 통해 완성하는 것이다.

재난관리 단계 중 재난대응은 가장 현실적인 재난관리 방식으로 전통적으로 강조되어 왔다. 비록 오늘날 국가재난관리의 초점이 위험관리와 완화단계를 강조하고 있지만 국가재난대응시스템은 국가재난관리의 본질과도 같다. 따라서 국가는 재난대응시스템을 갖추기 위해 국가사고관리시스템(National Incident Management System), 국가대응계획(National Response Framework), 사고지휘체계(Incident Command System), 재난안전대책본부(Emergency Operations Center)운영에 관한 체계를 구축하고 있다.

1) 국가재난관리 작용(Actions)

(1) 정치지원

재난은 정치적이다. 재난이 정치적인 이유는 ① 재난에 영향을 미치는 사회적 취약성은 정치적 산물이고, ② 주요제도의 결정과정은 정치적이며, ③ 재난관리 과정에서 정치적 영향력이 확대되며, ④ 재난관리는 공공정책으로 유권자들의 투표행위에 영향을 미치기 때문이다. 재난의 정치적 특징은 국가재난관리시스템 구성상에 정치적 활동이 중요한 역할을 수행함을 알 수 있다. 다시 말해 국가의 정치적 지원활동은 국가재난관리시스템을 구성하는 핵심 요소이다.

정치적 지원활동을 통하여 국가의 주요 재난관리 제도인 재난관리 조직, 재난관련법, 재정 분배, 사회적 물리적인 취약성이 결정된다. 재난위험의 크기는 재난의 결과, 즉 사회적 물리적 취약성에 따라 변한다. 이러한 사회적 물리적인 취약성은 대부분 정치활동에 의해 조성되며, 정치적인 관심과 노력에 따라 취약성을 크게 줄일 수 있다. 특히 오늘날 기후변화로 인한 재난의 불확실성과 복잡성의 증가는 대부분의 중요한 정책결정 과정에 행정적인 결정이 아닌 정치적인 결정을 요구하고 있으며, 실제로 주요정책 결정과정에 정치적으로 결정되는 사례가 많다. 뿐만 아니라 정치적인 관심도에 따라 주요정책의 우선순위, 범위, 시기 등이 결정되기도 한다. 표 6-5는 정치지원 작용이 국가재난관리시스템에 미치는 내용과 주요기능을 정리하였다.

표 6-5 주요 정치지원 활동

정책과 기능	주요 활동
조직과 법률	조직설계, 재난법령 제·개정, 정부의 역할과 책임 결정
재정과 정책	주요 재정의 배분, 주요 정책의 우선순위 결정
국가전략	국가전략의 사회적 동의, 타 국가 정책들과의 정치적 고려
사회 취약성	빈곤 등 사회적 취약성 결정, 성장과 개발행위 결정
조사 감독	행정 관리활동 전반에 대한 정치적인 지도 감독

(2) 행정관리

재난관리는 본질적으로 국가의 책임으로 정부의 역할이 크다. 재난관리를 위해서는 특별한 권한과 조직을 가진 기관들이 필요하며, 재난을 관리하기 위해서는 국가의 인적, 물적, 자원들의 효율적인 운영이 필요하고, 그 통합적인 주체는 국가이다. 즉 국가의 행정관리를 통해 재난은 관리된다. 재난관리 기능은 위험평가, 완화예방, 준비, 대응, 복구기능은 있으며, 이러한 기능을 수행하는 자원들은 국가의 예산, 과학기술, 인프라서비스와 물질 등과 같은 하드웨어, 소프트웨어적 요소들과 개인과 단체, 언론, 전문가 등과 같은 인적요소들로 구성된다.

행정관리는 정책의 수립과 이행 평가를 포함하는 국가재난관리시스템의 전반적인 부분을 포함하고 있다. 그래서 전통적인 국가재난관리는 완화, 준비, 대응, 복구 4단계를 의미하는 협의의 시스템을 생각하여 왔다. 하지만 오늘날 재난관리는 포괄적·통합적(Comprehensive) 재난관리와 위험에 근거한(Risk-Based) 재난관리의 중요성으로 인하여 두 가지 측면에서의 변화가 있다. 기술적, 사회적 재난의 특징인 예방(Prevention) 가능하다는 개념에서 예방의 단계를 완화와 더불어 같이 쓰고 있으며, 과거 재난대응 위주의 재난관리에서 완화, 준비 단계의 중요성이 강조되면서 위험관리와 평가(Risk Assessment) 단계가 포함되는 경향이 많다.

각 단계별 주요 활동들은 표 6-6과 같다. 각 단계별 주요활동들은 국가재난관리시스템의 주요 하위시스템들로 작용한다. 이들 하위의 단위 시스템들 역시 국가재난관리시스템에 중요한 영향을 미친다.

◎ **표 6-6** 재난관리 단계별 행정관리 활동

단 계	주요 활동
위험평가	국가와 지역 위험평가, 위험의 정의, 위험산정, 위험전이, 위험관리, 위험회피
예방 · 완화	건축법, 공공교육, 보험, 토지이용계획, 공공정보, 유인책과 처벌, 규정, 세금 유인, 인프라 관리, 거버넌스 운영, 지역 완화계획 지원
준 비	국가전략 수립, 단계별 재난관리계획 수립, 국가재난관리시스템 구축, 상호지원협력, 교육훈련 프로그램, 경보시스템, 공공교육, 훈련, 피난처
대 응	대응계획 이행, 탐색구조, 의료지원, 경보, 자원이동, 긴급구호, 피해평가, 피난, 공공보건 조치, 공공정보 제공, 상부기관 보고, 사상자 관리
복 구	서비스 복구, 공공자산 복구, 자문, 공공정보, 경제적 영향분석, 임시주거, 장기적 의료지원, 개발계획 검토, 재정적 지원과 원조, 민원관리, 재건활동

(3) 사회 참여

포괄적 재난관리는 자연적, 기술적, 사회적인 모든재난 위험요소들을 종합적으로 묶고, 모든 관리 단계를 고려하면서, 수많은 재난관리 주체들이 통합적으로 상호협력하면서 관리하는 것이다. 즉 포괄적인 재난관리란 ① 위험요소, ② 취약성, ③ 관리단계와 기능, ④ 모든 참여자들을 포함한다는 의미이다. 다양한 사회적 자원들이 적절한 시기에 적절한 전문가들과 상호 협력하며 재난관리를 완성해나가야 한다. 특히 재난의 불확실성과, 상호작용성, 복잡성 같은 관리적인 특징들은 사회적 참여의 필요성을 더욱 요구하고 있다.

재난관리 학문은 다수분야가 혼합된 상호교접적인 학문들의 체계이며, 오늘날 복잡한 문제들을 효과적으로 관리하고 이해하기 위해서는 다수분야, 융합 학문적 접근의 필요성이 강조되고 있다. 언론은 주요정책의 정치적 고려단계에서부터 위험평가, 예방, 완화와 준비에 이르는 과정상에 힘 있고 유력한 참여자이다. 언론매체는 재난의 대응, 복구의 과정에서도 지대한 역할을 한다.

◎ **표 6-7** 주요 사회참여 활동

구 분	주요활동(분야)
학문연구	지리학, 기상학, 공학, 인류학, 경제학, 사회학, 심리학, 전념병학, 환경과학, 정치과학, 행정학, 법학, 언론학, 재난관리, 위험관리
거버넌스	위험관리, 재난관리, 기후변화, 재난대응, 재난복구
언론	재난보도, 위험경보, 재난정보, 언론홍보, 재난방송
NGOs	수준별(지역적, 지방적, 전국적) 협력, 종교적, 특수 분야별
개인과 조직	보험, 사업연속성계획(BCP), 봉사활동, 교육훈련, 규제이행

위험평가와 재난완화 단계에서는 전문가들은 위험 거버넌스 참여를 통해 복잡 다양한 위험관리를 위한 공동의 노력들이 필요하다. 준비단계에서는 재난관리 전반에 걸친 이해와 재난의 준비를 위한 교육훈련에도 적극적인 참여가 필요하다.

(4) 과학기술

과학기술은 다양한 위험요소들의 생성과 발달 및 재난으로 이어지는 메커니즘에 관한 정보를 준다. 그래서 드라벡(Drabek, 1991)은 재난관리란 과학과 기술을 적용하는 분야라며 재난관리에 있어 과학기술의 중요성을 강조했다. 재난관리 분야에 있어 과학과 기술의 활용은 표 6-8과 같이 무궁무진하다.

표 6-8 주요 과학기술

구 분	주요 내용
정보지원	기상예보시스템, 관측시스템, 경보시스템, 정보관리시스템
Tools	재난위험 예측시스템, 위험평가 시스템, GIS, 피해예측
의사결정	의사결정지원 시스템, 현장지휘 통제 시스템
IT 기술	응용과학, SNS, 인터넷 활용, 재난활용 앱
공학기술	토목·건축 공학, 산업·안전 공학, 규제 기술, 인프라 관리

2) 국가재난관리시스템(National Disaster Management System)

국가재난관리시스템은 국가준비 전략과 국가대응시스템을 효과적으로 통합하고 관리하는 새로운 패러다임의 국가시스템이다. 즉 국가재난관리시스템은 이들 두 가지 핵심적인 요소들이 국가재난관리시스템의 기본적인 구성요소라고 볼 수 있다. 국가의 기능과 자원은 다양하다. 국가는 재난관리를 위하여 이들 다양한 기능과 자원을 효과적으로 운영할 수 있는 시스템을 구축하여야 한다. 즉 국가재난관리시스템은 이들 다양한 시스템들이 상호작용하면서 전체의 국가재난관리시스템을 완성하는 것이다.

국가재난관리시스템은 “A system of systems” 이다. 지금까지 대부분의 경우 국가재난관리시스템은 비록 사회참여의 중요성이 지속적으로 강조되어 왔지만 단순히 행정관리적인 차원에서 이해되는 경향이 많았다. 하지만 오늘날 다양한 위험에 대한 통합적인 관리가 일반화되고, 기후변화와 같은 재난의 불확실성과 복잡성이 증가되고 있어 국가재난관리시스템에 대한 정의는 확대될 필요가 있다. 국가재난관리의 각 단계별 주요 활동에 대한 국가재난관리 시스템을 정리하면 표 6-9와 같다.

결론적으로 국가재난관리시스템은 표 6-10과 같이 "A system of systems"으로, 정치지원, 행정관리, 사회참여, 과학기술의 4가지 주요 시스템들로 구성되어 있다고 볼 수 있다. 이들 주요 시스템들은 상호작용하면서 국가재난관리시스템을 완성한다. 또한 이들 각각의 시스템들은 다양한 하위 시스템을 포함하고 있으며, 이들 하위시스템 역시 상호작용하면서 전체 시스템들을 구성한다고 볼 수 있다. 포괄적 국가 작용이란 주요 국가재난관리 시스템인 정치지원, 행정관리, 사회참여, 과학기술 시스템을 국가의 특성에 맞게 통합하는 것이다.

표 6-9 국가재난관리 시스템

구 분		재난 이전			재난 이후	
재난단계	4 단계	완 화		준 비	대 응	복 구
	5 단계	위험평가	예방 · 완화	준비	대 응	복 구
주요 활동		개발활동 위험평가 취약성	규제점검 위험관리 민간보험	조직, 계획 교육훈련 조기경보	대피구호 구조구급 피해산정	복구, 재건 지원, 개발 위험평가
국가관리SYS	정치지원	조직설계, 법률제정, 재정지원, 국가전략, 정책순위, 취약성, 조사감독				
	행정관리	정책개발이행, 위험평가, 예방. 완화, 계획, 준비, 교육훈련, 대응, 복구				
	사회참여	언론, 거버넌스, NGO, 연구, 교육훈련, 규제이행, 위험인지, 자원봉사				
	과학기술	공학수준, 위험관리, 경보시설, 관측, 탐지, 응용, 모델링, 예측, 정보				

표 6-10 국가재난관리시스템

국가재난관리시스템(National Disaster Management System)			
정치지원 시스템	행정관리 시스템	사회참여 시스템	과학기술 시스템
입법지원 재정지원 정책지원 취약성 관리 행정감독	위험평가 완화, 예방 준비 대응 복구	연구개발 언론 NGOs, 자원봉사 거버넌스 개인과 단체	공학 H/W 개발 S/W 개발 IT 기술 융합기술

제2절
국가준비 전략
(National Preparedness Strategy)

1 국가전략(National Strategy)

1) 국가전략

국가재난관리 전략의 목적은 재난으로부터 국가의 안전을 확보하기 위한 노력들을 안내하고, 조직을 구축하며, 국가적 기능을 통합하는 것이다. 또한 국가전략은 국가의 노력을 조직화하는 것을 돕고, 국가 안전의 원칙과 시스템, 구조와 기관들의 설치와 변화에 관한 사항들을 포함한다. 국가 전략은 포괄적인 국가 위기관리 접근을 적용하고, 국가적 준비 문화의 구축. 포괄적인 안전관리 시스템의 구축과, 사고관리체계를 개선하고, 보다 더 많은 과학과 기술을 활용하며, 국가적 권한과 모든 수단을 활용하여 전략상에 적용하는 것을 포함하고 있다. 국가안전을 위해서는 진정으로 국가적인 노력이 필요하고, 국가를 지키고 방어하기 위해 다양한 주체들이 재난관리상의 책임과 목표들을 나누어서 모든 정부, 개인과 민간분야, 지역사회와 개별 시민들의 협력적인 능력이 강조된다.

국가안전에 관한 근본적인 책임은 정부에 있음을 강조하면서 정부들과, 민간, NGO, 지역사회, 개별주민들의 나누어진 책임은 강조된다. 중앙정부는 국가적 전략을 개발하고, 최선의 활동, 국가기준, 국가 계획을 공포할 책임이 있으며 국가 안전관련 파트너들이 효과적이고 효율적으로 국가적인 노력을 진정으로 같이 할 수 있도록 목표한 예산을 효과적으로 사용할 수 있어야 한다. 뿐만 아니라 지방 정부들도 그들의 역할을 충실히 이행하여야 한다. 또한 국가재난관리는 공공기관, 민간회사, NGO, 자원봉사자들의 참여로 이루어진다. 국가재난관리의 기초는 지방의 재난관리 부서, 지방의 재난대응 기관들, 종교와 일반 지역 조직들과 일시적인 자원봉사자 그룹 그리고 개인 자원봉사자들이다. 크고 작은 재난에 대처하기 위하여 지역의 자원과 지역의 능력에 크게 의존한다. 이러한 지역자원과 능력을 향상시키는 것이 국가적 재난 프로그램의 목표이다.

재난과 위험은 잠재적 가능성으로 존재한다. 미래 재난위험의 잠재적 충격의 정도와 발생 가능성을 묘사하기 위해서 시나리오가 사용된다. 이 시나리오에 근거하여 위험과 위협의 정보를 파악하고 취약성 분석을 하게 된다. 국가준비 전략은 이 같은 전략적 연구에 근거하여 "능력에 근거한 계획"을 수립하게 된다. 능력에 근거한 계획을 위해서는 위험평가는 필수적이다. 이 과정에서 비용편익 분석은 대중에게 정치적으로 지지받지 못한 완화 결정을 정당화하는데 도와준다. 이러한 능력에 근거하여 계획을 수립하게 되면 ① 폭넓은 잠재적 도전에 대응하기 위해 필요한 특정수단을 사전에 분류할 수 있고, ② 대응임무를 수행하기 위한 현재수준의 능력을 정의할 수 있으며, ③ 자원들이 현재능력과 목표능력 사이의 차이를 미리 파악할 수 있다.

포괄적 국가전략 측면에서 국가재난관리시스템은 외부적으로는 다양한 국가전략 속에서 독립적이지 않고 다른 국가 전략들과 상호 작용하는 조화로운 전략이 되고, 또한 내부적으로는 다양한 국가의 작용들과 재난관리 기능과 정책들이 종합적이고 상호 유기적이며 통합적으로 계획되고 추진되는 것을 말한다. 주요 선진국들의 국가재난관리 전략상의 특징을 간략하게 요약해 보면 대부분의 선진 국가들은 국가재난관리에 ① 정치적인 관심과 지원, ② 적극적인 과학기술의 활용, ③ 재난관련 연구개발 지원확대, ④ 기후변화 등 미래재난에 대한 대응준비 철저, ⑤ 효율적인 국가재난관리 틀을 구축, ⑥ 위험관리 강화와 국가 전략의 강조, ⑦ 모든위험과 모든 단계의 포괄적인 재난관리 수행, ⑧ 통합적인 국가 대응시스템 개발, ⑨ 중앙정부의 역할 증대와 지방정부와 민간에 대한 정책적 유인책 강구, ⑩ 민간의 사회적인 참여 확대가 강조됨을 알 수 있다.

2) 국가 대응전략(National Response Strategy)

재난대응 목표의 개발은 주로 지역의 책임이여야 한다. 즉 대응전략은 주로 지방정부의 책임이다. 하지만 중앙정부는 대부분의 경우 지방정부의 효율적인 재난대응을 위해 다양한 지원을 해야 할 의무가 있다. 국가 대응계획은 오늘날 대부분 모든위험에 대한 합리적인 시나리오에 근거하여 수립된다. 국가대응 계획은 대표적인 자연재난, 기술적 재난, 사회적인 재난을 시나리오화 하여 준비된다. 이 과정에서 중앙정부와 지방정부는 지역사회의 재난대응 능력을 향상시키는 파트너로 간주된다. 재난대응과정에서 지역의 자원봉사자들은 필수적인 구성요소이다. 이런 긴밀한 대응은 지방수준에서 시작된다. 따라서 국가대응계획은 지역의 우선순위 결정과 재난대응 참여에 있어 개인, 가족, 지역의 주요한 역할을 명시하여야 한다.

재난관리와 대응에 관한 주체는 다양하며 그 역할도 다양하다. 표 6-11은 재난관리 주체별 기본적인 역할을 나타내고 있다.

표 6-11 대응주체별 기본적인 역할

대응 주체	기본적인 역할
기초정부	기본적 대응원칙은 모든 사고는 가장 낮은 단계의 지역에서 다루어진다.
광역정부	광역정부는 지방정부의 재난대응과 복구를 지원할 우선적 책임이 있다.
중앙정부	중앙정부는 지방정부들이 필요한 폭넓은 능력과 자원을 유지하여야 한다.
민간, NGO	기초, 광역, 중앙 정부와 공동 작업을 할 핵심역할을 이행한다.
특수 환경	특수 환경에 대하여 중앙정부는 더 적극적인 역할을 수행할 의무가 있다.

3) 미국의 국가전략

미국의 경우 국가재난관리 전략은 국가안보전략(National Strategy for Homeland Security)에 근거한다. 2001년 911 테러 이후 테러와의 전쟁을 선포하고 2002년 본 계획은 수립되었다. 이후 2005년 허리케인 Katerina 이후 국민들은 테러뿐만 아니라 자연적, 인적 재난으로부터 심각하게 위협 받고 있음을 인식하고 2007년 국가의 전략을 수정하여 기존의 테러에 자연적, 인적재난을 추가하여 이들로 부터 포괄적으로 국민들을 보호하기 위한 기본전략으로 국가안보전략을 수립 시행하고 있다.

이 전략의 목표는 국가의 안보 노력을 안내하고, 조직화하고, 통합하는 것이다. 이 전략은 국가 천체의 노력을 ① 테러리스트들의 공격을 예방하고 분쇄하고, ② 국민들과 주요 인프라시설과 핵심자원을 보호하고, ③ 사고발생 시 대응과 복구능력을 향상하고, ④ 장기적 성공을 보장하기 위한 기초를 강화하는 것과 같은 4가지 목표에 초점을 둔 일반적인 틀을 제공한다. 이 전략을 완성하기 위해 중앙과 지방정부, 공공과 NGO, 지역사회, 개인과 같은 민간의 "나누어진 책임(SHARED RESPONSIBILITY)"을 강조한다. 또한 중앙정부는 국가전략뿐만 아니라 이 전략을 실행할 수 있는 훈련, 표준, 계획과 같은 준비적 책임을 강조한다. 경찰, 소방, 보건, 응급의료 서비스와 같은 지역의 지방정부 초기대응자들 상호간의 대비적인 역할을 강조하며, 국제협력의 중요성도 강조하고 있다.

4) 국가 인프라 보호계획(National Infrastructure Protection Plan, NIPP)

주요 인프라 시설에 대한 위험관리는 다수분야의 통합적인 접근이 요구 된다. NIPP은 ① 주요 인프라에 대한 위협과 위험요소를 정의, 제지, 감지, 단절, 준비하고, ② 주요 자산, 시스템, 네트워크의 취약성을 줄이며, ③ 주요 인프라에 발생하는 사건사고의 잠재적인 결과를 완화하는 목적의 계획이다.

주요 인프라(Critical Infrastructure, CI)는 지역사회의 필수적인 시스템들로 자산의 파괴나 기능단절시 안보, 국가 경제적 보안, 공중보건과 안전, 또는 이들의 조합적인 영향을 미칠 수 있는 물리적, 가상적인 시스템과 자산을 말한다. 국가 내에서의 주요 인프라는 표 6-12와 같이 다양하며 관리기관 역시 다양하다. 이들 인프라 부분들은 물리적, 사이버적, 인적 요소들이 상호 교차하며 구성된다.

표 6-12 NIPP의 주요시설 부분과 담당기관

부 분	담당기관	부 분	담당기관
화학	국민 안전처 등	식품/농업	농업/보건복지
상업시설		방위산업기지	국방부
통신		에너지	기재부
주요 생산시설		공중보건	보건복지
댐		재정서비스	기재부
에너지 서비스		상하수도 시스템	환경부
정보기술		정부시설	국민 안전처
핵반응, 물질, 폐기물		교통시스템	국민 안전처, 건설교통

주요 인프라 시설을 관리하기 위한 계획의 핵심 원칙들로는 아래와 같다.

① 위험은 안전이나 회복력과 관련한 자원들의 효과적인 할당이 가능하게 주요 인프라 시설에 걸쳐 조정적, 포괄적인 방식으로 정의, 관리되어야 한다.

② 주요 인프라 시설의 안전과 회복력 강화를 위해 독립적, 부분적, 전체적인 상호의존으로 부터의 위험의 이해와 관리가 필요하다.

③ 인프라 위험과 상호 의존성에 관한 지식 습득은 인프라 사회에 걸친 정보의 공유를 요구한다.
④ 인프라 안전과 회복력에 대한 협력적 접근은 다양한 인프라 사회의 독특한 관점과 상대적인 장점을 인정한다.
⑤ 지역적 협력은 주요 인프라 보안과 회복력 향상을 위해 차이와 역할분담 차원의 관점 개발을 위해 중요하다.
⑥ 미국의 주요 인프라는 세계 국가들의 협력과 상호지원, 기타 협력적 동의가 필요한 국가적 범위를 초월한다.
⑦ 보안과 회복력은 자산, 시스템, 네트워크의 설계과정에서 고려되어야 한다.

2 미국의 국가준비(National Preparedness)

국가 안전에 중대한 위험으로 제기되는 위협과 위험에 대한 준비를 위한 국가의 접근과 준비를 기술하고 있다. 국가준비는 개인, 지역사회, 민간, 비영리 분야, 종교단체, 연방, 주, 지방정부를 포함한 전체 지역사회의 분담된 책임을 강조하고 있다. 국가준비 계획은 예상되는 다양한 위험들을 대처함에 필요한 핵심능력(core capabilities)을 활용하여, ① 테러행위와 테러의 위협을 예방, 회피, 중지하고, ② 시민, 주민, 방문자와 자산을 보호하고, ③ 생명과 재산의 손실을 경감하고, ④ 인명구조와 자산과 환경보호를 위해 신속하게 대응하고, ⑤ 적절한 복원, 보강, 회복, 경제의 지속을 복구하여 국가준비목표(National Preparedness Goal)를 달성하고자 한다.

1) 국가준비시스템(National Preparedness System)

국가준비목표는 안전하고 회복력 있는 국가 건설을 위해 예방(Prevention), 방어(Protection), 완화(Mitigation), 대응(Response)과 복구(Recovery)의 5개 미션과 31개 대처능력에 초점을 둔 국가준비시스템(National Preparedness System)을 갖추고 있다. 이 국가준비시스템은 6가지 부분으로 구성되어 있다.

① 위험의 정의와 평가(Identifying and Assessing Risk)는 위험에 관한 역사적, 현실적

자료수집과 잠재적, 인지적인 위협과 위험을 정의하고 평가하는 것이다.

② 요구되는 능력의 산정(Estimating Capability Requirements)은 정의되고 평가된 위험에 대하여 재난관리 과정상에 필요한 다양한 능력을 결정하는 것이다.

③ 능력의 구축과 유지(Building and Sustaining Capabilities)는 제한된 자원을 활용하여 재난관리에 필요한 최선의 능력을 구축하고 유지하는 것이다.

④ 능력제공을 위한계획(Planning to Deliver Capabilities)은 구축되고 유지되는 재난관리 능력을 효율적으로 제공, 활용하기 위한 계획으로 지역의 전체적 노력(개인, 사업, 비영리, NGO, 종교단체, 정부)과 조직과 부서간의 협력들이 포함된다.

⑤ 능력의 확인(Validating Capabilities)은 확보한 능력의 유효성과 적절성을 훈련이나 모의실험을 통해 입증해보는 것이다.

⑥ 검토와 개선(Reviewing and Updating)은 능력, 자원, 계획을 점검하고 주기적으로 보완하는 것이다.

2) 국가위험평가(Strategic National Risk Assessment, SNRA)

미국은 전략적 국가위험평가(Strategic National Risk Assessment, SNRA)를 실행하고 있다. 국가위험평가는 테러, 사이버 공격, 전염병, 대형 자연재난을 포함한 국가 안보에 대한 위험을 준비하기 위한 전략적 위험평가이다. 이 평가는 국가준비목표 개발과 다양한 위험에 대한 국가의 핵심준비 능력을 파악하기 위해 필요한 과정이다.

미국은 전략적 국가위험평가(SNRA)를 통해 국가가 경험할 수 있는 다양한 위험을 자연재난, 전염병, 기술재난, 테러, 사이버 보안으로 구분하고 이들 재난을 대처하기위한 31개 핵심 대처능력을 정의하였다. SNRA은 국가준비목표상의 핵심능력과 능력 목표 개발을 지원하는 고도의 위험요인을 정의하는데 사용되어 일종의 시나리오에 근거한 준비능력을 개발하였다. 또한 이를 통해 예방, 방어, 완화, 대응과 복구단계의 전략적 요구에 관한 협력적인 생각의 개발을 지원하고, 국가적 위협과 위험에 관한 일반적 이해와 인지 모든 수준의 정부의 능력을 향상함에 이용되고 있다. 특히 SNRA는 국가수준의 재난의 범위를 결정함에 있어 인명피해, 부상질병, 직접적인 경제비용, 사회적 피해, 심리적 스트레스, 환경적 영향의 6개 범주의 피해와 관련된 결과를 조사하고 이용하고 있다.

또한 위협과 위험요소 정의와 위험평가(Threat and Hazard Identification and Risk Assessment, THIRA)는 ① 우려되는 위협과 위험을 정의하고(Identify the threats and hazards of concern), ② 위협과 위험의 목록작성(Give the threats and hazards context),

③ 위협과 위험을 이용한 핵심 능력 조사(Examine the core capabilities using the threats and hazards), ④ 목표능력의 설정(Set capability targets), ⑤ 결과의 적용(Apply the results)이라는 5단계의 위험평가 과정을 안내하고 있다. 또한 지방정부들은 THIRA에 의해 지역의 위협과 위험을 개별적, 구체적으로 평가하고 핵심 대처능력과 목표능력을 정하고 있다. 표 6-13은 전략적 국가 위험평가 결과로서 예상 위험의 종류, 위협과 위험요소의 종류, 국가수준의 사건수준을 나타내고 있다.

표 6-13 전략적 국가 위험평가

위험요소 그룹	위험요소 종류	국가 수준의 사건 묘사
자연적	동물 질병발병	비의도적인 출현 수족구병 바이러스의 국내 가축계
	지진	직접적인 경제적 손실이 100 $ Million 보다 큰 지진
	홍수	직접적인 경제적 손실이 100 $ Million 보다 큰 홍수
	인간 전염병	25% 순수 진료 공격비율
	허리케인	직접적인 경제적 손실이 100 $ Million 보다 큰 허리케인
	우주 기상	유틸리티 단절과 인프라 피해를 유발하는 태양 방출
	쓰나미	파고가 50 feet 정도 영향의 쓰나미
	화산폭발	용암, 연기, 재의 영향을 주는 북서 태평양 화산폭발
	산불	직접적인 경제적 손실이 100 $ Million 보다 큰 홍수
기술적, 사고적	생물학적 음식오염	생물학적 요인(살모넬라, E. coli, botulinum toxin)으로 100명 이상의 입원이나 대수주의 대응을 요하는 사고
	화화물질 누출	인간에 심각한 독성을 주는 화학물질 누출사고
	댐 붕괴	댐이 붕괴와 넘침으로 1명이상의 사상자를 낸 사고
	방사능 물질누출	반응로 손상으로 유발되는 방사능 누출사고
악의적 인긴유빌	무기로서 항공기	비국가 활동세력의 물리적 대상에 대한 악의적 충돌사고
	무장 폭동	비국가 활동세력의 폭동 전술의 사용을 1명 이상 사상
	생물학 테러	비국가 세력의 악의적 공격
	음식오염 테러	비국가 세력의 악의적 공격
	화학적 테러	비국가 세력의 악의적 공격
	사료 사이버 공격	자료에 대한 사이버 공격으로 1 Billion$ 이상피해
	인프라 사이버공격	물리적 인프라 사이버 공격으로 100 Million$ 이상피해
	폭발물 테러	비국가 세력의 테러 공격으로 1명 이상의 사상자 발생
	핵 테러 공격	비국가 세력의 핵 물질의 습득과 제작, 구매, 절도 등
	방사능 테러 공격	비국가 세력의 방사능 물질이 습득이나 전파

출처 : DHS 재편집

이러한 과정을 통해 지방정부는 연방정부의 포괄적인 준비안내(Comprehensive Preparedness Guide, CPG)를 기준으로 지역의 재난과 재난대응계획을 수립하고 준비하고 있다. 특히 THIRA는 국가사고관리시스템(National Incident Management System)의 준비와 대응과정에서 주요 기준이 된다.

3) 핵심능력 리스트(Core Capabilities List)

핵심능력 리스트는 과거 재난 역사와 전문가들의 식견에 의해 예상할 수 있는 국가적 재난의 합리적 시나리오를 설정하고, 그 시나리오에 근거한 국가의 재난관리와 대응준비에 필수적인 능력을 정의하였다. 국가재난관리를 위한 31개 핵심능력 리스트(Core Capabilities List)는 표 6-14와 같다.

표 6-14 핵심능력 리스트

예방단계	방어단계	완화단계	대응단계	복구단계
계획	계획	계획	계획	계획
공공정보/경보	공공정보/경보	공공정보/경보	공공정보/경보	공공정보/경보
활동 조정	활동적 조정	활동적 조정	활동적 조정	활동적 조정
범죄수사와 권한	접근통제와 신원확인	지역사회 복원력	주요 이송	경제적 복구
지식과 정보공유	사이버보안	장기 취약성 감소	환경적 대응/보건과 안전	보건과 사회적 서비스
차단과 두절	지식과 정보공유	위험과 회복력평가	사상자 관리서비스	주거
검사, 탐색과 감지	차단과 두절	위협과 위험 정의	인프라 시스템	인프라 시스템
	물리적 보호조치		다수인 관리서비스	자연적 문화적 자원
	보호 프로그램/활동위험관리		다수인 탐색과 구조 활동	
	검사, 탐색과 감지		현장보안과보호	
	공급망 통합과 보안		현장통신	
			공공 민간 서비스와 자원	
			공중보건과 의료서비스	
			상황평가	

출처 : FEMA

① 계획(all) (Planning)
② 공공정보와 경보(all) (Public Information and Warning)
③ 현장 활동 협력(all) (Operational Coordination)
④ 범죄과학과 속성(예) (Forensics and Attribution)
⑤ 지식과 정보 공유(예, 방) (Intelligence and Information Sharing)
⑥ 차단과 단절(예, 방) (Interdiction and Disruption)
⑦ 검사, 탐색과 감지(예, 방) (Screening, Search, and Detection)
⑧ 접근통제와 신원확인(방) (Access Control and Identity Verification)
⑨ 사이버보안(방) (Cybersecurity)
⑩ 물리적 보호조치(방) (Physical Protective Measures)
⑪ 보호프로그램과 활동을 위한 위험관리(방) (Risk Management for Protection Programs and Activities)
⑫ 공급망의 통합과 보안(방) (Supply Chain Integrity and Security)
⑬ 지역사회의 회복력(완) (Community Resilience)
⑭ 장기적 취약성 감소(완) (Long-term Vulnerability Reduction)
⑮ 위험과 재난회복력 평가(완) (Risk and Disaster Resilience Assessment)
⑯ 위험과 위험의 정의(완) (Threats and Hazard Identification)
⑰ 주요 운송(대) (Critical Transportation)
⑱ 환경적 대응/ 보건과 안전(대) (Environmental Response/Health and Safety)
⑲ 사상자 관리 서비스(대) (Fatality Management Services)
⑳ 인프라 시스템(대, 복) (Infrastructure Systems)
㉑ 다수인 관리(보호) 서비스(대) (Mass Care Services)
㉒ 다수인 탐색과 구조 활동(대) (Mass Search and Rescue Operations)
㉓ 현장 안전과 보호(대) (On-scene Security and Protection)
㉔ 현장 활동적 통신(대) (Operational Communications)
㉕ 공공과 민간 서비스와 자원들(대) (Public and Private Services and Resources)
㉖ 공공보건과 의료 서비스(대) (Public Health and Medical Services)
㉗ 상황평가(대) (Situational Assessment)
㉘ 경제회복(복) (Economic Recovery)
㉙ 보건과 사회적 서비스(복) (Health and Social Services)
㉚ 주거(복) (Housing)
㉛ 자연적 문화적 자원들(복) (Natural and Cultural Resources)

4) 국가계획 틀(National Planning Frameworks, NPF)

국가계획 틀(National Planning Frameworks, NPF)은 국가준비시스템(NPS)의 부분이다. 5가지 준비 미션 분야 마다 각각 하나씩의 틀이 있다. 5가지 준비 틀에는 ① 국가예방 틀(National Prevention Framework), ② 국가보호 틀(National Protection Framework), ③ 국가완화 틀(National Mitigation Framework), ④ 국가대응 틀(National Response Framework), ⑤ 국가복구 틀(National Disaster Recovery Framework)이 있다.

각 틀마다 31개 핵심 능력들이 분산되어 포함되어 있으며 각각의 틀들은 미션분야의 원칙과 범위 안내를 포함한 문서의 목적을 설명하고, 전체 지역사회 각 부분의 책임과 역할을 요약하고, 주요 업무의 주요 예를 통해 미션분야의 핵심 능력을 정의하며, 기존이나 새로운 조직들 간의 협력적 구조를 정의하고, 다른 미션 분야와의 관계를 기술, 활동적 계획을 돕기 위한 관련 정보를 정의하고, 다양한 정부들의 활동계획을 수정할 수 있도록 정보를 제공하며, NIMS 같은 준비노력의 개념을 사용하고 있다.

5) 국가준비보고서(National Preparedness Report)

핵심능력들에 대한 매년 추진경과에 관한 보고서를 발간한다.

6) 중앙지원팀(Task Forces)

국가재난관리시스템의 운영과 구성에 있어 중앙지원팀의 역할은 매우 중요하다. 다양한 종류의 재난대응 과정에서 보다 전문적인 대응조직이 필요할 때가 있다. 하지만 이들 전문조직을 지역별로 각각 운영할 경우 중복적이며 낭비적일 수 있다. 따라서 중앙이나 광역 단위로 묶어서 이들 지원팀을 운영할 경우 보다 전문적이고 효율적으로 다양한 종류의 재난을 대응할 수 있는 장점이 있다. 가용한 중앙지원팀들의 종류는 다양하며 지역별 국가적 특성에 따라 운영될 수 있다.

① 사고관리 지원 팀(Incident Management Assistance Teams, IMATs) : 사고관리 능력 향상을 위해 중앙 단위의 전문적인 팀이 지역을 지원한다.

② 허리케인 연락 팀(Hurricane Liaison Team, HLT) : 허리케인 재난대응을 위한 정보교환을 촉진하기 위한 팀으로 NOAA와 연방, 주, 지방정부간의 정보교환을 지원한다.

③ 도시탐색과 구조(Urban Search and Rescue (US&R) Task Forces) : 지역 재난 서비스 인력들의 통합으로 이루어지며 FEMA에 의해 주와 지방정부를 지원하기 위해

파견된다.

④ 이동 비상대응 지원(Mobile Emergency Response Support, MERS) : 현장대응활동에 필요한 무선통신, 조달, 활동, 발전 지원기능으로 활동 지원요소, 통신장비, 보급 지원 기능이 있다.

⑤ 비상대응팀(Emergency Response Teams, ERT) : 연방 단위의 사고대응 지원 팀이다.

⑥ 연방 사고대응지원팀(Federal Incident Response Support Team, FIRST)

⑦ 피해평가팀(Damage Assessment Teams)

⑧ 핵사고 대응팀(Nuclear Incident Response Team, NIRT)

⑨ 재난의료 지원팀(Disaster Medical Assistance Teams, DMATs)

⑩ 보건인도 서비스지원(Department of Health and Human Services' Incident)

⑪ 대응 조정팀(Response Coordination Team)

⑫ 노동직업안전보건 부서의 전문 대응팀(Department of Labor/Occupational Safety and Health Administration's Specialized Response Teams)

⑬ 국가수의사 대응팀(National Veterinary Response Teams, NVRT or VMATs)

⑭ 재난 장례활동 대응팀(Disaster Mortuary Operational Response Teams, DMORTs)

⑮ 비상 방사능의료 대응팀(Medical Emergency Radiological Response Team, MERRT)

⑯ 국가 의료대응팀(National Medical Response Teams, NMRTs)

⑰ 과학과 기술 자문팀(Scientific and Rechnical Advisory and Response Teams, STARTs)

⑱ 기부조정팀(Donations Coordination Teams)

⑲ 사고관리팀(Incident Management Teams, IMTs)

⑳ 국내 비상지원팀(Domestic Emergency Support Team, DEST)

㉑ 국내 동물과 야생비상대응과 완화평가팀(Domestic Animal and Wildlife Emergency Response Teams and Mitigation Assessment Team)

제3절 국가재난대응시스템 (National Disaster Response System)

1 NIMS의 국가준비

국가사고관리시스템(NIMS)은 재난발생 이전 준비를 통한 재난대응과정 참여자들의 집합적 활동을 위한 메커니즘을 제공한다. 국가준비는 계획, 조직, 훈련, 장비확보, 연습, 평가와 개선적인 행동의 지속적인 사이클을 통해 유지되고 달성된다. 따라서 NIMS는 재난관리자, 대응인력, 관련조직들이 모든위험의 재난관리와 사고대응 활동에 필요한 준비를 강화하기 위하여 준비 프로그램에서 협력해야 할 조치와 능력을 기술한다. 따라서 NIMS의 국가준비 노력은 재난관리나 사고대응 활동의 효율성과 효과성을 촉진한다.

NIMS 내에서 준비는 계획, 절차와 규약, 훈련과 연습, 개인의 적합성, 자격, 인증, 그리고 장비의 인증과 같은 요소에 초점을 둔다. 사고발생 이전에 모든 NIMS 구성의 효과적인 채택, 이행, 훈련은 사고 이후의 재난관리와 사고대응 활동을 촉진할 것이다. 준비는 재난관리와 사고대응을 위한 근본적인 조치이다. 그럼으로 준비의 기본을 구성하는 개념과 원칙은 NIMS 구성의 개념과 원칙을 포함하는 것이다.

준비는 재난관리와 사고대응 활동에 대한 통합된 접근이 필요하다. 이렇게 하기 위해서는 NIMS의 구성들은 관할 또는 조직의 재난관리와 사고대응 구조 속에 통합되어야 한다. 특히 준비는 효과적인 시스템 구축을 위해 통신과 정보관리, 자원관리, 지휘와 관리 속에 통합되어야 한다. 따라서 국가준비는 재난관리와 재난대응 활동 전반을 실행하기 위해 필요한 능력의 유지와 정립을 위한 계획과 행동을 포함하여야 한다. NIMS가 효과적으로 기능하기 위해서는 관할과 조직들은 사고 전후에 제공될 자원과 능력을 이해하고 있어야 한다. 따라서 사고에 가용한 자원의 목록화는 준비의 중요한 요소이다. 이것은 필요한 능력의 수준을 정하고 확정하는데 도움을 준다.

성공적인 재난관리나 사고대응을 위해서는 재난관리자와 관련조직들은 그들의 역할과 책임에 관한 분명한 이해를 하여야 한다. 이런 분명함은 재난관리자와 대응인력뿐만 아니라, 정책의 집행, 조정, 지원역할을 하는 사람들에게도 필수적이다. 정책 역할에는 정책, 절차, 상호협정과 지원협정, 재난관리와 사고대응 프로그램과 활동 관련 계획의 개발, 수정, 인정과 같은 내용을 포함한다. 조정역할이란 재난관리와 사고대응 프로그램과 활동을 위해 필요한 자원관리 또는 다른 필요한 조정노력을 말한다. 또한 지원노력은 재난관리와 사고대응 프로그램과 활동들을 위한 규정의 지원을 의미한다.

국가는 잘 조직된 효과적인 재난관리시스템이 필요하다. 이 시스템의 참여자는 모든 수준의 정부, 민간, 비정부 기구, 사업 조직들이 포함된다. 재난대응시스템은 구체적인 관리구조와 현장 활동을 위한 논리적인 시스템이 필요하다. 재난대응시스템은 사고현장을 관리하고, 조직화하고, 분류화하고, 단순화하는 활동이다. 대부분의 경우 현장대응 활동 조직들은 소방, 경찰, 공무원, 민간인들로 구성된다. 이 시스템의 조직적 구조는 공공안전 기관들이 쉽게 적응할 수 있고, 모든 참여 기관들에 적합하고, 수용할 수 있어야 한다. 또한 초기대응에서부터 주요재난으로 신속하게 확장될 수 있어야 한다. 나아가 모든 참여조직들이 쉽게 이해할 수 있는 조직, 용어, 절차에 관한 일반적인 요소를 가져야한다. 뿐만 아니라 기존의 활동절차나 조직시스템의 붕괴를 최소화하면서 이행되어져야 한다. 특히 민간단체, 지역사회, 기초정부, 광역정부, 중앙정부차원에 이러기 까지 그 시스템들이 하나의 국가시스템의 개념과 통합되어야 한다.

2 국가사고관리시스템 (National Incident Management System, NIMS)

국가사고관리시스템(National Incident Management System, NIMS)은 사고의 원인, 규모, 복잡성에 상관없이 지역수준에서부터 국가수준에 이르기까지 사고관리에 관한 전반적인 틀을 제공한다. NIMS는 모든 위험에 대한 사고관리를 위한 기본 토대를 국내의 모든 초기대응자들과 관계기관들에 제공한다. NIMS에는 5가지 주요 구성요소가 있다(표 6-15). 이들 구성요소들은 모든 종류의 재난으로부터 예방, 대응, 복구를 위한 국가적 틀을 형성하기 위해 함께 작동한다. ICS는 모든 국내 사고지휘와 관리를 위해 사용되는 NIMS의 핵심 구성이다. NFPA 1561, 1600 또한 사고관리시스템으로 IMS를 채택하고 있다.

전국적으로 통일되고 표준화된 사고관리시스템을 위해 정부는 재난대응계획(EOP)의 수립 과정에서 ① NIMS를 관할의 공식적인 사고관리시스템으로 법령을 통해 채택하고, ② 모든 사고관리자와 대응조직은 대응활동상에 NIMS를 사용, 훈련, 연습하도록 지시하고, ③ NIMS를 기능적으로 재난대응 정책은 물론 계획과 절차 속에 통합하고, ④ 재난대응자, 감독자 및 간부들에게 ICS 훈련을 제공하고, ⑤ 모든 분야와 관할의 대응자를 포함한 모든 수준의 대응활동자를 위한 연습을 실시할 것을 제도화 하여야 한다.

또한 효과적인 국가재난대응의 제도화를 위해서 정부는 재난대응계획에 ① 모든사고를 관리하고 지원하기 위해 ICS와 다수기관 조정시스템을 사용하고, ② 현장지휘소에서부터 지방과 연방의 EOC에 이르는 모든대응 기관과 주체들을 하나의 시스템 속에 통합하고, ③ 공공정보 계획을 수립 이행하고, ④ 정해진 기준과 종류에 따라 모든 자원을 정의하여 특성화 하고, ⑤ 모든 인력들은 적절하게 훈련되어 있게 하며, ⑥ 통신의 상호 운용성, 접근성, 여분성이 보장되도록 계획하여야 한다.

국가사고관리시스템(NIMS)의 다음과 같은 주요 내용을 구성으로 하고 있다. ① 지휘와 관리(Command and Management)를 목적으로 사고지휘체계(ICS)와 다수기관협력 시스템(Multiagency Coordination Systems), 공공정보시스템(Public Information Systems)의 사용을 의무하고 있다. ② 준비(Preparedness)를 위해 표준화된 계획, 훈련과 연습, 재난관계자들의 자격과 인증, 일치된 대응과 복구 장비의 획득과 인증 및 출판관리를 요구한다. ③ 자원관리(Resource Management)를 목적으로 사고기간 내내 재고관리, 이동, 투입, 추적과 복구자원을 위한 일치된 메커니즘을 정의한다. ④ 통신과 정보관리(Communication and Information Management)를 위해 모든 수준의 사고관리에 표준화된 통신, 정보관리(수집, 분석, 보급)와 정보 공유를 위한 요건을 정의한다. ⑤ 지원기술(Supporting Technologies)을 목적으로 국가사고관리시스템의 지속적인 이행을 위해 필수적인 능력을 지원하는 기술과 기술적 시스템의 인식과 취득을 포함한다. ⑥ 지속적인 유지관리(Ongoing Management and Maintenance) 목적과 NIMS의 총괄을 위해 전략적 지휘를 제공하는 활동들을 만든다.

1) 준비(Preparedness)

준비(Preparedness)는 지속적인 계획, 조직화, 훈련, 장비화, 연습, 평가, 교정 작용의 사이클을 통해 유지되고 달성된다. 계획은 현실적이고, 확장가능하고, 모든 종류의 사고에 적용 가능하여야 한다. 계획은 재난관리와 사고대응 요구를 지원하기 위해 인력, 장비, 정부, 비정부적 자원들이 어떻게 사용될지를 기술한다. 또한 사고대응활동과 조정된 재난관리를 촉진하기 위해 모든 관련부서, 기관, 조직들을 통합하여야 한다. 순서와 절차에는 계획이나 시스템 이행을 위해 취할 수 있는 특정한 활동들을 상세하게 기술하여야 한다. NIMS에는 표준운영절차(SOP), 활동 매뉴얼, 현장 활동 안내, 사고관리 핸드북과 같은 것을 포함한다. 훈련과 연습은 성공적 NIMS 이행을 위해 중요하다 훈련은 표준화된 NIMS 훈련과 일치되게 구성되어 있다. 개인적 자격과 인증 또한 NIMS의 주요 준비 요소이다. 자격과 인증을 통한 표준은 개인들이 재난관리와 대응활동 시에 안전하고 효과적으로 실행할 수 있도록 업무상의 최소한의 지식, 기술과 경험을 갖게 해준다. 장비의 인증은 재난관리와 대응활동 과정에 사용되는 다양한 종류의 장비에 대한 인정제도이다. 장비의 인증과 획득은 준비의 중요한 부분이다.

2) 의사소통과 정보관리(Communication and Information Management)

의사소통과 정보관리(Communication and Information Management)는 효과적인 재난관리와 사고대응 활동을 위한 주요 기능이다. 유연한 의사소통을 제공하고 개인과 조직에 일반적 활동 그림을 제공해주는 것은 정보시스템에 의존한다. 적절하게 계획되고, 설치되고, 활용되는 의사소통은 지휘자와 지원자들을 협력기관과 조직들 사이에서 정보전파를 가능하게 해준다.

3) 자원관리(Resource Management)

재난관리와 사고대응 활동 과정은 사고수요를 충족하기 위해 세심하게 관리된 인력, 팀, 시설, 장비, 물자와 같은 자원들이 요구된다. 이때 표준화된 자원관리 개념의 활용은 자원의 복구, 배치, 급파를 촉진할 것이다. 자원관리는 어떤 종류의 변화에도 유연하고 확장 가능하여야 한다. 자원관리를 위해 인력, 장구, 과정과 시스템의 조정과 감독이 필요하다. 효과적이고 효율적인 자원관리 개념과 원칙은 모든 단계의 재난관리와 사고대응에 활용되어야 한다. 자원관리 과정의 주요업무에는 자원의 보관, 요구와 추적, 사고 전・후에 이들 시스템의 가동, 자원의 파견과 보급, 자원의 회수와 철수 등이 포함된다. 자원관리를 위한 주요원칙에는 사전계획, 자원의 파악, 자원의 분류, 협정의 이용, 효과적인 관리가 포함된다.

4) 지휘와 관리(Command and Management)

국가재난관리시스템에는 ICS, 다수기관 조정시스템, 공공정보시스템과 같은 3가지 대응관리 조직 시스템을 갖는다.

① 사고지휘시스템(ICS)은 지역적인 소규모의 사고에서부터 국가적인 대규모의 사고에까지 조정과 협력을 위한 유연한 핵심 메커니즘을 제공한다.

② 다수기관 조정시스템(MACS)은 모든 수준의 정부와 모든 분야의 참가자들이 보다 효율적이고 효과적으로 함께 일할 수 있게 하는 과정이다. 다수기관 조정시스템은 사고관리에 연루된 다른 분야, 관할, 수준의 정부들 사이에서 일어나며, 시설이 아닌 시스템이다. MACS은 기관과 관할들 사이에서 자원을 조정하고 지원하기 위해 사용되는 활동 또는 공식적인 시스템이다. MACS은 관할의 EOC에서 운영되거나 분리된 시설에 별도로 설치운영 될 수 있다.

③ 공공정보시스템(PI)은 사고의 원인, 규모, 상황에 대하여 대중, 대응자, 이해관계자들에게 적절하고, 정확하고, 가능한 정보를 의사소통하기 위한 과정과 순서 및 시스템으로 구성된다. 공공정보는 중앙과 지방, 민간, NGO들 사이에서 조정되고 통합되어야한다.

5) 지속적 유지관리(Ongoing Management & Maintenance)

지속적 유지관리(Ongoing Management & Maintenance)를 위해 국가통합센터 (NIC)와

기술지원의 2가지 하위부서가 있다. 국가재난관리시스템은 모든 관할, 모든 재난 사고에 적용 가능한 사고관리에 대한 포괄적 국가적 접근방법이다.

표 6-15 NIMS 구성개요

구 성	내 용
준 비	효과적인 재난관리와 사고대응 활동은 잠재적인 사건에 앞선 준비활동에서 시작된다. 준비는 평가, 계획, 절차와 규약, 훈련, 개인자질, 자격과 인정, 장비인정, 평가와 수정의 통합적인 조합을 내포한다.
통신과 정보 관리	재난관리와 사고대응 활동은 지휘와 통제 현장에서의 일반적 활동상항을 제공하는 통신과 정보시스템에 의존한다. NIMS는 표준화된 규격을 위한 필요한 요건을 기술하고, 일반적인 활동 상항의 필요성을 강조한다.
자원 관리	인력, 장비, 지원품 같은 자원들은 주요사고 대상을 지원하기 위해 필요하다. 자원의 흐름은 사고의 요구에 적합하게 흘러가야 한다. NIMS는 표준메커니즘을 정의하고 있다.
지휘와 관리	NIMS의 지휘와 관리요소는 유연성, 표준화된 사고관리 구조의 제공에 의한 효과적이고 효율적인 사고관리와 조정을 가능하게 설계되었다. 이 구조는 ICS, MCS, PI 3가지 주요 핵심조직체로 구성되었다(사고지휘체계, 다수기관 조정시스템, 공공정보시스템).
지속적 유지와 관리	1. 국가통합센터(National Integration Center, NIC)는 다른 연방기관, 부서들, 지방정부, NGOs, 민간부분들과 지속적으로 상의한다. NIC는 NIMS의 전략적 지도, 감독과 통제를 제공하고 유지와 관리를 지원한다. 2. 기원기술(Supporting Technologies) : 재난관리자들이 지속적으로 수정된 NIMS의 이행을 위해 기술과 시스템에 의존한다. NIC는 DHS의 과학기술국과 협력하여 전략적인 연구개발을 포함한 진행 중인 사고관리관련 기술의 개발의 조정과 감독을 한다.

출처 : DHS(2008)

3 국가대응계획(National Response Framework, NRF)

국가대응계획(NRF)은 국가의 사고대응에 관한 계획이다. 중앙부처들은 사고 시 필요한 다양한 자원과 정보를 가지고 있어 NRF는 중앙부처들의 사고대응에 관한 역할과 책임을 규정하고 있다. 일부 특별한 사고의 경우 특정 중앙부처에서는 사고대응에 대한 책임기관으로서 주요책임을 진다. 다른 기관들은 사고대응에 필요한 다른 자원들을 지원한다. 따라서 중앙의 부처는 어떻게 효과적으로 자원을 조달할 것인지에 대한 정책, 계획,

절차를 개발해야하며, 중앙정부 대응의 부분으로 이들을 공급해야 한다. NRF는 모든위험, 모든위협에 대한 재난대응계획을 수립하기 위해 정부의 책임을 상세하게 정의하고 있다. 이때 이들 계획은 ① 주도적인 역할과 책임을 구체적이고 상세하게 정의하고, ② 모든위험에 대한 기본계획을(특정 위험에 대한 부록을 포함) 포함하고, ③ 핵심 민간부분과 비정부 요소들도 포함하고, ④ 재난 약자들에 대한 특별한 고려를 하면서 사전 대피경보를 위한 전략들도 포함한다.

NRF는 주와 지방의 대응노력을 강화하기 위해 연방지원이 가능한 지원의 종류와 자원의 종류를 그룹화한 15가지 비상지원기능(ESF)을 사용한다. 비상지원기능에는 ① 이송, ② 통신, ③ 공공업무와 공학, ④ 화재진압, ⑤ 재난관리, ⑥ 다수사상자관리, 재난지원, 주거와 인적서비스, ⑦ 병참관리와 자원지원, ⑧ 공공보건과 의료서비스, ⑨ 탐색과 구조, ⑩ 기름과 위험물질 대응, ⑪ 농업과 자연적 자원, ⑫ 에너지, ⑬ 공공안전과 안보, ⑭ 장기적 지역복구, ⑮ 외부적 업무가 포함되어 있다. 각각의 ESF은 조정자로 지정된 연방의 부처나 기관이 있다. 재난의 대응과 복구단계에서 조정자로 지정된 기관은 팀을 조직하고 주와 지방의 관리들과 협력하여 활동한다. 재난 발생 시 지정된 조정기관은 팀을 구성 운영하면서 지방을 지원한다. 이 팀들은 연방정부에서 지원되는 자원의 흐름과 지원을 조정하는 역할도 한다. NRF는 수많은 현실적인 자원을 확보하고, 실질적인 대응주체인 지방의 역할도 명시한다. NRF는 모든 수준의 정부, 민간부분, 비정부기관, 시민들에게 분담되고 효과적인 대응을 안내한다. 유사시 NRF는 확장가능하고, 유연한 방식으로 이행된다.

NRF는 활동적 계획이기보다는 모든종류의 재난사고에서 다수기관과 관할의 대응에 필요한 재난관리 원칙을 전반적으로 기술하고 있다. NRF는 기본계획을 포함하여 비상지원기능부록, 지원 부록, 사고부록과 같은 세 가지 보완적인 부가물 들로 구성된다.

① 비상지원기능부록(Emergency Support Functions Annexes)에는 15가지 비상지원기능 부록이 있다. 이 기능들은 연방의 부서와 기관들을 특수한 사고에 자원과 능력을 통합 지원하기 위해 그룹핑 한다. 이 기능에서는 어떠한 기관이 책임기관으로 또한 지원기관으로서의 역할을 할 것인지를 규정하고 있다.

② 지원 부록(Support Annexes)에는 기능적 과정과 관리적 기능을 실행하는 연방, 주, 지방, 민간과 비정부조직이 그룹화 되는 8가지 지원 부록이 있다. 8가지 지원 부록에는 주요 인프라(Critical Infrastructure), 재정관리(Financial Management), 국제조정(International Coordination), 민간분야조정(Private Sector Coordination), 공공업무(Public Affairs), 부족조정(Tribal Coordination), 자원봉사자와 기부관리(Volunteer and Donations Management), 대응인력의 안전과 보건(Worker Safety and Health)과 같은

사항이 포함된다. 이 지원 부록은 기능에 따른 참여 기관들의 역할과 책임을 명시하고 있다.

③ 사고부록(Incident Annexes)에는 특별한 사고와 관련 있는 기관과 정책을 설명하고, 사고 상황을 설명하며, 7가지 사고 부록이 있다. 7가지 사고부록에는 생물학사고(Biological Incident), 대형사고(Catastrophic Incident), 사이버사고(Cyber Incident), 식량과 농업사고(Food and Agriculture Incident), 다수인 대피사고(Mass Evacuation Incident), 핵・방사능사고(Nuclear/Radiological Incident), 테러사고(Terrorism Incident Law Enforcement and Investigation)가 포함된다. 이 목록 또한 사고 대응과 관련 있는 관련 기관들과의 협력과 협동을 정의하고 있다.

또한 NRF는 5가지 주요 대응원칙을 명시하고 있다. ① 연방, 주, 지방정부, 민간분야, NGO, 개인 등 다양한 참여자들의 역할과 책임을 규정하고, ② 준비, 대응, 복구를 포함하는 대응활동의 핵심 업무를 정하고 있으며, ③ NIMS와 ICS로 대별되는 대응조직의 구조와 인력을 명시하고, ④ 국가준비계획과 연관된 계획의 과정을 설명하고, ⑤ 15개 비상지원기능(ESF)과 8개 지원목록, 7개 사고목록을 포함한 부가적인 자원들을 명시하고 있다.

4 NIMS와 NRF

NIMS는 사고의 원인, 규모, 위치, 복잡성에 상관없이 사고관리를 하기 위한 표준틀을 제공한다. NRF는 적기에 효과적인 중앙의 지원이나 지방의 관련활동을 보장하기 위해 사고관리에 관한 국가 수준의 정책과 활동방향에 대한 구조와 메커니즘을 제공한다. NRF는 조정된 연방 대응활동이 요구되는 활동에 참여하는 중앙의 부처나 기관에 적용된다. NIMS는 NRF와 같이 작용한다. NRF가 국가수준의 사고관리 정책을 위한 구조와 메커니즘을 제공하는 반면 NIMS는 사고관리를 위한 모범 틀을 제공한다. NIMS는 모든 관할, 분야, 위험에 대한 포괄적인 국가적 접근이다. 정부, 민간, NGOs의 협력과 조정을 담고 있으며, 지방대응, 지역대응, 주대응, 국가대응으로 확대되면서 현장 활동의 조정을 포함한다. 상호 대응활동에 대한 호환성을 제공하기 위해 NIMS 사용자들에게 개념, 원칙, 절차, 조직적인 과정, 용어, 표준을 제공해준다.

제4절 사고지휘체계(Incident Command System, ICS)

1 사고지휘체계(Incident Command System, ICS) 이론

1) ICS 역사

ICS는 1970년 캘리포니아 산불사고 이후 만들어진 사고현장 지휘체계이다. 이후 미국을 포함한 전제계의 많은 국가에서 사고현장 지휘시스템으로 사용하고 있다. ICS는 재난현장의 효율적인 지휘, 조정, 자원의 사용을 위한 모델화된 수단이다. 즉 재난현장의 관리와 지휘수단이다. 이 체계는 아주 유연하고 비용 효과적이며 효율적인 관리 시스템이다. 1970년 캘리포니아 산불을 대응당시 대응시스템 내에서 기관들의 통합의 어려움, 의사소통의 문제, 부족한 지식과 정보, 연결계획의 부족, 부적절한 자원 관리의 문제들이 지적되었다. 이후 현장 활동을 담당하는 소방관들이 경험한 중요한 문제점을 개선하기 위해 이 시스템은 만들어 졌다.

ICS는 소방과 경찰조직의 현장대응 요구를 만족하기 위해 재설계 되면서 발전하게 된다. 또한 FEMA의 예산지원으로 FIRESCOPE(Firefighting Resources of Southen California Organized for Potential Emergencies－잠재적 재난을 위해 조직된 남 캘리포니아 소방자원)가 ICS의 하나의 버전으로 개발되었다. 이후 ICS는 FEMA에 의해 국가사고관리시스템상의 재난현장 대응모델의 표준으로 채택되었다.

FIRESCOPE ICS는 계획에 근거한 계획 기능들과 EOC 기능들을 조합하는 재난대응시스템이다. 계획과 조정은 다수기관 조정시스템(MACS)에 의해 이루어졌다. MACS은 기관운영 팀에 의해 운영되며 두 가지 기능적인 업무들로 구분된다. 하나는 소방관련 자료를 저장하는 컴퓨터 기반의 소방정보관리시스템이며 다른 하나는 정책을 이행하는 현장활동 조정시스템이다. FIRESCOPE에서의 EOC 구성은 현장 활동, 보급, 계획과 재정의 문제를 다루는 과로 구성된다. 비록 이 버전의 ICS는 대규모의 재난과 캘리포니아 남부 소방서비스의 관할구조에 특정적으로 맞추어진 것이지만 이전의 ICS 시스템에 비해 많은 개선을 가져왔다.

이같이 보강된 구조의 ICS를 사고관리시스템(Incident Management System, IMS)으로 부른다. IMS는 지역관할 내의 EOC로 부터의 지원을 받으면서 운영된다. 이 시스템은 지금 미국을 포함한 영어사용권 국가들의 소방현장에서는 폭넓게 사용되고 있다. 또한 이 시스템을 변형하여 미국은 국가재난관리를 위해 국가사고관리시스템(NIMS) 버전의 ICS를 개발 운영하게 된다.

2) ICS란 무엇인가?

어윈(Irwin, 1989)은 ICS를 모든 종류의 재난과 그들의 복잡성에 대한 비상대응 활동을 향상하기 위해 설계된 일반적인 조직구조 안에 통합된 한 틀의 인력, 정책, 순서, 시설과 장비라고 정의한다. 또한 FEMA(1998)는 ICS는 생명, 재산, 환경을 보호하고 사고를 안정시키는 일반적 목표를 향한 작업을 할 때 사용되며, 지위, 통제, 대응의 협력과 개별적 기관의 노력을 조정하기 위한 수단을 제공하기 위한 모델이라고 했다. 재난관리 조직을 위한 사고현장 관리에 관한 표준 청사진은 없다. 재난관리 조직은 일상적 사고를 담당하는 조직에 의해 이루어지지만 원칙적으로 일상적인 사고를 관리하는 조직과는 다른 조직구조를 가져야 한다. 따라서 일상적인 사고관리 조직은 그 조직의 조직구조와 절차를 확장하거나 변화시켜 대응하여야 한다.

재난관리 기본모델은 점진적으로 변해왔다. 전통적으로 재난관리 모델은 지휘계통과 엄격한 위계구조를 기반으로 발전하였다. 이것은 책임과 역할이 분명히 정의된 강력한 시스템적인 장점이 있다. 특히 중앙 집중적인 구조는 정보의 수집과 전달에 적절하였다. 하지만 이 시스템은 너무 엄격하고, 기계적이며, 의사결정과 정보의 집중현상에 대한 비판이 있었다. 하지만 오늘날 재난대응 과정에 필요한 재난대응 모델은 참여기관들의 조정과 협력의 중요성을 강조하고 있지만 여전히 지휘와 통제를 기본으로 하고 있다. 즉 C2와 C3시스템을 지역시설에 맞게 적절하게 운용한다.

대안적 모델로 등장한 것이 ICS이다. 훌륭한 ICS는 규모에 있어서는 적은 규모의 일상적 사고에서부터 큰 규모의 대형재난까지 구조를 확장할 수 있다. 재난의 종류에 있어서도 다양한 형태의 재난에 적용될 수 있다. 또한 이 시스템을 적용할 수 있는 기관과 관할에 있어서도 단독으로 사용할 수 있거나, 다수의 기관이나 관할에서 사용될 수 있다. ICS는 엄격함을 고수하는 지휘통제 시스템과 달리 조정과 협력은 물론 유연성을 강조한다. 이 시스템에 참여하는 조직들은 상호협력적인 분위기가 가능하게 하기 위해 일반적 요소의 절차와 용어나 구조를 요구한다.

어윈(Irwin, 1989)은 이런 종류의 시스템을 만들 때에는 ① 지역의 모든위험은 평가되고, ② 재난대응에 필요한 자원과 대처능력의 목록이 작성되고, ③ 취약성과 능력사이의 차이를 줄이기 위한 목적으로 시스템이 설계되어야 한다고 했다. 어윈(Irwin)은 또한 재난대응 활동은 아래와 같은 표준 기준에 근거하여야 한다고 주장한다.

① 재난관리 특성 세 가지를 구분하여 한 관할을 단일 기관이 관리하거나, 한 관할을 다수기관이 관리하거나, 다수관할을 다수기관이 관리하는 것을 이해하는 것이다.

② 조직적인 구조는 다양한 종류의 재난대응에 적합하여야 한다.

③ 재난대응과 관리를 지원하기 위해 유용한 새로운 기술을 채택할 준비가 되어있어야 한다.

④ 조직은 일상적 재난의 요구에서부터 주요 재난의 요구까지 확장 가능하여야 한다.

⑤ 조직 및 용어와 절차에 관해서는 기본적이며 일반적인 요소를 가져야 한다.

⑥ 그 시스템의 이행은 기존 기관의 절차에 대해 최소한의 변화 가능성을 가져야 한다.

⑦ 새로운 이용자들이 신속하게 수행 할 수 있을 만큼 단순해야 하고 저렴한 활동유지 경비를 보장할 수 있어야 한다.

알렉산더(2000)는 재난상황은 ① 시간의 부족, ② 빠른 행동 압력, ③ 제한되고 불확실한 정보의 흐름, ④ 현장요구들의 우선순위들의 변화(Agent-generated, Response-generated), ⑤ 권한과 책임의 중복에 대한 조정요구와 같은 특징들이 발생한다고 했다. 모란(Moran, 1992)은 재난이 많지 않은 곳에서는 독립적인 구조보다 자원봉사 그룹이나, 파견그룹을 운영하는 것이 경제적인 측면에서 효과적이라고 했다. 그래서 민방위 종사자들은 재난과 같은 비상상황에서 그들의 역할을 바꾸어 재난관리 업무를 하기도 하였다. 그 결과 재난관리 전문가들의 부족과 전문성이 결여되는 문제들도 있었다.

재난계획과 재난관리 활동들은 연결되어 있다. 재난계획은 재난관리 구조의 생성을 위해 필수적으로 요구되는 것이다. 좋은 계획은 너무 상세하여서는 안 된다. 그렇게 되면 유연성을 유지하고 창조적으로 임기응변할 수 있는 기회를 제한하게 된다. 하지만 사전대응 계획을 통해 재난상황에 필요한 모든 주요 요구들을 제공해야 한다. 따라서 좋은 계획은 사전준비와 즉흥적인 임기응변의 조합에 근거해야 한다.

브루나치니(Brunacini, 1985)는 효과적인 ICS 운영을 위한 절차로서

① 정의된 조직적인 구조(defined organizational structure),

② 지휘권의 통합(unity of command),

③ 적절한 통제범위(proper span of control),

④ 명확한 업무구분(clear division of labour),

⑤ 전체 조직 내의 규율의 유지(maintained discipline within the whole organization),

⑥ 기초적인 그룹원칙들의 설립(the incorporation of fundamental group principles),

⑦ 지휘 기능의 구축과 이양을 위한 분명하게 명시된 권한(explicitly stated authority to establish and transfer the command function)과 같은 기준을 따라야 함을 강조한다.

3) ICS 조직구조와 개념

ICS는 일반적인 조직구조 내에서 활동하는 시설, 자원, 인력, 절차와 의사소통의 조합이다. 이 시스템은 재난의 종류와 규모에 상관없이 소규모 재난에서부터 대형재난에 이르기 까지 폭넓게 활용된다. ICS는 모든 수준의 정부, 민간부분, 비정부 조직에서도 사용된다. ICS는 세 가지 주요 사고관리 위선순위는 ①인명 안전, ②사고 안정화, ③재산보호이다.

ICS는 사고의 규모, 종류, 범위, 복잡성에 따라 필요한 모든 요소들을 포함시키기 위해 확장된다. ICS의 구조적 조직은 Top-down 으로 구축되며 사고지휘로부터 책임과 기능이 시작한다. 필요시 4개의 분산된 부(Section)를 조직하고 운영할 수 있다. 각각의 부(Section)에는 다양한 하위 단위를 가질 수 있다.

이 시스템의 모듈화 개념은 ① 기능과 업무에 맞는 조직의 형태를 개발하고, ② 업무수행에 필요한 기능적 요소들만 설치하고, ③ 권장되는 통제범위 내에서 감독하며, ④ 비활성화된 조직적 요소의 기능을 수행하고, ⑤ 더 이상 필요치 않은 조직적 요소들을 철수 가능하게 하는 것을 포함한다. ICS는 공통의 용어를 사용하기 위해 표준용어의 사용은 필수적이다. 분명하고 명확한 문자와 언어의 사용은 필수적이며, 기관별 속어, 은어의 사용은 금지된다. 일치된 조직구조를 만들기 위해 시스템 내에서는 일치된 직위명칭을 사용한다.

사고의 전체적 지휘는 사고지휘자(IC) 만이 할 수 있다. 부장, 반장, 팀장 등의 용어의 통일이 중요하다. 통합적 의사소통은 의사소통 계획에 의거하여 하드웨어 시스템, 계획, 안내 등을 활용한다. 또한 공통의 사고시설에 관한 시설의 명칭과 역할이 분명히 정의되어야 한다. 따라서 ICS는 ① 공통의 지휘 용어, ② 규정된 조직, ③ 통합된 의사소통, ④ 지휘의 통합, ⑤ 통합된 지휘체계, ⑥ 정해진 사고활동계획(IAP), ⑦ 3~7명 이내의 조정관리의 범위(5명), ⑧ 사고시설의 지정, ⑨ 포괄적인 인력관리와 같은 중요한 원칙에 근거하여 운영된다.

ICS의 기본개념과 원칙에는

① 모든 사고를 지역적으로 관리한다.
② 표준화된 조직, 문서, 절차를 사용한다.
③ 모듈화 되고 확장가능하다.
④ 상호작용적인 관리 구성을 가진다.
⑤ 다양한 조직이 함께 활동할 수 있게 공통의 용어, 표준, 절차를 구축한다.
⑥ 측정 가능한 목표를 포함한다.
⑦ 기존의 시스템과 과정의 단절 가능성이 거의 없어야 한다.
⑧ 사용자에 친숙하고 재난과 사고관리 분야에 폭넓게 활용 가능하여야 한다.

또한 ICS 개발의 기본적인 원칙으로는

① 표준화 : 모든 관할은 표준화된 이름과 기능을 포함하는 일반적인 조직구조를 사용하고,
② 기능적 특수성 : 각 단위는 활동의 분야가 있고, 수행해야할 특정 기능이 주어지며,
③ 관리할 수 있는 통제의 범위 : 각 유닛의 관리자가 직접적으로 감독해야할 인력의 수를 3~7명으로(일반적으로 5명) 제한하기 위해 하위 유닛을 만들고,
④ 유닛의 통합성 : 팀워크 촉진과 기록 관리의 단순화를 위해 소방, 경찰 같은 전문적인 분야의 인력들은 같은 유닛에 배정하며,
⑤ 통합적 지휘 : 대부분의 사고들은 한명의 사고지휘자에 의해 관리되지만 특정종류의 재난에 대하여 여러 기관이 책임이 있을 경우 통합적인 지휘팀이 관리하며,
⑥ 목표에 의한 관리 : 상급 사고관리자들은 목적 달성을 모니터링하면서 효과를 평가하고 목표 측정을 포함한 행동계획을 개발하고,
⑦ 포괄적인 자원관리 : 사고지휘자 또는 통합 지휘팀은 재난대응 업무에 인력, 시설, 장비, 자원의 할당을 지시하는 것이 포함된다.

ICS는 다양한 장・단점을 가지고 있다. 장점으로는 ① 논리적 체계조직, ② 증가된 안전, ③ 계획과 활동의 연결, ④ 현실적 기대, ⑤ 의사소통의 강화, ⑥ 자원의 효과적인 획득, ⑦ 국가사고관리시스템이 기본이 된다는 점이다. 이 시스템의 약점으로는 ① 사고지휘자(IC)가 너무 많은 권한을 갖게 되며, ② 사고지휘자(IC)는 대규모 재난 시에는 그 중요성을 잃어버리는 대신 EOC의 역할이 강조된다는 점이다.

4) ICS 주요기능

ICS는 지휘자, 활동, 계획, 보급, 행・재정부로 구분된다. 사고지휘자는 사고에 대한 전반적인 권한과 책임을 진다. 활동부는 통제관에 의해 정의된 사고 목적을 완성하기 위해 지정된 전술적 활동을 개발하고 지도하는 책임이 있다. 계획부는 사고 자료와 정보를 활용, 보급, 평가, 수집하는 책임이 있다. 보급부는 지원과 공급망을 구성하는 것이다. 행・재정부는 최종보고 회계서류 뿐만 아니라 서비스와 공급품의 집행에 관한 책임이 있다.

일반적으로 사고지휘자(통제관)는 소방서장이 된다. 하지만 재난의 규모가 크고, 복잡하며, 전문적인 사고일 경우 사고지휘자는 달라질 수 있다. 사고대응 활동에 참여하는 다른 기관에서는 책임기관의 대응활동을 지원하는 역할을 한다. 사고지휘(IC)는 초기대응자들을 위한 가장 중요한 현장단위의 활동안내 및 전략이다. ICS의 목적은 사용자에게 복잡하거나 관할의 경계가 애매한 하나 또는 다수 사고에 요구되는 통합적, 조직적 구조를 채택 할 수 있도록 하는 것이다. 즉, ICS는 재난에 보다 성공적인 대응을 촉진하기 위한 관리 전략이다.

2 ICS와 다른 시스템들과의 관계

1) ICS와 NIMS

NIMS는 국가사고관리시스템이다. 모든 종류의 재난은 NIMS 원칙에 따라 관리된다. NIMS는 ICS를 기반으로 한 재난 준비와 대응관리 시스템이다. ICS는 1970년 남부 캘리포니아 대형 산불사고 이후 소방관들에 의해 개발된 현장지휘 통제 모델이다. 당시 화재진압 대응활동은 노력의 중복, 조화의 부족, 통신의 문제 등으로 문제가 많았다. 그래서 ICS는 통합 대응과정에서 혼란을 줄이기 위해 유사용어, 통신시스템, 일치된 조직구조를 사용하여 대응활동을 표준화 하였다. NIMS는 복잡한 사고에 통합적으로 대응할 수 있도록 하고 관할, 기관, 조직을 필요시 확장 가능한 대응조직을 구축하기 위해 ICS 개념을 사용한다. 즉 ICS는 국가사고관리시스템 중 현장 대응활동에 사용되는 핵심적인 지휘통제 모델이다. ICS는 지휘 관리를 위한 조직 모델로서 재난 현장지휘소(ICP), 재난안전대책본부(EOC), 부처의 사고수습본부 등과 같은 재난대응 과정에 참여하는 다양한 조직들의 표준 조직구조로 활용된다.

2) ICS(ICP)와 EOC

EOC는 재난대응을 위한 중앙 의사결정의 조정점으로 응급서비스 활동을 수행하는 사람에게 전달해야할 특정정보를 결정하는 장소이다. EOC는 모든 재난대응 노력에 대한 주된 협력과 통제점이 된다. EOC는 주요 의사결정가들이 재난에 관한 정보를 모으고, 사고에 관한 정책적 대안을 평가하고, 응급서비스와 다른 재난 종사자들을 위한 현장 활동을 촉진하는 장소이다.

현장지휘소(ICP)는 재난안전대책본부(EOC)와는 다른 기능과 역할을 수행한다. ICP는 현장 수준의 조직이다. 즉 재난현장에 설치된다. 하지만 EOC는 본부 수준의 조직으로 현장이 아닌 사무실에 설치된다. 표 6-16은 ICP와 EOC의 차이점을 보여준다.

표 6-16 ICP와 EOC 차이점

현장지휘소(ICP)	재난안전대책본부(EOC)
작은 재난(Emergency)	주요 재난(disasters)
현장수준	본부수준
응급서비스	시 지도력
제한된 기관들	무제한의 기관들
전술적 관점	전략 지향적

EOC는 현장관리자, 참여기관, 참여조직을 ① 자원의 획득, 할당, 추적, ② 정보의 관리와 공유, ③ 사고들 사이의 우선 대응순위를 정하고, ④ 법률적, 재정적 지원 제공을 통해 조정한다.

따라서 잘 조직된 EOC는 ① 사고현장에서부터 낮은 수준의 조정 기관들과 높은 수준의 조정 주체에 정보를 제공하고, ② 사고지휘자가 사고현장 지휘에 집중 할 수 있게 도와주며, ③ 최저 실무수준에서 문제해결을 할 수 있도록 하며, ④ 사고관리 활동을 지원하기 위한 전략적인 안내와 지시를 제공하는 특징을 갖는다.

대부분의 재난사고는 소방, 구조, 구급, 경찰들에 의해 다루어진다. 하지만 대규모 재난의 경우 이들 초기대응자들과 다른 참여자들은 효율적인 대응을 보장하기 위해 조정되어야 한다. EOC는 이때 주요한 역할을 한다. 자원의 획득, 할당, 추적과 정보의 관리와 보급, 많은 사고 장소들의 우선순위의 결정들이 해당된다. EOC는 재난대응 체계에서 주요 연결점이다. 사고지휘자들이 사고의 수요에 초점을 둘 수 있게 하고, 사고지휘자와 높은 수준의 다수기관조정시스템 주체들에 정보를 제공하고, 낮은 수준의 실무수준에서 문제해결을 촉진한다.

그림 6-1은 ICS와 EOC의 관계도를 나타낸다. 현장지휘에 필요한 자원과 정보들은 EOC에 요구되고, EOC는 사전에 체결된 지역 응원협정이나 시・도간의 응원협정을 통해 현장 대응활동에 필요한 자원과 정보를 제공해준다. 이때 시・군・구 차원이나 시・도 차원의 능력을 벗어나게 되면 중앙정부에 지원요청을 하게 된다. 중앙정부는 NRF에 의거 중앙정부의 전문가, 예산, 자원과 장비 등을 신속하게 현장으로 지원하게 된다. EOC는 NIMS에 의해 요구되는 다수 기관조정 시스템의 부분이다.

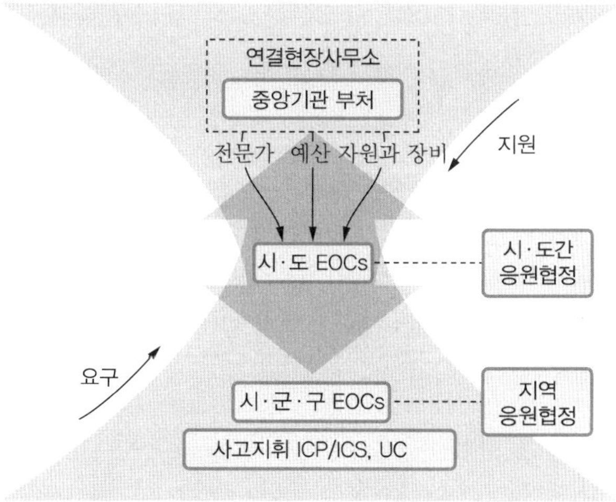

그림 6-1 ICS와 EOC 관계도

출처 : NIMS 재편집

3) ICS와 IMS

1970년의 캘리포니아 산불 이후 소방서들은 재난현장에서 일반적인 조직구조, 부적절한 재난평가, 잘 조정되지 못한 계획, 조정되지 못한 자원 할당, 부적절한 기관 상호간의 의사소통의 부족을 다루기 위해 모였다. 이러한 계기로 ICS는 탄생하게 된다. 이후 ICS는 FEMA의 예산지원으로 FIRESCOPE가 ICS의 하나의 버전으로 개발되었다. 이 시스템은 주요 다수관할에 걸친 재난에 유리하게 많이 사용되었지만 소규모의 소방서 사고에는 많이 사용되지 못했다. 이후 소방서장 부루나시니(Brunacini)는 FIRESCOPE 시스템을 보강하고 발전시켜 소형재난부터 대형재난에 이르기까지 적응성이 있는 시스템으로 발전시키게 된다. 우선 지휘기능에 전문화된 자문을 포함시키고, 일상적인 대응요구를 포함하는 현장 활동 기능을 확대하고, 지자체의 EOC와 경찰과의 연결을 분명히 하게 되는데 이같이 보강된 구조의 ICS를 IMS라고 부른다. 사고관리시스템(Incident Management System, IMS)은 지역관할내의 EOC로 부터의 지원을 받으면서 운영된다. 이 시스템은 지금 미국을 포함한 영어사용권 국가들의 소방현장에서는 폭넓게 사용되고 있다.

(1) IMS 기본원칙

시스템으로서 IMS는 개인의 능력보다 표준화된 역할이 확정적인 책임 위주로 만들어졌다. 현장에는 한명의 사고지휘자만이 존재하며 이는 초기도착 간부이거나, 방면지휘자, 또는 더 상급자가 되기도 한다. IMS의 규모는 사고의 규모에 따라 확대되기도 축소되기도 한다.

(2) IMS 조직구조

IMS 조직구조는 그림 6-2와 같이 다른 규모의 기능적 그룹의 인력, 장비를 표현하기 위해 부(Sections), 반(Branches), 팀(Sectors)을 사용한다. 사고 지휘자는 5개의 부(sections)를 지휘한다. 활동부(Section) 아래에는 또한 5개의 반(Branches)들이 있다. 각 반(Branches)들에는 필요한 팀(Sectors)을 설치한다.

(3) IMS 운영

사고지휘자는 ① 초기상황 평가와 지속적인 재평가를 수행하고, ② 의사소통을 시작, 유지, 통제하며, ③ 사고관리 전략을 정의, 행동계획 수립, 자원을 할당하고, ④ EOC 운영과 보충자원을 요구하며, ⑤ 조직적 지휘구조를 구축하고, ⑥ 사고행동계획(IAP)의 지속적인 검토, 평가, 수정을 하며, ⑦ 현장지휘를 지속, 이양, 종료한다. 나머지 부서에서도 재난관리에 필요한 미리 지정된 각각의 책임을 수행하게 된다.

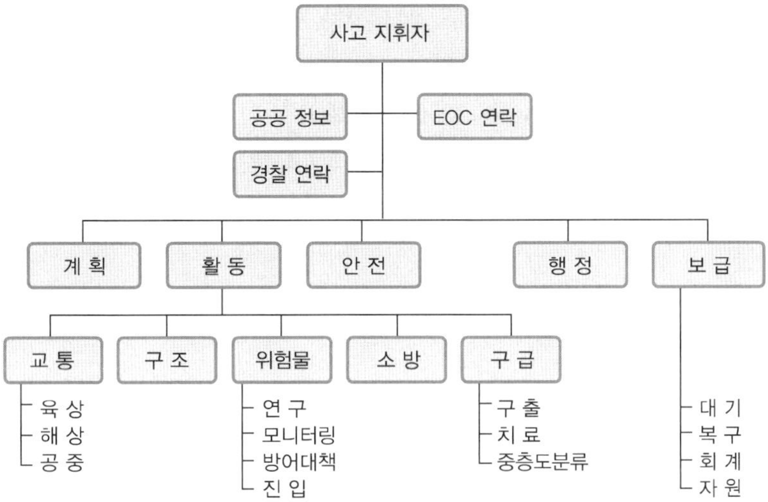

그림 6-2 IMS 조직구조(예)

IMS는 재난대응을 조직화한 유연한 구조이다. 이 시스템의 가치는 재난계획과 재난대응활동과의 상호 긴밀한 협력에 달려있다. IMS는 초기 ICS에 비해 현장에서 제공되어야 하는 활동의 집합성을 더 제공해준다. 예를 들어 IMS는 ICS에 없는 경보, 대피, 다수사상자 처리와 같은 활동을 분명이 다루고 있다.

콰렌틀리는 재난계획의 계획과정은 취약성을 평가하고, 어떤 잠재적 재난위험을 대상으로 할지 의사결정하고, AID, RID를 검토하고, 지역의 자원을 목록화하고, 전략을 개발하는 것이라 했다. 재난대응은 계획의 이행과 전술 달성을 위한 인력과 장비의 활용과정이다. IMS는 이러한 환경 속에서 효과적인 이행을 위해 사용된다. 일상생활의 작은 사고에 대응하는 기관들이 재난 시에도 대응하는 것이 원칙이다. 그래서 IMS는 작은 규모의 재닌대응과 큰 규모의 대응을 연결하는 구조이다. IMS의 두 가지 기본원칙으로는 ① 내응구조는 재난 시 부가적인 자원을 활용할 수 있는 유연성과 ② IMS는 일상재난의 대응을 재난 시 확장하는 구조를 형성할 수 있어야 한다.

현장지휘 개념은 오랫동안 소방, 경찰에서 사용되어 왔다. 경찰은 ICS를 소방은 IMS를 사용해왔다. 1980년대 캘리포니아 산불진압 시 효율성에 많은 문제점이 지적되었다. 이후 FEMA의 지원 사업으로 계획기능과 EOC 기능을 통합적으로 포함한 FIRESCOPE가 개발되었다. 이 FIRESCOPE는 대형 재난사고에 적합한 시스템이었다. 이후 1985 소형 사고에도 가능한 강화된 FIRESCOPE를 채택한다. 추가된 기능으로는 ① 전문가의 자문, ② 일상적 부서(과별)대응을 활동에 포함, ③ ICP와 EOC와 경찰지휘관과의 연결을 분명히 했다. 이 강화된 시스템이 IMS이다. 일상적인 사고에서부터 대형재난에 이르기까지 적용이 가능한 유연한 시스템이며 기관과 부서보다 기능을 중시한 시스템이다.

페리는 효과적인 IMS는 ① AGD, RGD를 정확히 파악, ② 훈련, 장비, 기술적으로 갖추어진 인력, ③ 장비와 자원을 사전 정의하고 적절히 동원, ④ 자원의 현장배치 능력을 갖추어야 한다고 주장했다.

3 사고지휘시스템(Incident Command System, ICS)

1) ICS 구조

사고지휘시스템(Incident Command System)은 다양한 사고현장에 활용되는 사고지휘시스템이다. ICS는 오늘날 화재, 위험물 사고, 구조와 탐색, 자연재난, 테러, 계획된 행사 등과 같이 다양한 재난현장에서 다양한 기관들에 의해 활용된다. ICS는 지휘, 활동, 계획, 보급, 행·재정의 5가지 주요 기능분야를 갖는다. 즉 ICS는 5가지 주요 관리기능을 활용하여 재난에 대응하는 시스템이다. ICS 조직은 5가지 주요 기능분야 외에 필요할 경우 정보(Intelligence)기능을 설치할 수 있다. 그래서 오늘날 정보기능은 ICS의 6번째 기능이다. 사고지휘자(IC)와 계획, 활동, 보급, 행·재정과 같은 4개의 지원부(Section)를 갖는다.

사고 지휘자(Incident Commander, IC)는 사고현장 활동에 대한 전반적인 책임을 지고 사고의 목표, 전략과 우선순위를 설정한다. 활동부(Operations Section, OS)는 전술적 목표를 개발하고 계획 이행을 위한 전술적 활동을 수행한다. 또한 모든 전술적 자원을 지휘한다. 계획부(Planning Section, PS)는 사고행동계획(IAP) 준비, 사고목표 달성을 위해 정보의 수집과 평가, 자원과 문서의 유지관리 업무를 담당한다. 보급부(Logistics Section, LS)는 현장 대응활동 목적을 충족하기 위해 지원, 자원, 모든 서비스를 제공한다. 행·재정부(Finance, Administration Section, FAS)는 비용을 모니터하고, 회계, 조달, 기록, 비용분석을 수행한다.

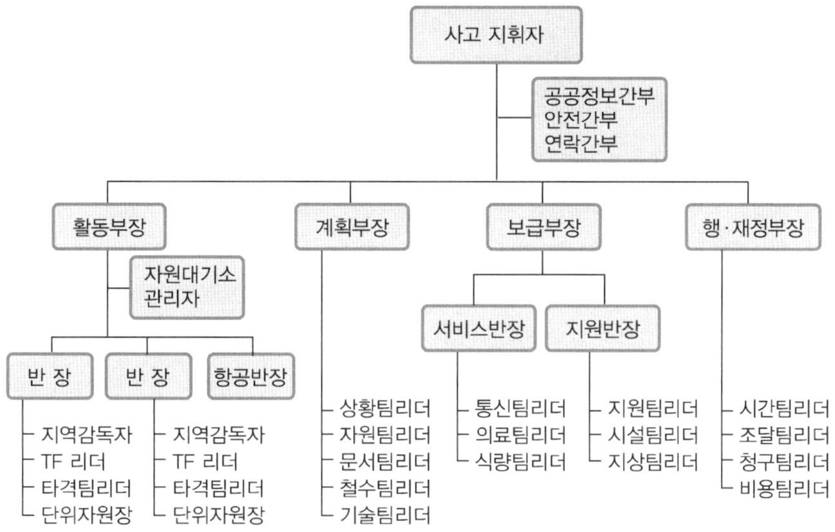

그림 6-3 ICS 조직도(예)

사고 지휘자(IC)는 ① 사고 대응을 위해 처음 도착한 사람, ② 가장 높은 관료 ③ 특정 재난이나 대응기능의 전문가에게 주어지는 것이 원칙이다. 사고 지휘자(IC)는 감독권한은 물론 대응활동 과정의 조정과 최종적인 책임을 진다. 사고 지휘자는 ① 정보간부(언론), ② 안전간부(안전, 위험), ③ 연락간부(다른 조직과의 연결) 들과 같이 일하면서 직접 보고를 받는다.

사고 지휘자는

① 소형재난 시에는 사고지휘자가 5가지 모든 기능을 수행할 수 있다.

② 공공정보 간부는 내・외부관계자들에게 정보를 제공한다.

③ 안전 간부는 안전조건을 모니터한다. 안전 규약을 개발한다.

④ 연락 간부는 사고지원 기관들과 주요 연락을 한다.

활동부는

① 대부분의 자원은 이곳으로 할당된다. 가장 위험한 활동들이 수행된다.

② 통솔의 범위는 3~7명이며 가장 적당한 통솔 인원은 5명이다.

③ 사고의 종류, 규모, 특성에 따라 조직이 아주 색다르게 조직될 수 있다.

④ 사고의 특성과 요구에 따라 수 백 가지 방식으로 조직은 구성될 수 있다.

⑤ 표준에 근거하여 유연하게 조직을 구성할 필요가 있다.

계획부의

① 자원유닛은 모든 자원들의 상태를 기록하면서 필요자원을 예상한다.

② 상황유닛은 사고 상황 정보를 수집, 조직화, 분석한다.

③ 문서유닛은 기록관리, 사고관련 기록물을 보관한다.

④ 철수유닛은 사고자원의 순서, 안전, 효율적인 철수를 보장한다.

⑤ 기술 전문가들은 특별한 기술과 지식을 제공한다.

보급부는 서비스반과 지원반을 설치하고 이들 반에서는

① 필수인력, 장비, 비품들을 확보, 회계, 유지한다.

② 통신서비스, 식품서비스, 의료서비스를 제공 한다.

③ 사고시설을 설치하고 유지한다.

④ 지원 교통수단을 제공한다.

행・재정부의

① 조달유닛은 상품계약과 관련된 재정문제를 다룬다.

② 시간유닛은 사고대응 인력과 고용된 장비의 시간을 기록관리 한다.

③ 비용유닛은 비용을 추적, 비용자료를 분석하고, 견적, 비용 경감안을 권고한다.

④ 보상과 청구 유닛은 재산손실, 부상, 사상자들의 소송을 다룬다.

2) 조직 표준화

ICS 운영을 채택한 국가사고관리시스템은 모든 관할들과 기능분야에 걸쳐 재난관리와 대응의 효율성을 개선하는 포괄적인 국가적 시스템이다. 국가사고관리시스템은 두 가지 주요한 개념과 원칙이 있다. 사고관리에 적합한 다수기관, 다수관할, 다수분야의 조정에 관한 유연함을 가능하게 하는 유연성과 분산된 조직과 기관들이 함께 일할 수 있도록 활동구조의 조직화된 틀을 제공하는 표준화이다.

또한 ICS는 일반적 용어의 사용, 모듈화된 조직구조, 목적에 의한 사고관리, 사고행동계획에 의존, 관리 가능한 통제범위, 사전 지정된 사고위치와 시설, 포괄적인 자원관리, 통합적 의사소통, 지휘권의 확립과 이양, 지휘권의 통합과 지휘사슬, 필요시 통합적인 지휘, 개인과 자원의 적합성의 완성, 통제와 관리에 의한 자원의 배치, 지식과 정보의 관리와 같은 관리적인 특성을 갖는다. 표 6-17은 ICS 조직요소와 직위를 나타낸다.

표 6-17 ICS 조직요소와 직위

조직요소 (Organizational Element)	직위 명칭 (Leadership Position Titles)	지원 직위 (Support Position)
사고지휘 (Incident Command)	사고지휘자 (Incident Commander)	부지휘자(Deputy)
지휘참모(Command Staff)	간부(Officer)	보조자(Assistant)
부(Section)	부장(Section chief)	부부장(Deputy)
반(Branch)	반장(Branch Director)	부반장(Deputy)
지역과 그룹 (Divisions & Groups)	감독자(Supervisors)	N/A
유닛(Unit)	유닛 리더(Unit Leader)	매니저, 조정자
스트라이크 팀, TF (Strike Team/ Task Force)	리더(Leader)	단위자원 책임자
단위 자원 책임자 (Single Resource Boss)	장(Boss)	N/A
기술적 전문가 (Technical Specialist)	전문가(Specialist)	N/A

사고지휘자는 사고의 규모와 특성에 따라 그림 6-3과 같은 조직구조와 표 6-17과 같은 조직요소들을 자유롭게 선택하여 사고관리를 위한 ICS 조직구조를 디자인 할 수 있다. 특히 활동부는 임박한 위험을 다루고, 주민들의 생명과 재산을 구하며, 상황통제를 구축하고, 정상적인 상황으로 복원하는 것을 지휘하는 등 사고현장에서의 전술적 활동관리를 대표한다. 활동부에 포함될 수 있는 기관들의 종류는 소방, 경찰, 공중보건, 공공업무, 비상서비스와 같은 기능들로 사건의 종류와 규모에 따라 달라질 수 있다. 또한 활동부는 지리적, 기능적, 조합적으로 구분하여 운영할 수 있다. 예를 들어

① 지리적 Divisions은 강과 같은 지역의 자연적인 구분에 따라 지역을 나눈다.
② 기능적 Divisions은 화재, 구조, 대피, 의료 등과 같이 활동분야로 나누어진다.
③ 지리적, 기능적 그룹들의 조합방식은 Divisions 내에서 별도의 구분된 그룹으로 나눌 수 있다.

3) 직위별 책임과 역할

(1) 사고 지휘팀(Incident Command Team)

사고지휘팀이란 사고지휘자를 포함한 사고대응에 참여하는 인력들을 말한다. 사고지휘자(IC)는 지휘기능에 대한 책임을 진다. 사고지휘자는 지휘권 이양을 통해 변할 수 있다.

특정 업무의 수행과 지휘통제의 범위를 줄이기 위해 1~2명의 부지휘자를 둘 수도 있다.

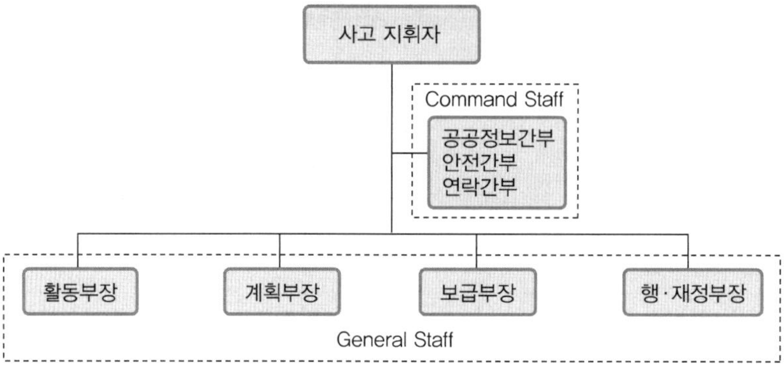

그림 6-4 사고지휘자와 참모

IC의 책임들로는

① 전반적인 사고관리

② 사고의 우선순위 평가

③ 자원수요와 주문에 대한 평가

④ 외부기관들과의 조정이 있다.

통합적 지휘(Unified Command, UC)는 다수기관들의 사고지휘자들이 하나의 ICP에서 함께 활동하는 지휘형태이다.

공공정보간부(PIO)는 사고관련 정보를 요구하는 대중과 언론, 다른 기관들과 접촉하는 것이 책임이다.

PIO는

① 언론, 사고 활동자, 다른 기관에 적절한 정보를 개발하여 제공하고,

② 소요인력의 수요를 결정하고 지원요청하며,

③ 모든 사고관련 정보의 유출 이전에 IC/UC로부터 승인을 얻거나 조정하고,

④ 정보에 대한 대중들의 반응을 모니터한다.

안전간부(SO)는 사고활동을 모니터하고, IC/UC에게 재난대응 인력의 보건안전을 포함한 활동과정상의 안전과 관련 모든 문제를 자문한다. SO는 불안전한 행동을 중지하거나 예방할 수 있는 IC/UC의 비상권한을 갖는다.

SO는

① 위험스럽고 불안전한 상황을 의사소통하고 평가한다.
② 현장의 안전과 건강계획 수립을 보장한다.
③ 개인의 안전을 보장하기 위해 안전조치를 개발하고 의사소통 한다.
④ 불안전한 행동과 조건을 교정한다.
⑤ 활동적이거나 진행되고 있는 상황의 인식을 유지한다.
⑥ 사고행동계획(IAP) 상의 안전 메시지를 포함하고 준비한다.
⑦ 각각의 사고에 대한 안전간부를 부여한다.
⑧ 필요시 지원자를 부여한다.

연락간부(LNO)의 책임은 다른 정부기관과 NGO, 민간부분을 대표하여 접촉하는 것이다. 지원과 대표 부서에서는 LNO를 통한다.

LNO는
① 대표기관들의 우려와 문제들에관해 IC/UC와 의사소통한다.
② 모든 연관 기관들과의 접촉을 유지한다.
③ 기관들에 대한 필요한 정보를 IAP에 포함하고 준비한다.
④ 단지 한명의 LNO만이 각각의 사건에 할당된다.
⑤ 필요시 보조자가 지정 될 수 있다.

지역지휘자(AC)는 지역지휘에 관한 사항을 관리감독을 한다.

AC는
① 하나의 ICS 시스템 조직에 의해 다루어지는 다수의 사건
② 다수의 사고관리팀이 지정되는 아주 큰 사고
③ 전략적인 지원에 초점을 둔 사고에서
④ AC는 IC/UC를 돕고 전략적인 지휘를 제공한다.

(2) 활동부(Operation Section)

활동부에 대한 정확한 안내는 없지만 사고의 복잡성이나 사고지휘자의 요구에 따라 역할과 책임이 결정된다. 활동부장은 사고현장의 전술적 활동 전반에 관한 책임을 진다. 전술적 목표를 개발하고, 전술적 활동을 수행하고, 계획을 수행하며, 모든 전술적 자원들을 지휘한다. 사고현장의 자원들은 단순자원(Single Resources), 태스크 포스(Task Forces), 기동팀(Strike Teams)의 형태로 조직화하여 운영한다.

활동부장은 사고행동계획(IAP)에 따른 요소들을 가동하고 감독한다.

① IAP의 실행을 지휘한다.
② 현장안전과 보건계획을 실행하고 가동한다.
③ 단위활동 계획의 준비와 지휘를 한다.
④ 자원을 요구하고 방출한다.
⑤ IC/UC에 대한 보고를 한다.
⑥ 운영활동 감독을 돕기 위해 활동 부부장(Deputy OSC)을 지정할 수 있다.

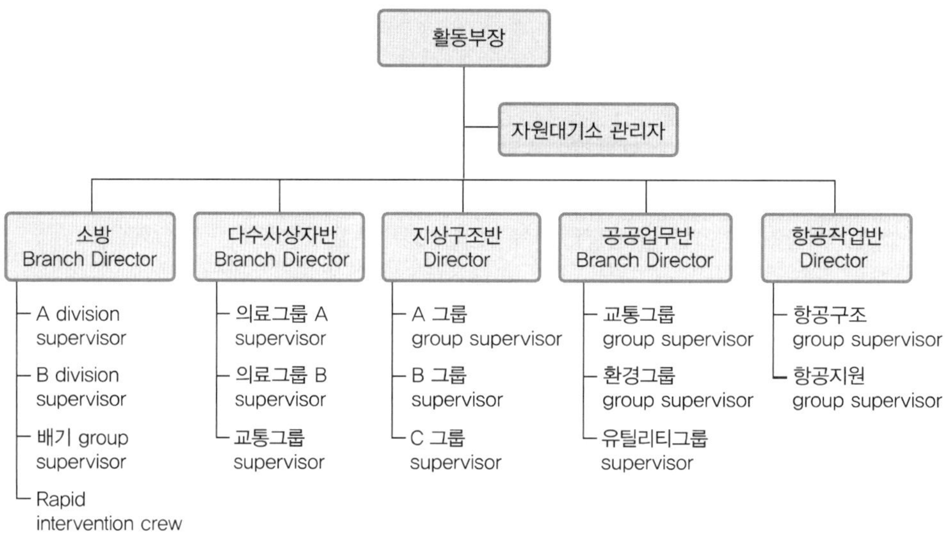

그림 6-5 활동부 편성(예)

(3) 계획부(Planning Section)

계획부는 사건과 자원에 관한 수집, 평가, 보급, 정보의 사용에 대한 책임이 있다. 정보는 현재 상황을 이해하고, 사건의 가능 진로를 예상하고, 사건에 대한 대안적 전략을 준비하고, 필요한 사건상태 보고서를 제출하기 위해 필요하다.

계획부장(PSC)의 책임은
① 현재 상황의 가장 가능성 있는 그림을 형성하고자 IC/UC와 긴밀하게 활동하고,
② 사고의 전략적 전술적인 목표설정을 위해 IC와 OSC와 긴밀하게 활동하고,
③ 계획부의 인력배치, 조직화, 감독한다.
④ 인력의 지원과 재배치 계획을 수립하고,
⑤ 활동적인 계획 사이클에 참여 및 준비하며,

⑥ IAP 상의 필요한 ICS 서식을 완성하고,

⑦ 모든 현장 활동자들에게 IAP가 구성되고, 복사되고, 보급될 수 있게 해야 한다.

⑧ IAP 이행과 의사소통을 하고,

⑨ IC에 주기적인 상태보고를 제공하며,

⑩ PSC의 부PSC를 지정할 수 있다.

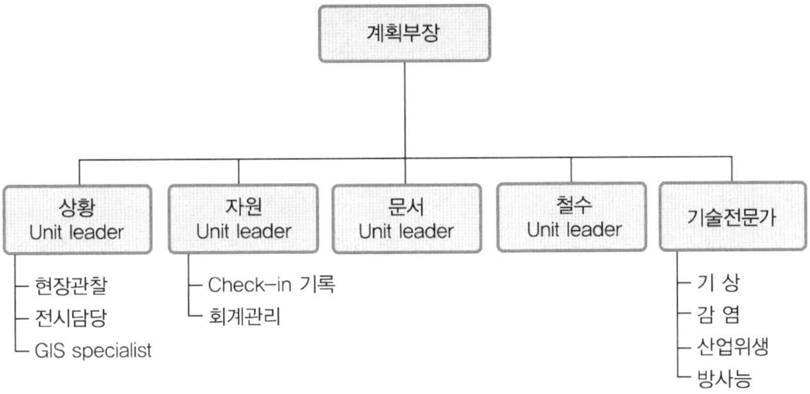

그림 6-6 계획부 편성(예)

(4) 보급부(Logistics Section)

보급부서는 사고대응활동 지원을 위한 시설, 서비스, 물자를 제공하는 책임을 진다. LSC는 IAP의 개발과 이행에 참여한다. Branches와 부서내의 Units을 가동하고 감독한다.

보급부장(LSC)은

① 모든 사고지원 요구를 예상하고 제공하기 위해서 IC/UC와 긴밀하게 활동하고,

② 적절한 조달 방법으로 자원들을 주문하고

③ 현장대응자들에 대하여 모든 사고 시설, 교통, 물자, 장비관리, 유류제공, 음식제공, 통신, 의료서비스를 설치하거나 제공한다.

④ 부서 내의 인력배치 및 조직화와 감독

⑤ 인력의 지원과 재배치 계획

⑥ 활동적 계획과정에 참여하고 준비

⑦ IAP상의 ICS 서식의 완성

⑧ IC에 주기적인 상태보고를 제공

⑨ LSC의 부LSC를 지정할 수 있다.

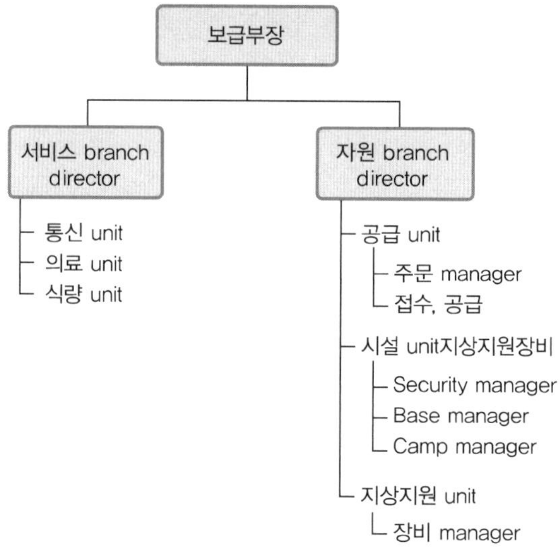

그림 6-7 보급부 편성(예)

(5) 행 · 재정부(Finance and Administration Section)

행 · 재정부장(FAS)은 사고 측면에서의 모든 재정적 비용분석과 부서감독에 대한 책임이 있다.

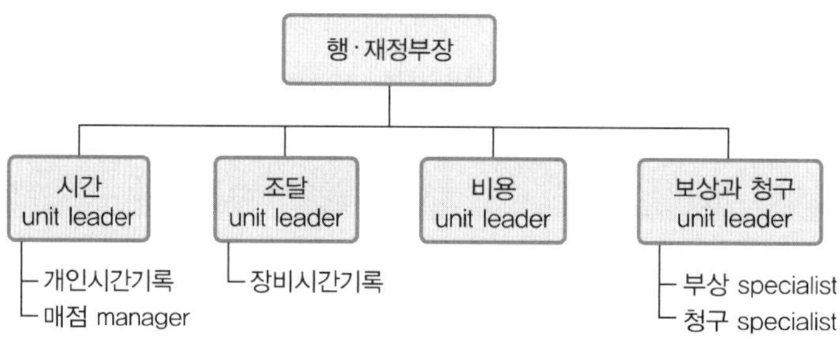

그림 6-8 행 · 재정부(예)

FASC은

① 모든 사고 경비를 견적하고, 추적하고, 승인함에 있어 IC/UC와 긴밀하게 활동한다.

② 다수자원으로부터의 자원을 모니터하고 조정한다.

③ 모든 관련법을 준수하여 지출해야 한다.

④ 부서내의 인력배치 조직화와 감독

⑤ 인력의 지원과 재배치 계획

⑥ 활동적 계획과정에 참여하고 준비
⑦ IAP상의 ICS 서식의 완성
⑧ IC에 주기적인 상태보고를 제공
⑨ FSC의 부FSC를 지정할 수 있다.

4 현장지휘(Field Command)

1) 현장시설(Field Facilities)

사고지역 부근에는 재난대응 활동에 필요한 몇몇 종류의 시설들이 설치된다. 사고지휘자는 사고지휘소(ICP)에 위치한다. 어떤 사고현장에서도 사고지휘소는 한 곳만 존재한다. 지휘소는 차량, 트레일러, 텐트, 건물일수 있다. 대부분 위험지역 외곽에 위치하지만 사고지휘를 위해 충분히 가까워야 한다. 기지(Base)는 주요 병참기능이 조정되고 관리되는 장소이다. 대부분 사고지휘소와 인근하여 위치한다.

① 사고현장 지휘소(ICP)는 현장 사고관리와 관리조직의 전술적인 위치를 중요시 한다. ICP는 전형적으로 사고의 가까운 부근에 설치하며, 지휘와 전술활동의 현장통제를 위한 장소이다. 사고행동계획은 ICP에서 수립된다. 사고통신 센터 역시 이곳에 설치된다. 만약 통신요구가 충족되면 ICP는 사고기지(Base)와 같이 위치할 수 있다. ICP는 하나만 설치한다. IC가 사고 전반을 통제하는 장소로 지도상에는 아래와 같이 표시된다(그림 6-9).

② 사고기지(Base)는 중요한 지원활동이 수행될 수 있는 장소에 위치한다. 단독 사고기지는 현장 활동을 지원하는 모든 장비와 인력을 보관하기 위해 설치된다. 병참부에서 주문한 모든 자원과 물자들은 이 기지에 보관된다. 사고기지는 다수의 사고현장 활동을 지원할 수 있도록 설계되어야 한다. 주요 서비스와 자원 지원활동을 하며 하나만 설치된다.

③ 자원대기소(Staging Area)는 개인과 장비가 전술적 임무를 부여 받기까지 대기하는 사고현장에 설치하는 임시장소이다. 즉 자원대기소는 가용한 자원의 임시적인 위치로 설치된다. 자원대기소 역시 위험으로부터 떨어진 장소에 설치하며, 5분 이내에

투입 가능한 장소에 위치한다. 사고현장에는 일반적으로 하나 이상의 자원대기소를 둘 수 있다. 자원대기소는 긴급하지 않은 자원들을 위치할 수 있게 활동부장(OSC)에 의해 설치될 수 있다. 현장 활동에 동원될 때 까지 임시로 대기하는 장소이다. 활동부장(OSC)은 자원대기소의 관리자를 지정하여 자원의 입・출입을 관리하여야 한다. 자원대기소에는 관리자를 두고 관리자는 자원대기 상황을 활동부장과 현장지휘자에게 보고하여야 한다.

또한 사고현장에서는 사고의 특성과 필요에 따라서는 캠프(Camp), 헬리 베이스(Helibase), 헬리 스팟(Helispot)을 설치할 수 있다.

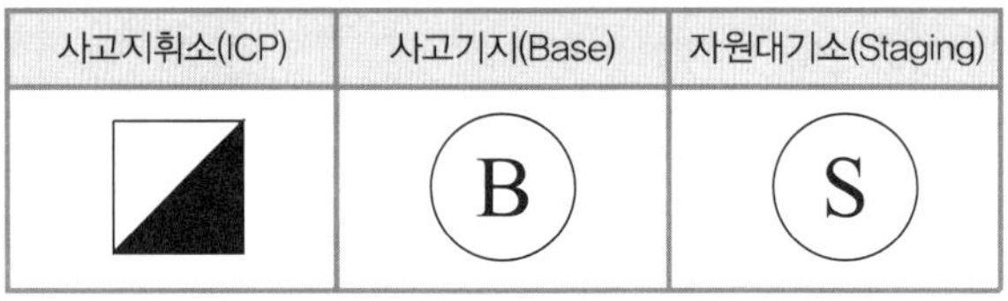

그림 6-9 현장시설의 기호

④ 캠프(Camp)는 모든 자원들이 베이스에 접근할 수 없을 때 사고활동을 지원하기 위해 자원이 대기되는 장소이다. 켐프는 사고기지로부터 분리되고, 사건현장 활동을 효과적으로 지원할 수 있는 위성기지와 같은 형태의 최적의 장소에 위치할 수 있다. 캠프는 음식, 숙소, 위생과 같은 필수적 형태의 지원을 제공한다. 또한 자원의 유지에 필요한 경미한 서비스와 장비를 제공할 수 있으며 변화된 활동 요구를 충족하기 위해 다른 장소로 이전할 수도 있다.

⑤ 헬리 베이스(Helibase)는 헬기중심의 항공 활동들이 중심이 될 때 설치된다. 대체로 장시간 소요되기 때문에 연료 서비스와 유지관리 서비스 기능도 포함될 수 있다.

⑥ 헬리 스팟(Helispot)은 인력과 장비를 하역할 수 있는 장소로 헬리 베이스보다 더 임시적인 시설이다.

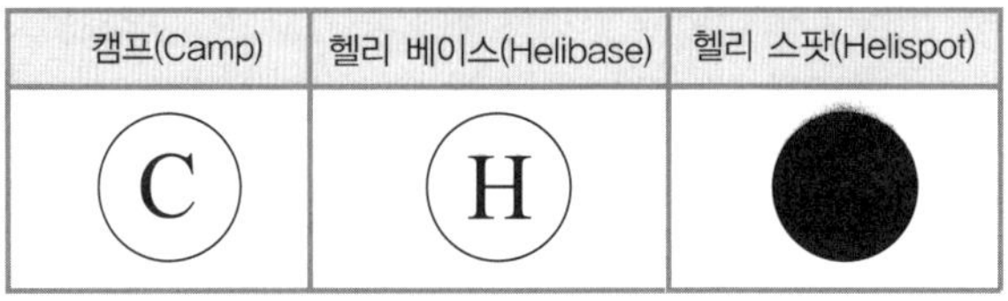

그림 6-10 선택적 시설의 기호

2) 통합지휘(Unified Command, UC)

통합지휘는 둘 이상의 책임 대응기관들이 대응하거나 둘 이상의 책임관할 사고에 대하여 ICS 시스템 하에서 설치된다. 통합지휘 하에서는 지정된 통합지휘 구성원들을 통해 기관들은 함께 공동으로 활동한다. 통합지휘 하에서도 ICS의 양상들은 변하지 않는다. 단지 책임과 의사결정 과정에 한명의 사고지휘자가 아닌 다수의 통합지위 구성원들의 참여로 이루어진다.

통합지휘 과정에도 아래 원칙은 항상 적용되어야 한다.

① 하나의 조정된 IAP 하에서 사고는 관리된다.

② 한명의 활동부장의 책임 하에서 IAP는 이행된다.

③ 하나의 지휘소가 설치 운영된다.

3) 지역지휘(Area Command)

지역지휘는 ICS 조직에 의해 각각 관리되어지는 다수의 사고관리를 감독하거나, 그리고 관할경계에 걸친 대형사고 관리를 감독하는 하나의 조직이다. 지역지휘는 사고지역이 한정되지 않고, 즉각적으로 정의할 수 없고, 지리적으로 분산되거나 시간에 걸쳐 확산되는 사고들에 유용하다.

지역 지휘자의 책임으로는

① 전반적인 전략과 우선순위 설정,

② 우선순위에 따라 주요자원을 할당,

③ 사고는 적절히 관리되어져야 하고,

④ 목표를 충족하고,

⑤ 전략을 이행하여야 한다.

다수의 기관, 다수의 관할에 걸친 사고일 경우 지역지휘는 역시 통합적 지역지휘가 될 수 있다. 지역지휘는 ICS 구조와 매우 유사하다. 단지 활동부는 없다. 왜냐하면 활동부는 현장에서 수행되기 때문이다. 지역 지휘는 계획부, 보급부, 행・재정부로 구성된다.

4) 지휘권 이양(Command Transfer)

사고 진행 중인 상황에서 효과적인 지휘권이양 과정은 중요한 6단계의 절차를 거친다.

① 1단계는 신임 사고지휘자가 기존 지휘자와 같이 사고 상황을 평가하는 것이다.
② 2단계는 신임 지휘자에게 간단하게 보고하는 것이다. 이 보고는 현 지휘자가 하며 가능한 대면하여 지휘권 이양을 한다.
③ 3단계는 권한의 위임이다. 일부 사고의 경우 문서로서 하며 법률과 재정적 권한, 기관 요원들을 양도하고 부여하는 능력, 사고관리를 위해 기관간 협정을 개발할 수 있는 능력을 포함한다.
④ 4단계는 지휘권 이양의 적절한 시기를 결정 하는 것이다.
⑤ 5단계는 참모들과 인력들에 지휘권 이양을 알리는 것이다.
⑥ 6단계는 기존의 지휘자에게 다른 역할을 줄지 여부를 결정하는 것이다.

사고 브리핑은 사고의 경과, 우선순위, 목표, 현재 계획, 자원할당과 사고조직, 자원 주문과 필요한 자원, 시설설치 현황, 통신 상태, 어떤 제한과 한계, 사고의 잠재성에 관해 보고한다.

5) 일반적인 책임

ICS 조직 내에서는 활동하는 모든 사람들에 적용되는 일반적인 책임과 업무가 있다. 또한 지도적 역할을 하는 모든 사람들에게는 일반적인 지도책임이 있다.

① Check-in을 통해 파견된 모든 사람들은 사고현장에 도착하면 등록을 해야 한다. 이것은 계획 부서의 업무로 사고등록 리스트를 사용한다. ICP, Staging, Base, Division, Group 출입 시에도 check-in을 한다.
② 사고행동계획(IAP)은 사고대응활동 전반에 관한 행동계획이다. 계획의 변화는 IC/UC의 승인을 얻고 OSC와 의사소통되고 조정되어야 한다.
③ 지휘의 통합 : ICS 조직의 모든 구성원들은 단지 한명의 지휘감독자를 갖는다. 이것은 현장지휘의 혼란을 예방한다.
④ 통제의 범위 : 감독자에 의한 구성원들의 적합한 감독은 필수이다. ICS 상에서 한 명의 감독자가 관리가능한 통제의 범위는 3～7명, 또는 3～7개 기능이다. 1대 5의 비율이 가장 선호된다.
⑤ 자원의 추적 : 자원상태의 어떠한 변화도 기록되고 감독자에 보고 되어야한다.

6) 사고행동계획(Incident Action Plan, IAP)

효과적인 계획은 성공적인 사고대응을 위한 기초를 제공한다. 전체 지휘자와 일반 참모들은 계획 과정과 IAP 수립과정에 참여한다.

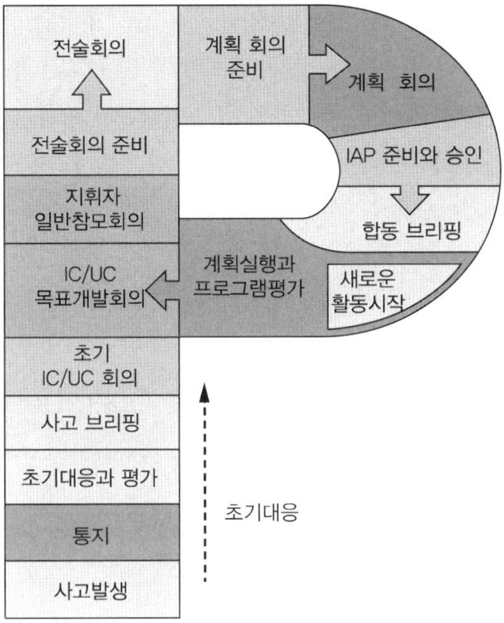

그림 6-11 사고행동계획(IAP) 과정도

계획과정은

① 현재 상황과 자원의 상태에 관해 분명하고 정확한 사진을 제공하고,

② 사건의 가능한 진로를 최선과 최악과 같이 효율적으로 예상하고,

③ 계획 A, B, C와 같이 대안적인 전략들을 포함하고,

④ 다음 활동주기를 위해 현실적인 IAP를 위한 기초를 만들어야 한다.

계획과정의 5단계는

① 상황을 이해한다. 사고의 분명하고 정확한 그림을 수집, 기록, 분석, 전시하는 것을 포함한다.

② 사건 목표와 전략을 수립한다. 효과적인 전략, 사건 목표의 우선순위화, 공식화를 결정하는 것을 포함한다. 전략과 목표에는 대안적인 전략들을 고려해야 한다.

③ 계획을 수립한다. 전술적인 방향과 한 활동 주기 동안 전략이행을 위해 필요한 특정자원을 결정하는 것을 포함한다. 성공적, 집합적인 계획 수립을 위해 공식적인 계획 모임 이전에 지휘와 일반참모 각각의 구성원들은 필요한 정보를 수집할 책임이 있다.

④ 계획을 준비, 배부하라. 사건의 규모나 복잡성에 적합한 구성의 계획을 준비하는 것을 포함한다. 초기대응 동안에는 이것은 구두의 브리핑과 구두의 지시로 이루어진다.

⑤ 계획을 실행, 평가, 수정하라. 지휘팀은 규칙적으로 계획된 공정과 실제 진행정도를 비교해야 한다. 계획의 조정은 새로운 정보의 등장과 조건의 변화 시에 이루어진다.

"P" 그래프는 활동계획 사이클의 시각화된 표현이다. 이 활동계획 사이클은 사건의 매 활동주기마다 반복된다. 활동주기는 다양하며 일반적으로 12시간이며 24시간을 넘기지 않는다.

5 재난안전대책본부(Emergency Operation Center, EOC)

1) 재난안전대책본부(EOC) 역할

EOC는 재난대응 활동과정에서 정책과 전략적 측면의 조정과 통제를 하는 기능을 수행한다. EOC는 기능이면서 장소이며 구조이다. EOC의 기능은 지역정부의 대응을 정책적으로 지휘하고 모든 책임뿐만 아니라 다른 정부들과 민간부분, 대중들과의 의사소통의 책임도 있다. 그래서 쾌렌틀리(Quaratelli)는 EOC의 6가지 주요기능으로 ① 조정, ② 정책결정, ③ 활동관리, ④ 정보수집과 기록유지, ⑤ 공공정보, ⑥ 외부인 안내를 들었다. 조정은 대응과정에서 유발하는 다양한 요인들의 지원과 조정에 초점을 둔다. 정책결정은 지역재난 대응의 전반적인 부분을 안내하는 의사결정을 의미한다. 활동관리는 주로 요인유발수요(Agent generated demand)를 충족하기 위해 취해지는 행동이다. 정보수집과 기록관리 과정에서는 재난관련 다양한 정보를 수집하고 적재적소에 시기적절하게 전파하고 다양한 기록들을 체계적으로 관리하는 것이다. 마지막으로 외부인 안내는 VIP, 정치인은 물론, 외부지원과 언론을 포함한 포괄적인 개념의 안내를 의미한다.

EOC의 주요역할은 기관들 사이의 조정(Coordination)과 사고대응을 지원하기 위한 의사결정(Decision making)이다. EOC는 사고현장에서 대응하지 않는다. EOC의 조정기능은 ① 정보의 수집과 평가, ② 우선순위의 결정, ③ 자원관리를 통해 수행된다. 또한 EOC의 의사결정은 사고대응뿐만 아니라 공공대응에 영향을 미친다. 전술적인 의사결정은 ICP의 사고지휘자와 일반참모들이 한다. 따라서 EOC는 다수기관이나 참여조직들이 조정되는 곳이며 현장대응 활동을 외부에서 지원하는 기능을 수행한다.

사고는 지리적으로, 조직적으로, 관할적으로 가능한 가장 낮은 수준에서 관리되어 져야 한다. 따라서 지역의 EOC는 현장 ICP의 사고지휘를 지원하고 자원을 조정하는 역할을 제공한다. 지역자원이 부족할 때 시・도 EOC를 통해 추가적인 전문가, 자원, 지원을 제공해준다. 시・도의 자원이 부족할 때는 중앙에 자원을 요청한다.

이처럼 EOC의 활동은 국가사고관리시스템에서 요구되는 다수기관들의 조정에 관한 역할을 수행하는 부분적인 시스템 역할을 수행하는 것이다. EOC는 다수기관의 협력을 위한 정보와 자원을 사고관리 현장에 지원하는 기능을 한다. EOC는 사고와 재난의 대응과 응급복구 활동에 초점을 둔다. EOC의 주요활동은 특정사고관련 협력, 통신, 자원할당과 경로확보, 정보수집, 분석과 전파업무가 핵심 기능이다. EOC는 사고기간 동안 일반적인 활동 그림을 그리고, 현장지휘자에게 외부적인 협력을 제공하고, 부가적인 자원을 확보하는 것을 돕는다. EOC는 또한 모든위험 활동관련 정보를 공유하고 사고관리나 대응활동의 지원과정에서 다른 주제의 문제에 관한 전문가 공유를 촉진한다.

다수기관조정시스템(MACS) 속에서 EOC는 몇몇 주요기능을 제공한다.

① 정보수집과 평가 : 다양한 자원들로부터 정보를 수집, 분석, 해석한다.
② 조정 : 복잡한 사고나 동시다발 사고에서 정보흐름과 자원을 조정한다.
③ 우선순위 선정 : 대응시스템은 상호 연결되게 하고, 다양한 시스템 구성들의 상하작용을 강조하며, 가용자원 조정을 통해 대응을 보다 더 효과적이고 효율적으로 만들고, 동의된 정책과 순서에 근거하여 의사결정을 하도록 한다.
④ 자원조정 : 필요한 자원의 정의와 획득과 자원을 할당
⑤ 의사소통의 촉진 : 다수기관조정 시스템상의 협력자들과 다른 사람들 사이의 상호활동 가능한 통신을 구축한다.

EOC의 4가지 주요기능은 ① 정보의 수집, 분석, 전파, ② 조정, ③ 통신, ④ 자원요구, 보급, 경로추적(tracking)이다. 지역 EOC는 재난대응과 복구활동 조정의 중심이다. EOC의 구조는 ICS 체제를 이용한다.

2) EOC 조직구조

EOC의 조직구조는 대부분 ICS 구조를 그대로 채택한다. 즉 현장 활동을 수행하는 on-site ICS(ICP) 구조와 유사하게 off-site EOC의 조직구조를 갖추는 것이 일반적이다.
재난관련 부서는 각각의 종류별 재난에 대한 책임기관 및 지원기관이나 부서를 사전에 결정하고 지정하여야 한다. 그리고 유관기관이나 부서는 유기적인 접촉을 하여야 하며,

재난의 규모나 종류에 따른 책임기관, 지원기관으로서의 역할 수행을 위해 필요인력을 지정하여야 한다. 재난관련 부서의 장 또는 지정된 자는 EOC의 장이 된다.

EOC의 조직구조는 ICS 체계를 따르기 때문에 EOC의 장이 EOC의 사고지휘자(IC)가 된다. 이때 EOC의 사고지휘자는 사고현장 ICS(ICP)의 사고지휘자와는 역할이 다르다. EOC는 ICS(ICP)와 같이 사고지휘자를 중심으로 운영, 보급, 계획, 행·재정과 같은 4가지 일반 staffs를 운영하며 각각의 부(Section)에는 장을 둔다. 운영부에는 ESF 중 통신, 화재진압, 다수인 관리, 보건의료, 구조탐색, 위험물질, 군 지원, 법집행, 동물보호 활동을 포함하고, 보급부에는 이송, 정보와 계획, 자원지원, 음식과 물, 공공정보, 자원봉사와 기부, 사업과 산업 활동을 포함하며, 계획부에는 공공업무, 유틸리티 활동을 포함하며 행·재정부에서는 재무회계 관련 업무를 수행한다.

EOC의 사고지휘자(IC)는 ① 모든 상황관리, ② 현장지휘소(ICP)와 상의, ③ 현장지휘소와 정보교류, ④ 주요 정책결정, ⑤ 현장지휘소 요구에 대한 자원의 동원, ⑥ 지역기관들과 참여기관과의 업무조정, ⑦ 현장방문자 관리, ⑧ 사고 이후 철수결정을 하게 된다. 운영부장은 자원대기소 관리자, 반장, 팀장 등과 함께 EOC의 비상지원 기능들을(ESFs) 관리한다.

계획부장은 정보관리, 사고행동계획(IAP), 필요자원의 결정, 협력계획을 수립한다. 또한 ① 자원유닛, ② 출납기록, ③ 상황 유닛, ④ 과정 표시, ⑤ 현장 관찰, ⑥ 철수, ⑦ 문서화, ⑧ 기술적 조정 업무를 수행한다.

보급부장은 시설, 서비스, 물자에 대한 제공책임을 진다. 따라서 ① 통신유닛, ② 의료유닛, ③ 음식유닛, ④ 공급유닛, ⑤ 주문관리, ⑥ 납품과 보급관리, ⑦ 시설유닛, ⑧ 현장지원유닛 형태로 구성된 업무를 수행한다.

행·재정부장은 재정과 비용관련 문제에 관한 결정을 한다. 따라서 ① 시간유닛, ② 조달(거래처), ③ 비용에 관한 업무를 수행한다.

EOC에서 활용하는 모든 메시지는 ICS form을 활용한다. 이 보고서는 반드시 EOC의 장의 보고와 결정을 받아야 하며 접수와 발송 문서들은 파일로 보관된다. 자원지원요청과 정보전파는 ICS form을 활용하며, 전파방법은 SNS, 전화, e-mali, 사이렌, 방문, 대중매체 등을 활용할 수 있다.

3) EOC 운영과 작동

EOC는 사고현장에서 필요한 다양한 요구에 대한 수요를 적극적으로 도울 수 있다.

EOC 운영으로 재난사고의 큰 그림을 제공하며, 정책의 수립이나 갈등적인 정책을 효과적으로 해결할 수 있고, 다양한 형태의 정보를 다양한 이해관계자들에게 제공하며, 의사소통을 지원하고, 재난현장의 공공정보의 체계적인 관리와 언론보도 요청을 하며, 현장에 필요한 다양한 자원들을 우선순위화하여 제공할 수 있다. 효과적인 EOC 운영을 위한 요소들에는 시설, 장비, 인력, 절차가 필요하다. EOC 운영상에 고려하여야 할 사항들은 표 6-18과 같다.

표 6-18 EOC 운영 시 주요 고려사항

고려 사항	근무자
무엇을 해야 하나?	수행업무와 EOC 요원구성
시간 틀은 어떻게 하나?	24/7 교대 지원 인력을 고려
누가 주요업무의 지식, 기술, 능력을 갖고 있는가?	업무수행에 필요한 적절한 지식, 기술, 능력이 필요하다.
누가 주요결정 권한이 있는가?	EOC 근무자들은 관련 업무수행에 필요한 권한이 있어야 한다.

EOC의 운용규모는 지역과 재난의 상황에 따라 가변적으로 운용한다. 일반적인 EOC 운영 형태는 ① 완전한 운영(모든 ESFs), ② 부분운영(일부 ESFs), ③ 모니터링 수준의 운영과 같이 3단계로 나눈다. 평상시 EOC는 3단계 모니터링 수준으로 운영하다가 재난이 임박하거나, 발생규모에 따라 2～3단계로 확대 운영된다. 재난대응에 필요한 정확한 정보통신을 보장하기 위해 지역 EOC는 SEOC(도 단위 EOC)와 FEOC(중앙단위 EOC)와의 조정활동은 중요하다. EOC는 상・하위의 정부들과 수직적인 구조의 교량역할은 물론 같은 수준의 정부조직과 부서들 상호간의 수평적 조정역할도 동시에 수행한다.

대부분의 시・도는 시・도 수준의 EOC를 운영한다. 시・군・구 지역은 지역단위의 상설 EOC나 다목적 공간의 EOC 시설을 설치할 수 있다. EOC는 소방, 경찰, 의료 등 다수의 기능분야, 연방, 주, 지역, 시・군과 같은 다수의 관할, 또는 약간의 조합에 의해 조직된다. 일부 EOC는 상설팀으로 운영되기도 하지만 대부분의 EOC는 사고지원을 위해 가동된다. 일상적인 상황에서는 인력을 줄여서 운영한다.

일반적으로 EOC의 작동은

① 통합지휘(UC) 또는 지역 지휘(AC)가 설치될 때

② 하나 이상의 관할이 대응에 관여할 때

③ 사고지휘자가 사고가 급속히 확장될 수 있고 지적할 때
④ 과거 EOC를 가동한 경험이 있는 유사한 사고
⑤ CEO가 필요하다고 인정할 때
⑥ 비상상황이 긴급할 때, 태풍경보, 홍수, 위험기상 예보가 증가된 위험수준일 때
⑦ 재난대응계획에 규정한 한계 사건이 발생한때 작동한다.

EOC 운영관련 의사결정과 가동단계는
① 누가 EOC 가동을 위한 결정을 하는가?
② 가동을 위한 여건은 무엇인가?
③ 언제 가동 하는가?
④ 가동의 수준은 어떻게 결정되는가? 하는 의문에 대한 답변으로 의사결정 과정은 정책적으로 문서화 되어 있어야 한다.

또한 가동단계는 일반적으로
① 1수준(완전) : 모든 인력,
② 2수준(부분) : 핵심요원들과 대응기관의 요원들,
③ 3수준(모니터) : 핵심요원들만으로 구성되며 가동수준은 발단요인들과 사고지휘자 또는 통합지휘자와의 의사소통에 근거하여 결정된다.

EOC 가동의 중단은
① 재난관리 조정관이 핵심기관 요원들과 지역 지도자들과 상의 후 결정하거나,
② 의사결정자는 현장지휘자들과 토의 후 결정한다.

EOC의 주된 기능은 정보의 수집, 정책수립, 활동관리, 조정, 방문자 안내, 공공정보 제공 등의 역할을 수행한다. EOC 운영상의 전형적인 문제들로는 설치위치, 접근통제, 관계변화, 누가 EOC를 관리하는가, 조정과 의사결정에 대한 압박, 제한되고 부정확한 정보, 우선순위의 변동, 책임과 권한 라인의 중복, 의사소통 애로, 장비활용의 한계, 많은 참여자들, 집중된 스트레스 등이 운영상의 애로점이다.

EOC의 설치 가동과 운영관리 과정에 고려사항들은
① EOC 생각을 정치인과 공유하라.
② 안전한 지역에 EOC 설치하라.
③ EOC 대안을 가져라.
④ 적절한 배치를 결정하라.

⑤ 필요한 장비와 물품을 파악하고 확보하라.
⑥ 인명지원 수요와 요구를 관리하라.
⑦ 대체 전력과 통신을 공급하라.
⑧ EOC 사용자 명단을 유지하라.
⑨ EOC 설치기준을 정하라.
⑩ EOC 접근을 통제하라.
⑪ 잦은 휴식을 가져라.
⑫ 아마추어 무선통신을 활용하라.
⑬ EOC 운영요원을 교육하라.
⑭ 정치인이 EOC와 대응임무를 감독하게 하라.

EOC 운영에 관한 사고 이후 평가는 중요하다. 사고 이후의 평가를 통해 운영상의 다양한 문제점들을 지적하고 향후 개선할 수 있다.

EOC 운영에 관한 평가과정의 참여자로는
① 모든 EOC 핵심요원들,
② 사고지휘자,
③ 관할지역 관계자 또는 EOC 관여를 결정한 사람,
④ 여건에 따라 유틸리티 대표, 언론, NGOs 등이 참여한다.

4) EOC 위치

EOC의 위치는 일반적으로 영구적인 장소를 활용한다. 필요시에는 현장활동센터(Field Operation Center)에 둘 수도 있다. 하지만 EOC와의 기능을 혼돈해서는 안 되며, 현장활동 조직인 현장지휘소(ICP)와의 중복적이거나 현장 활동 개입적인 활동은 안 된다. EOC에는 소방, 경찰, 공공업무를 수행하는 기관에서 담당자들도 참여한다. EOC의 조직구조는 ICS의 구조를 그대로 사용하는 것이 효율적이다. 실제적으로 미국의 국가사고관리시스템(NIMS)은 EOC 뿐만 아니라 대부분의 재난관리에 참여하는 조직들의 구조를 ICS 체계와 일치시키는 것을 권장하고 있으며 실제로 그렇게 운영하고 있다. EOC는 행정조직 내부적으로는 시장・군수, 소방, 경찰, 공공업무 부서들과 연결된다. EOC는 상시운영체계와 비상시 운영체계로 구분된다. 비상시 운영체계는 재난계획에 의해 재난발생 시 확대 운영된다. 재난대응 조직을 지원하기 위해 재난관리자들은 활동에 효과적으로 필요한 자원을 확보하고 유지하여야 한다. 여기에는 EOC의 설치와 운영이 포함된다. EOC는 사고현장의 재난 대응자들에게 정보, 자원, 기술 등을 지원하고 제공하는 시설이다. 또한 주요 정책에 대한 조정과 협력을 제공하기도 한다.

EOC의 위치 결정과 관련된 주요 요소들에는 접근성, 안전성, 규모, 시스템 능력, 생존가능성, 다목적성이 있다.

① 접근성이란 핵심요원들의 제한된 시간 내 접근뿐만 아니라 비품과 지원인력의 접근도 용이해야 한다. 인구의 이동이나 도로의 교통 혼잡들도 고려되어야 한다. 또한 취약성과 위험요소는 물론 기후적인 요소들도 고려될 필요가 있다.

② 안전성이란 자연적, 기술적인 위험요소들로부터 안전한지 여부, 위험한 사건으로부터 안전한지, 테러, 식량과 쾌적성으로부터 안전한지를 의미한다. 또한 필요시 장애인 보호법 준수, 위험물질 제거, 참가자들의 보안 확보, 건축법 준수와 같은 사항들이 포함된다.

③ 시스템 능력이란 난방, 환기, 에어컨, 물, 전기, 전화와 같은 유틸리티 활용 능력을 포함한다.

④ 생존능력이란 재난의 종류·규모, 사고의 복잡성에 상관없이 필요한 시간만큼 시설을 유지할 수 있어야 한다.

CHAPTER 07

위험요소 (Hazards)

제1절. 열대성 폭풍(Tropical Cyclone)
제2절. 지진(Earthquakes)
제3절. 화산(Volcanoes)
제4절. 홍수(Flooding)
제5절. 쓰나미(Tsunami)

제1절
열대성 폭풍(Tropical Cyclone)

1 대기(Atmosphere)

지구의 대기는 지표면으로부터 상당한 수준의 상부까지 확장된다. 지구로부터의 거리에 따라 점점 얇아지며 대기의 99%는 지표로부터 30 km 이내에 있다. 건조한 대기는 주로 질소(78%), 산소(20.9%), 아르곤(0.9%)으로 구성되며 수증기는 중요한 성분이다. 대기 중의 수증기 량은 사막지역의 0%에서부터 열대지방의 4% 이상에 걸쳐 다양하다. 대기는 또한 구름, 비, 에어로졸 분자들과 같은 형태로 액화되어 응축된 물을 포함한다. 대기는 기온과 구성성분에 근거하여 주요 부분으로 분류할 수 있다.

대류권(Troposphere)은 지표에서 가장 가까이 있는 부분으로 태풍을 포함하는 모든 기후가 이곳에서 발생한다. 이 권역에서는 고도가 높아질수록 온도는 떨어진다. 왜냐하면 열을 대부분 지구의 표면으로부터 받기 때문이다. 대류권은 회귀선 부근의 지표에서는 개략 20 km, 중위도 지방에서의 층의 두께는 17 km, 극지방 상공에서는 개략 7 km에 달한다. 대류권의 맨 윗부분 즉 성층권과의 경계면을 권계면(Tropopause)이라고 한다(그림 7-1).

대기상의 중력장들 때문에 대부분의 대기는 지구표면에 가까이 분포하게 되며 대기는 수직적으로 골고루 분표되어 있지 않다. 따라서 대기 중량의 약 75%는 대류권에 있고, 대기상의 수증기 99%는 대류권에 있다. 대기의 기압 즉, 대기에 의해 가해지는 힘(압력)

의 세기는 고도가 증가할수록 낮아진다. 대기압의 단위는 mmHg, mb, Pascal이 있다. 해수면에서의 표준 대기압은 1013.2 mb이다. 허리케인의 중심기압 역시 밀리바(mb)로 나타낸다.

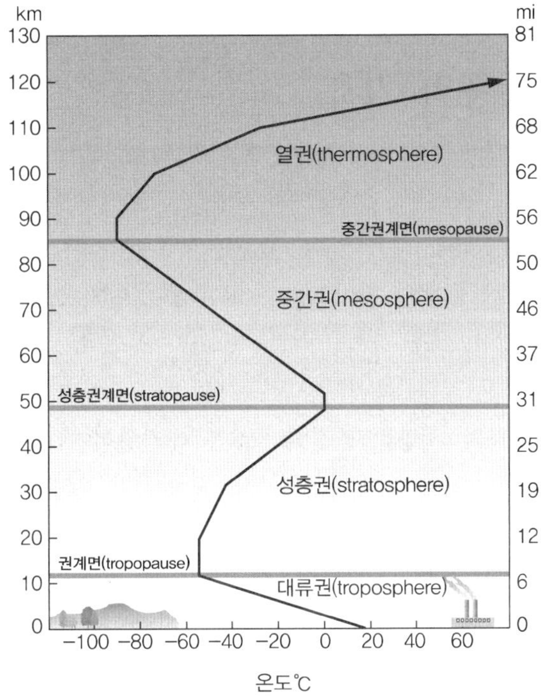

그림 7-1 대기권의 구성

출처 : NOAA

물의 순환은 태양으로부터 흡수되는 에너지에 의해 주로 이루어진다. 지구상에 물의 주요 저장소(reservoirs)로는 바다, 호수, 습지, 흙, 빙하, 눈, 지표수와 대기상의 수분이 있다. 물은 저장소들 간에 증발, 강우, 용해와 강과 지하수의 흐름과 같은 몇몇 과정을 통해 이동할 수 있다. 증발은 물이 액상에서 기체로 변화하는 과정이다. 강우는 대기나 구름속의 액체나 얼음분자가 너무 크게 성장하여 지구로 떨어지는 것이다.

물의 순환과정을 조명해보면, 먼저 물은 해수면으로부터 증발하여 대기로 들어간다. 증발과정에는 물이 액체에서 기체로 변환하기 위해서는 열이 필요하다. 대기에서 수증기는 상승하고 응축(수증기가 열을 방출하며 액화되는 과정)되어 구름을 형성한다. 바람은 이 구름을 육지로 이동시키고, 구름속의 물은 비나 눈으로 내린다. 물은 지구의 표면을 흘러강이나 호수로 흘러들어가거나 땅속으로 스며들어 지하수가 된다. 호수, 강, 지하수에서부터 물은 다시 바다로 유입된다. 바다에서 증발한 물은 이 같은 과정을 거치면서 다시 구름, 비, 눈이 되어 내리고 다시 바다로 유입되는 과정이 반복된다.

2 열대성 폭풍의 기초

열대성 폭풍(tropical cyclone)이란 열대 바다에서 따듯한 바닷물에 의해 힘을 갖는 강력한 저기압의 기후시스템에 대한 일반적인 용어이다. 일반적으로 열대성 폭풍에는 태풍(Typhoon), 허리케인(Hurricane), 사이클론(Cyclone)이 있으며, 지역에 따라 달리 불려진다. 하지만 그 형성 원리는 같다. 북대서양과 동태평양에서 강력한 열대성 폭풍을 허리케인이라고 한다. 어떤 대기적, 해양적 조건이 필요한 대기상의 미리 존재하는 난기류가 발달하여 허리케인이 된다. 성숙한 허리케인은 거의 원형이며, 일반적으로 수 백 마일의 직경을 갖는다.

열대성 폭풍은 따뜻하고 습한 공기를 연료로 사용하는 거대한 엔진과 같다. 그래서 대부분 따뜻하고 습한 적도 부근에 발생한다. 바다 위의 따뜻하고 습한 공기는 해수면 부근에서부터 상승하게 됨에 따라 해수면 부근의 공기가 상대적으로 부족하게 된다. 즉 따뜻한 공기의 상승으로 해수면 부근에 저기압이 형성된다. 그래서 주변의 고기압이 저기압 부근으로 밀려오게 된다. 그리고 다시 새로운 공기들이 따뜻하고 습해지면 또다시 상승하게 된다. 이때 따뜻하고 습한 공기의 상승과 더불어 주변에서 저기압으로 밀려드는 고기압의 공기들이 자리 잡기 위해 소용돌이를 치게 된다. 또한 상승한 따뜻하고 습한 공기들은 높이 올라가면서 냉각되어 구름을 형성한다. 이들 구름과 바람의 전체 시스템은 바다열기와 표면으로부터 물의 증발을 공급받아 회전하면서 성장하게 된다. 일정규모 이상의 세력을 갖게 될 때 이것을 열대성 폭풍이라고 한다.

열대성 폭풍은 기존의 기류, 따듯한 열대성 바다, 습기, 상대적으로 가벼운 상승 바람들을 포함하여 형성된다. 이러한 좋은 조건들이 오래 지속되게 되면 이들은 합해져서 격렬한 바람, 대형파도, 폭우, 홍수를 만들어낸다. 열대성 폭풍 중에서 가장 강력한 기상현상을 태풍, 허리케인, 사이클론이라고 한다(대서양과 동태평양 – 허리케인, 서태평양 – 태풍, 인도양과 호주 – 사이클론).

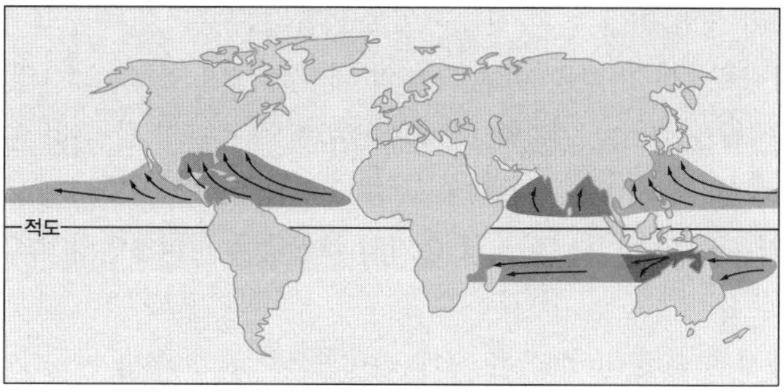

그림 7-2 열대성 회오리바람의 발생지역

출처 : NOAA

표 7-1 연간 허리케인 발생 빈도(1968-1989)

지 역	최 대	최 소	평 균
대서양	12	2	5.4
동태평양	14	4	8.9
서태평양	24	11	16.0
북 인도양	6	0	2.5
남서인도양	10	0	4.4
남동인도양/호주	7	0	3.4
호주/남서태평양	11	2	4.3
지구전체	65	34	44.9

출처 : 콜로라도 주립대

열대성 회오리바람은 뇌우를 동반하며 북반구에서는 반 시계 반향으로 회전하고 남반구에서는 시계방향으로 회전하는 저기압 시스템이다. 열대성 회오리바람은 풍속이 38 mph 이하인 것을 열대성 저기압이라고 한다.

열대성 회오리바람이 39～73 mph에 이를 때 열대성 폭풍이라고 한다. 풍속이 76 mph 이상일 때를 허리케인이라고 한다. 그림 7-2는 열대성 회오리바람의 발생지역을 나타내고, 표 7-1은 연간 허리케인 발생 빈도(1968～1989)를, 표 7-2는 허리케인의 정의를 보여준다.

허리케인의 규모는 일반적으로 사피어 심슨 스케일을 사용한다. 이 스케일은 허리케인의 세기를 등급으로 나타낸 것으로 가장 약한 1등급에서부터 가장 강한 5등급까지로 구분된다(표 7-3). 전형적인 허리케인은 약 300마일의 폭을 가진다. 허리케인 눈은 허리케인 중심부분의 약 20～40마일의 직경을 가진 상대적으로 아주 조용하고 구름이 없는 장소를 말한다. 이 눈을 둘러싼 벽은 상대적으로 밀집된 구름들로 구성되며 강한바람을 포함하고 있다. 허리케인의 바깥쪽 비구름 대의 바람은 최소 시속 25마일에서 150마일의 속도를 가지며 허리케인의 눈으로부터 300마일까지 이런다(그림 7-5). 태풍진행 방향의 오른쪽은 바람, 해일, 토네이도가 더욱더 강하다. 허리케인의 속도와 경로는 해양과 대기의 복잡한 상호작용에 달려있다. 이러한 대기의 복잡성은 허리케인의 속도와 경로를 예측하기 어렵게 한다.

적도의 북쪽에서 형성된 Storm들은 시계 반대쪽으로 회전하며, 남쪽에서는 시계방향으로 회전한다. 지구의 자전에 의해 이 같은 변화는 발생한다. Storm 시스템이 더 빨리 회전할 때 중심부에는 폭풍의 눈이 형성된다. 여기는 아주 저기압으로 매우 고요하고 투명하다. 높은 기압의 공기는 상부로부터 허리케인의 눈으로 흘러들어 온다. 열대성 폭풍은 일반적으로 육지에 상륙할 때 약화된다. 왜냐하면 따뜻한 바닷물로부터의 에너지를 공급받지 못하기 때문이다. 하지만 폭풍은 종종 육지의 깊숙한 지역까지 이동하여 많은 비를 뿌리고 바람에 의한 피해를 가져다준다.

표 7-2 허리케인의 정의

정 의	허리케인은 평균풍속 120 km/hr(74 mph) 이상
크기	평균 직경은 대략 600 km(350 마일)
기간	수일에서 1주일 이상
강도	평균 중심기압 950 mb, 870 mb 이하도 가능
power	허리케인 하나의 발생 에너지는 미국과 캐나다의 연간 전력소비량 이상

표 7-3 사피어 심슨 스케일(Saffir-Simson Scale)

Category	평균풍속 (MPH)	피해	Storm Surge(ft)
1	74～95	최소한 : 미고정 지붕, 이동주택, 수목, 간판	4～5
2	96～110	제한된 : 모든 이동주택, 지붕, 소형 물품, 침수	6～8
3	111～130	광범위한 : 소형건물, 저지대 도로의 단절	9～12
4	131～155	극한의 : 나무, 도로단절, 주택파손, 해안주택 침수	13～18
5	155 이상	대재난 : 대부분 건물파손, 주요도로단절, 주택 침수	18 이상

출처 : Saffir-Simson Scale, Federal Emergency Management Agency

3 태풍의 생성과 종류

태풍(허리케인, 이후부터 태풍)은 열대 바다 저기압 지역의 난기류에서 부터 시작된다. 태풍으로 확대되기 위해서는 몇몇 조건들이 필요하다. 열대성 난기류는 열대성 저기압이 되고 이후 태풍으로 성장한다. 바다위에 미리 존재하는 난기류들은 태풍을 형성하기 위한 유일한 조건은 아니다. 열대성 회오리바람은 기존의 교란기류로부터 따듯한 해수면 위에서 형성된다. 이들 교란기류들은 3~4일마다 반복적으로 발생한다.

태풍의 형성과 강도는 아래 세 가지 조건에 의해 결정된다(그림 7-3).

① 뇌우를 가진 난기류

② 27도씨 이상의 따듯한 바다온도(최소 150 feet 깊이에서의 기온)

③ 가볍고 천천히 진행되는 상승풍

태풍이 발생하는 위도(latitudes)는 8도에서 20도 사이(*코리오리스 힘이 충분할 정도의 적도로 부터의 거리－최소 484 km)에 분포하고, 시기는 6월부터 11월 사이에 대부분 발생하며, 바닷물의 수증기가 응축(액화)하면서 발생하는 열에 의해 태풍의 에너지를 얻게 된다. 즉 태풍은 바다위의 수증기 증발로부터 에너지를 얻는다. 바닷물은 보통 2~3개월 동안 26℃ 이상을 유지한다. 남반구는 12~3월 사이 북반구는 6월과 10월 사이에 발생한다.

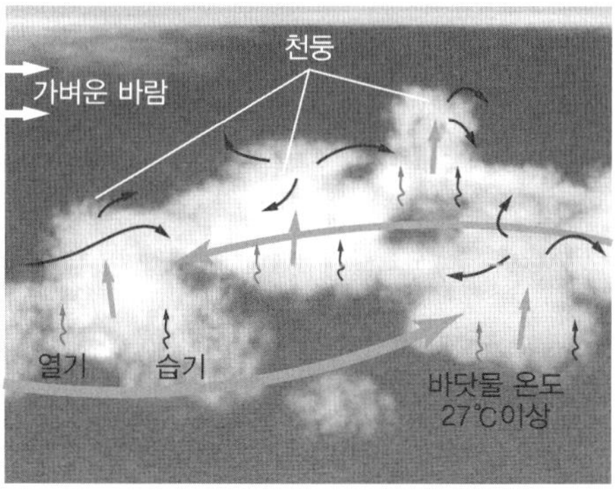

그림 7-3 태풍의 생성 조건
출처 : NOAA

그림 7-4 열대성 회오리바람 종류
출처 : NOAA

표 7-4 열대성 회오리바람의 종류(그림 7-4 참조)

구 분	정 의
열대성 저기압	구름과 폭풍우의 조직화된 시스템(풍속 38 mph 이하)
열대성 폭풍	강한 폭풍우의 조직화된 시스템(풍속 39~73 mph)
허리케인	표면순환이 잘 조직화된 강력한 열대성 기후시스템(풍속 74 mph 이상)

회오리바람과 태풍의 조직화 과정은 다음과 같은 과정을 거치면서 발달된다.

① 따듯하고 습한 공기가 바다 위로 움직인다.
② 수증기가 대기 속으로 상승한다.
③ 수증기가 상승할 때 냉각되어 물방울 속에 응축된다.
④ 공기를 가볍게 하면서 응축된 열을 대기로 방출한다.
⑤ 따듯해진 공기가 바다로부터 습한 공기와 함께 지속적으로 올라가면서 바람을 생성한다.

조직화 되지 않은 폭풍우 구름 덩어리는 주변 조건이 형성되면 열대성 저기압으로 발전하고 열대성 폭풍, 허리케인으로 발전해 나간다. 이 과정에서 조건이 만족되지 않으면 자체로 소멸될 수도 있다. 폭풍의 소멸은 바람이 소용돌이를 절단할 수 있고, 차가운 바닷물이나 건조한 지역을 이동 중에 만나면 약화될 수 있으며, 내륙에 도착하면 주요 습기가 줄어들고, 지상과의 마찰에 의해 그 세기가 줄어들거나 소멸된다. 역으로 이동 과정 중 발달조건이 형성되면 더욱더 성장할 수도 있다. 그림 7-4는 하나의 사진 속에 열대성 저기압, 열대성 폭풍, 허리케인과 같은 세 가지 종류의 열대성 회오리바람이 동시에 잡힌 사진이다.

4 태풍의 구조

성숙한 태풍은 거의 원형이다. 중심부의 풍속은 적고 중심부에서 멀어지면서 점차 증가하여 10~50 km 지점에서 거의 최대를 형성하며, 그런 다음 외부로 가면서 서서히 감소한다. 태풍의 풍력장의 크기는 일반적으로 수백 마일에 걸친다. 또한 풍속은 119 km/h

에서 개략 161 km/h 정도로 걸친다. 대형 태풍의 경우 반경이 약 500 km 정도의 크기이다. 지금 까지 가장 큰 태풍은 북서 태평양에서 1979년 10월 발생한 허리케인 팁(Tip)으로 직경이 2,100 km에 달했다. 최소의 것은 호주에서 1974년 12월 발생한 사이클론 트레이시(Tracy)로 직경 100 km 정도였다.

발달된 태풍은 태풍의 눈(Eye), 눈의 벽(Eyewall), 비 구름대(Rainbands)와 같이 세 가지 주요 부분으로 나눌 수 있다.

① 태풍의 눈은 태풍의 중심부분이다. 상대적으로 구름이 없이 선명하고 태풍의 눈은 직경이 20～40마일에 이른다.

② 태풍의 눈 벽은 눈을 둘러싼 벽으로 상대적으로 밀집된 구름들로 구성되며 강한바람을 포함하고 있다.

③ 나선형 비구름 대에서의 바람은 최소 25마일에서 150마일이 속도를 가지며, 태풍의 눈으로부터 300마일 정도까지 펼쳐진다. 태풍의 바람은 중심에서부터 25마일에서부터 150마일까지 확장되며, 대형 태풍의 경우 300마일 까지도 미친다.

성숙한 태풍의 경우, 강력한 표면 바람은 태풍의 중심 쪽을 향해 이동하며 상대적으로 고요한 공기 기둥을 둘러싼다. 거의 가벼운 바람만 불고 구름이 없는 지역을 태풍의 눈이라고 한다. 일반적으로 직경 20~50 km이다. 땅에서 태풍의 눈을 통해 하늘을 보면 아주 맑아 밤에는 별, 낮에는 태양을 볼 수 있다. 눈 주위에는 안쪽으로 이동할 때 형성된 따뜻한 공기가 태풍 속으로 들어가는 아주 격렬하고, 폭풍적인 눈 벽이 있다. 가장 강력한 바람은 태풍의 중심인 눈을 감싸고 있는 허리케인의 눈 벽(eyewall)에 위치한다(그림 7-5). 눈 벽과 눈 벽 바깥쪽의 비 구름대 속의 구름들은 매우 강한 비를 생성한다. 일반적으로 가장 강력한 바람과 호우가 집중되는 지역이다.

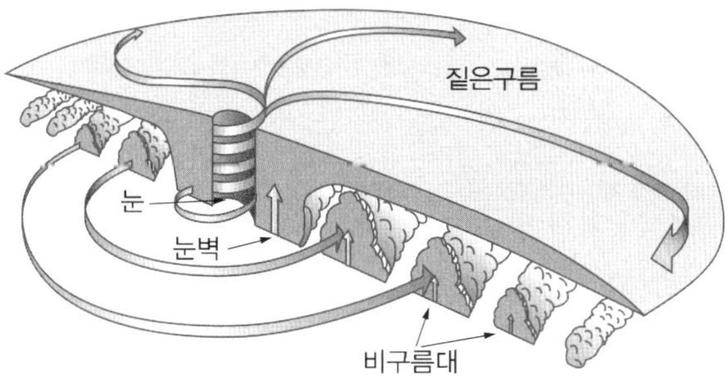

그림 7-5 태풍의 주요구조

출처 : NOAA

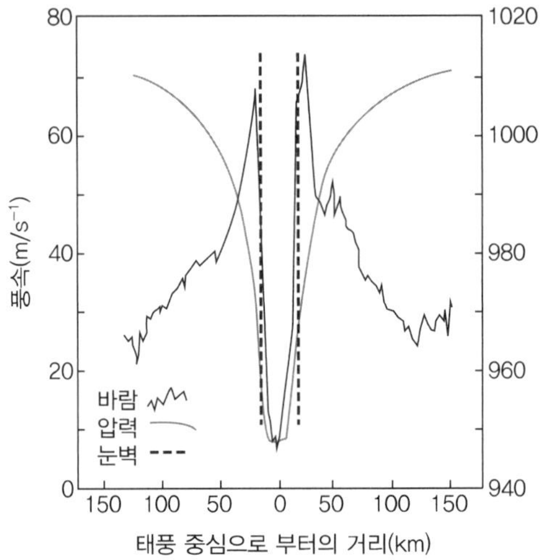

그림 7-6 허리케인 바람과 기압 단면

출처 : 쉬이츠(Sheets, 1980)

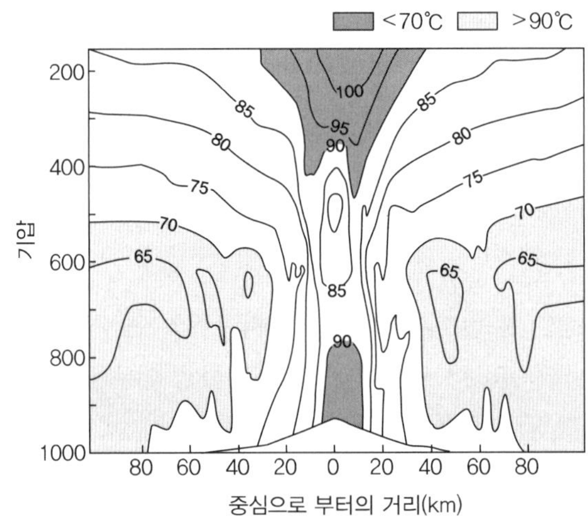

그림 7-7 태풍내부의 예상되는 온도구조

출처 : 하와킨즈와 임벰보(Hawkins & Imbembo, 1976)

태풍의 눈은 일반적으로 원형이지만 강력한 태풍의 경우 3각, 4각, 5각, 6각등 다각형의 형태로 나타나기도 한다. 모든 태풍의 눈 벽이 같지는 않다. 특별한 태풍의 눈 벽의 크기와 모양은 태풍의 생애동안 종종 변한다. 전형적인 태풍에 있어, 구름이 없는 거의 원형의 태풍의 눈을 둘러싼 하나의 눈 벽을 가진다. 하지만, 강력하고, 오랫동안 지속하는 태풍의 눈 벽은 간혹 수축하면서 태풍의 바람속도를 증가시킨다. 그러면서 새로운 눈 벽을 생성하기도 한다. 한 개 이상의 눈 벽을 갖는 태풍을 동심원적 눈 벽이라고 한다. 바깥쪽 눈 벽이 생성되면, 안쪽의 눈 벽은 소멸되면서 태풍의 바람속도는 감소하게 된다. 이런 것은 반복적으로 일어나며 이 같은 형태를 눈 벽 대체 사이클이라고 한다.

눈 벽 대체 사이클이 태풍의 육지 상륙시점에 발생하게 되면 매우 심각한 결과를 가져다준다. 허리케인 앤드류와 카트리나가 대표적 경우이다. 태풍의 눈은 항상 둥글지 않고 간혹 길쭉하거나 타원 형태도 있다. 그림 7-6은 허리케인 바람과 기압 단면을, 그림 7-7은 태풍내부의 예상되는 온도구조를 보여주고 있다.

5 태풍의 순환과 이동

지표 가까이 낮은 대기에서의 바람방향은 태풍의 중심으로 향한다. 우리나라는 북반구에 있어 태풍의 회전방향은 반시계방향이다. 이들 회전하는 바람을 태풍의 주요 순환이라고 한다. 이들 바람은 점진적으로 고도가 높아질수록 감소하여 태풍의 거의 꼭대기 부분에서는 순환방향이 반대로 되어 시계방향이 된다. 태풍의 주요 순환은 4가지 주요 힘이 작용한다. 기압경도력, 코리오리스 힘, 원심력, 마찰력이다.

① 기압경도력은 항상 고기압 지역에서 저기압 지역으로 이동하게 한다. 따라서 태풍의 중심 눈은 태풍 중에서 가장 낮은 저기압을 형성한다. 따라서 기압 경도력은 주변의 공기를 태풍의 중심으로 당기려고 한다.

② 북반구에서 태풍의 중심으로 끌어당겨지는 공기는 지구 자전에 의한 코리오리스 힘에 의해 오른쪽으로 방향이 틀린다. 태풍의 회전속도가 크면 클수록 코리오리스 힘 역시 강해진다.

③ 원심력은 항상 회전물체로부터 바깥쪽으로 향한다.

④ 지구의 표면 부근에서는 공기와 표면사이의 마찰력 때문에 공기를 보다 천천히 움직이게 만든다. 따라서 지표 부근에서 공기의 흐름은 느려지고, 코리오리스 힘과 원심력의 세기도 바다표면 위 보다 줄어든다. 하지만 기압경도력은 여전히 강하게 남는다. 결과적으로 대류권에서 공기는 태풍의 중심으로 나선형으로 돈다. 이동하는 공기의 내부 구성은 태풍의 2차적 순환의 부분이다.

태풍의 진로는 무역풍과 같은 대규모의 지구적 바람에 의해 조정된다. 태풍은 상륙전에는 바다와 상륙 후에는 육지와 상호 관계한다. 육지와의 관계는 일반적으로 허리케인을 약화 또는 소멸시킨다. 태풍의 진행속도는 일반적으로 15～20 mph이다.

하지만 빠른 태풍의 경우 60 mph까지의 기록이 있다. 북반구에서의 태풍은 반시계방향으로 회전하면서 이동하고, 남반구에서는 시계방향으로 회전하면서 진행함에 따라서 태풍의 오른쪽 방향은 더욱더 바람의 속도는 빠르고 많은 피해를 입힌다. 따라서 태풍의 가장 파괴적인 부분은 진행 방향의 오른쪽 부분의 눈 벽(12시부터 3시 방향, right front quadrant) 이다(그림 7-8). 나선형 비구름 대는 태풍의 눈을 향하며 폭우와 바람 및 때때로 돌풍을 만들 수 있다.

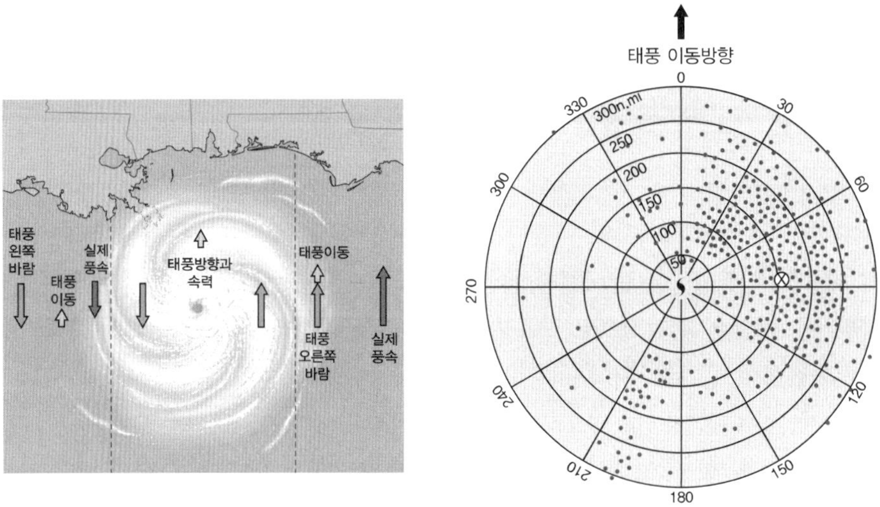

(a) 태풍의 풍속의 차이 (b) 태풍의 돌풍발생지역

그림 7-8 태풍의 풍속변화와 돌풍 다발지역

출처 : NOAA 재편집

6 태풍의 생애

대부분의 태풍은 대풍의 생애에 따라 비슷한 발전과정을 따른다. 이들 라이프 사이클은 적게는 하루에서부터 많게는 1개월에 걸친다. 지금 까지 가장 오래 동안 지속한 열대성 폭풍은 허리케인 존(Jonn)으로 31일 동안 13,000 km를 이동한 바 있다. 짧게는 12시간미만 동안 지속되는 열대성 폭풍도 많이 있다. 모든 태풍은 바다표면 바람이 서로 모이는 대기 중 저기압 지역에서 시작한다. 이 같은 저기압 지역을 열대성 난기류(tropical disturbance) 라고 부른다. 만약 적합한 조건이 되면, 그 공기의 순환은 보다 조직화되고, 바람의 속도도 증가한다. 이 시스템이 명백하게 중심의 순환을 갖게 되면, 이 시스템은 열대성 저기압으로(tropical depression) 발전하게 된다. 만약 바람이 지속적으로 강화되어 63 km/h 이상으로 되면 열대성 폭풍(tropical storm)으로 분류된다. 그리고 바람의 속력이 119 km/h 이상으로 지속되면 이 시스템은 공식적으로 태풍으로 승격된다.

7 태풍의 주요 위험요소

대형 태풍의 경우 속도는 300 km/h 이상이다. 강한 바람은 인명피해, 건축물, 농작물 피해의 직접적 원인이 된다. 또한 산불이나 도심지 화재를 유발하거나 규모를 확대시키기도 한다. 태풍은 홍수를 동반하여 해안지역이나 저지대의 홍수를 유발하고, 바닷물의 유입과 해안선의 유실을 가져오기도 한다. 이처럼 태풍은 다양한 위험요소를 유발한다. 태풍의 강우량은 평균적으로 태풍 반경 200 km 이내의 지역에서는 하루 100 mm의 강우, 반경 200~400 km 지역에서는 30~40 mm의 강우를 유발한다. 물론 지역적 지형, 태풍의 이동, 습기의 공급조건 등에 따라 강우량은 극심하게 달라질 수 있다. Reunion Island의 경우 3일 동안 3,250 mm의 강우를 기록한 경우도 있다. 산악지역에서는 산사태와 진흙류(Mudflows)가 발생할 수 있다.

지진은 태풍의 분명한 결과는 아니지만 대기 중의 공기의 압력의 감소나 태풍해일 등이 변화로 인한 하중의 변화를 가져오기 때문에 오늘날 태풍과 지진의 일부 연관성에 대하여는 증명되고 있다. 대기 중의 공기기압 변화는 2~3백만 톤/km^2, 폭풍해일이 6~7미터의 높이일 때 얕은 바다의 지구표면이 받을 수 있는 압력은 7백만 톤/km^2 이다. 표 7-5는 태풍 시 해일, 바람, 비에 의한 구체적인 위험요인들을 나타내고 있다.

◎ **표 7-5** 태풍관련 위험요소

해일(Storm surge)	바람(Wind)	비(Rain)
해안저지대 홍수	교통단절(비)	심각한 홍수
바닷물 유입	사망과 부상자	오염된 수원 유입
지진	도심지 화재	질병의 확산
해안침식(바람)	작물과 가축의 손실(비)	산사태
구조물 피해(바람)		익수와 질병으로 인한 사망
익사자 발생		

출처 : 브라이언트(Bryant, 2005)

1) 폭풍해일(Storm Surge)

해일은 태풍과 관련한 인명과 재산을 위협하는 가장 잠재적인 위협이다. 태풍해일은 일반적으로 50마일에서 100마일에 걸친 폭을 가지며 해일의 높이는 15 feet 이상이다. 태풍해일은 대륙붕의 경사도와 태풍의 강도와 연관된다. 태풍의 강도가 높을수록 바람으로 인한 피해는 증가한다. 바람은 표면수를 위로 끌어올리고 해안근처에서 물을 모아 올린다. 저기압은 1 mb의 기압차에 의해 해수면 1 cm를 상승시킨다. 기압차로 인해 해안 바다 수면을 보통 1～2미터 상승시키며 7미터 이상 까지도 가능하다.

폭풍해일(Storm Surge)은 천문학적 현상으로 예상되는 조수의 범위를 넘어선 폭풍에 의해 발생되는 비정상적인 수면상승을 말한다. 폭풍파고(Storm Tide)는 폭풍해일과 천문학적인 조수간만에 의해 조합된 파도의 높이로 20 feet 이상으로 기록되는 경우도 많다. 폭풍해일은 풍력에 의해 형성된 부분과 저기압에 의해 생성된 부분이 합해져서 생성된다.

폭풍해일(Storm surge)의 크기는 다양한 요소들에 의해 영향을 받는다.

① 바람영향

② 물기둥 위의 대기적 무게의 감소

③ 압력시스템의 이동속도와 방향

④ 대륙붕, 만, 호수의 물의 깊이

⑤ 해안선의 형태

물기둥의 높이는 바람의 속력과 기간, 태풍의 중심위치 등에 의해 결정된다. 물기둥은 바람의 속력에 의해 결정된다. 파도가 얕은 곳을 지날 때는 속도는 감소하고 파고는 높아진다. 수심이 낮아지면서 에너지가 보존되기 위해 파고는 높아진다. 따라서 수심이 낮은 곳에서 더 높은 파도가 형성된다. 그림 7-9는 바닷가의 파도, 조수, 폭풍해일과 쓰나미를 포함한 일반적인 파도의 특성을 보여주고 있다. 에너지 보존을 위해 얕은 지역에서 파도는 속도는 줄면서 파고는 높아진다. 또한 파도의 간섭에 의해 영향을 받는다.

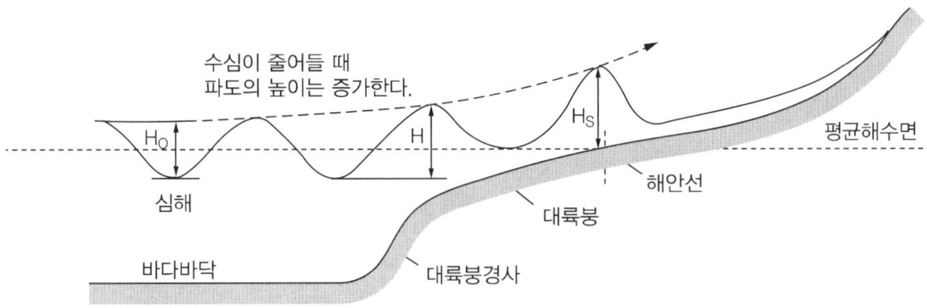

그림 7-9 해안가의 파고의 높이변화

출처 : 브라이언트(Bryant, 2005)

2) 바람(Wind)

태풍의 바람은 태풍의 진행 오른쪽이 제일 강하다. 태풍의 진행속도와 태풍의 회전속도를 합한 속도가 된다(그림 7-8a). 예를 들어 바람의 속도가 200 km/hr인 태풍이 30 km/hr의 속력으로 이동한다면 태풍 진행방향 오른쪽에서의 최대풍속은 230 km/hr에 이른다(12시와 6시 방향은 200 km/hr, 9시 방향 170 km/hr, 3시 방향 230 km/hr).

표 7-6 강풍을 동반한 복합적인 위험요소

태풍	토네이도	Hailstorms	겨울 폭풍	눈 폭풍
바람	바람	우박	바람	눈
비	압력강화	바람	비	얼음
해일과 파도	상승기류	번개	홍수	비얼음
해안침식	건물피해	건물피해	산사태	바람
홍수	농업손실	농업손실	해안침식	눈보라
산사태			건물피해	교통단절
염수침입			농업손실	건물피해
건물피해				농업손실
농업손실				
교통단절				

출처 : 스미스(Smith, 2001)

태풍의 등급은 바람의 속력과 중심기압의 압력에 의해 결정된다. 일반적으로 표 7-7의 사피어심슨 스케일이 활용된다. 표 7-6은 강풍을 유발할 수 있는 다양한 위험요소들의 종류를 열거하고 있다. 또한 표 7-8은 바람의 세기에 따른 건축물의 영향을 나타내고 있다.

표 7-9는 동절기 기온과 풍속으로 인한 동상에 걸릴 가능성과 체감온도 변화를 도표로서 나타내고 있다.

돌풍(토네이도)은 비정상적으로 강한 바람을 말한다. 대부분의 허리케인은 토네이도를 갖고 있다. 돌풍은 대부분은 태풍의 진행방향 오른쪽 앞쪽에서 발생한다. 또한 태풍이 상륙하는 시점에서 속도가 줄어드는 과정에서 발생한다. 표 7-10은 바람의 세기를 나타내는 후지타/강화된 후지타 스케일을 나타내고 있다.

표 7-7 사피어심슨 스케일과 그 영향

등 급	영 향
1등급 74～95 mph	건축물-피해 없음, 고정되지 않은 이동주택, 관목, 나무 - 피해발생 일부 해안지역 도로 홍수, 부두의 일부 경미한 피해
2등급 96～110 mph	건축물 - 지붕, 문, 창문 일부피해, 이동주태, 수목, 부두 - 상당피해 고정되지 않은 작은 배들이 계류장 피해
3등급 111～130 mph	건축물 - 소형주택, 간막이벽 피해 이동주택 - 파괴 작은 구조물들의 붕괴, 큰 구조물들은 쓰레기에 의한 피해, 침수
4등급 131～155 mph	건축물 - 주택의 지붕, 간막이 벽의 완전붕괴, 해안지역 침식 건축물의 아래층 침수로 피해
5등급 155 mph 이상	다수의 주거용 상업용 건축물의 지붕 완파, 일부 소형건물 완파 건축물의 아래층들 침수피해, 주거지역의 대규모 피난 요함

표 7-8 Saffir-Simpson Hurricane Wind Scale

등급/풍속	대상물	피 해
5등급 252 km/h 초대형 피해	사람/생물	비산물에 의한 사망과 부상위험이 아주 높음, 이동주택, 목조주택의 경우 실내에서도 위험함
	이동주택	주택의 수명에 상관없이 완전 파괴됨
	목조주택	지붕, 벽의 붕괴를 수반한 높은 수준의 파괴/지붕, 창문, 문 광범위한 파괴/모든 창문들은 비산물에 의한 피해
	아파트/건물	목조지붕은 지붕재의 손실로 심각한 피해/오래된 철제건물의 붕괴, 보강되지 않은 조적조는 파괴와 붕괴/일반건물 파괴

등급/풍속	대상물	피 해
5등급 252 km/h 초대형 피해	고층창/유리	거의 대부분의 창문은 유리가 파손되고 바람에 떨어져 나감
	신호등/팬스	거의 모든 상업적 광고판, 펜스, 캐노피는 파괴됨
	나무	거의 모든 나무는 부러지거나 뿌리째 뽑힘/전주 넘어짐
	전기/수도	수주일 동안 정전/장기간의 단수/수주일 동안 주거불능
4등급 209~251 km/h 초대형 피해	사람/생물	비산물에 의한 사망과 부상위험이 아주 높음
	이동주택	오래된 이동주택은 파괴됨/새것도 많이 파괴됨
	목조주택	약한 주택은 지붕과 벽의 구조의 파괴/잘 지어진 건물도 지붕과 외벽에 심각한 피해/지붕, 창문, 문도 심각한 피해/ 모든 창문들은 비산물에 의한 피해
	아파트/건물	목조지붕의 건물 최상층의 피해/오래된 철골조 산업용건물 파괴/보강되지 않은 조적조는 높은 비율로 파괴와 붕괴
	고층창/유리	거의 대부분의 창문은 유리가 파손되고 바람에 떨어져나감
	신호등/팬스	거의 모든 상업적 광고판, 펜스, 캐노피는 파괴됨
	나무	거의 모든 나무는 부러지거나 뿌리째 뽑힘/전주 넘어짐
	전기/수도	수주일 동안 정전/장기간의 단수/수주일 동안 주거불능
3등급 178~208 km/h 대형 피해	사람/생물	비산물에 의한 부상위험이 아주 높음,
	이동주택	거의 대부분의 이동주택은 파괴됨/지붕과 벽의 심각한 피해
	목조주택	약한 주택은 지붕과 외벽이 제거되면서 파괴됨/보호안된 창문은 비산물에 파괴/잘 지어진 건물은 지붕이나 박공 끝의 파손을 포함한 피해
	아파트/건물	아파트와 산업시설은 높은 수준의 지붕재와 외부 피해/목조와 철골조의 구조의 제한된 피해/오래된 철제건물의 붕괴, 보강되지 않은 조적조는 파괴와 붕괴
	고층창/유리	거의 대부분의 창문은 유리가 파손되고 바람에 떨어져나감
	신호등/팬스	거의 모든 상업적 광고판, 펜스, 캐노피는 파괴됨
	나무	거의 모든 나무는 부러지거나 뿌리째 뽑혀 교통장애
	전기/수도	수주일 동안 정전/장기간의 단수

출처: http://www.srh.noaa.gov

◎ **표 7-9** 온도와 풍속에 타른 체감온도와 동상가능성

	기온(℃)											
풍속 (km hr^{-1})	5	0	−5	−10	−15	−20	−25	−30	−35	−40	−45	−50
10	3	-3	-9	-15	-21	-27	-33	-39	-45	-51	-57	-63
20	1	-5	-12	-18	-24	-31	-37	-43	-49	-56	-62	-68
30	0	-7	-13	-20	-26	-33	-39	-46	-52	-59	-65	-72
40	-1	-7	-14	-21	-27	-34	-41	-48	-54	-61	-68	-74
80	-1	-8	-15	-22	-29	-35	-42	-49	-56	-63	-70	-76
60	-2	-9	-16	-23	-30	-37	-43	-50	-57	-64	-71	-78
70	-2	-9	-16	-23	-30	-37	-44	-51	-59	-66	-73	-80
80	-3	-10	-17	-24	-31	-33	-45	-52	-60	-67	-74	-81

지속적인 노출 후 동상가능

10분 후 동상가능

2분 후 동상가능

출처 : Environment Canada(2002)

◎ **표 7-10** 후지타/강화된 후지타 스케일(Fujita versus Enhanced Fujita Scale)

F Number	Fujita Scale		Operational EF Scale	
	Fastest 1/4 Mile(mph)	3초 돌풍 (mph)	강화된 F Number	3초 돌풍 (mph)
0	40～72	45～78	0	65～85
1	73～112	79～117	1	86～110
2	113～157	118～161	2	111～135
3	158～207	162～209	3	136～165
4	208～260	210～261	4	166～200
5	261～318	262～317	5	200 이상

출처 : National Weather Service

3) 강우(Rain)

태풍은 일반적으로 6～12 inches 이상의 비를 동반한다. 비는 상대적으로 10 mph 이하의 속도로 느리게 움직이는 태풍에서 많이 발생한다. 일반적으로 태풍이 육지로 상륙하기 전 6시간과 상륙한 후 6시간 사이에 많은 비를 동반한다. 태풍의 형태나 환경에 따라 강

우의 량이 달라진다. 표 7-11은 태풍의 강우에 영향을 미치는 요인들을 정리하고 있다.

표 7-11 태풍의 강수량에 영향을 미치는 요인들

요인(factors)	영 향
크기	Bigger storm = more rain (클수록 많은 비)
움직임	Slower storm = more rain (느릴수록 많은 비)
강우률(Rain rate)	Higher rain rate = more rain(높은 강우률 일수록 많은 비)
Vertical wind shear	More rain on one side(한쪽에서 많은 비)
지형(Topography)	More rain on windward side(바람이 불어오는 쪽에 많은 비)

8 예·경보(Early Warning)

과학기술의 발달과 더불어 태풍과 강우에 관한 다양한 예측 tool의 활용으로 다양한 시간 폭에 걸친 예·경보가 가능하다. 10일 이상의 장기예보, 3~10일 정도의 중기예보, 1~3일 정도의 단기예보, 뿐만 아니라 시간 단위의 초단기 예보도 가능하다.

제2절
지진(Earthquakes)

지진은 지구 내부 에너지의 방출에 의한 지구 표면의 진동현상이다. 지구 내부 에너지는 지구 내부 환경변화는 물론 핵폭발과 같은 인위적 폭발에 의해 생성될 수 있다. 이 에너지는 갑작스런 지각의 변위나 화산폭발과 같은 형태로 발산되며 대부분 파괴적 지진은 지각의 변위에 의해 발생한다. 대형 지진은 특정 지역의 지표를 강하고, 광범위하고, 장기간 동안 흔들기 때문에 소형 지진보다 더욱더 위험하다. 지진피해는 지진의 규모(Magnitude)나 강도(Intensity)에 따라 지역별로 같지 않고 해당 지역의 사회적, 물리적, 지리적, 인적자원들의 상태에 따라 많이 다르다. 예를 들어 내진관련 규제를 엄격하게 적용한 지역은 그렇지 못한 지역과 비교할 때 피해규모는 현저하게 차이가 난다. 또한 도시지역의 경우에는 가스와 전기설비 라인을 파괴시켜 화재와 같은 2차적인 재난을 유발하기도 한다. 또한 바다에서 발생한 지진은 가끔 쓰나미를 발생시킨다. 지진으로 인한 대표적 위험요소들은 지표의 흔들림, 표면단층의 파열, 구조판의 침하, 액화현상, 산사태, 쓰나미 등과 같이 다양하다(표 7-12).

표 7-12 지진으로 인한 위험요소와 예상효과, 경감기술

위험요소	예상효과	위험경감기술
지표 흔들림 (Ground Shaking)	지진파의 통과 시 수직, 수평적 이동 피해와 건물의 붕괴는 진폭, 파장, 기간에 따라 다르다. 수평적인 움직임이 큰 피해를 유발 피해지역은 진원지로부터 100 km에 걸치며 진원, 경로, 부지의 조건에 따라 다르다	내진 설계규정 준수의 설계와 시공 기존 건축물의 보강 건물 내의 주요 내용물 고정조치

표면 단층 파열 (Surface Fault Rupture)	6미터 이상 상향 수백 피트 폭으로 변형	단층대 인근의 건축제한
구조판의 침하	지역적 계곡바닥의 기울어짐	기울임에 대한 내력 강화 완충지역 설치 호수제방 부근 지하층 설치 제한
액화	지반의 액화로 지반력 약화, 갈라짐, 침하 발생	지반강화 등으로 기초 조건을 보강 파일이나 온통기초
바위추락	바위와 돌덩이로 인한 피해	바위와 돌의 제거, 안정화 건축, 구조물 보강
산사태	산사태로 인한 건축물 붕괴 건물이동과 기초지반 유실	산사태 유발물질 제거, 경사 안정화
세이시(Seiches) 정진동	지진이 유발한 강, 호수, 만에서의 수면의 진동	홍수방어와 파도제방 강화 건축물 고도 상승

출처 : Utah Natural Hazards Handbook(2008) 재편집

1 지구의 내부구조

지구는 지각, 맨틀, 핵과 같이 3가지 수준의 층으로 이루어져 있다(그림 7-10).

1) 지각(Crust)

지구의 가장 바깥쪽 표면을 지각(Crust)이라고 한다. 지각은 상대적으로 가볍고 깨지기 쉽다. 대부분의 지진들은 지각 내부에서 발생한다. 암석권(lithosphere) 아래 부분과 암류권(Asthenosphere)이라는 맨틀 상부가 만나는 지역은 지각과 고체상태의 맨틀을 유지하는 상대적으로 좁고 이동가능한 지역이 있다.

2) 맨틀(Mantle)

지각의 바로 아래에서부터 지구 중심의 핵(Core)까지의 지역을 맨틀(Mantle)이라 한다.

맨틀(Mantle)은 조밀하고 뜨거운 층의 반고체 상태의 바위 물질로 약 2,900 km에 달한다. 지각 인근의 맨틀 부분 약 50～100 km는 특히 부드럽고 이 지역의 층을 암류권(Asthenosphere)이라고 한다.

3) 핵(Core)

맨틀의 아래에는 지구의 핵이 있다. 지구의 핵은 액체상태의 외핵과 고체상태의 내핵으로 구성되어 있다. 점성의 맨틀 내에는 지구 핵과 지각과의 높은 온도와 압력의 차이에 의해 대류적 흐름이 발생한다.

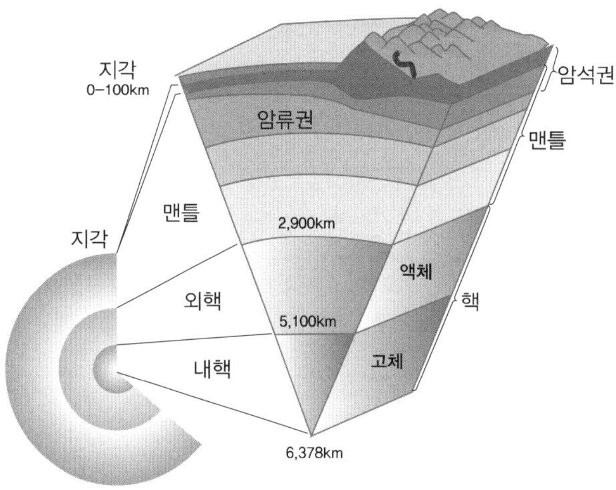

그림 7-10 지구의 내부구조
출처 : USGS

2 판구조론(Plate Tectonics)

판구조론(Plate tectonics)은 지구의 지질구조는 약 23개의 주요 판들로 구성되어 있다는 이론으로 50년 전에 소개된 새로운 과학적 개념이다. 그림 7-11은 지구의 판구조를 보여준다.

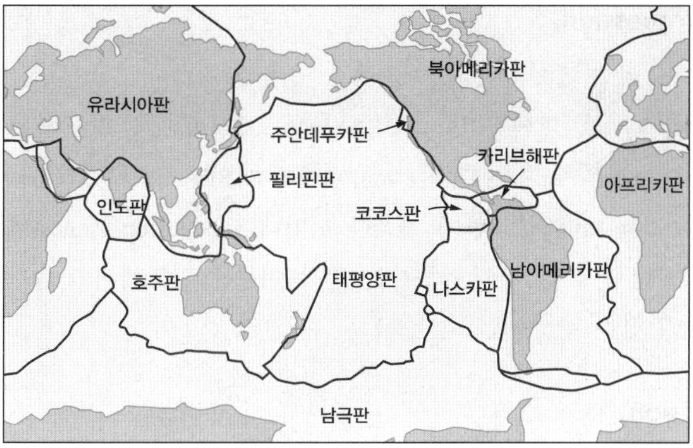

◎ **그림 7-11** 지구의 판구조

출처 : USGS

3 판의 경계(Plate Boundaries)

지구는 물리적, 화학적 성질이 매우 다른 몇몇 층으로 이루어져 있다. 약 70 km 두께의 가장 외부 층은 불규칙한 형태의 판들로 구성되어 있다. 판의 경계는 수평적으로 서로 갈라지거나(Divergent), 하나의 판이 다른 판 아래로 들어가거나(Convergent), 수평적으로 서로 교차하는(Transform) 형태의 경계로 구성된다.

판들이 벌어지는 경계에서는 녹은 바위가 올라오면서 두 판 사이를 벌리고 새로운 물질들이 가장자리에서 생기게 된다. 이 같은 판의 경계 형태는 대부분의 바다 속에서 발견된다. 예를 들어 북미와 유라시아 판들은 중앙대서양 바다 속 해령(ridge)을 따라 분리되어 있다

1) 지각 판에 작용하는 힘

지진은 지각의 긴장에 의한 결과이며 지구 판 경계 부근에서 주로 발생한다. 이들 지구 판들은 경계를 따라 압축(Compression), 인장(Tension), 전단(Shearing)의 힘이 작용하게 되면서 지각의 움직임이 발생한다.

(1) 압축(Compression)

지각에 작용하는 압축력은 단층들이 라인을 따라 작용하면서 단층이 갑자기 움직이거나 부서질 때까지 지각을 변형시킨다. 이 과정에서 지진파와 같은 거대한 양의 에너지를 방출하게 된다. 압축력은 역단층(Thrust faults)이라고 알려진 낮은 각도의 역단층(reverse faults)을 밀어 올리는 파괴적인 판의 경계나 섭입대(Subduction Zones)에서 가장 현저하게 나타난다. 이러한 단층을 따라 발생하는 지각 이동은 인도네시아 슈마트라 지진과 같은 높은 강도의 지진을 발생시킬 수 있다.

(2) 인장(Tension)

인장력은 새로이 만들어지는 판의 경계나 바다 속의 중간대양 해령(Mid-ocean ridges)과 연관된다. 인장력이 지각을 당기면서 지각사이에 틈이 생겨나고 이 틈 사이에서 정상단층과 솟아오름이 발생한다. 솟아오름은 직각의 지각 덩어리들이 단층의 평행을 따라 아래쪽으로 미끄러지면서 발생하는 이동이다. 이때 얕은 지각에서의 지진을 유발한다.

(3) 전단(Shearing)

전단력은 보존형 경계에서 지각 상호간의 수평적 이동형태로 나타난다. 이러한 형태의 경계를 수평이동 단층(strike-slip 또는 lateral faults)이라고 한다. 대표적인 단층은 캘리포니아 산 안드레이 단층이다.

2) 단층(Fault)

단층(Fault)은 지각과 지각 사이에 생긴 금이다. 지구내부 에너지 변화로 인한 지각에 미치는 작용력들은 지각에 긴장을 생성하게 되고 지각은 탄성적인 변형을 시작한다. 결국 작은 균열에서 시작하여 단층지역을 생성하게 된다. 단층은 어떻게 움직이느냐에 따라 정상단층(Normal faults), 역단층(Thrust faults, reverse faults), 변형단층(Strike-slip faults, lateral faults, Transform faults)과 같이 세 종류로 나눌 수 있다.

① 정상단층(Normal faults)은 당기고 긴장에 대응하여 발생하는 형태로 위에 있는 판이 아래로 들어간다.

② 역단층(Thrust(reverse) faults)는 쥐어짜고 압착에 의한 반응으로 위에 있는 판이 위로 올라간다.

③ 변형단층(Strike-slip faults, lateral faults, Transform faults)은 지각 중의 하나의 응력에 의해 판들이 수평으로 움직인다. 그림 7-12는 단층의 종류를 그림으로 설명한다.

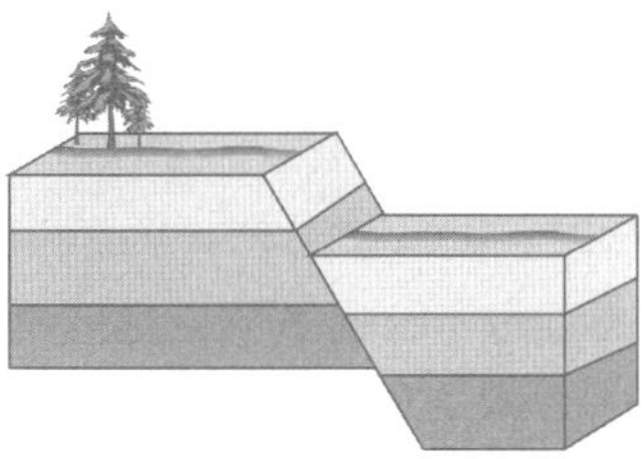

(a) 정상단층(Normal Faults)

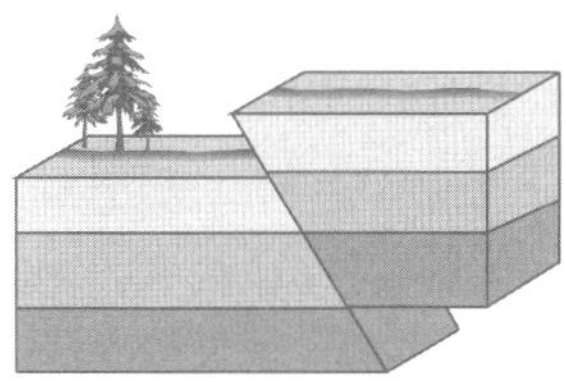

(b) 역단층(Thrust, reverse faults)

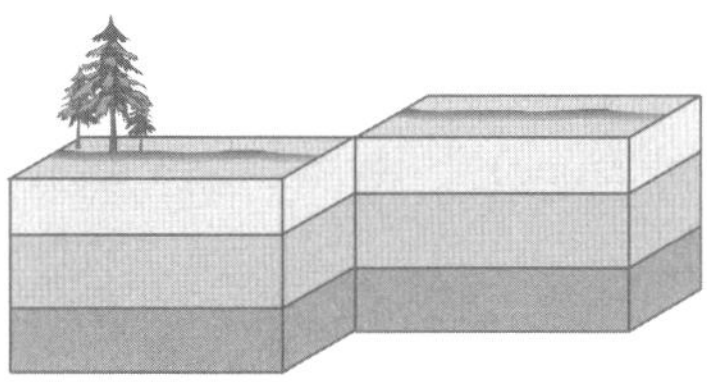

(c) 변형단층(Strike-slip, Lateral, Transform faults)

그림 7-12 단층의 종류

출처 : NOAA

3) 지각 판 경계의 종류

지구 내부의 에너지 변화로 발생하는 지각사이의 작용하는 힘은 지구 판 경계를 발산형(Divergent), 수렴형(Convergent), 보존형(Transformational, Conservative)과 같이 세 가지 형태로 조성하게 된다. 따라서 지구 지각 판들 상호간에는 3가지 종류의 판 경계가 있다.

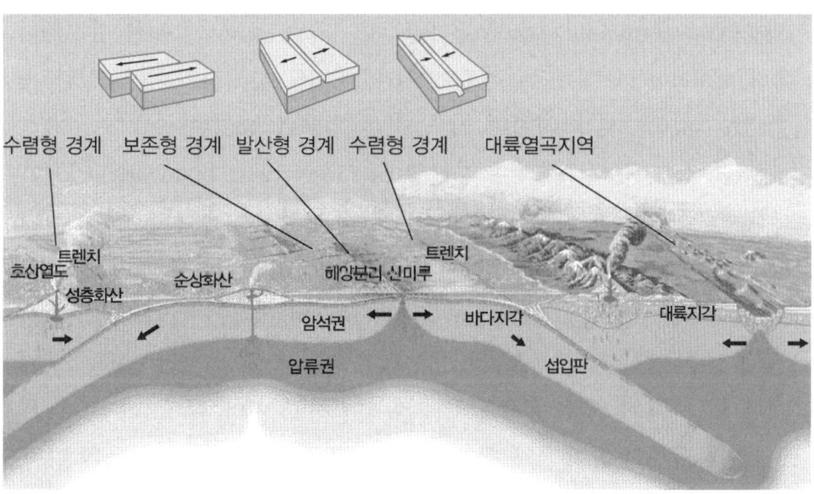

그림 7-13 지각 판의 경계(출처 : USGS)

그림 7-13은 지구 지각의 다양한 판의 경계를 보여준다. 판이 다른 판을 만날 때 발생할 수 있는 세 가지 기본 형태는 ① 판들이 서로 떨어지면서 생성되는 발산형(Divergent plate) 경계, ② 판들이 서로서로 밀면서 발생한 수렴형(Convergent plate) 경계, ③ 판들이 서로 미끄러져 지나친 형태의 보존형(Transform plate) 경계로 나누어진다.

(1) 발산형(Divergent) 경계

발산형 경계는 판이 서로 반대쪽으로 당겨서 새로운 지각이 생성된다. 발산형 경계의 지각이 벌어지는 지역(Spreading zone)에서는 대부분 얕은(지표면으로부터 30 km 이내) 깊이에서 지진이 발생한다.

(2) 수렴형(Convergent) 경계

수렴형 경계는 한 판이 다른 판 아래로 들어가면서 지각이 부서진다. 수렴형 경계의 섭입대(Subduction zones)는 판들이 서로 겹쳐진 장소에서 하나는 올라오고 다른 하나는 맨틀 속으로 들어가는 형태로 발생한다. 이 같은 판 형태는 미국의 북서 해안, 서부 캐나다, 남부 알래스카 지역에서 발견된다. 섭입대(Subduction zones)는 심해 트렌치, 얇거나 깊은 지진, 활화산을 포함하는 산맥들에서 나타나는 특징이다.

(3) 보존형(Transformational) 경계

보존형 경계에서는 지각은 새로이 생성되지도 파괴되지도 않고 수평으로 서로 미끌어진다. 변형단층(Transform faults)은 판들이 서로 미끄러지는 장소에서 발견된다. 예를 들어 변형단층(Transform faults)은 캘리포니아 해안의 산 안드리아 판이 있다. 변형단층에서의 지진은 얕은 깊이에서 발생하며 아주 직선 형태로 형성된다.

거의 대부분 지구의 새로운 지각은 발산형 경계(Divergent boundaries)를 형성한다. 하지만 대부분 깊은 바다 속에서 이루어지고 있어 잘 알려지지 않는다. 이 경계들은 마그마가 맨틀로부터 올라와 굳어지면서 새로운 지각을 형성할 수 있게 두 판들이 각각으로부터 떨어지는 지역이다. 수렴형 경계(Convergent Boundaries)는 바다와 육지에 따라 다소 다른 형태의 특징을 가진다.

그림 7-14는 세 가지 수렴형 경계의 특징을 설명하고 있다. 주요 특징으로는 바다에서는 대형 Trench를 형성하고 육지와 육지가 만날 경우에는 산맥이나 높은 평원을 형성하게 된다.

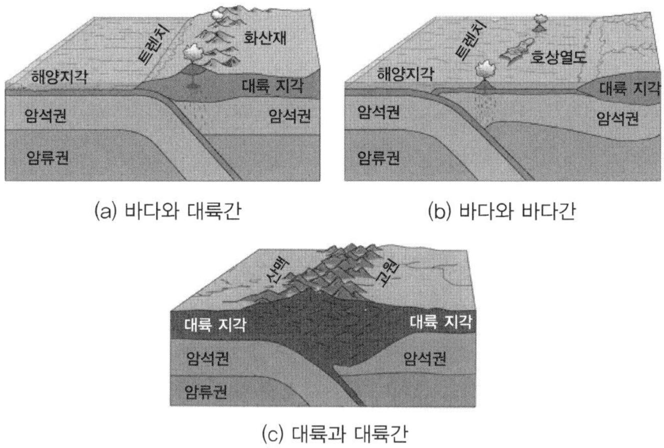

그림 7-14 수렴경계(Convergent Boundaries)의 종류

출처 : NOAA

표 7-13 판 경계의 종류와 특징

경계의 종류	이동	상호작용
발산형(Divergent)	벌어짐	판들이 서로서로 밀어냄
수렴형(Convergent)	아래로 들어감	하나의 판이 다른 판의 아래로 들어
보존형(Transform)	옆으로 이동함	서로 수평으로 이동함
광범위한 띠	정의되지 않음	판 상호간의 작용도 명확하지 않음

4 지진의 분포

지진은 지질학적으로 약한 단층 부근을 따라 지표 기까이에서의 갑작스러운 지표의 움직임이 원인이다. 지진의 발생분포는 불특정 지역에서 임의대로 발생하는 것이 아니라 단층대 주위에서 주로 발생한다. 특히 전 세계적으로 볼 때 약 2/3 이상의 대형지진들은 Fire Ring 이라 불리는 환태평양 지진대 부근에서 발생하고 있다(그림 7-15). 대부분의 지진은 단층을 따라 발생하며 한번 지진이 발생한 곳에서 다시 발생하는 경향이 있다. 즉 하나의 단층지역에서 최근에 지진이 발생했을 경우에도 또 다른 지진이 연이어 발생할 수 있다. 그 이유는

모여 있던 모든 에너지가 한 번의 지진으로 방출되었다고 확신할 수 없기 때문이다.

지구의 표면 지각은 23개 이상의 판으로 나누어져있다. 이들 판들은 매년 20～50 mm의 속도로 움직이고 있다. 따라서 대부분의 지진은 이 판들 주변에 발생한다. 비록 대부분의 지진이 판의 경계지역에서 발생하지만 전체 지진의 10% 미만의 지진은 화산활동이나 판 경계의 이동과 무관하게 지각 판 속(Intra-Plate)에서 발생하기도 한다. 판의 경계에서 1,000 km 이상 떨어진 곳에서 발생하기도 한다. 지진의 발생 깊이에 있어 약 75% 이상의 지진들은 판의 경계를 따라 지표면으로부터 60 km 이내의 지각에서 발생한다. 이들 지진들은 얕은 진원(shallow focus)의 지진이라고 한다. 반면 일부 지진들은 지표면으로부터 700 km 이상이 깊은 곳에서 발생하는 경우도 있다.

지진의 분포와 관련하여 중요한 내용으로는 비록 대부분의 지진은 판의 경계지역을 따라서 발생하지만, 사상자가 많고 파괴적인 대형지진들은 꼭 판의 경계지역에서 발생하는 것만은 아니다. 따라서 어떤 대륙과 지역도 지진으로부터 절대적으로 자유로울 수는 없다.

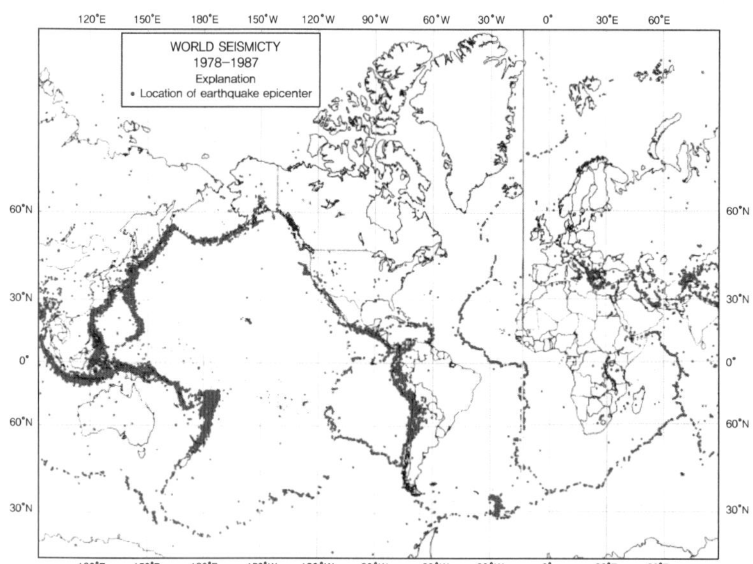

◎ **그림 7-15** 지진분포도

출처 : USGS

5 진원(Focus)과 진앙(Epicenter)

지진은 지구표면이 아닌 지구의 내부에서 발생한다. 지구내부의 지진이 발생한 지점을 진원(Focus)이라고 한다. 즉 축적된 긴장 에너지가 갑자기 방출되어 진파가 발생하는 정확한 지점을 말한다. 진원(Focus)의 직상에서 지구표면과 만나는 지점을 진앙(Epicenter)이라고 한다. 즉 지진의 진앙(epicenter)은 지진 진원(focus) 바로 위의 지구 표면이다(그림 7-16).

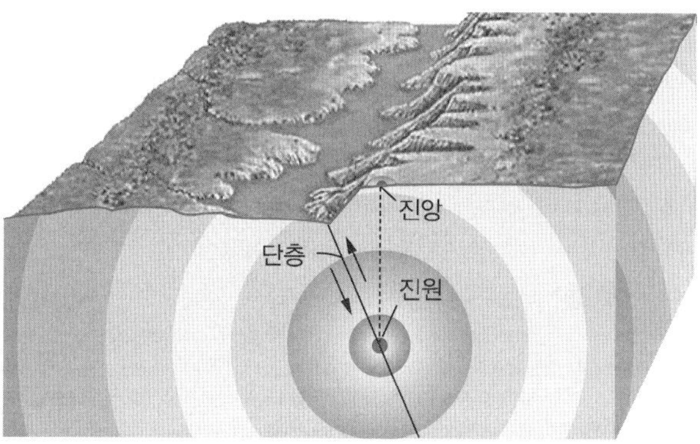

그림 7-16 진원(Focus)과 진앙(Epicenter)

출처 : USGS

지진의 발생위치는 일반적으로 지질학적인 위치인 진앙과 더불어 진원 지점을 알리기 위해 발생 깊이를 같이 표현한다. 지진의 진원 깊이는 지구의 표면으로부터 지진이 발생한 진원지까지의 수직 깊이로 측정한다. 지진의 진원지는 지표면과 지하 700 km 깊이 사이에서 발생한다. 일반적으로 진원의 깊이가 지표면으로부터 70 km 이내인 지진을 얕은 진원 지진(shallow focus earthquakes)이라고 한다. 70 km에서 300 km 사이를 중간 진원 지진이라고 하며, 깊은 진원 지진(Deep focus earthquakes)은 300 km를 넘는 경우를 말한다.

진원(Focus)의 깊이는 지진파 형성과 지진으로 인한 피해규모에 중대한 영향을 미친다. 진원지가 지표면에 가까울수록 지진의 피해 규모는 커진다. 얕은 진원 지진은 일반적이며 지표면에 가까이에서 발생하기 때문에 더욱더 파괴적이다. 반면 깊은 진원 지진(Deep focus earthquakes)은 얕은 진원 지진보다 파괴적이지 않다. 왜냐하면 지진파들이 지구 내부 물질들을 통과하여 지구 표면에 도달할 때 까지 지진파의 진폭(amplitude)이 상당히 약해지기 때문이다.

6 지진의 심각도(Severity)

매년 다양한 규모의 지진들은 지구상에서 발생한다. 표 7-14는 1900년 지진관측 이후 연간 규모별 지진발생 빈도를 나타내고 있다. 이 같은 수많은 지진들은 지진의 심각도에 따라 많은 피해를 입기도 하고 아무른 피해 없이 지나가기도 한다. 지진의 심각도(세기)는 지진규모(Magnitude)와 지진강도(Intensity)와 같이 두 가지 종류의 다른 스케일로 표현된다. 이들 두 용어는 모두 지진의 심각도를 나타내고 있지만 정확한 의미는 아주 다르다(표 7-15).

먼저 지진의 규모(Magnitude)는 지표면의 흔들림을 지속적으로 기록한 지진계의 사용으로 에너지 방출량을 결정하는 스케일이다. 지진학자인 찰스 리히터에 의해 개발되었다. 즉 지진규모(Magnitude)는 진원지에서의 방출되는 에너지의 양에 관계있다. 지진계에 기록된 지진파의 진폭에 의해 기계적으로 측정된 값에 의해 결정된다.

두 번째 종류의 스케일은 강도(Intensity)이다. 지진강도(Intensity)는 땅위의 사람, 건물, 자연물들의 흔들림을 관찰한 결과 즉 영향에 근거한다. 지진의 영향권 내의 구체적인 위치에 따라 그 강도가 다르다. 가장 많이 일반적으로 사용되는 지진강도(Intensity) 스케일은 머캘리(Mercalli Scale) 스케일 이다. 이 스케일은 Modified Mercalli Scale 이라고 부른다. 이 스케일은 지진의 사람, 건물, 지구표면에 대한 영향을 표시한다. Modified Mercalli Scale은 1～12까지 값으로 지진의 강도를 나타낸다. 표 7-16은 지진의 강도(Intensity)를 나타내는 수정된 머캘리 스케일과 지진의 규모(Magnitude)를 나타내는 리히터 스케일을 상호 비교하고 있다.

지진의 측정기를 지진계(Seismographs)라고 부른다. 지진계는 지진파를 그래프로 나타낸다. 현대적 지진파 측정 장비는 디지털 기기를 사용함으로 종이가 필요 없다. 과학자들은 지진계(Seismographs)를 이용하여 지진의 발생시간, 진원지의 깊이(focal depth), 진앙(epicenter), 단층의 종류를 결정하고 방출된 에너지를 계산할 수 있다. 지진으로 인한 지표면의 흔들림 정도는 ① 지진의 규모(보다 많은 에너지가 분출될수록 크고), ② 지원과 진앙에서 부터의 거리(거리가 멀수록 흔들림은 줄어든다), ③ 지역의 흙의 종류(흙이 약할수록 흔들림을 확대시킨다)와 같은 요소들에 의해 결정된다. 이처럼 지진의 파괴력은 다양한 요인들에 의해 결정된다. 즉 지진의 세기는 지진의 규모나 지역적 지질조건 뿐만 아니라 진원의 깊이(focal depth), 진앙(epicenter)으로 부터의 거리, 건물이나 구조물의 설계방식 등에 의해 결정되기도 한다.

표 7-14 연간 규모별 지진발생 빈도(1900년 이후 관측결과)

표현	규모(Magnitude)	년 평균 빈도	잠재적 위험
Great	8 이상	1	대부분의 파괴, 높은 인명피해
Major	7~7.9	18	심각한 건물피해, 주요 인명피해
Strong	6~6.9	120	많은 피해, 특히 도심지역
Moderate	5~5.9	800	상당한 피해, 밀집지역
Light	4~4.9	6,200	일반적인 감지, 일부구조물 피해
Minor	3~3.9	49,000	일상적 감지, 피해거의 없음
Very minor	3 미만	9,000 (하루)	느끼지는 못하나, 기록됨

출처 : USGS(2003)

표 7-15 지진의 측정과 스케일의 비교

지진의 측정

지진의 강도

Modified Mercalli Scale	I	II	III	IV	V	VI	VII	VIII	IX	X	XI	XII
Perceived by:	Persons											
	None	Few	Some	Many	Most	All						
Damage To:							Structures					
					Glass Plaster	Furniture Chimneys	Poor	Ordinary	Resistant	Many	Most	All
Destruction To:										Some	Many	Most

지진의 규모

Richter Number:	1-2	3	4	5	6	7	8
Energy Release in ERGS:	4.47×10^{12}	7.94×10^{14}	2.51×10^{16}	7.94×10^{17}	2.51×10^{19}	7.94×10^{20}	2.51×10^{22}
In Multiples of Base	1.31.6	1,000	31,600	1 ,000,000	31,600,000	1,000,000,000	31,600,000,000

강도는 인간이 경험한 지진 충격에 대한 측정치이고, 규모는 지진으로 방출된 에너지의 산정규모이다.

출처 : 버톤(Burton)

1) 지진의 규모(Magnitude)

지진의 규모는 리히터 스케일로 측정된다. 리히터 스케일은 1935 지진의 규모 측정을 위해 개발되었다. 지진계에 기록된 지진파 진폭의 대수(Log)로부터 결정한다. 리히터 스케일의 규모는 정수와 소수로 구성된다. 이 스케일은 땅의 이동진폭을 기록한 지진파의 에너지의 양을 측정하는 것이다. 지진의 규모는 정수와 소수로 구성된다. 정수 1 차이 즉 규모 M5와 규모 M6에서 발산된 에너지의 양은 31.6배 차이가 난다. 하지만 리히터 규모(M)의 2 차이는 31×31=961배의 에너지 차이가 발생한다.

지진의 규모는 에너지의 방출량에 의해 결정된다. 리히터는 다음 식에서 지진의 규모(Magnitude)를 결정하였다.

$$\mathrm{LogE} = 11.8 + 1.5\mathrm{M}$$

여기서 Log : 로그함수
E : 방출 에너지(ergs)
M : 리히터 규모

규모 8 이상의 대지진은 1년에 한번정도 발생한다. 리히트 스케일의 상한은 없다. 단지 지금까지 알려진 가장 큰 지진은 8.8～9.0이 최고이다. 리히트 스케일은 피해를 표현하기 위해 잘 사용되지 않는다. 지진의 피해는 지진의 규모뿐만 아니라 인구분포, 밀도 등에 의해 결정된다. 일반적으로 규모 4.9 이하의 지진을 소형(Minor) 지진이라고 한다. 규모 5.0～5.9의 지진은 피해를 주는(Damaging) 지진, 규모 6.0～6.5의 지진은 파괴적인(Destructive) 지진, 규모 6.6～7.9의 지진은 주요(Major) 지진, 규모 8.0 이상의 지진을 대형(Great) 지진이라고 표현한다.

대부분의 일반적인 지진의 규모는 리히터 스케일의 지진규모(Magnitude)를 사용하지만 대형지진의 경우 순간규모(Moment Magnitude, Mw)를 사용하기도 한다. 순간규모는 바위의 전단강도의 측정에 의해 에너지 방출량을 산정하는 방법이다. 실제로 대부분의 대형 지진들은 리히터 스케일의 지진규모(M)보다 순간규모(Mw)가 더 크다.

2) 지진의 강도(Intensity)

지진의 강도는 지진의 규모보다 더 직접적으로 피해대상과 연관성이 있는 땅의 흔들림을 측정한 단위이다. 지진의 강도는 물리적 파괴정도와 인간이 흔들림을 관측하는 수정된 머켈리(Modified Mercalli) 스케일로 측정된다. 그래서 보다 과학적인 스케일은 지진의 규모(magnitude)라고 말할 수 있다.

일본의 경우 독자적으로 JMA Scale(Japanese Meteological Agency Scale)을 개발하여 운영하고 있다. 이 스케일은 0～VII까지 8단계로 구분된 스케일이다.

0	: 무감 느낄 수 없는 정도
I	: 미진 민감한 사람만 느낄 수 있는 정도
II	: 경진 보통사람이 느끼고 , 문이 약간 흔들리는 정도
III	: 약진 가옥이 흔들리고, 물건이 떨어지고, 물그릇의 물이 진동함
IV	: 중진 가옥이 심하게 흔들리고, 물그릇이 넘쳐흐름
V	: 강진 벽에 금이 가고, 건물이 다소 파괴됨
VI	: 열진 가옥 파괴 30% 이하, 산사태가 일어날 수 있음
VII	: 격진 가옥파괴 30% 이상, 산사태가 일어나고 단층이 생김

◎ **표 7-16** 수정된 머캘리 스케일과 리히트 스케일 비교

머캘리 스케일(Modified Mercalli Scale)		Magnitude Sacle	
I	단지 민감한 기구에 의해 감지		1.6
II	상층에서 휴식중인 몇몇 만이 느낄 수 있다. 매달린 물건 흔들림		2.2
III	실내에서 주의 깊게 느낄 수 있다. 트럭이 지나가는 것 같은 떨림		2.9
IV	실내에서 다수, 외부에서 몇몇만 느낌, 주차된 차량이 떨림		3.5
V	대부분이 느낌, 창문, 접시 등 일부가 깨지고 키 큰 물건이 흔들림		4.1
VI	모두 느끼고, 놀라서 달려나옴, plaster와 굴뚝이 떨어져 약간피해		4.8
VII	모두 밖으로 달려나옴, 건물구조에 따른 피해, 운전자들 인지함		5.4
VIII	판넬이 벽에서 떨어짐, 벽과 굴뚝이 떨어지며, 운전자들 방해		6.0
IX	건물이 기초에서 이동, 금이 감, 땅이 갈라지며, 지하 배관파손		6.6
X	대부분의 벽돌조, 프레임 구조들이 붕괴되고, 땅, 레일굽고, 산사태		7.3
XI	몇몇 건물들 만 서있음, 교량파괴, 배관파손, 땅 찢어짐, 산사태		7.9
XII	완전한 파괴, 흔들리는 땅의 웨이브 볼 수 있다. 지면의 레벨 차이		

출처 : Kansas Geological Survey pamphlet, 1978 재편집

7 지진파(Seismic Waves)

진원에서부터 시작한 지진 에너지가 지구내부를 통해 이동하면서 발생하는 진동을 지진파라고 한다. 이들 지진파는 지진계에 의해 기록될 수 있다. 흔들림을 매우 확대할 수 있는 민감한 지진계는 세계 어디에서 발생한 지진도 감지할 수 있다. 지진이 발생하게 되면 몇몇 종류의 지진파를 발생한다. 지진파는 일반적으로 지구 내부를 통하는 실체파(body waves)와 지구표면을 이동하는 표면파(surface waves)로 구분한다.

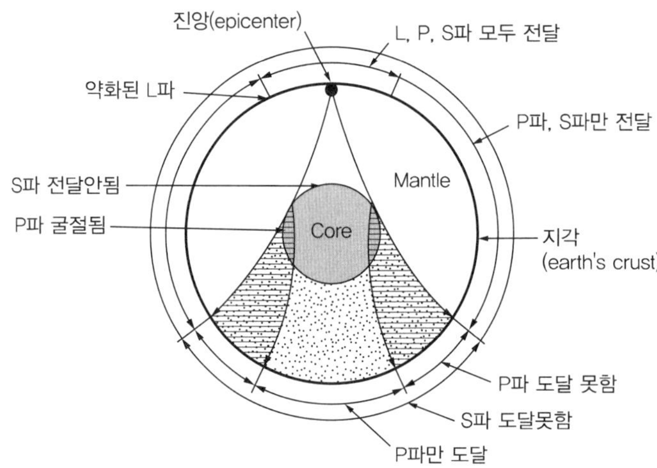

그림 7-17 지진파의 종류와 진행특성

출처 : 위토우(Whittorw, 1980)

1) 실체파(Body Waves)

실체파는 압축파와 전단파의 두 종류가 있다. 이들 두 종류의 파는 모두 지구내부 진원지(focus)에서 지구표면으로 이동한다. 이때 두 종류의 파 중에서 압축파 만이 지구의 molten core를 통해 이동할 수 있다. 압축파는 아주 빠른 속도로 이동하여 지구의 표면에 가장 빨리 도착한다. 그래서 압축파를 "Primary waves"라 하고 줄여서 P파라고 한다. 최초 지진 파장인 P파는 압축파로 지진의 중심에서부터 퍼져 나온다. P파는 압축과 팽창을 반복하는 공기 중에서 소리의 이동과 같은 형태의 파장으로 구성된다. 이 파장은 가스,

액체, 고체를 통과할 수 있고, 액체와 고체사이의 경계에서 굴절효과가 나타난다. P파는 진행방향의 바로 앞에 있는 지구 물질의 작은 입자들을 밀어내거나 진행방향 바로 뒤에 있는 입자를 밀어낸다. P파는 종파이다(그림 7-18). 따라서 P파는 지구의 중심을 통과할 수 있다. 하지만 지구의 중심부에서는 두 개의 그림자 존을 생산한다. 각각 3,000 km 폭의 지구 반대편 그림자 존에서는 P파를 감지할 수 없다(그림 7-17).

전단파는 지구 지각과 맨틀을 빠르게 이동하지 못한다. 그래서 지표에 늦게 도착하게 되고 이 파를 "Secondary"파라고 하고 줄여서 S파라고 한다. S파는 진향방향의 전후가 아닌 진행방향과 직각으로 작용하여 물질을 이동시킨다. 그래서 S파를 횡파(transverse waves)라고도 한다(그림 7-18). S파는 P파보다 0.6배 느리다. 지진파의 속력은 바위의 밀도, 압축성, 견고성 등에 의존한다. S파는 맨틀을 통과할 수 있지만 지구의 핵(core)은 통과하지 못한다. 따라서 지구의 반대편에서는 S파를 감지할 수 없다.

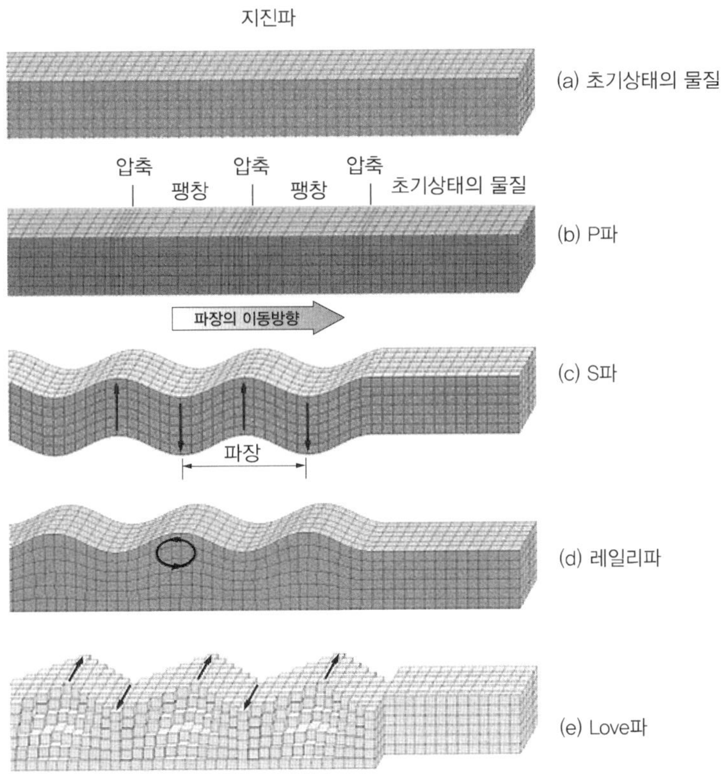

그림 7-18 지진파의 종류

출처 : USGS

지진파의 진행과정은 맨 먼저 P파가 도착하고 다음으로 S파가 도착하게 된다. 그런 다음 표면파(surface waves)에 의해 지표가 움직이게 된다. 이들 세 종류의 지진파들은 진행속도가 모두 다르다.

지진파를 종류별로 정리해보면 지진파는 Body Waves, Surface Waves(L-waves)가 있다. Body Waves는 지구를 통해 전달되며 Primary Waves(P-waves)와 Secondary Wavers (S-waves) 두 종류가 있다.

① Primary Waves(P-waves) : 압축에 의해 생성되는 진동이다. 기차의 선로를 바꾸는 것과 같은 형태로 나타난다. 최고 8km/sec의 속도로 퍼져나가며, 바위와 같은 고체나 물과 같은 액체를 통과하여 이동한다. P파는 초기파이다. P파의 이동속력은 이동하는 곳의 물질이나 바위의 탄성에 따라 다르다.

$$Vp = \sqrt{[(K+4/3\mu)/\rho]}$$

Vp : P파의 속력, K : 물질의 비압축성
μ : 물질의 단단함, ρ : 물질의 밀도

P파는 음파와 같아서 물질을 압축하면서 이동한다. 압축된 후에는 팽창된다. 따라서 이동할 때 압축과 팽창이 반복되면서 이동한다. P파는 다른 종류의 파 중에서 가장 빠르다.

② Secondary Wavers(S-waves) : S파는 P파의 0.6배의 속도로 움직인다. 진행방향의 직각으로 진동이 발생하며 액체는 통과하지 못한다. S파는 두 번째 파이며 전단파이다. S파의 이동속력은 이동하는 장소의 물질의 단단함과 밀도에 따라 달라진다. 따라서

$$Vs = \sqrt{\mu/\rho}$$

S파는 이동방향과 수직방향으로 전단력을 작용하면서 물질을 이동한다. 물질의 전단력에 대한 저항은 물질의 단단한 성질을 말한다. 액체는 단단함이 없기 때문에 액체를 통과하지 못한다. 즉 액체를 통과할 때 전단파의 속력은 제로이다. 또한 S파는 P파 보다 속력이 느리기 때문에 늦게 지진계에 도착한다.

2) 표면파(Surface Waves, L-waves)

Surface waves는 가장 강력한 진동으로 지진으로 인한 대부분의 피해를 발생시킨다. Surface Waves(L-waves)는 지표면이나 바로 아래를 따라 이동한다. 머켈리 스케일을 반영한 지진의 강도가 이들 파에 의해 결정된다. 표면파는 지구 내부를 통과하지 못한다는 면에서 Body waves(P, S파)와 다르다. 대신 지구의 표면과 평행하게 이동한다. 표면파는 상하 좌우로 이동하면서 진행한다는 측면에서 S파와 유사하다. 하지만 표면파는 지구체를 통과하지 못하고 S파보다 느리게 진행한다. 표면파는 지진동안 가장 강력한 지표의 흔들림을 유발한다.

표면파는 다시 레일리파(Rayleigh waves)와 L파(Love waves)로 구분된다. 지진은 지구의 표면과 지각의 아래 쪽 사이에 갇혀진 장파 L파를 생성한다. 이 파는 맨틀과 코어를 통과할 수 없다. 이 에너지는 진원지에서 지구표면을 따라 외부로 천천히 퍼져나간다.

① L파의 한 종류는 Rayleigh파로 바다의 파도와 유사하다.

② 다른 종류는 Love파는 지각을 통해 앞뒤로 미끄러져 간다. 이 Love파는 가장 많은 지진피해를 유발한다. Love파는 지진파들 중에서 가장 느리게 진행된다. 지각을 따라 5,000 km를 진행할 때 20분 정도 소요된다.

P파와 S파 사이의 공간적 분포와 시간의 차이는 지진의 발생 위치와 강도(Intensity) 측정에 사용된다. 정확한 진원과 진앙을 파악하기 위해서는 두 파를 감지할 수 있는 세 지역의 감지소가 필요하다. 지진의 심각도는 이들 파들의 진폭과 파장에 의해 결정된다. 특히 S와 L파는 큰 진폭을 갖기 때문에 P파보다 더욱더 파괴적이다.

제3절 화산(Volcanoes)

1 화산의 종류

일반적으로 화산은 활화산, 휴화산, 사화산으로 구분할 수 있다. 현재 지구상에는 약 600여개의 활화산이 활동 중에 있으며 매년 50~60개 정도의 화산은 실제로 폭발하고 있다(그림 7-19). 1993년 파푸아 뉴기니와에서는 사화산으로 구분되었던 화산이 폭발하여 수많은 인명과 재산피해를 가져온 사례도 있다. 화산의 분포는 지각 판의 구성에 달려있다. 지진활동은 화산폭발과 밀접하게 연관되어있다. 화산의 분화구는 마그마와 가스가 분출되는 지각속의 통풍구이다.

① 활화산(Active Volcanoes)은 규칙적으로 분출하거나 폭발하는 화산으로 주변에 영향을 준다.

② 휴화산(Dormant Volcanoes)은 역사적, 기록적으로 폭발한 경험은 있지만 지금까지 조용한 상태의 화산이다.

③ 사화산(Extinct Volcanoes)은 지금까지 역사적, 기록적으로 폭발한 적이 없는 화산을 말한다.

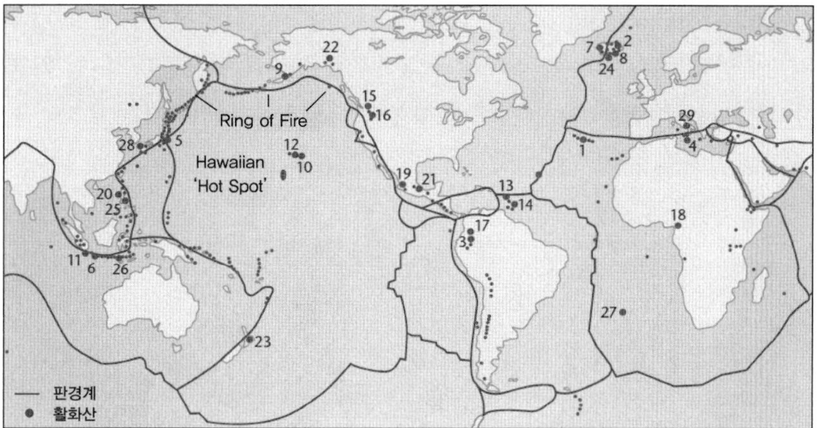

1. Azores	2. Bardarbunga	3. Cotopaxi	4. Etna	5. Fujiyama
6. Galunggung	7. Grímsvötn	8. Haemaey	9. Katmai	10. Kilauea
11. Krakatoa	12. Mauna Loa	13. Soufrière Hills	14. Mt Pelée	15. Mt Rainier
16. Mt St Helens	17. Nevado del Ruiz	18. Nyos	19. Parícutin	20. Pinatubo
21. Popocatèpetl	22. Redoubt	23. Ruapehu	24. Surtsey	25. Taal
26. Tambora	27. Tristan da Cunha	28. Unzen	29. Vesuvius	

그림 7-19 판 경계와 활화산의 분포현황

출처 : USGS

2 화산의 분포

대부분의 화산들은 수렴형(Convergent) 경계와 발산형(Divergent) 경계 그리고 맨틀 Hot spots에서 발견되지만 예외도 있다. 판의 경계 부분(그림 7-20)의 화산이나 맨틀의 Hot spots 위의 화산(그림 7-23)들은 대부분 지진과 관련이 있다.

즉 화산은 세 가지 지각 구조에서 발견된다.

① 수렴형(Convergent) 경계에서는 섭입(Subduction) 화산이 분포한다.

② 발산형(Civergent) 경계에서는 지각이 갈라지면서 생기는 Rift 화산이 분포한다.

③ 맨틀 Hot spots에서는 Hot spot 화산들이 분포한다.

1) 수렴형 판 경계(Convergent Plate Boundaries) 지점의 화산

수렴형 판 경계는 하나의 판이 다른 판의 아래를 통해서 맨틀로 서서히 밀려들어 가는 판의 경계이다. 환태평양 불의 고리는 가장 잘 알려진 수렴형 경계이다. 그림 7-20(a)는 바다와 육지가 만나는 수렴형 판 경계에서 화산작용 원리를 보여준다. 그림 7-20(b)는 바다와 바다가 만나는 수렴형 판 경계에서 화산작용 원리를 나타낸다.

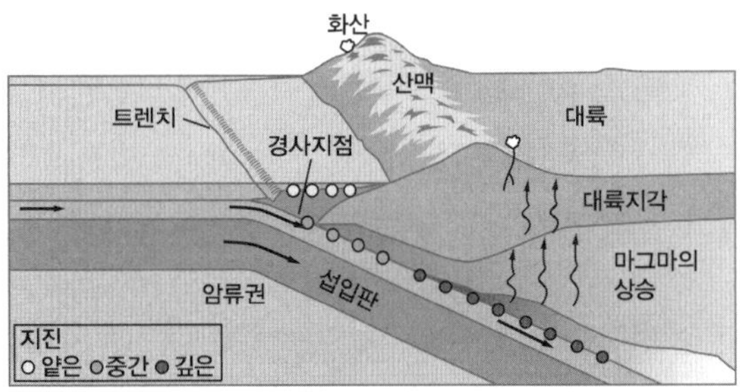

(a) 바다와 대륙경계

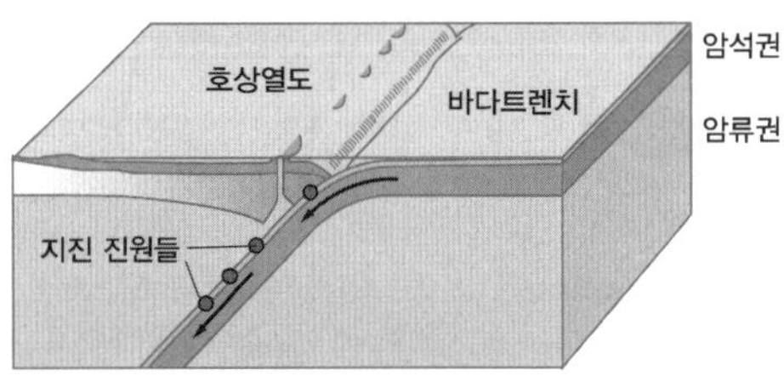

(b) 바다와 바다경계

그림 7-20 수렴형 판 경계(Convergent Plate Boundaries) 지점의 화산

출처 : USGS

2) 발산형 판 경계(Divergent Plate Boundaries) 지점의 화산

발산형 판 경계에서는 지각과 암석층(lithospher)의 인장력에 의해 마그마의 분출이 발생한다. 뜨거운 바위들이 녹아 지표면에 도달하게 되면 지각에 압력을 가하게 되고 결국 지각이 녹게 된다. 결국 화산을 통해 라바(Lava), 테프라(Tephra), 고압의 가스가 분출된다. 대부분의 발산형(divergent) 경계는 중간바다 산마루에서 걸쳐있어 대부분의 분출은 보이지 않는 바다 속 바닥에서 일어난다(그림 7-21).

3) 판의 경계지점이 아닌 맨틀 Hot spots 위의 화산들

화산은 판의 경계 지점이 아니어도 지구내부 맨틀의 뜨거운 부분(Hot spots)이 지각을 약화시키고 그 결과 지각의 약한 부분 위에도 다수의 화산들이 존재한다. 대표적인 Hot spots 위의 화산들로는 태평양의 하와이 섬 지역과 미국의 옐로스톤 국립공원내의 화산들이 포함된다(그림 7-22).

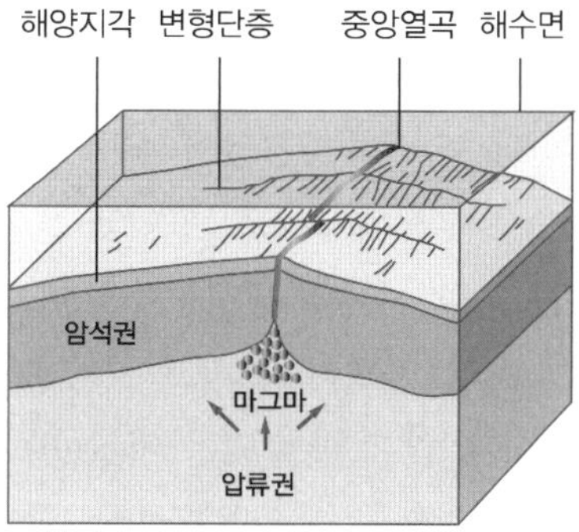

그림 7-21 발산형 판 경계(Divergent Plate Boundaries) 지점의 화산

출처 : USGS

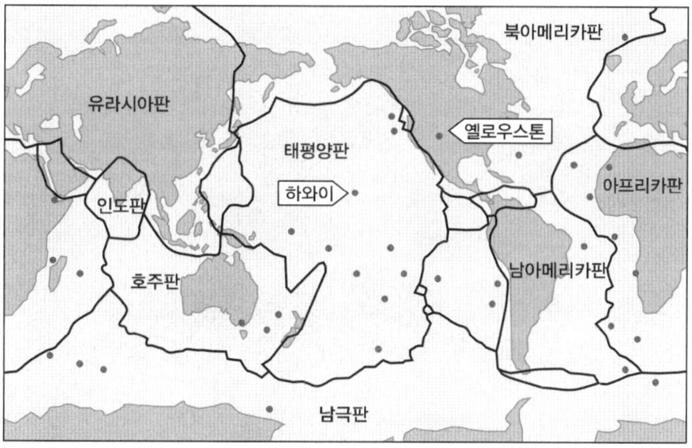

그림 7-22 맨틀 상부의 Hot spots 위의 화산들

출처 : USGS

3 화산폭발 위험요소

화산폭발은 화산의 규모, 형태, 행태와 상관없이 지구상의 모든 화산들의 공통적인 하나의 특징이다. 즉 화산은 분출구 부근에 축적된 용암과 뜨거운 바위조각들의 분출에 의해 화산폭발이 이루어진다. 화산폭발 시 주요생성물들은 마그마, 용암, 테프라 등이 있다. 마그마(Magma)는 지표 아래의 녹은 바위이다. 마그마는 액체, 부유 수정, 가스로 구성되어 있다. 용암(Lava)은 폭발적이지 않게 분출되는 마그마이다. 흐르는 액체가 고체화될 때 형성되는 바위역시 용암이라고 한다. 테프라(Tephra)는 화산재이다. 테프라는 마그마가 폭발적으로 분출될 때 형성된 큰 돌덩이, 석탄재, 돌가루, 재와 같은 모든 종류의 조각을 포함한다. 그림 7-23은 화산폭발로 인한 다양한 위험요소들을 보여준다.

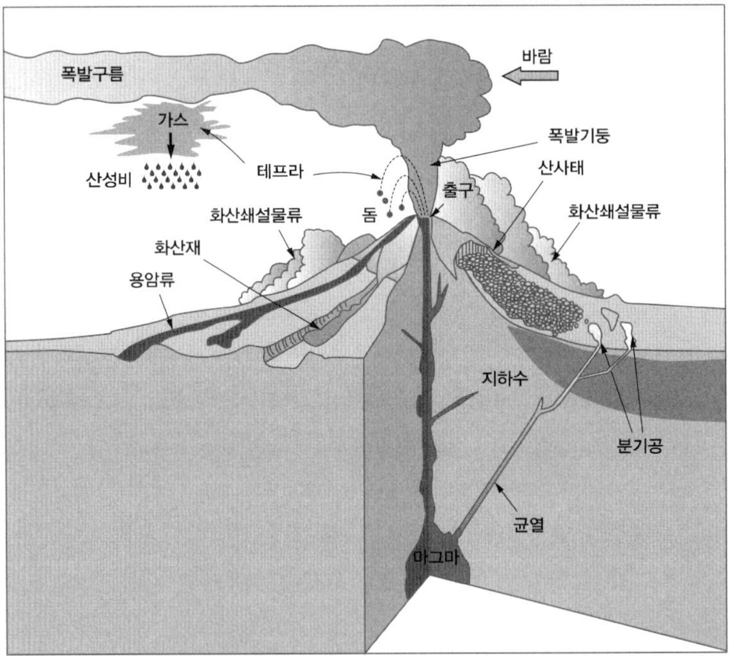

그림 7-23 화산위험의 종류

출처 : USGS

1) 마그마(Magma)

마그마의 종류에는 마그마를 구성하는 암석의 종류에 따라 현무암, 안산암, 유문암 마그마로 구분할 수 있고 각각의 마그마 특성은 표 7-17과 같다. 마그마의 점성은 화산의 폭발 특성을 결정하는 중요한 요소이다. 높은 실리카(SiO_2)를 포함한 마그마의 점성은 낮은 실리카를 포함한 마그마보다 점성이 높다. 또한 낮은 온도의 마그마는 상대적으로 높은 점성을 띠게 된다. 낮은 점성의 마그마도 물보다 여전히 10,000배에서 100,000배 이상의 점성을 갖는다. 대부분 액체상태의 마그마 속에는 가스가 들어있다. 마그마 속에 들어있는 가스는 마그마의 폭발적 특성을 갖게 한다. 대표적인 가스는 수증기(H_2O)와 일부 이산화탄소(CO_2)로 구성되며 소량의 황, 염소, 불소 가스들도 포함된다.

표 7-17 마그마의 종류별 특성

종류(암석)	화학 성분	온도(℃)	점성	가스포함
현무암 마그마 (Basaltic)	SiO_2 50%, 높은 철 마그네슘, 칼슘, 낮은 칼륨, 나트륨	1,000～1,200	낮음	낮음
안산암 마그마 (Andesitic)	SiO_2 60%, 중간 철 마그네슘, 칼슘, 나트륨, 칼륨	800～1,000	중간	중간
유문암 마그마 (Rhyolitic)	SiO_2 70%, 낮은 철, 마그네슘, 칼슘, 높은 칼륨, 나트륨	650～800	높음	높음

마그마가 지구표면에 도달했을 때 우리는 용암(Lava)이라고 부른다. 용암의 흐름은 마그마의 성분에 따라 차이가 있으며 일반적으로 온도, 점성, 가스의 포함상태에 따라 다르다. 비 폭발적 폭발은 낮은 가스성분을 포함하면서 낮은 점성의 마그마(현무암, 안산암)에서 발생한다. 마그마의 점성이 낮고 비 폭발적인 폭발의 경우 대부분 불꽃분수(Fire Fountains) 현상을 시작으로 폭발하면서 용해된 가스를 방출한다. 폭발적인 화산폭발은 높은 가스를 포함하고 높은 점성을 가진 마그마(안산암, 유문암)에서 발생한다. 화산폭발 과정에서 마그마를 깨트리고 공기 중에서 식어지면서 파편으로 변한다. 이늘 고체 입자늘이 화산쇄설물(Pyroclastic, 뜨거운 조각을 의미), 테프라(Tephra), 화산재(Volcanic ash)를 생성하게 된다. 화산쇄설물과 테프라의 구분은 표 7-18과 같이 입자의 평균 크기나 물질의 특성에 따라 구분한다.

표 7-18 화산쇄설물과 테프라의 구분

입자의 평균 크기(mm)	굳지 않은 물질(Tephra)	화산쇄설암 바위(Pyroclastic)
> 64	바위나 블록	덩어리
2~64	자갈	자갈
< 2	재	재

2) 직접적인 위험요소

화산폭발로 인한 재난 잠재성은 가스의 분출량과 마그마의 점도에 달려있다. 화산폭발로 인한 주요 위험요소들로는 용암류(Lava flows), 뜨거운 화산쇄설물 흐름(Pyroclastic flows), 독성가스의 분출(Volcanic gases), 공중에서 떨어진 테프라(Tephra) 등이 있다. 표 7-19는 화산폭발로 인한 위험요소들의 종류와 특성을 상세히 설명하고 있다.

(1) 용암류(Lava flows)

용암류는 폭발력이 작은 하와이언식과 스톰볼리언 형식의 폭발에서 일반적으로 나타난다. 용암류는 시속 64 km/hr의 속력으로 이동하기 때문에 사람들이 피난할 수 있는 약간의 시간을 가질 수 있다. 용암류는 재산에 대하여 가장 많은 피해를 유발한다. 용암류의 흐름을 변경하거나 지연시킬 목적으로 흐름의 최전방 부분을 폭파하는 방법도 간혹 동원된다. 용암류는 사람들의 인명피해에 가장 큰 영향을 준다. 용암의 유동성은 화학적 구성성분에 따라 다르다. 이산화규소(SiO_2)의 양에 따라 유동성이 결정된다.

(2) 뜨거운 화산재 흐름(Pyroclastic flows)

뜨거운 화산재의 흐름(Pyroclastic flows)은 화산폭발의 가장 위험한 부분이다. 흐름은 너무 빨라 사람들의 대피시간은 충분하지 못하다. 화산재는 지붕의 붕괴나 폭발지점에서 멀리 떨어진 지역까지도 영향을 미칠 수 있다. 화산재는 수목과 작물을 파괴하고 화산재로 덥힌 수목을 먹은 가축은 죽을 수도 있다. 화산재는 농업부분의 수확을 수년 동안 줄일 수 있다. 화산폭발 재난으로 인한 전체 사망자의 70%는 이로 인한 사망자이다.

(3) 독성가스의 분출(Volcanic gases)

화산폭발 과정에서 독성가스 분출은 화산의 폭발적인 분출과 용암의 흐름에 의해 발생된다. 이 때 사람들이 염소, 황, 플루오르와 같은 가스들을 직접 흡입하거나 식물을 통한 간접적인 흡입 시에 사망에 이를 수 있다. 지난 86년 카메룬에서는 화산폭발 과정에서 생성된 CO_2로 인해 많은 사람들이 사망한 사례도 있다. 화산폭발 시 발생하는 일반적인 가스들은 수증기, 이산화탄소, 수소, 일산화탄소, 이산화황, CH_4, COS, CS_2, HCl, H_2S, S_2, HF, N_2과 극소량의 헬륨, 아르곤, 제논, 네온, 크립톤 가스를 포함한다.

(4) 공중에서 떨어진 화산재(Tephra)

화산폭발로 분출된 모든 물질들은 조각으로 구성된다. 대부분의 화산 폭발 시 분출되는 분출물의 용량은 1 km^3 정도이지만 대형 화산폭발의 경우 몇 배 이상일 수도 있다. 일부의 경우 지상 물질들과 접촉하여 화재를 발생시킬 정도로 충분히 뜨거운 경우도 있다. 분출물들의 직경과 무게에 따라 떨어지는 범위나 피해가 다양할 수 있다.

표 7-19 화산폭발로 인한 위험요소들과 특징

위험요소	사 진	특성
용암흐름 (Lava flow)		용암류는 분출동안 화산과 갈라진 틈을 통해 쏟아져 나온 녹은 바위의 덩어리이다. 용암류의 속도, 분출거리와 같은 특징은 용암의 점도에 달려있다. 현무암은 빨리 흐르고, 유문암은 두텁고 느리게 이동한다. 용암류의 이동경로상의 모든 것들은 불타고, 매장된다. 용암류는 매우 두터워서 지나간 자리의 재건과 복구는 어렵다.
화산쇄설물류 (Pyroclastic flows)		화산쇄설물류는 고온의 재와 바위조각과 가스들로 섞여있다. 이들은 시간당 100킬로미터의 속력으로 경사를 내려온다. 온도는 500℃ 정도이며, 대부분의 사람들의 피해는 호흡기, 독성가스, 높은 온도의 재로 인해 발생한다.
퇴적 화산재 (Ashfalls and tephra)		테프라는 화산 폭발로 인해 발생한 대기 중의 화산바위의 조각을 말한다. 테프라는 돌덩이에서부터 재와 같은 형태에 이르기까지 바위조각의 크기에 따라 다양하다. 화산재는 경제활동에 매우 파괴적이다. 인근 부지 대부분을 덮고 도로와 공항의 출입을 불가능하게 한다. 지붕하중으로 주택의 붕괴와 차량과 항공기 엔진이상을 유발한다.
화산재 이류 (Lahars)	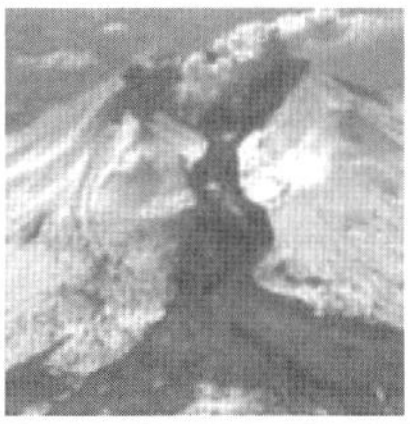	라하르는 일종의 진흙류이다. 이들은 바위조각과 경사지를 흘러내리는 물의 조합물이다. 라하르는 진흙류의 밀도 때문에 매우 파괴적이다. 시속 50킬로의 속력으로 이동한다. 라하르는 심각한 경제적, 환경적 피해를 유발한다.

출처 : Global issue 재편집

표 7-20 화산폭발로 인한 위험요소들이 영향을 미치는 거리

화산 위험요소	영향을 주는 거리(km)
용암류(Lava flows)	——→
Domes	—→
미세 화산재	——————————→
측면 폭발	——→
화산 가스	——————————→
가스의 건강영향	————→
쇄설물 흐름	—————→
쇄설물 쇄도	—————→
화산재 이류	—————→
구조물 붕괴/사태	————→ 50
지진/땅 팽창	———→ 30
쓰나미	——————————→
	10 km / 100 km / 1,000 km / 10,000 km

출처 : 체스터(Chester, 2001)

대부분의 위험요소들은 반경 10 km 전후의 폭으로 형성된다. 하지만 미세 화산재, 가스, 쓰나미의 경우는 반경 10,000 km 까지도 영향을 미칠 수 있다. 표 7-20은 화산폭발로 인한 위험요소들이 영향을 미치는 거리를 나타내고 있다. 대부분이 화산폭발은 마그마의 분출과 같은 환경적인 변화 이후 발생한다. 따라서 마그마 분출과 같은 환경적인 변화를 관찰하는 것이 가장 신뢰할 수 있는 예・경보 시스템이다. 규모 6.5 이상의 지진 이후의 화산활동은 자주 발생한다.

3) 2차적인 위험요소

화산폭발로 인한 2차적인 위험으로는 지표의 변형, 화산재 이류(분출물들이 물과 섞여 흐르는 현상), 산사태, 쓰나미 등을 유발할 수 있다.

(1) 화산재 이류(Lahars)

화산폭발로 엄청난 양의 테프라(Tephra)를 분출한다. 특히 빗물이나 주변의 물과 혼합될 경우 빠르게 이동한다. 테프라가 물과 섞이는 것은 화산폭발 과정에서 녹은 눈과 얼음, 분화구 내의 호수 물, 빗물에 의해 섞일 수 있다. 또한 주변에 쌓여져 있던 테프라는 오랜 시간에 걸쳐 화산재 이류를 만들 수 있다.

(2) 산사태나 쓰레기(Debris) 사태

화산은 대부분 가파른 경사를 형성한다. 때문에 간혹 화산 폭발로 인해 산사태나 쓰레기(Debris) 사태를 유발할 수 있다.

(3) 홍수

배수시스템은 화산재나 화산쇄설류의 퇴적으로 막히게 된다. 이런 부분에서 임시적인 댐이 형성되고 이후 홍수로 연결될 수 있다. 추운 지방은 눈과 빙하의 녹음과 더불어 홍수가 유발될 수 있다.

(4) 쓰나미

화산폭발로 인한 산사태, Debris 사태, 쇄설류의 흐름에 의해 쓰나미가 생성될 수 있다. 지난 1883년 인도네시아 슈마트라 주변 화산폭발로 쓰나미가 발생하였고 약 200 km 떨어진 지점에서 3만6천여 명의 사람들이 사망한 사례도 있다.

(5) 지진

비록 대부분의 화산폭발로 인한 지진은 규모가 작지만 화산폭발은 지진을 유발하기도 한다.

(6) 대기적 효과

화산재와 가스로 인해 기후에 단기적 영향을 미친다. 화산재는 태양광선을 차단하기 때문에 대형화산 폭발의 경우 수년 동안 온도를 떨어뜨리기도 한다.

4 화산폭발의 종류

1) 하와이언식 폭발(Hawaiian Eruption)

하와이언식 폭발의 분출은 수 시간에서 수 일간 지속된다. 현무암 마그마의 낮은 점성에서 발생하는 폭발형식이다. 하와이언식은 비 폭발적인 화산분출이다. 극소량의 화산쇄설물들이 생성된다. 이 폭발의 대표적인 특징은 불꽃 분수현상이다. 불꽃 분수는 1천 피트 이상까지 도달할 수 있다. 불꽃 분수와 더불어 용암의 흐름이 발생한다. 이때 흐름은 아주 유동적이어서 수마일 까지 흐른다. 하와이언식 폭발이란 이름은 하와이섬의 Kilauea 화산에서 이름을 얻었다.

2) 스트롬볼리언식 폭발(Strombolian Eruption)

스트롬볼리언식 화산폭발은 독특한 액체 용암의 폭발 형태이다. 현무암과 안산암 마그마의 폭발로 이루어지는 화산폭발이다. 이 폭발로 작은 테프라 콘을 형성한다. 이 형태는 화산폭발 중 온화한 폭발 형태이다. 따라서 낮은 폭발높이를 형성하고 테프라의 퇴적도 많지 않다. 마그마로 가득한 정상 관로의 입구로부터 폭발은 대부분 수분동안 규칙적, 비규칙적인 간격으로 발생한다. 용암의 폭발은 수 백 미터에 이르는 마그마로 가득한 관로를 통해 대형 버벌 형태의 가스가 위로 이동하여 대기 중으로 도달할 때까지 가스의 폭발에 의해 발생한다. 이런 종류의 폭발은 다양한 형태의 폭발 분출물을 양산할 수 있다.

스트롬볼리언식 화산폭발은 종종 화산정상의 관로부분에 만들어진 작은 용암호수와 연관이 있다. 이 폭발은 가장 적은 폭발형태이지만 용암과 비산물들의 흐름이 주거지역에 미친다면 아주 위험할 수 있다. 이탈리아의 Stromboli섬에서 이름을 가져왔다.

3) 벌캐니언식 폭발(Vulcanian Eruption)

벌캐니언식 폭발은 짧고, 격렬하며, 고체 또는 높은 점성의 마그마(안산암, 운문암 마그마)의 폭발형태이다. 폭발기둥은 수km에 달한다. 이 폭발은 아주 폭발적인 화산폭발 형태이다. 이런 종류의 폭발은 화산관로를 막고 있는 용암마개의 분열, 폭발 또는 용암을 덮고 있는 돔의 파열로 발생한다. 이 폭발은 아주 강력하며 초당 350미터 이상의 속력으로 수십 킬로미터까지 주변 물질들을 날려 보낼 수 있다. 이때 테프라, 화산재와 구름, 짖은 화산쇄설암 구름을 만든다. 이 폭발은 반복적이며, 수일, 수개월, 수년 동안 지속된다. 폭발은 대규모의 폭발적인 분출이후 일어날 수 있다. 이탈리아 섬 Vulcano에서 이름을 얻었다.

4) 플리니언식 폭발(Plinian Eruption)

플리니언식 폭발은 모든 종류의 화산폭발 중에서 가장 크고 격렬한 형태의 화산폭발이다.

가스형태의 마그마의 파열에 의해 발생한다. 대부분 점성이 있는 마그마와 연관이 있다. 이들은 엄청난 폭발 에너지를 방출하고, 가스와 재의 폭발기둥을 만들 수 있으며, 폭발기둥은 50 km 이상까지 이를 수 있다. 이 때 폭발 기둥으로 부터의 가스는 초당 수백 미터의 속도로 수백에서 수천 마일까지 날아갈 수 있다. 폭발구름은 일반적으로 버섯구름 형태를 만든다. 이탈리아 역사학자 플리니(Pliny)가 Vesuvius 화산폭발을 보고 비유한 것과 연관되어 Plinian 폭발로 명명되었다. 이 폭발은 극도로 파괴적이어서 산 전체를 완전히 사라지게 할 수 있다. 또한 화산재, 용암 파편, 화산쇄석암 등을 생성할 수 있다.

그림 7-25는 화산폭발 종류에 따른 폭발기둥 높이와 폭발력을 비교하고 있다. 폭발기둥의 높이(Height of Eruption Column)는 플리니언, 벌캐니언, 스트롬볼리언, 하와이언 순으로 폭발기둥의 높이가 높다. 폭발성 역시 플리니언, 벌캐니언, 스트롬볼리언, 하와이언 순이다. 즉 플리니언식 화산폭발은 가장 강력한 화산폭발 형식이다.

하와이언식 폭발(Hawaiian Eruption)
불꽃 분수(Kilauea)

스트롬볼리언식 폭발(Strombolian Eruption)
짧은 폭발(Strombolian)

벌캐니언식 폭발(Vulcanian Eruption)
적지만 격렬한 폭발(Santiaguito)

플리니언식 폭발(Plinian Eruption)
가장 크고 격렬한 폭발(Mount St. Helens)

그림 7-24 화산폭발의 종류와 특징

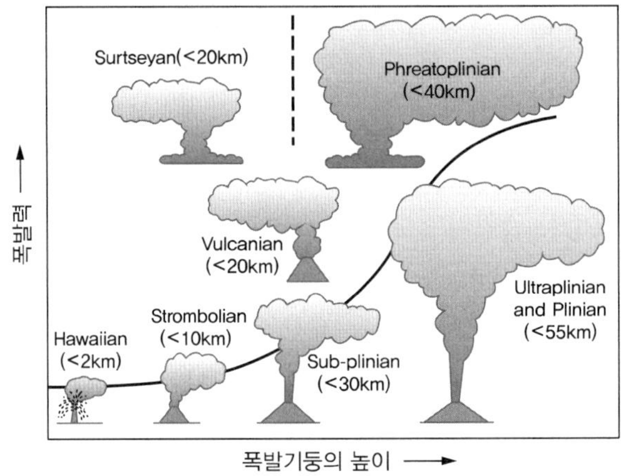

그림 7-25 화산폭발 종류에 따른 폭발기둥 높이와 폭발력 비교

출처 : 가스(Cas, 1988)

5 화산폭발 예측

오늘날 화산폭발을 예측하는 방법은 다양하다. 화산폭발 예측을 위해 다양한 방법들은 정확성을 증가시키기 위해 중복적으로 동원되어 관측하지만 일부 화산폭발의 경우 예외적인 현상들도 많아 정확한 예측은 쉽지 않다.

(1) 지진폭발과 모니터링

지진파 중 S파는 액체(마그마)를 통과하지 못하는 이론을 응용하여 마그마의 존재여부를 결정하게 된다.

(2) 자기장의 변화

자기 물질들은 자기장을 띄지만 화산 속으로 마그마가 들어와 온도가 높아지면 자기장을 띠지 않는 특성을 활용한 예측방법이다.

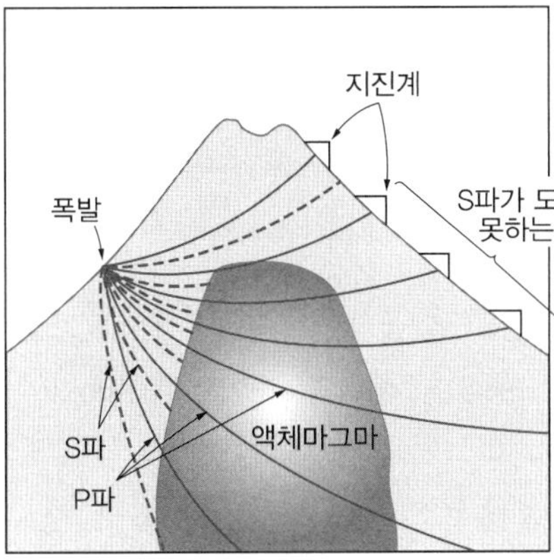

◎ **그림 7-26** 지진폭발과 모니터링 방법

출처 : 머어크(Murck, 1996)

(3) 전기적 전항의 변화

마그마가 들어오게 되면 전기 저항성(resistivity)이 떨어지게 된다.

(4) 지표면의 변형

마그마가 화산 속으로 밀려들어오면 화산구조는 팽창하게 되면서 마그마를 둘러쌓고 있는 지표면의 변형이 발생한다.

(5) 지상의 물 시스템의 변화(ground water)

마그마의 유입은 지하수의 수위를 변화시키고 지하수의 온도를 증가시킨다.

(6) 열 흐름의 변화

마그마가 지표부근에 접근하게 되면 지표상의 온도가 증가한다.

(7) 가스의 성분변화

화산은 분출하기 전에 화산가스의 성분이 변한다. 일반적으로 HCl과 SO_2의 성분이 폭발 직전에 증가하는 것으로 알려져 있다.

6 화산폭발지수(Volcanic Explosivity Index, VEI)

화산폭발지수(VEI)는 화산의 폭발규모를 지수화한 것으로 1982년 뉴홀과 셀프(Newhall and Self)의 시작과 1994년 심킨과 세이버트(Simkin and Siebert)의 보강으로 VEI가 완성된다. 이 지수는 0~8단계까지로 구분되며 지수 높을수록 큰 규모의 화산폭발을 나타낸다. 표 7-21은 화산폭발지수에 따른 화산폭발 특징과 현황을 나타낸다. 그림 7-27은 화산폭발지수와 화산폭발의 일반적인 특징을 보여준다.

표 7-21 화산폭발지수에 따른 화산폭발 특징과 현황

구 분	0	1	2	3	4	5	6	7	8
일반표현	비폭발	작은	보통		큰	아주 큰			
화산재 km^3		1×10^4	1×10^6	1×10^7	1×10^8	1×10^9	1×10^{10}	1×10^{11}	1×10^{12}
구름높이	< 0.1	0.0~1	1~5	3~15	10~25	> 25 km			
양적표현	점잖은	분출적	폭발적		Cataclysmic, 거대한, 심각한,				
폭발종류	하와이언	스트롬볼리언		벌컨식	플리니식		초 플리니식		
기간	< 1시간 6시간 12시간				> 12시간				
폭발	용암	증기폭발	폭발 또는 열운						
대류권	무시	최소	보통	상당한					
성층권	None	None	None	가능	확실	Significant(아주 그렇다)			
횟수	755	963	3631	924	307	106	46	4	0

출처 : http://www.allcountries.org(재편집)

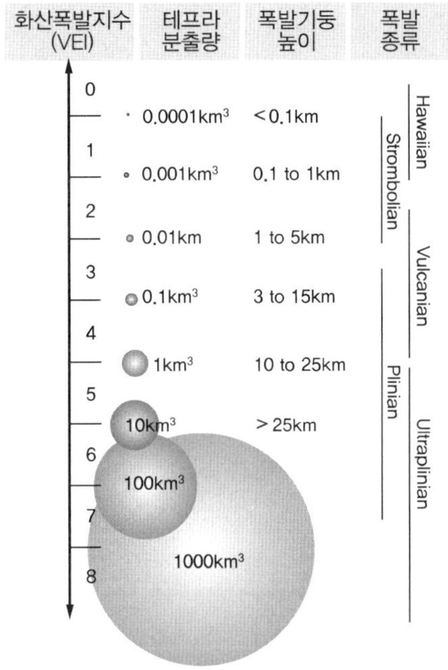

그림 7-27 화산폭발지수

출처 : http://geology.com

제4절 홍수(Flooding)

홍수는 일반적으로 과다한 강수와 눈과 얼음의 해빙에 의해 발생한다. 홍수의 물리적 원인으로는 강변의 홍수와 해안지역의 홍수로 나누어 볼 수 있다. 강변의 홍수는 강수, 해빙으로 인한 대기적 원인, 산사태와 같은 지질학적 원인, 댐이 붕괴와 같은 기술적인 위험요소들이 원인이 된다. 해안지역의 홍수는 폭풍해일로 인한 대기적인 원인과 쓰나미와 같은 지질적 위험요소로 구분해볼 수 있다. 홍수의 심각도는 수계의 물리적 지형, 지역적 천둥번개 이동, 흙의 함수조건, 수목의 량 등에 의해 결정된다.

평균 재발 간격(Average Recurrence Interval, ARI), 연간 초과 확률(annual Exceedance Probability, AEP)은 홍수비교를 위해 사용되는 통계적인 기준이다. ARI는 주어진 강도(게이지 높이 또는 방류량)의 홍수사건이 재발할 수 있는 평균적 연수이다. AEP는 어떤 한 해 동안 주어진 강도의 홍수사건이 발생할 평균적인 확률이다. 가상 최고 홍수(Probable Maximum Flood, PMF)는 합리적으로 발생이 예상되는 최고 수준의 홍수이다. 이 값은 보통 1만년과 천만년 동안의 ARI를 가지는 것으로서 받아들여진다.

1 홍수의 종류

홍수의 종류에는 급작스런 홍수(Flash floods), 강 주변 홍수(Riverine floods), 해안 바닷물 홍수 등으로 구분할 수 있다.

1) 급작스런 홍수(Flash floods)

급작스런 홍수(Flash floods)는 짧은 시간에 많은 량의 강수로 인한 지역적 홍수이다. 급류는 폭우에 의해 발생한다. 상대적으로 작고 넓게 분포한 개울에서의 급류는 많은 량의 침전물들과 쓰레기를 수반한다. 급류는 댐의 붕괴 시에도 발생한다. 일반적으로 산악지역에서 많이 발생한다. 하지만 지역의 경사가 심하고 유입량이 많거나, 좁은 계곡지역, 심각한 천둥 다발지역과 같은 지역에서는 언제든지 발생할 수 있다.

2) 강 주변 홍수(Riverine floods)

강 주변 홍수(Riverine floods)는 넓은 지역의 강수나 축적된 눈의 해빙에 의해 발생한다. 홍수의 범위나 지속기간은 급류와는 다르다. 급류가 작은 강에서 짧은 기간 동안 발생한다면 강변홍수는 넓은 지리적 배수를 담당하는 강 체계, 많은 독립적 수계로 둘러쌓인 지역에서 발생한다. 넓은 수계의 홍수는 수 시간에서부터 수일 까지 지속된다. 흙의 함수율, 수목의 계절적 변화, 눈의 적설깊이 등과 같은 지반의 조건들은 홍수량에 직접적인 영향을 준다. 일반적으로 가장 심각한 홍수는 태풍과 연관되어 발생한다. 강수를 동반한 태풍으로 인한 홍수는 종종 해안을 따라 바람이 유발하여 발생한다. 이 경우 강수의 심각도는 태풍의 범위에 달려있다.

3) 해안가 바닷물 홍수

해안가 바닷물 홍수는 조수간만과 태풍해일, 쓰나미를 포함한 복합적인 환경에서 발생한다.

2 홍수의 영향

① 홍수는 주택과 작은 건축물에 영향을 준다. 주택은 침수되거나 붕괴되거나 휩쓸려 내려간다. 주로 기초에 결속되지 않은 목조나 가벼운 자료를 사용한 주택에서는 수

면의 상승은 주택을 물에 뜨게 한다. 또한 침수로 인한 피해, 주택의 기초의 침하나 붕괴, 쓰레기들에 의한 피해 등도 발생한다.

② 홍수는 사람들의 건강과 관련된 영향을 미친다. 홍수는 일반적으로 부상자보다 사망자가 많다. 홍수는 감염성 질병과 같은 2차적인 수인성 위협을 유발하기도 한다.

③ 홍수는 또한 농업부분에 상당한 영향을 미친다. 홍수의 가장 취약한 부분은 농업부분이다. 작물의 침수는 가장 대표적인 홍수피해이다. 일부 작물들은 잠깐 동안의 침수로도 죽을 수 있다. 홍수는 상층부의 흙을 침식할 수 있다. 예외적으로 일부 지역에서는 홍수가 가져다주는 풍부한 영양분과 미세한 흙으로 토지의 영양을 증대시키는 장점이 있다.

④ 홍수는 경제적으로 대부분의 산업에 부정적인 영향을 준다. 재정적인 부담은 물론 지역과 국가의 경제성장에 장애를 가져다주며, 가족의 수입, 기업의 생산 감소, 실업, 수입의 불균형, 국가 수입의 감소 등과 같은 경제적 영향을 미친다.

3 홍수위험 연관요소

홍수위험은 수많은 요소들과 연관되어 피해를 유발한다.

① 수심 : 건축물의 기초붕괴, 건축물의 부양, 침수에 대한 위험의 정도를 결정

② 기간 : 침수기간은 기초붕괴, 방수, 식물의 생존에 중요한 영향을 준다.

③ 속도 : 빠른 유속은 침식작용, 수압 유발, 기초의 붕괴, 건축물의 부양을 유발하여 건축물의 붕괴를 가져온다.

④ 수위의 증가속도 : 수위와 배수의 증가속도는 홍수경보, 대피, 홍수방어 활동에 지대한 영향을 미친다.

⑤ 발생빈도 : 반복적인 발생빈도는 홍수지역의 피해총액과 밀접하게 연관된다.

⑥ 계절성(seasonality) : 성장기의 침수는 농업생산량에 치명적이다.

4 홍수예보, 경보, 모니터링 시스템

홍수에 대한 정확한 예보능력은 정보에 따라 제한적이다. 수리적 조건이 변화하는 시기의 홍수예보는 강수량, 강의 상태, 기온, 땅의 조건과 같은 현재의 수리적 조건 정보가 필요하다.

홍수 경보는 홍수 재난관리의 중요한 부분이다. 경보시스템의 목적은 홍수로 인한 인적, 물적 피해를 줄이는 것이다. 홍수의 예보와 경보를 통해 피해지역 주민들이 대피하고, 자산을 안전한 장소로 이동하고, 임시적 홍수피해 저감조치 등을 통해 홍수피해를 줄일 수 있다. 최고 수위에 관한 경보시간은 구름의 조건에 따라 수분에서부터 수 시간에 걸친다. 따라서 정확한 예보와 경보를 위해서는 수많은 Data와 정보가 필요하다.

경보는 적재적소, 적시에 전달되지 못하면 효과가 줄어든다. 경보의 단계는 강수량과 강의 수위 등에 관한 기록을 모으는 ① Data 수집과 전파, 수집된 자료를 기술적으로 분석하고 단순한 경험이나 복잡한 컴퓨터 시뮬레이션을 활용하여 홍수의 시기와 심각도를 예보하고, ② 기상적, 수문학적 예보, 강 수위 알림판, 홍수경보, 전문적인 자문, 언론 브리핑을 통해 홍수경보를 제공하고, ③ 홍수경보 서비스와 같은 세 단계로 구성된다.

홍수지역을 모니터하는 가장 효과적인 방법은 원격감지이며 수많은 기술 중 Landsat 위성은 가장 효과적인 기술이다.

5 구조적, 비구조적 해결책

전통적인 홍수통제 수단으로 구조적 조치들이 사용되어왔다. 이들 조치들에는 levees, dikes, dams, 그리고 저수지들이 있다. 이들은 성공적으로 홍수방어를 제공해 왔다. 비구조적인 해결책에는 수로증설이나 자연적인 습지의 확장, 홍수로 넘쳐난 물을 저장할 수 있는 지대 마련, 저지대 영구적인 대피조치, 범람원 관리계획, 홍수경보시스템의 설치 등이 있다.

제5절 쓰나미(Tsunami)

1 발생원인

지진은 단층의 갑작스런 미끄러짐에 의해 발생한다. 단층은 두 블록의 커다란 바위 사이의 균열 부분이다. 지진이 발생하는 동안 단층 한쪽의 바위 블록이 다른 쪽과 미끄러진다. 단층은 대부분 지각 판의 끝부분에서 발견된다. 이들 판들은 연간 5～10 cm 정도로 지속적으로 움직인다. 하나의 판 속에서 각각의 위치에 따라 이동하는 거리는 다양하다. 판과 판이 충돌하는 경계에서는 하나의 판이 다른 판의 아래로 이동할 때 트렌쳐가 생기며 판이 분리되는 곳에서는 산맥이 형성된다. 따라서 대형 지질학적 힘은 대부분 판의 경계에서 작용한다. 그래서 대형지진 대부분은 판의 경계부분에서 발생한다.

쓰나미는 지진, 산사태, 화산폭발, 소행성 충돌과 같은 원인으로 바다 속의 교란이 일어나서 발생하는 일련의 거대한 파도이다. 쓰나미는 대부분 지진에 의해 발생하며 지진은 지구상에서 대부분 환태평양 지진대(Ring of Fire)에서 발생한다. 전체 쓰나미의 71%도 이 지진대에서 발생한다. 환태평양 지진대에서 쓰나미가 빈발하는 이유는 깊은 바다 속의 판들은 수렴형(Convergent) 판 경계를 이루고 있어 지진발생과 더불어 대형 쓰나미를 자주 유발하게 된다. 간혹 산사태나 빙벽의 떨어짐으로 쓰나미가 발생하는 사례도 있다.

쓰나미로 인한 주요피해는 파도 자체이다. 하지만 2차적으로 쓰레기나 해안침식, 화재, 가스나 전기와 같은 유틸리티 기능의 단절을 가져올 수 있으며 더 나아가 작물의 수확량 감소나 질병을 유발하기도 한다.

2 쓰나미의 물리적 특성

쓰나미를 포함한 모든 종류의 파도는 파도의 길이(Wave Length), 파도의 높이(Wave Height), 진폭(Wave Amplitude), 주기(Period), 속력(Speed)을 가진다. 파도의 길이는 파도의 높은 부분사이의 거리를 말한다. 일반적인 바다 파도의 길이는 대략 100미터이다. 하지만 쓰나미의 파도 길이는 아주 길어 수 킬로미터에서 500킬로미터에 이르는 것도 있다. 파도 높이는 파도의 바닥에서부터 파도의 최고 꼭대기까지의 거리를 말한다. 파도의 진폭은 잔잔할 때의 수면에서 부터의 높이를 말하며 일반적으로 파도 높이의 1/2이다. 쓰나미는 다양한 파도 높이와 진폭을 가지며 파도 높이와 진폭은 바다수심에 따라 달라진다. 파도의 주기는 하나의 파도 길이가 한 지점을 통과하는데 소요되는 시간을 말한다. 파도의 속력(Speed)은 파도의 이동속도(Velocity)이다. 일반적인 바다에서 파도의 속력은 90 km/hr 이지만 쓰나미의 경우 최고 950 km/hr에 까지 이를 수 있다. 개략 제트여객기의 속력과 동일하다. 파도의 속력(V)은 파도 길이(λ)를 파도주기(P)로 나눈 것이다(그림 7-28).

쓰나미의 속도(속력)는

$$V = \lambda / P$$

즉, 파도의 속도(Wave Velocity)는 파장(Wave length)/주기(Period) 이다.

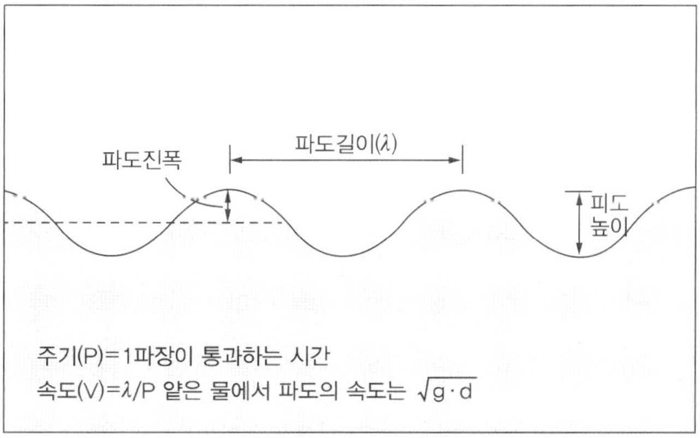

그림 7-28 쓰나미의 속도(속력)

일반 파도의 주기는 보통 5에서 20초이고 파도의 길이는 100에서 200미터에 달한다. 쓰나미의 경우 주기는 10분에서 2시간이며 파도의 길이는 500 km 이상이다. 파도의 길이에 비해 수심이 낮은 파도를 얕은 수심 파도라고 한다. 이 얕은 수심 파도, 즉 쓰나미의 속력은

$$V = \sqrt{g \times d}$$

(g : 중력가속도, d : 수심)

예를 들어 바다 깊이가 1,000 m이면 $V = \sqrt{9.81 \times 1{,}000} = 99$ m/sec 이다.

쓰나미가 발생하여 만약 파도의 골(낮은 지점)이 해안에 먼저 도착하면 해수면의 높이가 현저하게 내려간다. 이때를 Drawdown(수위저하)이라고 한다. 반대로 파도의 마루(높은 지점)가 해안에 먼저 도착하면 해수면은 급격히 상승하게 된다. 이때를 Run-up(수위상승) 이라고 한다. 수위의 상승 정도는 해수면의 평균높이에서 계산하여 표현한다. 또한 수위상승 수준은 해안가의 형상에 따라 영향을 받기 때문에 동일한 해안의 모든 곳에서 일정하지 않다. 일반적인 수위상승 수준은 30미터에 이를 수 있고 1959년 알래스카에서 발생한 쓰나미의 경우 60미터 까지 기록된 경우도 있다. 수위상승으로 인해 바닷물이 내륙으로 유입되는 거리는 약 300미터 이상까지 이를 수 있으며 해안가 주변의 육지의 고도와 지형에 따라 많은 차이가 있다.

쓰나미는 파도의 길이가 길고 속력이 아주 빨라 파도의 주기도 아주 길다. 따라서 쓰나미의 파장은 길고 파도의 마루에서 다음 마루가 도달하는 시간은 수 시간이 걸릴 수 도 있다. 따라서 첫 번째 큰 파도가 지나가고 다음 파도가 올 때 까지 많은 시간이 걸릴 수 있다. 또한 쓰나미의 첫 번째 파도가 제일 높은 것은 아니며 기록적으로 볼 때 첫 번째, 세 번째, 다섯 번째의 파도가 제일 높은 것으로 나타났다.

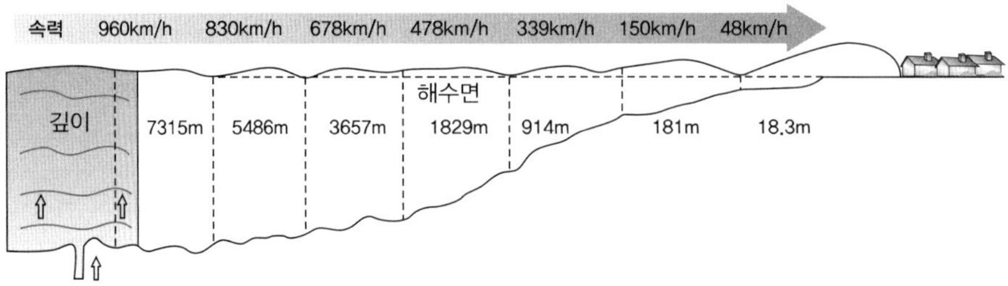

그림 7-29 바다 수심에 따른 쓰나미의 속력비교

출처 : Bryant(2005)

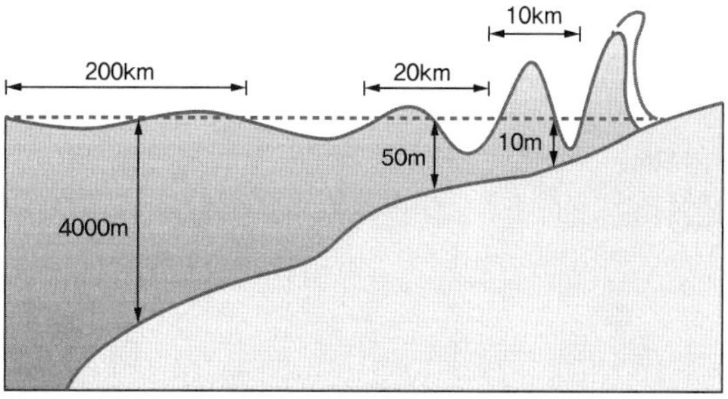

수심 (m)	속도 (km/h)	파장 (km)
7000	950	300
4000	700	200
2000	500	150
200	150	50
50	80	20
10	40	10

그림 7-30 수심에 따른 쓰나미 속력과 파장

출처 : http://itic.ioc-unesco.org

3 쓰나미 발생과정

일반적인 해상의 파도와 달리 쓰나미는 완전한 물기둥을 형성한 일련의 파도로 구성된다. 특히 단층의 종류 중 역단층(Revese)은 대형 쓰나미를 형성하는 단층이다. 그림 7-31은 수렴형 판 경계에서 쓰나미의 형성과정을 상세하게 설명해준다. 먼저 ① 두 판 사이에 긴장이 발생하고 두 판은 상호 긴장을 지속시킨다. ② 바다 판은 아래로 움직인다. ③ 대륙판은 위로 움직이면서 두 판 사이의 긴장이 증대된다. ④ 긴장을 이룬 두 판의 지점을 바다 아래로 더욱더 이동시키고, ⑤ 대륙판의 불록한 부분이 더욱 커진다.

어떤 시점에서 두 판의 긴장이 너무 커져서 압력이 발산하게 된다. ⑥ 지진이 발생하면서 긴장되어 구부러져 있던 대륙판이 위로 밀면서 올라간다. ⑦ 바닷물을 밀어 올려 물기둥을 형성한다. ⑧ 대륙판의 볼록한 부분이 내려앉는다. ⑨ 바닷물이 아래로 내려앉는 부위도 형성한다. 그 결과 정상적인 해안지역의 수면을 일시적으로 당기는 "Pulling away" 현상이 나타난다. ⑩ 지진 발생지점으로부터 쓰나미의 물기둥이 퍼져나간다. 수심이 깊을수록 쓰나미는 빠르고 파장도 길다. ⑪ 육지인근 대륙붕의 상대적으로 낮은 수심에서는 속도는 감소하지만 파도의 높이는 점점 높아진다(그림 7-31).

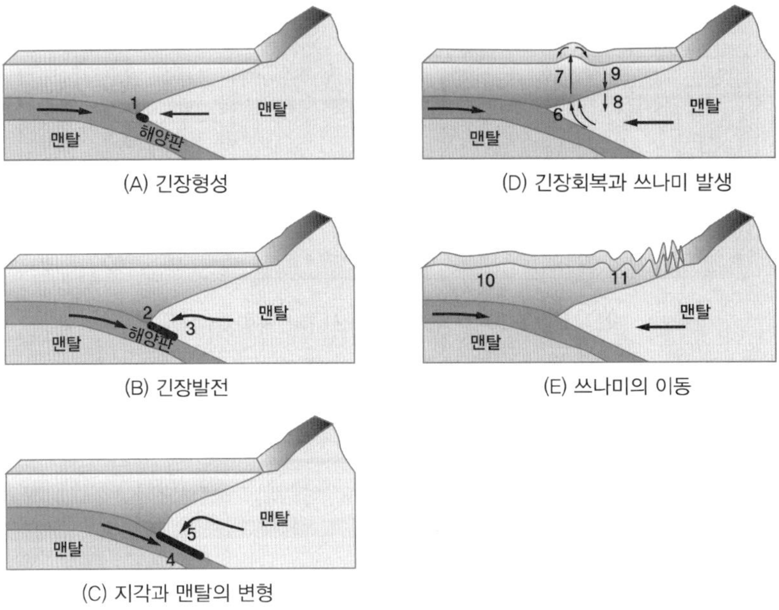

그림 7-31 쓰나미 발생과정

출처 : NOAA 재편집

4 쓰나미 모니터링 및 예·경보

지진은 쓰나미를 유발하기 때문에 예보와 경보를 통해 피해를 줄일 수 있다. 쓰나미는 대부분의 경우 예보와 경보를 발할 시간적인 여유가 있기 때문에 피해 예상지역 사람들을 대피시킬 수 있다. NOAA는 태평양 연안에 쓰나미 예·경보 시스템을 구축하고 있다. 쓰나미 예·경보시스템은 국제적 네트워크의 지진 관측소, 조수 관측소들과 위성활동을 통해 정보를 공유한다. 그림 7-32는 태평양 연안의 지진 관측소 및 조수 관측소 현황과 하와이에서부터 쓰나미의 도달 시간을 나타내고 있다.

쓰나미 모니터링 방법으로 그림 7-33과 같은 심해 쓰나미 평가와 보고 시스템(Deep-Ocean Assessment and Reporting of Tsunamis, DART)을 이용한다. 이 시스템은 바다 속의 쓰나미터(Tsunameter), 바다 표면의 부이(Buoys), 인공위성, 쓰나미 경보센터로 구성된 시스템이다.

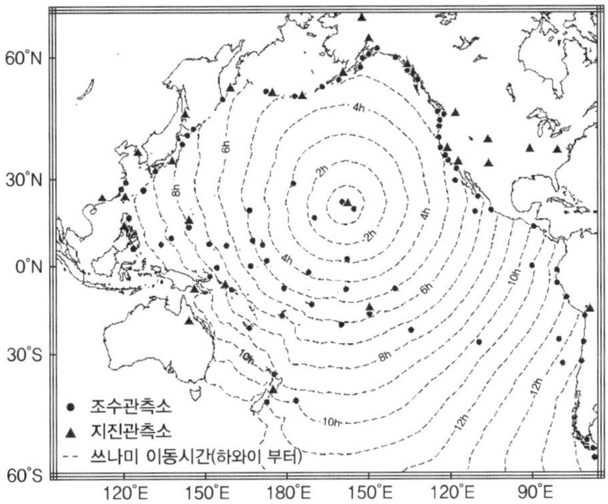

◎ **그림 7-32** 태평양 쓰나미 경보 시스템

출처 : NOAA

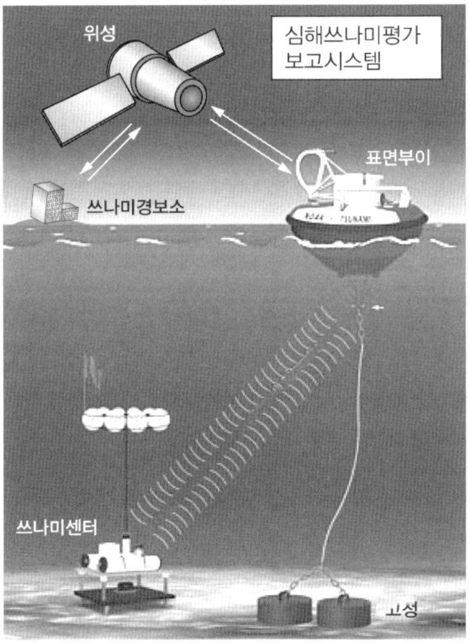

◎ **그림 7-33** 심해 쓰나미 평가와 보고시스템(DART)

출처 : NOAA

즉 바다 속의 쓰나미터, 바다 표면의 부이를 이용하여 부이의 움직임을 1차적으로 관측하고, 관측 결과를 인공위성에서 수시로 모니터하여 지역 경보센터로 알려주는 체계를 갖추고 있다. 쓰나미 예·경보 능력은 다른 경보시스템과 마찬가지로 지역의 정보 전파 능력에 달려있다. 또한 피해 예상지역 주민들의 교육과 훈련 역시 피해경감에 큰 작용을 한다.

해안지역 쓰나미 재난위험에 대한 효과적인 관리방법은 ① 위험평가, ② 완화 조치, ③ 조기경보와 같은 수단들이 주로 동원된다. 이들 세 가지 행동들은 해안지역의 재난관리계획에 포함되어야 한다. 위험평가는 국제적으로 인증된 수치모델 방법을 활용하여 지역의 쓰나미 피해예상 지도를 작성하고, 지역 재난관리계획에 활용하며, 지역사회와 공유하는 것이다. 완화 조치는 합리적인 수준의 쓰나미 대응계획을 수립하고 쓰나미 대피 표지설치, 교육 프로그램 운영과 같은 내용들이 포함된다. 또한 실시간으로 제공되는 글로벌 네트워크를 포함한 조기경보 네트워크를 구축하고 효과적인 예·경보가 발령될 수 있도록 지역의 경보센터를 운영하여야 한다.

Index

ㄱ

강우(Rain) ············ 442
견딜만한 위험 ············ 230
경감(Reduction) ············ 246
경보(Warning) ············ 342
경색 모델(Crunch model) ············ 202
계획부 ············ 410
고도신뢰 이론(HRT) ············ 196, 199
공개 시스템 ············ 215
공공행정(PA) 모델 ············ 169, 220
관리 이론 ············ 212
구조와 탐색 ············ 345
구조적 완화 ············ 267
국가재난관리 작용(Actions) ············ 370
국가계획 틀(NPF) ············ 384
국가대응계획(NRF) ············ 391
국가사고관리시스템(NIMS) ············ 386
국가위험평가(SNRA) ············ 380
국가재난관리시스템 ············ 362, 373
국가전략 ············ 375
국가준비보고서 ············ 384
국가준비시스템 ············ 379
군대식 모델 ············ 166
기관부서 초점 구성방식 ············ 301
기능에 근거한 계획 ············ 293
기술 관료적 접근방식 ············ 171
기술적 위험요소 ············ 64
기후관련 위험요소들 ············ 69
기후변화적응 ············ 139
기후재난 ············ 67
기후재난회복지표(CDRI) ············ 81

ㄴ

능력에 근거한 계획 ············ 293

ㄷ

대응유발수요(RGD) ············ 60, 284
대처능력 ············ 93
대피(Evacuation) ············ 343
동상가능성 ············ 442
등장속도 ············ 53

ㅁ

마그마(Magma) ············ 467
마니토바(Manitoba) 모델 ············ 193
모든위험 접근(AHA) ············ 183
문제해결 모델 ············ 166, 283, 338
미래 재난 ············ 102
민방위(CD) 모델 ············ 168, 221

ㅂ

바람(Wind) 439
보급부 411
복원력 87
복잡성 108
분산관리 방식 173
불확실성 107
비구조적 완화 268
비상 39
비상관리 166
비상지원기능(ESF) 구성방식 299
비용편익분석(CBA) 236
빈도(Frequency) 226

ㅅ

사고지휘팀 407
사고관리시스템(IMS) 402
사고기지(Base) 413
사고지휘시스템(ICS) 404
사고지휘체계(ICS) 394
사고행동계획(IAP) 416
사고현장 지휘소(ICP) 413
사업연속성계획(BCP) 306
사업영향분석(BIA) 308, 312
사회적 취약성 지수 80
상호작용성 107
상황인지(SA) 329
생태학적 모델 218
세계위험지수 81
소셜 미디어(SM) 157
수용 가능한 위험 230
수용할 수 없는 위험 230
수용할 수 있는 위험 230
시나리오 근거한 계획 293
시스템 365
시스템 이론 212
신생의 다수조직 네트워크(EMONs) 210
신생의(Emergent) 조직 326
쓰나미 482
쓰레기 관리 346

ㅇ

압력과 해소(PAR) 모델 77, 196, 202
언론관계 154
언론관리 347
연간 초과확률(AEP) 224
열대성 폭풍 428
외상후 스트레스 장애(PTSD) 349
요인유발수요(AGD) 59, 284
원격감지(RS) 150
위계 계층적 시스템(HSEM) 모델 194
위계적 모델 217
위기관리 165
위험 가치평가 244
위험 동기 83
위험 매트릭스 229
위험 완화 전략 266
위험 정의 239, 241
위험 조정 246
위험 취급 246
위험-위험요소(HR) 모델 196
위험-위험요소(RH) 모델 201
위험가치평가 239
위험관리 165, 238
위험분석 239, 242
위험수용에 대한 한계값 232
위험에 근거(Risk-driven) 175
위험요소 39
위험의 산정 223
위험의 원천 51
위험평가 239

위협 ··· 39
유연한(Flexible) ··· 176
유용한 취약성 지표 ··· 80
응급복구와 지원(Relief) ··· 347
응급서비스(ES) 모델 ··· 169, 219
의사결정 과정 ··· 331
이성적 시스템 접근 ··· 214
인적(Man-made) 재난 ··· 21
인프라 Networks ··· 85

ㅈ

자연재난의 분류 ··· 98
자연적 시스템 접근 ··· 215
자연적 위험요소 ··· 63
자연적 재난 ··· 21
자원관리 ··· 390
자원대기소(Staging Area) ··· 413
재난 ··· 14
재난 취약성 모델 ··· 189
재난관리 ··· 120, 165
재난관리 단계 ··· 259
재난관리 모델 ··· 166, 189
재난관리 원칙 ··· 175
재난관리 접근방법 ··· 170
재난관리 정책 ··· 161
재난관리 조직모델 ··· 168
재난관리 주체 ··· 127
재난관리 프로그램 요소 ··· 126
재난대응 ··· 260
재난대응 모델 ··· 189
재난대응(시스템) 모델 ··· 206
재난대응계획(EOP) ··· 286
재난발생 원인모델(Cause Model) ··· 196
재난발생과정(원인) 모델 ··· 189
재난방송 ··· 157
재난배양 이론(DIT) ··· 197
재난복구 ··· 260, 351
재난삼각형 ··· 45
재난안전대책본부(EOC) ··· 321
재난안전대책본부(EOC) 역할 ··· 418
재난완화 ··· 259
재난용어 ··· 37
재난위험 ··· 43
재난위험경감 ··· 138
재난위험관리 ··· 138
재난의 기준 ··· 19
재난의 빈도수준 ··· 230
재난의 손실 ··· 27
재난의 연구 ··· 33
재난의 인식 ··· 29
재난조직 모델 ··· 189
재난준비 ··· 260
재난충격 ··· 24
전략계획 ··· 290
전략적 예지계획(SFI) ··· 104
전문적(Professional) ··· 176
전술계획 ··· 291
전이(Transfer) ··· 247
전통적 기능 구성방식 ··· 298
전통적 재난관리 모델 ··· 191
접근 모델(Access Model) ··· 203
정량적(Qualitative) 분석 ··· 226
정보관리 ··· 152
정상사고 이론(NAT) ··· 198
정성적(Quantitative) 분석 ··· 226
조건석합 이론 ··· 213
조정(Control) ··· 246
조정적(Coordinated) ··· 176
주요사고스트레스(CIS) ··· 349
준비능력 평가 ··· 93
중앙지원팀 ··· 384
지각 판 경계 ··· 449

지리정보시스템(GIS) ······ 146
지역사회의 하위시스템 ······ 132
지역재난관리위원회(LEMC) ······ 130
지역지휘(Area Command) ······ 415
지진 ······ 444
지진강도(Intensity) ······ 454, 456
지진규모(Magnitude) ······ 454, 456
지휘권 이양(Command Transfer) ······ 415
지휘통제 모델 ······ 283, 338
지휘통제(C2) ······ 327
지휘통제(C2) 모델 ······ 207
지휘통제조정(C3) 모델 ······ 207
진보적(Progressive) ······ 175
진앙(Epicenter) ······ 453
진원(Focus) ······ 453

ㅊ

초과확률 곡선(EP curve) ······ 234
취약성 ······ 73
취약성 모델 ······ 77
취약성 접근방식 ······ 171
취약성 지수 ······ 79
취약성 평가 ······ 78

ㅋ

캠프(Camp) ······ 414
켈리(Kelly) 모델 ······ 192
킴버리(Kimberly) 모델 ······ 191

ㅌ

태풍 ······ 432
통계적 생명 값(VSL) ······ 228
통합관리 방식 ······ 173
통합적 모델 ······ 195
통합적 재난관리 시스템(IEMS) ······ 178
통합적 재난관리(IEM) ······ 181
통합적(integrated) ······ 176
통합지휘(UC) ······ 415
투스카루사(Tuscaloosa) 모델 ······ 192
특정위험접근법 ······ 177

ㅍ

판구조론(Plate tectonics) ······ 446
평균재발간격(ARI) ······ 224
포괄적(comprehensive) ······ 175
포괄적 재난관리(CEM) ······ 174, 176
포괄적 준비안내(CPG) ······ 303
폭풍해일(Storm Surge) ······ 438

ㅎ

해소 모델(Release Model) ······ 203
핵심능력 ······ 125
핵심능력 리스트 ······ 382
행·재정부 ······ 412
헬리 베이스(Helibase) ······ 414
헬리 스팟(Helispot) ······ 414
현대적 재난관리 ······ 174, 261
현장시설 ······ 413
현장지휘소(ICP) ······ 321
협력적(Collaborative) ······ 176
홍수 ······ 478
화산폭발지수(VEI) ······ 476
확대된(Expanding) 조직 ······ 326
확률(Probability) ······ 226
확장과 수축 모델 ······ 195
확장된(Extending) 조직 ······ 325
확정된(Established) 조직 ······ 325
활동계획 ······ 290
활동부 ······ 409
회피(Avoidance) ······ 246

효고행동계획(HFA) ······ 139
후지타 스케일 ······ 442

영문

Acceptable level of risk ······ 230
Acceptable Risk ······ 230
Agent-generated Demands ······ 59
Approaches ······ 170

Bottom Up 방식 ······ 188
Business Continuity Planning ······ 306
Business Impact Analysis ······ 308, 312

Civil Defence ······ 168, 221
Climate Change Adaptation(CCA) ······ 139
Command and Control ······ 207
Command, Control, and Coordination ······ 207
Complexity ······ 108
Comprehensive Preparedness Guide ······ 303
Contingency Theory ······ 213
Core Capabilities List ······ 382
Cost Benefit Analysis ······ 236
Crisis Management ······ 165
Critical Incident Stress ······ 349

Debris Management ······ 346
Disaster ······ 14
Disaster Awareness ······ 29
Disaster Impacts ······ 24
Disaster Incubation Theory ······ 197
Disaster Management ······ 120, 165
Disaster Research ······ 33
Disaster Risk ······ 43
Disaster Risk Management(DRM) ······ 138
Disaster Risk Reduction(DRR) ······ 138
Disaster Triangle ······ 45

Emergency ······ 39
Emergency Management ······ 166
Emergency Services ······ 169
Exceedance Probability Curves ······ 234

Field Facilities ······ 413
Finance and Administration Section ······ 412
FN Curves ······ 233

Hazard ······ 39
Hazards-Specific Approach ······ 177
HAZUS ······ 78, 117
Hierarchical model ······ 217
High Reliability Theory ······ 199
HR모델 ······ 77

Incident Action Plan ······ 416
Incident Command System ······ 394, 404
Incident Command Team ······ 407
Incident Management System ······ 402
Integrated Emergency Management ······ 181
Integrated Emergency Management System 178
Interaction ······ 107
ISO 31000 ······ 250

Logistics Section ······ 411
Losses ······ 27

Management Theory ······ 212
Military ······ 166
National Disaster Management System ······ 373
National Planning Frameworks ······ 384
National Preparedness Report ······ 384
National Preparedness System ······ 379
Natural Hazards ······ 63
Natural Systems Approach ······ 215

Network 모델 ······ 217
NFPA 1600 ······ 307
NIMS ······ 388
Nonstructural Mitigation ······ 268
Normal Accident Theory ······ 198

Open System ······ 215
Operation Section ······ 409
Operational Plan ······ 290

Planning Section ······ 410
Post trauma stress disorder ······ 349
Press Relationship ······ 154
Pressure and Release ······ 196
Problem-solving ······ 166
Project Impact ······ 91
Public Administration ······ 169, 220
Pulling away ······ 485

Rational System Approach ······ 214
Resilience ······ 87
Resource Management ······ 390
Response-generated Demands ······ 60
Risk Analysis ······ 239, 242
Risk Assessment ······ 239
Risk Control ······ 246
Risk Drivers ······ 83
Risk Evaluation ······ 239, 244
Risk Identification ······ 239, 241
Risk Management ······ 165, 238
Risk Matrices ······ 229
Risk treatment ······ 246
Risk-Hazard ······ 196

Search and Rescue ······ 345
Situational Awareness ······ 329
STAPLEE 방법 ······ 277
Strategic National Risk Assessment ······ 380
Strategic Plan ······ 290
Structural Mitigation ······ 267
System Theory ······ 212

Tactical Plan ······ 291
Task Forces ······ 384
Technological Hazards ······ 64
Threat ······ 39
Threshold Values ······ 232
Tolerable level of risk ······ 230
tropical cyclone ······ 428

Unacceptable level of risk ······ 230
Uncertainty ······ 107
Unified Command ······ 415

Value of Statistical Life ······ 228
Volcanic Explosivity Index ······ 476

World Risk Index ······ 81

정병도

- 학력
  경상대학교 건축공학과 학사
  미국 조지워싱턴대학교 재난관리전공 석사
  인제대학교 행정학 박사
- 주요경력
  소방장학생 특채, 함양소방서장, 소방방재청 정책지원 계장
  부산소방학교장, 강원소방학교장
  현) 중앙소방학교 인재개발과장
- 강의경력
  창신대학교 강사, 인제대학교 강사
- 논문
  소방규제 정책의 문제점과 개선대책
  기후변화에 따른 포괄적인 국가재난관리시스템에 관한 연구
- E-mail : woojuro@gmail.com

재난관리론 정가 28,000원

인 쇄 2015년 5월 1일 초판 1쇄
발 행 2015년 5월 10일 초판 1쇄
저 자 정병도
발행인 정우용
발행처 도서출판 동화기술
경기도 파주시 광인사길 201(문발동, 파주출판도시)
Tel (031)955-4211~6 donghwae@kornet.net
Fax (031)955-4217 www.donghwapub.co.kr
(등록) 1977년 12월 19일/9-16호

Printed in Korea
ISBN 978-89-425-1963-7